空间微波遥感研究与应用丛书

行星微波遥感理论方法与应用

金亚秋　法文哲　著

科学出版社

北京

内 容 简 介

“行星微波遥感”研究以星载微波遥感手段，探测、感知与反演获取月球、火星、彗星、小行星等天体的物理特征信息。本书总结了作者近十年来在行星微波遥感研究的研究成果。全书共有 15 章。第 1～2 章介绍微波散射辐射传输的遥感理论方法基础，概述微波遥感行星的基本物理特征。第 3～7 章以中国“嫦娥探月”计划为背景，讨论被动微波月球遥感，包括多通道微波辐射亮度温度的分层介质辐射传输理论建模、数值模拟、数据处理、物理温度与月壤厚度的反演、氦 3 含量估算、红外与微波辐射信息融合、毫米波辐射定标等。第 8～13 章讨论高频雷达探测仪和合成孔径雷达的主动微波遥感，包括月球两极永久阴影区水冰的雷达探测、月球与火星分层介质雷达探测模拟、分层介电常数和厚度参数的反演、合成孔径雷达月表面散射成像、小行星非均匀结构逆散射数值模拟与反演等。第 14 章介绍行星大气遥感，以及非均匀场景辐射反演。最后，第 15 章介绍雷达探测仪回波模拟软件。

本书适合空间遥感、空间科学等有关的科技工作者，以及高等院校相关专业师生阅读使用。

图书在版编目（CIP）数据

行星微波遥感理论方法与应用 / 金亚秋，法文哲著. —北京：科学出版社，2019. 11

（空间微波遥感研究与应用丛书）

ISBN 978-7-03-063045-2

Ⅰ. ①行… Ⅱ. ①金… ②法… Ⅲ. 微波遥感－应用－行星－测绘－研究 Ⅳ. ①V11

中国版本图书馆 CIP 数据核字（2019）第 245599 号

责任编辑：彭胜潮 赵 晶 / 责任校对：何艳萍
责任印制：肖 兴 / 封面设计：黄华斌

科学出版社 出版
北京东黄城根北街 16 号
邮政编码：100717
http：//www.sciencep.com

中国科学院印刷厂 印刷
科学出版社发行 各地新华书店经销
*
2019 年 11 月第 一 版 开本：787×1092 1/16
2019 年 11 月第一次印刷 印张：26 1/2
字数：628 000

定价：218.00 元

（如有印装质量问题，我社负责调换）

丛 书 序

空间遥感从光学影像开始，经过对水汽特别敏感的多光谱红外辐射遥感，发展到了全天时、全天候的微波被动与主动遥感。被动遥感获取电磁辐射值，主动遥感获取电磁回波。遥感数据与图像不仅是获得这些测量值，也是通过这些测量值，反演重构数据图像中内含的天地海目标多类、多尺度、多维度的特征信息，进而形成科学知识与应用，这就是“遥感——遥远感知”的实质含义。因此，空间遥感从各类星载遥感器的研制与运行到天地海目标精细定量信息的智能获取，是一个综合交叉的高科技领域。

在 20 世纪七八十年代，中国的微波遥感从最早的微波辐射计研制、雷达技术观测应用等开始，开展了大气与地表的微波遥感研究。1992 年作为“九五”规划之一，我国第一个具有微波遥感能力的风云气象卫星三号 A 星开始前期预研，多通道微波被动遥感信息获取的基础研究也已经开始。当时，我们与美国早先已运行的星载微波遥感差距大概是 30 年。

自 20 世纪“863”高技术计划开始，合成孔径雷达的微波主动遥感技术调研和研制开始启动。

自 2000 年之后，中国空间遥感技术得到了十分迅速的发展。中国的风云气象卫星、海洋遥感卫星、环境遥感卫星等微波遥感技术相继发展，覆盖了可见光、红外、微波多个频段通道，包括星载高光谱成像仪、微波辐射计、散射计、高度计、高分辨率合成孔径成像雷达等被动与主动遥感星载有效载荷。空间微波遥感信息获取与处理的基础研究和业务应用得到了迅速发展，在国际上已占据了十分显著的地位。

现在，我国已有了相当大规模的航天遥感计划，包括气象、海洋、资源、环境与减灾、军事侦察、测绘导航、行星探测等空间遥感应用。

我国气象与海洋卫星近期将包括星载新型降水测量与风场测量雷达、新型多通道微波辐射计等多种主被动新一代微波遥感载荷，具有更为精细通道与精细时空分辨率，多计划综合连续地获取大气、海洋及自然灾害监测、大气水圈动力过程等遥感数据信息，以及全球变化的多维遥感信息。

中国高分辨率米级与亚米级多极化多模式合成孔径成像雷达 SAR 也在相当迅速地发展，在一些主要的技术指标上日益接近国际先进水平。干涉、多星、宽幅、全极化、高分辨率 SAR 都在立项发展中。

我国正在建成陆地、海洋、大气三大卫星系列，实现多种观测技术优化组合的高效全球观测和数据信息获取能力。空间微波遥感信息获取与处理的基础理论与应用方法也得到了全面的发展，逐步占据了世界先进行列。

如果说，21 世纪前十多年中国的遥感技术正在追赶世界先进水平，那么正在到来的二三十年将是与世界先进水平全面的“平跑与领跑”研究的开始。

为了及时总结我国在空间微波遥感领域的研究成果，促进我国科技工作者在该领域研究与应用水平的不断提高，我们编撰了《空间微波遥感研究与应用丛书》。可喜的是，丛书的大部分作者都是在近十多年里涌现出来的中国青年学者，取得了很好的研究成果，值得总结与提高。

我们希望，这套丛书以高质量、高品位向国内外遥感科技界展示与交流，百尺竿头，更进一步，为伟大的中国梦的实现贡献力量。

主编　**姜景山**（中国工程院院士　中国科学院国家空间科学中心）
吴一戎（中国科学院院士　中国科学院电子学研究所）
金亚秋（中国科学院院士　复旦大学）

2017 年 6 月 10 日

前　言

人类对于宇宙天体的科学探测一直具有极大的探索与研究热情，进入 21 世纪以来，新一轮的月球、火星等地外星球的科学研究计划相继进行。特别是，我国开展了“嫦娥”探月计划，其包括探月绕、落、回 3 个阶段，是我国在太阳行星系等宇宙天体科学探测的重大科学活动的开始，是 21 世纪中国太空科学的一个里程碑。

卫星技术的发展产生极大地促进了星载遥感技术的发展，20 世纪下半叶卫星技术在地球大气、海洋、陆地水文、目标监测等方面取得了重大的科学应用，它能使人类从太空在广大的空间与时间尺度上多维度地观测地球环境及其变化。全天时全天候多通道微波辐射观测与米级分辨率雷达成像技术已成为星载遥感最主要的前沿科学技术和气象、海洋、水文等地球环境业务应用技术。随着高分辨率多通道主被动微波遥感技术的发展，星载微波遥感定量精细信息科学研究为遥感应用展现了远大的前景。

当我们把目光从地球转向太空行星，类似的“行星遥感”科学问题产生了。我们提出，区分“行星探测”与“行星遥感”在于获取信息的层次不同，遥感更在于内涵信息的反演与感知，而不止于测量值的本身。因此，我们在提出行星与深空探测的科学研究目标时，更倾向于用“行星遥感”一词，包括月球、火星、彗星、小行星等天体的物理特征信息获取的遥感技术。

本书共 15 章，总结了作者近 10 年来在行星微波遥感领域的研究成果。

本书第 1～第 2 章作为基本知识准备，介绍了电磁波散射与辐射传输的空间微波遥感理论方法的基础知识，概述了在空间微波遥感中行星主要的物理特征。

本书第 3～第 7 章讨论被动微波月球遥感，主要以中国“嫦娥”探月计划为背景。

第 3 章讨论多通道微波辐射计遥感测量全月球表面微波辐射亮度温度，以“嫦娥一号”“嫦娥二号”（CE-1、CE-2）4 通道微波辐射计遥感测量全月球表面微波辐射亮度温度，讨论了分层介质辐射传输理论建模、数值模拟、数据处理与月壤厚度的反演，实现月壤中 ^{3}He 含量的估算。

第 4 章以月球虹湾区域为例，用 CE 微波辐射亮度温度数据，结合以克莱门汀月球侦察轨道器（LRO）为代表的红外辐射探测，由热传导方程、反演月壤层温度廓线及其昼夜变化特征表现。

第 5 章以辐射传输理论建模与数值计算，比较了新生环形山表面物理温度的昼夜变化所表现出的异常分布，以分层辐射传输理论为基础，讨论了月食期间红外辐射“热点”与月夜微波辐射“冷点”的问题。

第 6 章以“嫦娥二号”微波辐射和克莱门汀红外辐射的数据验证，提出用月球赤道表面温度对风云气象地球同步卫星 FY-4M 毫米波频段的辐射亮度温度的热定标。

第 7 章讨论了月球随地球绕太阳公转时月球表面接收的太阳辐照不同，而特别在高纬度区域产生的物理温度季节性变化，用前几章的建模模拟计算，结合 Diviner 红外和“嫦娥二号”数据的验证。

本书第 8～第 13 章介绍主动微波遥感，主要讨论雷达探测仪和合成孔径雷达对月球表面结构与成分、火星表层特征等的研究。

第 8 章以 Mini-RF SAR 雷达探测为依据，讨论月球两极永久阴影区水冰存在与否的问题，建立月球表面层面散射与石块体散射的理论建模和圆极化率数值计算，对国际上一些似是而非的论点予以了订正。

第 9 章根据“嫦娥三号”着陆点月面的地形地貌及物理特征参数，基于大尺度起伏粗糙面的 Kirchhoff 近似模型，进行落月过程中设计多波束雷达回波的数值模拟与下降过程的测高与测速的数值分析。

第 10 章讨论合成孔径雷达对月球陨石坑分布的粗糙面极化散射成像仿真的数值模拟方法。

第 11 章讨论雷达探测仪对月球分层介质的探测原理，推导了极化散射 Mueller 矩阵与数值仿真、数据验证，以参数化模型和数值计算方法模拟了月球分层介质雷达探测仪的距离回波，这一方法为后来的火星研究奠定了基础。

第 12 章讨论雷达探测仪对火星分层介质的探测。火星是离地球最近、与地球最相似的行星。根据国际上已经相继开展的欧洲太空局（ESA）火星快车的火星次表面电离层探测先进雷达（MARSIS）、美国国家航空航天局（NASA）火星侦查轨道器浅表层雷达（SHARAD），以及中国将进行的火星 VHF、UHF 高频雷达探测，提出了分层介质雷达探测模拟与分层介电常数和厚度参数反演方法、合成孔径雷达成像等研究。

第 13 章主要讨论围绕小行星运转的雷达观测，提出矢量有限元边界积分和全差分方法，对小行星非均匀结构的逆散射成像的数值模拟与非均匀介电结构特征反演进行分析，也讨论了木卫二的雷达探测方法。

第 14 章介绍太阳系行星大气探测的一些概况，讨论了非均匀场景辐射反演的方法。

第 15 章介绍了我们的雷达探测仪回波模拟软件，它能为用户提供友好的参数化界面，产生表面起伏的环形山地形，计算雷达回波。

本书各章节内容均选自作者近 10 年来在行星微波遥感领域的研究成果。徐丰教授、叶红霞副教授分别负责第 13 章、第 9 章的研究工作；复旦大学研究生柳钮涛、刘川、宫晓蕙、苏欢等，北京大学蔡玉珍、刘甜甜、刘晓峰等参加了本书各章节内容的研究工作，在此一并致谢。

我们相信，随着太空科学技术的发展，对于行星遥感信息感知及其科学知识的深化将提出更高的要求。未来多源多模式的行星与深空遥感探测技术、多维度遥感数据的精度与高时空分辨率、遥感目标物理化学特征参数的认识与准确的确定等，将得到更进一步提高，人类对行星与深空宇宙的科学认识也会有更深入的进展。在太空行星遥感探测的前景之下，本书的出版是抛砖引玉的一个开头。

我们期望，本书的出版能促进我国开展行星与深空探测科学任务和科学目标的研究。在中国空间遥感发展战略和对外星体探测中，勾画遥感信息的研究，实现从行星探测到行星遥感信息感知的科学任务的转化，这将极大地促进行星遥感科学目标的实现，丰富人类对于天体宇宙的认识。

目　录

第 1 章　行星微波遥感概述

星载微波遥感起源于 20 世纪 70 年代，由于微波能穿透云层植被，还可探测浅层地表，因此具有全天候、全天时的观测能力。随着空间分辨率的不断提高，微波遥感已成为空间遥感最前沿的技术之一，在对气象、海洋、地球水文等地球环境遥感监测等领域发挥着重大的作用。近年来，主被动微波遥感技术也已经被推广应用到月球、行星、小行星、彗星等太阳系天体的探测中，为认识太阳系天体的起源与演化提供了微波遥感蕴含的独特的物理信息。

本章首先介绍空间微波遥感的基本原理、发展历史、前沿趋势。通过对行星微波遥感技术进行了分类，并对太阳系天体探测中的主被动微波遥感探测历史与研究现状进行了系统性综述。最后，作为行星微波遥感的理论基础，重点讲述了与行星有关的微波遥感理论基础，主要包括粗糙面散射理论与微波矢量辐射传输理论。

1.1　微波遥感发展历史与前沿

空间遥感是指利用搭载在空间平台上的传感器，接收电磁波与目标物体相互作用的散射与辐射信息，以对目标物体进行远距离探测与信息感知的卫星探测技术。空间遥感可追溯到 20 世纪 60 年代，在经历了可见光摄影、热红外辐射探测之后，70 年代末发展到微波遥感（Ulaby et al.，1986；金亚秋，2005）。与传统的可见光、红外遥感相比较，微波遥感具有全天候、全天时的工作能力，在复杂的气象条件和无太阳照射的条件下都能工作，能穿透云层，也能穿透植被，能探测浅层土壤和干燥地表下的目标，对于遥感目标的物理特性有独特的观测能力。

遥感通过波（电磁波、声波）与远距离目标的相互作用来获得遥感目标的各类特征信息。微波一般泛指频率在 300 MHz 到 300 GHz（波长 1 m 到 1 mm）的电磁波。微波遥感可分为主动微波遥感与被动微波遥感两类。

主动微波遥感传感器主要是指雷达，根据工作模式和功能可以分为微波散射计、雷达高度计、侧视机载雷达（side-looking airborne radar，SLAR）、气象雷达、合成孔径雷达（synthetic aperture radar，SAR）、逆合成孔径雷达（inverse SAR，ISAR）、干涉合成孔径雷达（interferometric SAR，InSAR）等。通过距离向脉冲压缩和方位向运动合成达到米级高分辨率的 SAR 成像技术是近 20 年空间遥感与对地观测技术最重要的进展之一。被动微波遥感传感器主要包括微波成像辐射计（radiometer）、微波探测仪（sounder）等（Ulaby et al.，2014）。

被动微波遥感不发射电磁波，只接收目标的热辐射，其观测量是微波热辐射的辐射亮度温度，主要与遥感目标的物理特征有关，如目标的介电常数、温度、湿度、形状、大小等。主动微波遥感的雷达发射电磁波，通过接收遥感目标反射、散射的回波来获取遥感目标物理特征信息，如目标的介电特性、形状、大小、取向、种类等。电磁波的技术参数有幅度、频率、相位、极化、时延。由雷达回波特征参数可以反演获取与感知遥感目标的各类物理与几何特征信息。

主动微波雷达遥感系统按照工作模式与应用目的可以分为雷达高度计、微波散射计、合成孔径雷达等。前两者是非成像雷达，后者为成像雷达。雷达高度计是通过发射与接收电磁波信号之间的时延来测量卫星平台到地表之间距离的一种测距雷达，其采用的波长一般为 C、X、Ku、Ka 等波段的波长（频率分别为 5.4 GHz、9.6 GHz、13.6 GHz、26.5 GHz 左右）。雷达高度计主要用于海洋遥感中测量海面高度、有效波高、海面风速等，典型的雷达高度计有美国海洋卫星 SeaSat ALT（13.56 GHz），欧洲遥感卫星 ERS-1/2 RA（13.8 GHz）、环境卫星 Envisat RA-2（13.575 GHz），法国航天局和美国国家航空航天局（NASA）合作的 TOPEX/Poseidon（5.3 GHz、13.6 GHz）、Jason-1/2 雷达高度计（5.25 GHz、13.575 GHz）等（Ulaby et al.，2014）。近年来，采用多普勒分辨技术、双天线配置的新型雷达高度计（如多普勒雷达高度计、干涉雷达高度计）能有更高的空间分辨率与测高精度，其也开始在海洋遥感中得到应用。微波散射计是用于精确测量目标雷达散射系数的雷达。微波散射计基于测量到的后向散射系数，来研究遥感目标的散射特性，通常采用多角度、多方向、多极化的观测方式，试图解决反演的不确定性问题。微波散射计在海洋遥感中主要用于测量海面风场等，典型的微波散射计有美国海洋卫星 SeaSat SASS（14.6 GHz，HH/VV 极化）、欧洲资源卫星 ERS-1/2 AMI（5.3 GHz，VV 极化）、日本先进地球观测系统 ADEOS NSCAT（14 GHz，HH/VV 极化）与 ADEOS IISeaWinds（13.4 GHz，HH/VV 极化）等（Ulaby et al.，2014）。中国在“海洋二号”中也开始有了微波高度计、微波散射计的遥感测量。

合成孔径雷达（SAR）在距离向和方位向分别使用脉冲压缩技术和多普勒分辨技术对遥感目标进行高分辨率成像观测，其在气象、海洋、农业、测绘、城市规划、灾害监测、目标识别等领域有着非常广泛的应用。早期的星载 SAR 采用单一频率、单极化，如 SeaSat SAR（1.275 GHz，HH 极化）、ERS-1/2SAR（5.3 GHz，VV 极化）、日本地球资源卫星 JERS-1 SAR（1.275 GHz，HH 极化）等。1994 年 NASA 喷气推进实验室（JPL）进行了航天飞机 SIR-C/X-SAR 多通道（L、C、X 波段）全极化实验，开启了多波段、多模式、多极化 SAR 技术对地观测的序幕。之后，各航天大国都实施了星载 SAR 对地观测计划，如 2002 年欧洲太空局（ESA）Envisat-1 ASAR（AdvancedSAR，5.3 GHz，HH、VV 极化），1995 年、2007 年加拿大航天局的雷达卫星 Radarsat-1 SAR（5.3 GHz，HH 极化）、Radarsat-2 SAR（5.3 GHz，全极化），日本的先进陆地观测卫星 ALOS 1.2 PALSAR（1.27 GHz，全极化），2007 年德国宇航中心（DLR）的 TerraSAR-X（9.6 GHz，全极化）和 TanDEM-X，2012 年中国的“环境一号”卫星 HJ-1C（3.2 GHz，VV 极化）等。近年来，用于目标高程重构的干涉合成孔径雷达（InSAR）、运动目标监测的逆合成孔径雷达（ISAR）、双站 SAR（bistatic SAR，BiSAR）、层析 SAR（TomoSAR）等也逐渐成为 SAR 技术发展的热点。

与主动微波雷达遥感相比，被动微波遥感空间分辨率低、覆盖范围广、重访周期短，可以长期提供稳定连续的观测数据源。按照工作方式，被动微波遥感系统可分为微波辐射计和微波探测仪。微波辐射计一般以固定的观测角度对地表以圆锥扫描的方式进行观测，极化方式以双极化为主，频率一般选择在微波大气窗口附近，如 6.9 GHz、10.6 GHz、

18.7 GHz、22.2 GHz、36.5 GHz、85 GHz 等。微波辐射计通过测量大气与地表海面的微波热辐射，来反演大气温度廓线、大气水汽廓线、降水量与雨强、土壤湿度、地表温度、积雪厚度与雪水当量、海面温度与海水盐度、海面风速等。从 20 世纪 70 年代初起，典型的星载微波辐射计包括美国雨云卫星系列 Nimbus 5、Nimbus 6 单频段电扫描微波辐射计（electronic scanning microwave radiometer，ESMR）、Nimbus 7 的 10 通道双极化扫描多通道微波辐射计（scanning multichannel microwave radiometer，SMMR），1987 年开始持续运行的美国防卫气象卫星 DMSP（F8-F16）7 通道特别微波辐射成像仪（special sensor microwave imager，SSM/I），1997 年美国和日本的热带降雨测量任务 TRMM 的微波成像仪（TRMM microwave imager，TMI），2002 年地球观测系统水卫星 EOSAqua 和先进地球观测卫星 ADEOSII 上的双极化 10 通道先进微波扫描辐射计（advanced microwave scanning radiometer-EOS，AMSR-E），以及 2012 年全球变化观测计划 GCOM-W1 上搭载的 AMSR-2（金亚秋，2005；Ulaby et al.，2014）。

微波探测仪以垂直方式沿着航迹方向进行观测，其频率通常选择在大气水汽吸收峰 183 GHz 与氧气吸收峰 58 GHz、119 GHz 附近。由于频率选择在大气吸收峰附近，微波探测仪接收到的热辐射主要来自于大气，通常用于研究大气的温度与湿度廓线、水汽柱总量等。根据探测目的，微波探测仪也称为微波湿度计、微波温度计。从 20 世纪 70 年代开始，典型的星载微波探测仪包括 Nimbus 5 五通道雨云 E 微波谱仪（NEMS）、Nimbus 6 五通道扫描微波谱仪（SCAMS）、1979 年 DMSP F04 五通道的微波温度传感器（special sensor microwave-temperature，SSM/T）与 1991 年 DMSP F-11 SSM/T-2，1998 年 NOAA15 及 MetOp 等系列搭载的先进微波探测仪（advanced microwave sounding unit-A/B，AMSU-A/B），2011 年和 2017 年美国 Soumi-NPP 和 NOAA-20 搭载的最新的（advanced technology microwave sounder，ATMS）（金亚秋，2005；Ulaby et al.，2014）。

我国微波遥感的气象卫星“风云三号”在 1992 年开始立项讨论，国家卫星气象中心组织专家工作组，在当时提出了多通道微波遥感大气与地表海洋的参数化理论建模与数据数值模拟（金亚秋，1992）。2002 年，我国“神舟四号”进行了多模态微波遥感辐射计实验，包括微波辐射计、微波散射计、雷达高度计。2011 年，我国“海洋二号”卫星上搭载了雷达高度计（5.25 GHz、13.58 GHz）、微波散射计（13.256 GHz，HH/VV 极化）、扫描微波辐射计（6.6 GHz、10.7 GHz、18.7 GHz、23.8 GHz、37 GHz，其中 23.8 GHz V 极化，其余通道 H 与 V 极化）（Jin and Fa，2010）。我国“风云三号”A/B 极轨气象卫星上搭载了微波成像辐射计（MWRI，10.65 GHz、18.7 GHz、23.8 GHz、36.5 GHz、89 GHz，V/H 极化）、微波湿度计（MWHS，150 GHz V/H 极化，180±1 GHz、180±3 GHz、180±7 GHz）、微波温度计（MWTS，50.30 GHz、50.60 GHz、54.94 GHz、57.29 GHz，4 通道），在 FY-3C/D 星上分别增加了 57.29 GHz 和 118.75 GHz 附近的多频点观测通道（Dong et al.，2009；Jin et al.，2010）。我国后续的“风云四号”静止轨道气象卫星上也计划在世界上首次搭载微波探测仪，中心频率为 57.29 GHz、424.763 GHz，其以更高的时间分辨率对大气的温度与湿度信息进行观测。

经过 50 多年的发展，多源、多极化、多频率、多角度、多模式、多用途主被动微波遥感技术已经是空间遥感发展的最前沿的技术之一。由于微波遥感特有的全天候、全天时优势，其在陆地、海洋、大气遥感中得到了非常重要的应用，在气象预报、海洋预报、资源调查、土地利用、环境监测、灾害预报、全球变化等领域中得到广泛的应用。同时，微波遥感也在国家安全、战场环境监测、军事目标识别、导弹制导与预警、电子对抗等军事领域得到了重要的应用（金亚秋，2005）。

1.2 行星微波遥感历史与现状

对太阳系天体的探测，有助于了解太阳系的起源、演化与现状，能够为人类社会的发展提供新能源，并能长远地推动人类社会科学技术整体实力的发展。对太阳系天体的探测可追溯到 20 世纪 50 年代，这时卫星遥感还处于萌芽时期。1958～1976 年，美国和苏联展开了以月球探测为中心的空间科技竞赛，掀起了第一轮月球探测高潮。之后，美国、苏联、欧洲太空局等航天大国和组织相继开展了火星、水星、金星等行星探测计划。21 世纪初，世界各航天大国都制定并实施了月球、火星等探测计划，标志着新一轮深空探测高潮的到来。我国 2007 年 10 月 24 日成功发射“嫦娥一号”探月卫星，是我国空间科学的一个新的里程碑。目前，我国“嫦娥一号”“嫦娥二号”“嫦娥三号”探月工程已经顺利实施，探月三期工程、首次火星探测工程等也已立项，后续的月球、火星、小行星、木星、冰卫星探测计划也处于论证中。

对太阳系天体探测的方式一般包括地基天文观测、飞越观测、绕飞观测、样品采回分析、着陆探测。其中，地基观测、飞越观测、绕飞观测属于远距离观测，主要以遥感观测作为探测手段，与样品分析、着陆探测相比较，遥感技术可对天体表面大范围进行观测。以往世界各航天大国的深空探测计划以可见光、红外、γ 射线、X 射线、中子谱仪等探测手段为主，由于受电磁波穿透深度的影响，这些遥感手段最多只能探测行星表面或浅表层（不超过 1 m 量级），无法给出表层以下的物理特征信息。在现有的认知范围内，太阳系大部分固体天体表面不存在液态水（地球除外），表面物质一般为低损耗介质，较低频率的电磁波可以穿透到表面以下数米到数百米深的次表层，由此可能获得表面尘土、土壤层等所覆盖的次表层结构等信息。因此，21 世纪初迅速发展的微波遥感技术被广泛应用到月球、火星、木星、小行星、彗星等天体的遥感探测中。

1.2.1 行星探测中的微波遥感传感器

雷达硬件一般包括发射机、发射/接收天线、接收机/数据处理系统。根据工作模式与探测目的，行星雷达遥感系统可分为地基雷达、星载 SAR、雷达探测仪、探地雷达、干涉雷达、双站雷达等。雷达通过测量天体表面散射/反射的回波，或者进行成像观测，来获得天体的大小、形状、旋转、表面高程、表面粗糙度、介电常数、石块丰度、次表层结构，以及天体运动的距离与轨道等。行星被动微波遥感系统包括地基射电望远镜、微波成像辐射计、微波探测仪。被动微波遥感通过测量天体表面与/或大气的热辐射，反演获取行星大气或天体表面物质物理温度、介电常数随深度变化等信息，其是了解行星表面温度场与物质热物理特性的一个有效手段。表 1.1 与表 1.2 分别给出了截至目前已有的太阳系行星雷达系统与被动微波遥感系统的性能参数与探测的科学目标。

表 1.1　行星雷达遥感探测计划

雷达类型	传感器	探测计划/实验室	时间	探测天体	频率	分辨率	科学目标
地基雷达	Haystack，Pleasanton，EI Campo，Millstone Hill	MIT 林肯实验室	1940～1960 年	月球	7.89 GHz、8.33 GHz、380 MHz、430 GHz	—	月球与类地行星表面回波
	金石	加州理工喷气推进实验室	1958 年	月球、类地行星、小行星、冰卫星	8.6 GHz	5～10 km，～1 km	月球与太阳系天体雷达回波与成像
	阿雷西博	康奈尔大学	1963 年 11 月 1 日	月球、类地行星、小行星、冰卫星	430 MHz、2.38 GHz	2～5 km，～400 m，20 m	月球与太阳系天体雷达回波与成像
合成孔径雷达	金星雷达制图仪	金星先驱者轨道器	1978 年 5 月 20 日	金星	1.757 GHz	7×23 km	金星表面高程、图像
	金星雷达	金星 15/16	1983 年 6 月 2 日/7 日	金星	3.75 GHz	1～2 km	金星表面高程、图像
	麦哲伦雷达	麦哲伦	1989 年 5 月 4 日	金星	2.385 GHz	150 m	金星表面高程、图像
	卡西尼雷达	卡西尼	1997 年 10 月 15 日	土星、土卫六	13.78 GHz	0.35～1.7 km	土卫六表面雷达影像与物理特性
	微型合成孔径雷达（Mini-SAR）	印度月船-1	2008 年 10 月 22 日	月球	2.38 GHz	150 m	月球表面物理特性、极区水冰
	微型合成孔径雷达（Mini-RF）	月球侦察轨道器（LRO）	2009 年 6 月 18 日	月球	2.38 GHz、7.8 GHz	150 m，30×15 m	月球表面物理特性、极区水冰
雷达探测仪	阿波罗雷达探测仪实验	阿波罗 17	1972 年 12 月 7 日	月球	5 MHz、15 MHz、150 MHz		月球次表层结构；表面高程廓线；表面图像
	月球雷达探测仪	日本月神（Kaguya）	2007 年 9 月 14 日	月球	5 MHz		月球次表层结构；行星际辐射
	火星次表层和电离层探测先进雷达（MARSIS）	火星快车	2003 年 6 月 2 日	火星	1.8 MHz、3.0 MHz、4.0 MHz、5.0 MHz	5～10 km（顺轨），15～30 km（交轨），150 m（垂向）	火星浅表层水冰；火星次表层地质结构；表面特征；火星电离层特征
	浅表层雷达（SHARAD）	火星勘测轨道飞行器（MRO）	2005 年 8 月 12 日	火星	20 MHz	0.3～1 km（顺轨），3～7 km（交轨），15 m（垂向）	火星浅表层水冰；火星次表层地质结构；表面特征
	次表层探测雷达（SSR）	中国首次火星探测轨道器	2020 年	火星	15 MHz、40 MHz	0.3～1 km（顺轨），5～8 km（交轨），15、7.5 m（垂向）	火星浅表层结构；次表层水冰；表面高程

续表

雷达类型	传感器	探测计划/实验室	时间	探测天体	频率	分辨率	科学目标
雷达探测仪	冰卫星探测雷达（RIME）	木星冰卫星探测计划（JUICE）	2022 年	木卫二	9 MHz	0.3～1 km（顺轨），1～10 km（交轨），30～90 m（垂向）	木卫二冰壳厚度，冰壳结构
	欧罗巴海洋与浅表层探测雷达（REASON）	Clipper	2020 s	木卫二	9 MHz、60 MHz	15 m，100 m	木卫二冰壳厚度，冰壳结构
探地雷达	测月雷达	“嫦娥三号”	2013 年 12 月 2 日	月球	60 MHz、500 MHz	3.75 m，0.3 m	月海北部次表层结构与月球表面介电特性
	测月雷达	“嫦娥四号”	2018 年 11 月	月球（背面）	60 MHz、500 MHz	3.75 m，0.3 m	月球背面南极艾肯盆地次表层结构与月球表面介电特性
	月壤结构探测雷达	“嫦娥五号”	2019 年	月球	2 GHz	5 cm	样品采集区月壤结构
	火星次表层水冰沉积观测（WISDOM）	ExoMars	2020 年	火星	0.5～300 GHz		着陆区次表层三维地质结构；火星表面物质介电常数；着陆区沉积岩特性
双站雷达	斯坦福-阿波罗双站雷达	阿波罗 14，15	1971 年 1 月 31 日 1971 年 8 月 7 日	月球	2.38 GHz 258.6 MHz	—	月球表面粗糙度；月壤介电常数
	克莱门汀双站雷达	克莱门汀	1994 年 1 月 25 日	月球	2.38 GHz	5 km	月球南极水冰
	微型合成孔径雷达-阿雷西博双站雷达	月球侦查轨道器	2013 年	月球	2.38 GHz	～100 m	月球表面双站散射特性，月球极区水冰
	无线电波传输探测彗核实验（CONSERT）	罗塞塔	2004 年 3 月 2 日/2014 年 8 月 6 日	彗星 67P/楚留莫夫-格拉西门克	90 MHz	～3 cm	彗星 67P 内部结构，介电常数
	火星快车-地球双站雷达	火星快车	2016 年 4～6 月	火星	8.3 GHz、2.3 GHz		火星表面粗糙度与介电常数
干涉雷达	Haystack 雷达		1972 年	月球	7.84 GH	1～2 km	月球表面高程
	金石雷达		1999 年	月球	2.38 GHz	～100 m	月球表面高程

表 1.2　行星微波辐射遥感探测计划

传感器	计划	发射时间(年-月-日)	探测天体	频率/GHz	空间分辨率/km	科学目的
水手 2 号辐射计	水手 2 号	1962-08-27	金星	15.8、22.2		测量金星热辐射
先驱者辐射计	先驱者	1978-05-30	金星	1.757	23×7	金星大气温度，表面温度
麦哲伦辐射计	麦哲伦	1989-05-04	金星	2.4	6	金星大气温度，表面温度
“嫦娥一号”微波探测仪（CELMS）	“嫦娥一号”	2007-10-24	月球	3.0、7.8、19.35、37	50、35	月球表面微波热辐射特征；月壤厚度；月球表面热环境特征；月壤介电特性
“嫦娥二号”微波探测仪（CELMS）	“嫦娥二号”	2010-10-01	月球	3.0、7.8、19.35、37	25、15	
微波辐射计（MRW）	朱诺（Juno）	2011-08-05	木星	0.6、1.2、2.4、4.8、9.6、22	600	木星大气成分与动态变化；了解木星复杂的辐射环境
卡西尼辐射计	卡西尼	1997-10-15	土星 土卫六	13.78	7～310	土星顶部大气密度与温度廓线；土卫六表面地形与地质特征

1. 地基雷达

地基雷达望远镜是一种安装在地球表面由高功率发射机、射电望远镜（天线）、天线指向控制系统、接收机、数据采集系统等集成的雷达系统。地基雷达望远镜与常规的气象雷达、预警雷达等在原理上没有本质性区别。地基雷达望远镜的探测对象是遥远的行星际天体，雷达作用距离非常远（10^5～10^9 km），这要求发射机的功率非常大（如美国 Arecibo 雷达发射功率约为 400 kW）（Ostro，2007）。因此，地基行星雷达望远镜系统是目前功率最大的雷达系统。最早的地基行星雷达系统发明于 20 世纪 40 年代，截至目前，典型的地基行星雷达系统有 MIT 林肯实验室地基雷达（Haystack、Pleasanton、EICampo、Millstone Hill 雷达）、Pluton 雷达、RT-70 雷达（包括 Yevpatoria、Galenki、Suffa 三个 RT-70 雷达）、Arecibo 雷达、Goldstone 太阳系雷达、NASA 深太空网络雷达（DSN）、Jicamarca 射电望远镜等。Arecibo 射电望远镜和 Goldstone 太阳系雷达系统是目前仍在运行的两大地基雷达系统，可对太阳系天体进行业务化观测（图 1.1）。

(a)

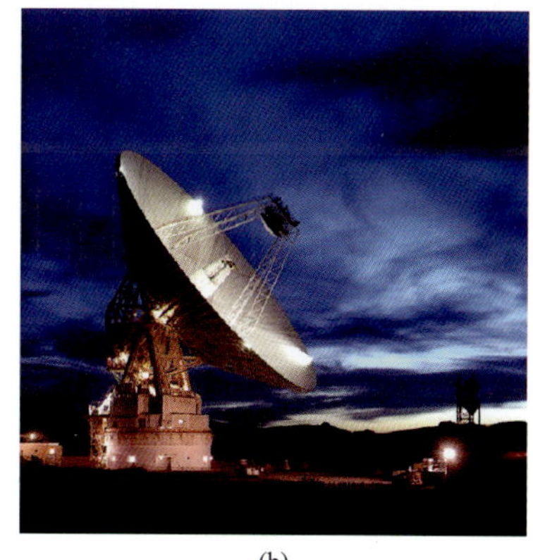

(b)

图 1.1　305 m Arecibo 地基雷达望远镜（a）和 Goldstone 太阳系雷达系统（DSS-14）（b）

地基雷达观测中，雷达发射波和天体表面回波都需要经过地球大气层。受地球电离层影响，雷达波经过电离层时会产生时间延迟和法拉第（Faraday）极化旋转效应。Faraday 极化旋转效应引起的电磁波矢量旋转角度与电磁波频率的平方成反比，因此地基行星雷达频率选择不能太低，在 P 波段已经有显著的 Faraday 极化旋转效应（如 430 MHz）（Evans and Hagfors，1968）。另外，受地球大气水汽吸收的影响，雷达波频率选择不能太高，一般至 X 波段。早期地基雷达对太阳系天体（主要是月球）的观测都采用线极化电磁波，对月球回波的分析发现，线极化受电离层 Faraday 极化旋转效应影响会产生严重的极化扭曲。圆极化电磁波可分解为幅度相等、相位相差 90°的水平极化与垂直极化电磁波，经过电离层时水平极化和垂直极化电磁波极化旋转角度相同，因此圆极化电磁波不受电离层 Faraday 极化旋转效应的影响。考虑到这两个因素，目前地基雷达对太阳系天体观测的发射与接收都采用圆极化电磁波，频率选择在 P 波段到 X 波段之间（Evans and Hagfors，1968）。

由于观测天体远离地球，早期地基雷达观测只能得到天体表面极化回波强度。20 世纪 70 年代初，地基成像雷达可对一些天体进行二维成像观测，但由于距离远，空间分辨率受到很大限制。21 世纪初，随着地基雷达硬件升级与新的雷达信号编码技术的使用，地基雷达观测的空间分辨率得到了显著提高。

雷达技术在第二次世界大战期间得到了迅速发展。早在 1940 年，有科学家提出向月球发射雷达波，以月球作为无线电通信的中继站，并利用反射波来研究地球大气层与电离层。直到 1946 年，美国和匈牙利研究团队分别向月球发射雷达波，并成功接收到月球表面的回波，由此开启了行星雷达天文学。1946 年 1 月 10 日，美国陆军信号部队 John H. Dewitt 领导的 Diana 计划首次在月出与月落时刻对月球成功进行了雷达观测，频率为 111.5 MHz（Webb，1946）。20 世纪 60 年代，MIT 林肯实验室、美国海军实验室等机构的地基雷达测量了月球正面雷达回波，波长范围为 8 mm～22 m，获得了月球表面雷达散射特性（Evanand Pettengill，1963；Davis and Rohlfs，1964）。60 年代末，距离-多普勒雷达成像技术首次被应用于月球观测，获得了第谷（Tycho）撞击坑区域的雷达图像（Pettengill and Thompson，1968）。60 年代末 70 年代初，Arecibo 和 Haystack 天文台采用了窄波束天线雷达，可以直接区分月球表面回波的距离-多普勒模糊，对月球正面大范围区域进行成像观测。这些观测获取了波长 3.8 cm、70 cm、7.5 m 的月球正面雷达图像，其中 3.8 cm 影像的空间分辨率可高达 1～3 km，70 cm 雷达影像的分辨率为 5～10 km（Zisk et al.，1974；Thompson，1978，1979）。80 年代初，Arecibo 雷达进行了升级，获得了月球正面 70 cm 波长、空间分辨率为 2～5 km 的雷达图像（Thompson，1987）。21 世纪初，Arecibo 雷达采用补丁聚焦（patch-focusing reduction）合成孔径雷达技术对月球正面进行了高分辨率成像观测，70 cm 波长雷达影像的空间分辨率为 320 m×450 m，12.6 cm 波长雷达影像的空间分辨率可高达 40 m（Campbell et al.，2007，2010）。

20 世纪 60 年代初，随着地基行星雷达灵敏度的提高，美国、苏联对类地行星首次进行了观测，获得了金星和水星的自转信息，发现火星表面雷达影像中地质单元呈现多样性（Ostro，2007）。随着雷达成像技术的进一步改进，目前地基雷达已经获得了水星、金星、火星表面的雷达影像，分辨率可达 1～2 km。90 年代，随着地基雷达系统的升级，地基雷达实现了对类地行星大尺度范围的成像观测。特别地，这些观测表明火星和水星两极存在着雷达回波强度与圆极化比异常高的区域。水星极区雷达回波强度和极化特性与木星冰卫星相似，这被解释为水星两极永久阴影区内存在大量水冰。

1972～1973 年，地基雷达对土星光环进行了观测，观测结果否定了之前主流地认为土星光环是由尺度为 0.1～1.0 mm 粒子组成的假说（Goldstein and Morris，1973）。20 世纪 70 年代，地基雷达对木星的 3 颗伽利略卫星（Europa、Ganymede、Callisto）进行了观测，发现冰卫星的雷达回波存在异常，其强度与圆极化比远远高于类地行星的雷达回波（Campbell et al.，1977，1978）。后续研究表明，与岩石质天体表面相比，这些天体表面风化层对电磁波更加透明，异常高的回波是电磁波透过这些天体表面风化层后经多次散射所引起的。

1968 年，地基雷达第一次对近地小行星（1566 Icarus）进行了观测，1977 年地基雷达首次对主带小行星（1 Ceres）进行了观测，1980 年第一次观测到了彗星（Encke）的回波信号。1992 年，地基雷达首次对近地小行星 4179 Toutatis 进行了成像观测，得到了其详细的地质特征图，表明 Toutatis 是一个缓慢的、非主轴旋转的小行星。截至 2018 年 7 月 23 日，地基 Arecibo 雷达和 Goldstone 太阳系雷达共发现了 138 个主带小行星、769 个近地小行星、20 个彗星（信息来源于 JPL 小行星雷达研究组）。

2. 星载合成孔径雷达 SAR

由于观测天体的距离远，地基雷达成像的空间分辨率通常比较低。若要对天体表面进行高空间分辨率成像，则需要发射轨道器，利用星载合成孔径雷达（SAR）进行观测。与常规的成像雷达（如真实孔径雷达）相比较，SAR 具有方位向高空间分辨率成像的优势。SAR 利用一个沿平台运动方向的小天线向目标发射多个相参信号，通过将不同位置处接收到的回波进行相干处理，利用天线与目标相对运动的多普勒频率获得方位向高分辨率（金亚秋和徐丰，2008）。SAR 一般发射线性调频信号，通过脉冲压缩技术获得距离向高分辨率。

1972 年阿波罗（Apollo）17 号探月计划的月球雷达探测仪实验（Apollo lunar sounder experiment，ALSE），首次对月球表面进行了 SAR 成像观测，频率为 150 MHz，这也是历史上第一次星载 SAR 实验（Porcello et al.，1974）。印度 2008 年 10 月发射的“月船 1 号”（Chandrayaan-1）探月卫星搭载了一个频率为 2.38 GHz、空间分辨率为 150 m 的微型 SAR（Mini-SAR），运用微型 SAR 对月球南北极纬度 80°以上 95%的区域与非极区个别区域进行了成像观测（Spudis et al.，2009）。美国 2009 年 6 月发射的月球侦查轨道器（lunar reconnaissance orbiter，LRO）上也搭载了一个类似的频率为 2.38 GHz、7.14 GHz 的微型合成孔径雷达（miniature radio frequency，Mini-RF），空间分辨率为 15 m×30 m（S 波段）与 150 m（C 波段）（图 1.2）（Nozette et al.，2010）。Mini-RF S 波段雷达对整个月球 67%的区域进行了成像观测（包括南极与北极 99%以上的区域），C 波段雷达对少部分月球表面（包括极区）进行了观测（Cahill et al.，2014）。Mini-SAR 和 Mini-RF 主要的科学目标是研究月球表面浅表层物理特性，搜寻月球两极永久阴影区内水冰存在的证据。

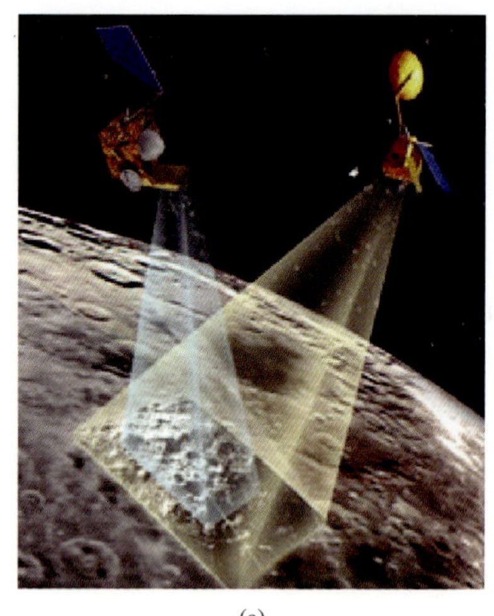

(a)

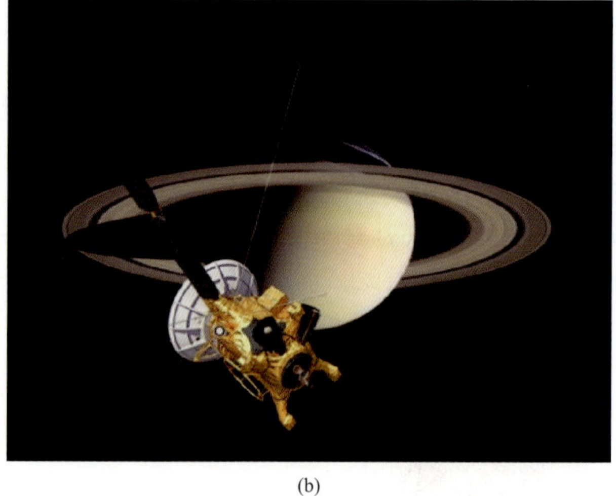

(b)

图 1.2　印度“月船 1 号”Mini-SAR 与 NASA LRO Mini-RF（a）和 NASA Cassini 雷达（b）

对于具有浓密大气的天体，如金星、土卫六（Titan），微波 SAR 是获得表面形貌与浅表层结构的唯一观测手段。1978 年 NASA 金星先驱者轨道器（pioneer Venus orbiter）搭载了表面雷达制图仪，用于绘制表面地形，并对金星表面进行了 SAR 成像观测，空间分辨率为 20～40 km（Colin，1980）。1983 年苏联金星探测计划 Venera 15、Venera 16 采用了 3.75 GHz 的 SAR，对金星表面北纬 30°以上区域进行了成像观测，空间分辨率可达 1～2 km（Aleksandrov et al.，1988）。1989 年 NASA 麦哲伦（Magellan）金星探测计划，S 波段（波长 12.6 cm）多模态雷达遥感系统主要观测模式之一是 SAR 成像，对 98%的金星表面进行了成像观测，空间分辨率约为 100 m，主要用于研究金星地形地貌与地质类型（Pettengill et al.，1991）。1997 年 NASA 卡西尼（Cassini）计划中采用了频率为 13.78 GHz 的 SAR，用于对土卫六表面进行成像观测，空间分辨率为 0.35～1.7 km（Elachi et al.，2004）。

3. 雷达探测仪

考虑到地球电离层的影响与天线尺寸的限制，地基行星雷达和 SAR 的频率选择一般不能太低（P 波段到 X 波段之间）。受波长限制，这两种雷达对行星次表层的探测深度有限，一般为几米到几十米。要探测行星表面以下数百米深到数千米量级的次表层结构，需要采用星载高频（high frequency，HF）或甚高频（very high frequency，VHF）雷达探测仪。雷达探测仪一般采用偶极子天线垂直照射行星表面，通过行星表面天底点回波的时延结合卫星轨道信息来测量行星表面高程，通过表面天底点与次表面天底点回波的时延差来估算表层物质的厚度，通过次表面天底点回波的强度推算次表层物质的介电常数与物质成分。若仅考虑天体表面回波，则雷达探测仪的工作原理与雷达高度计相类似。由于偶极子天线波束宽度大，对天体表面的照射范围广，粗糙的表面非天底点区域往往会产生强的雷达回波（称为表面杂波），其可遮挡微弱的次表层天底点回波，这是星载雷达探测仪对天体次表层结构特性探测数据处理的难点。

雷达探测仪发明于 20 世纪 20 年代，主要用于探测地球电离层电子密度随高度的变化。

1972 年美国 Apollo 17 探月计划的探月飞行器搭载了多频（5 MHz、15 MHz、150 MHz）雷达探测仪，第一次对月球表面进行了雷达探测仪实验（Apollo lunar sounder experiment，ALSE）。ALSE 对几个月海区域进行了约 13 小时的观测，主要用于探测月球次表层的介电特性，由此推断月球地壳表层的地质构造，也通过探测表面起伏廓线来给出月球表面地形的变化（测高模式）（Porcello et al.，1974）。日本 2007 年 9 月 14 日发射的探月卫星月神（SELENE/Kaguya）搭载了频率为 5 MHz 的月球雷达探测仪（lunar radar sounder，LRS），对整个月球的次表层结构进行了探测，获得了月海表面玄武岩厚度的分布（图 1.3）（Ono and Oya，2000）。

(a)

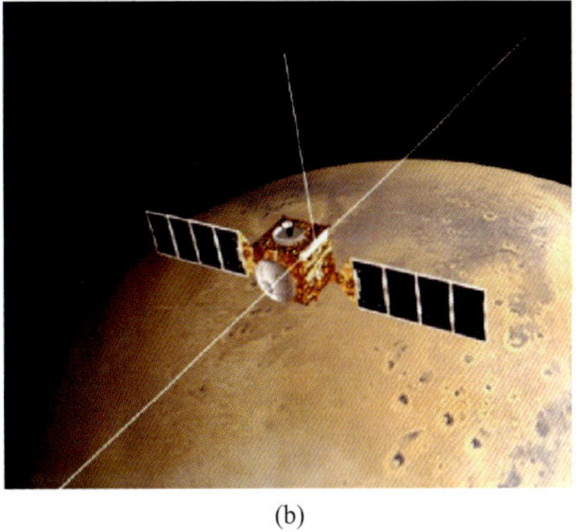

(b)

图 1.3　日本月神雷达探测仪 LRS（a）ESA 火星快车火星次表面电离层先进雷达 MARSIS（b）

2003 年欧洲太空局（ESA）火星快车上搭载的火星次表层电离层先进雷达（Mars advanced radar for subsurface and ionosphere sounding radar，MARSIS），中心频率为 1.8 MHz、3.0 MHz、4.0 MHz、5.0 MHz，带宽为 1 MHz（Picardi et al.，2004）。MARSIS 顺轨方向分辨率为 5～10 km，交轨分辨率为 15～30 km，真空中垂向分辨率为 150 m，次表层垂向分辨率与火星物质的介电常数有关，典型垂向分辨率为 50～100 m。在火星黑夜，MARSIS 工作的频率为 1.8 MHz、3.0 MHz、4.0 MHz、5.0 MHz，主要用于探测火星地壳表层 5 km 范围内的次表层结构，寻找液态水或冰；MARSIS 在火星白天的工作频率为 4.0 MHz、5.0 MHz，主要用于探测火星电离层的电子密度。2005 年美国火星侦查轨道器上搭载的浅表层雷达（SHAllow RADar，SHARAD）是一个中心频率为 20 MHz、带宽为 10 MHz 雷达探测仪，主要用于获取火星表面以下 1 km 范围内次表层结构，探测液态水的存在（Seu et al.，2004）。SHARAD 的工作原理与 MARSIS 相似，由于其中心频率比较高，探测的有效深度为火星表层几百米到 1 km。SHARAD 沿轨方向分辨率为 0.3～1 km，交轨方向分辨率为 3～6 km，真空中垂向分辨率为 15 m，在火星次表层垂向分辨率为 5～10 m，相比 MARSIS 分辨率提高了 10 倍。

由于 MARSIS 和 SHARAD 的频率在 1～20 MHz，空间垂直分辨率较差，因此我们提出提高频率以保证较高的分辨率，首先要有利于上表层结构的特征信息的反演。笔者对火星分层次表层结构的探测进行了理论建模，将多频段的数值模拟和 MARSIS 数据进行比较，提出采取 20 MHz 与 50 MHz 双频雷达探测的构想（Liu and Jin，2014）。中国 2020 年首次火星探测计划中，将搭载一个中心频率为 15 MHz、40 MHz 的双频雷达探测仪，对火星表面几百米深度范围内的浅表层结构进行探测，搜寻火星浅表层水冰，并由测高模式获取火星表面高程分布。

在 2022 年 ESA 木星冰卫星探测计划（JUpiter ICy moons Explorer，JUICE）中，将采用一个中心频率为 9 MHz 的雷达探测仪（Radar for Icy Moon Exploration，RIME），用于探测木卫二（Europa）的次表层结构（Bruzzone et al.，2015）。NASA 的木卫二探测计划 Clipper 中，计划使用一个频率为 9 MHz、60 MHz 的双频雷达探测仪（Radar for Europa Assessment and Sounding：Ocean to Near-surface，REASON），探测木卫二表面冰层的厚度（Phillips and Pappalardo，2014）。中国在未来的木星冰卫星探测规划中，也考虑采用高频雷达探测仪来探测木卫四的次表层结构。

4. 探地雷达

高频雷达探测天体次表面回波，但是表面杂波会混淆次表面回波，严重影响次表层的信息提取。为消除表面杂波的影响，一个办法是将雷达探测仪直接放到行星表面，即探地雷达。探地雷达是指工作在行星表面，通过天线发射和接收高频电磁波来探测介质内部物质特性与分布规律的一种雷达。探地雷达具有高精度、高效率、无损伤等探测特点，被广泛应用于考古、矿产勘查、地质灾害调查、岩土工程勘查等领域。

2013 年中国“嫦娥三号”月球着陆计划中，“玉兔”月球车在世界上首次搭载了频率为 60 MHz、500 MHz 的双通道探地雷达（测月雷达），用于探测雨海北部的次表层结构，探测月壤层结构与介电特性（图 1.4）（Fang et al.，2014）。2018 年 12 月 8 日发射的“嫦娥四号”探测器首次在月球背面的冯 • 卡门撞击坑底部着陆，月球巡视器上也搭载了一个类似的双频雷达，对月壤次表层结构与介电特性进行探测与研究。计划于 2019 年发射的“嫦娥五号”月球样品采集返回计划，将使用频率为 2 GHz 的月壤结构探测仪，对样品采集区深度 2 m 内的月壤结构进行探测，月壤层分辨率将优于 5 cm。

图 1.4 中国“嫦娥三号”测月雷达

在中国2020年首次火星探测计划中，火星巡视器上将搭载中心频率为40 MHz、1 GHz的双频探地雷达，对火星浅表层结构与介电特性进行探测，搜寻次表层内潜在的水冰。2020年ESA火星探测计划ExoMars中，也将计划使用探地雷达WISDOM（water ice subsurface deposit observation on Mars），频率为500 MHz到3 GHz，探测巡视区表面以下3 m的次表层结构，绘制着陆区次表层三维地质结构图，研究火星表层物质的电磁特性，并观测着陆区与早期水环境相关的沉积岩（Ciarletti et al.，2017）。

5. 干涉雷达

干涉雷达一般指采用干涉测量技术的合成孔径雷达，通过两个侧视天线对目标进行观测，或同一天线在不同时刻对目标进行观测，获得同一区域两次成像的复数图像对（包括幅度与相位信息），通过目标与天线位置之间的几何关系，得到地面目标回波的相位差，进一步精确解算出目标区域的高程或地形变化信息。

20世纪70年代初，Haystack雷达（7.84 GHz）采用了干涉成像技术对月球进行了观测，获得了月球Alphonsus-Arzachel区域与危海的高程分布，空间分辨率为1～2 km，高程精度为500 m（Zisk，1972）。1997年，Goldstone太阳系雷达采用干涉成像技术对月球进行了观测（图1.5），获得了月球极区与第谷（Tycho）撞击坑区域的高分辨率高程分布，空间分辨率为～100 m，高程精度为～50 m（Margot et al.，2000）。NASA未来的金星探测计划VERITAS中也在考虑采用X波段干涉SAR（VISAR），对金星表面高程进行高精度测量，其空间分辨率为～250 m，测高精度预计高达5 m（Hensley et al.，2015）。

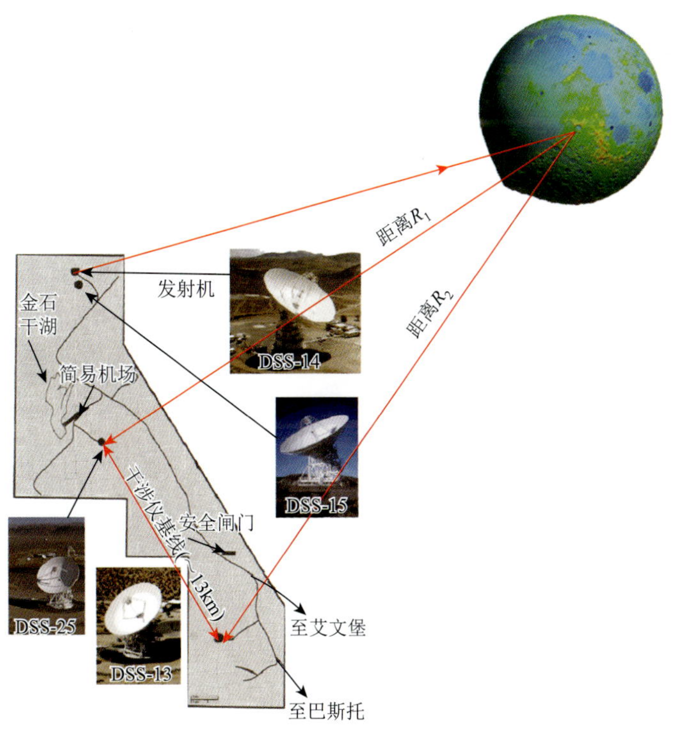

图1.5 美国Goldstone太阳系行星雷达干涉测量（DSS深空探测站）

6. 双站雷达

双站雷达（或双基地雷达）指发射机/发射天线和接收机/接收天线不在同一位置的雷达系统，通常发射机/发射天线和接收机/接收天线可以都是地基雷达系统，或一个是地基雷达一个是星载雷达，或两个都是星载雷达。在深空探测中，通常采用 X、S 波段无线电对卫星进行远距离跟踪与通信，卫星无线电子系统发射机与地基雷达可相对容易地配置成双站雷达对行星表面进行观测。双站雷达可以获得雷达回波强度与极化特征随双站角（天文学中称为相角，phase angle）的变化。特别地，双站雷达可以测量低损耗介质（如水冰、低钛月壤等）在 0°相角（双站角）时的后向散射增强现象（coherent backscatter opposition effect，CBOE），其通常用于判断行星表面（特别是永久阴影区）浅表层是否存在大量水冰。

20 世纪六七十年代 Lunar Orbiter 1、Explorer 35、Apollo 14、Apollo 15 月球探测计划中，对绕月轨道器与地球遥测监视天线（位于斯坦福大学）进行了多个双站雷达观测实验，这些实验获得的月球表面双站雷达散射数据可以用来分析月球表面地形分布、粗糙度与介电常数等特征参数（Tyler and Simpson，1970；Tyler and Howard，1973）。1994 年 NASA Clementine 探月计划实施了著名的双站雷达实验（图 1.6），在月球南极 Shackleton 撞击坑的永久阴影区发现了雷达回波后向散射增强现象，被解释为月球南极存在大量水冰（Nozette et al.，1996），但后续的数据分析对这一结果提出了质疑。2016 年 4 月底到 6 月中旬，欧洲太空局火星快车与地基雷达进行了 11 次双站雷达观测，波长分别为 3.6 cm、13 cm，用于研究火星表面介电常数与粗糙度等参数（Andert et al.，2017）。

欧洲太空局 ESA 的洛塞塔（Rosetta）计划探测 67P/楚留莫夫-格拉西门克（67P/Churyumov-Gerasimenko）彗星，该计划进行了无线电传输探测彗星彗核的双站雷达实验（comet nucleus sounding experiment by radiowave transmission，CONSERT），利用回波信息反演了彗核的介电常数，估算了彗核内尘埃和冰的比例（Kofman et al.，1998，2015）。中国在未来的小行星与彗星探测计划中，也考虑采用高频双站雷达来探测小行星与彗星的内部结构与物质组成。本书也提出了非均匀小行星结构反演的数值方法，可参见第 13 章。

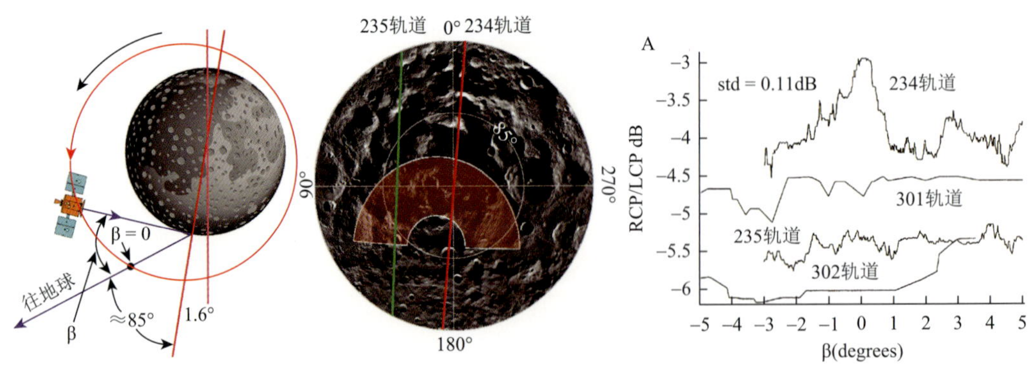

图 1.6　1994 年美国 Clementine 双站雷达实验（Nozette et al.，1996）

7. 地基射电望远镜

射电望远镜（radio telescope）由收集天体射电波的定向天线，放大射电信号的高灵敏度接收机，数据记录、处理和显示系统等构成，可测量天体辐射的强度、频谱、极化等参量。地基射电望远镜通过测量天体表面的微波热辐射，可获得天体表面物理温度、表面物质热特性与电磁特性等。典型的地基射电望远镜主要有苏联无线电物理研究所射电望远镜、Arecibo 天文台、NASA DSS-63 的 64 m 天线，目前排名世界第二的上海天文台 65 m 的天马射电望远镜等。上海天文台的 65 m 射电望远镜已应用于日常业务运行观测，包括探月任务和其他空间测量任务。2016 年中国科学院利用贵州地形建成的 500 m 口径球面射电望远镜（five-hundred-meter aperture spherical telescope，FAST）是目前世界单口径最大、最灵敏的射电望远镜，频率为 70 MHz～3 GHz，可以对太阳系天体的微波热辐射进行高分辨率测量（图 1.7）。

图 1.7　中国 500 m 口径球面射电望远镜 FAST

从 20 世纪 40 年代起，科学家就用地基射电望远镜对月球、水星等太阳系天体进行了观测，获得了这些天体的表面温度等信息。以月球为例，美国、苏联等多个国家的科学家，对波长在 0.1～406.5 cm 的辐射亮度温度进行了测量，部分观测辐射亮度温度的精度可达 0.5 K（Troitskii and Tikhonova，1970）。70 年代末，地基射电望远镜对月球正面进行了成像观测，分辨率可达 250 km（Keihm and Gary，1979）。70 年代末，美国 Hat Greek 天文台的毫米波天线干涉仪与甚大天线阵对水星表面的热辐射进行了观测（Mitchell and De Pater，1994）。

随着射电观测技术的发展，近年来一些地基大型综合孔径射电望远镜（DRAO ST、VLA、GMRT、WSRT 等）也开始应用到对太阳系天体的观测中。例如，Zhang 等（2012）利用多米尼克无线电物理观测台的综合孔径射电望远镜，对月球正面 1.4 GHz 的热辐射进行了高分辨率观测。截至 2018 年 9 月，中国 FAST 已经发现了 59 颗优质的脉冲星候选体，其中有 44 颗已经被确认为新发现的脉冲星。

8. 星载微波辐射计

星载微波辐射计用于研究行星大气或天体表面的温度分布与物质的热特性。

1962 年 NASA“水手二号”中首次使用了星载微波辐射计测量金星的微波热辐射（Barath et al.，1964）。1989 年 NASA 金星麦哲伦（Magellan）计划多模态雷达系统也具有微波辐射观测模式，通过其测量了金星表面热辐射，获得了金星表面热发射率分布与物理温度（Pettengill et al.，1991）。1997 年 NASA 卡西尼（Cassini）雷达系统也具有被动微波辐射观测模式，空间分辨率为 7～310 km，通过其对土卫六表面的沙漠、海洋等进行了观测（Elachi et al.，2004）。

中国“嫦娥一号”“嫦娥二号”探月计划在国际上首次使用了四通道微波辐射计（图 1.8），其可用于测量月球表面微波热辐射，研究月球表面月壤层物理温度与结构特性等（姜景山和金亚秋，2011）。2011 年 NASA 木星探测计划 Juno 搭载了 6 通道微波探测仪（microwave radiometer，MWR），频率为 0.6 GHz、1.2 GHz、2.4 GHz、4.8 GHz、9.6 GHz、22 GHz，其可用于测量木星大气的热辐射，以研究木星大气成分、动态变化、辐射环境等（Jassen et al.，2017）。

(a)

(b)

图 1.8　中国“嫦娥一号”探月卫星（a）和“嫦娥一号”四通道微波辐射计（b）

小结：主被动微波遥感传感器分别以不同的遥感机理、探测方式、中心频率、观测角度、极化方式、探测深度等，对太阳系行星、卫星等天体表面的物理特性进行探测，凸显了与可见光、红外等传统遥感探测技术不同的科学新问题、新发现。对太阳系天体的探测，未知多、成本高、周期长，在设计仪器时多采用多模态观测模式，以使得观测多元化、科学价值最大化。例如，探测金星 Magellan 雷达、土卫六 Cassini 雷达都采用主被动、多模态观测方式，既有主动雷达观测，也有被动微波辐射观测，主动雷达观测有合成孔径雷达成像、高度计、散射计等模式。

在雷达对行星表面与次表层探测中，地基雷达/合成孔径雷达、雷达探测仪、探地雷达是主要的探测方式，可实现从表面到浅表层、从浅表层到深层、从全球到区域、从区域到局部的探测。以月球为例，地基雷达（如 Arecibo 雷达）与星载合成孔径雷达（如 Mini-RF）可分别实现对月球正面与背面、从厘米到米级深度的浅表层月壤结构的探测，雷达探测仪（如日本 LRS 雷达）则可对深度几百米的次表层结构进行全球性探测。这些雷达数据可提供月球表面到几百米深的次表层结构信息。结合其他遥感手段（可见光、红外）的探测结果，选择月球表面感兴趣的着陆点，通过月球车上搭载的探地雷达（如“嫦娥三号”“嫦娥四号”测月雷达）对这些特定地点的地形地貌与次表层地质结构特征进行深入而细致的探测。另外，探地雷达的探测结果可以为地基雷达、合成孔径雷达、雷达探测仪的探测提供交叉验证的信息源。因此，这 3 种雷达探测技术对月球表面不同区域、不同深度进行探测，是全面精细化了解行星次表层结构的有效探测方式。当然，这些组合探测方式也可以应用到其他行星和天体的探测中。

1.2.2　行星微波遥感研究现状

微波遥感对太阳系天体探测的最大优势是穿透特性，微波可穿透行星大气或干燥的行星或天体表面，可对行星表面或次表层进行探测，这是可见光、红外等传统遥感手段所无法比拟的。要穿透到天体表面以下一定深度，微波遥感传感器必须选择合适的频率。对于特定的频率，电磁波在行星次表层的穿透深度主要取决于天体表面物质的介电特性，这可以通过对行星样品、陨石样品或行星物质模拟样品在实验室测量来获取。一般地，电磁波与天体表面的作用非常复杂，需要考虑电磁波在天体表面的散射、绕射、透射、反射，在次表层内的衰减、散射等。逆向问题中，需要采用基于电磁波与行星表面物质相互作用的反演理论来对雷达回波或辐射亮度温度进行分析，以定量反演行星表面与次表面特征参数。进一步地，需要结合行星表面地质过程（火山作用、撞击成坑等）对特征参数的反演结果进行地质解译，归纳出各种地质过程中关键性特征参数的变化规律，形成对太阳系天体起源、演化、现状的新认识。因此，行星微波遥感完整的研究链包括：对行星物质或模拟物质介电常数的实验测量、基于电磁波传播与散射理论的微波遥感建模与数值模拟、基于遥感模型的数据分析与参数反演、结合行星地质过程的反演参数地质解译。

对介电常数的了解是微波遥感传感器设计的参考依据，也是遥感数据解译与参数反演的基础。在上节所述行星微波遥感传感器中，地基雷达和合成孔径雷达主要用于对天体表面成像，探测天体表面与浅表层风化层等信息；星载雷达探测仪和探地雷达的探测原理类似，主要用于探测天体浅表层或深层次表层结构等；被动微波遥感可以提供天体表面物理温度、热环境、物质热物理特性等信息。本节从这 4 个方面对现有的行星微波遥感研究现状进行总结，由于主被动微波传感器在月球、火星探测中的应用最为广泛，下面以月球与火星为主。对于每种类型的传感器，主要从观测结果、理论建模、参数反演、科学问题解译 4 个方面进行描述。

1. 介电常数测量

美国六次 Apollo 载人登月计划共采集了 381.7 kg 月壤与月岩样品，苏联三次 Luna 无人登月计划采集了 0.33 kg 月壤样品。之后，科学家对这些月球样品进行了实验室测量，获得了月壤、月岩介电常数的第一手资料，并建立了月壤、月岩介电常数随频率、物理温度、体积密度、化学成分、孔隙率、颗粒大小等参数的变化关系（Carrier et al.，1991）。这是目前了解月球物质介电常数的主要信息来源。Apollo 与 Luna 月球样品采样点仅限于月球正面 9 个区域，无法代表整个月球表面月壤、月岩物理性质与化学组成的多样性。也有一些模拟实验基于多光谱遥感所获得的月球表面成分等信息，配置具有不同物理特性与化学成分的模拟月壤样品（如 JSC-1、MLS-1/2、MKS-1、FJS-1、CAS-1 等月壤样品），通过对月壤、月岩模拟物介电常数的测量，获得对月球表面非样品采集区介电常数的认知（Zheng et al.，2009）。

月球、火星、小行星等太阳系天体的陨石是其母体天体的天然样本。对陨石介电常数进行实验室测量，可获得月球、火星、小行星等天体表面物质的介电常数。例如，基于对陨石介电常数的测量结果，Herique 等（2016）总结了 C 类、S 类、M 类小行星的介电常数，分析了介电常数随化学成分、孔隙度、体积密度、频率等参数的变化规律。Heggy 等（2012）基于实验室模拟物的测量，研究了彗星物质的介电常数，发现尘埃/冰的比例、尘孔隙率是影响彗核介电常数的关键因素。

对于缺少样品的天体，可根据光学遥感（包括光谱测量和光度测量）所获得的天体表面物质的物理与化学性质，研制模拟物质，通过实验室测量获得模拟物的介电常数。例如，为辅助分析火星探测中的多个雷达（MARSIS、SHARAD 等）数据，Heggy 等（2001）根据玄武岩、火山物质、沉积物等研制了不同的火星模拟物质，测量了 1～500 MHz 频率范围内火星模拟物质的介电常数。为了支持 NASA、ESA 未来的冰卫星探测计划，Pettinelli 等（2015）系统研究了地外冰物质的介电常数，包括水合物与冰的混合物、干冰、氨冰、笼形水合物、水合硫酸等，这些为冰卫星探测中次表层雷达的频率选择与模式设计提供了依据。

2. 被动微波辐射遥感

20 世纪 40～70 年代初，地基射电望远镜对整个月球正面的热辐射进行了一系列观测，波长范围为 0.1～406.5 cm。这些观测获得了整个月球正面辐射亮度温度随月相的变化规律，也得到了辐射亮度温度随波长变化的频谱关系。70 年代末，随着地基望远镜分辨率的提高，Gary 和 Keihm（1978）获得了月球正面波长 3.55 cm 辐射亮度温度的空间分布，空间分辨率约为 250 km。这些观测被用来研究月球表面亮度温度的空间分布，如在大尺度上月海的辐射亮度温度要比高地地区高 5 K 左右，静海和雨海区域内辐射亮度温度存在着异常。

早期对月球表面热辐射的建模研究主要是基于辐射传输理论，将月球表面等效为半无限大介质，或者由分层介质模型来纳入月壤月岩的结构，后续一些研究也考虑了月壤层内石块散射对热辐射的影响。Troitskii 和 Tikhonova（1970）基于一维热传导方程计算了月球表面物理温度随时间的变化，并给出了物理温度随深度变化的经验性模型。在此基础上，通过半无限大介质的辐射传输方程对月球表面热辐射进行了建模，给出了整个月球正面辐射亮度温度随经纬度与时间的变化关系，并与观测到的辐射亮度温度进行了比较。Keihm

和 Cutts（1981）建立了分层介质与连续介质的热辐射模型，分析了月壤密度与介电常数廓线对辐射亮度温度的影响，并与观测到的亮度温度随月相、频率变化的规律做了比较，发现月壤-月岩两层模型与观测吻合得比较好（Keihm and Cutts，1981）。Hagfors（1970）根据月球表面微波热辐射模型，研究了辐射亮度温度随观测频率、月相、月球表面热特性、介电常数、密度等参数的变化情况。England（1975）基于辐射传输理论与 Rayleigh 近似，求解了一层具有下垫面的散射体的微波热辐射，发现月壤层内石块散射可以使得月球表面辐射亮度温度降低几 K 到 50 K，降低的幅度取决于波长与月球表面物质的属性。Keihm（1984）基于一层半无限大介质热辐射模型，以及 Apollo 计划所获得的月球表面物理特性的真值，讨论了月球表面粗糙度、地形、月壤结构、下垫月岩、密度、次表层散射体等对辐射亮度温度的影响，发现波长 5～30 cm 的亮度温度有助于估算月球表面热流。

早期地基射电望远镜对月球表面热辐射的观测主要被用来研究月球表面物理温度及其随月相的变化。由于缺少月球表面真值，无法实现对月球表面物理参数的定量反演。在 Apollo 探月计划所获得的月壤热物理特性与介电特性的基础上，Gary 和 Keihm（1978）基于一维热传导方程与半无限大介质的热辐射模型，分析了亮度温度随频率的变化关系，发现在 1 mm～3 cm 波长范围内，地基观测获得的辐射亮度温度随月相的变化关系与理论计算吻合得非常好，在 3～13 cm 的波长范围内，辐射亮度温度的理论值与观测值之间存在差异，这可能是由于月壤层内部波长尺度的石块的散射所引起的。Keihm 和 Langseth（1975a，1975b）根据月球表面辐射亮度温度随波长的变化关系，结合热辐射模型与 Apollo 月壤物理参数测量值，反演了月球正面的月壤厚度与热流分布。基于早期微波热辐射模型，Keihm 和 Gary 进一步比较了月球正面波长 3.55 cm 辐射亮度温度的空间分布，发现 Tranquillitatis（静海）和 Imbrium（雨海）这两个月海区域内辐射亮度温度存在着异常，即观测值与理论预测值之差大于 2 K。进一步分析表明，这两处辐射亮度温度的异常可能是由于这两处月壤的吸收率比平均值高 30%～40%。

中国“嫦娥一号”“嫦娥二号”微波辐射计在世界上首次搭载了多通道微波辐射计，用于测量月球表面微波辐射亮度温度，空间分辨率可高达 30～50 km、15～25 km（姜景山和金亚秋，2011）。“嫦娥一号”“嫦娥二号”微波辐射计测量了整个月球表面不同时刻的辐射亮度温度。Jin 和 Fa 给出了具有物理温度与介电常数廓线的三层介质微波热辐射模型，分析了撞击坑坡度对月球表面发射率的影响，计算了微波辐射亮度温度随月壤厚度、频率、介电常数、时间等参数的变化（Fa and Jin，2007；Fa et al.，2011；Jin and Fa，2010）。“嫦娥一号”“嫦娥二号”微波辐射观测被用于分析月球表面热辐射的空间分布特征、月球两极热辐射、“冷点”撞击坑等，结合微波热辐射模型反演获得了月壤层的物理温度、月壤厚度、石块分布、介电常数等，并估算月壤层中氦 3（^{3}He）的含量（姜景山和金亚秋，2011；Gong and Jin，2012，2013；Gong et al.，2015）。

1988 年 1 月和 1991 年 3 月，美国 Hat Creek 天文台 BIMA 毫米波干涉仪与甚大天线阵对水星表面波长范围为 0.3～20.5 cm 的热辐射进行了观测。Mitchell 和 De Pater（1994）基于一维热传导方程和半无限大介质热辐射模型，建立了水星表面微波热辐射理论模型。结合热辐射模型对亮度温度的分析表明，水星表面存在一层厚度为几厘米的土壤层，之下为数米厚的致密物质。Mitchell 和 De Pater 进一步研究了水星表面物质的微波吸收系数，发现水星表面物质的吸收系数是月海物质吸收系数的 1/2 到 1/3，推算可能是水星土壤层缺少 Fe 和 Ti 元素所引起的。

3. 地基雷达和星载合成孔径雷达

20 世纪 40～60 年代末，地基雷达对月球正面进行了一系列观测，获得了月球正面多波段雷达回波强度与圆极化比随时间延迟的变化关系。根据月球表面雷达时延与入射角之间的几何关系，可以得到散射强度与圆极化比随雷达入射角的变化特征。基于这些观测，科学家对月球表面的雷达回波特性有了系统性认识，也了解了月球表面的散射机制。后续对水星、金星、火星等类地行星的观测发现，类地行星表面雷达散射特性与月球表面相类似。类地行星表面的散射在小入射角时以面散射为主，称为准镜面散射，在大入射角时以表面与次表层石块的体散射为主，称为漫散射。在上述观测与认知的基础上，存在大量的月球表面雷达散射理论建模工作，试图建立雷达回波与月球表面参数之间的定量关系，这些模型包括：二元混合经验模型、基于电磁散射理论的粗糙面散射模型与体散射模型、考虑面散射与体散射相互作用的复合模型。

利用地基雷达观测到的回波强度随入射角的变化，Evans 和 Hagfors（1964）提出了一种经验性二元混合散射模型，包括准镜面散射和漫散射分量，其中准镜面散射分量来自于垂直于雷达视线方向的大尺度光滑表面，漫散射分量主要来自于月球表面与月壤层内波长尺度的石块的散射。基于粗糙面散射的基尔霍夫近似（KA），Hagfors（1964）推导了月球表面准镜面散射分量的解析表达式，即 Hagfors 散射定律，该定律给出了月球表面散射强度与雷达入射角、月球表面粗糙度、介电常数之间的关系，但无法给出回波强度与频率之间的关系。Thompson 等（2011）系统总结了适用于 P、S、X 波段的二元混合散射模型，给出了粗糙月面、月壤覆盖水冰层、石块漫散射 3 种场景的散射模型，分析了月球表面坡度、粗糙度、水冰含量对回波强度与圆极化比的贡献，探讨了由雷达回波强度与圆极化比组合区分次表层水冰的可能性。Shepard 和 Campbell（1999）假设月球等行星表面是非静态的自仿射分形粗糙面，由惠更斯原理给出了小入射角时后向散射系数随入射角度的变化。

Hagfors（1967）指出月球表面的漫散射主要是由石块所产生的，石块的非球形状是产生去极化回波的主要因素，而 Burns（1969）指出月球表面与月壤层内石块的散射对总的回波贡献非常大。Thompson 等（1970）基于 Mie 散射理论计算了月球表面石块的散射，发现月球表面石块的单次散射与月壤层内石块的多次散射可以解释观测到的月球表面漫散射特性。基于 Mie 散射和双矩阵法，Pollack 和 Whitehill（1972）计算了月球表面年轻撞击坑连续溅射毯内石块的散射，发现石块的单次散射占主导地位，但多次散射对去极化回波的贡献非常显著。通过时域有限差分法（FDTD）求解部分与完全掩埋石块的电磁散射，Baron 等（1996）发现大多数情况下，部分掩埋石块的散射要比完全掩埋石块的散射强很多。

基于掩埋次表层和 Mie 散射理论，Campbell 等（1997）构建了半经验性的面-体散射模型，分析了月壤厚度、石块丰度、介电常数对 70 cm 雷达回波的影响。基于随机介质矢量辐射传输方程（vector radiative transfer，VRT）与粗糙面散射的积分方程方法

（integral equation model，IEM），Fa 等（2011）提出了一种月壤层定量化、参数化全极化雷达散射模型，定量分析了雷达回波强度与圆极化比随雷达配置和月壤层参数的变化，并探讨了由雷达回波探测月球极区水冰的可能性。到目前为止，月球表面雷达散射建模中，关于粗糙面散射、石块散射的建模已有不少研究，但缺少半掩埋石块、石块多次散射、粗糙面与石块面体相互作用的定量散射模型。最近，Liu 和 Jin（2018）建立了粗糙月球表面的面散射与石块体散射的数值模型，计算了月球表面散射与体散射的高阶散射。

SAR 成像给出的是天体表面回波信息（包括强度和极化特征）随距离与方位的二维分布。上述雷达散射建模研究通常假设天体表面在水平方向是均匀的，模型预测的是一个像元内回波强度与极化特征，没有考虑雷达成像过程中不同像元内场景之间的作用与投影的影响。有一些研究模拟非均匀表面的散射与雷达成像过程，考虑到了天体水平方向的非均匀分布。基于 KA 近似所模拟出的月球表面回波原始信号，Kobayashi 和 Ono（2007）模拟了月球表面高频合成孔径雷达影像，探讨了高频雷达探测仪成像过程中次表层目标与镜像影像的消除方法。Fa 等（2009）用数值构造了月球表面高分辨率数字高程模型，由非均匀三角形网格对地形进行剖分，以 KA 近似计算了月球表面三角网格的散射，用数值模拟了非均匀月球表面的合成孔径雷达影像。Paillou 等（2006）采用粗糙面散射的积分方程法计算了火星表面的雷达散射，采用简单的线性查找表方法模拟了火星表面 SAR 图像。

基于 Arecibo 天文台地基观测到的月球正面雷达数据，早期的研究主要集中于对月球表面地形特征和月壤特性等的研究。Hagfors（1961）通过月球表面的雷达回波分析了月壤的介电常数、密度等特性；Thompson 等（1974）通过这些雷达数据研究了月球正面撞击坑的形态学特征，发现年轻撞击坑回波都比较强，也存在一类雷达暗晕撞击坑；Schaber 等（1975）和 Campbell 等（1997）研究了月海熔岩流中钛铁矿的含量；Zisk 等（1977）研究了月球正面局部区域的火成碎屑堆积物；Shkuratov 和 Bondarenko（2001）根据这些雷达数据，结合地基光学数据，估算出了月球正面的月壤厚度分布；Ghent 等（2005）通过地基雷达观测研究了月球正面 39 个雷达暗晕撞击坑，分析了雷达暗晕撞击坑的分布规律，发现雷达暗晕撞击坑的形成与撞击坑形成过程中细粒级物质的迁移有关；Campbell 等（2007）进一步通过地基雷达数据研究了电磁波在月壤中的损耗特性以及月壤中的石块分布等，并指出通过雷达数据可以反演出月壤的成分与相对年龄等。所有的这些研究都是由地基雷达观测数据对月球表面月壤特性进行反演与推断。

近期，地基 Arecibo、Mini-SAR、Mini-RF 获得了高分辨率月球表面雷达影像，这些数据被广泛用于研究月球表面粗糙度特征、撞击坑定年、辐射纹的形成与演化、撞击熔融物的分布、撞击坑连续溅射毯内石块分布等。

4. 雷达探测仪

雷达探测仪对行星次表层探测的理论建模工作主要分为两部分：①以平行分层介质的雷达方程为理论基础，对雷达探测仪的系统参数与工作性能进行理论分析与评估；②基于高分辨率数字高程的表面/次表面雷达回波数值模拟。

为评估雷达探测仪的设计性能及其对月球次表层结构的探测能力，早期学者（Porcello et al.，1974；Ono and Oya，2000）提出了月球表面两层平行分层介质模型，根据雷达方程给出了表面与次表面回波强度的计算公式，分析了天线方向图、发射波波形、次表层物质介电常数对雷达回波的影响。Picardi 等（2004）分析了电磁波在火星次表层内传播、衰减与反射等特性，探讨了 MARSIS 探测火星次表层水（或冰）的基本原理，并根据粗糙面散射的双尺度模型计算了火星表面杂波的强度，估算了表面杂波对次表层回波有效识别的影响。DiPaolo 等（2017）利用有限元方法数值求解了热对流方程，获得了土卫二表面冰壳层物理温度分布，基于随温度变化的地外冰的介电常数实验测量值，估算了高频雷达波在土卫二冰壳内传播的介电损耗，结果表明，9 MHz 的雷达波可穿透到土卫二表面以下 15 km 厚的冰壳层。

为从雷达探测仪回波中准确判断并提取次表面回波，需要对天体表面回波（杂波）/次表面回波进行数值模拟。对天体表面杂波的数值模拟主要是基于粗糙面散射理论，如 KA 近似、小面元方法等，这需要有天体表面高分辨率地形数据。若需要模拟次表面回波，则可采用大尺度切平面 KA 近似或几何光学射线追踪方法。Kobayashi 等（2002a，2002b）用数值模拟了月海与高地表面高程分布，用三角形网格对高程进行剖分，基于 KA 近似计算表面与次表面元的散射，用数值模拟了月海和高地表面与次表面回波，并分析了入射波波形、月球表面粗糙度、介电常数、撞击坑形状与密度等对回波的影响。Fa 和 Jin（2010a）基于几何光学射线追踪，提出了一种快速高效的计算雷达探测仪回波与图像的模拟方法。对于次表面回波只计算其镜向散射的贡献，突出了分层结构中散射传输的机制，极大地减少了次表面回波的计算量。基于该方法，Fa 和 Jin 用数值模拟了月海和高地表面雷达探测仪回波与图像，分析了表面与次表面粗糙度、雷达带宽、介电常数、撞击坑形状和密度对回波强度的影响。这两种方法在对表面地形进行剖分时，要求三角面元的边长远小于雷达波长，一般取 1/10～1/8 波长。

基于火星表面地形在大尺度上（～500 m）相对比较平缓的假设，Nouvel 等（2004）基于小面元方法（facet method）给出了一种火星表面雷达探测仪杂波模拟方法，用数值模拟了火星表面雷达回波图像，该方法要求面元尺寸远大于入射波波长。为研究雷达探测仪对火星次表层冰盖的探测，Ilyushin 等基于辐射传输理论，研究了电磁波在分层介质中的传播与衰减，给出了回波统计量的近似模型，提出了一种反演单次散射反照率（albedo）、介电损耗的方法（Ilyushin et al.，2005；Ilyushin，2007）。基于 Huygens-Fresnel 原理，Berquin 等（2015）给出了一种行星表面雷达杂波模拟的物理光学方法，该方法和 Kobayashi 等方法类似，但可适用于尺寸大于雷达波长的三角面元，并给出了任意形状三角面元电磁散射的解析积分形式，从而提高了计算效率。Gerekos 等（2018）基于 KA 近似、几何光学射线追踪，提出了多层分层介质雷达回波模拟方法，并通过 LRS 对月球表面的观测数据和 SHARAD 对火星的观测数据验证了该方法的有效性。

Apollo 17 ALSE 和 Kaguya LRS 分别对部分月海区域与整个月球表面进行了观测，这些数据被用来研究月球次表层结构、玄武岩厚度与火山活动历史、介电常数、月壤厚度等。Peeples 等（1978）发现，月球澄海区域存在两个次表层回波，次表面深度分别为 0.9 km、1.6 km，这被解释为澄海区域两次火山喷发所依次形成的玄武岩厚度。Ono 等

（2009）分析了 LRS 数据，对月球正面风暴洋、雨海、史密斯海、危海、澄海区域的次表层结构进行了研究，发现这些月海区域存在着 1～2 个次表层回波，次表面的视在深度为几百米到 1 km 不等。Pommerol 等（2010）分析了 LRS 可检测到的次表面回波数量的空间分布，发现 LRS 可检测到的次表面回波数量与月球表面钛铁矿含量之间存在着反相关性，表明雷达波的衰减主要与钛铁矿含量有关。Oshigami 等（2009，2014）由 LRS 反演了全月球表面玄武岩厚度分布，估算了月球表面玄武岩的体积与火山喷发的平均速率。Ishiyama 等（2013）基于暗晕撞击坑与无暗晕撞击坑的挖掘深度所估算的玄武岩厚度，由 LRS 数据反演了月球表面玄武岩的介电常数。Kobayashi 等（2010）发现 LRS 与激光高度计所测量到的月球表面高程之间存在 5～25 m 的系统性差异，进一步分析表明，这可能是由于月壤底部对表面回波的干涉所引起的。Kobayashi 等（2010）进一步建立了可纳入月壤底部散射的月球表面回波模型，由此估算了风暴洋、雨海、澄海、静海区域的月壤层厚度。

MARSIS 和 SHARAD 获得了火星表面次表层雷达数据，其被广泛用来研究火星表面次表层结构、火星次表层可能存在的液态水、火星两极冰盖厚度、火星极区沉积物厚度、火星表面掩埋撞击坑、表面物质的介电损耗等（Picardi et al.，2005；Liu and Jin，2014，2016）。

5. 探地雷达

探地雷达回波的理论建模与数值模拟方法在地球遥感中已经非常成熟，常见的回波模拟方法有射线追踪、时域有限差分法（FDTD）等。Fa（2013）基于几何光学和射线追踪方法，提出了一种具有粗糙表面分层介质的探地雷达回波模拟方法，模拟了月球虹湾地区雷达图像，分析了次表层参数对回波强度的影响，给出了一种反演次表层厚度与介电常数的方法。为分析“嫦娥三号”探地雷达数据，有学者利用 FDTD 方法模拟了具有石块分布的月壤层探地雷达图像，分析了次表层石块大小、介电常数等参数对探地雷达回波强度、图像纹理（双曲线结构）等的影响（Zhang et al.，2015）。

中国“嫦娥三号”测月雷达获得了雨海北部着陆区～114 m 行驶路径上的探地雷达数据，这些数据被用来研究着陆区的次表层结构与月壤介电特性。对低频测月雷达数据的分析表明，“嫦娥三号”着陆区表面以下可存在 9 个分层结构，两个深层回波深度可达 240 m 和 360 m，表明雨海北部经历了多期次的火山喷发活动（Xiao et al.，2015；Zhang et al.，2015）。Fa 等（2015）分析了测月雷达高频通道数据，研究了着陆区浅表层结构，分析了次表层石块丰度随深度的变化，反演了月壤层的介电常数与体积密度，推算了着陆区月球表面的演化历史，并估算了月壤厚度的增长速率。

1.3　微波遥感基本理论

行星表面的大气、陆地、冰盖、海洋等物理性质与化学成分往往是非均匀、随机分布的。在微波遥感中，随机的自然介质反射/散射的回波或自身热辐射是遥感信息的载体。

要准确获得遥感对象的定量信息，就需要了解电磁波与遥感对象相互作用的散射与辐射传输机制，给出定量的电磁散射与辐射传输的数值结果，分析电磁散射和辐射随传感器参数与随机介质物理特征参数之间的函数关系，即随机介质中的电磁波理论。

随机介质一般可分为离散的散射粒子（如石块、冰晶粒子、孔隙等随机散射元）、连续随机介质（如大气湍流、行星表面土壤层、冰层、海洋）和随机粗糙表面（海面、固体天体表面）。离散粒子通常可以由粒子大小、形状、介电常数、占空比、粒子的空间取向等描述，连续随机介质可以由介电常数的随机起伏、起伏方差等描述，随机粗糙面则由高度起伏的相关函数、相关长度、均方根高度等粗糙度参数来描述。根据遥感对象的几何与电磁特征参数建立物理和几何模型，根据随机介质中的电磁波理论对电磁波散射与传输过程进行理论建模与数值模拟，以实验测量获得的真值为模型输入，对比模型预测结果，对遥感观测值进行数据验证，结合定量参数化模型对遥感观测值进行特征参数反演研究，再结合行星地质过程对反演结果进行科学解译，这是微波遥感理论建模、数值模拟、参数反演、科学解译的一个完整的研究链。

电磁波的反射、散射、透射、衰减等物理过程，可以通过基本的麦克斯韦（Maxwell）方程及其演化的电磁散射辐射方程来求解。基于能量守恒的矢量辐射传输理论来描述极化电磁波强度在离散/连续介质中的散射、吸收和传输。根据建模的要求，边界条件的设立、求解方法的数值实现，都需要依靠物理模型来做适当的近似。例如，基于惠更斯（Huygens）理论推导的随机粗糙面散射的近似方法主要有大尺度的基尔霍夫近似（KA）、小尺度的微扰法、双尺度法、解析积分方程法，数值方法主要有时域有限差分法、有限元法、矩量法等（Tsang et al.，1985；Jin，1994）。

在太阳系行星中，常见的固体表面有随机起伏的火山表面、坑坑洼洼的撞击坑表面，在类地行星表面由于撞击成坑作用一般都存在厚度几米到几十米的风化层，其表面与内部具有随机分布的大大小小的非规则石块。从随机介质的角度，类地行星表面可以建模为随机粗糙面与离散散射体所构成的随机介质。为此，本节介绍行星微波遥感中常用的随机粗糙面散射理论与矢量辐射传输理论。

1.3.1 极化电磁波与热辐射基础

1. 极化电磁波与散射矩阵

雷达遥感中，信息的载体是电磁波。电磁波电场分量在与其传播方向垂直的平面上简谐振动描绘的变化轨迹称为极化（polarization）。如图 1.9 所示，定义坐标系 $(\hat{v},\hat{h},\hat{k})$，$\hat{k}$ 为电磁波传播方向，$\hat{v}$ 和 $\hat{h}$ 分别表示垂直线极化方向和水平线极化方向。任意极化电磁波可以由正交线极化 $\hat{v}$ 和 $\hat{h}$ 两个分量表示为（Kong，2005）

$$\overline{E}(z,t)=\hat{e}E_0e^{i\overline{k}\cdot\overline{r}}=\hat{v}E_{\mathrm{v}}+\hat{h}E_{\mathrm{h}} \tag{1.3.1}$$

$$E_{\mathrm{v}}=E_{0\mathrm{v}}\cos(kz-\omega t+\varphi_{\mathrm{v}}) \tag{1.3.2a}$$

$$E_{\mathrm{h}}=E_{0\mathrm{h}}\cos(kz-\omega t+\varphi_{\mathrm{h}}) \tag{1.3.2b}$$

式中，E_{v}、E_{h} 分别为垂直极化分量和水平极化分量；$\omega = 2\pi f$，为角频率，f 为频率。电磁波传播方向 $\hat{k}$ 和极化方向 $\hat{v}$、$\hat{h}$ 可表示为

$$\hat{k} = \hat{x}\sin\theta\cos\phi + \hat{y}\sin\theta\sin\phi + \hat{z}\cos\phi \tag{1.3.3a}$$

$$\hat{h} = \frac{\hat{z}\times\hat{k}}{|\hat{z}\times\hat{k}|} = -\hat{x}\sin\phi + \hat{y}\cos\phi \tag{1.3.3b}$$

$$\hat{v} = \hat{h}\times\hat{k} = \hat{x}\cos\theta\cos\phi + \hat{y}\cos\theta\sin\phi - \hat{z}\sin\theta \tag{1.3.3c}$$

在球坐标中有 $\hat{v} = \hat{\theta},\ \hat{h} = \hat{\phi},\ \hat{k} = \hat{r}$。

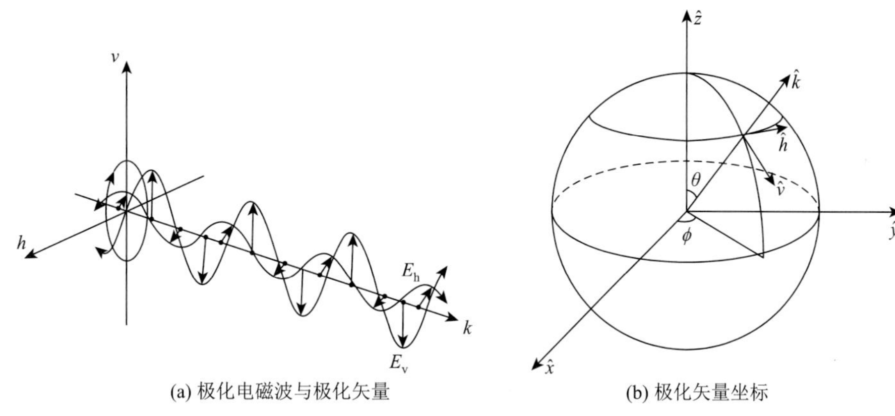

(a) 极化电磁波与极化矢量　(b) 极化矢量坐标

图 1.9

设在空间某固定位置，该电场矢量端点随时间变化描画出一定的轨迹，该轨迹由两个分量的幅度比和相位差决定，即极化比：

$$|\rho| = E_{0\mathrm{h}} / E_{0\mathrm{v}},\quad \varphi = \varphi_{\mathrm{h}} - \varphi_{\mathrm{v}} \tag{1.3.4}$$

根据轨迹形状来定义电磁波的极化：线极化（当 $\varphi = m\pi,\ m = 0,1,2,\cdots$ 时）、圆极化（当 $\varphi = m\pi + \pi/2,\ m = 0,1,2,\cdots$ 且 $E_{0\mathrm{v}} = E_{0\mathrm{h}}$ 时）及一般情况下的椭圆极化。各种极化的轨迹画在 $(|\rho|,\varphi)$ 极坐标平面上如图 1.10（a）所示。事实上，任意极化轨迹可以表示为如下椭圆方程：

$$\left(\frac{E_{\mathrm{v}}}{E_{0\mathrm{v}}}\right)^2 - 2\frac{E_{\mathrm{v}}E_{\mathrm{h}}}{E_{0\mathrm{v}}E_{0\mathrm{h}}}\cos\varphi + \left(\frac{E_{\mathrm{h}}}{E_{0\mathrm{h}}}\right)^2 = \sin\varphi \tag{1.3.5}$$

该椭圆轨迹可由图 1.10（b）所示的 3 个几何参数描述，即幅度 A、椭圆角 χ、取向角 ψ：

$$A = \sqrt{E_{0\mathrm{v}}^2 + E_{0\mathrm{h}}^2},\quad |\sin 2\chi| = 2\frac{E_{0\mathrm{v}}E_{0\mathrm{h}}}{E_{0\mathrm{v}}^2 + E_{0\mathrm{h}}^2}|\sin\varphi|,\quad \tan 2\psi = 2\frac{E_{0\mathrm{v}}E_{0\mathrm{h}}}{E_{0\mathrm{v}}^2 - E_{0\mathrm{h}}^2}\cos\varphi \tag{1.3.6}$$

式中，椭圆角 χ 的符号指示轨迹旋转方向，椭圆角 χ 决定了椭圆的形状；取向角 ψ 决定其取向。

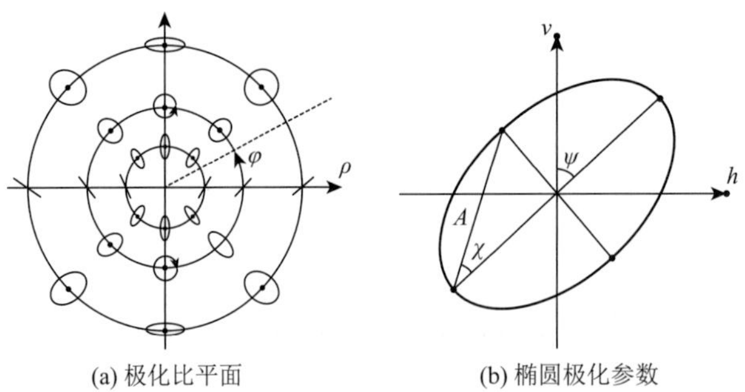

(a) 极化比平面　(b) 椭圆极化参数

图 1.10

任意极化的电磁波也可以由 Stokes 矢量 $\boldsymbol{I}$ 表示，定义为

$$\boldsymbol{I}=\begin{pmatrix} I_{\mathrm{v}} \\ I_{\mathrm{h}} \\ U \\ V \end{pmatrix}=\frac{1}{\eta}\begin{pmatrix} \left\langle |E_{\mathrm{v}}|^2 \right\rangle \\ \left\langle |E_{\mathrm{h}}|^2 \right\rangle \\ 2\,\mathrm{Re}\left\langle E_{\mathrm{v}}E_{\mathrm{h}}^* \right\rangle \\ 2\,\mathrm{Im}\left\langle E_{\mathrm{v}}E_{\mathrm{h}}^* \right\rangle \end{pmatrix} \tag{1.3.7}$$

Stokes 矢量也可以表示为

$$\boldsymbol{I}=\begin{pmatrix} I \\ Q \\ U \\ V \end{pmatrix}=\frac{1}{\eta}\begin{pmatrix} \left\langle |E_{\mathrm{v}}|^2+|E_{\mathrm{h}}|^2 \right\rangle \\ \left\langle |E_{\mathrm{v}}|^2-|E_{\mathrm{h}}|^2 \right\rangle \\ 2\,\mathrm{Re}\left\langle E_{\mathrm{v}}E_{\mathrm{h}}^* \right\rangle \\ 2\,\mathrm{Im}\left\langle E_{\mathrm{v}}E_{\mathrm{h}}^* \right\rangle \end{pmatrix}=\begin{pmatrix} I_0 \\ I_0\cos 2\psi\cos 2\chi \\ I_0\sin 2\psi\cos 2\chi \\ I_0\sin 2\chi \end{pmatrix} \tag{1.3.8}$$

式中，$I=I_0=I_{\mathrm{v}}+I_{\mathrm{h}}$；* 表示复共轭；$\eta=\sqrt{\mu/\varepsilon}$ 为波阻抗；$\langle\cdot\rangle$ 表示系综平均。

雷达发射波一般是完全极化波，经过目标散射后接收散射回波，若考虑点目标或简单确定性目标，散射波也是完全极化波，称为相干散射。雷达入射波 $\boldsymbol{E}_{\mathrm{i}}=\hat{e}_{\mathrm{i}}E_{\mathrm{i}0}e^{i\boldsymbol{k}_{\mathrm{i}}\cdot\boldsymbol{r}}$ 可以用 Jones 矢量表示为（金亚秋和徐丰，2008）

$$\boldsymbol{E}_{\mathrm{i}}=\begin{bmatrix} E_{\mathrm{vi}} \\ E_{\mathrm{hi}} \end{bmatrix} \tag{1.3.9}$$

同样地，散射波 $\boldsymbol{E}_{\mathrm{s}}=\hat{e}_{\mathrm{s}}E_{\mathrm{s}0}e^{i\boldsymbol{k}_{\mathrm{s}}\cdot\boldsymbol{r}}$ 可以表示为

$$\boldsymbol{E}_{\mathrm{s}}(r)=\begin{bmatrix} E_{\mathrm{vs}} \\ E_{\mathrm{hs}} \end{bmatrix}=\frac{e^{ikr}}{r}\overline{\boldsymbol{S}}\cdot\boldsymbol{E}_{\mathrm{i}}=\frac{e^{ikr}}{r}\begin{bmatrix} S_{\mathrm{vv}} & S_{\mathrm{vh}} \\ S_{\mathrm{hv}} & S_{\mathrm{hh}} \end{bmatrix}\cdot\boldsymbol{E}_{\mathrm{i}} \tag{1.3.10}$$

式中，$\overline{\boldsymbol{S}}$ 为散射矩阵。

若入射波和散射波由 Stokes 矢量 $\boldsymbol{I}_{\mathrm{i}}, \boldsymbol{I}_{\mathrm{s}}$ 表示，则两者之间由一个 4×4 维实矩阵 Mueller 矩阵表示为

$$\boldsymbol{I}_{\mathrm{s}}=\overline{\boldsymbol{M}}\cdot\boldsymbol{I}_{\mathrm{i}} \tag{1.3.11}$$

由式（1.3.7）和式（1.3.10）容易推出 Mueller 矩阵与散射矩阵的关系：

$$\overline{\boldsymbol{M}}=\begin{bmatrix} \left\langle |S_{\mathrm{vv}}|^2\right\rangle & \left\langle |S_{\mathrm{vh}}|^2\right\rangle & \mathrm{Re}\left\langle S_{\mathrm{vv}}S_{\mathrm{vh}}^*\right\rangle & -\mathrm{Im}\left\langle S_{\mathrm{vv}}S_{\mathrm{vh}}^*\right\rangle \\ \left\langle |S_{\mathrm{hv}}|^2\right\rangle & \left\langle |S_{\mathrm{vv}}|^2\right\rangle & \mathrm{Re}\left\langle \mathrm{S}_{\mathrm{hv}}\mathrm{S}_{\mathrm{hh}}^*\right\rangle & -\mathrm{Im}\left\langle S_{\mathrm{hv}}S_{\mathrm{hh}}^*\right\rangle \\ 2\mathrm{Re}\left\langle S_{\mathrm{vv}}S_{\mathrm{hv}}^*\right\rangle & 2\mathrm{Re}\left\langle S_{\mathrm{vh}}S_{\mathrm{hh}}^*\right\rangle & \mathrm{Re}\left\langle S_{\mathrm{vv}}S_{\mathrm{hh}}^*+S_{\mathrm{vh}}S_{\mathrm{hv}}^*\right\rangle & -\mathrm{Im}\left\langle S_{\mathrm{vv}}S_{\mathrm{hh}}^*-S_{\mathrm{vh}}S_{\mathrm{hv}}^*\right\rangle \\ 2\mathrm{Im}\left\langle S_{\mathrm{vv}}S_{\mathrm{hv}}^*\right\rangle & 2\mathrm{Im}\left\langle S_{\mathrm{vh}}S_{\mathrm{hh}}^*\right\rangle & \mathrm{Im}\left\langle S_{\mathrm{vv}}S_{\mathrm{hh}}^*+S_{\mathrm{vh}}S_{\mathrm{hv}}^*\right\rangle & \mathrm{Re}\left\langle S_{\mathrm{vv}}S_{\mathrm{hh}}^*-S_{\mathrm{vh}}S_{\mathrm{hv}}^*\right\rangle \end{bmatrix} \tag{1.3.12}$$

在全极化 SAR 测量时，可以测量得到遥感对象的 $\overline{\boldsymbol{S}}$ 和 $\overline{\boldsymbol{M}}$ 。全极化测量的特征参数有同极化特征（co-polarization signature）：

$$\sigma_{\mathrm{c}}(\chi,\psi)=4\pi\cdot\frac{1}{2}\boldsymbol{I}_{\mathrm{s}}^{\mathrm{T}}\cdot\boldsymbol{I}_{\mathrm{i}}(\chi,\psi) \tag{1.3.13}$$

交叉极化特征（cross-polarization signature）：

$$\sigma_{\mathrm{x}}(\chi,\psi)=4\pi\cdot\frac{1}{2}[\boldsymbol{I}_{\mathrm{s}}^{\mathrm{T}}\cdot\boldsymbol{I}_{\mathrm{s}}-\boldsymbol{I}_{\mathrm{s}}^{\mathrm{T}}\cdot\boldsymbol{I}_{i}(\chi,\psi)] \tag{1.3.14}$$

极化度（polarization degree）：

$$m_{\mathrm{s}}=\frac{Q_{\mathrm{s}}^2+U_{\mathrm{s}}^2+V_{\mathrm{s}}^2}{I_{\mathrm{s}}^2} \tag{1.3.15}$$

圆极化比（circularpolarizationratio，CPR）：

$$\mu_{\mathrm{c}}=\frac{I_{\mathrm{s}}-V_{\mathrm{s}}}{I_{\mathrm{s}}+V_{\mathrm{s}}}=\frac{I_{\mathrm{h}}+I_{\mathrm{v}}-V_{\mathrm{s}}}{I_{\mathrm{h}}+I_{\mathrm{v}}+V_{\mathrm{s}}} \tag{1.3.16}$$

2. 辐射亮度温度

当电磁波入射在物体上时，电磁波可被物体吸收与散射，物体本身也以热辐射方式向外辐射电磁能量。根据能量守恒与互易性原理，物体热辐射的发射率 e 等于物体对电磁波的吸收率。物体的吸收率为物体表面吸收的总辐射能量与入射在物体表面上的总辐射能量之比，其与辐射的方向、频率、极化等有关。理想黑体的吸收率与发射率为 1，实际物体的发射率均小于 1。

根据普朗克（Planck）热辐射定律，热发射率为 e 的物体电磁辐射强度 I_{e} 为（金亚秋，1993；Jin，1994）

$$I_{\mathrm{e}}(\nu,T)=e\frac{h\nu^3}{c^2}\frac{1}{e^{h\nu/k_{\mathrm{B}}T}-1} \tag{1.3.17}$$

式中，c 为真空中的光速；h 为 Planck 常数；k_{B} 为玻尔兹曼（Boltzmann）常数；T 为物理温度。在瑞利-金斯（Rayleigh-Jeans）低频（微波）近似条件下，$h\nu/k_{\mathrm{B}}T\ll1$，式（1.3.17）可以写为

$$I_{\mathrm{e}}(\nu,T)=e\frac{\kappa_{\mathrm{B}}\mu\varepsilon}{\lambda^2\mu_0\varepsilon_0}T=eCT \tag{1.3.18}$$

式中，$C = B\varepsilon' / \lambda^2 \varepsilon_0$。对于真空，式（1.3.18）可以进一步化简为

$$I_{\mathrm{e}}(\lambda, T) = \frac{k_{\mathrm{B}}}{\lambda^2} e \cdot T \tag{1.3.19}$$

注意，式（1.3.17）～式（1.3.19）给出的是任意正交极化测量中一种极化状态的热辐射，物体总的热辐射需要乘以 2。

对于一单位长度体积元的热辐射，发射率可以改为吸收系数矩阵 $\bar{\boldsymbol{\kappa}}_{\mathrm{a}}$，则物理温度为 T 的单位长度体积元热辐射的 Stokes 参数为

$$\boldsymbol{I}_{\mathrm{e}} = \bar{\boldsymbol{\kappa}}_{\mathrm{a}} C \begin{pmatrix} T \\ T \\ 0 \\ 0 \end{pmatrix} \tag{1.3.20}$$

在被动微波遥感中，微波辐射计观测到的辐射亮度温度（brightness temperature，TB）定义为

$$\mathrm{TB}_p(\theta, \phi) = \frac{1}{C} I_p(\theta, \phi) \tag{1.3.21}$$

式中，下标 $p = \mathrm{v}, \mathrm{h}$ 为极化；(θ, ϕ) 为接收热辐射的方向。

1.3.2　随机粗糙面散射理论

随机粗糙面通常可以解析地由高度起伏方差（δ）和相关长度（l）来描述。根据电磁波波长与粗糙度之间的关系，随机粗糙面电磁散射的解析理论主要有 Kirchhoff 近似（Kirchhoff approximation，KA）、微扰法（small perturbation method，SPM）、双尺度近似（two-scale，TS）、积分方程法（integral equation method，IEM）等。KA 解适用于高频近似条件下大尺度起伏粗糙面，要求粗糙面平均曲率半径、高度起伏方差和相关长度远大于入射波波长；微扰法适用于低频近似条件下的小尺度起伏粗糙面，要求高度起伏方差和相关长度均小于波长；双尺度近似是 KA 大尺度与 SPA 小尺度的独立叠加的组合；积分方程法结合了两种散射机制，在 KA 的基础上引入补偿场，可以纳入表面快速起伏引起的散射贡献，是一种更为精确的粗糙面散射模型。粗糙面散射的解析近似解研究已趋于成熟，在众多文献（Tsang et al.，1985，2001；Ulaby et al.，1986，2014；Fung，1994；Jin，1994；金亚秋等，2008）中已有详细阐述，这里仅给出适用条件和主要结论。

如图 1.11 所示，随机粗糙面起伏高度为一随机量 $z = \xi(x, y)$，其平均值 $< \xi(x, y) >= 0$。当一极化电磁波 $\boldsymbol{E}_{\mathrm{i}}$ 以方向 $(\pi - \theta_{\mathrm{i}}, \phi_{\mathrm{i}})$ 入射在随机粗糙面 A 上，散射场 $\boldsymbol{E}_{\mathrm{s}}$ 可以写为

$$\boldsymbol{E}_{\mathrm{s}}(r) = \frac{e^{ikr}}{r} \bar{\boldsymbol{S}}(\theta_{\mathrm{s}}, \phi_{\mathrm{s}}; \theta_{\mathrm{i}}, \phi_{\mathrm{i}}) \cdot \boldsymbol{E}_{\mathrm{i}} \tag{1.3.22}$$

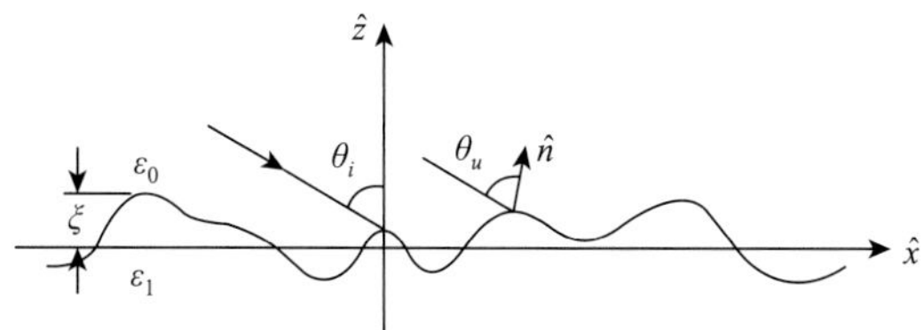

图 1.11　粗糙面散射建模

需要求解得到双站散射系数

$$\gamma_{pq}(\theta_{\rm s},\phi_{\rm s};\pi-\theta_{\rm i},\phi_{\rm i})=\frac{4\pi r^2<|\boldsymbol{E}_{\rm s}(r)|^2>_p}{A\cos\theta_{\rm i}\,|\boldsymbol{E}_{\rm i}|_q^2}=4\pi\frac{I_{\rm sp}}{I_{\rm iq}},\ p,q={\rm v,h} \tag{1.3.23}$$

与单站（后向）散射系数

$$\sigma_{pq}=\cos\theta_{\rm i}\gamma_{pq}(\theta_{\rm i},\phi_{\rm i}+\pi;\pi-\theta_{\rm i},\,\phi_{\rm i}) \tag{1.3.24}$$

根据 Huygens 原理（Kong，2005；金亚秋，1993），某区域中的场 $\boldsymbol{E}_{\rm s}$ 可完全由该区域的包络表面上的场 $\boldsymbol{E}(\boldsymbol{r}'),\ \boldsymbol{H}(\boldsymbol{r}')$ 来确定，则式（1.3.22）的散射场可推导表示成：

$$\boldsymbol{E}_{\rm s}(\boldsymbol{r})=\int_A {\rm d}\boldsymbol{\rho}'\{i\omega\mu_0\vec{\boldsymbol{G}}(\boldsymbol{r},\boldsymbol{r}')\cdot[\hat{n}\times\boldsymbol{H}(\boldsymbol{r}')]+\nabla\times\vec{\boldsymbol{G}}(\boldsymbol{r},\boldsymbol{r}')\cdot[\hat{n}\times\boldsymbol{E}(\boldsymbol{r}')]\} \tag{1.3.25}$$

式中，$\vec{\boldsymbol{G}}(\boldsymbol{r},\boldsymbol{r}')$ 为并矢 Green 函数；$\boldsymbol{E}(\boldsymbol{r}')$、$\boldsymbol{H}(\boldsymbol{r}')$ 分别为粗糙面上 $\boldsymbol{r}'(\in S)$ 处的感应电场与磁场；$\hat{n}$ 为 $\boldsymbol{r}'$ 处界面的局部法向矢量，可写成

$$\hat{n}=\frac{-\alpha\hat{x}-\beta\hat{y}+\hat{z}}{\sqrt{1+\alpha^2+\beta^2}},\quad \alpha=\frac{\partial}{\partial x}\xi(x,y),\quad \beta=\frac{\partial}{\partial y}\xi(x,y) \tag{1.3.26}$$

在远场近似下，得到

$$\boldsymbol{E}_{\rm s}(\boldsymbol{r})=\frac{ike^{ikr}}{4\pi r}(\bar{\boldsymbol{I}}-\hat{k}_{\rm s}\hat{k}_{\rm s})\cdot\int_A {\rm d}\boldsymbol{\rho}'\{\hat{k}_{\rm s}\times[\hat{n}\times\boldsymbol{E}(\boldsymbol{r}')]+\eta_0[\hat{n}\times\boldsymbol{H}(\boldsymbol{r}')]\}e^{-i\boldsymbol{k}_{\rm s}\cdot\boldsymbol{r}'} \tag{1.3.27}$$

由于 $\xi(x,y)$ 是随机量，$\boldsymbol{E}_{\rm s}(\boldsymbol{r})$ 和 $\boldsymbol{E}(\boldsymbol{r}'),\ \boldsymbol{H}(\boldsymbol{r}')$ 也是随机量。我们更关心的是散射场强度的系综平均，即场的二阶矩 $<|\boldsymbol{E}_{\rm s}|^2>$，这就需要描述粗糙面起伏的相关函数：$\delta^2C(\boldsymbol{\rho})\equiv<\xi(x,y)\xi(x',y')>$，其中 $\boldsymbol{\rho}=(x-x')\hat{x}+(y-y')\hat{y}$，$\delta^2$ 为粗糙面起伏方差，其傅里叶（Fourier）变换是粗糙面起伏的谱函数

$$W(|\boldsymbol{\beta}|)=\frac{1}{(2\pi)^2}\int_{-\infty}^{\infty}{\rm d}\boldsymbol{\rho}\ \delta^2C(\boldsymbol{\rho})e^{i\boldsymbol{\beta}\cdot\boldsymbol{\rho}} \tag{1.3.28}$$

在高斯（Gauss）分布粗糙面条件下，有

$$\delta^2C(\boldsymbol{\rho})=\delta^2\exp(-\rho^2/\ell^2),W(|\boldsymbol{\beta}|)=\frac{1}{4\pi}\delta^2\ell^2\exp(-\beta^2\ell^2/4) \tag{1.3.29}$$

1. KA 近似（Kirchhoff approximation，KA）

对于大尺度起伏粗糙面，表面曲率半径远大于波长，粗糙面局部的曲面可以用该点处的局部切平面近似，表面场可以用切平面上的切向场近似。这种切平面近似，就是 Kirchhoff

近似（KA）。KA 要求粗糙面的相关长度、起伏方差、平均曲率半径大于波长（金亚秋等，2008），即有

$$kl > 6,\ k\delta > \sqrt{10}/(\cos\theta_{\mathrm{i}} - \cos\theta_{\mathrm{s}}),\ R_{\mathrm{c}} > \lambda$$

式中，$k = 2\pi/\lambda\sqrt{\varepsilon}$；$\varepsilon$ 为粗糙面介质的相对介电常数；R_{c} 为粗糙面的曲率半径。对于高斯粗糙面，有 $R_{\mathrm{c}} = 2.76\delta/l^2$。

利用 KA 切平面近似，由式（1.3.27）得到

$$\boldsymbol{E}_{\mathrm{s}}(r) = \frac{ike^{ikr}}{4\pi r} E_0(\bar{\boldsymbol{I}} - \hat{k}_{\mathrm{s}}\hat{k}_{\mathrm{s}}) \int_A \mathrm{d}\boldsymbol{\rho}'\, \boldsymbol{F}(\alpha,\beta) e^{i\boldsymbol{k}_{\mathrm{d}}\cdot\boldsymbol{r}'} \tag{1.3.30}$$

其中

$$\begin{aligned}\boldsymbol{F}(\alpha,\beta) = {} & (1+\alpha^2+\beta^2)^{1/2}\{-(\hat{e}_{\mathrm{i}}\cdot\hat{q}_{\mathrm{i}})(\hat{n}\cdot\hat{k}_{\mathrm{i}})(1-R_{h\ell})\hat{q}_{\mathrm{i}} + (\hat{e}_{\mathrm{i}}\cdot\hat{p}_{\mathrm{i}})(\hat{n}\times\hat{q}_{\mathrm{i}})(1+R_{v\ell}) \\ & + (\hat{e}_{\mathrm{i}}\cdot\hat{q}_{\mathrm{i}})[\hat{k}_{\mathrm{s}}\times(\hat{n}\times\hat{q}_{\mathrm{i}})](1+R_{h\ell}) + (\hat{e}_{\mathrm{i}}\cdot\hat{p}_{\mathrm{i}})(\hat{n}\cdot\hat{k}_{\mathrm{i}})(\hat{k}_{\mathrm{s}}\times\hat{q}_{\mathrm{i}})(1-R_{v\ell})\}\end{aligned} \tag{1.3.31}$$

$$\boldsymbol{k}_{\mathrm{d}} \equiv \boldsymbol{k}_{\mathrm{i}} - \boldsymbol{k}_{\mathrm{s}} = k_{\mathrm{d}x}\hat{x} + k_{\mathrm{d}y}\hat{y} + k_{\mathrm{d}z}\hat{z} \tag{1.3.32}$$

局部的水平和垂直极化反射系数分别为

$$R_{h\ell} = \frac{k\cos\theta_{\mathrm{i}\ell} - \sqrt{k_1^2 - k^2\sin^2\theta_{\mathrm{i}\ell}}}{k\cos\theta_{\mathrm{i}\ell} + \sqrt{k_1^2 - k^2\sin^2\theta_{\mathrm{i}\ell}}},\quad R_{v\ell} = \frac{\varepsilon_1 k\cos\theta_{\mathrm{i}\ell} - \varepsilon_0\sqrt{k_1^2 - k^2\sin^2\theta_{\mathrm{i}\ell}}}{\varepsilon_1 k\cos\theta_{\mathrm{i}\ell} + \varepsilon_0\sqrt{k_1^2 - k^2\sin^2\theta_{\mathrm{i}\ell}}} \tag{1.3.33}$$

式中，k、k_1 分别为粗糙面上下空间介质中的波数；局部入射角 $\theta_{\mathrm{i}\ell}$ 由 $\cos\theta_{\mathrm{i}\ell} = -\hat{n}\cdot\hat{k}_i$ 确定。

在高频 $k\to\infty$ 近似条件下，用稳相法得到 $\boldsymbol{F}(\alpha,\beta)$ 对稳相点 α_0，β_0 的一阶展开，从而得到相干散射和非相干散射贡献的散射场强度，由此计算双站散射系数与透射系数（金亚秋等，2008）。

固体行星表面可视为确定性随机粗糙面，若表面高分辨率数字地形已知，则雷达探测仪回波模拟可以直接对式（1.3.30）进行数值积分得到，这也是大多数雷达探测仪表面杂波模拟方法的基本原理。

2. 微扰法（small perturbation method，SPM）

微扰法适用于表面高度起伏较小的粗糙面，其近似条件为（金亚秋，1993；金亚秋等，2008）

$$kl < 3,\ k\delta < 0.3,\ s < 0.3$$

式中，s 为粗糙面平均坡度。对于 Gauss 粗糙面，有 $s=\sqrt{2}\delta/l$。

基于 Huygens 原理，将入射场、散射场以及粗糙面上的表面场以 kz 为小参量进行级数展开，通过求解边界条件，可获得零阶解、一阶解、二阶解。微扰法的零阶解即平表面的镜向反射场，一阶解可以给出非相干场的后向散射系数或双站散射系数，二阶解可以给出去极化的后向散射系数。

在区域 0 中观察到的一阶 SPA 双站散射系数如下：

$$\gamma_{pq}^{(\mathrm{SPA1})}(\hat{k}_{\mathrm{s}},\hat{k}_{\mathrm{i}}) = 16\pi k^4\cos^2\theta_{\mathrm{s}}\cos\theta_{\mathrm{i}} F_{pq} W(|\boldsymbol{k}_{\rho\mathrm{s}} - \boldsymbol{k}_{\rho\mathrm{i}}|) \tag{1.3.34}$$

式中，$W(|\boldsymbol{k}_{\rho\mathrm{s}}|)$ 由式（1.3.28）定义。

$$F_{\mathrm{hh}}=\left|\frac{k_1^2-k^2}{(k_{zs}+k_{1zs})(k_{z\mathrm{i}}+k_{1z\mathrm{i}})}\right|\cos^2(\phi_{\mathrm{s}}-\phi_{\mathrm{i}}) \tag{1.3.35a}$$

$$F_{\mathrm{vv}}=\left|\frac{k_1^2-k^2}{(k_1^2k_{zs}+k^2k_{1zs})(k_1^2k_{z\mathrm{i}}+k^2k_{1z\mathrm{i}})}[k_1^2k^2\sin\theta_{\mathrm{s}}\sin\theta_{\mathrm{i}}-k^2k_{1zs}k_{1z\mathrm{i}}\cos(\phi_{\mathrm{s}}-\phi_{\mathrm{i}})]\right|^2 \tag{1.3.35b}$$

$$F_{\mathrm{vh}}=\left|\frac{kk_{1zs}(k_1^2-k^2)}{(k_1^2k_{zs}+k^2k_{1zs})(k_{z\mathrm{i}}+k_{1z\mathrm{i}})}\right|^2\sin^2(\phi_{\mathrm{s}}-\phi_{\mathrm{i}}) \tag{1.3.35c}$$

$$F_{\mathrm{hv}}=\left|\frac{kk_{1z\mathrm{i}}(k_1^2-k^2)}{(k_1^2k_{z\mathrm{i}}+k^2k_{1z\mathrm{i}})(k_{zs}+k_{1zs})}\right|^2\sin^2(\phi_{\mathrm{s}}-\phi_{\mathrm{i}}) \tag{1.3.35d}$$

式（1.3.35a）～式（1.3.35d）中各个参数的物理意义计算方法可参考 Jin（1994）和 Tsang 等（2001）。

3. 积分方程法（integral equation method，IEM）

Fung（1994）提出的积分方程法在 KA 的基础上引入了补偿场，可纳入表面快速起伏所引起的散射贡献，计算结果一般优于 KA 和 SPA，且直接给出了非相干散射的 Mueller 矩阵解。IEM 适用的条件是

$$k\delta\cdot kl<1.2\sqrt{\varepsilon}$$

IEM 给出的粗糙面散射的 Mueller 矩阵为

$$\bar{\boldsymbol{R}}\left(\theta_{\mathrm{s}},\phi_{\mathrm{s}};\pi-\theta_{\mathrm{i}},\phi_{\mathrm{i}}\right)=\begin{bmatrix}\left\langle|S_{\mathrm{vv}}|^2\right\rangle & \left\langle|S_{\mathrm{vh}}|^2\right\rangle & \mathrm{Re}\left\langle S_{\mathrm{vv}}S_{\mathrm{vh}}^*\right\rangle & -\mathrm{Im}\left\langle S_{\mathrm{vv}}S_{\mathrm{vh}}^*\right\rangle\\ \left\langle|S_{\mathrm{hv}}|^2\right\rangle & \left\langle|S_{\mathrm{hh}}|^2\right\rangle & \mathrm{Re}\left\langle S_{\mathrm{hv}}S_{\mathrm{hh}}^*\right\rangle & -\mathrm{Im}\left\langle S_{\mathrm{hv}}S_{\mathrm{hh}}^*\right\rangle\\ 2\mathrm{Re}\left\langle S_{\mathrm{vv}}S_{\mathrm{hv}}^*\right\rangle & 2\mathrm{Re}\left\langle S_{\mathrm{vh}}S_{\mathrm{hh}}^*\right\rangle & \mathrm{Re}\left\langle S_{\mathrm{vv}}S_{\mathrm{hh}}^*+S_{\mathrm{vh}}S_{\mathrm{hv}}^*\right\rangle & \mathrm{Im}\left\langle S_{\mathrm{vh}}S_{\mathrm{hv}}^*-S_{\mathrm{vv}}S_{\mathrm{hh}}^*\right\rangle\\ 2\mathrm{Im}\left\langle S_{\mathrm{vv}}S_{\mathrm{hv}}^*\right\rangle & 2\mathrm{Im}\left\langle S_{\mathrm{vh}}S_{\mathrm{hh}}^*\right\rangle & \mathrm{Im}\left\langle S_{\mathrm{vv}}S_{\mathrm{hh}}^*+S_{\mathrm{vh}}S_{\mathrm{hv}}^*\right\rangle & \mathrm{Re}\left\langle S_{\mathrm{vv}}S_{\mathrm{hh}}^*-S_{\mathrm{vh}}S_{\mathrm{hv}}^*\right\rangle\end{bmatrix} \tag{1.3.36}$$

其中

$$\left\langle S_{qp}S_{rs}^*\right\rangle=\frac{k^2}{8\pi}\exp[-\delta^2(k_z^2+k_{sz}^2)]\sum_{n=1}^{\infty}\delta^{2n}(I_{qp}^nI_{rs}^{n*})\frac{W^{(n)}(k_{sx}-k_x,k_{sy}-k_y)}{n!}\qquad p,q,r,s=\mathrm{v,h} \tag{1.3.37}$$

$$I_{\alpha\beta}^n=\left(k_{sz}+k_z\right)^nf_{\alpha\beta}\exp(-\delta^2k_zk_{sz})+\frac{(k_{sz})^nF_{\alpha\beta}(-k_x,-k_y)+(k_z)^nF_{\alpha\beta}(-k_{sx},-k_{sy})}{2}\qquad p,q=\mathrm{v,h} \tag{1.3.38}$$

向下透射至粗糙面中的双站透射 Mueller 矩阵 $\bar{\boldsymbol{M}}(\theta_{\mathrm{t}},\phi_{\mathrm{t}};\pi-\theta_{\mathrm{i}},\phi_{\mathrm{i}})$ 写为

$$<S_{pq}S_{rs}^*>=\frac{k_1^2}{8\pi}\exp[-\delta^2(k_{z\mathrm{i}}^2+k_{z\mathrm{t}}^2)]\sum_{n=1}^{\infty}\delta^{2n}(I_{pq}^nI_{rs}^{n*})\frac{W^{(n)}(k_{1dx},k_{1dy})}{n!},\quad p,q,r,s=\mathrm{v,h} \tag{1.3.39}$$

$$I_{pq}^{n}=(k_{zi}+k_{zt})^{n}f_{1pq}\exp(-\delta^{2}k_{zi}k_{zt})+\frac{(-k_{zt})^{n}F_{1pq}(-k_{xi},-k_{yi})+(k_{zi})^{n}F_{1pq}(-k_{xt},-k_{yt})}{2} \tag{1.3.40}$$

以上各式包含的各函数与符号定义便于计算，但书写相当冗长，可参见 Fung（1994）。

1.3.3　辐射传输理论

1. 主动微波遥感

主动遥感中热辐射源项忽略，描述电磁波强度 $\boldsymbol{I}(\boldsymbol{r},\hat{s})$ 在随机介质中传播的矢量辐射传输（vector radiative transfer，VRT）方程为（Tsang et al.，1985；Jin，1994）

$$\frac{\mathrm{d}\boldsymbol{I}(\boldsymbol{r},\hat{s})}{\mathrm{d}s}=-\bar{\boldsymbol{\kappa}}_{\mathrm{e}}(\hat{s})\cdot\boldsymbol{I}(\boldsymbol{r},\hat{s})+\int\mathrm{d}\hat{s}'\bar{\boldsymbol{P}}(\hat{s},\hat{s}')\cdot\boldsymbol{I}(\boldsymbol{r},\hat{s}') \tag{1.3.41}$$

VRT 方程描述电磁波强度 $\boldsymbol{I}(\boldsymbol{r},\hat{s})$（即 Stokes 矢量）沿着 $\hat{s}$ 方向散射、吸收、多次散射、传输的过程，辐射传输理论在十分广泛的科学与工程领域中有重要的应用。VRT 方程式（1.3.41）的消光矩阵 $\bar{\boldsymbol{\kappa}}_{\mathrm{e}}$ 描述了由于散射和吸收对 $\boldsymbol{I}(\boldsymbol{r},\hat{s})$ 的衰减，相矩阵 $\bar{\boldsymbol{P}}(\hat{s},\hat{s}')$ 描述了从 $\hat{s}'$ 方向沿 $\hat{s}$ 方向的多次散射。在分层介质问题中，$\mathrm{d}s=\mathrm{d}z\sec\theta$。

设单位体积中有 n_0 个散射粒子，VRT 方程中散射系数与吸收系数的定义写为

$$\kappa_{\mathrm{sp}}(\theta,\phi)=n_0\int_0^{2\pi}\mathrm{d}\phi'\int_0^{\pi}\mathrm{d}\theta'\sin\theta'\left[|S_{pp}(\theta',\phi';\theta,\phi)|^2+|S_{pq}(\theta',\phi';\theta,\phi)|^2\right],p,q=v,h \tag{1.3.42}$$

$$\kappa_{\mathrm{ba}}=n_0\frac{\int_{v_0}\mathrm{d}\boldsymbol{r}'\frac{1}{2}\varepsilon_{\mathrm{s}}''\omega|\boldsymbol{E}(\boldsymbol{r}')|^2}{|\boldsymbol{E}_i|^2/(2\eta)},\ \kappa_{\mathrm{ba}}=2k''(1-f) \tag{1.3.43}$$

式中，$\kappa_{\mathrm{sa}},\kappa_{\mathrm{ba}}$ 分别为散射粒子与背景介质的吸收系数；$\varepsilon_{\mathrm{s}}=\varepsilon_{\mathrm{s}}'+i\varepsilon_{\mathrm{s}}''$ 为散射粒子归一化介电常数；$f_{\mathrm{s}}=n_0v_0$ 为散射粒子占空比。VRT 方程中的消光矩阵为 $\bar{\boldsymbol{\kappa}}_{\mathrm{e}}=\bar{\boldsymbol{\kappa}}_{\mathrm{s}}+\kappa_{\mathrm{a}}$。注意，这里的 S_{pq} 是散射粒子的散射振幅函数。

根据光学定理（金亚秋，1993；Jin，1994；Tsang et al.，1985），散射粒子的消光矩阵可近似由其前向散射矩阵的虚部决定，写为（Jin，1994）

$$\begin{aligned}\bar{\boldsymbol{\kappa}}_{\mathrm{e}}(\theta,\varphi)&=\frac{4\pi}{k}n_0\,\mathrm{Im}[\hat{p}\cdot\bar{\boldsymbol{S}}(\theta,\phi;\theta,\phi)\cdot\hat{p}]\\&=\frac{2\pi}{k}n_0\begin{bmatrix}2\,\mathrm{Im}<S_{\mathrm{vv}}^0> & 0 & \mathrm{Im}<S_{\mathrm{vh}}^0> & -\mathrm{Re}<S_{\mathrm{vh}}^0>\\ 0 & 2\,\mathrm{Im}<S_{\mathrm{hh}}^0> & \mathrm{Im}<S_{\mathrm{hv}}^0> & \mathrm{Re}<S_{\mathrm{hv}}^0>\\ 2\,\mathrm{Im}<S_{\mathrm{hv}}^0> & 2\,\mathrm{Im}<S_{\mathrm{vh}}^0> & \mathrm{Im}<S_{\mathrm{vv}}^0+S_{\mathrm{hh}}^0> & \mathrm{Re}<S_{\mathrm{vv}}^0-S_{\mathrm{hh}}^0>\\ 2\,\mathrm{Re}<S_{\mathrm{hv}}^0> & -2\,\mathrm{Re}<S_{\mathrm{vh}}^0> & \mathrm{Re}<S_{\mathrm{hh}}^0-S_{\mathrm{vv}}^0> & \mathrm{Im}<S_{\mathrm{vv}}^0+S_{\mathrm{hh}}^0>\end{bmatrix}\end{aligned} \tag{1.3.44}$$

式中，S_{pq}^0，$p,q=v,h$ 为散射粒子的前向散射矩阵 $\bar{\boldsymbol{S}}^0=\bar{\boldsymbol{S}}(\theta,\varphi;\theta,\varphi)$ 的元素。对于球粒子，$\bar{\boldsymbol{\kappa}}_{\mathrm{e}}$ 是标量；对于水平方位均匀取向的粒子，$\bar{\boldsymbol{\kappa}}_{\mathrm{e}}$ 为对角阵；对于水平方位非均匀取向的粒子，$\bar{\boldsymbol{\kappa}}_{\mathrm{e}}$ 为非对角阵。用式（1.3.44）计算 $\bar{\boldsymbol{\kappa}}_{\mathrm{e}}$，要求 $\bar{\boldsymbol{S}}$ 足够精确。

相矩阵 $\bar{\boldsymbol{P}}(\theta,\phi;\theta',\phi')$ 是描述散射能量从 (θ',ϕ') 转移到 (θ,ϕ) 的转移矩阵，其定义与 Mueller 矩阵一致。

$$\bar{\boldsymbol{P}}(\theta,\phi;\theta',\phi')=n_0\begin{bmatrix}\left\langle|S_{\mathrm{vv}}|^2\right\rangle & \left\langle|S_{\mathrm{vh}}|^2\right\rangle & \mathrm{Re}\left\langle S_{\mathrm{vv}}S_{\mathrm{vh}}^*\right\rangle & -\mathrm{Im}\left\langle S_{\mathrm{vv}}S_{\mathrm{vh}}^*\right\rangle \\ \left\langle|S_{\mathrm{hv}}|^2\right\rangle & \left\langle|S_{\mathrm{vv}}|^2\right\rangle & \mathrm{Re}\left\langle S_{\mathrm{hv}}S_{\mathrm{hh}}^*\right\rangle & -\mathrm{Im}\left\langle S_{\mathrm{hv}}S_{\mathrm{vh}}^*\right\rangle \\ 2\,\mathrm{Re}\left\langle S_{\mathrm{vv}}S_{\mathrm{hv}}^*\right\rangle & 2\,\mathrm{Re}\left\langle S_{\mathrm{vh}}S_{\mathrm{hh}}^*\right\rangle & \mathrm{Re}\left\langle S_{\mathrm{vv}}S_{\mathrm{hh}}^*+S_{\mathrm{vh}}S_{\mathrm{hv}}^*\right\rangle & -\mathrm{Im}\left\langle S_{\mathrm{vv}}S_{\mathrm{hh}}^*-S_{\mathrm{vh}}S_{\mathrm{hv}}^*\right\rangle \\ 2\,\mathrm{Im}\left\langle S_{\mathrm{vv}}S_{\mathrm{hv}}^*\right\rangle & 2\,\mathrm{Im}\left\langle S_{\mathrm{vh}}S_{\mathrm{hh}}^*\right\rangle & \mathrm{Im}\left\langle S_{\mathrm{vv}}S_{\mathrm{hh}}^*+S_{\mathrm{vh}}S_{\mathrm{hv}}^*\right\rangle & \mathrm{Re}\left\langle S_{\mathrm{vv}}S_{\mathrm{hh}}^*-S_{\mathrm{vh}}S_{\mathrm{hv}}^*\right\rangle\end{bmatrix}$$

（1.3.45）

散射粒子即使为同一种类，粒子的大小、空间取向等都可有一种分布，若用 n 个参数 $x_1,\cdots,x_n$ 来表征粒子参数的随机分布，其概率密度函数为 $p(x_1,\cdots,x_n)$，则散射矩阵一阶、二阶矩写为

$$\begin{aligned}\left\langle S_{pq}\right\rangle&=\int_{x_1}\int_{x_2}\cdots\int_{x_n}S_{pq}\,p(x_1,x_2,\cdots,x_n)\mathrm{d}x_n\cdots\mathrm{d}x_2\mathrm{d}x_1\\ \left\langle S_{pq}S_{rs}^*\right\rangle&=\int_{x_1}\int_{x_2}\cdots\int_{x_n}S_{pq}S_{rs}^*\,p(x_1,x_2,\cdots,x_n)\mathrm{d}x_n\cdots\mathrm{d}x_2\mathrm{d}x_1,\quad p,q,r,s=\mathrm{v},\mathrm{h}\end{aligned}\tag{1.3.46}$$

这些积分可能占计算中相当大的资源。我们尽量用解析的办法完成积分求解，这样 VRT 方程及其 Mueller 矩阵求解就容易进行。

2. 被动微波热辐射

被动微波遥感中，微波辐射计接收到的辐射亮度温度主要与介质的物理温度、介电常数有关。亮度温度可表示为

$$\mathrm{TB}_p(\theta,\phi)=e_p(\theta,\phi)T\tag{1.3.47}$$

式中，$e_p(\theta,\phi)$=$1-r_p(\theta,\phi)$ 为 $p=\mathrm{v},\mathrm{h}$ 极化的发射率；$r_p(\theta,\phi)$ 为反射率。

1）半无限大均匀介质

对于物理温度为 $T(z)$、介电常数为 $\varepsilon(z)$ 半无限大均匀介质，若表面为平表面，则频率 v 的亮度温度为（金亚秋，1993；Jin，1994）

$$\mathrm{TB}_p(v,\theta)=[1-r_p(\theta)]\int_0^{\infty}\kappa_\alpha(z)T(z)e^{-\int_0^z\kappa_\alpha(z')\mathrm{d}z'}\mathrm{d}z\tag{1.3.48}$$

吸收系数 κ_α 为

$$\kappa_\alpha(z)=2\,\mathrm{Im}[k(z)]=\frac{4\pi v}{c}\mathrm{Im}\left(\sqrt{\mu\varepsilon(z)}\right)\tag{1.3.49}$$

式中，k=$2\pi v/c$ 为真空中的波数；μ 为磁导率；c 为真空中的光速。

若介质的物理温度与介电常数不随深度变化，则式（1.3.48）所表示的辐射亮度温度可以化简为

$$\mathrm{TB}_p(v)=(1-r_p)T\tag{1.3.50}$$

对于粗糙表面，需要用粗糙面的发射率代替上式中平表面的发射率，对双站散射系数进行积分（Fung，1994）：

$$e_p(\theta,\phi)=1-\frac{1}{4\pi\cos\theta}\int_0^{2\pi}\int_0^{\pi/2}[\sigma_{pp}(\theta,\phi;\theta_s,\phi_s)+\sigma_{qp}(\theta,\phi;\theta_s,\phi_s)]\sin\theta_s \mathrm{d}\theta_s \mathrm{d}\phi_s \quad (1.3.51)$$

式中，$\sigma_{qp}(\theta,\phi;\theta_s,\phi_s)$ 表示入射角为 (θ,ϕ)、散射角为 (θ_s,ϕ_s)、发射极化为 p、散射极化为 q 的双站散射系数。对 $\sigma_{qp}(\theta,\phi;\theta_s,\phi_s)$ 的求解，可以根据粗糙面特征，采用 KA、SPM 或 IEM 等方法进行求解。

2）具物理温度与介电廓线的两层介质

如图 1.12 所示，一层厚度为 d 的均匀介质 1 覆盖在一层半无限大介质 2 上，介质 1 的物理温度为 $T(z)$、介电常数为 $\varepsilon(z)$，介质 2 的物理温度为 T_2、介电常数为 ε_2。介质 1 中描述电磁辐射强度的辐射传输方程为（Jin，1994；Tsang et al.，2001）

$$\cos\theta\frac{\mathrm{d}I(z,\theta)}{\mathrm{d}z}=-\kappa_a(z)I(z,\theta)+\kappa_a(z)\frac{k_B T(z)}{\lambda^2} \quad (1.3.52)$$

注意式（1.3.52）中的 λ 为介质 1 中的波长。

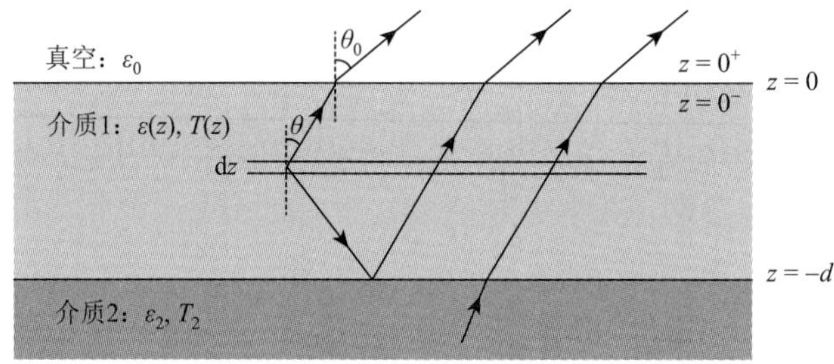

图 1.12　具物理温度与介电常数廓线的两层介质模型

对于 $0<\theta<\pi/2$，可以将 $I(z,\theta)$ 分为上行与下行辐射强度 $I_u(z,\theta)$ 和 $I_d(z,\pi-\theta)$，

$$I_u(z,\theta)=I(z,\theta) \quad (1.3.53a)$$

$$I_d(z,\theta)=I(z,\pi-\theta) \quad (1.3.53b)$$

则辐射传输方程式（1.3.52）可以分解为

$$\cos\theta\frac{\mathrm{d}I_u(z)}{\mathrm{d}z}=-\kappa_a(z)I_u(z)+\kappa_a(z)\frac{k_B T(z)}{\lambda^2} \quad (1.3.54a)$$

$$-\cos\theta\frac{\mathrm{d}I_d(z)}{\mathrm{d}z}=-\kappa_a I_d(z)+\kappa_a(z)\frac{k_B T(z)}{\lambda^2} \quad (1.3.54b)$$

在 $z=0$ 和 $z=-d$ 处的边界条件分别为

$$I_u(z=0^+,\theta_0)=(1-r_{01})I_u(z=0^-,\theta) \quad (1.3.55a)$$

$$I_d(z=0^-,\theta)=r_{01}I_u(z=0^-,\theta) \quad (1.3.55b)$$

$$I_u(z=-d,\theta)=r_{12}I_d(z=-d,\theta)+(1-r_{12})\frac{k_B T_2}{\lambda^2} \quad (1.3.55c)$$

式中，0^-与 0^+分别表示介质 0 和 1 界面的下方和上方；r_{ij} 表示介质 i 和 j 界面之间的反射率；θ_0 为辐射计的观测角度，与 θ 满足 Snell 定律 $\sqrt{\varepsilon_0}\sin\theta_0=\sqrt{\varepsilon}\sin\theta$。

将式（1.3.54a）两边同时乘以 $\exp\left[\int_{-d}^{z}\kappa_a(z')\sec\theta \mathrm{d}z'\right]$，可以得到：

$$
\begin{aligned}
&\frac{\mathrm{d}I_u(z)}{\mathrm{d}z}\exp\left[\int_{-d}^{z}\kappa_a(z')\sec\theta \mathrm{d}z'\right] \\
&=-\sec\theta\kappa_a(z)I_u(z)\exp\left[\int_{-d}^{z}\kappa_a(z')\sec\theta \mathrm{d}z'\right]+\kappa_a(z)\sec\theta\frac{k_B T(z)}{\lambda^2}\exp\left[\int_{-d}^{z}\kappa_a(z')\sec\theta \mathrm{d}z'\right]
\end{aligned}
\tag{1.3.56}
$$

式（1.3.56）可进一步整理为

$$
\frac{\mathrm{d}}{\mathrm{d}z}\left[I_u(z)\exp\left(\int_{-d}^{z}\kappa_a(z')\sec\theta \mathrm{d}z'\right)\right]=\kappa_a(z)\sec\theta\frac{k_B T(z)}{\lambda^2}\exp\left[\int_{-d}^{z}\kappa_a(z')\sec\theta \mathrm{d}z'\right] \tag{1.3.57}
$$

同理，式（1.3.54b）两边同时乘以 $\exp\left[-\int_{0}^{z}\kappa_a(z')\sec\theta \mathrm{d}z'\right]$，进一步整理之后可以化简为

$$
\frac{\mathrm{d}}{\mathrm{d}z}\left[I_d(z)\exp\left(-\int_{0}^{z}\kappa_a(z')\sec\theta \mathrm{d}z'\right)\right]=-\kappa_a(z)\sec\theta\frac{k_B T(z)}{\lambda^2}\exp\left[-\int_{0}^{z}\kappa_a(z')\sec\theta \mathrm{d}z'\right] \tag{1.3.58}
$$

对式（1.3.57）与式（1.3.58）在 $z\in[-d,0]$ 的范围内对 z 进行积分，可得

$$
\begin{aligned}
&I_u(z=0)\exp\left[\int_{-d}^{0}\kappa_a(z')\sec\theta \mathrm{d}z'\right]-I_u(z=-d) \\
&=\int_{-d}^{0}\kappa_a(z)\sec\theta\frac{k_B T(z)}{\lambda^2}\exp\left[\int_{-d}^{z}\kappa_a(z')\sec\theta \mathrm{d}z'\right]\mathrm{d}z
\end{aligned}
\tag{1.3.59a}
$$

$$
\begin{aligned}
&I_d(z=0)-I_d(z=-d)\exp\left[-\int_{0}^{-d}\kappa_a(z')\sec\theta \mathrm{d}z'\right] \\
&=-\int_{-d}^{0}\kappa_a(z)\sec\theta\frac{k_B T(z)}{\lambda^2}\exp\left[-\int_{0}^{z}\kappa_a(z')\sec\theta \mathrm{d}z'\right]\mathrm{d}z
\end{aligned}
\tag{1.3.59b}
$$

结合上下边界条件，对上式进行整理后，可得 $z=0^-$ 处上行的辐射强度为

$$
\begin{aligned}
I_u(z=0^-)=&\frac{1}{1-r_{01}r_{12}\exp\left[-2\int_{-d}^{0}\kappa_a(z')\sec\theta \mathrm{d}z'\right]} \\
&\cdot\left\{\int_{-d}^{0}\kappa_a(z)\sec\theta\frac{k_B T(z)}{\lambda^2}\exp\left[-\int_{z}^{0}\kappa_a(z')\sec\theta \mathrm{d}z'\right]\mathrm{d}z\right. \\
&+r_{12}\exp\left[-\int_{-d}^{0}\kappa_a(z')\sec\theta \mathrm{d}z'\right]\int_{-d}^{0}\kappa_a(z)\sec\theta\frac{k_B T(z)}{\lambda^2}\exp\left[-\int_{-d}^{z}\kappa_a(z')\sec\theta \mathrm{d}z'\right] \\
&\left.+(1-r_{12})\frac{k_B T_2}{\lambda^2}\exp\left[-\int_{-d}^{0}\kappa_a(z')\sec\theta \mathrm{d}z'\right]\right\}
\end{aligned}
\tag{1.3.60}
$$

最后，由上表面边界条件式（1.3.55a），可得到最终透射到介质 0 中的辐射强度为

$$
\begin{aligned}
I_{\mathrm{u}}(z=0^{+})=&\frac{1-r_{01}}{1-r_{01}r_{12}\exp\left[-2\int_{-d}^{0}\kappa_{\mathrm{a}}(z')\sec\theta\mathrm{d}z'\right]}\\
&\cdot\left\{\int_{-d}^{0}\kappa_{\mathrm{a}}(z)\sec\theta\frac{k_{\mathrm{B}}T(z)}{\lambda^{2}}\exp\left[-\int_{z}^{0}\kappa_{\mathrm{a}}(z')\sec\theta\mathrm{d}z'\right]\mathrm{d}z\right.\\
&+r_{12}\exp\left[-\int_{-d}^{0}\kappa_{\mathrm{a}}(z')\sec\theta\mathrm{d}z'\right]\int_{-d}^{0}\kappa_{\mathrm{a}}(z)\sec\theta\frac{k_{\mathrm{B}}T(z)}{\lambda^{2}}\exp\left[-\int_{-d}^{z}\kappa_{\mathrm{a}}(z')\sec\theta\mathrm{d}z'\right]\\
&\left.+(1-r_{12})\frac{k_{\mathrm{B}}T_{2}}{\lambda^{2}}\exp\left[-\int_{-d}^{0}\kappa_{\mathrm{a}}(z')\sec\theta\mathrm{d}z'\right]\right\}
\end{aligned}
\tag{1.3.61}
$$

对式（1.3.61）两边同除以 $k_{\mathrm{B}}/\lambda^{2}$ ，可得 $z=0^{+}$ 处的辐射亮度温度为

$$
\begin{aligned}
T_{\mathrm{B}}(z=0^{+})=&\frac{1-r_{01}}{1-r_{01}r_{12}\exp\left[-2\int_{-d}^{0}\kappa_{\mathrm{a}}(z')\sec\theta\mathrm{d}z'\right]}\\
&\cdot\left\{\int_{-d}^{0}\kappa_{\mathrm{a}}(z)\sec\theta T(z)\exp\left[-\int_{z}^{0}\kappa_{\mathrm{a}}(z')\sec\theta\mathrm{d}z'\right]\mathrm{d}z\right.\\
&+r_{12}\exp\left[-\int_{-d}^{0}\kappa_{\mathrm{a}}(z')\sec\theta\mathrm{d}z'\right]\int_{-d}^{0}\kappa_{\mathrm{a}}(z)\sec\theta T(z)\exp\left[-\int_{-d}^{z}\kappa_{\mathrm{a}}(z')\sec\theta\mathrm{d}z'\right]\\
&\left.+(1-r_{12})T_{2}\exp\left[-\int_{-d}^{0}\kappa_{\mathrm{a}}(z')\sec\theta\mathrm{d}z'\right]\right\}
\end{aligned}
\tag{1.3.62}
$$

式（1.3.62）分母中 $1-r_{01}r_{12}\exp\left[-2\int_{-d}^{0}\kappa_{\mathrm{a}}(z')\sec\theta\mathrm{d}z'\right]$ 表示热辐射在介质 1 中多次反射的震荡因子，对于介电常数较小的情况，其值可近似等于 1，则辐射亮度温度可以进一步简化为

$$
\begin{aligned}
T_{\mathrm{B}}(z=0^{+})=&(1-r_{01})\int_{-d}^{0}\kappa_{\mathrm{a}}(z)\sec\theta T(z)\exp\left[-\int_{z}^{0}\kappa_{\mathrm{a}}(z')\sec\theta\mathrm{d}z'\right]\mathrm{d}z\\
&+(1-r_{01})r_{12}\exp\left[-\int_{-d}^{0}\kappa_{\mathrm{a}}(z')\sec\theta\mathrm{d}z'\right]\int_{-d}^{0}\kappa_{\mathrm{a}}(z)\sec\theta T(z)\exp\left[-\int_{-d}^{z}\kappa_{\mathrm{a}}(z')\sec\theta\mathrm{d}z'\right]\\
&+(1-r_{01})(1-r_{12})T_{2}\exp\left[-\int_{-d}^{0}\kappa_{\mathrm{a}}(z')\sec\theta\mathrm{d}z'\right]
\end{aligned}
\tag{1.3.63}
$$

式（1.3.63）中第 1 项表示介质 1 上行热辐射，第 2 项表示介质 1 下行经由下界面反射之后再上行的热辐射，第 2 项表示介质 2 的热辐射。

若介质 1 的物理温度与介电常数恒定，即 $T(z)=T$ ，$\varepsilon(z)=\varepsilon$ ，则式（1.3.63）可进一步化简为

$$
\begin{aligned}
T_{\mathrm{B}}(z=0^{+})=&(1-r_{01})(1-e^{-\kappa_{\mathrm{a}}d\sec\theta})T+(1-r_{01})r_{12}e^{-\kappa_{\mathrm{a}}d\sec\theta}(1-e^{-\kappa_{\mathrm{a}}d\sec\theta})T\\
&+(1-r_{01})(1-r_{12})e^{-\kappa_{\mathrm{a}}d\sec\theta}T_{2}
\end{aligned}
\tag{1.3.64}
$$

图 1.12 所示的热辐射，也可以先计算一个微分单元 dz 上行、下行反射再上行的辐射，

再对厚度进行积分，最后加入介质 2 的热辐射，可得到式（1.3.63）所示的结果，具体可参考 Jin 和 Fa（2010）。

若介质 0、1 之间的界面为粗糙表面，则需要将本节公式中的发射率$1-r_{01}$用粗糙面的发射率，即式（1.3.51）代替即可。

参 考 文 献

姜景山，金亚秋. 2011. 中国微波探月研究. 北京：科学出版社.

金亚秋. 1992. 星载微波遥感大气地表极化散射的数值模拟，风云三号 FY-3'CSS92 专集. 北京：

金亚秋. 1993. 电磁散射和热辐射的遥感理论. 北京：科学出版社.

金亚秋. 2005. 空间微波遥感数据验证理论与方法. 北京：科学出版社.

金亚秋，刘鹏，叶红霞. 2008. 随机粗糙面与目标复合散射数值模拟理论与方法. 北京：科学出版社.

金亚秋，徐丰. 2008. 极化散射与 SAR 遥感信息理论与方法. 北京：科学出版社.

Aleksandrov Y N，Bazilevskii A T，Kotel'Nikov V A，et al. 1988. A planet rediscovered：results of Venus radar imaging from the Venera 15 and Venera 16 spacecraft. Astrophysics and Space Physics Reviews，6：61–101.

Andert T，Simpson R A，Pätzold M，et al. 2017. Mars Express Bistatic Radar Observations 2016. EGU General Assembly Conference Abstracts，19：7428.

Asteroid Radar Research. https：//echo.jpl.nasa.gov/

Barath F T，Barrett A H，Copeland J，et al. 1964. Mariner 2 microwave radiometer experiment and results. The Astronomical Journal，69：49–59.

Baron J E，Simpson R A，Tyler G L. 1996. Radiowave scattering from surface and subsurface heterogeneities. Icarus，122：383–396.

Berquin Y，Herique A，Kofman W，et al. 2015. Computing low-frequency radar surface echoes for planetary radar using Huygens-Fresnel's principle. Radio Science，50（10）：1097–1109.

Bruzzone L，Plaut J J，Alberti G，et al. 2015. Jupiter icy moon explorer（JUICE）：advances in the design of the Radar for Icy Moons（RIME）. IEEE Geoscience and Remote Sensing Symposium（IGARSS），1257–1260.

Burns A A. 1969. Diffuse component of lunar radar echoes. Journal of Geophysical Research，74：6553–6566.

Cahill J T，Thomson B J，Patterson G W，et al. 2014. The miniature radio frequency instrument's（Mini-RF）global observations of Earth's Moon. Icarus，243：173–190.

Campbell B A，Campbell D B，Margot J L，et al. 2007. Focused 70-cm wavelength radar mapping of the Moon. IEEE transactions on Geoscience and Remote Sensing，45（12）：4032–4042.

Campbell B A，Carter L M，Campbell D B，et al. 2010. Earth-based 12.6-cm wavelength radar mapping of the Moon：new views of impact melt distribution and mare physical properties. Icarus，208（2）：565–573.

Campbell B A，Hawke B R，Thompson T W. 1997. Regolith composition and structure in the lunar maria：result from long-wavelength radar studies. Journal of Geophysical Research，102：19307–19320.

Campbell D B，Chandler J F，Ostro S J，et al. 1978. Galilean satellites：1976 radar results. Icarus，34（2）：254–267.

Campbell D B，Chandler J F，Pettengill G H，et al. 1977. Galilean satellites of Jupiter：12.6-centimeter radar observations. Science，196（4290）：650–653.

Carrier W D，Olhoeft G R，Mendell W. 1991. Physical properties of the lunar surface//Heiken G H，Vaniman D T，French B M. Lunar Source-Book：A User's Guide to the Moon. New York：Cambridge University Press.

Ciarletti V，Clifford S，Plettemeier D，et al. 2017. The WISDOM radar：unveiling the subsurface beneath the ExoMars rover and identifying the best locations for drilling. Astrobiology，17（6-7）：565–584.

Colin L. 1980. The Pioneer Venus program. Journal of Geophysical Research，85：7575–7598.

Davis J R，Rohlfs D C. 1964. Lunar radio-reflection properties at decameter wavelength. Journal of Geophysical Research，69（15）：3257–3262.

Di Paolo F，Lauro S E，Castelletti D，et al. 2017. Radar signal penetration and horizons detection on Europa through numerical simulations. IEEE Journal of Selected Topics in Applied Earth Observations and Remote Sensing，10（1）：118–129.

Dong C，Yang J，Zhang W，et al. 2009. An overview of a new Chinese weather satellite FY-3A. Bulletin of the American Meteorological Society，90（10）：1531–1544.

Elachi C，Allison M D，Borgarelli L，et al. 2004. Radar：the CASSINI Titan radar Mapper. Space Science Reviews，115：71–110.

England A W. 1975. Thermal microwave emission from a scattering layer. Journal of Geophysical Research，80（32）：4484–4496.

Evans J V，Hagfors T. 1964. On the interpretation of radar reflections from the Moon. Icarus，3：151–160.

Evans J V，Hagfors T. 1968. Radar Astronomy. New York：McGraw-Hill.

Evans J V，Pettengill G H. 1963. The radar cross section of the Moon. Journal of Geophysical Research，68（17）：5098–5099.

Fa W. 2013. Simulation for ground penetrating radar（GPR）study of the subsurface structure of the Moon. Journal of Applied Geophysics，99：98–108.

Fa W，Jin Y Q. 2007. Simulation of brightness temperature from lunar surface and inversion of regolith-layer thickness. Journal of Geophysical Research：Planets，112（E5），E05003.

Fa W，Jin Y Q. 2010a. A primary analysis of microwave brightness temperature of lunar surface from Chang-E 1 multi-channel radiometer observation and inversion of regolith layer thickness. Icarus，207（2）：605–615.

Fa W，Jin Y Q.2010b. Simulation of radar sounder echo from lunar surface and subsurface structure. Science China Earth Sciences，53（7）：1043–1055.

Fa W，Wieczorek M A，Heggy E. 2011. Modeling polarimetric radar scattering from the lunar surface：study on the effect of physical properties of the regolith layer. Journal of Geophysical Research：Planets，116. E03005.

Fa W，Xu F，Jin Y Q.2009. SAR imaging simulation for an inhomogeneous undulated lunar surface based on triangulated irregular network. Science in China F，52（4）：559–574.

Fa W，Zhu M H，Liu T，et al. 2015. Regolith stratigraphy at the Chang'E-3 landing site as seen by lunar penetrating radar. Geophysical Research Letters，42（23）：10179–10187.

Fang G Y，Zhou B，Ji Y C，et al. 2014. Lunar Penetrating Radar onboard the Chang'E-3 mission. Research in Astronomy and Astrophysics，14（12）：1607–1622.

Fung A K. 1994. Microwave Scattering and Emission Models and Their Applications. Norwood：Artech House.

GaryB L，KeihmS J. 1978. Interpretation of ground-based microwave measurements of the moon using a detailed regolith properties model. Proceedings of the 9 th Lunar Science Conference，9：2885–2900.

Gerekos C，Tamponi A，Carrer L，et al. 2018. A coherent multilayer simulator of radargrams acquired by radar sounder instruments. IEEE Transactions on Geoscience and Remote Sensing，24（99）：1–17.

Ghent R R，Leverington D W，Campbell B A，et al. 2005. Earthbased observations of radar-dark crater haloes on the Moon：implications for regolith properties. Journal of Geophysical Research：Planets，110：E02005.

Goldstein R M，Morris G A. 1973. Radar observations of the rings of Saturn. Icarus，20（3）：260–262.

Gong X，Jin Y Q. 2011. Microwave brightness temperature of lunar cratered surface and inversions of physical temperature profile and thickness of regolith layers. Radio Science，47：1.

Gong X，Jin YQ. 2012. Diurnal physical temperature at Sinus Iridum Area retrieved from observations of CE-1 microwave radiometer. Icarus，218（2）：807–816.

Gong X，Jin YQ. 2013. Diurnal change of thermal emission from Lunar Craters with relevance to rock abundance. Acta Astronautica，86：237–246.

Gong X，Paige D A，Seigler M A et al. 2015. Inversion of dielectric properties of the lunar regolith media with temperature profiles using Chinese Chang'E-1 and Chang'E-2 MW observations. IEEE Geoscience and Remote Sensing Letters，12（2）：384–388.

Hagfors T. 1961. Some properties of radio waves reflected from the Moon and their relation to the lunar surface.Journal of Geophysical Research，66：777–785.

Hagfors T. 1964. Backscattering from an undulating surface with applications to radar returns from the Moon.Journal of Geophysical

Research，69（18）：3779–3784.

Hagfors T. 1967. A study of the depolarization of lunar radar echoes. Radio Science，2：445–465.

Heggy E，Paillou P，Ruffié G，et al. 2001. On water detection in the Martian subsurface using sounding radar. Icarus，154（2）：244–257.

Heggy E，Palmer E M，Kofman W，et al. 2012. Radar properties of comets：parametric dielectric modeling of Comet 67P/Churyumov-Gerasimenko. Icarus，221（2）：925–939.

Hensley S，Smrekar S，Shaffer S，et al. 2015. VISAR：a next generation interferometric radar for Venus exploration. IEEE 5 th Asia-Pacific Conference on IEEE Synthetic Aperture Radar（APSAR），362–366.

Hérique A，Kofman W，Beck P，et al. 2016. Cosmochemical implications of CONSERT permittivity characterization of 67P/CG. Monthly Notices of the Royal Astronomical Society，462：S516–S532.

Ilyushin Y A. 2007. Radiative transfer in layered media：application to the radar sounding of Martian polar ices. II. Planetary and Space Science，55：100–112.

Ilyushin Y A，Seu R，Phillips RJ. 2005. Subsurface radar sounding of the martian polar cap：radiative transfer approach. Planetary and Space Science，53：1427–1436.

Ishiyama K，Kumamoto A，Ono T，et al. 2013. Estimation of the permittivity and porosity of the lunar uppermost basalt layer based on observations of impact craters by SELENE. Journal of Geophysical Research：Planets，118（7）：1453–1467.

Janssen M A，Oswald J E，Brown S T，et al. 2017. MWR：microwave radiometer for the Juno mission to Jupiter. Space Science Reviews，213（1-4）：139–185.

Jin Y Q. 1994. Electromagnetic Scattering Modelling for Quantitative Remote Sensing. Singapore：World Scientific.

Jin Y Q，Fa W. 2010. The modeling analysis of microwave emission from stratified media of nonuniform lunar cratered terrain surface for Chinese Chang-E 1 observation. IEEE Geoscience and Remote Sensing Letters，7（3）：530–534.

Jin Y Q，Lu N，Lin M. 2010. Advancement of Chinese meteorological Feng-Yun（FY）and oceanic Hai-Yang（HY）satellite remote sensing. Proceedings of the IEEE，98（5）：844–861.

Keihm S J. 1984. Interpretation of the lunar microwave brightness temperature spectrum：feasibility of orbital heat flow mapping. Icarus，60：568–589.

Keihm S J，Cutts J A. 1981. Vertical-structure effects on planetary microwave brightness temperature measurements：applications to the lunar regolith. Icarus，48（2）：201–229.

Keihm S J，Gary B L. 1979. Comparison of theoretical and observed 3.55 cm wavelength brightness temperature maps of the full Moon. Lunar and Planetary Science Conference Proceedings，10：2311–2319.

Keihm S J，Langseth M G. 1975a. Microwave emission spectrum of the Moon：mean global heat flow and average depth of the regolith. Science，187：64–66.

Keihm S J，Langseth M G. 1975b. Lunar microwave brightness temperature observations reevaluated in the light of Apollo program findings. Icarus，24：211–230.

Kobayashi T，Kim J H，Lee S R，et al. 2010. Simultaneous observation of Lunar Radar Sounder and Laser Altimeter of Kaguya for lunar regolith layer thickness estimate. IEEE Geoscience and Remote Sensing Letters，7（3）：435–439.

Kobayashi T，Ono T. 2007. SAR/InSAR observation by an HF sounder.Journal of Geophysical Research：Planets，112：E03S90.

Kobayashi T，Oya H，Ono T. 2002a. A-scope analysis of subsurface radar sounding of lunar mare region. Earth Planets Space，54（10）：973–982.

Kobayashi T，Oya H，Ono T. 2002b. B-scan analysis of subsurface radar sounding of lunar highland region. Earth Planets Space，54（10）：983–991.

Kofman W，Barbin Y，Klinger J，et al. 1998. Comet nucleus sounding experiment by radiowave transmission. Advances in Space Research，21（11）：1589–1598.

Kofman W，Herique A，Barbin Y，et al. 2015. Properties of the 67P/Churyumov- Gerasimenko interior revealed by CONSERT radar. Science，349（6247）：aab0639.

Kong J A. 2005. Electromagnetic Wave Theory. Massachusetts：EMW Publishing.

Liu C，Jin Y Q. 2014. Radar echoes simulation from Mars surface/subsurface and parameters retrievals. Radio Science，(7)：473–484.

Liu C，Jin Y Q. 2016. Radar echoes due to seasonal existance of water flows on Mars surface：simulation and SHARAD observation. IEEE Geoscience and Remote Sensing Letters，13（12）：1955–1959.

Margot J L，Campbell D B，Jurgens R F，et al. 2002. Digital elevation models of the Moon from Earth-based radar interferometry. IEEE Transactions on Geoscience and Remote Sensing，38（2）：1122–1133.

Mitchell D L，De Pater I.1994. Microwave imaging of Mercury's thermal emission at wavelengths from 0.3 to 20.5 cm. Icarus，110（1）：2–32.

Nouvel J F，Herique A，Kofman W，et al. 2004. Radar signal simulation：surface modeling with the facet method. Radio Science，39（1）：RS1013.

Nozette S，Lichtenberg C L，Spudis P，et al. 1996. The Clementine bistatic radar experiment. Science，274（5292）：1495–1498.

Nozette S，Spudis P，Bussey B，et al. 2010. The Lunar Reconnaissance Orbiter miniature radio frequency（Mini-RF）technology demonstration. Space Science Reviews，150（1-4）：285–302.

Ono T，Kumamoto A，Nakagawa H，et al. 2009. Lunar radar sounder observations of subsurface layers under the nearside maria of the Moon. Science，323（5916）：909–912.

Ono T，Oya H. 2000. Lunar Radar Sounder（LRS）experiment on-board the SELENE spacecraft. Earth，Planets and Space，52（9）：629–637.

Oshigami S，Watanabe S，Yamaguchi Y，et al. 2014. Mare volcanism：reinterpretation based on Kaguya Lunar Radar Sounder data. Journal of Geophysical Research：Planets，119（5）：1037–1045.

Oshigami S，Yamaguchi Y，Yamaji A，et al. 2009. Distribution of the subsurface reflectors of the western nearside maria observed from Kaguya with Lunar Radar Sounder. Geophysical Research Letters，36（18）：L18202.

Ostro S. 2007. Planetary Radar//McFadden L A，Johnson T，Weissman P. Encyclopedia of the Solar System. Amsterdam：Elsevier：735–764.

Paillou P，Lasne Y，Heggy E，et al. 2006. A study of P-band synthetic aperture radar applicability and performance for Mars exploration：imaging subsurface geology and detecting shallow moisture. Journal of Geophysical Research：Planets，111（E6）：E06S11.

Peeples WJ，Sill WR，May TW，et al. 1978. Orbital radar evidence for lunar subsurface layering in Maria Serenitatis and Crisium. Journal of Geophysical Research：Solid Earth，83（B7）：3459–3468.

Pettengill G H，Ford P G，Johnson W T，et al. 1991. Magellan：radar performance and data products. Science，252（5003）：260–655.

Pettengill G H，Thompson T W. 1968. A radar study of the lunar crater Tycho at 3.8-cm and 70-cm wavelengths. Icarus，8：457–471.

Pettinelli E，Cosciotti B，Di Paolo F，et al. 2015. Dielectric properties of Jovian satellite ice analogs for subsurface radar exploration：a review. Reviews of Geophysics，53（3）：593–641.

Phillips C B，Pappalardo R T. 2014. Europa clipper mission concept：exploring Jupiter's ocean moon. Eos，Transactions American Geophysical Union，95（20）：165–167.

Picardi G，Biccari D，Seu R，et al. 2004. Performance and surface scattering models for the Mars Advanced Radar for Subsurface and Ionosphere Sounding（MARSIS）. Planetary and Space Science，52：149–156.

Picardi G，Plaut J J，Biccari D，et al. 2005. Radar soundings of the subsurface of Mars. Science，310：1925–1928.

Pollack J B，Whitehill L. 1972. A multiplescattering model of the diffuse component of lunar radar echoes.Journal of Geophysical Research，77：4289–4303.

Pommerol A，Kofman W，Audouard J，et al. 2010. Detectability of subsurface interfaces in lunar maria by the LRS/SELENE sounding radar：influence of mineralogical composition. Geophysical Research Letters，37（3）：L03201.

Porcello L J，Jordan R L，Zelenka J S，et al. 1974. The Apollo lunar sounder radar system. Proceedings of the IEEE，62（6）：769–783.

Schaber G G，Thompson T W，Zisk S H. 1975. Lava flows in Mare Imbrium：an evaluation of anomalously low Earth-based radar reflectivity. Earth Moon Planets，13：395–423.

Seu R，Biccari D，Lorenzoni L V，et al. 2004. SHARAD：the MRO 2005 shallow radar. Planetary and Space Science，52：157–166.

Shepard M K，Campbell B A. 1999. Radar scattering from a self-affine fractal surface：near-nadir regime. Icarus，141：156–171.

Shkuratov Y G，Bondarenko N V. 2001. Regolith layer thickness mapping of the Moon by radar and optical data. Icarus，149：329–338.

Spudis P，Nozette S，Bussey B，et al. 2009. Mini-SAR：an imaging radar experiment for the Chandrayaan-1 mission to the Moon. Current Science，25：533–539.

Thompson T W. 1978. High resolution lunar radar map at 7.5 m wavelength. Icarus，36：174–188.

Thompson T W. 1979. A review of earth-based radar mapping of the Moon. The Moon and the Planets，20：179–198.

Thompson T W. 1987. High-resolution lunar radar map at 70-cm wavelength. Earth Moon，Planets，37（1）：59–70.

Thompson T W，Masursky H，Shorthill RW，et al. 1974. A comparison of infrared，radar，and geologic mapping of lunar craters. The Moon，10（1）：87–117.

Thompson T W，Pollack J B，Campbell M J，et al.1970. Radar maps of the moon at 70 cm wavelength and their interpretation. Radio Science，5：253–262.

Thompson T W，Ustinov E A，Heggy E.2011. Modeling radar scattering from icy lunar regoliths at 13 cm and 4 cm wavelengths. Journal of Geophysical Research，116：E01006.

Troitskii V S，Tikhonova T V. 1970. Thermal radiation from the moon and the physical properties of the upper lunar layer. Radiophysics and Quantum Electronics，13（9）：981–1010.

Tsang L，Kong J A，Ding K H，et al. 2001. Scattering of Electromagnetic Waves（3 volumes）. New York：John Wiley & Sons.

Tsang L，Kong J A，Shin B. 1985.Theory of Microwave Remote Sensing. New York：John Wiley.

Tyler G L，Howard H T. 1973. Dual-frequency bistatic-radar investigations of the Moon with Apollos 14 and 15. Journal of Geophysical Research，78（23）：4852–4874.

Tyler G L，Simpson R A. 1970. Bistatic-radar measurements of topographic variations in lunar surface slopes with Explorer 35. Radio Science，5：263–271.

Ulaby F T，Long D G，Blackwell W J，et al. 2014. Microwave Radar and Radiometric Remote Sensing. Ann Arbor：University of Michigan Press.

Ulaby F T，Moore R K，Fung A K. 1986. Microwave Remote Sensing（3 volumes）. Norwood：Artech House.

Webb H D. 1946. Project Diana-Army radar contacts the moon. Sky and Telescope，5：3–6.

Xiao L，Zhu P，Fang G，et al. 2015. A young multilayered terrane of the northern Mare Imbrium revealed by Chang'E-3 mission. Science，347（6227）：1226–1229.

Zhang J，Yang W，Hu S，et al. 2015. Volcanic history of the Imbrium basin：a close-up view from the lunar rover Yutu. Proceedings of the National Academy of Sciences，112（17）：5342–5347.

Zhang X，Gary A，Su Y，et al. 2012. New radio observations of the Moon at L band. Research in Astronomy and Astrophysics，12（9）：1297–1312.

Zheng Y，Wang S，Ouyang Z，et al. 2009. CAS-1 lunar soil simulant. Advances in Space Research，43（3）：448–454.

Zisk S H. 1972. Lunar topography：first radar-interferometer measurement of the Alphonsus-Ptolemaeus-Arzachel region. Science，178：977–980.

Zisk S H，Hodges CA，Moore HJ，et al. 1977. The Aristarchus-Harbinger region of the Moon：surface geology and history from recent remote-sensing observations. The Moon，17（1）：59–99.

Zisk S H，Pettengill G H，Catuna G W. 1974. High-resolution radar maps of the lunar surface at 3.8 cm wavelength. Moon，10：17–50.

第 2 章　行星表面基本物理特征

太阳系天体可分为类地行星、类木行星、矮行星、类冥王星、小天体（小行星、彗星、流星体）等。受火山活动、陨石撞击成坑、构造运动、空间风化等地质作用的影响，行星表面可形成平原、熔岩流、穹丘、陨石坑、皱脊、地堑、峡谷等地貌。特别地，由于撞击成坑与空间风化作用，一些行星表面的形态可能分布有一层结构松散、厚度不等的风化层（regolith），在风化层表面或内部可能分布着大小不等、形状各异的石块。

在行星雷达遥感中，影响雷达散射传输的表层物理参数主要有表面粗糙度、风化层与次表层组分及其复介电常数、石块成分大小与形状、次表面的粗糙度等。被动微波遥感可以测量微波热辐射，因此，行星表层的物理温度是关键的物理量。而在主动微波遥感中，温度则不是最主要的物理量，而散射体的形状、大小、结构等是十分关键的物理量。

本章首先介绍太阳系天体构成与分类，以及天体的主要物理属性；接着概述行星表面主要地质过程，如火山活动、撞击成坑、空间风化、构造运动等；最后以月球和火星为主要对象，介绍了行星物质介电常数、类地行星表面粗糙度、表面石块分布、风化层特性、表面与浅表层物理温度。

2.1　太阳系天体简介

2.1.1　太阳系天体构成与分类

按照国际天文联合会（IAU）2006 年第 26 届大会的规定，太阳系内的天体可分为行星（planets）、矮行星（dwarf planets）、小天体（small bodies）。如图 2.1 所示，太阳系有 8 颗行星：水星（Mercury）、金星（Venus）、地球（Earth）、火星（Mars）、木星（Jupiter）、土星（Saturn）、天王星（Uranus）和海王星（Neptune）（De Pater and Lissauer，2011）。根据物理性质，八大行星可分为类地行星（水星、金星、地球、火星）和类木行星（木星、土星、天王星、海王星）。3 颗矮行星包括谷神星（Ceres）、冥王星（Pluto）、阋神星（Eris）。小天体主要包括小行星、彗星、流星体。

太阳是太阳系中心的恒星，质量为 1.989×10^{30} kg，占整个太阳系质量的 99.87%。太阳系中的八大行星、小行星、流星、彗星等天体都围绕着太阳公转。太阳是由中心核聚变所产生的一个等离子体球，直径为 1.39×10^{6} km，按照由里往外的顺序，太阳可以分为内核、辐射区、对流层、光球层、色球层、日冕层。光球层之下称为太阳内部，光球层之上称为太阳大气，太阳大气主要元素包括氢、氦、氧、碳、铁、氖等。太阳风是指太阳顶层大气连续不断地向行星际空间抛射的高速等离子体带电粒子流，是无大气天体表面空间风化的主要因素之一。太阳辐射是太阳系天体能量的主要来源。太阳常数是指在距离太阳

1 AU（astronomical unit，天文单位，表示太阳与地球之间的平均距离，1 AU = 1.496×10^{8} km）处单位面积所接收到的太阳辐射能量，约为 1 368 W/m^2。

图 2.1　太阳系天体构成

类木行星（giant planets）包括木星、土星、天王星和海王星，它们体积大、质量大、密度小，具有浓密的大气、强磁场、环状系统、大量的卫星（De Pater and Lissauer，2011）。类木行星的主要成分包括由氢、氦所组成的大气，由水、氨、甲烷所组成的冰，由硅酸盐和金属高温凝聚物所构成的岩石。木星和土星又被称为气巨行星（gas giants），天王星和海王星又被称为冰巨行星（icy giants）。气巨行星外层是液态的分子氢和氦，中间层是金属氢，内核可能是由岩石或岩冰构成的固态核。冰巨行星外层是气态或液态的分子氢和氦，中间层由冰（水、氨、甲烷）构成，内核由岩冰构成。

类地行星（terrestrial planets）包括水星、金星、地球和火星，它们密度高、旋转缓慢、具有固体表面、无环状系统、卫星少（De Pater and Lissauer，2011）。类地行星主要由岩石和金属组成，类地行星都经历过分异作用，包括由铁镍构成的内核、由硅酸盐组成的幔层、以硅酸盐为主的固体壳层。类地行星都有固态的表面，表面一般都有撞击坑、火山、山脉、峡谷等。4 个类地行星都有大气，且大气成分和密度差异非常大。

小行星是指围绕太阳公转的、直径较小的、无内生地质活动的岩石质天体（Michel et al.，2015）。大多数小行星位于火星和木星的轨道之间，称为小行星带。截至 2018 年，太阳系共发现小行星 127 万颗。小行星的直径小于 1 000 km，最大的小行星是谷神星，直径为 952 km，最小的小行星直径只有几十米。按照到太阳的距离，小行星可分为主带小行星（日心距离 2.1～3.3AU）、近地小行星（近日点小于 1.3AU）、脱罗央（Trojans）小行星。已有光谱观测表明，同类小行星表面物质的成分与性质一般都相似，但不同类小行星也有相当的差别。按照光谱特征，小行星可分为 C、S、M、E、V、G、B、F、P、D、R、A、T 类。一般地，直径较小的小行星是一整块单一的岩石体（monolith），而直径较大的小行星是由土壤、岩石等构成的、结构松散的碎石堆（rubble pile）。

彗星（comets）是围绕太阳公转、含冰物质、亮度和形状随日距变化、体积较小的天体。彗星分为彗核、彗发、彗尾三部分。彗核由冰物质构成，当彗星进入太阳系内区时，受到强烈的太阳辐射，彗核物质升华产生气体和尘埃，在冰核周围形成体积庞大的彗发和一条长长的彗尾。目前已经观测到的彗星有 3 000 多颗，其轨道可以分为椭圆、抛物线、双曲线 3 种。按照轨道周期，彗星可分为短周期彗星（<200 年）和长周期彗星（>200 年）（De Pater and Lissauer，2011）。

海王星轨道之外存在为数众多的太阳系小天体，称为外海王星天体（trans-Neptunian objects，TNOs），其中超过一半的外海王星天体被称为柯伊伯带天体（Kuiper belt objects，KBOs）。柯伊伯带是一个巨大冰冻天体的仓库，目前普遍认为柯伊伯带是短周期彗星的源，直径大于 1 km 的彗星超过 10 亿颗。大多数柯伊伯带天体位于黄道面附近，其主轴为 18～37 AU。

太阳系的 6 颗行星、柯伊伯带的一些小行星都有自然卫星。六大行星有 185 颗卫星，其中地球 1 颗、火星 2 颗、木星 79 颗、土星 62 颗、天王星 27 颗、海王星 14 颗。矮行星中，冥王星、阋神星、妊神星、鸟神星都有卫星。截至 2016 年 10 月，已发现有 300 多颗小行星拥有卫星。行星环状系统是指由环绕着行星运动的连续分布的物质所构成的环状带。类木行星都存在着行星环，主要由硅酸盐、冰、尘埃等大小不等的碎块颗粒组成。构成行星环的微粒大小不同，可从微米尺度到米级尺度，其对太阳光的散射都不同，形成了色彩各异的明亮光环。

流星体（meteoroid）是围绕太阳公转的体积更小的物体，质量在 10^{-16}～10^{8} g。微小的流星体称为行星际尘或宇宙尘。当流星体高速进入地球大气时，会烧蚀发光，形成流星（meteor）现象，未燃尽的残骸落到地表形成陨石（meteorite）。除此之外，行星际还有气体、质子、电子等粒子以及电磁场等，统称为行星际物质。

2.1.2 行星主要特征

通过遥感观测，可以获得太阳系行星/天体的重要特征，如轨道、质量、大小、旋转、形状、温度、磁场、行星大气等（De Pater and Lissauer，2011）。对类地行星与具有固体表面的类地天体（如小行星、卫星、彗星的彗核），其特性也包括表面成分与结构。

太阳系八大行星都围绕着太阳公转。若忽略行星之间的引力，行星的轨道参数可以由开普勒三定律（椭圆定律、面积定律、调和定律）来计算（De Pater and Lissauer，2011）。由二体问题的运动方程可计算得到行星轨道的椭圆面，太阳位于椭圆的一个焦点［图 2.2（a)］。一般地，定义地球围绕太阳公转的轨道面为黄道面。如［图 2.2（b)］所示，描述行星轨道的 6 个参数有：轨道长半径（a）、轨道偏心率（e）、轨道面倾角（i）、升交点黄经（Ω）、近日点角距（ω）、过近日点时刻（τ）。轨道长半径是椭圆轨道的半长轴，表示轨道的大小；轨道偏心率是焦点到椭圆中心的距离与半长轴之比，表示轨道的形状；轨道面倾角一般为行星轨道面与参考平面（即黄道面）的夹角。行星轨道具有近圆性、共面性、同向性等特点，即各行星的轨道偏心率都很小（$e \approx 0$），轨道面与黄道面相近，轨道倾角 i 都很小，各行星沿轨道运动方向与地球公转方向相同（De Pater and Lissauer，2011；Melosh，2011）。目前，可以采用精密行星历表（如 JPL DE421）来计算太阳系某行星（包括月球）相对于太阳或者相对其他行星的位置和速度。

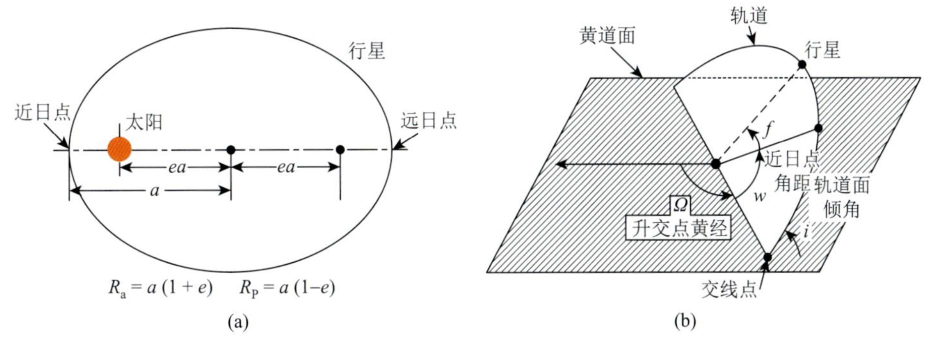

图 2.2　行星椭圆轨道（a）和行星轨道参数示意图（b）

对于有卫星的行星，可以根据行星和卫星的轨道长半轴和公转周期，由牛顿万有引力和开普勒第三定律来计算其质量。对于无卫星的行星，可以通过其他天体对该行星的引力摄动来估算该行星的质量。由观测可以获得行星的赤道角径和两极角径，再利用地球到行星的距离，通过三角关系获得行星的赤道半径和极半径。若行星的质量和大小已知，则可以计算出行星的平均密度，由此简单地估算行星内部结构与物质成分。

天体的形状主要取决于重力加速度和组成该天体的物质强度。重力加速度使行星倾向于呈现出重力势能最小的球体，而物质强度则产生非规则形状。对于非旋转天体，若只考虑天体自身的重力，则其形状为理想球体。受自转作用的影响，天体的赤道半径大于极半径，天体呈现扁球形体。若进一步考虑潮汐作用，则天体呈三轴椭球状（如月球）。对于小行星等小天体，表面重力场非常小，物质强度对形状的塑造占主导，因此小天体通常呈非规则形状。地基雷达是目前获得太阳系小天体形状与自转状态的主要手段之一。

天体表面的均衡温度由太阳照射能量和天体向外辐射的能量共同决定。对于一些天体，其内部的热源（如放射性元素铀、钍、钾）会对表面物理温度产生很大影响。一般地，天体表面的物理温度通常随时间、经度、纬度、深度变化。对于有大气的行星，温室效应可以使得行星表面物理温度有效提高，远高于均衡温度。例如，受温室效应的影响，金星表面物理温度可高达 730 K。热红外和被动微波辐射遥感可以对行星大气与表面物理温度进行大范围观测，热流探针则可以对行星表面感兴趣点的物理温度随深度的变化情况进行原位测量。

类地天体表面化学成分可以通过反射光谱数据、γ 射线、X 射线等观测获得，也可以通过就位探测，或在实验室对样品测量来获得。反射光谱通过物质表面反射的太阳光能量与波长之间的关系来定性或定量分析天体表面的物质成分，是目前深空探测中获得天体表面化学成分的主要手段之一（Hapke，2012）。若已知典型矿物的反射光谱，则可以通过天体表面实测光谱的混合像元分解来获得天体表面主量元素分布。高能宇宙射线入射到无大气天体表面产生快中子，快中子发生非弹性散射，一些主量元素会产生特征 γ 射线，天体表面的放射性元素也会产生 γ 射线。通过 γ 射线谱仪，测量天体表面 γ 射线能谱，则可以获得天体表面主量元素与放射性元素分布（Prettyman et al.，2006）。若已知天体表面成分分布，则可以划分天体表面地质单元，也可以估算天体表面的密度与介电常数等物理参数，借助于一定的模型也可以估算天体内部化学成分等，这些都有助于了解天体的形成与演化过程。

天体表面的形貌与结构等，可以通过光学遥感、激光雷达遥感等方式获得。高分辨率光学遥感可以对天体表面进行照相，了解天体表面的形貌，如陨石坑、火山熔岩流分布、山脉等。通过激光雷达遥感或摄影测量方法，可以获得天体表面高程分布，也可计算天体表面的坡度与粗糙度等信息。对于行星表面小尺度结构（孔隙度、粒径大小），可以通过雷达回波强度或者光学观测所获得的光度函数，结合一定的雷达或光散射模型来进行估算。

行星表面大气成分与结构一般通过反射光谱、红外与微波热辐射、掩星观测等手段来获得。类木行星具有浓密的大气，其以氢气和氦为主。金星具有浓密的以 CO_2 占主导的大气层，金星大气层非常厚，以至于可见光无法观测到金星表面。火星具有稀薄的以 CO_2 占主导的大气。水星和月球具有非常稀薄的大气。土卫六具有以 N_2 占主导的、浓密的大气层，其大气层含有有机分子。木卫一表面火山活跃，大气成分则以 SO_2 占主导。对具有浓密大气的天体（如金星），微波遥感是探测其表面特征的唯一的遥感方式。

遥感技术只能对天体表面或浅表层进行探测，但无法深入至行星的内部。基于行星质量、大小、重力、磁场、行星地震等地球物理方法有可能获得这些内部深层的信息，结合理论模型，可以对行星内部物质密度、压强、温度、化学成分、状态、圈层构造等进行推算。

2.2　表面地质过程

许多行星具有环形高低起伏的固体表面，由于陨石、彗星等天体撞击与火山活动等，形成特有的大小不一的环形的地貌结构，称为 crater，火山成因的 volcanic crater 一般直接称为火山口。绝大多数 crater 是陨石小天体等撞击天体表面后形成的环状凹陷结构，翻译为环形山，是从形貌的角度来描述；翻译为陨石坑，是泛指陨石等撞击后形成的环状凹陷坑；翻译为撞击坑，是指撞击成坑。本书一般将其统称为陨石坑或撞击坑，不做特别的含义区分。火山作用和撞击成坑是类地行星与大多数天体表面主要的地质过程。对于无大气天体，空间风化是影响天体表面物理和化学性质的重要的地质过程之一。

此外，表面上的形貌还有平原、熔岩流、穹丘、皱脊、地堑、峡谷等（Greeley，2013）。一些卫星表面也存在类似的陨石坑等。对这些天体表面形貌、物理性质、化学组成的了解，有助于了解这些天体表面的地质形成与演化过程，其也是着陆探测中着陆点选取时首要考虑的因素。

行星地质过程可分为内生地质过程和外生地质过程。由放射性、动能、重力能、化学能等来源于行星内部的能量转化成的地质作用称为内生地质过程，由行星外部的能量所引起的地质作用称为外生地质过程。行星内生地质过程的形式有火山活动、构造运动、地震等，外生地质过程的形式有撞击成坑、空间风化、物质坡移等（Melosh，2011）。行星遥感的主要任务之一就是通过遥感观测获得天体表面的形貌、物理与化学性质，借助地质过程模型，获得对天体表面现状、形成与演化过程的新认识。

2.2.1 火山作用

已有观测表明，多个行星与几个卫星在历史上都存在火山活动，地球、木卫一、土卫二目前仍存在火山活动（Melosh，2011）。火山活动可以覆盖天体表面已有的地形，产生新的形貌，也可以改变行星大气。火山作用的一个先决条件是在地壳以下产生熔融物质，如岩浆。岩浆是包含各种气体、过热水、蒸汽的硅酸盐熔体，岩浆熔融的热能通常有 3 种来源：①行星形成过程中吸积与分异过程中所产生的热；②天体之间潮汐作用使物质加热，如木卫一；③放射性元素所产生的热量。

火山作用是指岩浆喷出行星表面的作用过程，包括地下岩浆的分异、运移、喷出直至冷却的全过程。火山作用具有阶段性，可分为次火山阶段、火山作用主阶段、火山期后阶段。次火山阶段指从岩浆的开始形成、运移汇集到岩浆房，以及岩浆沿着地壳薄弱地带上升到达行星表面之前的过程。从岩浆喷出行星表面开始，火山作用进入了主阶段。按照火山喷发的剧烈程度，可以将火山分为喷发式、宁静式和中间式。喷发式火山在爆发时产生猛烈的爆炸现象，喷出物多为黏滞性大、不易流动、冷却快、富含挥发分的酸性岩浆［图 2.3（a）］。宁静式火山喷发时大量火山物质从火山口涌出，不发生猛烈的爆炸现象［图 2.3（b）］，这类火山爆发物多为黏滞性小、易流动、不易冷凝的基性岩浆。中间式介于爆炸式和溢流式之间，有时候发生爆炸，有时候为宁静的溢流。火山喷发结束之后，能量以其他形式（如火山喷气、喷水等）释放出来，称为火山期后阶段。根据火山喷发的形式，可以把火山喷发划分为熔透式、裂隙式、中心式。

(a) 喷出式

(b) 溢流式

图 2.3　火山喷发方式

火山喷出物可呈气态、液态和固态，其取决于火山的活动形式。火山喷出的液体产物为岩浆，冷却之后形成火山岩。常见的火山岩有流纹岩、安山岩、玄武岩、苦榄岩等。火山岩的结构指岩石中矿物结晶程度、颗粒大小、矿物形态和组合形式等。火山岩常见的结构有玻璃质、隐晶质、斑状结构等，主要取决于岩浆的形成环境、成分、固结成岩过程。

火山岩的总体外貌特征，即火山岩的构造，一般有流纹构造、气孔构造、杏仁状构造、绳状构造、枕状构造、柱状节理等。火山的固体喷射物为火山碎屑物，是成分与大小不一的块体，直径可从数毫米到数米。火山的气体喷出物可贯穿整个火山活动过程，其化学成分通常也比较复杂。

火山作用可产生许多不同类型的地貌，如火山锥（寄生熔岩锥、盾型火山、复合火山锥）、火山口、熔岩管、熔岩流、穹丘、岩床、盾地、熔岩阶地、火山碎屑堆积物等（Greeley，2013）。火山地貌的特征与形态取决于岩浆的黏度、温度、密度、成分、行星表面重力、岩石圈强度、大气特性等。

月球形成的早期曾经发生过强烈的火山作用。对 Apollo 月球样品分析与陨石坑定年统计的结果表明，月球上大部分火山作用终止于 30 亿年前，有部分晚期火山喷发的时间为 10 亿～20 亿年前（Jolliff et al.，2006）。月球表面火山喷发多形成于月壳较薄的大型撞击盆地中，火山喷发的熔岩流形成月海玄武岩[图 2.4(a)]。月海玄武岩面积为 7×10^6 km^2，约占月球表面面积的 17%。除此之外，由喷出熔岩中的气体散发而派生出的火喷泉，将熔融物以细粒状喷发出来，形成火山碎屑堆积物 [(图 2.4 (b)]。日本 Kaguya 雷达探测仪的一个主要任务就是探测月球表面不同期次的玄武岩厚度，从而确定月球表面火山活动的规模（Ono et al.，2009）。月球表面火山堆积物一般由颗粒细小的物质组成，其表面光滑，对雷达波的散射很小，因此在雷达图像中呈现暗黑色（Carter et al.，2009）。

(a) 玄武岩

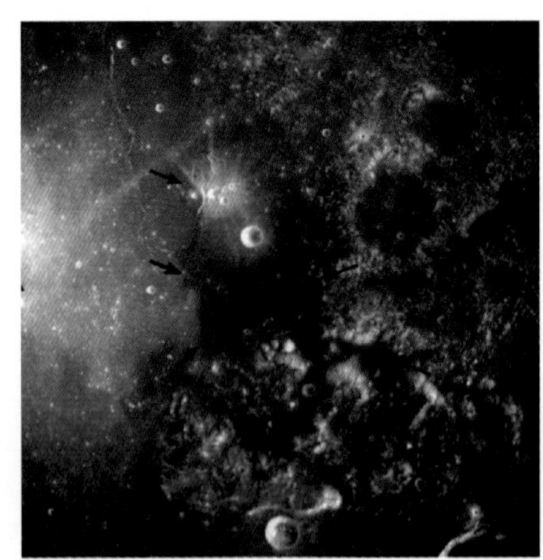
(b) 火山碎屑堆积物

图 2.4　月海表面

类地行星表面都存在着火山活动的证据。金星 15、金星 16 和 Magellan 探测计划都证实金星表面分布着大量火山，其表面平原地区大都是火山平原。研究表明，金星表面火山活动一直持续到距今 5 亿年前。因此，金星是太阳系火山活动保存最好的行星，是研究火山学的天然实验室。火山活动是火星地质演化的重要过程，火星表面至今保留着大量火山活动的痕迹。火星表面存在三大火山地质单元，包括南部高原的溢流平原火山 Tyrrhena-Malea 地质单元、大型盾型火山 Elysium 地质单元和 Tharsis 大火山地质区域（Ivonov and Head，2011）。水星表面也存在大量火山活动的证据，如水星表面较老的坑间平原、年轻的平坦平原以及大型撞击盆地内的平坦物质等，都被证实是火山活动的产物（Denevi et al.，2013；Whitten et al.，2014）。

1979 年“旅行者 1 号”飞过木卫一（Io）时，发现木卫一表面存在大量活火山，喷出的火山灰可高达 300 km，表面也布满了类似地球破火山口和熔岩流的地貌。对木卫一大气的光谱观测表明，木卫一大气的主要成分为来自于火山喷发所产生的 SO_2。火山作用的后期，地下水以连续的或间歇性的形式喷发出来，形成温泉或间歇泉。Cassini 飞船发现土卫二上存在类似的间歇泉，“旅行者号”发现海卫一（Triton）表面存在液氮间歇泉，这些现象间接表明在土卫二、海卫一表面都存在火山活动。

2.2.2　表面撞击成坑

撞击作用是太阳系天体形成与演化的重要地质过程之一。太阳系所有天体被认为是从原始星云中不断碰撞增生形成的。太阳系类地行星、多个卫星、小行星、彗星等几乎所有具有固态表面的天体表面都存在着由撞击作用所产生的陨石坑（Melosh，1989）。

撞击成坑是指高速飞行的陨石（撞击体）撞击在天体表面（靶体）最终形成一个环状凹陷（撞击坑）的过程。类地行星与月球表面的撞击速率为 5～90 km/s，平均撞击速率为 10～43 km/s。因此，撞击成坑是一个连续的、短暂的过程。为方便起见，一般将撞击成坑的过程分为 3 个阶段：接触与压缩、挖掘成坑、后期改造（Melosh，1989）。接触与压缩阶段开始于撞击体与靶体的接触，高速运动的陨击体将靶体物质推开，挤压并加速至撞击速度，靶体物质的阻碍作用使撞击体减速，撞击体和靶体之间的物质被剧烈压缩，在压缩-未压缩物质的界面处形成冲击波。接触与压缩阶段结束于撞击体被靶体目标吞没，这个阶段大部分撞击体的动能转移到靶体目标，该阶段作用区域与撞击体大小相当。挖掘成坑阶段，一个半球形冲击波在靶体目标区域传播，该冲击波和随后的稀疏波使靶体物质开始运动，产生一个亚声速的挖掘流，最终形成一个数倍于撞击体大小的瞬时撞击坑。在后期改造阶段，瞬时撞击坑在重力的作用下发生塌陷，小型撞击坑的坑底被填平，而大型撞击坑在峭壁形成台地、在坑底形成中央隆起等。对撞击成坑过程的研究，主要是借助于基于能量守恒、物质状态方程的数值模拟（如 iSALE、CTH 仿真软件），以及实验室高速撞击模拟实验（Osinski and Pierazzo，2012）。

陨石坑是撞击成坑过程的产物，一般呈圆形凹坑状。目前观测到的太阳系撞击坑直径最小可至 0.1 μm，最大可超过 2 000 km（如火星 Hellas 盆地）（Melosh，1989）。在这个尺度范围内，陨石坑的环形山形貌一般随着直径大小而变化。有人将陨石坑分为 4 类：微陨石坑、简单陨石坑、复杂陨石坑、多环盆地（图 2.5）。微陨石坑指微流星体或高速宇宙尘在岩石表面撞击形成的直径小于 1 cm 的撞击坑。简单陨石坑一般呈碗状，坑缘以内为光滑的抛物线剖面，直径可达几千米到十几千米。简单陨石坑的深度/直径比一般随着靶体物质强度与重力发生变化，年轻的简单陨石坑约为 0.2。复杂陨石坑通常有一个平的底部与中央峰，坑缘以内呈台阶状。复杂陨石坑的直径一般在几十千米到数百千米，月球表面直径大于 20 km 的陨石坑都是复杂陨石坑，地球表面复杂陨石坑的直径一般都大于 3 km。随着陨石坑直径的增大，中央峰会变为中央峰环，如月球、水星、火星表面直径在

100～300 km 的陨石坑都会有中央峰环的环形山地貌。天体表面简单陨石坑与复杂陨石坑的过渡直径与天体表面重力加速度成反比。与相同直径的简单陨石坑相比较，复杂陨石坑的深度要小一些，深度随直径的变化也缓慢一些。多环盆地是由同心圆组成的环状系统的环形山，其范围要大得多。多环盆地的内环通常呈现环状的山脉，底部可能被岩浆填充。月球表面的东海盆地是一个典型的多环盆地，直径为 930 km，具有 4 个环状结构。在类地天体表面也能发现一些陨石坑并非完全满足上述 4 种分类，有可能是形成时比较特殊的撞击或靶体条件所导致的，如大多数椭圆陨石坑是由高度倾斜的撞击过程所产生的。

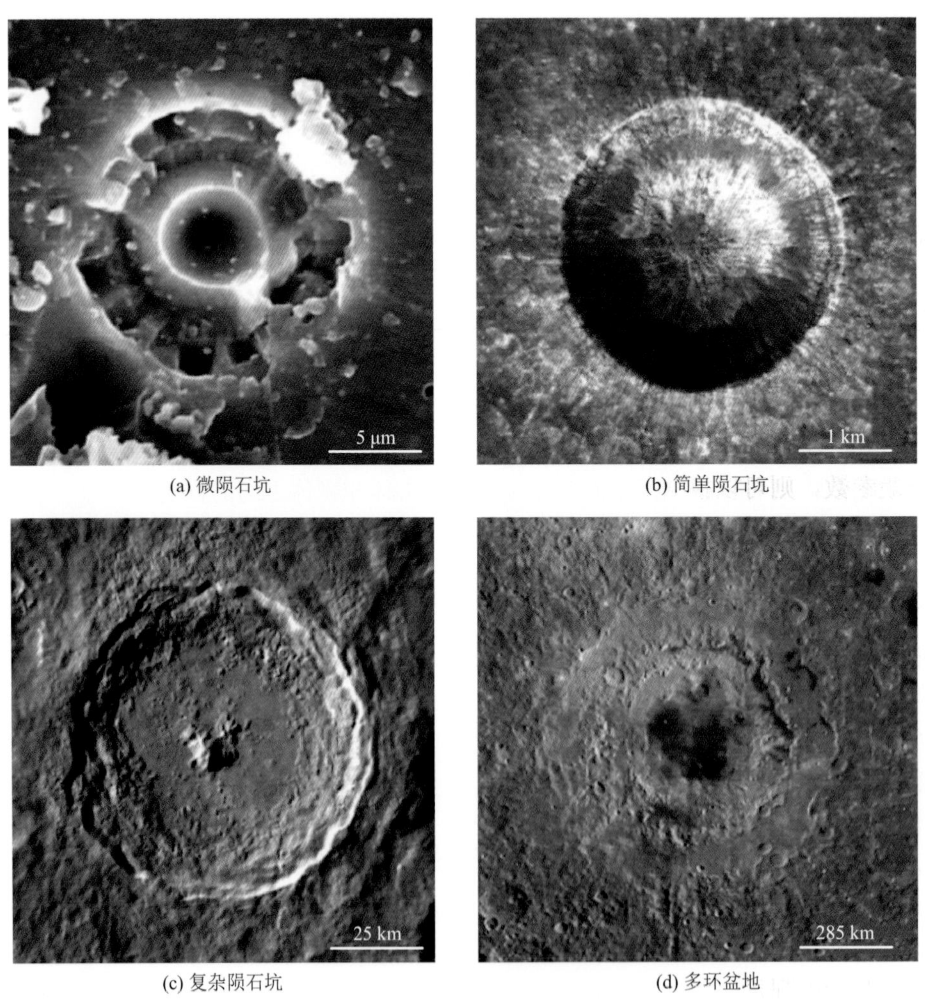

(a) 微陨石坑　(b) 简单陨石坑　(c) 复杂陨石坑　(d) 多环盆地

图 2.5　不同类型的陨石坑

图 2.6 给出了简单陨石坑的形貌参数：黑色虚线是撞击前的表面，黑色实线为陨石坑后期改造之后的高程廓线，其中高度最高的点为陨石坑边缘（rim），D 为陨石坑的边缘直径（rim-to-rim diameter，D_A），陨石坑在撞击之前的表面所形成的圆的直径为表观直径（apparent diameter），陨石坑边缘高度为 h_R，从边缘到坑底的深度为边缘坑底深度

（rim-to-floor depth），简称深度（d），从撞击前的表面到坑底最低点为表观深度（apparent depth，d_A）（Melosh，1989）。简单坑的边缘高度（相对于背景地形）一般为陨石坑直径的 4%。从陨石坑的边缘开始到距离陨石坑约一个半径处，表面分布着由撞击抛射物和原位碎片所构成的连续溅射毯。在连续溅射毯之外，存在一些由高速抛射物降落时所挖掘的陨石坑，称为次生陨石坑（secondary crater）。

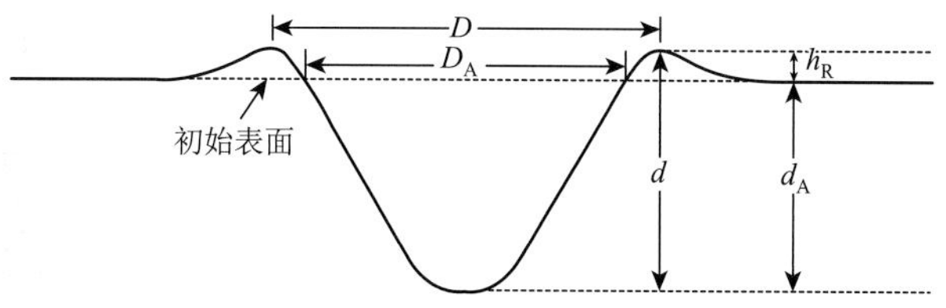

图 2.6　陨石坑廓线示意图

新生的陨石坑一般具有锋锐的边缘，陡峭的坑壁、深的坑底等。在月球、火星、小行星等一些天体表面，多数新生的陨石坑内外都存在着大量石块。随着时间的推移，受微陨石的撞击、宇宙射线的照射、滑坡作用、物质掩埋等过程的影响，陨石坑会逐渐退化，直至消失。退化的陨石坑在形貌上表现为直径变大、坑底变浅、坑壁坡度变小、石块破碎等（Melosh，1989）。陨石坑的退化过程可以由基于质量守恒的地形扩散方程来描述，通过数值求解地形扩散方程，可以模拟陨石坑的退化过程。若假设相同直径的陨石坑在形成时具有相同的形貌参数，则可以根据陨石坑的退化状态来估算陨石坑的年龄（Basilevsky，1976）。

陨石坑大小-频率分布定年方法是目前使用广泛的行星表面定年方法（Neukum et al.，2001；Melosh，2011）。由于月球样品放射性同位素定年可以获得绝对年龄，这种方法在月球绝对模式定年中应用非常广泛（Hiesinger et al.，2011）。该方法假设在研究的时间范围内撞击通量不随时间变化，撞击成坑随机分布销毁的速率远小于产生的速率，因此月球表面年龄越大的区域陨石坑密度就越大。通过研究获得的月球表面陨石坑的大小-频率分布，可以得到月球表面不同区域的相对年龄大小。对 Apollo 和 Luna 着陆区月球样品进行放射性同位素定年分析，可以获得月球样品与采样区域的绝对年龄。结合光学影像，可对 Apollo 和 Luna 着陆区陨石坑进行识别与统计，获得这些区域陨石坑的大小-频率分布。分析 Apollo 和 Luna 着陆区样品绝对年龄，对陨石坑大小-频率分布进行标定，即可获得陨石坑大小-频率分布与月球表面物质绝对年龄之间的模式关系（Neukum et al.，2001）。该方法已经被广泛应用到月球表面定年中，目前已经获得了月球表面月海玄武岩区域的年龄分布。若考虑到月球与其他行星之间的差异（撞击通量、撞击速度、重力加速度），则陨石坑大小-频率分布方法也可应用到其他天体表面，如火星、水星、小行星等。陨石坑大小-频率分布表示一般有累积分布和相对分布两种方法（Crater Analysis Techniques Working Group，1979）。陨石坑数量-直径累积分布表示单位面积内直径大于某个值 D 的陨石坑数量，相对分布则表示给定直径区间内（如在 D 到 $D+dD$ 之间），单位面积的陨石坑数量的相对值（具体可参考 Melosh，1989）。

大多数遥感方法只能获得天体表面的物理与化学性质，撞击成坑作用可挖掘表面以下物质（以月球为例，撞击坑挖掘深度大约是瞬时撞击坑直径的 1/10），这有助于了解天体次表层的结构与化学性质。撞击成坑会改变天体表面原有的地形，在天体表面产生一层厚度不等的风化层，也会在天体表面产生大小不等的石块，这些都会给微波遥感观测带来影响，也是微波遥感对天体表面特征参数反演的模型输入。

2.2.3　其他作用过程

空间风化是无大气天体表面一个重要的地质作用。月球、水星、小行星、彗星等没有大气层的天体的表层物质直接暴露在严苛的太空环境下，受到宇宙射线和太阳辐射的照射、太阳风粒子的轰击、大大小小的陨石和微流星体的撞击，天体表面物质所经历的一系列变化过程的总称，即空间风化，也称太空风化（Pieters and Noble，2016）。受太空风化的影响，天体表面物质的物理和化学性质会发生一系列的变化。例如，受太空风化作用的影响，月球表面月壤颗粒会变小，月壤中会产生撞击熔融玻璃物质如胶合物，矿物中 FeO 的含量会变少，微小颗粒单质铁（纳米相铁）会增加，月壤颗粒表面会发生气相沉淀，月壤颗粒会注入太阳风粒子等。

在具有大气的天体（如火星、土卫六）表面存在风成地质作用（Melosh，2011）。例如，在火星表面，风蚀作用使得地面松散的岩石破坏、粉碎、搬运等，磨蚀作用使得岩石表面变得粗糙。风的搬运作用可以扬起表面的尘土，使尘土长时间悬浮在大气中，受环流作用的影响进一步形成全球性沙尘暴等。受这些作用的共同影响，火星表面也存在风成沙丘等地貌。

水成过程是指流水对地表岩石和土壤进行侵蚀，对地表松散物质、被侵蚀物质、水溶解物质进行搬运，最后流水动能的减弱又使其搬运物质沉积下来（Melosh，2011）。火星表面的渠道就是水成作用的产物。火星陨石坑表面陡立斜坡上年轻的溪谷，则被认为与火星近期液态水的侵蚀有关。

2.3　表层物质介电特性

介电常数是物质保持电荷的能力，是表征物质介电性能的一个重要参数。介质在外加电场时会产生感应电荷而改变电场分布。物质的介电常数是相对介电常数与真空中绝对介电常数的乘积，$\varepsilon=\varepsilon_r\varepsilon_0$，其中 ε_r 是相对介电常数，$\varepsilon_0=8.85\times10^{-12}$ F/m。一般地，介电常数与频率、温度以及物质的体积密度、化学成分、组分与组分颗粒大小等有关。

通过电磁测量电磁波在介质端面的反射系数与传输系数，根据反射/传输系数与电磁波反射、透射、衰减的关系，可计算出待测物质的介电常数。一般地，可以采用阻抗仪（低频）或矢量网络分析仪（高频，如 200 MHz～40 GHz）来测量介质的反射系数和透射系数。根据待测样品测的状态（固体、液体、粉末状固体）和测量参数，介电常数测量方法可分为传输线法、同轴线终端开路法、自由空间法、谐振腔法（Athey et al.，1982；Venkatesh and Raghavan，2005）。一般地，介电常数实部可以测量得相对准确，一些低损耗介质介电常数虚部本身很小，测量结果误差相对较大。

若物质的相对介电常数为 $\varepsilon=\varepsilon'+i\varepsilon''$, $\varepsilon''\ll\varepsilon'$，则电磁波能量的穿透深度 d_0 由定义 $\exp(-2k''d_0)=\exp(-1)$ 写为（Kong，2005）

$$d_0=\frac{1}{2k''}=\frac{c\sqrt{\varepsilon'}}{2\pi f\varepsilon''}=\frac{\sqrt{\varepsilon'}}{2\pi\varepsilon''}\lambda \tag{2.3.1}$$

式中，k'' 为介质中传播波数的虚部；f 为电磁波频率；λ 为电磁波波长；c 为真空中的光速。

式（2.3.1）给出了当入射电磁场衰减到 e^{-1} 时所对应的深度，即电磁波的趋肤深度。在雷达遥感中，雷达波可以探测的深度还与发射功率、天线增益与有效面积、最小可检测信号、接收机噪声等多个因素有关，探测深度可以由雷达方程来计算。在被动微波遥感的中，辐射计的探测深度也与辐射计灵敏度等因素有关。

2.3.1　自然物质介电常数

矿物介电常数实部主要与结合能、电导率、晶格结构与取向等因素有关。已有研究表明，自然界造岩矿物介电常数实部分布范围很广，常见矿物介电常数在 2～150。表 2.1 总结了自然界中常见矿物介电常数的实部值（Parkhomenko，1967）。

表 2.1　自然界典型矿物介电常数实部值

矿物类型	介电常数实部
硅酸盐	通常为 4～10，大部分为 6～8；若存在铁或镁离子，则值会很高
氧化物	含铁氧化物（如赤铁矿、磁铁矿）：25～81；含钛氧化物（如金红石、钛铁矿）：80～170；钙钛矿型钙钛矿：170
硫酸盐	大部分为 5～14
硫化物	硫化汞、硫化锌、硫化砷：5～14；硫化铜、硫化铁、硫化银、硫化锂：＞80
卤化物	钾盐、钠盐：4～7；银盐高一些
碳酸盐	4～11；白铅矿：23

Parkhomenko（1967）、Campbell 和 Ulrichs（1969）、Ulaby 等（1988）对地球岩石与 Apollo 月球样品的介电常数进行了大量的实验室测量。这些测量结果表明，大多数地球岩石的原生矿物和类地行星岩石的介电常数在 4～10，岩石中存在的高介电常数物质可以使介电常数变得很高。对大多数干燥的火成岩、沉积岩和变质岩，电导率很低，因此损耗角正切一般都非常小。这些研究结果表明，岩石介电常数实部一般与体积密度有关，介电常数虚部主要与岩石的化学成分有关。此外，介电常数也与物理温度、频率有关。

纯水的介电常数与温度、频率、弛豫时间有关，可以由著名的德拜（Debye）模型计算。纯水的介电常数可以表示为（Hasted，1973）

$$\varepsilon_{\mathrm{w}}=\varepsilon_{\mathrm{w}\infty}+\frac{\varepsilon_{\mathrm{w}0}-\varepsilon_{\mathrm{w}\infty}}{1+j2\pi f\tau_{\mathrm{w}}} \tag{2.3.2}$$

式中，f 为频率；$\varepsilon_{\mathrm{w}0}$ 为纯水的静介电常数（$f\to 0$）；$\varepsilon_{\mathrm{w}\infty}$=4.9 为水在高频极限时的介电

常数；τ_{w} 为纯水的弛豫时间。$\varepsilon_{\mathrm{w}0}$ 和 τ_{w} 都与水的物理温度 T 有关，可以表示为

$$\varepsilon_{\mathrm{w}0}(T)=88.045-0.4147T+6.295\times10^{-4}T^2+1.075\times10^{-5}T^3 \tag{2.3.3a}$$

$$2\pi\tau_{\mathrm{w}}(T)=1.1109\times10^{-10}-3.824\times10^{-12}T+6.938\times10^{-14}T^2-5.096\times10^{-16}T^3 \tag{2.3.3b}$$

对于含有金属离子的水溶液，如海水等，金属离子的存在，使得水溶液的介电常数特别是虚部显著提高。海水的复介电常数与频率、温度、盐度等有关，可以由双德拜模型来计算（具体可参考：Ulaby et al.，2015，第 4.2 节；金亚秋，1993）。

水冰的弛豫频率在千赫兹区域。根据德拜模型，在 10 MHz～300 GHz 频率范围内，水冰介电常数实部仅与物理温度存在极其微弱的关系，实部可近似为 3.15。水冰介电常数虚部则与频率、温度有关，当频率为 0.1～100 GHz 时，虚部在 10^{-4}～10^{-2} 变化，与温度成正相关，随频率增加而减小，在 1 GHz 附近达到最小值，之后随着频率的增加而变大。

自然界物质很多时候以混合物的形式出现，如月壤（由不同矿物和岩石碎屑组成）、海水（由水和各种盐分组成）、海冰（由水冰、盐水、气泡组成）等。混合介质的模型，在已知各种组分介电常数与占空比的情况下，可以由不同的混合模型计算得到。常见的混合介质模型有 Maxwell-Garnett 模型，以及 Polder-Van Santen-de Loor（PVL）模型、Tinga-Voss-Blossey（TVB）模型、Lorentz-Lorenz 模型、Lichtenecker 模型等（Campbell，2002；Ulaby et al.，2014）。对于由 N 种成分构成的混合介质，根据 Lorentz-Lorenz 模型，介质的有效介电常数（ε_{m}）可以简单地用算数平均表示为（Campbell，2002）

$$\frac{\varepsilon_{\mathrm{m}}-1}{\varepsilon_{\mathrm{m}}+2}=\sum_{k=1}^{N}f_k\frac{\varepsilon_k-1}{\varepsilon_k+2} \tag{2.3.4}$$

式中，ε_k 为第 k 种成分的介电常数；f_k 为第 k 种成分的占空比，且满足 $\sum\limits_{k=1}^{N}f_k=1$。

对于一种被孔隙填充的颗粒状介质，式（2.3.4）可以简化为

$$\frac{\varepsilon_{\mathrm{m}}-1}{\varepsilon_{\mathrm{m}}+2}=f\frac{\varepsilon_k-1}{\varepsilon_k+2} \tag{2.3.5}$$

这就是 Maxwell-Garnett（MG）介电混合模型（Kong，2005），其中 f 为颗粒状介质的占空比。

但是，必须要指出的是：这些模型都只适用于“低频”和“弱扰动”的情况，并在大部分应用中都是预设混合物是球形的或各向同性的，避免张量形式的介电常数出现（Jin，1994）。低频是因为只有在弱散射情形下，混合物平均介电常数或有效介电常数的定义才有意义，这些公式的推导都是基于准静电学的低频模型计算。在高频率下，混合物散射与消光系数的复杂计算与混合成分多种因素有关，无法定义平均介电常数或有效介电常数。“弱起伏”是要求混合物介电常数与背景不要相差太大，以及混合物占空比不要太大，这也是基于弱散射的准静电学近似，否则这些基于准静电学的模型计算都必须予以修正，或者根本不适用。这也是后来介电强起伏理论（Tsang et al.，1985；Jin，1994）和相干准晶体近似（QCA-CP）低频近似下（Tsang et al.，1985，2002）对有效介电常数计算的研究。

本书（Liu and Jin，2019）研究了广泛沿用的 Maxwell-Garnett（MG）公式，以及随机介质的介电强起伏理论和密集粒子的相干势准晶体近似（QCA-CP）的有效介电常数的

计算。在介电常数为ε_b的背景媒质中，混合有占空比为f_s、介电常数为ε_s的球形或各向同性成分，有效介电常数计算公式如下。

（1）MG 公式（$\varepsilon_s \sim \varepsilon_b, f_s, \delta\varepsilon$ 小）：

$$\varepsilon_{MG} = \varepsilon_b + \frac{3f_s\varepsilon_b y}{1 - f_s y}, \quad y = \frac{\varepsilon_s - \varepsilon_b}{\varepsilon_s + 2\varepsilon_b} \tag{2.3.6}$$

（2）介电强起伏（$f_s, \delta\varepsilon$ 不小）随机介质强起伏理论：

$$f_s \frac{\varepsilon_s - \varepsilon_{SF}}{\varepsilon_s + 2\varepsilon_{SF}} + (1 - f_s)\frac{\varepsilon_b - \varepsilon_{SF}}{\varepsilon_b + 2\varepsilon_{SF}} = 0 \tag{2.3.7}$$

这里的ε_{SF}就是强起伏随机介质有效介电常数的第一级近似。与随机起伏相关函数相关的有效介电常数计算，以及各向异性随机介质有效介电常数张量的计算可参阅 Jin（1994）。

（3）密集（可有$f_s > 0.1$）球形粒子的具相干势的准晶体近似下的有效介电常数的有效波数为

$$K^2 = k^2 + n_0\hat{c} \tag{2.3.8}$$

式中，n_0为单位体积中粒子的个数。

$$\hat{c} = \frac{v_0 z}{1 + z(1 - f_s)/(3K^2)}\left\{1 + i\frac{2}{9}Ka^3 \frac{z}{1 + z(1 - f_s)/(3K^2)} \cdot \left[1 + 4\pi n_0 \int_0^\infty \mathrm{d}r\, r^2[g(r) - 1]\right]\right\} \tag{2.3.9}$$

式中，v_0为每个粒子的体积；a为粒子半径；$z = k_s^2 - k^2$。对分布函数$g(r)$采用 Percus-Yevick 对分布函数可以得到：

$$1 + 4\pi n_0 \int_0^\infty \mathrm{d}r\, r^2[g(r) - 1] = \frac{(1 - f_s)^4}{(1 + 2f_s)^2} \tag{2.3.10}$$

有效介电常数为

$$\varepsilon_Q = K^2 / k_0^2 \tag{2.3.11}$$

通过比较表明，ε_{SF}与ε_Q比ε_{MG}有更广的使用范围（Liu and Jin，2019）。

2.3.2　月球表面物质介电常数

月球表面物质主要由硅酸盐类物质组成，是典型的低导电和低损耗物质。月球表面没有液态水的存在，月岩的介电常数主要与矿物的组成和结构有关，对于结构松散的月壤，其介电常数主要与频率、温度、月壤的体积密度和化学成分等因素有关。早期对月球表面物质介电常数的认知主要基于对地基雷达与微波热辐射观测的反演，目前对介电常数的认识则主要基于对月球样品的测量与分析。

6 次 Apollo 载人登月计划采集了 382 kg 月球样品，早期学者（Olhoeft and Strangway，1975；Olhoeft et al.，1975；Chung et al.，1972；Gold et al.，1970，1971，1972，1973，1976，1977）对这些样品的复介电常数进行了大量的实验室测量。在这些测量中，大多数样品的测量频率为 1 MHz、450 MHz、9 375 MHz，少数样品（如 Apollo 14 163，14 310）

的测量频率为小于 1 MHz 到红外波段，一些样品的测量温度为 25～700 ℃。Carrier 等（1991）对这些测量结果进行了系统的分析与总结，结果表明，月壤和月岩介电常数的实部主要与体积密度有关，而与化学成分、矿物组成关系不大，当频率大于 1 MHz 时，与频率和温度（在月球表面的温度范围内）的关系也不大。损耗角正切（$\tan\delta \equiv \varepsilon'' / \varepsilon'$）则与体积密度、月壤中 $FeO + TiO_2$ 含量、温度和频率密切相关。对于月壤，损耗角正切最小值出现在 10 MHz 附近。月壤介电常数（$\varepsilon = \varepsilon' + i\varepsilon''$）随月壤体积密度（$\rho$）、$FeO + TiO_2$ 含量（S）的变化为

$$\varepsilon' = 1.919^{\rho} \tag{2.3.12a}$$

$$\tan\delta = 10^{0.038S + 0.312\rho - 3.260} \tag{2.3.12b}$$

之后也有一些学者对 Apollo 样品测量结果进行了分析与研究，对介电常数随体积密度和化学成分进行了重新拟合，但总体结果大致不变：介电常数实部随密度增加而变大，损耗角正切随密度和化学成分而变化（Shkuratov and Bonadrenko，2001；Kobayashi et al.，2010）。

在上述研究中，损耗角正切对 $FeO + TiO_2$ 含量的依赖关系主要是因为月壤中钛铁矿（$FeTiO_3$）对电磁波的吸收所引起的。钛铁矿中 FeO 和 TiO_2 的比例相等，钛铁矿是月球表面唯一富含钛元素的矿物，但钛铁矿并非是唯一富含铁元素的矿物。例如，月海玄武岩中的橄榄石和辉石都富含铁元素，高地长石中也有少量铁元素。考虑到这些不同含铁元素的矿物介电常数的差异，在对损耗角正切的拟合中，应该将 FeO 和 TiO_2 含量分开，而并非二者之和。在频率 9.37 GHz 时，斜长岩、辉石、橄榄石、钛铁矿介电常数测量值分别为 6.6 + 0.05i、7.9 + 0.06i、8.1 + 0.01i、54.3 + 0.6i（Zheng et al.，2005）。可以发现，钛铁矿介电常数的实部和虚部比其他矿物要高一个数量级。由于钛铁矿是月壤中唯一富含钛元素的矿物，因此月壤的介电损耗应该主要与 TiO_2 有关。此外，由于空间风化作用，月壤中也含有约 0.5%的金属纳米铁。

基于上述考虑，Fa 和 Wieczorek（2012）对 23 组频率为 450 MHz 的月壤介电常数测量值进行了重新分析，研究了月壤体积密度、孔隙率、FeO 含量、TiO_2 含量、I_S 值（代表月壤中纳米相铁的含量）对介电常数的影响。结果表明，对月壤体积密度或者孔隙度归一化之后，月壤介电常数实部是常数，损耗角正切则只与 TiO_2 含量有关。对体积密度归一化，介电常数可以表示为

$$\varepsilon' = 2.75 \pm 0.20 \quad (\rho = 1.7\ \text{g/cm}^3) \tag{2.3.13a}$$

$$\lg(\tan\delta) = -2.395(0.052) + 0.064(0.015)\text{TiO}_2 \quad (\rho = 1.7\ \text{g/cm}^3) \tag{2.3.13b}$$

若对孔隙率归一化，则介电常数可以表示为

$$\varepsilon' = 2.78 \pm 0.23 \quad (\phi = 0.45) \tag{2.3.14a}$$

$$\lg(\tan\delta) = -2.407(0.052) + 0.071(0.015)\text{TiO}_2 \quad (\phi = 0.45) \tag{2.3.14b}$$

基于标准矿物学定律与月球样品的分析表明，月壤在孔隙率为 0 时的密度（即月壤的比重）主要取决于月壤中 FeO 和 TiO_2 的含量，可以表示为（Huang and Wieczorek，2012）

$$G = 0.0273\text{FeO} + 0.011\text{TiO}_2 + 2.773 \tag{2.3.15}$$

若月壤的孔隙率为ϕ，则月壤的体积密度可以表示为

$$\rho=G(1-\phi) \tag{2.3.16}$$

图 2.7 给出了月壤介电常数拟合结果及其与 Apollo 月壤样品测量值的比较。可以看出，介电常数实部随着体积密度的增加而变大，损耗角正切则随着 TiO_2 含量的增加而变大。在 Carrier 等的拟合结果中，在月球表面 FeO 含量范围内，损耗角正切变化可达 10 倍以上。

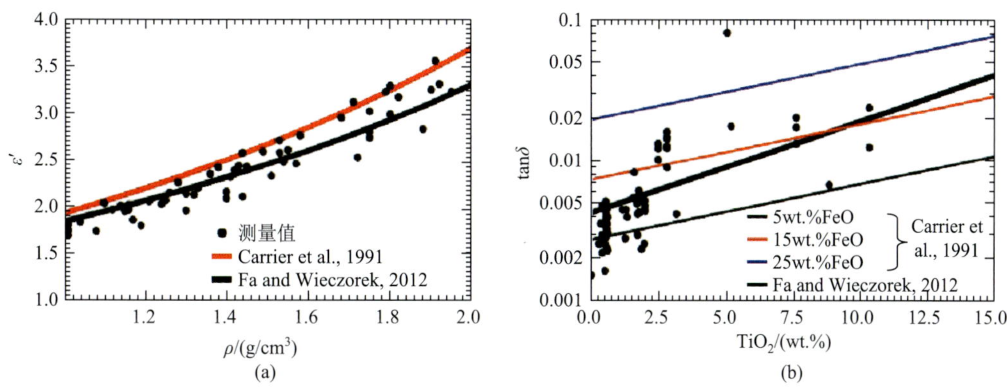

图 2.7　月壤介电常数实部随体积密度的变化关系（a）和月壤损耗正切随 TiO_2 含量变化关系（b）

若已知月球表面 FeO 和 TiO_2 含量分布，则可以根据式（2.3.7）～式（2.3.10）计算出整个月球表面介电常数的分布。首先根据月球表面 TiO_2 含量，计算出体积密度为 1.7 g/cm^3 时月壤的归一化复介电常数。基于月球表面 FeO、TiO_2 含量以及给定的孔隙率 ϕ，可以计算出月球表面任意一点的体积密度 ρ，再由 MG 公式（2.3.5）计算出月壤的介电常数。月球表面 FeO、TiO_2 含量可以由月球多光谱、高光谱、γ 射线遥感观测获得，如克莱门汀（Clementine）的 UVVIS、月球勘探者（lunar prospector）的 γ 射线、CE-1、CE-2 的 γ 射线数据等。

根据月球勘探者的 γ 射线遥感获得月球表面 FeO、TiO_2 含量分布，取月壤孔隙率为 0.45，按照以上步骤计算出的月球表面介电常数，如图 2.8 所示。为了比较，图 2.8 也给出了由 Carrier 拟合公式所计算的月球表面介电常数分布。可以看出，基于新的月壤介电常数拟合公式，月球表面介电常数实部在 2.5～3.4，而根据 Carrier 等的拟合公式，介电常数实部在 2.7～3.8。

对于损耗正切，新的拟合公式表明损耗角正切在 3.6×10^{-3}～2.8×10^{-2}，而 Carrier 等拟合公式表明损耗正切在 1.7×10^{-3}～7.9×10^{-2}。根据这两个拟合公式计算的结果可知，介电常数实部相差不大，主要的差异在于损耗正切。根据 Fa 和 Wieczorek 的拟合公式所计算的月海损耗正切是 Carrier 结果的一半，而高地的损耗正切则要大于 Carrier 等的计算结果。

图 2.9 给出了根据介电常数计算的月球表面归一化穿透深度（Fa，2013）。可以看出，月海地区穿透深度为 3λ到 15λ，高地区域穿透深度则为 20λ到 28λ。穿透深度最小的区域位于月球正面风暴洋与静海区域。图 2.9 可以作为月球微波遥感传感器（如辐射计、探地雷达）频率选择的依据，其也是月球雷达和微波辐射计数据分析的基础。

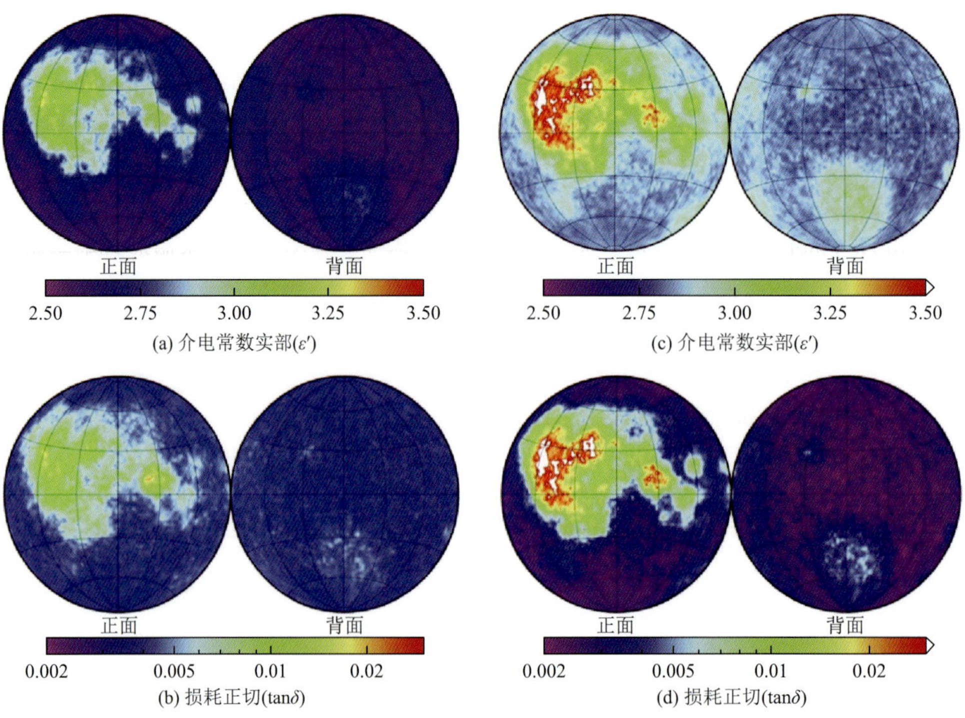

图 2.8　月球表面介电常数实部（a）（c）与损耗正切（b）（d）分布

（a）（b）基于 Fa 和 Wieczorek（2012）拟合公式；（c）（d）基于 Carrier 等（1991）拟合结果

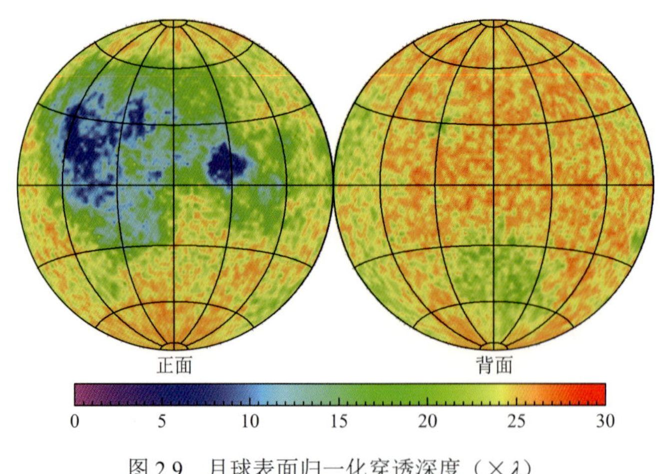

图 2.9　月球表面归一化穿透深度（$\times\lambda$）

2.3.3　行星表面物质介电常数

由于缺少水星、金星、火星表面样品，对这 3 个类地行星表面物质介电常数的研究，目前主要基于遥感观测（地基雷达、微波辐射观测、星载雷达探测仪），或者基于对模拟物质样品的实验室测量。受观测数据与探测计划的影响，对水星和金星表面物质介电常数的研究相对较少，目前仅限于地基雷达或微波辐射观测的反演。对火星表面介电常数的研究相对较多，主要是对火星模拟物质的实验室测量与基于星载雷达探测仪（MARSIS、SHARAD）观测的反演。

到目前为止，对水星成功进行探测的轨道器只有 2 个（Mariner 10、MESSENGER）。对水星表面物质介电常数的了解，主要是基于地基微波辐射观测与雷达观测。1988 年与 1991 年，美国 Hat Creek 射电天文台对水星表面波长在 0.3～20.5 cm 的微波热辐射进行了观测。Mitchell 和 De Pater（1994）建立了水星表面风化层热辐射模型，由地基微波辐射数据反演了水星土壤的介电常数。反演结果表明，有效介电常数实部随着波长的增加而变大，损耗正切则随着波长的增加而变小：在 2～20.5 cm 波长范围内，水星表面有效介电常数实部由 1.7 增加到 2.3，在 0.3～6 cm 波长范围内，水星损耗角正切则由 8×10^{-3} 下降到 3×10^{-3}。进一步分析表明，水星表面物质的微波不透明度（与损耗角正切有关）比月球月海区域要小 2～3 倍，比月球高地要小 40%左右，这可能是水星表面缺少 Fe 和 Ti 元素所导致的。地基雷达观测也可用于推算水星表面物质介电常数，Mitchell 和 De Pater（1994）估算出在波长 3.8、12.6 cm 时水星表面物质有效介电常数实部为 2.7，高于微波辐射观测的反演结果。

对金星表面物质介电常数的研究，主要是基于 Magellan、Pioneer 雷达与 Magellan 辐射计观测的反演。20 世纪 90 年代初，一些学者利用 Magellan 雷达和辐射计的观测结果，对金星表面地质单元的介电常数进行了研究。Campbell（1994）分析了金星全球表面入射角大于 30°时雷达散射系数与发射率之间的关系，提出了一种由水平极化雷达后向散射系数与发射率反演介电常数和粗糙度的方法，反演了金星表面纬度在 34°S～50°N 的介电常数分布。结果表明，平坦区域介电常数实部在 2～8，高地区域介电常数随着高程增加而增大，粗糙的表面单元介电常数实部较大，可在 8～50 变化。熔岩流复杂地体的介电常数在 2～9，火山覆盖物的介电常数可分为 3 类：①与抛物状火山口有关的地质单元介电常数实部可高达 7～8，由细粒级火山喷出物构成，其中含有金属相的物质使得介电常数变大；②与火山口关联的斑块或暗晕单元，介电常数比较低，为 2～3，由细粒级物质构成且缺少金属相物质；③与火山口无关联的熔岩灰或土壤，介电常数实部比较低。这些结果都基于雷达与微波辐射计的反演，反演结果依赖于观测数据的定标、雷达散射与微波辐射模型。

已有研究结果表明，火星表面主要岩石类型有玄武岩、安山岩、英安岩、花岗岩等。典型的玄武岩介电常数为 $\varepsilon_{\mathrm{r}}=7.1$，$\tan\delta=0.014$；安山岩介电常数为 $\varepsilon_{\mathrm{r}}=3.5$，$\tan\delta=0.005$。火星表面也覆盖着一层薄的、由细粒级物质构成的红色土壤。火星表层土壤和岩石是由硅酸盐、铁及其他金属的氧化物组成的混合物，为低损耗介质。若已知火星表面土壤的矿物类型与比例，则可以根据混合模型［式（2.3.4）］计算出土壤的介电常数。

Williams 和 Greeley（2004）测量了卡本代尔红黏土和火星模拟样品 JSC-1 在 430 MHz 的介电常数，结果如表 2.2 所示。

表 2.2　火星模拟样品 430 MHz 介电常数测量值

样本	玄武岩	赤铁矿	磁赤铁矿	针铁矿	辉石岩	绿泥石	石膏	球粒陨石	水
实部	4.19	25.72	14.25	3.86	4.55	4.07	3.63	5.75	86.75
虚部	0.178	1.447	1.47	0.071	0.092	0.023	0.015	0.202	3.77
尘土/%	45	10	10	10	5	5	5	10	...

Heggy 等（2001）测量了玄武岩、火山岩、沉积岩、氧化物、蒸发岩等物质在 0.5～10 MHz 频率范围内的介电常数，并构建了火星表面次表层物质介电常数随深度变化的廓线模型，如表 2.3 所示。

表 2.3 基于火星模拟物质测量的火星表面次表层介电常数分布

地质层	深度/m	实部	损耗角正切
尘土层	0～10	3～9	0.06～0.15
玄武岩蚀变岩	10～50	15～25	0.1～0.9
熔岩 + 土壤	50～200	12	0.1
沉积物	200～400	5	0.15
含冰玄武岩土壤	400～2 500	6	0.05
含水玄武岩土壤	＞2 500	36	0.3

基于地基雷达观测，Downs 等（1973）估算出火星赤道地区介电常数实部为 2.8，Simpson 等（1979）由 Viking 双站雷达观测，估算出 Hellas 区域介电常数为 3.1。Simpson 等基于火星快车双站雷达观测数据，推算出波长 3.6 cm 时火星表面介电常数实部介于 2～4，而 12.6 cm 时介电常数值会高 10%～50%。

基于 MARSIS 和 SHARAD 的观测数据，有学者利用表面回波强度反演了火星表层物质介电常数。Mouginot 等（2010）用 MARSIS 数据计算了火星全球的反射率，结合平表面反射模型，反演了火星全球表面介电常数实部的分布。结果表明，从火星表面到数十米深的表层物质介质介电常数实部在 2.8～10，赤道附近介电常数实部最小，中纬度地区变高，两极地区又变小。Grima 等（2009）也分析了火星北极地区的 SHARAD 数据，估算出北极冰层平均介电常数为 3.1，纯度大于 95%。也有一些其他研究，基于雷达数据对火星两极与局部区域的介电常数进行了估算（Lauro et al.，2012；Zhang et al.，2008）。

需要说明的是，遥感反演得到的介电常数取决于遥感数据的质量与反演模型，反演结果是一个分辨单元内介电常数的平均值。若不考虑体散射等因素的影响，介电常数反演值可认为是等效介电常数。对模拟样品的实验室测量，只能获得固体或粉末状固体的介电常数，测过程中需要对样品进行处理（如抛光、粉碎、压缩等），测量条件一般不同于天体表面自然状态下物质的分布状态，因此介电常数可能会存在一些差异。在比较遥感反演结果与实验测量结果时，应该要考虑这些因素。

2.3.4 小行星与彗星物质介电常数

对小行星介电常数的了解，主要是基于对陨石样品介电常数的实验室测量，以及基于对小行星矿物端元的混合介电模型的估算（Herique et al.，2018）。表 2.4 给出了 3 类主要陨石样品的介电常数测量结果，其中有 6 个粉末状样品测量时的孔隙率为 0.3，表 2.4 中也给出了采用介电常数混合模型补偿之后孔隙率为 0 时所对应的介电常数值。可以看出，C 类小行星所对应的碳质球粒陨石（CR2、CM）介电常数实部最小，一般小于 3。S 类小行星对应于普通球粒陨石，其中 LL5、L5、L6 介电常数实部在 7～20，损耗正切在 4×10^{-3}～6×10^{-2}，H5 陨石由于金属含量比较高，介电常数实部可高达 80，损耗正切可高达 0.2。M 类小行星对应于铁陨石（EH4、Mesosiderite），其中 EH4 型介电常数实部在 130～150，损耗角正切在 0.065～0.117。RKP A79015 是一颗南极中铁石陨石，含有 78%的镍纹石（铁和镍合金），没有明显的氧化或地表风化，介电常数实部的测量值为 8，损耗角正切只有 3×10^{-3}，明显偏低，这可能是测量时样品选择存在一些偏差，导致介电常数值被严重低估。

表 2.4　陨石样品介电常数

陨石族	陨石名	降落型	实部	损耗角正切	孔隙率	频率/MHz	参考文献
CR2	NMA 801	否	2.6	—	0.3	20～1 000	Kofman et al.，2015
	NMA 801	否	3.5～4.0	—	补偿后	20～1 000	Herique et al.，2016
CM	NWA 5797	否	2.9	—	0.3	20～1 000	Kofman et al.，2015
	NWA 5797	否	4.0～4.7	—	补偿后	20～1 000	Herique et al.，2016
LL5	MAC 88122	否	4.7	4×10^{-3}	0.3	20～1 000	Heggy et al.，2012
	MAC 88122	否	6.9～12.2		补偿后	20～1 000	Herique et al.，2016
L5	MET 01260	否	5.6	4×10^{-3}	0.3	20～1 000	Heggy et al.，2012
	MET 01260	否	8.4～20.4		补偿后	20～1 000	Herique et al.，2016
L6	Holbrook	是	7.8	1.5×10^{-2}	固体	450	Campbell and Ulrichs，1969
	Burderheim	是	9.0～11.9	4×10^{-2}	固体	450	Campbell and Ulrichs，1969
	Colby	否	10.6～11.8	5×10^{-2}	固体	450	Campbell and Ulrichs，1969
	Leedy（sample 1）	是	10.4～11.1	6×10^{-2}～3	固体	420～1 800	Fensler et al.，1962
	Leedy（sample 2）	是	11.2～13.9	4×10^{-2}～3	固体	420～1 800	Fensler et al.，1962
H5	LEW 85320	否	5.7	2×10^{-2}	0.3	20～1 000	Heggy et al.，2012
	LEW 85320	否	8.6～21.4		补偿后	20～1 000	Herique et al.，2016
	Forest City	是	16～33	0.11	固体	450	Campbell and Ulrichs，1969
	Plainview（样品 1）	否	25.4～30.4	0.1～0.2	固体	420～1 800	Fensler et al.，1962
	Plainview（样品 2）	否	32.1～45.9	0.1～0.2	固体	420～1 800	Fensler et al.，1962
	Bonita Springs	否	43～81	0.13～0.19	固体	450	Campbell and Ulrichs，1969
EH4	Indarch	是	130～150	0.065～0.117	固体	450	Campbell and Ulrichs，1969
Mesosiderite	RKP A79015	否	8	3×10^{-3}	0.3	20～1 000	Heggy et al.，2012
	RKP A79015	否	＞12.3		补偿后	20～1 000	Herique et al.，2016

由于陨石样品数量有限，这些陨石样品无法代表它们陨石家族以及小行星家族。此外，有相当一部分陨石不是在坠落时就立即被发现的，有些是在寒冷的或炎热的沙漠中被发现

的。它们可能经历了严重的陆表风化作用，氧化或浸出作用可能会改变其原始矿物的化学成分，进而导致其介电常数发生变化。若对粉末状样品进行测量，则由介电常数混合模型估算的 0 孔隙率时介电常数值可能不准确，因为岩石陨石粉末状态会显著降低其介电常数和损耗角正切（Campbell and Ulrichs，1969）。

若已知小行星的矿物和化学成分，则可以根据端元矿物的介电常数，通过介电常数混合模型来估算小行星表面物质的介电常数。表 2.5 给出了不同比例碳酸盐、层状硅酸盐、碳、金属混合物的介电常数值，其中硅酸盐介电常数实部和损耗角正切分别为 7.3 和 0.01，层状硅酸盐取 6.4 和 0.04，碳为煤（2，0.2）或者石墨（23，0.2），金属氧化物为 60 和 0.2。表 2.5 分别对应 C、S、M 类小行星。可以看出，与 S 类小行星相比较，C 类小行星介电常数实部相对较小，损耗角正切则较大。

表 2.5　3 类主要小行星对应陨石群的介电常数（模型估计）

小行星类型	陨石群	硅酸盐/%	层状硅酸盐/%	碳/%	金属/%	密度/(kg/m^3)	介电常数	损耗角正切（最大值）
C	CR	91.0	0.0	2.0	7.0	3 230±280	8.2	0.019
	CM	25.0	70.0	5.0	0.0	2 710±110	6.3	0.029
	CI	10.0	80.0	10.0	0.0	2 120±400	5.9	0.037
S	H	91.0	0.0	1.0	8.0	3 640±120	9.3	0.012
	L	95.0	0.0	1.0	4.0	3 510±110	8.3	0.012
	LL	97.0	0.0	1.0	2.0	3 480±80	7.8	0.012
M	中铁陨石	25.0	0.0	0.0	75.0	4 400±300		

对小彗星 Rosetta 雷达数据的分析表明，彗星 67P/CG 介电常数实部为 1.27±0.05（Kofman et al.，2015），这是目前唯一对彗星介电常数的测量与反演结果。彗星主要是由冰、尘埃、空隙所构成，若以这 3 种物质的介电常数为端元，则可以由介电常数混合模型估算彗星物质的介电常数。

火星两极存在水冰和干冰，天王星、海王星、木星的冰卫星等表面存在由水、氨、甲烷等构成的“冰”。这类广义的“冰”物质介电常数与“冰”的密度、化学组成等密切相关，也随着频率与物理温度发生变化。Pettinelli 等（2015）对木星冰卫星模拟物质的介电常数进行了系统性综述，感兴趣的读者可以参考 Pettinelli 等（2015）的论文及其参考文献。

2.4　表面构造形态

类地行星、小行星等天体表面高低起伏、坑坑洼洼的地形地貌是火山喷发、撞击成坑等多种地质作用在漫长的历史演化过程中共同作用的结果。地形粗糙度是天体表面地形随水平尺度变化剧烈程度的度量，可由不同的参数来描述。由于天体表面地形与多个地质过程有关，对地形粗糙度的研究，有助于了解不同地质过程对表面形貌的塑造过程和天体表面地形的形成与演化，也有助于表面地形地貌单元的划分和地质图的绘制。遥感（可见光、红外、微波）观测与天体表面的粗糙度密切相关，波长尺度的粗糙度是遥感数据（特别是微波遥感数据）解译的一个关键性参数。此外，在天体的着陆探测中，表面坡度等粗糙度特征也是影响安全着陆与巡视器路线规划的一个重要的参考因素。

2.4.1　随机粗糙面参数

获得行星表面高程的方法可分为遥感与实地测量两种。遥感方法主要有激光高度计、光学立体摄影测量、雷达高度计、干涉雷达等，这些方法可获得行星表面大范围高程分布。实地测量方法主要有探针法、GPS 等，通常可获得局部小范围内高空间分辨率的高程，主要应用在地球表面地形测量中。对于给定高程数据集，常用参数有数据覆盖范围、获取方式、水平分辨率、高程精度等。

固体行星的表面通常很复杂，描述表面高程随水平尺度变化的粗糙度参数有很多，如均方根高度、均方根离差（Shepard et al.，2001；Smith，2014）。沿水平与垂直方向，粗糙度参数可分为水平方向参量（如相关长度）、垂直方向参量（如均方根高度、均方根离差）、水平-垂直方向混合参量（如双向坡度、均方根坡度、有效坡度、绝对坡度）、与尺度有关的参量（如 Hurst 指数）。这些粗糙度参数中，有些是确定量（如双向坡度），有些则是统计量（如均方根高度）。这里介绍与微波遥感有关的主要的粗糙度参数。

固体行星表面高程可表示为水平距离的函数 $z(x)$ 。均方根高度（RMS height）定义为

$$\xi=\left\{\frac{1}{N-1}\sum_{1}^{N}[z(x_i)-\overline{z}]^2\right\} \tag{2.4.1}$$

式中，N 为高程廓线采样点样本个数；$\overline{z}$ 为廓线高程的平均值。

均方根离差（也称为 Allan 方差）用 v 表示，定义为水平间隔 Δx 时两个采样点之间高程差的均方根值：

$$v(\Delta x)=\frac{1}{N}\sum_{i=1}^{N}\{z(x_i)-z(x_i+\Delta x)\}^2 \tag{2.4.2}$$

坡度定义为两点之间高程差与水平距离的比值：

$$s(\Delta x)=\frac{z(x_i)-z(x_i+\Delta x)}{\Delta x} \tag{2.4.3}$$

绝对坡度是坡度的绝对值。对于一条高程廓线，中值绝对坡度则定义为绝对坡度的中值。

有时候某种地质过程会发生在大尺度背景地形之上，为了研究特定尺度的地形起伏，需要去除背景地形的影响。差分坡度定义为小尺度基线时坡度值与大尺度基线的坡度之差，一般大尺度基线为小尺度基线的 2 倍，可以表示为（Kreslavsky and Head，2000）

$$s_{\mathrm{d}}(L)=\frac{z_{L/2}-z_{-L/2}}{L}-\frac{z_L-z_{-L}}{2L} \tag{2.4.4}$$

式中，L 为基线长。

均方根坡度值为均方根离差除以基线长的值：

$$s_{\mathrm{rms}}=\frac{v(\Delta x)}{\Delta x} \tag{2.4.5}$$

表示水平间隔为 Δx 的两点间的坡度值的均方差。通常用角度 $\theta_{\text{rms}} = a\tan(s_{\text{rms}})$ 来表示均方根坡度。

对高程廓线做自相关，可以得到该廓线的归一化自相关函数：

$$C(\rho) = \frac{\langle z(x)z(x')\rangle}{\langle z^2(x)\rangle} = \frac{\sum_{i=1}^{N+1-j} z_i z_{j+i-1}}{\sum_{i=1}^{N} z_i^2} \tag{2.4.6}$$

当归一化自相关函数的值为 e^{-1}（～37%）时，对应的水平距离 l 为相关长度。表面越粗糙（光滑），相关长度较小（大）。白噪声的相关长度为 0，平表面的相关长度则为无穷大。

图 2.10（a）给出了美国内华达州火山口区域（38.385°N，116.069°W）玄武岩熔岩流 LC17 点的高程廓线，其高程数据来自于地质遥感野外实验（Shepard et al.，2001）。该廓线总长为 18.43 m，间隔为 0.01 m，共计 1 844 个高程采样点。按照上述定义，该廓线的均方根高度为 47.8 cm，当采样间隔为 1 cm 时，均方根离差为 3.7 cm，均方根坡度为 74.9°。图 2.10（b）给出了廓线 LC17 均方根高度随廓线长度（L）的变化。可以看出，均方根高度随着廓线长度的增加而变大，在对数图中呈现线性关系。图 2.10（c）和图 2.10（d）分别给出了均方根离差和均方根坡度随水平基线长度的变化。均方根离差随着水平基线长的增加而变大，均方根坡度随基线长的增加而减小，在对数图中均呈现出线性关系。

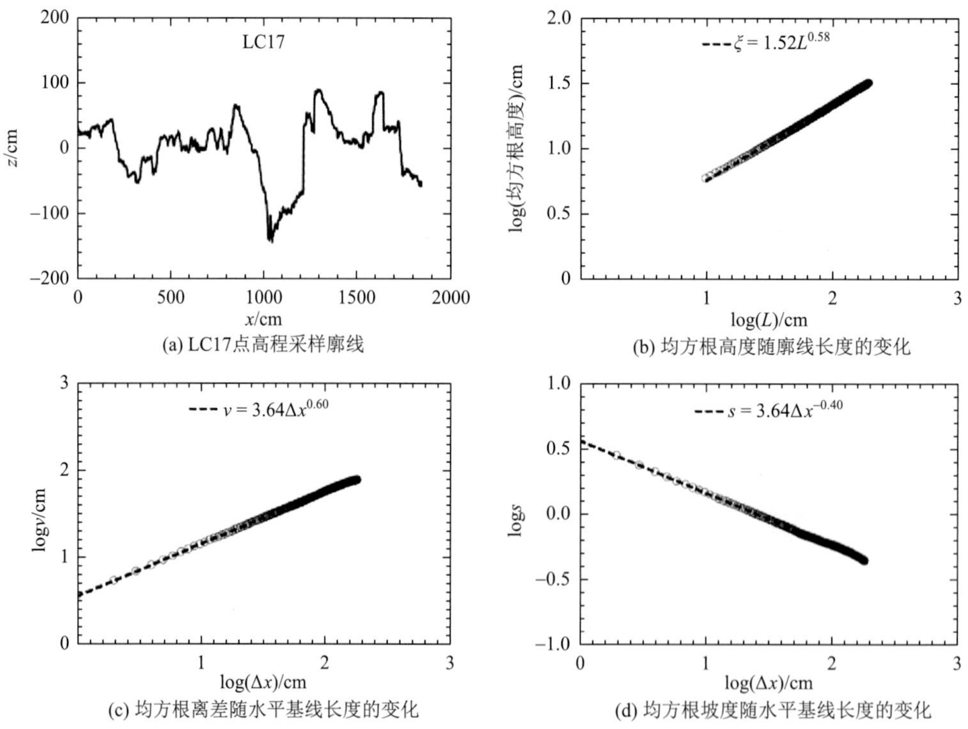

图 2.10 美国内华达州火山口区域玄武岩熔岩流粗糙度结果

已有研究表明，类地行星表面地形粗糙度参数随水平尺度（廓线长度或水平间隔）的变化在对数图中呈现线性关系（图 2.10）。若地形廓线长度为 L，均方根高度随水平廓线长度之间的关系可以表示为

$$\xi(L)=\xi_0 L^H \tag{2.4.7}$$

式中，H 为 Hurst 指数（$0\leqslant H\leqslant 1$）；ξ_0 为水平廓线为 1 m 时的均方根高度。均方根离差随水平间隔变化的关系可以表示为

$$\nu(\Delta x)=\nu_0(\Delta x)^H \tag{2.4.8}$$

由式（2.4.8）可以得到均方根坡度与水平间隔之间的关系为

$$s_{\rm rms}(\Delta x)=s_{\rm rms,0}(\Delta x)^{1-H} \tag{2.4.9}$$

H=1 时为自仿射分形，H=0.5 是表示布朗分形粗糙面。

2.4.2　表面粗糙度

近期多个探测计划所搭载的激光高度计、光学立体相机、雷达高度计等获得了类地行星表面高分辨率高程分布。基于这些高程数据，可以计算出类地行星表面地形粗糙度，从而有助于了解不同地质过程对类地行星表面地形的塑造。

图 2.11～图 2.14 分别给出了月球、火星、水星、金星表面的高程分布与粗糙度参数

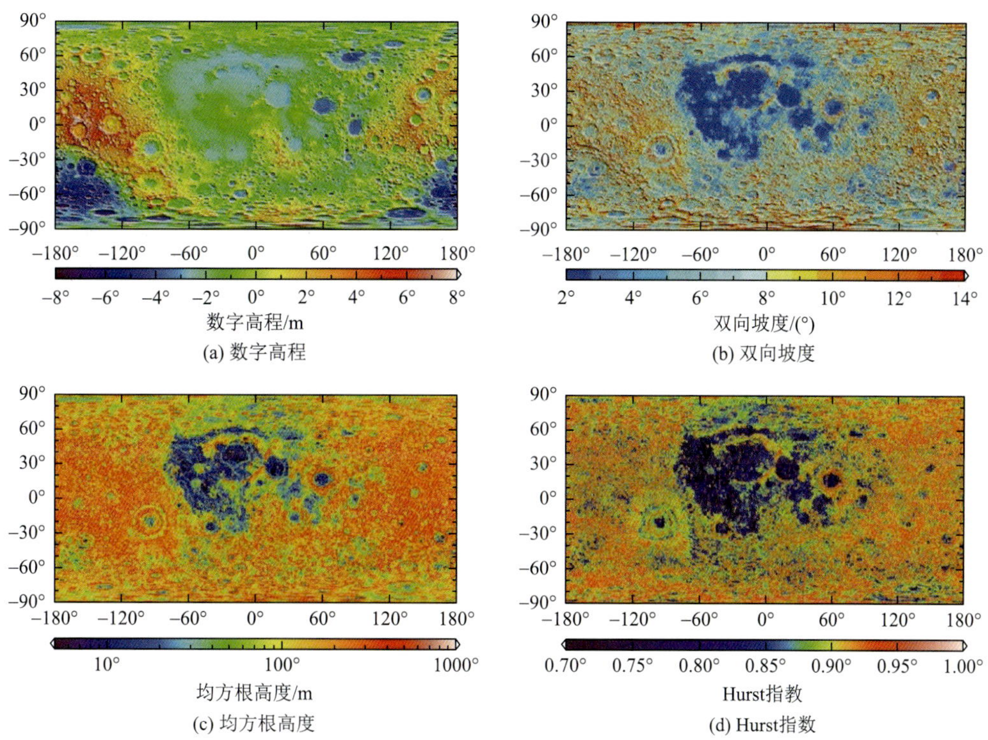

图 2.11　月球表面高程与粗糙度参数分布

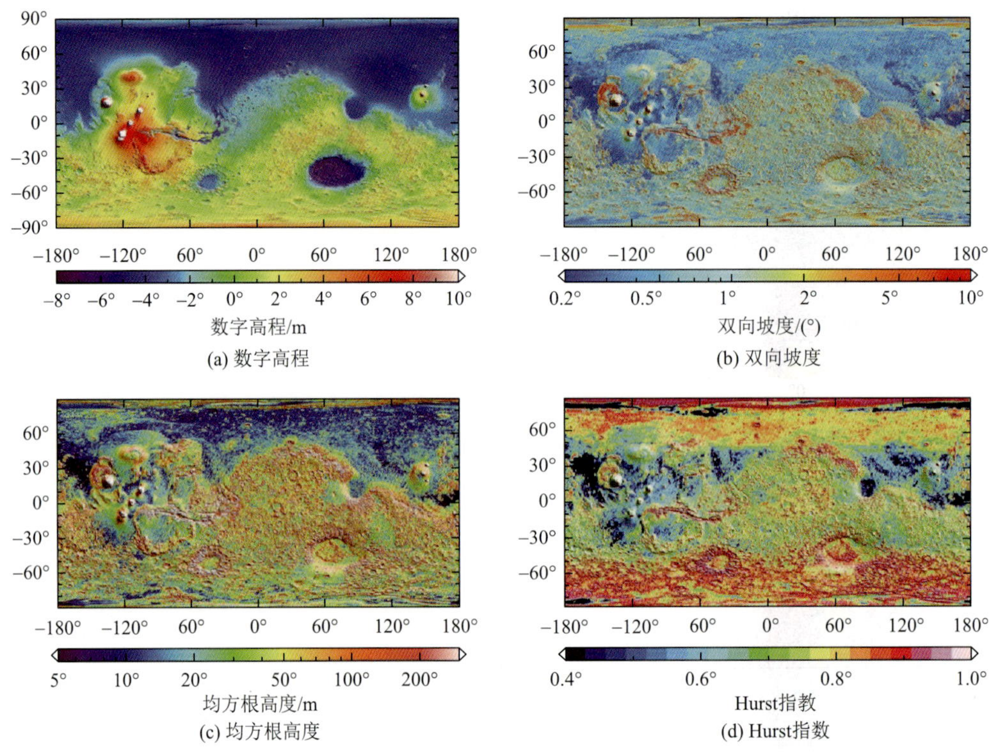

(a) 数字高程　(b) 双向坡度　(c) 均方根高度　(d) Hurst指数

图 2.12　火星表面高程与粗糙度参数分布

（双向坡度、均方根高度、Hurst 指数）的计算结果（Cai and Fa，2017）。月球表面高程数据由美国 LRO 卫星的激光高度计（LOLA）所获得，火星表面高程数据由美国 MGS 火星探测器激光高度计（MOLA）获得，水星表面高程数据由美国 MESSENGER 探测器激光高度计（MLA）所获得，金星表面高程数据为 Magellan 雷达数据。

由图 2.11（a）可知，月球表面高程在−8～12 km，玄武岩填充的月海表面高程较低，比月球高地低 2～6 km，南极艾肯盆地的高程较低，范围在−6～−2 km。除陡峭的陨石坑坑壁外，月球表面大部分区域双向坡度值小于 15°，月海和高地双向坡度值的中值分别为 2.8°

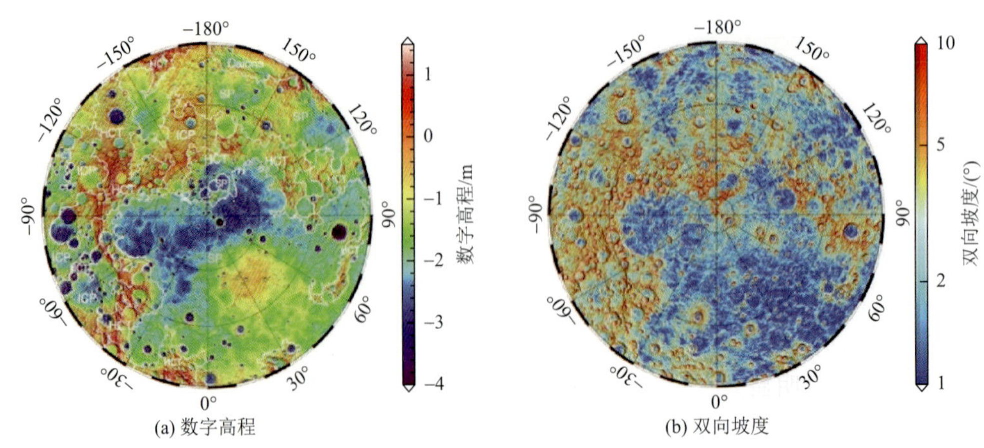

(a) 数字高程　(b) 双向坡度

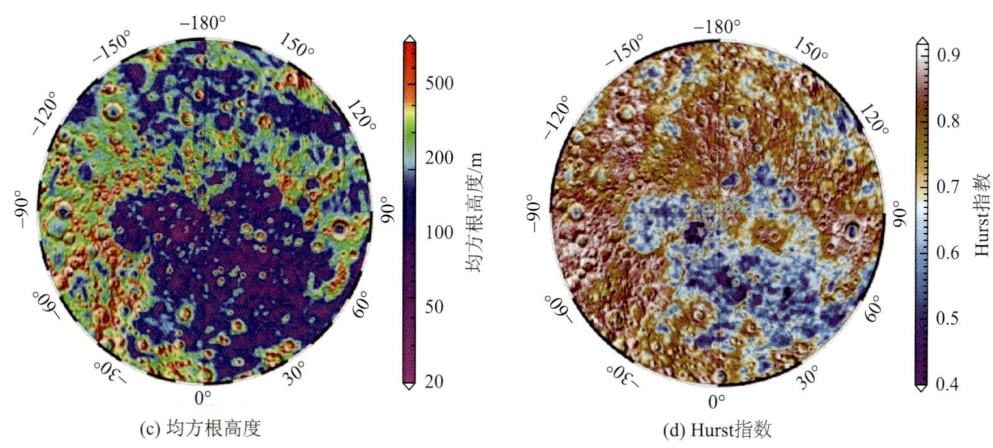

(c) 均方根高度　(d) Hurst指数

图 2.13　水星北半球高纬地区高程与粗糙度参数

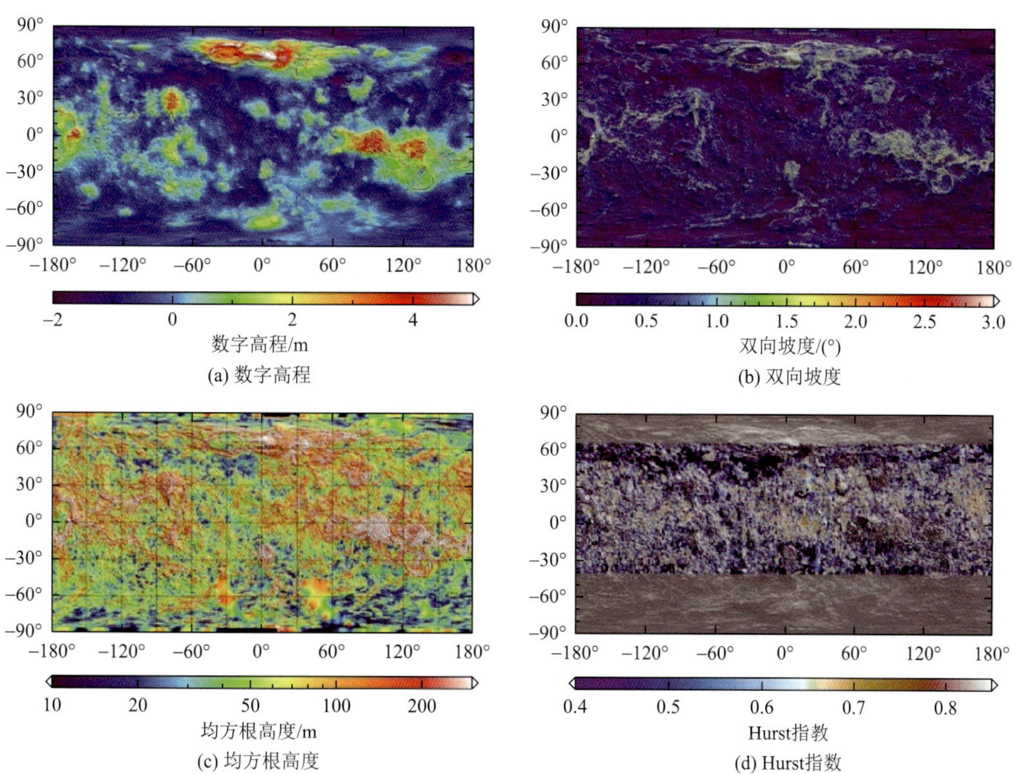

(a) 数字高程　(b) 双向坡度

(c) 均方根高度　(d) Hurst指数

图 2.14　金星表面高程与粗糙度参数

和 8.1°。双向坡度最大值出现在陨石坑的坑壁，坡度值可在 30°～40°。一般地，年轻的新生陨石坑坑壁坡度大。此外，多石块的连续溅射毯区域双向坡度值也比较大。窗口大小为 0.25°×0.25°时，月海均方根高度中值为 18 m，高地为 181.2 m。云海、静海、酒海、丰富海的均方根高度明显大于其他月海，东海盆地的连续溅射毯呈辐射状结构。雨海、澄海、危海内的皱脊呈环状结构，风暴洋中的皱脊则呈线性。在 Hurst 指数分布图中，月海高地呈明显的二分性，月海 Hurst 指数中值为 0.79，高地为 0.91，Hurst 指数在月海和高地内部的变化不大（Cai and Fa，2017）。

火星南北半球地形呈现明显的二分性，南部高地比北部低地高 5 km 左右［图 2.12（a)］。在双向坡度和均方根高度分布图［图 2.12（b）和图 2.12（c))］中，北部低地和南部高地呈现明显的二分性。北部低地与火山熔岩流的双向坡度都非常小，中值分别为 0.4°和 0.5°，南部高地的双向坡度稍大，约为 1.2°。陨石坑与火山口双向坡度值比较大，可达 10°以上。北部低地的均方根高度中值为 12 m，南部高地的均方根高度中值约为 63 m。北部低地和南部高地的 Hurst 指数中值分别为 0.79 和 0.82，火山地貌单元为 0.67。在 Hurst 指数分布图［图 2.12（d)］中，北部低地和南部高地无明显二分性，纬度 45°以上的 Hurst 指数明显偏高，这可能与火星历史演化中高倾角（～45°）导致的地下冰融化有关。

由于水星 MESSENGER 探测器的大椭圆轨道，激光高度计 MLA 对北半球的观测比较密集。考虑到激光高度计数据的覆盖，这里仅给出北纬 45°以上粗糙度分布结果（Fa et al.，2016）。图 2.13 可以看出，水星北半球高纬度区域高程与粗糙度分布存在明显的二分性。水星北部平坦平原（SP）高程相对较低（中值为–1.6 km)，严重撞击区（HC）和坑间平原（ICP）高程中值分别为–1 km 和–0.96 km。平坦平原内部双向坡度值多小于 6°，严重撞击区和坑间平原双向坡度值在 0.5°～10°，中值分别为 3.7°和 4.3°，典型陨石坑坑壁的双向坡度在 10°以上。严重撞击区、坑间平原、平坦平原的均方根高度的中值分别为 323 m、233 m、130 m，Hurst 指数的中值分别为 0.81、0.80、0.66。

图 2.14 表明，金星表面双向坡度值普遍小于 3°，平原区构造、脊状地体、镶嵌状地体双向坡度的中值分别为 0.3°、0.6°、0.9°，均方根高度分别为 62 m、136 m、226 m（Cai and Fa，2017）。金星表面的 Hurst 指数值相对较低，平原区构造、脊状地体、镶嵌状地体 Hurst 指数的中值分别为 0.58、0.45、0.36。这主要是因为金星表面地体多为火山成因的熔岩流，熔岩流 Hurst 指数较低。图 2.14 也表明构造活动剧烈的地质单元粗糙度值较高。

2.4.3 月球与水星表面粗糙度比较

水星与月球表面几乎没有大气，表面地形主要受撞击成坑和火山作用的影响。本节比较水星与月球表面中值绝对坡度和中值差分坡度之间的差异，以阐述撞击成坑与火山作用对这两个天体表面地形粗糙度的影响（Fa et al.，2016）。

图 2.15 给出了在 0.4～20 km 水平尺度范围内水星与月球主要地质单元的中值绝对坡度和中值差分坡度。水星表面地质单元中值绝对坡度随着水平尺度的增加由 3.2°（基线 0.4 km）减小至 0.3°（基线 20 km）。在 0.4～20 km 水平尺度范围内，水星中值绝对坡度比月球高地要小，但高于月球月海的中值坡度。月球与水星的中值差分坡度随水平尺度的变化则表现出较为复杂的特征。对于坑间平原和严重撞击区，中值差分坡度随水平尺度逐渐增加，在 2 km 处达到最大，之后随尺度增加而减小。对于平坦平原，中值差分坡度随着水平尺度的增加由 0.8°（基线 0.4 km）单调地减小至 0.25°（基线 20 km）。在研究的尺

度范围内，水星平坦平原的中值差分坡度比月海要高，在小尺度（如<0.4 km）时甚至比月球高地要粗糙。当基线长小于 2 km 时，水星严重撞击区和坑间平原比月球高地粗糙，当基线长大于 2 km 时则比高地平坦。

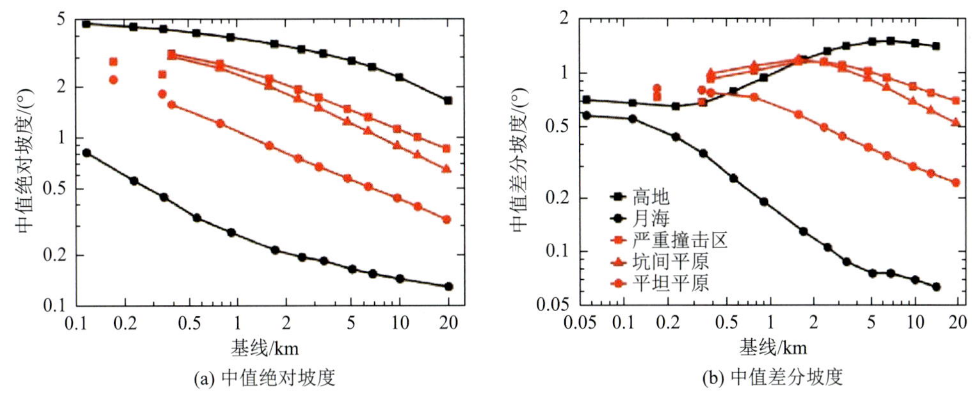

(a) 中值绝对坡度　(b) 中值差分坡度

图 2.15　水星和月球表面地质单元粗糙度比较

水星和月球表面形貌主要由火山作用和撞击成坑过程所控制。水星平坦平原和月海区域都起源于火山，大多数表面被熔岩流所覆盖，也分布着一些陨石坑。熔岩流地形与火山岩浆的黏度和流动速度有关，如随着熔岩流速度的增加，火山作用地貌由平坦的绳状熔岩变为粗糙的 a'a 熔岩流。水星平坦平原和月球月海都是由温度高、黏度低的熔岩流快速就位形成，表面都非常平坦，这两个地质单元的地形中值绝对坡度和中值差分坡度的差异可能是由其表面陨石坑密度与形状的差异所造成的。水星的严重撞击区和月球高地都起源于撞击，表面分布着大量直径在几十千米到几百千米的陨石坑。水星和月球表面陨石坑密度和形态的差异，会导致严重撞击区和月球高地地形粗糙度的差异。

为定量研究陨石坑密度与形状对水星和月球表面粗糙度的影响，本书选择水星严重撞击区、Goethe 盆地底部的平坦平原、月球静海和高地 4 个地质单元典型区域，对陨石坑进行了统计识别（具体统计范围与结果见：Fa et al.，2016）。选择 Goethe 盆地底部平坦平原是因为该区域是水星表面最年轻的一个地质单元，选择月球静海是因为其是月球表面最古老的月海之一。对这些区域的陨石坑进行统计，可获得陨石坑的密度和形状。陨石坑的空间密度由 R 值表示，表示某个直径区间内陨石坑所占面积的相对比例，R 值越大表示陨石坑密度越大。陨石坑形状则由深度与直径的比值表示，深度直径比越大，陨石坑坑壁坡度越大。图 2.16 给出了水星和月球表面 4 个典型区域陨石坑的密度与形状参数的统计结果。

图 2.15 给出的平坦平原和月海表面坡度的差异主要是由这两个地质单元表面陨石坑形貌与密度的差异所引起。水星表面平坦平原（年龄为 3.7～3.9 Ga）要比月海表面（年龄为 3.2～3.7 Ga）年龄老，水星表面撞击成坑率是月球表面的 2.6～3.1 倍。此外，水星表面原生坑形成时所产生的二次坑也相对月球要多。受这些因素共同作用，水星表面陨石坑密度比月球月海陨石坑密度要大，如图 2.16（a）所示。在地质单元选取中，Goethe 盆

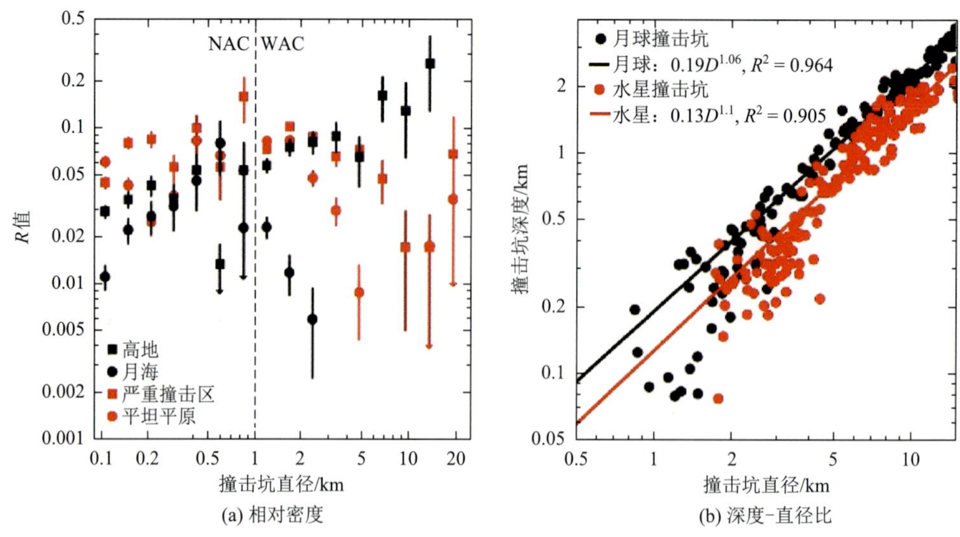

(a) 相对密度 (b) 深度-直径比

图 2.16 水星和月球表面陨石坑特征

地底部平坦平原是水星最年轻的地质单元之一，而静海是所有月海中最古老的一个。图 2.16（a）表明水星最年轻的平坦平原表面的 R 值比月球最古老的月海 R 值要大。因此，水星平坦平原表面积累了更多的陨石坑，表面粗糙度也比月海区域要大。

水星严重撞击区和月球高地最显著的地貌是大大小小的陨石坑。严重撞击区和高地表面年龄存在差异，水星和月球表面重力加速度不同（分别为 3.7 m/s^2 和 1.62 m/s^2），这些导致了水星和月球表面陨石坑密度和形状存在差异，进一步引起这两个天体表面粗糙度的差异（图 2.15）。图 2.16（a）表明，当陨石坑直径为 0.1～2 km 时，水星严重撞击区的 R 值要高于月球高地，当直径为 2～5 km 时，两者的 R 值比较接近，直径为 5～20 km 时，月球高地的 R 值要大于水星严重撞击区。Storm 等（2011）研究结果表明，直径为 10～100 km 时，严重撞击区陨石坑密度小于月球高地，这与图 2.16（a）的结果一致。直径大于 5 km 时水星表面严重撞击区陨石坑密度较低的一个原因是坑间平原形成过程中部分陨石坑被淹没。已有研究结果表明，水星表面严重撞击区的年龄比月球高地小几亿年（Marchi et al.，2013），这与陨石坑密度的结果是吻合的。在直径小于 2 km 时，二次陨石坑的存在使得水星严重撞击区陨石坑密度增加。陨石坑形状是另一个影响地形粗糙度的因素。图 2.16（b）的结果表明，水星表面陨石坑的深度/直径的值约比月球表面陨石坑小 32%，这可能是由于水星表面重力加速度较大引起的。水平尺度大于 2 km 时，年轻的严重撞击区表面陨石坑密度较小，且陨石坑的深度/直径的值小。此外，水星表面陨石坑崎岖的连续溅射毯范围是月球表面陨石坑的 0.65 倍。所有这些因素使得水星严重撞击区在水平尺度大于 2 km 时比月球高地粗糙度小，如图 2.15（b）中的中值差分坡度所示。与之相反，在水平尺度小于 2 km 时，陨石坑密度可能占主导，因此严重撞击区的中值差分坡度比月球高地的要大。这些表明，在 100 m 到 20 km 水平尺度上，撞击成坑过程对水星和月球表面的塑造占主导。

类似的粗糙度分析方法也可以应用到金星、火星、小行星等天体表面，从而有助于了解火山作用、撞击成坑、空间风化等地质过程对天体表面形成与演化的影响（Cai and Fa，2017）。

2.4.4　月球表面石块

受到撞击成坑、空间风化等作用的影响，固体天体表面一般分布着大小不等、形状各异的石块。对天体表面石块大小、形状、分布的研究，有助于了解不同地质作用（如撞击成坑、空间风化、热疲劳作用）对天体表面的改造，了解天体表面撞击成坑过程中物质的迁移与再分布，也可用于估算天体表面风化层的厚度与陨石坑的退化程度等。天体表面米级尺度的石块是着陆器安全着陆以及巡视器避障与行走路线规划的首要考虑因素之一。在微波遥感中，波长尺度的石块可对雷达波或热辐射产生散射，是散射建模与数据解译的关键性参数之一。

对天体（月球、火星、小行星）表面石块分布的研究，目前主要集中在石块检测、石块丰度估算、石块大小频数分布模型研究 3 个方面。石块丰度定义为某一表面被石块所覆盖的表面积百分比。对天体表面石块的检测与识别，可基于着陆区高分辨率光学影像，或者通过轨道器光学遥感图像，前者适用于局部小区域，空间分辨率可达毫米量级，后者可适用于大范围区域，分辨率通常在米级以上。基于光学数据检测到的石块，可获得天体表面石块大小频数分布与石块丰度。若天体表面存在风化层和岩石，由于岩石和风化层热惯量差异较大，可通过对天体表面黑夜热红外辐射观测，基于热辐射模型与一定的先验假设，估算出天体表面的石块丰度。

1. 基于光学影像的石块分布

早在 1966 年人类第一次月球表面软着陆探测计划 Luna 9 中，全景相机就获得了月球表面着陆区高分辨率光学图像，发现月球表面存在大量石块。后续美国 Surveyor、Apollo 计划以及中国“嫦娥三号”等都获得了着陆区高分辨率光学影像，表明月球表面存在着大大小小的石块（图 2.17）。基于着陆区高分辨率光学影像，可通过目视解译对月球表面的石块大小与数量进行识别与统计。例如，Shoemaker 和 Morris（1968）基于 Surveyor 着陆区高分辨率光学影像，对 6 个 Surveyor 着陆区的 9 906 个石块进行了目视识别与统计，每

(a)

(b)

图 2.17　Apollo 17 着陆区 Taurus-Littrow 光学影像（a）和中国“嫦娥三号”着陆区光学影像（b）

个区域石块数量在 1 000～2 803，石块大小在 1～2 mm 到 0.1～1 m。2013 年 12 月 14 日，中国“嫦娥三号”月球着陆器在雨海北部着陆，“玉兔”月球车搭载的导航相机获得了着陆区大量高分辨率光学影像，空间分辨率可达 0.008～0.168 m/像元。Di 等（2016）分析了“玉兔”月球车 7 个导航点的立体像对数据，目视识别了直径大于 5 cm 的 582 个石块。

目视解译可对月球表面小范围内的石块进行有效识别，但效率低，无法应用到大的研究区域。为解决目视解译效率低下的问题，Li 和 Wu（2018）提出一种石块自动检测方法，该方法主要基于沿太阳光照射方向石块依次呈现先亮后暗的灰度梯度特征，用到“嫦娥三号”降落相机、LRO 窄角相机等多源光学影像，自动识别出月球表面“嫦娥三号”着陆区、Luna 17 着陆区、Luna 23 着陆区、风暴洋区域 38 万多个石块。与目视解译识别出的石块相比较，该方法的准确率和完备性可达 80%以上。

目视解译或自动检测方法识别出石块之后，可以研究石块的大小-频数分布。一般地，可用累积频数分布和微分频数分布来描述石块的大小-频数分布。累积频数分布 $N(D)$表示单位面积内直径大于 D 的石块的数量，微分频数分布 d$N(D)$则表示单位面积内直径在 D 到 $D + dD$ 之间的石块的数量。若已知月球表面石块累积频数分布或微分频数分布，则可以由石块直径的上下限来求解月球表面石块丰度，即月球表面单位面积内石块所占的面积百分比。

在早期研究中，常用幂函数来拟合月球表面石块的累积频数分布（Shoemaker and Morris，1968），如

$$N(D) = N_0 D^{-\beta} \tag{2.4.10}$$

式中，N_0 为直径大于 1 m 的石块的数量；β 为系数。

表 2.6 和图 2.18（a）给出了 Surveyor 着陆点表面石块累积频数分布和微分频数分布函数。由图 2.18（a）可知，石块累积频数分布和微分频数分布在对数-对数图中呈线性，石块尺寸越大，数量越少。

表 2.6　Surveyor 着陆区月球表面石块大小-频数分布函数

勘测者号	$N(D)$/m^{-2}	d$N(D)$/m^{-3}	尺寸上限/m
1	$2.3\times10^{-3}D^{-2.11}$	$4.9\times10^{-3}D^{-3.11}$	0.50
3	$6.9\times10^{-4}D^{-2.56}$	$1.8\times10^{-3}D^{-3.56}$	0.35
5	$1.4\times10^{-4}D^{-2.65}$	$3.7\times10^{-4}D^{-3.65}$	0.20
6	$5.6\times10^{-4}D^{-2.51}$	$1.5\times10^{-3}D^{-3.51}$	0.32
7（D<0.5 m）	$2.4\times10^{-2}D^{-1.82}$	$4.4\times10^{-2}D^{-2.82}$	0.50
7（D>0.5 m）	$7.1\times10^{-3}D^{-2.95}$	$2.1\times10^{-2}D^{-3.95}$	1.74

有学者提出用指数函数来拟合月球表面石块的累积频数分布，石块数量和直径之间的关系可以用式（2.4.11）来描述（Golombek and Rapp，1997）：

$$N(D) = N_t e^{-sD} \tag{2.4.11}$$

式中，N_t 为单位面积所有石块的总数量。类似地，石块丰度随直径的变化关系可写为

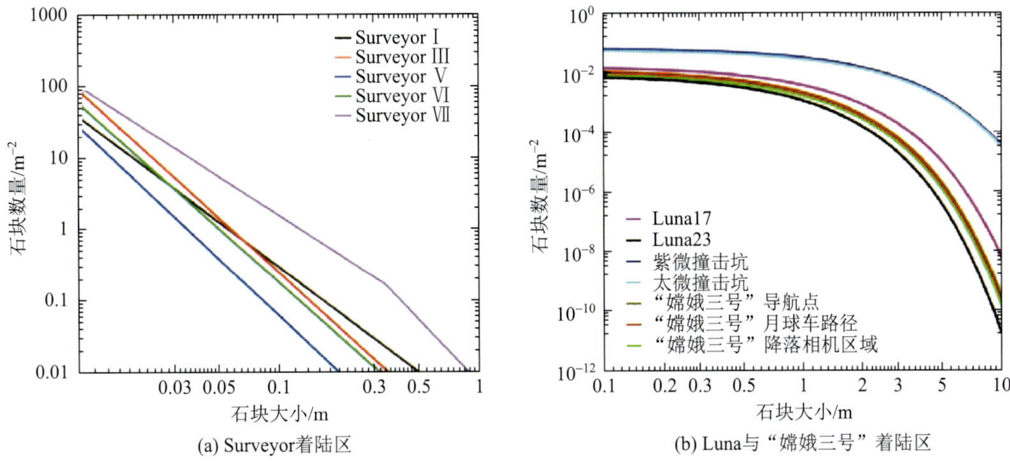

(a) Surveyor着陆区　　(b) Luna与“嫦娥三号”着陆区

图 2.18　月球表面石块大小-频率累积分布

$$F(D) = F_t e^{-qD} \tag{2.4.12}$$

式中，F_t 为所有石块所占表面积的百分比，即石块丰度。

表 2.7 给出了“嫦娥三号”、Luna 着陆区月球表面石块的目视解译与自动识别结果，包括研究区域大小、石块数量、直径范围以及石块累积频率的拟合系数。图 2.18（b）给出了这些研究区域石块的累积大小-频率分布图。可以看出，在对数-对数分布图中，这些曲线都呈现上凸状。基于石块大小-频数分布，若已知石块直径的上下限，可以求解出月球表面的石块丰度，表 2.7 第 4 列给出了这几个研究区域的石块丰度。可以发现，这几个月球表面区域的石块丰度普遍很低，不超过 1%。

表 2.7　“嫦娥三号”与 Luna 着陆区石块统计结果与大小-频率分布

区域名称	影像分辨率 /(m/像元)	面积/m^2	数量	占空比	最小直径/m	最大直径 /m	F_t	q	R^2	参考文献
“嫦娥三号”导航点	0.008～0.168	15.422	582		0.05	1.533	0.012 5	1.743	0.997	Di et al., 2016
“嫦娥三号”月球车路径	0.02～0.13	11.91	370	0.009	0.06	1.65	0.011 9	1.781	0.940	
“嫦娥三号”降落相机区域	0.02～0.17	104.25	1 672	0.008	0.05	2.52	0.009 9	1.798	0.981	
紫微陨石坑	1.1	3 565.92	449	0.008	2.51	7.97	0.061 2	0.753	0.968	Li and Wu，2018
太微陨石坑	1.1	4 071.13	635	0.008	2.27	7.34	0.053 7	0.75	0.997	
Luna 17	0.35	464.42	522	0.005	0.71	3.42	0.015 9	1.469	0.997	
Luna 23	0.3	136.22	248	0.003	0.62	2.79	0.008 5	1.995	0.993	

到目前为止，大多数基于光学影像对石块的研究主要集中在石块大小与丰度方面，对石块形状的研究相对较少。Li 等（2017）由 LROC 高分辨率光学影像研究了 North Ray、

South Ray、Cone、Camelot 等 7 个陨石坑连续溅射毯区域的石块分布，由石块的长短轴比（长轴与短轴之比）来作为石块形状的度量。Li 等研究表明：①约 90%的石块长短轴比在 1～2，石块丰度随着石块长短轴比的增加而减小；②月海表面石块长短轴比随着年龄而减小，而高地区域表面石块的长短轴比保持不变；③月球表面石块的形状主要与基岩的力学性质和空间风化有关；④热疲劳引起的表面强度最大值可能对石块的形状产生较大影响。

此外，也有学者基于月球表面的高分辨率光学影像，研究陨石坑连续溅射毯石块丰度随径向距离的变化（Bart and Melosh，2010a，2010b），或者研究月球表面石块丰度随年龄的变化（Basilevsky et al.，2013）。

2. 月球表面石块丰度的热红外遥感反演

月岩的热惯量远大于细粒级月壤的热惯量，因此月岩对太阳照射的热响应要慢于月壤。从月球傍晚到黑夜，太阳对月球表面的照射强度逐渐减少至 0，月壤物理温度迅速降低，但月岩由于热惯量较大，物理温度在很长一段时间内要高于月壤。因此，在月球黑夜，红外辐射计对月球表面观测的视场范围内（即分辨单元）存在物理温度的空间变化。Planck 热辐射强度与温度有关，波长非线性变化，使得由多波段热红外辐射观测反演月球表面石块丰度成为可能（Nowicki and Christensen，2007；Bandfild et al.，2011）。

假设红外辐射计观测视场内石块丰度为 f（即石块所占表面面积的百分比），则细粒级月壤的丰度为 $1-f$，石块的物理温度为 T_{rock}，月壤的物理温度为 T_{reg}，则辐射计接收到的辐射强度为

$$I_{\text{obs}}(\lambda)=f_{\text{rock}}I_{\text{rock}}(T_{\text{rock}},\lambda)+(1-f)I_{\text{reg}}(T_{\text{reg}},\lambda) \tag{2.4.13}$$

式中，$I_{\text{rock}}(T_{\text{rock}},\lambda)$ 和 $I_{\text{reg}}(T_{\text{reg}},\lambda)$ 分别表示月岩和月壤的辐射强度，由 Planck 热辐射公式可表示为

$$I_{\text{rock}}(T_{\text{rock}},\lambda)=e_{\text{rock}}\frac{2hc^2}{\lambda^5}\frac{1}{e^{\frac{hc}{\kappa_{\text{B}}\lambda T_{\text{rock}}}}-1} \tag{2.4.14a}$$

$$I_{\text{reg}}(T_{\text{reg}},\lambda)=e_{\text{reg}}\frac{2hc^2}{\lambda^5}\frac{1}{e^{\frac{hc}{\kappa_{\text{B}}\lambda T_{\text{reg}}}}-1} \tag{2.4.14b}$$

式中，e_{rock} 和 e_{reg} 分别为月岩和月壤的热发射率。由于月球表面的热发射率接近于 1，计算时取月岩、月壤热发射率为 1，这样在不影响反演结果的情况下，可以有效减少反演中的参数。

将辐射计视场内接收到的辐射强度代入 Planck 热辐射公式，可以得到辐射亮度温度随石块丰度与波长的变化关系（图 2.19；Bandfield et al.，2011）。

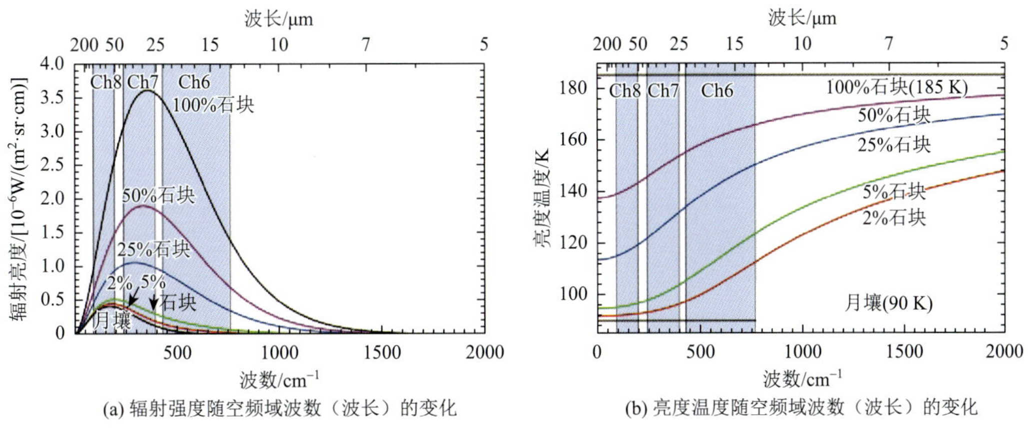

图 2.19　石块丰度对月球表面红外热辐射的影响

如图 2.19（b）所示，若获得 3 个波段热红外辐射亮度温度，则可以反演出月球表面岩石丰度，以及月壤和月岩的物理温度。Bandfield 等（2011）将该方法应用到美国月球侦察轨道车 LRO Diviner（占卜者）红外辐射计观测中，由月球黑夜第 6、第 7、第 8 通道（波长 13～23 μm、25～41 μm、50～100 μm）辐射亮度温度反演了月球表面米级尺度的石块丰度与月壤物理温度。在反演中，Bandfield 等（2011）由地球多孔玄武岩的热物理特征参数来近似月岩的参数，并假设月岩的物理温度为 200 K。图 2.20 给出了月球表面石块丰度的反演值，数据范围从 80°S 到 80°N，空间分辨率为 128 像素/(°)，对应赤道处的分辨率为 236.9 m。对图 2.20 统计表明，月球高地表面石块丰度平均值为 0.004～0.005，月海表面石块丰度均值为 0.004～0.006。月海石块丰度值略高，可能是由于月海表面月壤厚度较小，陨石坑形成过程中下伏基岩很容易被挖掘并抛射到月球表面。可以看出，月球表面石块丰度总体上很低，大部分地区不超过 1%。一些年轻的陨石坑表面石块丰度较高，如第谷（Tycho）陨石坑，可达 10%以上。

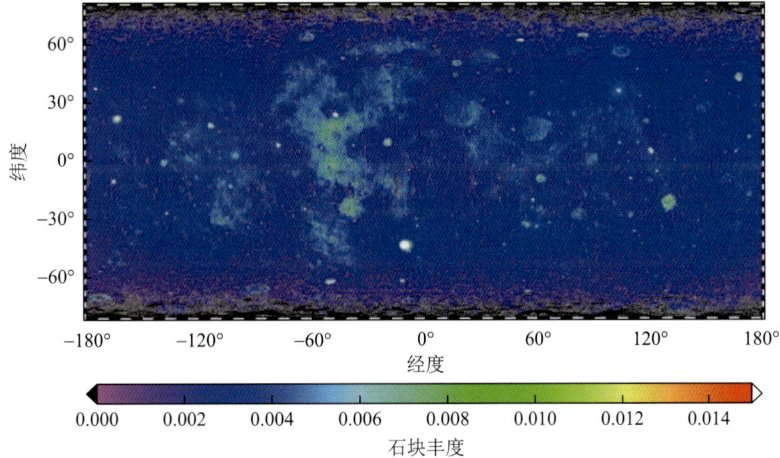

图 2.20　月球表面石块丰度反演结果

基于热红外的石块反演方法只能给出月球表面石块丰度，无法给出石块大小-频数分布，也无法给出石块的形状。基于光学影像所检测到的石块与热红外所反演的石块丰度，只代表月球表面的石块丰度，对月壤层内石块的分布目前还没有有效的探测手段。在一些研究中一般假设月球表面石块所占面积百分比与月球表面以下石块所占体积百分比相等，这样在已知月球表面石块丰度与直径范围的情况下，可以估算月球次表层的石块丰度，这就是月球次表层石块丰度估算的 Rosiwal 定律（Rosiwal，1898；Thompson et al.，1970）。

2.4.5 火星表面石块分布

已有探测表明，火星表面大部分区域分布着直径在几厘米到几米的石块（图 2.21）。火星表面石块的分布信息对了解火星表面的地貌地质历史与火星车的安全着陆有着非常重要的意义。对火星表面石块的研究方法和月球类似，有基于高分辨率光学影像的目视解译，也有基于热红外的遥感反演。与月球不同的是，火星表面存在大气，由热红外遥感观测反演火星表面石块丰度时，需要考虑火星大气的影响。

图 2.21 火星表面景象

1986 年，Christensen 提出由热红外辐射观测反演火星表面石块丰度的方法，该方法主要基于石块和细粒级风化层热惯量差异，并由 Viking 4 通道红外热辐射计（infrared thermal mapper，IRTM）数据反演了火星表面石块丰度和热惯量，空间分辨率为 1 像素/(°)（Christensen，1986）。结果表明，对于 1 像素/(°)的空间分辨率，火星表面都分布着石块，石块丰度平均值约为 6%，最多不超过 30%～35%。Nowicki 和 Christensen（2007）分析了火星全球勘探者（MGS）所搭载的热辐射光谱仪（thermal emission spectrometer，TES）在火星黑夜 490 万个观测数据，也用同样的方法反演了火星表面 60°S～60°N45%区域的石块丰度，空间分辨率为 8 像素/(°)（图 2.22）。反演结果表明，火星表面石块丰度平均值为 12%，大部分区域石块丰度为 2%～3%，1%的火星表面石块丰度超过 50%，有 7.4%的区域石块丰度超过 30%。进一步分析表明，TES 反演的石块丰度较高，可能是其空间分辨率较高的缘故，在高空间分辨率情况下可分辨石块丰度高的地质单元。

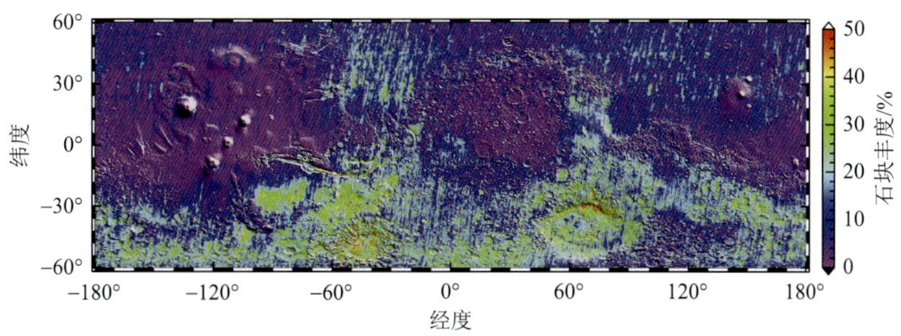

图 2.22　火星表面石块丰度反演结果

火星表面石块丰度平均值为 12%，远高于月球表面石块丰度。美国 NASA 有多个火星着陆探测计划（如 Viking、Spirit、Opportunity、Phoenix 等），火星表面石块丰度是火星着陆探测选址的首要因素。热红外遥感观测可反演出火星表面大范围石块丰度，但空间分辨率相对较低。此外，热红外反演也受到火星表面水冰与大气尘埃的影响，使得反演结果存在一定的不确定性，也无法对高纬度地区石块丰度的进行有效反演。因此，热红外遥感反演的石块丰度无法直接应用于火星着陆点的选址分析中。目前对火星着陆区石块丰度的研究主要是基于着陆区高分辨率光学影像的目视解译与基于轨道光学遥感图像的自动检测。

Moore 和 Keller（1991）基于 Viking 1、Viking 2 着陆区立体相对和等高线，识别出了着陆器前方区域直径大于 0.1 m 的 400 多个石块，指出火星表面石块累积分布可用幂函数来描述。基于破裂与粉碎理论，Golombek 和 Rapp（1997）分析了 Viking 1、Viking 2 着陆区与地球表面火星模拟区的石块数据，发现火星表面石块丰度可用指数函数来描述。之后，有学者分析了 MPF 着陆区与 Spirit 巡视路径上全景相机和导航相机数据，表明火星表面多个区域石块累积分布都可以用指数函数来描述（Golombek et al.，2003，2005）。

与此同时，多个火星轨道器所搭载的高分辨率光学遥感影像也被用来识别与检测火星表面石块分布。Golombek 等（2003）由火星轨道器相机（MOC）检测了火星 Pathfinder 着陆区 14 000 个直径大于 5 m 的石块，发现该区域石块丰度为 19%，石块累积大小-频数分布遵循指数分布，随着直径增加石块数量迅速减少。为辅助火星 Phoenix 着陆区选址，Golombek 等（2008）提出一种基于阴影的石块自动检测方法，通过一种改进的最大熵阈值算法可有效区分石块的阴影和背景地形，利用高分辨率 HiRISE 光学影像，检查了火星北部平原 1 500 km^2 区域约 1 000 万个石块。研究结果表明，在石块覆盖密集区域，石块丰度可达 30%～90%，中等区域石块丰度可达 10%～30%，远离陨石坑的背景区域石块丰度为 0～10%。后续多位学者基于 Phoenix 着陆区火星车获得的高分辨率光学影像目视识别了着陆区石块分布，发现基于轨道器和着陆器影像所获得的火星表面石块大小-频率分布都可以用指数分布模型来描述，基于着陆器所获得的石块丰度比轨道器所获得的石块丰度约高 1%（Arvidson et al.，2008；Heet et al.，2009）。这些研究方法也被用来研究其他火星着陆点的选址，如美国的洞察号（Insight）等。

在获得石块的大小-频数累积分布之后，可以基于一定的形状模型来估算石块的丰度。Golombek 和 Rapp（1997）研究表明，火星表面石块丰度也可以表示成指数分布形式，如式（2.4.12）。图 2.23 给出 Viking 1、Viking 2 着陆区石块数量大小-频数分布与石块丰度的累积分布。

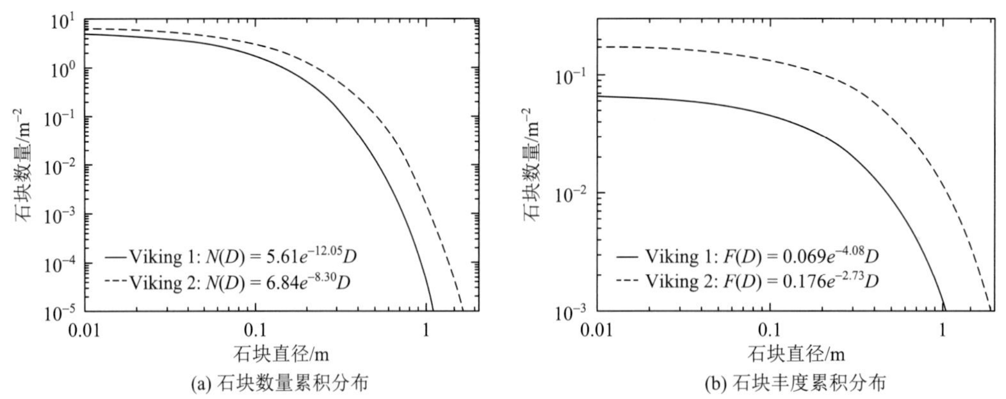

(a) 石块数量累积分布　　(b) 石块丰度累积分布

图 2.23　Viking 着陆区石块分布

2.4.6　小行星表面石块分布

小行星是太阳系行星系统形成过程中的残留物，记录了太阳系形成与演化的历史过程。对太阳系小行星的探测是目前深空探测的一个重点。目前普遍认为，按照内部结构，小行星可分为独石（monolith）和碎石堆（rubble pile）两大类。对碎石堆类型小行星表面石块的认识，有助于了解小行星形成过程中的撞击历史与表面的地质演化过程。从 20 世纪 80 年代起，美国、欧洲、日本等先后实施了 10 余次小行星探测计划，对太阳系近 20 颗小行星进行了探测，获得了小行星表面的高分辨率（米级到十几米）光学影像，使得小行星表面石块大小频率分布的研究成为可能。

到目前为止，有学者对小行星 25 413 Itokawa、21 Lutetia、243 Ida、433 Eros、4 179 Toutatis 表面的石块分布进行了系统研究（Michikami et al.，2008；Dombard et al.，2010；Jiang et al.，2015）。对于直径大于 20 m 的石块，Toutatis、Itokawa、Eros 表面的石块密度分别是～17/km^2、～30/km^2、～2/km^2（Jiang et al.，2015）。一般地，用幂函数来拟合小行星表面石块大小-频数分布。Itokawa、Eros、Toutatis 对应的指数分别是–3.3、–3.2、–4.4。分析表明，在石块累积分布的对数图中，指数越陡峭说明石块的粉碎程度越剧烈。有研究表明，一些较大（直径在 10～100 km）小行星，如 21 Lutetia、243 Ida、433 Eros，表面石块主要是在小行星表面撞击成坑过程中所产生的，对于尺寸较小的小行星，表面石块可能是小行星物质在母体破裂时所产生的。

在上述研究的基础上，也有一些关于小行星表面石块破碎机制与生存时间的研究。对石块破碎机制的研究，有助于了解小行星的起源以及表面风化层的形成与改造机制。Delbo 等（2014）通过对球粒状陨石的周期性冷热循环实验测试，发现在 1 AU 距离处自转周期为 2.2～6 小时的小行星，表面厘米量级的石块存活时间为 10^3～10^4 年。该研究表明，小行星表面受到太阳周期性照射引起的热胀冷缩效应是石块破碎的主要机理，也是小行星表面风化层生成的主要因素。Basilevsky 等（2015）系统地研究了月球表面与小行星表面石块的存活时间，指出小行星表面石块破碎主要是由陨石撞击所引起的。对于月球表面直径大于 2 m 的石块，50%的存活时间为 40～80 Ma，99%的存活时间为 150～300 Ma。若月球表面石块存活时间为 1，则 Phobos 表面石块生存年龄约为 0.8、Deimos 约为 0.7、Itokawa 约为 1、Eros 约为 0.3、Vesta 和 Ceres 约为 0.03。因此，目前对小行星表面石块破裂机制的主导因素还存在争议，有待于进一步的探测与研究。

2.5　表面风化层特性

受陨石小天体撞击、太阳风辐射、宇宙射线轰击、昼夜温差引起的热胀冷缩等地质作用与空间风化作用的影响，类地行星与小行星表面都存在一层结构松散、厚度不等的风化层，也称为壤层（regolith）（Melosh，2011）。风化层是行星遥感观测的主要信息来源，着陆探测与样品采集一般在风化层表面进行，未来地外资源的开发与利用也是以风化层物质为主。对类地行星表面风化层的了解，有助于研究太阳辐射活动历史与行星表面地质演化过程，同时也对地外资源的科学认识与开发等都具有十分重要的意义。

2.5.1　月　　壤

已有探测与研究表明，除了极少数陡峭的山脉、陨石坑或火山通道的峭壁外，几乎整个月球表面都覆盖着一层由岩石碎屑、粉末、角砾、撞击熔融玻璃物质组成的结构松散、厚度不等的风化层，即月壤（McKay et al.，1991）。广义的月壤是指覆盖在月球基岩之上的所有月球表面风化物质，甚至包括直径较大的岩石。狭义的月壤是指直径小于 1 cm 的颗粒，月壤中直径小于 1 mm 的颗粒称为月尘，直径大于 1 cm 的颗粒称为月岩。

1. 月壤成分

月壤是在月球表面没有大气、水、风和生命活动的情况下，由陨石撞击、宇宙射线和太阳风的持续轰击、大幅度昼夜温差变化而导致岩石热胀冷缩的破碎而形成的（McKay et al.，1991）。月壤的形成主要受机械破碎作用控制，其中陨石的撞击起主导作用。由于陨石的撞击，月壤的形成和演化主要受粉碎和胶结这两个基本过程的影响。粉碎是指陨石撞击月球表面，挖掘基岩和原有月壤，形成撞击坑，岩石、矿物被粉碎成细小颗粒并向四周溅射沉降。胶结是指陨石的高速撞击在月球表面产生高温高压，使得原有的月壤熔融，矿物和岩石碎片由熔融玻璃重新胶结形成新的月壤团聚体。可以说，粉碎使月壤平均颗粒减小，而胶结作用使月壤平均粒径增大。陨石撞击通过粉碎、汽化、分馏、团聚体形成、陨石物质的混入，改变月壤的物理特性和化学组成。纵向翻腾和横向溅射，使月壤重复混合。此外，月球表面大幅度昼夜温差变化、太阳风和宇宙射线的长期轰击也是月壤形成和演化的重要机制。

一般地，月壤成分主要来源于下垫基岩及邻近区域，远距离搬运的外来物质成分很少。研究表明，月壤中超过 50%的组成物质来自于距采样点 3 km 的范围内，来自 100 km 以外的溅射物则占全部物质的 5%，来自 1 000 km 以外的溅射物仅占 0.5%（Arvidson et al.，1975）。月海表面的月壤以玄武岩碎屑与铁镁矿物如辉石、橄榄石等为主，高地表面的月壤物质以斜长岩为主。

月壤的化学成分、岩石类型和矿物组成非常复杂，几乎每一个月壤样品都是由多种岩石和矿物组成的。月壤的基本颗粒包括：矿物碎屑、原始结晶岩碎屑、角砾岩碎屑、各种玻璃、粘合集块岩、陨石碎片等。月壤主要化学成分有：TiO_2、Al_2O_3、Cr_2O_3、FeO、MnO、MgO、CaO、Na_2O、K_2O、P_2O_5、S 等（McKay et al.，1991）。

月壤颗粒的形态极为多变，其形状有圆球状、椭球状、长条状、次棱角状和棱角状等。月壤粒度分布范围很广，月壤颗粒直径以小于 1 mm 为主，绝大多数月壤颗粒的直径在 30 μm～1 mm。对 Apollo17 月壤样品分析表明，月壤颗粒的直径在 40～130 μm，平均值为 70 μm。一般地，随着月壤暴露在月球表面的时间的增加，月壤颗粒直径变得越来越小（Carrier et al.，1991）。

月壤中蕴藏着丰富的稀有气体、钛铁矿、克里普岩、超微金属铁等资源。月壤处于月球表层，具有松散、非固结、细颗粒和易于开采的特点，是月球资源开发的首选目标。对月壤的探测和研究，可以提供月球资源开发和利用前景的重要信息，为未来的月球基地选址和建设方案提供重要的科学依据。

2. 月壤厚度

月壤是月球在几十亿年的演化过程中由大大小小的陨石撞击所形成的，厚度可达几米到数十米。一般地，月海表面月壤厚度平均值为 4～5 m，月陆表面月壤厚度平均值为 10～15 m（McKay et al.，1991）。一般地，月壤厚度与月球表面年龄有关，年龄越大，陨石小天体撞击得越久，尤其是对月壤厚度增加起决定性作用的大型撞击事件发生的概率越高，月壤厚度就越大。高地月壤厚度大于月海表面的月壤厚度，这就是高地年龄大于月海年龄的直接反映。此外，月壤厚度还与形成月壤的基岩结构、强度和组成有关。对月球表面月壤厚度分布的研究，可以为月球地质学提供重要的信息，对地球和地月系的起源和演化也有直接的借鉴意义，也是定量估算整个月球表面月壤中 ^{3}He 等资源的先决条件之一（McKay et al.，1991；Fa and Wieczorek，2012）。此外，着陆探测在月球表面进行的一些地球物理实验（如热流探针、岩心采样）只能在月壤层内进行，对月壤厚度的准确估算是这些实验成功进行的必要条件之一（Fa and Wieczorek，2012）。中国“嫦娥一号”“嫦娥二号”“嫦娥三号”“嫦娥四号”探月计划所搭载的微波辐射计和探地雷达主要的科学目标之一就是探测整个月球表面与着陆区的月壤厚度分布（姜景山和金亚秋，2011；Fang et al.，2014）。

一般地，月壤厚度估算方法可以分为三大类：①月球表面就位探测实验；②基于陨石坑形态学的方法；③雷达和微波辐射遥感（Shkuratov and Bondarenko，2001；Fa and Wieczorek，2012）。月球表面就位探测实验只能用于估算着陆区的月壤厚度，基于陨石坑形态和微波遥感技术的方法则可以应用到较大的研究区域。

基于地球物理的就位探测实验主要有 4 种方式，分别为钻孔采样、月震实验、多频电磁探测实验和探地雷达。在月球表面的钻孔采样实验中，如果岩心管足够长且能接触到下伏基岩，则可以由钻孔深度确定采样点的月壤厚度。若采样岩心管不足以接触到埋藏较深的下伏基岩，则可以由钻孔深度估算出月壤厚度的下限值。Apollo 宇航员在月球表面进行了钻孔采样实验，由此估算的月壤厚度下限值约为 2.8 m（Carrier et al.，1991）。另外一种地球物理观测方式是月震，包括主动月震和被动月震实验，该方法主要是基于月震波波速在月壤层内的变化。Cooper 等（1974）基于主动月震实验数据，估算出 Apollo 14、Apollo 16 和 Apollo 17 着陆点的月壤厚度分别为 8.5 m、12.2 m 和 4.0 m。Nakamura 等（1975）基于被动月震实验中剪切波的共振，计算出 Apollo 11、Apollo 12、Apollo 15 着陆点的月壤厚度分别为 4.4 m、3.7 m 和 4.4 m。在 Apollo 17 计划中，宇航员在月球表面进行了多频电磁探测实验，这是探地雷达的原型。通过对 16 MHz、32 MHz 的接收电磁场强度分析发现，Apollo 17 着陆点的月壤厚度为 7±1 m（Strangway et al.，1975）。探地雷达通过向月球表面以下发射电磁波，再通过接收回波，可对次表层进行成像观测，直接获得次表层的剖面结构。Fa 等（2015）对“嫦娥三号”探地雷达回波分析表明，月球车巡视区月壤厚度不超过 1 m，古月壤的厚度在 4～11 m 变化。

另外一种定量估算月壤厚度的方法是基于小陨石坑的形态与大小-频数分布。高分辨率光学影像表明，月球表面小陨石坑（直径小于 250 m）的形态可分为 4 类：碗型、中央峰型、平底型、同心圆型。撞击实验表明，这 4 种形貌的陨石坑都可以通过撞击实验产生，且陨石坑的形态与月壤厚度有关。通过高分辨率光学影像获得的陨石坑形貌与直径，根据陨石坑形貌形成的条件与月壤厚度的关系，可以计算出月壤厚度的上下限与累积分布。利用该方法，Oberbeck 和 Quaide（1967）由 Lunar Orbiter 光学影像估算出月球风暴洋区域的月壤厚度为 3～4 m。Oberbeck 和 Quaide（1968）进一步估算了月球表面 12 个区域的月壤厚度，发现这些区域的月壤厚度分布可以分为 4 类，对应的中值厚度分别为 3.3 m、4.6 m、7.5 m、16.0 m。近期，基于 LRO 高分辨光学影像（LROC NACs），Bart 等（2011）通过该方法估算了月球表面 30 个区域的月壤厚度，发现月球表面月壤厚度在 2.5～8.7 m 变化，高地的月壤厚度是月海区域的 2 倍。

雷达遥感技术也被用于大范围月球表面月壤厚度的探测研究。Shkuratov 和 Bondarenko（2001）首次由地基雷达观测反演了月球正面月壤厚度分布（图 2.24）。他们建立了一层具有上、下粗糙面的均匀月壤层雷达散射模型，纳入月壤表面与底部的多次反射（其中表面粗糙度取均方根坡度为 3°，次表面面元取均匀分布），但不包括月壤层内部石块粒子的体散射（Shkuratov and Bondarenko，2001）。进一步地，基于地基光学望远镜观测估算得到月球表面 FeO 和 TiO_2 含量值，以及月壤层对雷达波的吸收系数。在此基础上，由早期地基 Arecibo 70-cm 雷达数据反演了月球正面月壤厚度，空间分辨率为 2～5 km。反演结果表明，月海区域月壤厚度在 1.5～10 m，高地区域月壤厚度在 1～18 m 变化，月海和高地的月壤厚度平均值分别为 5 m 和 12 m。但是，由于该结果所采用的雷达数据没有绝对定标也无法纳入表层石块等体散射、极化回波的建模比较粗糙，一直受到不少学者的质疑（Campbell，2002）。近期，日本“月神”雷达探测仪数据也被用于研究月海区域的月壤厚度。Kobayashi 等（2010）发现雷达探测仪与激光高度计测量到的月球表面高程之间存在一个 5～20 m 的系统性差异，进一步分析表明，该差异是由月壤底部反射波对表面回波的干涉所引起的。基于该偏差，Kobayashi 等（2010）反演了风暴洋、雨海、澄海、静海区域的月壤厚度，得到的结论是这些区域月壤厚度在 5～7.5 m。

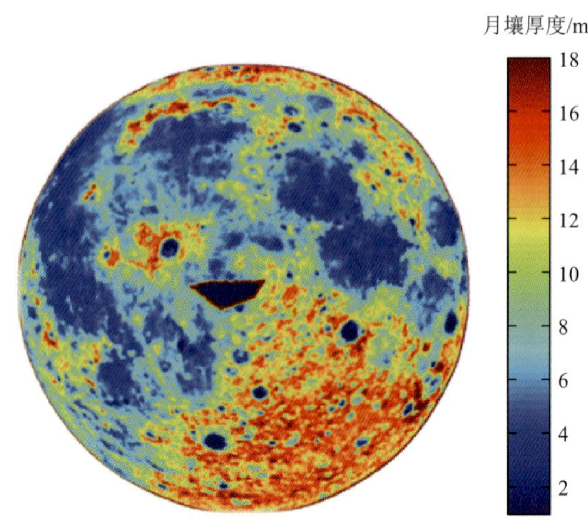

图 2.24　地基雷达对月壤厚度反演结果

被动微波辐射遥感技术也被用于研究月壤热辐射及其厚度的反演。Keihm 和 Langseth（1975）曾发现月球正面大部分区域的月壤厚度在 10～30 m。Fa 和 Jin（2007，2010）建立了月球表面三层微波热辐射模型，分析了“嫦娥一号”四通道微波辐射观测数据，获得了首个全月球表面月壤厚度分布图，结果表明，月海区域平均月壤厚度为 4.5 m，高地中低纬区域（60°S～60°N）月壤厚度平均值为 7.6 m（具体见第 4 章）。

在上述月壤厚度估算方法中，月球表面着陆区地球物理实验可获得较为可信的月壤厚度，但只能应用于着陆区小范围，且着陆探测的成本非常大。基于陨石坑形态学的方法，需要有月球表面高分辨率光学影像，需要对陨石坑形态进行目视识别与标记，其结果相对准确，但耗时较大且不能适应于大范围月球表面。雷达遥感与被动微波辐射遥感反演方法可适用于大范围月球表面，但对遥感数据的绝对定标要求高，需要建立合理有效的月球表面雷达散射与微波辐射模型，也需要对月壤的物理特性（体积密度、介电常数、物理温度）等有较为准确的了解。

除此之外，也有一些基于陨石坑均衡直径、富含碎石陨石坑、光学成熟度的月壤厚度估算方法。这些方法主要基于月球表面新鲜陨石坑的挖掘深度，由于缺少月壤厚度与这些特征参数之间的定量关系，这些方法通常只适用于对月壤厚度的定性分析。

3. 基于陨石坑形态学的月壤厚度估算

基于陨石坑形态学的月壤厚度估算方法起源于 20 世纪 60 年代，由于缺少月球表面高分辨率光学影像，该方法的应用并不多。近期探月计划获得了月球表面大量高分辨率光学影像（如中国“嫦娥”CCD 相机、美国 LROC 影像、日本 Kaguya TC 影像等），它们为利用小陨石坑形态估算月壤厚度提供了一个新的契机。

20 世纪 60 年代，Ranger、Lunar Orbiter 等探月计划获得了月球表面局部区域高分辨率光学影像，分辨率最高可达米级。对这些影像的分析表明，月球表面直径小于 250 m 的陨石坑的形态可以分为 4 类：碗型、中央峰型、平底型和同心圆型（Oberbeck and Quaide，1967，1968；Quaide and Oberbeck，1968）。如图 2.24 所示，这 4 类陨石坑各自有着独特的形貌特征和阴影模式：①碗型陨石坑具有球面状或者圆锥状的形貌，阴影呈现弧状；②中央峰型陨石坑和平底型陨石坑都具有平坦的底部，阴影呈现单环特征，中央峰型陨石坑底部有一个显著隆起的小“山峰”，平底型陨石坑则缺少该特征；③同心圆型陨石坑呈现出陨石坑底部嵌套陨石坑的结构特征，阴影具有明显的双环特征。同一月球表面区域内，直径较小的陨石坑中碗型陨石坑所占比例较高，直径较大的陨石坑中同心圆型陨石坑所占比例较高。

为研究这 4 种不同类型的陨石坑的形成机理，Quaide 和 Oberbeck（1968）进行了大量的高速撞击模拟实验，发现可以在实验室产生这 4 种不同类型的陨石坑，陨石坑的形态主要取决于月壤厚度。在撞击实验中，由高速枪发射撞击体撞向两层分层介质，上层为一层松散的石英砂，下层为坚硬的石英砂胶合物，以此来模拟陨石小天体撞击一层覆盖有松散月壤的下伏基岩。Quaide 和 Oberbeck（1968）系统地研究了表面碎屑层的厚度、下伏基岩的强度、次表层颗粒间的聚合强度、撞击速度、撞击角度、撞击体的材料强度、月壤安息角、重力加速度等因素对陨石坑形态的影响。这些实验结果表明，陨石坑形貌仅与表层松散介质的厚度有关。若陨石坑直径为 D，表层碎屑层厚度为 d，陨石坑形貌与月壤厚度有如下关系：当 d 大于～$D/4$ 时，将形成碗型陨石坑；当 d 介于 $D/7.5$～$D/4$ 时，形成中央峰型陨石坑；当 d 介于 $D/9$～$D/7.5$ 时，形成平底型陨石坑；当 d 小于～$D/9$ 时将形成同心圆型陨石坑（图 2.24）。

图 2.25 给出了这 4 种类型的小陨石坑的光学影像与构造图。从撞击机理上讲，陨石坑的形貌特征取决于表层和次表层物质的力学性质（主要是强度）差异以及撞击过程中撞击体与靶体目标的接触状态。在撞击成坑过程中，表层物质被压缩、物质之间的结合状态被破坏，这些都会消耗撞击体的能量。若撞击体在未挖掘到次表层基岩之前撞击体的能量已耗尽，则会形成一个碗型陨石坑。此时表层物质（月壤层）的厚度应该大于某个值，即月壤厚度的下限值。若撞击体有足够的能量到达次表层，但剩余的能量又不足以挖掘坚硬的下伏基岩，那么撞击过程便会终止在表层和次表层的分界面上，此时形成一个平底型或者中央峰型陨石坑。如果撞击体在穿透表层物质后还有足够的能量用于挖掘下伏基岩，则会形成一个同心圆型陨石坑。此时月壤厚度要小于某个值，即月壤厚度的上限。因此，碗型陨石坑可以用于估算月壤厚度下限，同心圆陨石坑可以用于估算月壤厚度的上限值，平底型和中央峰型陨石坑则给出月壤厚度可能的区间（上下限由同直径的碗型和同心圆型陨石坑决定）（Oberbeck and Quaide，1967；Quaide and Oberbeck，1968）。

根据上述实验规则，可以由 1 个陨石坑的形态和直径估算该陨石坑附近月壤厚度的上限值或下限值。假设一个小区域内月壤厚度值是不变的，由该区域内最大碗型陨石坑可获得该区域月壤厚度的下限值（$D/4$），最小同心圆陨石坑则可以给出该区域月壤厚度的上限

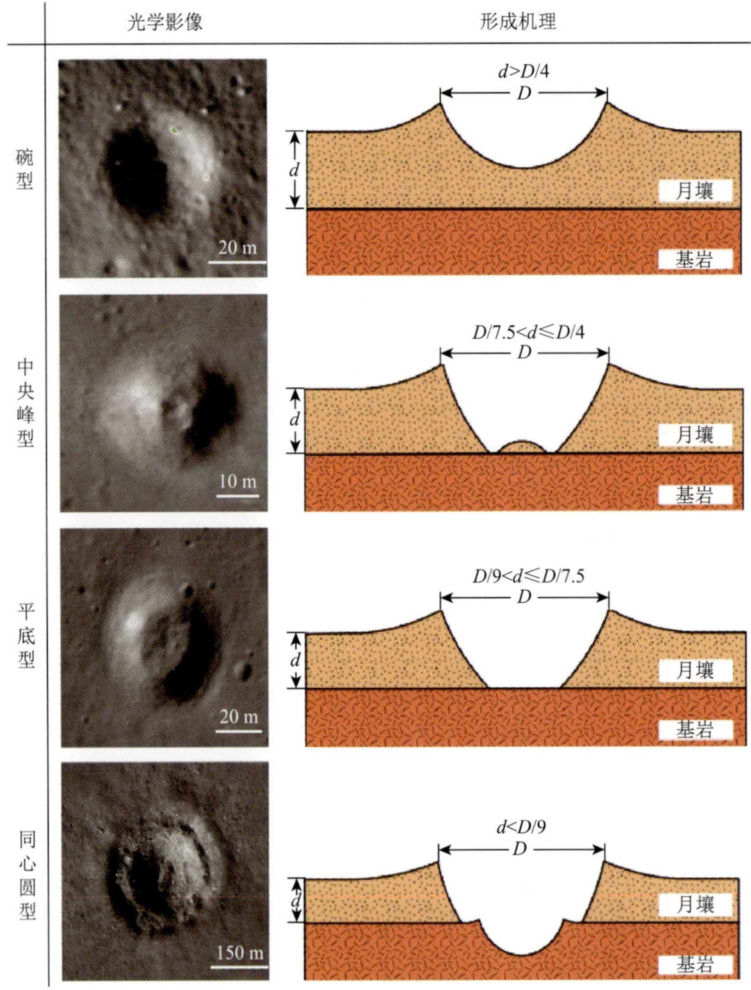

图 2.25　小陨石坑 4 种类型的光学影像

值($D/9$)。若对某一区域内所有小陨石坑的形貌与直径进行识别与统计，则可以获得该区域月壤厚度的累积分布，由此可估算该区域月壤厚度的中值。

对于一个大的区域，若获得该区域不同类型的陨石坑的大小-频数分布，则可以得到该区域月壤厚度的统计特征。首先，在高分辨率光学影像中识别出该区域内所有新鲜小陨石坑，并对这些小陨石坑的形态进行判别，对其直径进行测量。其次，将这些陨石击坑按照一定的直径区间划分，统计各个直径区间内不同类型的陨石坑占该直径区间内所有陨石坑的比例，得到陨石坑数量的相对分布。进一步假设不同类型的陨石坑在空间上是均匀分布的，在给定的直径区间内，碗型陨石坑所占的比例可以近似为研究区域内月壤厚度大于 $D_m/4$（D_m 为直径间隔的中点）的区域所占的面积比例。类似地，同心圆型陨石击坑所占比例可以近似为研究区域内月壤厚度小于 $D_m/9$ 的区域所占的面积比例。一般而言，在同一个月壤厚度范围内，基于碗型陨石坑估算得到的面积比例与基于同心圆型陨石坑估算得到的面积比例之和为 100%（Oberbeck and Quaide，1967；Quiade and Oberbeck，1968）。

在估算月壤厚度累积分布时，只需要月壤厚度的上限和下限，可以把中央峰型和平底型陨石坑视为一类，统称为平底型陨石坑。这样的处理并不会对月壤厚度的估算结果产生任何影响。

若光学影像在获取时的太阳高度角较小，陨石坑边缘所产生的阴影会过长，从而影响陨石坑形貌的识别。例如，平底型陨石坑可能会被误判为碗型，同心圆型陨石坑会被误判为平底型。在这种情况下，需要根据太阳高度角与陨石坑的几何关系对月壤厚度与陨石坑直径比值的阈值进行修正，具体可参考 Quaide、Oberbeck（1968）和 Fa 等（2014）。

4. 月球虹湾区域月壤厚度的估算

虹湾位于雨海北西部，表面被不同期次的玄武岩所填充（图 2.26）。从北东部到南西部，虹湾被侏罗山脉（Montes Jura）所环绕，北部与比安歧尼（Bianchini）陨石坑相邻，边缘南部到北东部则被玄武岩流所掩埋。虹湾通过南西角的赫拉克莱特海岬（Promontorium Heraclides）和北东角的拉普拉斯海岬（Promontorium Laplace）与雨海相连。虹湾内部唯一一个比较显著的陨石坑是位于虹湾东部边缘的 Laplace A 陨石坑。从虹湾中部可以看到一些显著的辐射纹（区域 B）和陨石坑链（区域 C），东部则散落了一些雨海盆地形成时的溅射物（区域 A）。总体而言，虹湾内部相对平坦，在沿着北东部到南西部方向有若干条显著的皱脊（Schaber，1969）。虹湾区域的高程在−3～−2 km，呈现出显著的北低南高的趋势，与其周围的侏罗山脉相比，虹湾区域地势较低，两者高程差约有 3 km。虹湾形成过程中经历了多次岩浆活动，有着复杂的地质演化历史。Hiesinger 等（2000）将虹湾内部划分为 I11、I17、I21 和 I22 四个地质单元，并利用陨石坑定年方法估算出这 4 个地质单元的年龄分别为 $3.39^{+0.07}_{-0.08}$ Ga 、$3.26^{+0.08}_{-0.07}$ Ga 、$3.01^{+0.12}_{-0.16}$ Ga 和 $2.96^{+0.13}_{-0.17}$ Ga 。这些地质特征为雨海和虹湾的形成、玄武岩喷发与填充，以及后期改造的研究提供了重要信息（Fa et al.，2014）。加之地势相对平坦，虹湾被选为“嫦娥三号”的首选预着陆区。

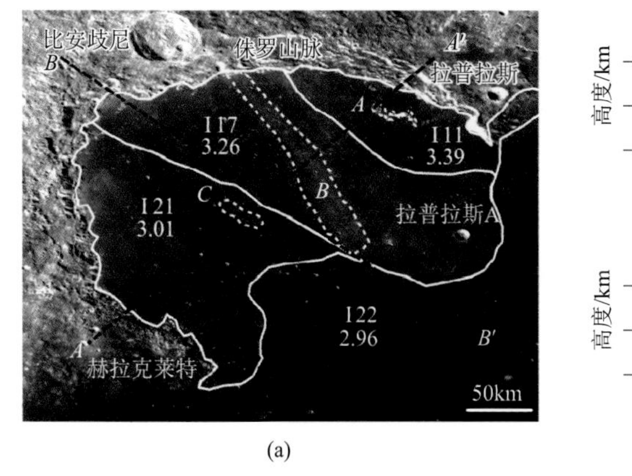

(a)

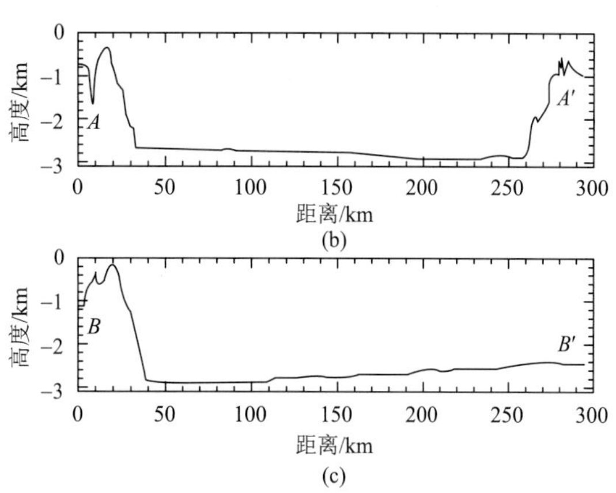

(b)
(c)

图 2.26　虹湾区域光学影像与地质单元分布

为估算虹湾区域月壤厚度，我们处理了 227 轨 LROC 窄角相机（NACs）影像，这些影像覆盖了～85.3%的虹湾区域，其中有 121 幅影像的空间分辨率在 0.34～0.76 m（占总面积的～10%)，其余影像的空间分辨率在 1.55～1.81 m（Fa et al.，2014）。我们用 ArcGIS 的 Crater Helper Tool 对该区域直径在 4.2～249.8 m 的 378 556 个陨石坑的形貌特征进行了识别与标记［图 2.27（a)］，其中碗型、平底型和同心圆型陨石坑的数量分别为 275 090 个、67 840 个和 35 626 个（Fa et al.，2014）。由于难以判断直径小于 4 m 的陨石坑的形态，因此陨石坑直径的下限取为 4 m。图 2.27（b）和图 2.27（c）分别给出了虹湾区域碗型陨石坑和同心圆型陨石坑分布特征的例子，可以发现，碗型陨石坑的直径通常较小，数量则相对较多；相反，同心圆陨石坑直径相对较大，但空间分布较为稀疏。此外，相对于碗型陨石坑，由于月球表面复杂的撞击条件和退化作用，同心圆陨石坑形态类型较难判别。例如，图 2.27（c）中的左上角陨石坑 1，基于其清晰的双环结构较易判断为同心圆型陨石坑。陨石坑 2 的底部相对平坦，可能被判断为平底型陨石坑。但是，该陨石坑同样具有双环的阴影特征，由于挖掘到下层坚硬物质，其坑缘覆盖着许多反射明亮的石块。因此，陨石坑 2 也为同心圆型陨石坑（Fa et al.，2014）。

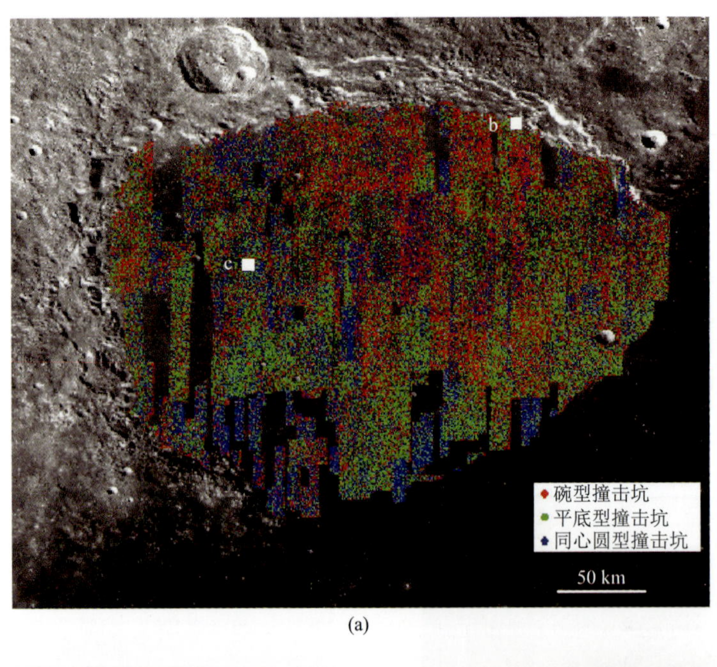

(a)

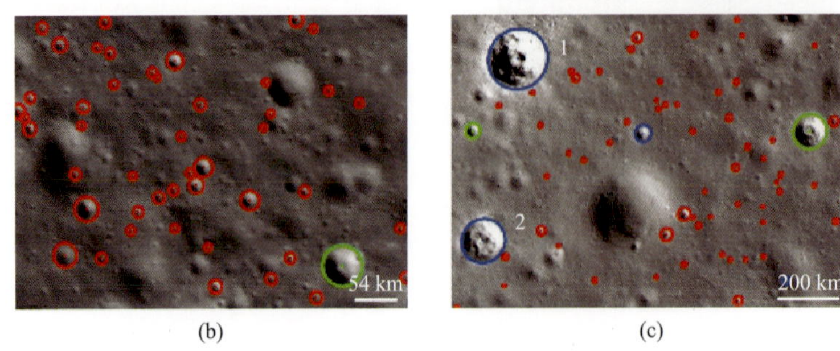

(b)　　(c)

图 2.27　虹湾区域陨石坑统计结果

（a）白色方块标明（b）和（c）的位置；（b）和（c）为局部放大

图 2.28 给出了虹湾区域碗型、平底型和同心圆型陨石坑随直径的相对分布。

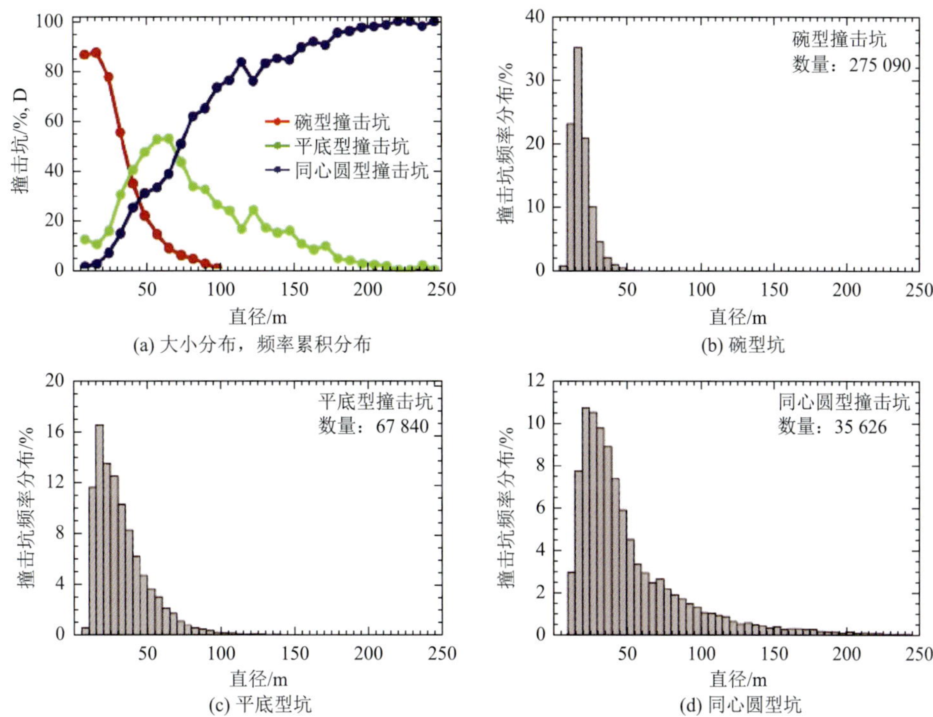

图 2.28　虹湾区域陨石坑统计

统计表明，碗型坑直径都小于 50 m，平均值为 20.3 m；平底型坑直径多在 10～100 m，平均值为 32.8 m；同心圆型坑的直径分布相对较广，在 10～200 m 分布，均值为 52.4 m。从图 2.27（a）可以看出，在直径小于 40 m 时，碗型坑占主导；直径介于 40～70 m 时，平底型坑占主导；当直径大于 70 m 时，同心圆型坑占主导。总体而言，同心圆型坑所占的比例相对较小（<10%），但是大部分直径大于 100 m 的新生陨石坑都呈同心圆状。

由图 2.28（a）可以发现，直径小于 15 m 时，碗型坑的相对数量呈上升趋势而平底型坑的数量呈现下降趋势，其原因可能来源于影像空间分辨率的不连续性。通常情况下，平底型坑形态类型的判别需要 10～20 个像素。由于缺乏空间分辨率为 1 m/pixel 的影像，直径为 15 m 的平底型坑可能被误判断成碗型坑。因此，利用该直径范围估算的月壤厚度可能会存在较大的不确定性。由于该直径范围内陨石坑的数量相对较少，这种情况不会对月壤厚度整体估算结果产生显著影响（Fa et al.，2014）。

图 2.29 为虹湾区域基于碗型和同心圆型陨石坑所估算的月壤厚度累积分布结果（月壤厚度小于某一值的区域所占的面积比例）。图 2.29（a）的计算中，碗型坑和同心圆型坑的形态划分边界直接使用撞击实验的结果（碗型坑取 4，同心圆型坑取 9）。由图 2.29 可以看出，基于碗型和同心圆型所估算的月壤厚度中值分别为 9.0 m 和 8.4 m。总体而言，在月壤厚度小于 13.0 m 的范围内，基于碗型坑估算的月壤厚度大于基于同心圆型坑估算的月壤厚度。若考虑阴影效应对陨石坑形态识别的影响，则月壤厚度估算时边界值需要校

正。由于不同太阳高度角的影像的空间覆盖范围存在较大差异，本书使用各影像相应的形态划分边界值对影像覆盖面积进行加权平均，作为最终的陨石坑形态类型划分的边界值（碗型坑取 4.5；同心圆型坑取 9.5）。图 2.29（b）给出了经过光照校正之后的月壤厚度累积分布图。由图 2.29 可以看出，经过光照校正后，基于碗型坑与基于同心圆型坑估算的月壤厚度结果吻合得更好。基于碗型坑（同心圆型坑）的月壤厚度中值约为 8.0 m，比未经过光照校正的月壤厚度中值小 1.0 m（0.4 m）（Fa et al.，2014）。

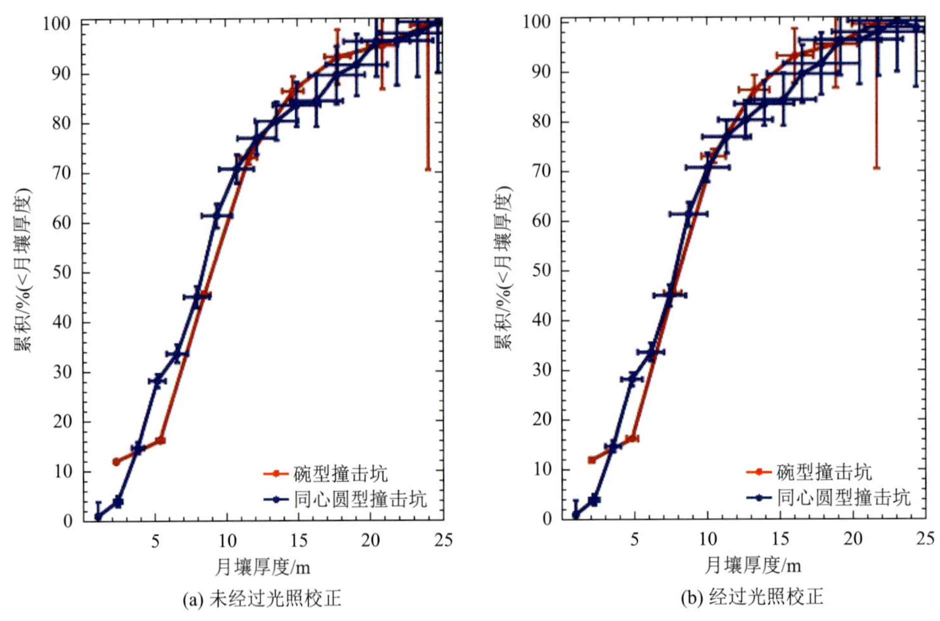

图 2.29　虹湾区域月壤厚度累积分布图

为了研究虹湾区域局部月壤厚度的变化，我们将整个虹湾区域划分成 0.5°×0.5°的 256 个网格。大部分网格区域（～89%）内小型新生陨石坑的数量都大于 500 个，因此月壤厚度估算值具有统计意义。每个网格都可以由网格内陨石坑的大小-频率累积分布计算出月壤厚度的累积分布，由此可得到中值厚度。图 2.30 给出了虹湾区域月壤厚度中值的空间分布。可以看出，虹湾区域大部分月壤厚度中值在 4.0～12.0 m，不同区域之间的月壤厚度存在显著差异。北东部的月壤厚度中值相对较大，而南部的月壤厚度中值相对较小（Fa et al.，2014）。

比较虹湾区域月壤厚度空间分布结果（图 2.30）和虹湾区域地质划分结果图（图 2.31），可以发现，虹湾区域不同的地质单元之间月壤厚度存在显著差异。为了研究不同地质单元之间的月壤厚度分布差异，这里对虹湾区域内 I11、I17、I21 和 I22 4 个地质单元的月壤厚度进行单独分析，这 4 个区域月壤厚度的中值分别为 8.6 m、8.5 m、8.0 m 和 7.4 m。图 2.31 展示了 4 个地质单元的月壤厚度估算结果与表面年龄之间的关系。可以看出，月壤厚度中值和地质单元的表面年龄之间存在强烈的相关关系：年龄越老，月壤厚度越大。从图 2.31 中的月壤厚度的 1/4 分位数和 3/4 分位数可以看出，月壤厚度的 1/4 和 3/4 分位数与区域表面年龄也存在显著的相关关系（Fa et al.，2014）。观察月壤厚度随表面年龄的增长趋势（图 2.31）可以发现，月壤厚度并非线性增长，年轻的区域月壤厚度增长较快，年老的区域月壤厚度增长较慢。

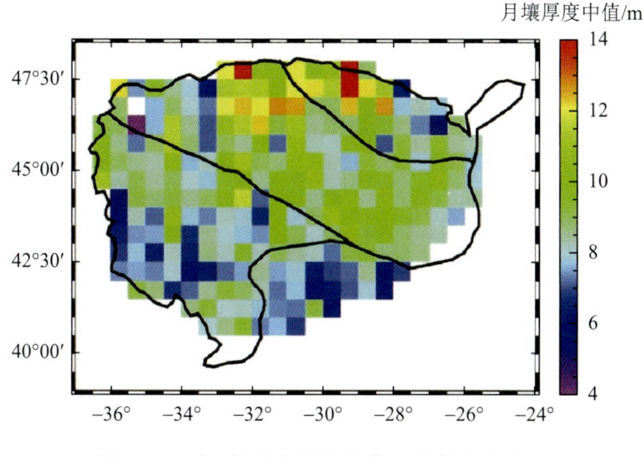

图 2.30　虹湾区域月壤厚度中值的空间分布

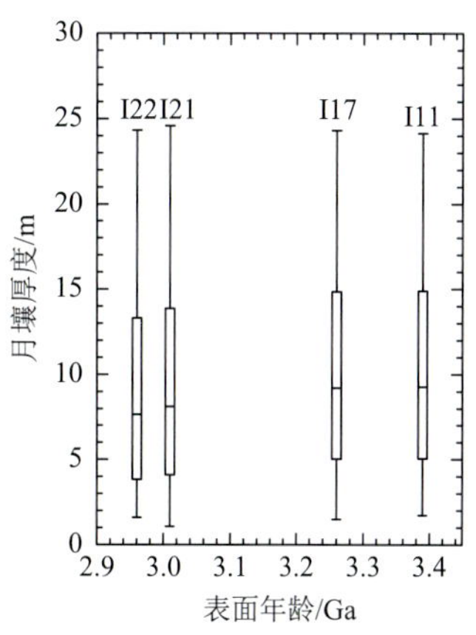

图 2.31　虹湾区域表面年龄与月壤厚度

2.5.2　其他天体表面风化层

水星、火星与一些小行星表面，受空间风化作用的影响，也存在一层厚度不等的风化层。受探测数据的限制，对其他天体表面风化层特别是风化层厚度的研究相对不多。

水星表面物质的光学反射特性与月球相类似，表明水星表面也具有一层类似于月壤的风化层。Kreslavsky 等（2014）由激光高度计数据计算了水星表面平坦平原与严重撞击区的粗糙度，发现在千米尺度上平坦平原与严重撞击区的粗糙度差异比月球要小。基于粗糙度与风化层耕犁作用的关系，发现水星表面风化层厚度比月壤要厚。进一步地，他们检验了水星表面小陨石坑的形态，基于与月球小陨石坑形态的类比，指出水星表面风化层的厚度为 25～40 m（Kreslavsky and Head，2015）。进一步分析表明，水星表面撞击速率较大、直径在几十米到几百米的陨石坑数量相对较多、昼夜温差较大，这些可能使得水星表面空间风化速率非常大，导致水星表面风化层厚度较大。

由于受风成作用，太阳辐射、陨石小天体撞击等作用的影响，火星表面大部分地区分布着一层由铁氧化物组成的红色土壤。火星表面许多重要地质特征，如网状河道，有关火星历史环境特征的证据等都被火星表面这层厚度在几米到数十米的尘土层所掩盖。因此，对火星表层土壤层的探测有助于了解火星次表层被掩埋的结构等。火星表面尘土层的厚度在 0.1～2 m，最多不超过 5 m。Vincendon 等研究了火星表面 Arabia 地区小撞击坑的分布，由此估算了该地区尘土层厚度分布，发现风化层厚度不超过 50 m（2005）。Bart（2014）则探讨了由火星表面陨石坑形貌特征估算火星表面土壤层厚度的可能性，但由于缺少陨石坑形貌与土壤厚度之间的关系，目前还没有直接的应用。

目前对于小行星的探测表明，在小行星表面也存在一层土壤、碎石、尘土、细粒级风化物等构成的风化层。大多数小行星具有细粒级的风化层，较小的小行星具有较薄的尘土层。例如，由地基雷达观测表明，Ceres 和 Bamberga 表面具有一层较为致密的物质。光学偏振测量表明，小行星风化层颗粒比月壤要粗一些，没有像月壤那样由于胶凝作用产生明显的光学特性变化特征。小行星与月壤风化层的主要差异在于小行星体积小且表面重力加速度小。Denevi 等（2016）由光学影像分析了 Vesta 表面陨石坑的形貌特征，包括连续溅射毯中的碎石、坑壁的沟壑、小陨石坑的存续年龄等，发现 Vesta 表面风化层厚度约为 1 km，风化层厚度空间变化较大，赤道 100°～240°E 区域风化层厚度最大。欧洲后续小行星探测中，计划用合成孔径雷达对小行星表面浅表层结构进行探测，获得小行星风化层密度、孔隙率的分布特征。

2.6　月壤层热物理基础

物理温度是行星表面最重要的环境参数之一，物理温度决定了行星表面元素与化合物的形成阶段、存在形式（固体、液体或气体）、可能发生的物理与化学变化的速率。行星的宜居性在很大程度上取决于与物理温度密切相关的液态水的存在。行星着陆探测中，着陆区和巡视器的设计必须考虑行星表面的热环境特征。此外，在被动微波遥感中，行星表面微波热辐射与表面的物理温度密切相关。对行星表面物理温度的了解，对了解行星热演化历史与放射性元素分布、工程探测的设计、热辐射建模与数据解译等至关重要。

一般地，无大气行星表面物理温度主要与行星表面接收到的太阳照射、行星表面对外的热辐射、行星表面物质的热物理特性（体积密度、热导率、比热容）、行星内部的热流（与放射性元素分布有关）等因素有关。受这些因素的共同影响，行星表面物理温度随着经度、纬度、时间以及内部温度分布而不同。若不考虑行星内部热流，则表面有效温度可以近似计算为（Melosh，2011）

$$T_{\text{eff}} = \left[\frac{(1-A)L_{\odot}}{16\pi\sigma R^2} \right]^{1/4} \tag{2.6.1}$$

式中，$L_{\odot} = 3.845\times10^{26}$ W，为太阳的光度；A 为行星表面的反照率 Albedo，单位时间单位面积上各方向出射的总辐射能量与入射的总辐射能量之比；R 为行星与太阳之间的距离；σ=5.67×10^8 W/(m^2·K^4)，为 Stefan-Boltzmann 常数。根据式（2.6.1），取各天体表面反照率的典型值和天体与太阳之间的距离，可计算出太阳系八大行星与冥王星表面的有效物理温度依次为 442 K、244 K、253 K、216 K、87 K、63 K、33 K、32 K、32 K。由于太阳系行星围绕太阳公转轨道的共面性，行星表面物理温度随着纬度的增加而减小，按照纬度余弦的 0.25 次方（$\cos^{0.25}\phi$）变化。

对于有大气的行星，大气产生的温室效应会使行星表面物理温度发生很大变化。本书暂不讨论具有大气的行星表面的物理温度，有兴趣的读者可参考相关文献（Houghton，2001）。本节以月球为例，给出月球表面物理温度的计算，类似的方法可应用到水星、小行星等无大气天体表面。

2.6.1　月球表面物理温度的解析模型

由于月球自转周期非常长，除晨昏交界区域外，月球表面大部分区域物理温度是满足稳态条件的，即月球表面受太阳照射的瞬时响应已消失，表面物理温度趋于恒定。在稳态条件下，月球表面的物理温度主要与接收到的太阳照射、月球表面的吸收、红外波段的热辐射有关。Racca（1995）根据能量守恒，稳态条件下月球表面物理温度可以表示为

$$T(\phi,\lambda)=\left[\frac{1-A(\phi,\lambda)}{e}\cos\theta\frac{S_{\odot}}{\sigma}+\frac{J_0}{\sigma}\right]^{1/4} \tag{2.6.2}$$

式中，$S_{\odot}$=1371 W/m^2，为太阳常数，表示距离太阳一个天文单位时单位面积在单位时间内所接收到的太阳辐射能量；A 为太阳反照率；e 为红外发射率；θ 为太阳入射角，取决于月球表面经度（λ）、纬度（ϕ）、表面坡度［图 2.10（b）］。式（2.6.2）括号中引入第二项，避免了月球黑夜时表面温度为 0 的不合理情况。当 J_0 取值为 6 W/m^2 时，月球黑夜月球表面物理温度为 101.4 K，该值对月球白天表面物理温度的影响可以忽略不计。

图 2.32（a）给出了式（2.6.2）所预测的月球表面不同纬度处物理温度随当地时间的变化。可以看出，月球表面物理温度在正午 12 点左右时最高，随着时间的推移逐渐降低，在傍晚 6 点左右以后物理温度降低至最小值，在凌晨 6 点以后随着太阳的照射又逐渐上升。基于 JPL 星历软件 DE421，我们计算了 2015～2020 年月球与太阳之间的距离。在此基础上，由式（2.6.2）计算了这 5 年期间月球赤道处表面正午时刻物理温度随时间的变化［图 2.32（b）］。可以看出，月球与太阳之间距离的变化可以引起赤道处正午时刻物理温度变化 7 K 左右。图 2.32（b）中周期为 1 年的温度起伏变化主要是由于地球围绕太阳公转处于近日点和远日点时所产生的，每年 12 个周期的温度起伏变化则是由于每个月球自转周期内月球围绕地球公转与太阳之间距离的差异所引起的。

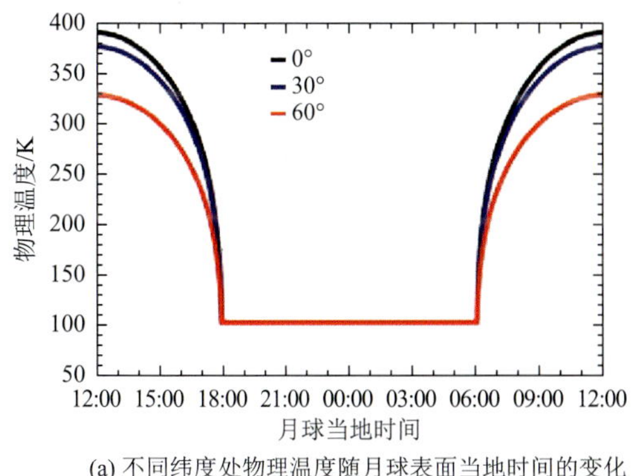

(a) 不同纬度处物理温度随月球表面当地时间的变化

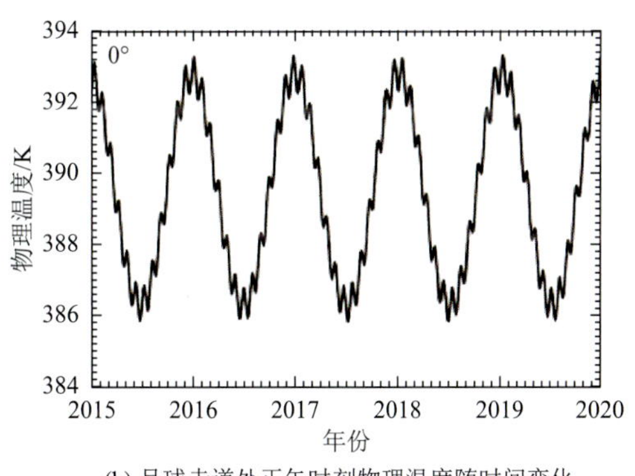

(b) 月球赤道处正午时刻物理温度随时间变化

图 2.32　基于 Racca 模型计算的月球表面物理温度

2.6.2　月壤层热传导

Racca 模型简单、直观，在对月球表面物理温度精度要求不高的情况下，可快速给出物理温度。但 Racca 模型不能适用于未达到稳态的月球表面（如昼夜晨昏线处），也无法给出物理温度随深度的变化。通过严格地求解月壤层一维热传导方程和边界条件，可获得月壤层物理温度随经度、纬度、深度、时间的变化。

1. 一维热传导方程

图 2.33 给出一个月壤-月岩两层模型，月球表面反照率为 A，红外波段的辐射率为 e，月壤层的体积密度、热导率、热容量分别为 $\rho(z)$、$k(z)$、$c(z,T)$，月壤层物理温度为 $T(z)$，月壤层底部热流为 J_0。描述能量在月壤层内传输的一维热传导方程可以写为（Mitchell and De Pater，1994）

$$\rho(z)c(z,T)\frac{\partial T(z,t)}{\partial t}=\frac{\partial}{\partial z}\left[k(z,T)\frac{\partial T(z,t)}{\partial z}\right] \tag{2.6.3}$$

月壤层上表面、下表面的边界条件分别为

$$S(1-A)\cos^+\theta=e\sigma T_s^4-k_s\left.\frac{\partial T}{\partial z}\right|_s \tag{2.6.4a}$$

$$k_d\frac{\partial T}{\partial z}=J_0 \tag{2.6.4b}$$

式中，k_s 和 k_d 分别为月球表面和月壤底部的热导率[单位：W/(m·K)]，在月球白天时 $\cos^+\theta=\cos\theta$，月球黑夜时 $\cos^+\theta=0$。θ 为太阳入射角，与月球表面经度、纬度、太阳照射时间（太阳高度计）有关。根据月球表面数字高程，可以纳入月球表面地形坡度对太阳入射的影响。S 为月球表面的太阳辐照度，与月球和太阳之间的距离有关，可以表示为

$$S=\left(\frac{R_0}{R}\right)^2S_\odot \tag{2.6.5}$$

式中，$S_\odot$ 为 $R_0=1$ AU 处的太阳辐射强度；R 为给定时刻月球到太阳的距离，可由星历软件如 JPL DE421 等计算。

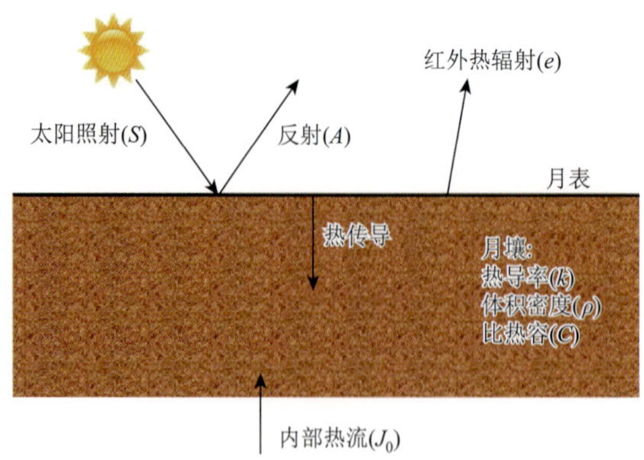

图 2.33　月壤层太阳照射模型

2. 月壤热物理特征参数

月壤层物理温度与月壤对太阳照射的热响应有关，这主要取决于月壤的热物理特性参数，包括体积密度、热导率、比热容、太阳反照率、红外发射率。目前对月壤热物理特征

参数的认识，主要基于遥感观测的反演、Apollo 着陆区的月球表面实验、对月球样品的实验室测量与分析。

月壤体积密度是指月壤在没有遭到破坏的自然结构下，单位体积内月壤的质量。对 Apollo 岩心样品分析表明，月壤的体积密度随着深度的增加而变大。受微陨石撞击、宇宙射线辐射等因素的影响，几乎整个月球表面覆盖着一层厚度为几厘米月尘层。月尘层密度非常小，典型值为 1.3 g/cm^3，随着深度的增加，月壤层体积密度迅速增大，最高可达 1.8～1.9 g/cm^3。月壤颗粒比值与月壤的化学成分有关，典型值可取 3.1。若已知月壤体积密度，则可由比重估算月壤的孔隙率。已有研究表明，月壤孔隙率随着深度的增加而减小。

Carrier 等（1991）综合分析了 Apollo 月球表面实验与岩心样品等多种数据后，给出月球表面体积密度随深度的变化关系为

$$\rho = 1.92 \frac{z + 0.122}{z + 0.18} \tag{2.6.6}$$

热导率是指当温度梯度为 1 K/m 时，单位时间内通过单位面积所传递的热量。对于月壤这种松软的颗粒状介质，热量的交换形式主要是热传导和热辐射。月壤的热导率可分为固体热导率和辐射热导率，固体热导率是月壤颗粒之间以热传导方式交换热量的热导率，主要与月壤体积密度有关；辐射热导率是指月壤颗粒通过热辐射的形式所传递的能量，主要与月壤颗粒的物理温度有关。

由于月壤热导率与体积密度密切相关，因此月壤的热导率模型一般取决于体积密度模型。早期研究中，Keihm（1984）和 Vasavada 等（1999）分别提出了针对月尘-月壤的两层体积密度和热导率模型。近期，为辅助分析 Diviner 热红外数据，Vasavada 等（2012）提出一种连续的月壤层体积密度与热导率随深度的变化模型。表 2.8 系统性总结了这 3 种体积密度与热导率模型，并给出了各个参数的取值。

比热容是指在没有发生相变化和化学变化的情况下，一定质量的物质温度升高 1 K 所需要的热量，单位是 J/(kg·K)。月壤比热容主要是基于对 Apollo 月壤样品的实验室测量，其结果表明，月壤比热容主要与物理温度有关。Keihm（1984）年提出的模型为

$$C(T) = 670 + 10^3 \left(\frac{T - 250}{530.6} \right) - 10^3 \left(\frac{T - 250}{498.7} \right)^2 \tag{2.6.7}$$

Ledlow 等（1992）给出的模型为

$$C(T) = \begin{cases} 758.1 + 498.3 t_1 + 73.6 t_1^2 + 1138.5 t_1^3 + 782.0 t_1^4 & T < 350 \text{ K} \\ 848.9 + 160.2 \left[1 - \exp(-t_2) \right] & T > 350 \text{ K} \end{cases} \tag{2.6.8}$$

其中

$$t_1 = \frac{T - 300}{300}, \quad t_2 = \frac{T - 350}{100} \tag{2.6.9}$$

Urquhart 和 Jakosky（1997）给出的比热模型为

$$C(T) = -154.8 + 4.98T - 8.2 \times 10^{-3} T^2 + 5.19 \times 10^{-6} T^3 \tag{2.6.10}$$

基于 Apollo 月壤样品测量值，月壤的热发射率与月球表面的物理温度有关，可以表示为（Keihm，1984）

$$e(T) = 0.9696 + 9.664 \times 10^{-5} T - 3.1674 \times 10^{-7} T^2 - 5.0691 \times 10^{-10} T^3 \qquad (2.6.11)$$

对于给定月球表面区域，月球表面的太阳反照率主要与太阳入射角有关，可表示为（Keihm，1984）

$$A(\theta) = 0.12 + 0.03\left(\frac{\theta}{45}\right)^3 + 0.14\left(\frac{\theta}{90}\right)^8 \qquad (2.6.12)$$

图 2.34 给出了月壤层体积密度随深度的变化关系。月球表面体积密度为 1.3 g/cm^3，其随着深度增加而迅速变大，在 1 m 处增加至 1.8～1.9 g/cm^3。若已知月壤比重，则可以根据体积密度计算出月壤层孔隙率随深度的变化。

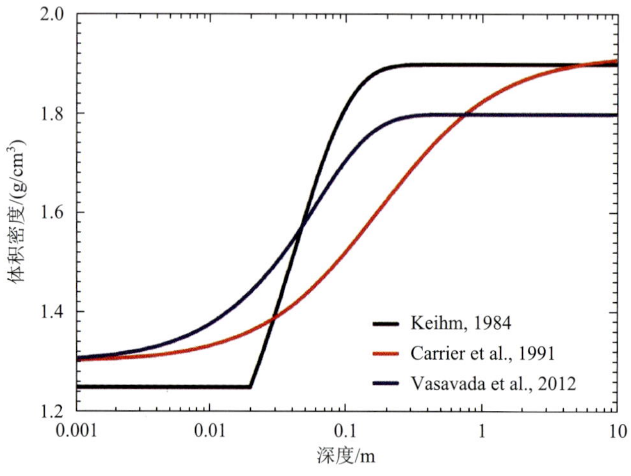

图 2.34 体积密度随深度的变化

图 2.35 给出了由表 2.8 所示 3 种模型计算出的月壤热导率随温度和深度的变化关系。尽管这 3 种模型在数值上存在一定的差异，但其变化趋势是一致的。月球表面密度小，孔

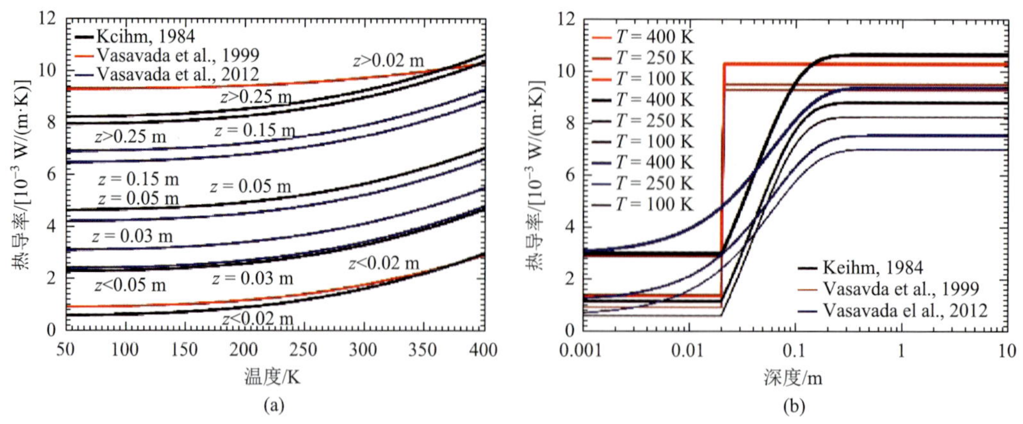

图 2.35 热导率随物理温度的变化关系（a）和热导率随深度的变化关系（b）

隙率大，月球白天时，辐射热导率对热导率的贡献较大。深层月壤密度大，孔隙率小，热导率以固体热导率为主。深度大于 0.15～0.25 m 时，月壤热导率不随深度变化，主要与物理温度有关。

图 2.36 给出了 3 种模型所预测的月壤比热容随物理温度的变化。可以看出，随着物理温度的增加，月壤比热容迅速增大。这 3 种模型的结果较为一致，在小于 100 K 和大于 350 K 时，这 3 种模型存在细微的差异。

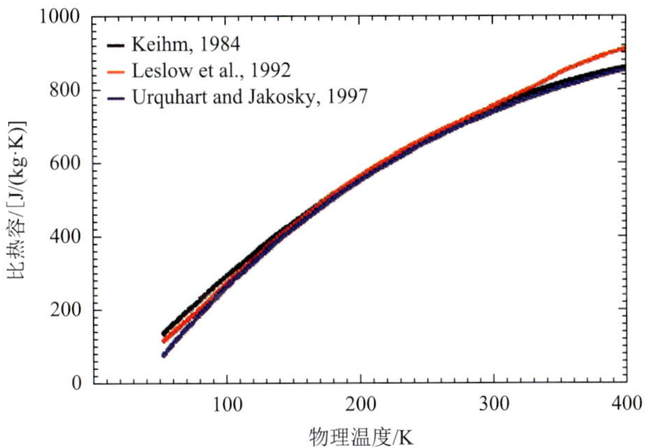

图 2.36　月壤比热容随物理温度的变化

表 2.8　3 种月壤体积密度与热导率模型

模型	体积密度/(g/cm^3)	热导率/[W/(m·K)]	说明
Keihm，1984	$\rho=\begin{cases}1.25 & (z\leqslant 0.02\ \text{m})\\ 1.9-0.65\exp\left[\dfrac{0.02-z}{0.04}\right] & (z>0.02\ \text{m})\end{cases}$	$k(z,T)=\begin{cases}k_1+k_2T^3 & (z\leqslant 0.02\ \text{m})\\ k_\text{d}-(k_\text{d}-k_\text{s})\text{e}^{\left[\frac{0.02-z}{0.04}\right]}+k_2T^3 & (z>0.02\ \text{m})\end{cases}$ $k_1=k_\text{s}$，$k_\text{s}=6\times10^{-4}\ \text{W/(m·K)}$， $k_\text{d}=8.25\times10^{-3}\ \text{W/(m·K)}$， $k_2=3.78\times10^{-11}\ \text{W/(m·K}^4)$	基于 Apollo 月壤的热学实验与 Apollo 15 着陆区热流探针
Vasavada et al.，1999	$\rho=\begin{cases}1.3 & (z\leqslant 0.02\ \text{m})\\ 1.8 & (z>0.02\ \text{m})\end{cases}$	$k(T)=k_\text{c}\left[1+\chi\left(\dfrac{T}{T_{350}}\right)^3\right]$， $\begin{cases}z\leqslant 0.02\ \text{m}: \\ k_\text{c}=9.22\times10^{-4}\ \text{W/(m·K)},\ \chi=1.48\\ z>0.02\ \text{m}: \\ k_\text{c}=9.30\times10^{-3}\ \text{W/(m·K)},\ \chi=0.073\end{cases}$	基于 Apollo 月壤实验室测量结果
Vasavada et al.，2012	$\rho(z)=\rho_\text{d}-(\rho_\text{d}-\rho_\text{s})\text{e}^{-z/H}$ $\rho_\text{s}=1.3\ \text{g/cm}^3$， $\rho_\text{d}=1.8\ \text{g/cm}^3$， $H=0.06\ \text{m}$	$k(z,T)=k_\text{d}-(k_\text{d}-k_\text{s})e^{-z/H}+\chi k_\text{s}\left(\dfrac{T}{350}\right)^3$ $k_\text{s}=6\times10^{-4}\ \text{W/(m·K)}$， $k_\text{d}=7\times10^{-3}\ \text{W/(m·K)}$， $\chi=2.7$，$H=0.06\ \text{m}$	H 值随地点的不同而不同（Hayne et al.，2017）.

由图 2.37（a）可知，月球表面发射率随着温度增加而变大，在 120 K 附近达到最大值，之后随着物理温度的升高而降低。月球表面反照率则随着入射角的增大而变大。

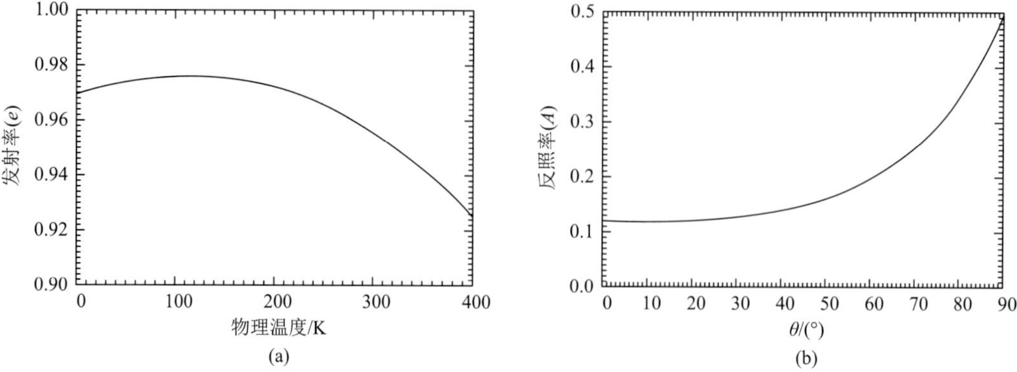

图 2.37 月球表面发射率随物理温度的变化关系（a）和月球表面反照率随入射角的变化关系（b）

3. 数值剖分与求解

通过在空间域和时间域对式（2.73）进行离散化，通过迭代求解，可以获得月壤层物理温度随时间和深度的变化。在计算中，假设月壤厚度为d，将月壤剖分成i_0个薄层，每个薄层的厚度为$\Delta z = d / i_0$，由月壤表层到底部每个薄层顶部对应的深度依次为 0，Δz，$2\Delta z$，…，$i\Delta z$，…，$(i_0-1)\Delta z$，$i_0\Delta z$。在时间域，时间节点用$j\Delta t$表示，$T(z,t)$可以离散化为$T(i\Delta z, j\Delta t)$，为简单起见，用下标表示空间节点，上标表示时间节点，则$T(i\Delta z, j\Delta t)$可以表示为T_i^j。

假设热导率表示为$k = A + BT^3$，其中 A 和 B 分别是系数。对式（2.73）左边和右边分别进行离散，可以表示为

$$\frac{\partial T(z,t)}{\partial t} = \frac{T^{j+1}(i) - T^j(i)}{\Delta t} = \frac{T_i^{j+1} - T_i^j}{\Delta t} \tag{2.6.13a}$$

$$\frac{\partial}{\partial z}\left[K(T)\frac{\partial T(z,t)}{\partial z}\right] = \left[A + B(T_i^j)^3\right]\frac{T_{i+1}^j - 2T_i^j + T_{i-1}^j}{(\Delta z)^2} \tag{2.6.13b}$$

由式（2.6.13a）和式（2.6.13b）可以推导出由T_i^j求解出T_i^{j+1}的迭代求解关系为

$$T_i^{j+1} = T_i^j + \frac{\Delta t}{\rho c(\Delta z)^2}\{[A + B(T_i^j)^3]\cdot(T_{i+1}^j - 2T_i^j + T_{i-1}^j)\} \tag{2.6.14}$$

要使得式（2.6.14）迭代收敛，必须满足以下条件：

$$[A+B(T_i^j)^3]\frac{\Delta t}{\rho c(\Delta z)^2} \leqslant 0.5 \tag{2.6.15}$$

类似地，上下表面边界方程式（2.6.4）可以剖分为

$$S^{j+1}(1-A)\cos^+\theta = e\sigma(T_0^{j+1})^4 - k_s\frac{T_1^j - T_0^{j+1}}{\Delta z} \tag{2.6.16a}$$

$$k\frac{T_{i_0}^j - T_{i_0-1}^j}{\Delta z} = J_0 \tag{2.6.16b}$$

在求解时，上表面边界条件式（2.6.16a）可以通过 Newton 法来求解。

计算时，可给定任意初始温度廓线，如整个月壤层物理温度为 100 K。按照上边界条件式（2.6.16a），可以求解出下一时刻表面的物理温度 T_0，再按照式（2.6.14）可以此求解下一时刻不同深度处的物理温度。若连续两个月球昼夜内同一时刻物理温度廓线的差异小于某一给定阈值（如 10^{-6} K），则可认为物理温度已收敛。一般地，在迭代 3 000 个月球昼夜，物理温度都可达到收敛。

上式对空间域的剖分为均匀剖分，即 Δz 不随深度变化。浅表层月壤体积密度随深度增加而迅速变大，导致热导率随深度与时间的变化也非常剧烈。一种更加有效的剖分方法是对月壤层在深度方向进行非均匀剖分，在月壤热物理特性变化剧烈的地方使得 Δz 小，而在月壤热物理特性变化不大的地方使得 Δz 大。这样，能用较少的离散单元刻画出月壤热物理特性随深度的变化。例如，在 Fang 和 Fa（2014）中，每层的厚度为 $\Delta z(i) = 0.001\times 1.1^{i-1}$，3 m 厚的月壤只需要 60 个剖分单元，其中第一个单元格厚度为 1 mm，第 30 个厚度为 0.273 m。

4. 月壤层物理温度模拟结果

取太阳在月球表面的直射点在 1.54°N，月球表面反照率为 0.15，红外辐射率为 0.95，月壤底部热流为 0.014 W/m^2，月壤的热物理特征参数（密度、热导率、比热）取 Keihm（1984）。月壤厚度为 2 m，剖分时空间间隔取 0.002 5 m，对应的时间间隔为 112.5 s。

图 2.38（a）给出了不同纬度处物理温度随月球当地时间的变化。可以看出，月球表面物理温度在正午 12 点时最高，随着时间的推移迅速降低，傍晚 6 点后没有太阳的照射，物理温度随着时间缓慢降低，在凌晨 6 点以后随着太阳的照射又逐渐上升。在月球正午时刻，一维热传导方程给出的数值结果与 Racaa 模型结果在赤道处仅相差～1 K。一维热传导模型能较好地描述月球晨昏交界处与月球黑夜的物理温度。这里考虑了太阳照射方向与月球赤道的夹角，月球 89°N 区域在夏季存在极昼现象，在夏季存在极夜现象。在月球夏季，89°N 整个月球昼夜内都有太阳的照射，在月球黑夜时表面物理温度远高于赤道处同

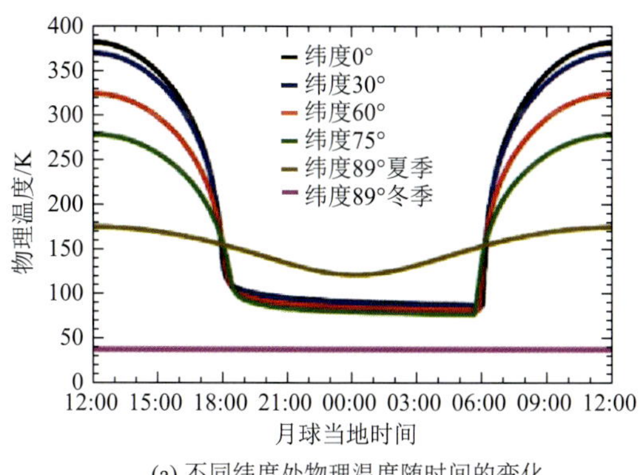

(a) 不同纬度处物理温度随时间的变化

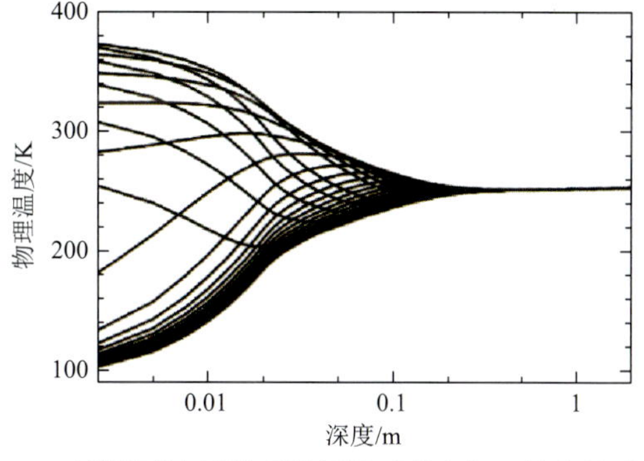

(b) 赤道处不同时刻物理温度随深度的变化，时间间隔1小时

图 2.38　物理温度随时间的变化

一时刻的物理温度。相反，在月球冬季，由于缺少太阳的照射，物理温度只与内部的热流有关，与式（2.6.2）右边括号中第二项直接计算结果一致。

图 2.38（b）给出了月球赤道处不同时刻物理温度随深度的变化，时间为 0～24 时，时间间隔为 1 小时。可以看出，月球表面物理温度昼夜差异最大，随着深度的增加，物理温度昼夜差异迅速减小，这主要是月壤层物理温度对太阳照射的响应所引起的。0.15 m 以下，物理温度不再受太阳照射的影响，仅与内部的热流有关。这里的 0.15 m 实际上是热的穿透深度，与太阳的照射周期有关，也与月壤的热物理特性有关。若可以获得 0.15 m 以下次表层的温度廓线，则可以由物理温度梯度对月球内部热流做出约束，可以为月球的热演化提供边界条件。

参 考 文 献

姜景山，金亚秋. 2011. 中国微波探月研究. 北京：科学出版社.

Arvidson R，Adams D，Bonfiglio G，et al. 2008. Mars Exploration Program 2007 Phoenix landing site selection and characteristics. Journal of Geophysical Research，113：E00A03.

Arvidson R，Drozd R J，Hohenberg C M，et al. 1975. Horizontal transport of the regolith，modification of features，and erosion rates on the lunar surface. The Moon，13：67–79.

Athey T W，Stuchly M A，Stuchly S S. 1982. Measurement of radio frequency permittivity of biological tissues with an open-ended coaxial line：Part I. IEEE Transactions on Microwave Theory and Techniques，30（1）：82–86.

Bandfield J L，Ghent R R，Vasavada A R，et al. 2011. Lunar surface rock abundance and regolith fines temperatures derived from LRO Diviner Radiometer data. Journal of Geophysical Research：Planets，116（E12）：E00H02.

Bart G D. 2014. The quantitative relationship between small impact crater morphology and regolith depth. Icarus，235：130–135.

Bart G D，Melosh H J. 2010a. Impact into lunar regolith inhibits high-velocity ejection of large blocks. Journal of Geophysical Research：Planets，115：E08004.

Bart G D，Melosh H J. 2010b. Distributions of boulders ejected from lunar craters. Icarus，209（2）：337–357.

Bart G D，Nickerson R D，Lawder M T，et al. 2011. Global survey of lunar regolith depths from LROC images. Icarus，215（2）：485–490.

Basilevsky A T. 1976. On the evolution rate of small craters. Lunar and Planetary Science Conference Proceedings，7：1005–1020.

Basilevsky A T，Head J W，Horz F，et al. 2015. Survival times of meter-sized rock boulders on the surface of airless bodies. Planetary and Space Science，117：312–328.

Basilevsky A，Head J，Horz F. 2013. Survival times of meter-sized boulders on the surface of the Moon. Planetary and Space Science，89：118–126.

Bottcher C J F. The dielectric constant of crystalline powders. Rec. Trav. Chim，64（2）：47–51.

Cai Y，Fa W. 2017. A comparsion of topographic roughness of the Moon，Mars，and Mercury. The 48 th Lunar and Planetary Science Conference，2246.

Campbell B A. 1994. Merging Magellan emissivity and SAR data for analysis of Venus surface dielectric properties. Icarus，112：187–203.

Campbell B A. 2002. Radar Remote Sensing of Planetary Surfaces. Cambridge：Cambridge University Press.

Campbell M J，Ulrichs J. 1969. Electrical properties of rocks and their significance for lunar radar observations. Journal of Geophysical Research，74（25）：5867–5881.

Carrier W D，Olhoeft G R，Mendell W. 1991. Physical properties of the lunar surface//Heiken G H，Vaniman D T，French B M. Lunar Source-Book：A User's Guide to the Moon. New York：Cambridge University Press.

Carter L M，Campbell B A，Hawke B R，et al. 2009. Radar remote sensing of pyroclastic deposits in the southern Mare Serenitatis and

Mare Vaporum regions of the Moon. Journal of Geophysical Research：Planets，114：E11004.

Christensen P R. 1986. The spatial distribution of rocks on Mars. Icarus，68（2）：217–238.

Chung D H，Westphal W B，Olhoeft G R. 1972. Dielectric properties of Apollo 14 lunar samples. Lunar and Planetary Science Conference Proceedings，3：3161–3172.

Cooper M R，Kovach R L，Watkins J S. 1974. Lunar near-surface structure. Reviews of Geophysics，12（3）：291–308.

Crater Analysis Techniques Working Group. 1979. Standard techniques for presentation and analysis of crater size-frequency data. Icarus，37（2）：467–474.

De Loor G P. 1968. Dielectric properties of heterogeneous mixtures containing water，Journal of Microwave Power，3（2）：67–73.

De Pater I，Lissauer J J. 2011. Planetary Sciences. New York：Cambridge University Press.

Delbo M，Libourel G，Wilkerson J，et al. 2014. Thermal fatigue as the origin of regolith on small asteroids. Nature，508：233–236.

Denevi B W，Beck A W，Coman E I，et al. 2016. Global variations in regolith properties on asteroid Vesta from Dawn's low-altitude mapping orbit. Meteoritics & Planetary Science，51（12）：2366–2386.

Denevi B W，Ernst C M，Meyer H M，et al. 2013. Journal of Geophysical Research：Planets，118：891–907.

Di K，Xu B，Peng M，et al. 2016. Rock size-frequency distribution analysis at the Chang'E-3 landing site. Planetary and Space Science，120：103–112.

Dombard A J，Barnouin O S，Prockter L M，et al. 2010. Boulders and ponds on the Asteroid 433 Eros. Icarus，210（2）：713–721.

Downs G S，Goldstein R M，Green R R，et al. 1973. Martian topography and surface properties as seen by radar：the 1971 opposition. Icarus，18：8–21.

Fa W. 2013. Simulation for ground penetrating radar（GPR）study of the subsurface structure of the Moon. Journal of Applied Geophysics，99：98–108.

Fa W，Cai Y，Xiao Z，et al. 2016. Topographic roughness of the northern high latitudes of Mercury from MESSENGER Laser Altimeter data. Geophysical Research Letters，43：3078–3087.

Fa W，Jin Y Q. 2007. Simulation of brightness temperature from lunar surface and inversion of regolith-layer thickness. Journal of Geophysical Research：Planets，112（E5）：E05003.

Fa W，Jin Y Q. 2010. A primary analysis of microwave brightness temperature of lunar surface from Chang-E 1 multi-channel radiometer observation and inversion of regolith layer thickness. Icarus，207（2）：605–615.

Fa W，Liu T，Zhu M H，et al. 2014. Regolith thickness over Sinus Iridum：Results from morphology and size-frequency distribution of small impact craters. Journal of Geophysical Research：Planets，119：1914–1935.

Fa W，Wieczorek M A. 2012. Regolith thickness over the lunar nearside：Results from Earth-based 70-cm Arecibo radar observations. Icarus，218（2）：771–787.

Fa W，Zhu M H，Liu T，et al. 2015. Regolith stratigraphy at the Chang'E-3 landing site as seen by lunar penetrating radar. Geophysical Research Letters，42（23）：10179–10187.

Fang G Y，Zhou B，Ji Y C，et al. 2014. Lunar Penetrating Radar onboard the Chang'E-3 mission. Research in Astronomy and Astrophysics，14（12）：1607–1622.

Fang T，Fa W. 2014. High frequency thermal emission from the lunar surface and near surface temperature of the Moon from Chang'E-2 microwave radiometer. Icarus. 232：34–53.

Gold T，Bilson E，Baron R L. 1976. Electrical properties of Apollo 17 rock and soil samples and a summary of the electrical properties of lunar material at 450 MHz frequency. Lunar and Planetary Science Conference Proceedings，7：2593–2603.

Gold T，Bilson E，Baron R L. 1977. Electrical properties at 450 MHz of Apollo 15 and 16 deep drill core samples and surface soil samples at the same site. Lunar and Planetary Science Conference Proceedings，8：1271–1275.

Gold T，Bilson E，Yerbury M. 1972. Grain size analysis，optical reflectivity measurements，and determination of high-frequency electrical properties for Apollo 14 lunar samples. Lunar and Planetary Science Conference Proceedings，3：3187–3193.

Gold T，Bilson E，Yerbury M. 1973. Grain size analysis and high frequency electrical properties of Apollo 15 and 16 samples. Lunar and Planetary Science Conference Proceedings，4：3093–3100.

Gold T，Campbell M J，O'Leary B T. 1970. Optical and high-frequency electrical properties of the lunar sample. Science，167(3918)：707–709.

Gold T，O'Leary B T，Campbell M. 1971. Some physical properties of Apollo 12 lunar samples. Lunar and Planetary Science Conference Proceedings，2：2173–2181.

Golombek M P，Arvidson R E，Bell III J F，et al. 2005. Assessment of Mars exploration rover landing site predictions. Nature，436（7047）：44–48.

Golombek M P，Haldemann A F，Forsberg-Taylor N K，et al. 2003. Rock size-frequency distributions on Mars and implications for Mars Exploration Rover landing safety and operations. Journal of Geophysical Research，108（E12）：8086. .

Golombek M P，Huertas A，Marlow J，et al. 2008. Size-frequency distributions of rocks on the northern plains of Mars with special reference to Phoenix landing surfaces. Journal of Geophysical Research，113（E3）：E00A09.

Golombek M，Rapp D. 1997. Size-frequency distributions of rocks on Mars and Earth analog sites：implications for future landed missions. Journal of Geophysical Research，102（E2）：4117–4129.

Greeley R. 2013. Introduction to Planetary Geomorphology. New York：Cambridge University Press.

Grima C，Kofman W，Mouginot J，et al. 2009. North polar deposits of Mars：extreme purity of the water ice. Geophysical Research Letters，36（3）：L03203.

Hapke B. 2012. Theory of Reflectance and Emittance Spectroscopy. New York：Cambridge University Press.

Hasted J B. 1973. Aqueous Dielectrics. London：Chapman and Hall.

Heet T L，Arvidson R E，Cull S C，et al. 2009. Geomorphic and geologic settings of the Phoenix Lander mission landing site. Journal of Geophysical Research，114：E00E04.

Heggy E，Paillou P，Ruffié G，et al. 2001. On water detection in the Martian subsurface using sounding radar. Icarus，154（2）：244–257.

Hérique A，Agnus B，Asphaug E，et al. 2018. Direct observations of asteroid interior and regolith structure：science measurement requirements. Advances in Space Research，62（8）：2141–2162.

Hérique A，Kofman W，Beck P，et al. 2016. Cosmochemical implications of CONSERT permittivity characterization of 67P/CG. Monthly Notices of the Royal Astronomical Society，462：516–532.

Hiesinger H，Head J W，Wolf U，et al. 2011. Ages and stratigraphy of lunar mare basalts：a synthesis. Recent Advances and Current Research Issues in Lunar Stratigraphy，477：1–51.

Hiesinger H，Jaumann R，Neukum G，et al. 2000. Ages of mare basalts on the lunar nearside. Journal of Geophysical Research：Planets，105（E12）：29239–29275.

Houghton J T. 2001. The Physics of Atmospheres. Cambridge：Cambridge University Press.

Huang Q，Wieczorek M A. 2012. Density and porosity of the lunar crust from gravity and topography. Journal of Geophysical Research：Planets，117：E05003.

Ivanov M A，Head J W. 2011. Global geological map of Venus. Planetary and Space Science，59（13）：1559–1600.

Jiang Y，Ji J，Huang J，et al. 2015. Boulders on asteroid Toutatis as observed by Chang'e-2. Scientific Reports，5：16029.

Jin Y Q. 1994. Electromagnetic Scattering Modelling for Quantitative Remote Sensing . Singapore：World Scientific.

Jin Y Q，Kong J A. 1985. Strong fluctuation theory for scattering，attenuation，and transmission of microwaves through snowfall. IEEE Transactions on Geoscience and Remote Sensing，23（5）：754–760.

Jolliff B L，Wieczorek M A，Shearer C K，et al. 2006. New views of the Moon. Walter de Gruyter GmbH & Co KG.

Keihm S J，Langseth M G. 1975. Microwave emission spectrum of the Moon：mean global heat flow and average depth of the regolith. Science，187：64–66.

Kobayashi T，Kim J H，Lee S R，et al. 2010. Simultaneous observation of Lunar Radar Sounder and Laser Altimeter of Kaguya for lunar regolith layer thickness estimate. IEEE Geoscience and Remote Sensing Letters，7（3）：435–439.

Kofman W，Herique A，Barbin Y，et al. 2015. Properties of the 67P/Churyumov-Gerasimenko interior revealed by CONSERT radar. Science，349：aab0639.

Kong J A. 2005. Electromagnetic Wave Theory. Massachusetts：EMW Publishing.

Kreslavsky M A，Head J W. 2015. A thicker regolith on Mercury. The 46 th Lunar and Planetary Science Conference，Abstract 1246.

Kreslavsky M A，Head J W，Neumann G A，et al. 2014. Kilometer-scale topographic roughness of Mercury：correlation with geologic features and units. Geophysical Research Letters，41：8245–8251.

Kreslavsky M，Head J. 2000. Kilometer-scale roughness of Mars：results from MOLA data analysis. Journal of Geophysical Research：Planets，105：26695–26711.

Lauro S E，Mattei E，Soldovieri F，et al. 2012. Dielectric constant estimation of the uppermost Basal Unit layer in the martian Boreales Scopuli region. Icarus，219（1）：458–467.

Ledlow M J，Burns J O，Gisler G R，et al. 1992. Subsurface emissions from Mercury-VLA radio observations at 2 and 6 centimeters. The Astrophysical Journal，384：640–655.

Li Y，Basilevsky A T，Xie M，et al. 2017. Shape of boulders ejected from small lunar impact craters. Planetary and Space Science，145：71–77.

Li Y，Wu B. 2018. Analysis of rock abundance on lunar surface from orbital and descent images using automatic rock detection. Journal of Geophysical Research：Planets，123：1061–1088.

Liu N，Jin Y Q. 2019. Effective permittivity of multi-components media. IEEE Geoscience and Remote Sensing Letters，in press.

Mangold N，Ansan V，Masson P，et al. 2009. Estimate of aeolian dust thickness in Arabia Terra，Mars：implications of a thick mantle（>20 m）for hydrogen detection. Géomorphologie：Relief，Processus，Environnement，15（1）：23–32.

Marchi S，Chapman C R，Fassett C I，et al. 2013. Global resurfacing of Mercury 4.0-4.1 billion years ago by heavy bombardment and volcanism. Nature，499：59–61.

Markel V A. 2016. Introduction to the Maxwell Garnett approximation：tutorial. Journal of the Optical Society of America A，33（7）：1244–1256.

Maxwell Garnett J C，Joseph L. 1904. Colours in metal glasses and in metallic films，Philosophical Transactions of the Royal Society of London. Series A，203：385–420.

McKay D，Heiken G，Basu A，et al. 1991. The lunar regolith//Heiken G H，Vaniman D T，French B M. Lunar Source-Book：A User's Guide to the Moon. New York：Cambridge University Press：285–356.

Melosh H J. 1989. Impact Cratering：A Geologic Process. New York：Oxford University Press.

Melosh H J. 2011. Planetary Surface Processes. New York：Cambridge University Press.

Michel P，De Meo F E，Bottke W F. 2015. Asteroids IV. Tucson：The University of Arizona Press.

Michikami T，Nakamura A M，Hirata N，et al. 2008. Size-frequency statistics of boulders on global surface of asteroid 25143 Itokawa. Earth Planets and Space，60（1）：13–20.

Mitchell D L，De Pater I. 1994. Microwave imaging of Mercury's thermal emission at wavelengths from 0.3 to 20.5 cm. Icarus，110（1）：2–32.

Moore H J，Keller J M. 1991. Surface-material maps of Viking landing sites on Mars. A Bibliography of Planetary Geology and Geophysics Principal Investigators and their Associates，1990–1991.

Mouginot J，Pommerol A，Kofman W，et al. 2010. The 3-5 MHz global reflectivity map of Mars by MARSIS/Mars Express：implications for the current inventory of subsurface H_2O. Icarus，210（2）：612–625.

Nakamura Y，Dorman J，Duennebier F，et al. 1975. Shallow lunar structure determined from the passive seismic experiment. The Moon，13：57–66.

Neukum G，Ivanov B A，Hartmann W K. 2001. Cratering records in the inner solar system in relation to the lunar reference system. Chronology and Evolution of Mars，96：55–86.

Nowicki S A，Christensen P R. 2007. Rock abundance on Mars from the thermal emission spectrometer. Journal of Geophysical Research，112：E05007.

Oberbeck V R，Quaide W L. 1967. Estimated thickness of a fragmental surface layer of Oceanus Procellarum. Journal of Geophysical Research，72（18）：4697–4704.

Oberbeck V R，Quaide W L. 1968. Genetic implications of lunar regolith thickness variations. Icarus，9：446–465.

Olhoeft G R，Strangway D W. 1975. Dielectric properties of the first 100 meters of the Moon. Earth and Planetary Science Letters，24（3）：394–404.

Olhoeft G R，Strangway D W，Pearce G W. 1975. Effects of water on electrical properties of lunar fines. Lunar and Planetary Science Conference Proceedings，6：3333–3342.

Ono T，Kumamoto A，Nakagawa H，et al. 2009. Lunar radar sounder observations of subsurface layers under the nearside maria of the Moon. Science，323（5916）：909–912.

Osinski G R，Pierazzo E. 2012. Impact Cratering：Processes and Products. Chichester：John Wiley & Sons.

Parkhomenko E I. 1967. Electrical Properties of Rocks. New York：Plenum Press.

Pettinelli E，Cosciotti B，Di Paolo F，et al. 2015. Dielectric properties of Jovian satellite ice analogs for subsurface radar exploration：a review. Reviews of Geophysics，53（3）：593–641.

Pieters C M，Noble S K. 2016. Space weathering on airless bodies. Journal of Geophysical Research：Planets，121（10）：1865–1884.

Polder D，van Santeen J H. 1946. The effectivity permeability of mixtures of solids. Physica，12（5）：257–271.

Prettyman T H，Hagerty J J，Elphic R C，et al. 2006. Elemental composition of the lunar surface：analysis of gamma ray spectroscopy data from Lunar Prospector. Journal of Geophysical Research：Planets，111：E12007.

Quaide W L，Oberbeck V R. 1968. Thickness determinations of the lunar surface layer from lunar impact craters. Journal of Geophysical Research，73（16）：5247–5270.

Racca G D. 1995. Moon surface thermal characteristics for moon orbiting spacecraft thermal analysis. Planetary and Space Science，43（6）：835–842.

Schaber G G. 1969. Geologic Map of the Sinus Iridum Quadrangle of the Moon. US Geological Survey.

Shepard M K，Campbell B A，Bulmer M H，et al. 2001. The roughness of natural terrain：a planetary and remote sensing perspective. Journal of Geophysical Research：Planets，106：32777–32795.

Shkuratov Y G，Bondarenko N V. 2001. Regolith layer thickness mapping of the Moon by radar and optical data. Icarus，149（2）：329–338.

Shkuratov Y G，Bondarenko N V. 2010. Icarus，158：560–561.

Shoemaker E M，Morris E C. 1968. Size-Frequency Distribution of Fragmental Debris，in Surveyor Project Final Report. Part 2：Science Results. JPL Technical Report，86–102.

Simpson R A，Tyler G L，Brenkle J P，et al. 1979. Viking bistatic radar observations of the Hellas Basin on Mars：preliminary results. Science，203：153–173.

Smith M W. 2014. Roughness in the Earth Sciences. Earth-Science Reviews，136：202–225.

Strangway D，Pearce G，Olhoeft G. 1975. Magnetic and dielectric properties of lunar samples//Vinogradov A P. Kosmochimiya Luny i Planet. Moscow：Nauka：712–728.

Strom R G，Banks M E，Chapman C R，et al. 2011. Mercury crater statistics from MESSENGER flybys：implications for stratigraphy and resurfacing history. Planetary and Space Science，59：1960–1967.

Tsang L，Jin Au Kong. 2001. Scattering of Electromagnetic Waves：Advanced Topics. New York John Wiley & Sons，Inc.

Ulaby F T，Bengal T，East J，et al. 1988. Microwave Dielectric Spectrum of Rocks. University of Michigan Radiation Laboratory Report 23817-1-TU.

Ulaby F T，Long D G，Blackwell W J，et al. 2014. Microwave Radar and Radiometric Remote Sensing. Ann Arbor：University of Michigan Press.

Urquhart M L，Jakosky B M. 1997. Lunar thermal emission and remote determination of surface properties. Journal of Geophysical Research，102（E5）：10959–10969.

Vasavada A R，Bandfield J L，Greenhagen B T，et al. 2012. Lunar equatorial surface temperatures and regolith properties from the Diviner Lunar Radiometer Experiment. Journal of Geophysical Research，117：E00H18.

Vasavada A R，Paige D A，Wood S E. 1999. Near-surface temperatures on Mercury and the Moon and the stability of polar ice deposits.

Icarus，141（2）：179–193.

Venkatesh M S，Raghavan G S. 2005. An overview of dielectric properties measuring techniques. Canadian Biosystems Engineering，47（7）：15–30.

Whitten J L，Head J W，Denevi B W，et al. 2014. Intercrater plains on Mercury：insights into unit definition，characterization，and origin from MESSENGER datasets. Icarus，241：97–113.

Williams K K，Greeley R. 2004. Measurements of dielectric loss factors due to a Martian dust analog. Journal of Geophysical Research：Planets，109：E10006.

Zhang Z，Hagfors T，Nielsen E，et al. 2008. Dielectric properties of the martian South Polar Layered Deposits：MARSIS data inversion using Bayesian inference and genetic algorithm. Journal of Geophysical Research：Planets，113：E05004.

Zheng Y，Wang S，Feng J，et al. 2005. Measurement of the complex permittivity of dry rocks and minerals：application of polythene dilution method and Lichtenecker's mixture formulae. Geophysical Journal International，163（3）：1195–1202.

第 3 章　月球表面微波热辐射遥感与月壤厚度反演

中国“嫦娥一号”“嫦娥二号”探月卫星在国际上首次搭载了 4 通道微波辐射计，用于测量整个月球表面的微波热辐射，研究月壤层物理温度和厚度分布，进而估算整个月壤层 ^{3}He 等资源的总含量。由微波辐射计观测结果研究月球表面辐射亮度温度的分布特征，分析影响月球表面层微波热辐射的主要因素（如月壤层结构、物理温度分布、介电常数分布等），建立合理有效的月壤层热辐射模型，是微波辐射计对月壤层特征参数遥感及其定量反演的基础。

本章首先介绍“嫦娥一号”“嫦娥二号”微波辐射计的科学目标、技术指标、地面实验、在轨定标、观测状况等，由“嫦娥一号”“嫦娥二号”微波辐射计观测的多通道微波辐射亮度温度，构建了整个月球表面（正面与背面）微波辐射亮度温度分布图，分析了月球表面微波辐射亮度温度的分布特征，分析了影响月球表面微波热辐射的主要物理因素。基于分层介质的辐射传输理论，建立了具有物理温度与介电常数廓线的月壤层微波热辐射模型，分析了月壤层特征参数对月球表面微波热辐射的影响（Fa and Jin，2007a；Jin and Fa，2010）。最后，由“嫦娥一号”微波辐射计观测的 4 通道辐射亮度数据，反演了月球表面月壤厚度分布（Fa and Jin，2010a），并由月球表面太阳风、月壤成熟度、TiO_2 含量的拟合公式（Fa and Jin，2007b），定量估算了整个月壤层 ^{3}He 的总含量（Fa and Jin，2010b）。

3.1　“嫦娥一号”“嫦娥二号”卫星微波辐射计简介

“嫦娥一号”微波辐射计，也称“嫦娥一号”微波探测仪（Chang’E-1 lunar microwave sounder，CELMS），由中国科学院空间科学与应用研究中心（现为中国科学院国家空间科学中心）研制（张晓辉等，2008；姜景山和金亚秋，2011）。微波辐射计由微波接收机单元、微波数管单元、对月观测天线、定标天线、微波电缆组件等组成。表 3.1 给出了“嫦娥一号”微波辐射计的主要性能参数，如中心频率、带宽、积分时间、灵敏度、线性度、空间分辨率等（姜景山等，2009）。“嫦娥一号”微波辐射计共有 4 个中心频率，分别为 3.0 GHz、7.8 GHz、19.35 GHz、37 GHz。低频的选择是综合考虑了月壤辐射的穿透深度与天线尺寸两个因素，高频的选择则是考虑到对表面物理温度观测的需求。图 1.8（b）中左侧为 4 个定标天线，右侧为 4 个对月观测天线，天线孔径大小与频率成反比。“嫦娥一号”卫星正飞时，4 个定标天线的指向与飞行方向一致，对月观测天线指向月球中心，即辐射计的观测角度为 0°。“嫦娥一号”卫星轨道高度为 200 km，3.0 GHz 通道的空间分辨率为 56 km，其余 3 个通道的空间分辨率为 30 km。“嫦娥二号”微波辐射计的主要技术指标与“嫦娥一号”微波辐射计基本相同，由于“嫦娥二号”轨道高度降低至～100 km，其空间分辨率约为“嫦娥一号”微波辐射计的一半。

表 3.1　“嫦娥一号”微波辐射计主要性能参数

参数	第一通道	第二通道	第三通道	第四通道
频率/GHz	3.0	7.8	19.35	37
带宽/MHz	100	200	500	500
噪声系数/dB	3.5	4.0	6.5	7.8
积分时间/ms	200	200	200	200
灵敏度/K	0.5	0.5	0.5	0.5
线性度	0.99	0.99	0.99	0.99
3 dB 波束宽度	E：15°±2° H：12°±2°	E：9°±2° H：9°±2°	E：9°±2° H：10°±2°	E：10°±2° H：10°±2°
空间分辨率/km	56.0	30.0	30.0	30.0
天线指向	天底点			

“嫦娥一号”微波辐射计对月观测的一个周期为 11.6 s（对应飞过月球表面的距离约为 17.5 km），其中定标时间为 0.8 s，对月观测时间为 10 s（包含 0.4 s 的时延）。“嫦娥一号”微波辐射计采用实时两点定标技术，用辐射强度已知的两个辐射源信号作为辐射计输入，精确构建辐射计输出电压与辐射源输入之间的定量关系（张晓辉等，2008）。定标热源采用接收机内部物理温度为 300 K 的匹配负载。冷空定标天线［图 1.8（b）左侧天线］对准宇宙背景，接收 2.7 K 的宇宙背景热辐射作为低温定标参考。冷空定标天线指向与卫星飞行方向一致，由于天线波数较宽，一些太阳系天体与辐射强度较大的星座会出现在冷空天线的视场内，对冷空定标源造成污染，从而影响定标结果。分析表明，太阳、地球、月球引起的冷空定标天线亮度温度变化可达 5 K、3 K、0.5 K 以上，银心、金牛等星座的影响可达 1～2 K，所有这些因素的综合影响可达 10 K 量级（崔海英等，2009）。因此，在后续“嫦娥一号”辐射计亮度温度处理中，需要结合冷空定标天线的姿态，对亮温数据的定标与可靠性做出判断。

中国科学院空间科学与应用研究中心于 2007 年 2 月在永丰运用微波辐射计进行了月壤厚度探测的地面模拟实验（张德海等，2009）。实验中采用分层介质，用湿的细沙模拟月岩，用干细沙和低损耗的泡沫材料模拟月壤，用热敏电阻实时测量每层介质的物理温度。实验结果表明，天线口面亮度温度随着泡沫/干沙厚度的增加而变大，至某一厚度之后增加幅度减小，其中 3 GHz 通道亮度温度随厚度的增加最为敏感。与基于分层介质辐射传输方程模拟的亮温相比较，3 GHz 通道的亮度温度吻合得比较好，7.8 GHz、19.35 GHz、37 GHz 通道理论值与观测值存在～5～10 K 的差异。若只比较亮度温度随泡沫/干沙厚度的变化趋势，则理论值和观测值之间的相关系数可达 90%。

探测灵敏度是微波辐射计重要的指标之一，可以通过在轨测试得到。通过对“嫦娥一号”微波辐射计在 2007 年 12 月 5 日测量数据中第 380～第 480 个定标周期内部定标负载的数据处理分析，3.0 GHz、7.8 GHz、19.35 GHz、37 GHz 通道的探测灵敏度分别为 0.12 K、0.1 K、0.05 K、0.05 K（张晓辉等，2008）。这些分析数据表明，“嫦娥一号”微波辐射计灵敏度要优于设计值，也表明微波辐射计可区分出月球表面亮度温度的微小变化。

3.2　月球表面辐射亮度温度分布特征

3.2.1　“嫦娥一号”“嫦娥二号”微波辐射计数据简介

“嫦娥一号”微波辐射计从 2007 年 11 月 27 日 18：22：19［协调世界时（UTC）］开始工作，到 2009 年 1 月 14 日 19：11：13 为止，累计对月球表面进行了 2642 h 的观测。观测数据共计 1690 轨，覆盖整个月球表面 9 次。每轨观测中，辐射计从月球南极观测到月球北极，再由月球北极观测到月球南极。“嫦娥二号”微波辐射计从 2010 年 10 月 15 日 09：11：36 开始观测，到 2011 年 5 月 20 日 12：04：18 为止，对月球表面进行了近 5 000 h 观测，共计 2 401 轨数据，覆盖整个月球表面 8 次。以上统计数据来自于中国科学院国家天文台探月工程数据发布与信息服务系统（网址：http：//moon.bao.ac.cn/）。

“嫦娥一号”“嫦娥二号”微波辐射计数据存储格式为行星数据系统（planetary system data，PDS）标准格式，用于科学研究的是原始接收信号经过物理量转换、数据重组、几何定标、辐射定标之后的 2C 级别数据（Zheng et al.，2012）。每轨数据包含月球表面每个观测单元的观测时间（UTC）、4 个频率的辐射亮度温度、太阳入射角（i）、太阳方位角（α）、经度、纬度（φ）、卫星高度、数据质量。太阳入射角定义为太阳光线在月球表面观测点的入射方向与月球表面法线之间的夹角，太阳入射角小于 90°表示观测时间是月球白天，大于 90°表示观测时间是月球黑夜。太阳方位角一般是以月球表面观测点与北极点的方向为起始方向，以太阳光的入射方向为终止方向，按顺时针方向所测量的角度。根据太阳入射角、太阳方位角、观测点纬度，可以计算出月球当地时间 h（Zheng et al.，2012）：

$$\tan h = \frac{-\sin\alpha\sin i}{\cos\varphi\cos i - \sin\varphi\cos\alpha\sin i} \tag{3.2.1}$$

在正飞期间，“嫦娥一号”“嫦娥二号”卫星的轨道周期分别为 127 min、118 min，远远小于月球自转周期。在一个轨道周期内，可以认为月球相对于太阳的位置不变。因此，可以用月球赤道区域当地时间来表征每个轨道的观测时间。图 3.1 分别给出了“嫦娥一号”“嫦娥二号”微波辐射计观测时刻月球赤道区域当地时间的分布。可以看出，“嫦娥一号”微波辐射计经过月球赤道时间集中在早晨 8 点到下午 3 点之间，以及傍晚 8 点到凌晨 3 点之间。“嫦娥二号”微波辐射计经过月球赤道区域的时间则相对比较均匀，月球当地时间每小时内约有 190 轨数据，凌晨 1～3 点和下午 1～3 点数量相对较多。根据图 3.1（a），“嫦娥一号”微波辐射计数据适合于比较同一观测时刻不同区域的辐射特性，而“嫦娥二号”微波辐射计数据则适合于不同时刻同一区域辐射亮度温度的比较。图 3.1 是后续“嫦娥”微波辐射计亮度温度分析中数据选择的准则。

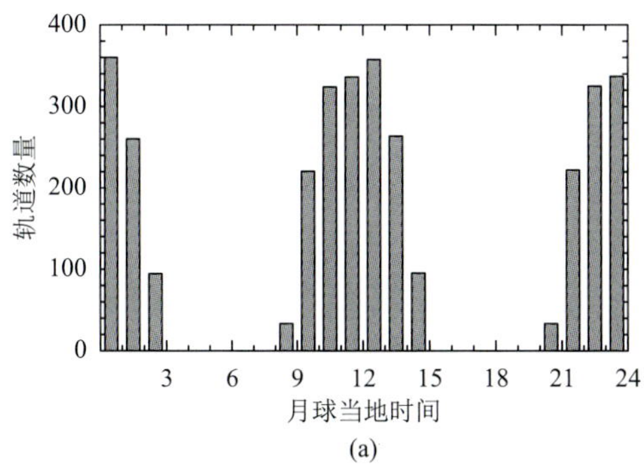

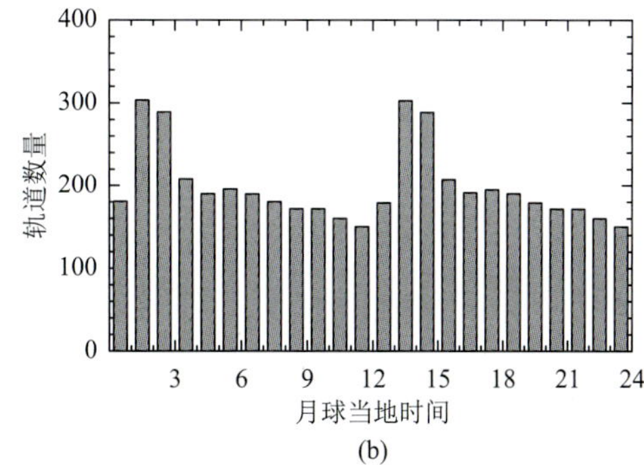

图 3.1　“嫦娥一号”（a）和“嫦娥二号”（b）微波辐射计观测时刻月球当地时间分布

作为示例，图 3.2 给出了 2007 年 11 月 28 日“嫦娥一号”第 247 轨道微波辐射计对月球表面的观测结果，其中图 3.2（a）对应月球黑夜时微波辐射计由月球的北极飞往南极时的观测结果，图 3.2（b）为月球白天微波辐射计由月球的南极飞往北极时（对应于月球的另一面）的观测结果（Fa and Jin，2010a）。可以看出，在月球白天，频率越高，微波辐射亮度温度越高；在月球黑夜，对于 7.8 GHz、19.35 GHz、37.0 GHz，频率越高，辐射亮度温度越低，这些与本章 3.3 节三层月壤热辐射模型的理论预测一致。在月球黑夜，3.0 GHz 的辐射亮度温度低于 7.8 GHz 与 19.35 GHz 的辐射亮度温度，这可能是由于辐射计定标问题有误所引起的。

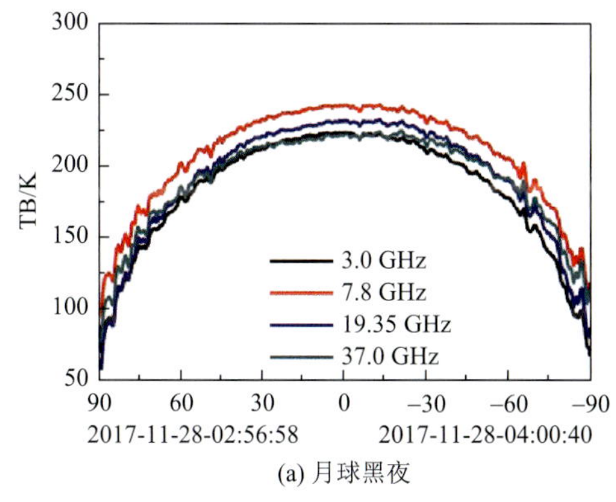

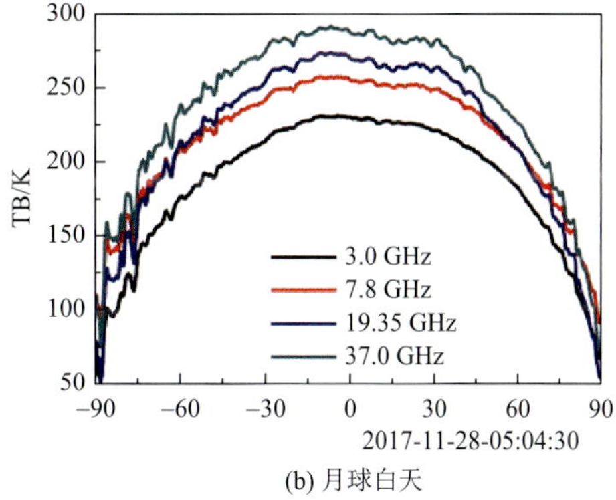

图 3.2　“嫦娥一号”微波辐射计 247 轨道观测结果

要得到整个月球表面的辐射亮度温度分布，需要按照一定的要求从覆盖整个月球表面的多轨观测数据中选取合适轨道的观测数据，再按照一定的投影方式插值镶嵌得到全月球表面的辐射亮度温度分布。这里以“嫦娥一号”微波辐射计 2007 年 11 月～2008 年 2 月对月球表面的 621 轨观测数据为基础，按太阳入射角选取与归组对应的月球表面辐射亮度温度，按近邻插值方法得到月球昼夜表面辐射亮度温度分布（Fa and Jin，2010a）。

在所采用的 621 轨数据中，月球赤道处太阳入射角的范围为 0°～50°（对应于月球白天）和 130°～180°（对应于月球黑夜）。图 3.3 给出了 621 轨数据中月球赤道处 37 GHz 辐射亮度温度随太阳入射角的变化，其中图 3.3（a）对应于月球白天，图 3.3（b）对应于月球黑夜（Fa and Jin，2010a）。图 3.3 表明，月球赤道处太阳入射角越大，辐射亮度温度越低。与月球黑夜相比，辐射亮度温度随太阳入射角的相关性在月球白天要更加明显，对于其他频率，也存在类似的关系。图 3.3 是从所有观测数据中选取成图数据，进而构建整个月球表面辐射亮度温度分布的标准。

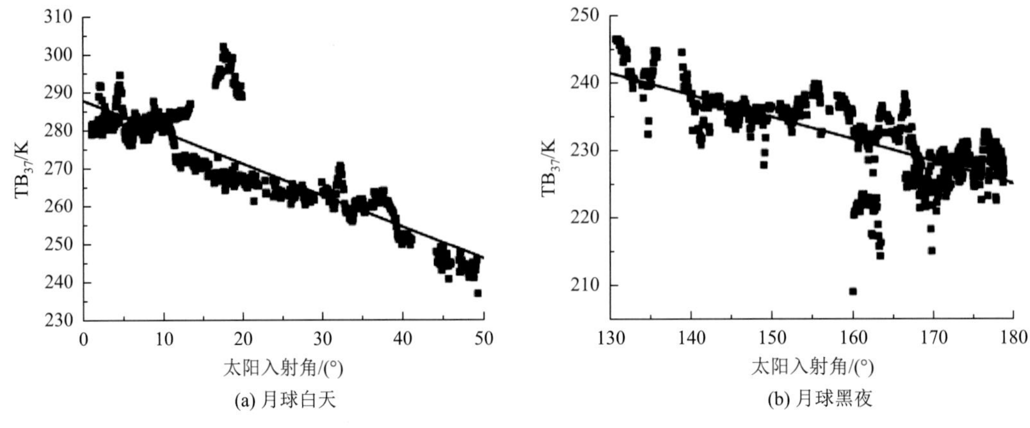

图 3.3　月球赤道处 TB_{37} 随太阳入射角的变化

3.2.2　月球表面微波辐射亮度温度特征

按图 3.3（a）所示，选取“嫦娥一号”微波辐射计经过月球赤道时太阳入射角在 0°～14°的 264 轨观测数据，按照最近邻方法插值得到月球白天整个月球表面的四通道辐射亮度温度分布，如图 3.4 所示。类似地，按图 3.3（b）所示，选取微波辐射计经过月球赤道时太阳入射角在 166°～180°的 263 轨观测数据，以近邻方法插值得到月球黑夜时整个月球表面辐射亮度温度的分布，如图 3.5 所示（Fa and Jin，2010a）。在图 3.4 和图 3.5 中，有些区域缺少符合太阳入射角范围的观测数据（月球白天，赤道处经度[138°W，127°W]，[99°W，95°W]，[51°W，40°W]，[35°E，42°E]，[60°E，69°E]，[140°E，152°E]；月球黑夜，赤道处经度[146°W，−138°W]，[121°W，110°W]，[40°W，−29°W]，[41°E，52°E]，[82°E，86°E]，[132°E，141°E]），对于这些区域由临近区域的观测值插值得到辐射亮度温度。图 3.4 和图 3.5 的投影方式是简单圆柱投影，分辨率为 1 像素/(°)。每个像素沿纬线方向表示的实际距离为 $30.3\cos\varphi$ km/(°)（φ 为纬度），而沿经线方向代表的实际距离为 30.3 km/(°)。

在图 3.4 和图 3.5 整个月球表面辐射亮度温度分布图中，赤道地区辐射亮度温度高，并随纬度的增加亮度温度逐渐减小，至月球两极地区辐射亮度温度变为最低。月球表面热辐射与月球表面物理温度密切相关，亮度温度随纬度变化的特征主要是月球表面物理温度随着纬度的增加而减小（图 2.38）的缘故。在月球白天，37 GHz 的辐射亮度温度的最高值可达～300 K，而在月球黑夜时辐射亮度温度最大值约为 260 K，这主要是由白天和黑夜月壤表层物理温度的巨大差异所引起的（Fa and Jin，201a）。

比较图 3.4 与月球表面介电常数分布图（图 2.8）可以发现，月球表面白天时 7.8 GHz、19.35 GHz、37.0 GHz 通道辐射亮度温度与介电常数呈类似分布，介电常数（特别是介电常

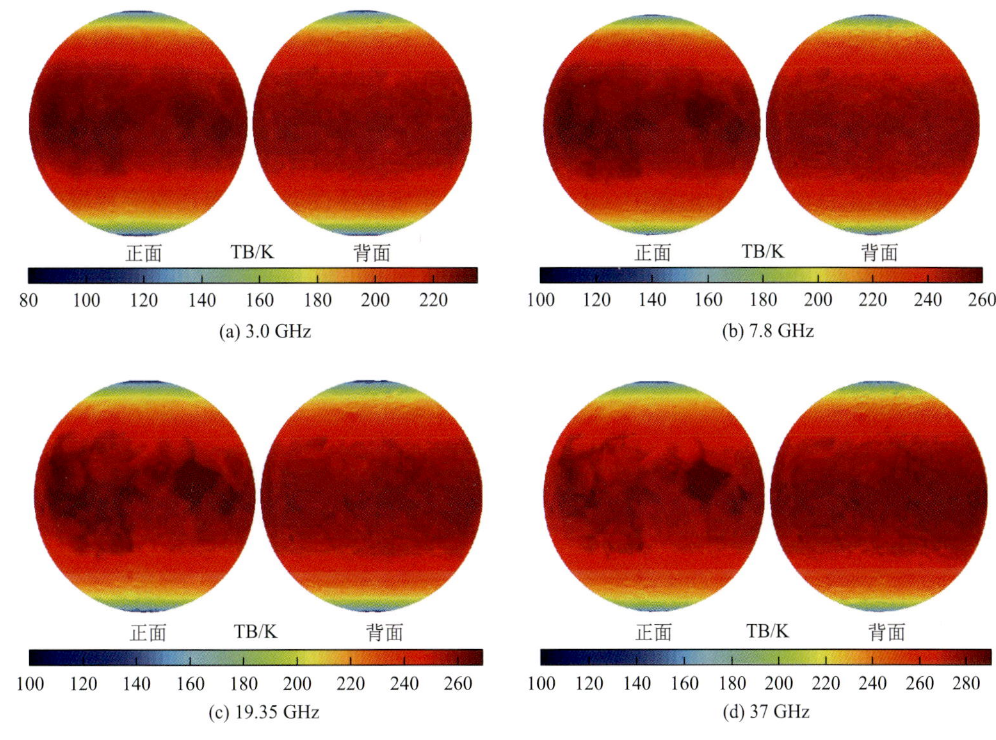

(a) 3.0 GHz　(b) 7.8 GHz

(c) 19.35 GHz　(d) 37 GHz

图 3.4　月球白天时月球表面辐射亮度温度分布图

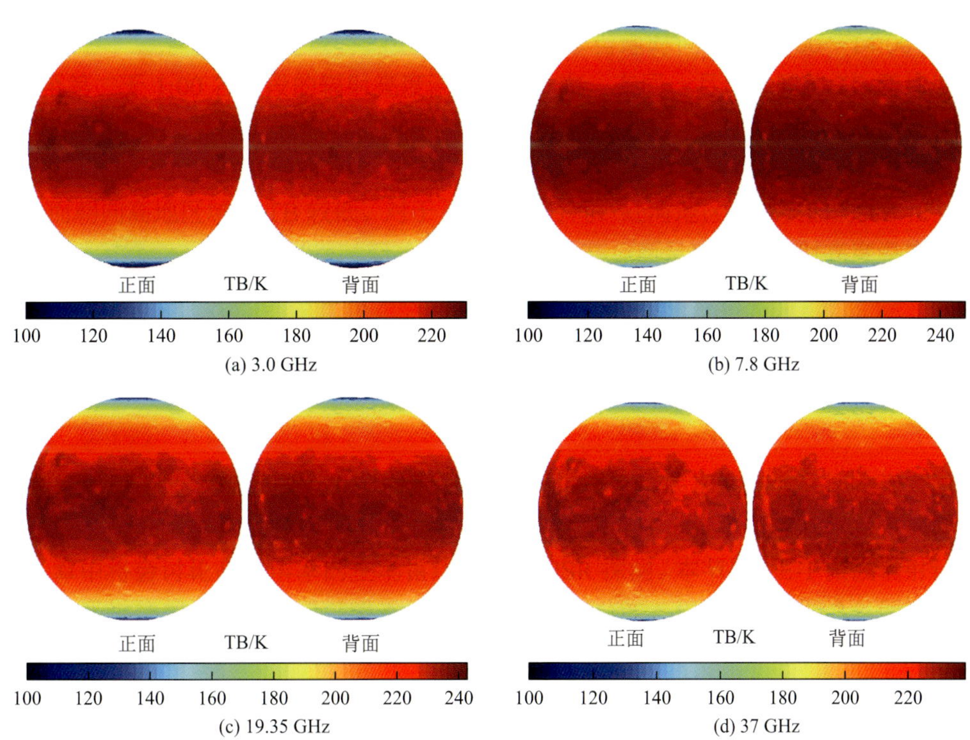

(a) 3.0 GHz　(b) 7.8 GHz

(c) 19.35 GHz　(d) 37 GHz

图 3.5　月球黑夜时月球表面辐射亮度温度分布图

数的虚部）大的地区辐射亮度温度高。图 3.4 中月海地区辐射亮度温度较高，高地地区辐射亮度温度较低，月海与高地在亮温图中呈现明显的二分性，频率越高，月海与高地辐射亮度温度的差异越明显（Fa and Jin，2010a）。在月球白天，物理温度随着深度的增加迅速减小，月海地区电磁波的穿透深度小，而高地区域的穿透深度小，因此月海区域亮度温度高于高地区域。频率越高，电磁波的穿透深度越小，物理温度高的月壤表层对热辐射的贡献越大，因此频率越高，月海与高地的二分性越明显（Fa and Jin，2007a）。

在月球高纬度地区，一些陨石坑比较明显，很容易被识别出。月球黑夜存在一些陨石坑（如第谷 Tycho 陨石坑），坑内和连续溅射毯区域的辐射亮度温度低于周围背景区域的辐射亮度温度，这类陨石坑被称为“冷点”陨石坑（Chan et al.，2010），参见第 5 章。注意，图 3.4 和图 3.5 中各通道辐射亮度温度显示的数值范围不一样，若改变各图显示尺度，则月球其他地区的陨石坑也可以比较明显。

由于太阳的照射方向几乎垂直于月球自转轴（月球赤道与黄道面夹角为 1.5°），月球两极太阳入射角非常大，在月球白天为 60°～90°，在月球黑夜为 90°～120°。另外，月球两极存在大量陨石坑，地形起伏非常大，高程差可达 2～4 km。受这两个因素的共同影响，月球两极一些陨石坑坑底部无法接收到太阳光的直接照射，称为永久阴影区（Arnold，1979；Mazarico et al.，2011）。月球两极永久阴影区表面物理温度非常低，为水冰存在提供了可能的条件，对永久阴影区内潜在水冰存在的研究是月球科学中的一个热点问题（Arnold，1979；Lawrence，2017，Liu and Jin，2019）。“嫦娥一号”微波辐射计对月球两极的观测，可以为月球永久阴影区次表层物理温度的研究提供约束条件。第 7 章以 Mini-SAR 的雷达观测专门讨论了这一问题（Liu and Jin，2019）。

对图 3.4 和图 3.5 中观测时刻月球极区的辐射亮度温度进行双线性插值，得到月球北极和南极在白天和黑夜时辐射亮度温度分布图，如图 3.6～图 3.9 所示（Gong and Jin，2012）。图 3.6～图 3.9 的投影方式为极区正射投影，空间分辨率为 4 像素/(°)。图 3.6～图 3.9 中一些不规则线条可能是由于亮度温度数据获取时刻的时间跨度较大，在不同月球时刻微波辐射亮度温度差异较大所造成的。对比月球极区的辐射亮度温度分布图与地形图，可以发现一些陨石撞击坑在亮度温度图中非常明显。陨石坑内部朝向赤道的坑壁由于可以接收到太阳光照，辐射亮度温度相应较高；朝向两极的坑壁由于背离太阳光照，因而辐射亮度温度较低。对比图 3.6～图 3.9 和月球两极光照条件，可以发现辐射亮度温度与极区照射条件之间存在很好的一致性。一些陨石坑底部为永久阴影区，辐射亮度温度也很低，如 Peary（88.5°N，30°E）、Faustini（87.3°S，77.0°E）和 Shoemaker（88.1°S，44.9°E）陨石坑。

受太阳照射的影响，月球表面物理温度随着纬度的增加而迅速减小，月球赤道和两极地区物理温度的差异在月球白天可高达 200 K，月球黑夜时约为几十 K。由于月球表面微波热辐射与物理温度密切相关，图 3.4～图 3.9 的亮度温度分布主要受随纬度变化的物理温度的影响。因此，图 3.4～图 3.9 可用于研究全球范围内大尺度亮度温度的分布特征，但无法用于研究局部小范围内（如陨石坑）亮温的空间分布特征。为消除随赤道变化的物理温度对亮度温度的影响，可以对亮度温度随纬度的变化做归一化处理。

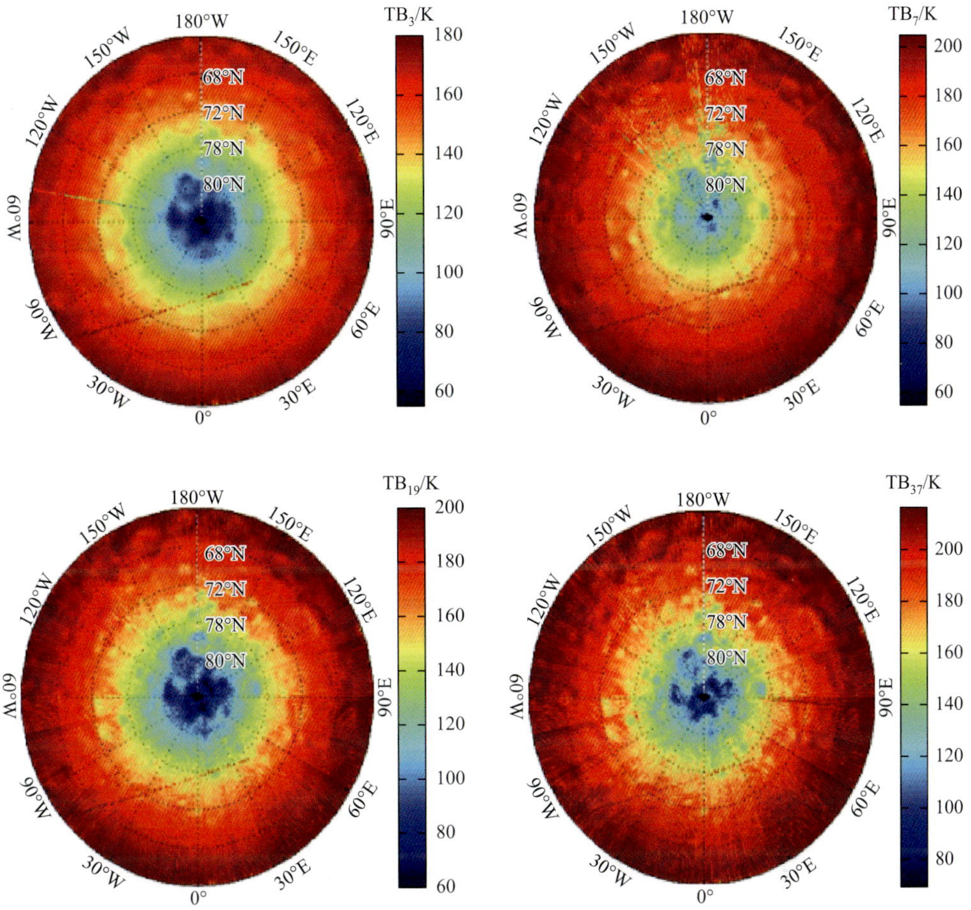

图 3.6　白天北极辐射亮度温度

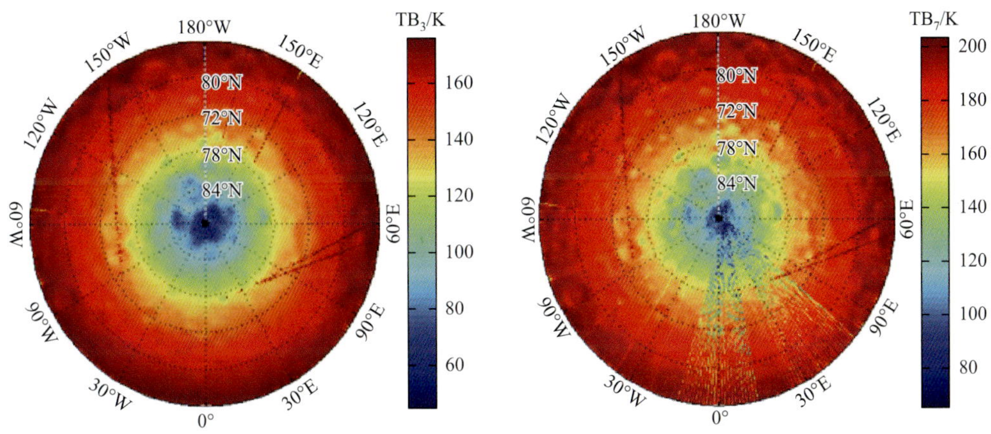

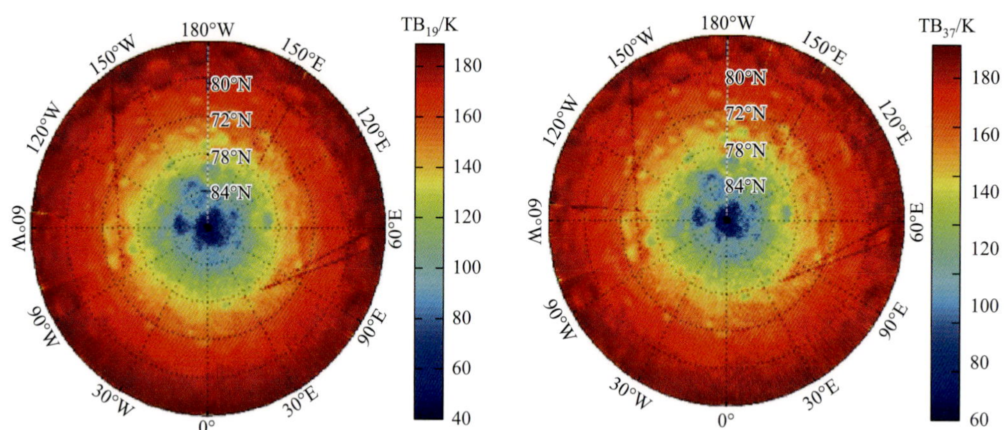

图 3.7　黑夜北极辐射亮度温度

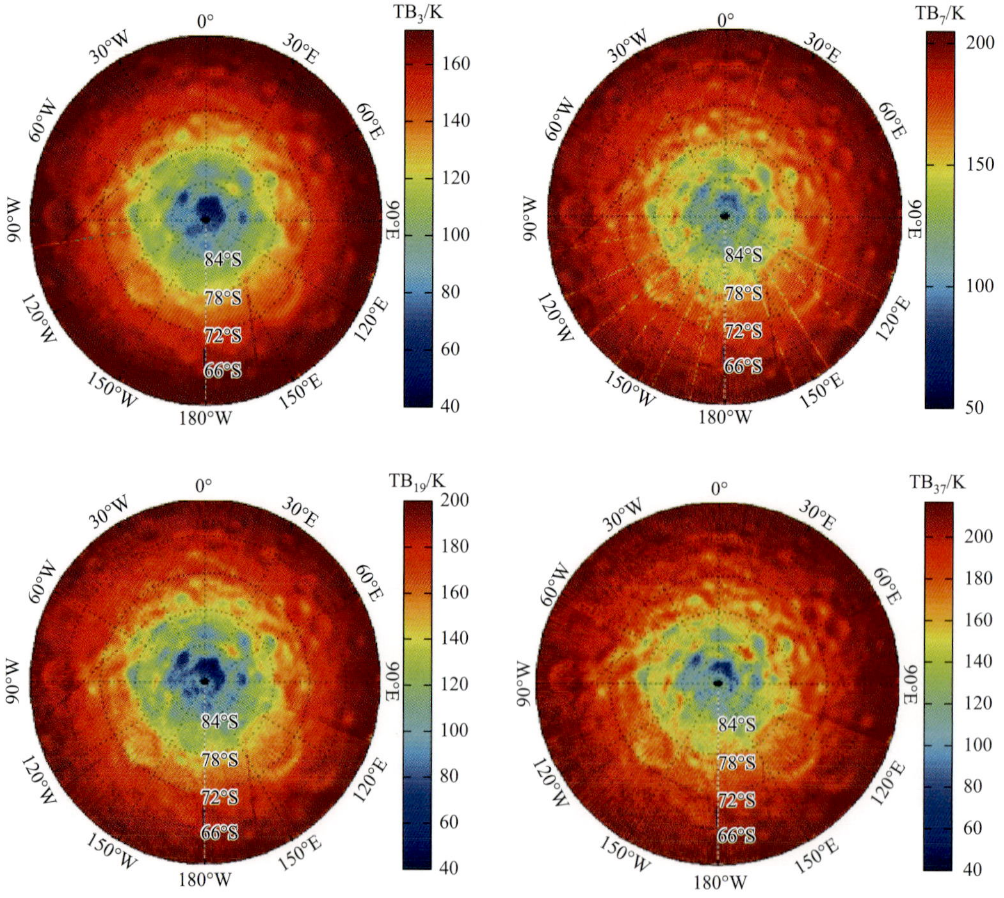

图 3.8　白天南极辐射亮度温度

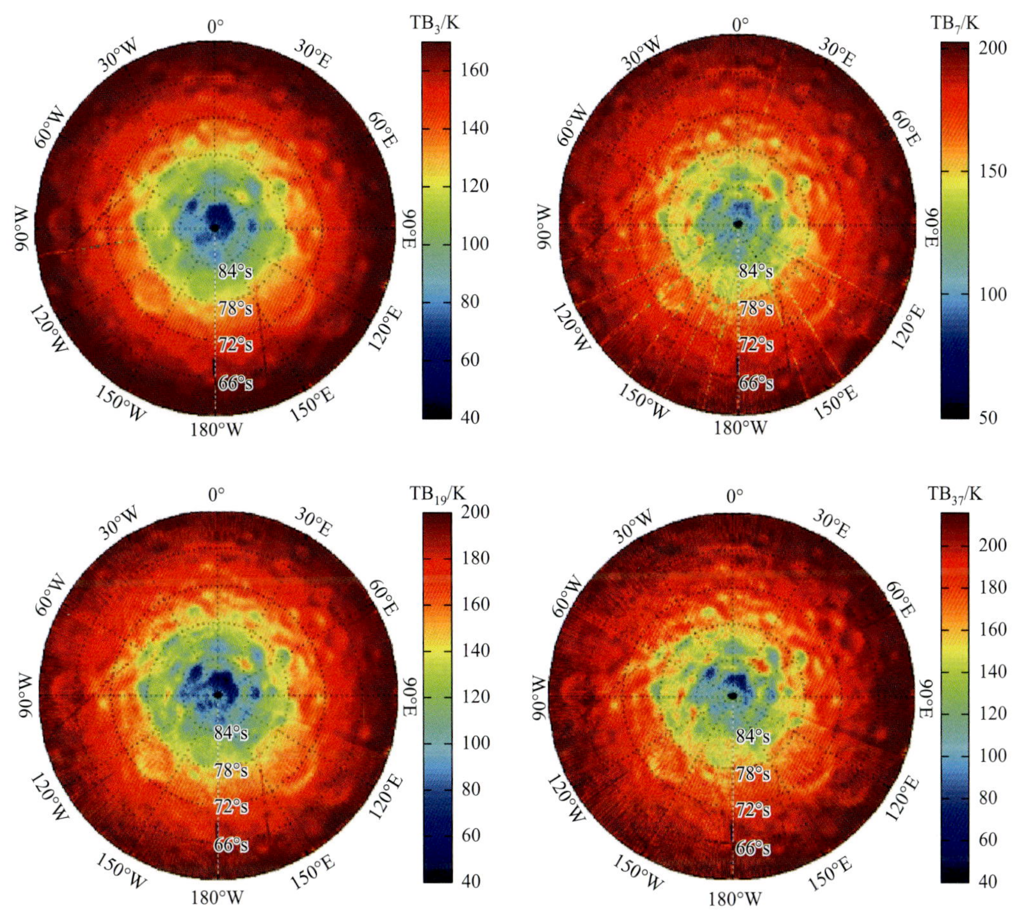

图 3.9　黑夜南极辐射亮度温度

选取“嫦娥二号”微波辐射计在月球赤道处观测时刻为 11～13 点和 23 点至第 2 天 1 点的 342 轨观测数据，采用双线性插值方法获得月球表面辐射亮度数据，并对亮度温度随纬度进行归一化处理，得到月球正午和午夜辐射亮度温度分布图，如图 3.10 和图 3.11 所示（Fang and Fa，2014）。图 3.10 和图 3.11 为简单圆柱投影，空间分辨率为 4 像素/(°)，对应赤道处的空间分辨率为 7.5 km/像素。在归一化处理中，每个像素亮度温度值都除以 $\cos^b\phi$，其中 ϕ 为纬度，b 为常数。在月球白天 37 GHz、19.35 GHz、7.8 GHz、3.0 GHz 通道对应的 b 值分别为 0.384、0.376、0.401、0.365，月球黑夜 37 GHz、19.35 GHz、7.8 GHz、3.0 GHz 通道对应的 b 值依次为 0.358、0.347、0.398、0.350。

在图 3.10 和图 3.11 归一化月球表面辐射亮度温度分布图中，月球白天正午时刻辐射亮度温度随着频率的升高而变大，而黑夜时刻辐射亮度温度则随频率的升高而降低，这与图 3.4 和图 3.5 的结果相一致。由于图 3.10 和图 3.11 对纬度做了归一化处理，可以更加明显地显示出亮度温度的分布特征。在月球白天和月球黑夜，月海区域亮度温度值要明显高于高地亮度温度值，一些月海（如静海、风暴洋、丰富海）可以很明显地识别出来。南极–艾肯盆地（South Pole-Aitken Basin）辐射亮度温度也高于高地的亮度温度。一些较

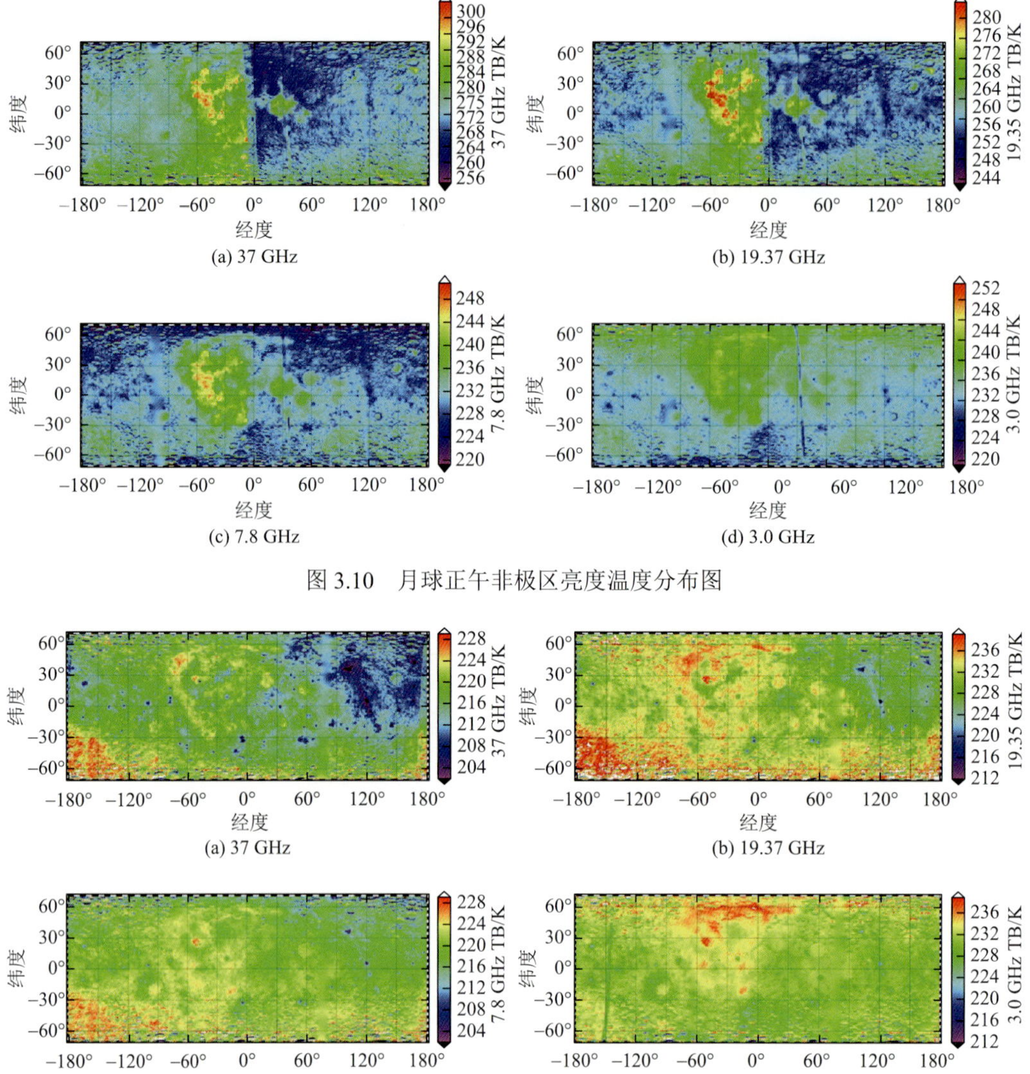

图 3.10 月球正午非极区亮度温度分布图

图 3.11 月球午夜非极区亮度温度分布图

大的陨石坑也非常明显，在高纬度地区，受月球表面坡度的影响，朝向极区的陨石坑坑壁亮度温度较低，而朝向赤道的陨石坑坑壁亮度温度则较高。

图 3.11（a）所示月球黑夜 37 GHz 辐射亮度温度分布图中存在一类“冷点”陨石坑，其辐射亮度温度值要明显低于周围背景区域（Chan et al.，2010；Gong and Jin，2013）。对典型“冷点”陨石坑（如 Aristarchus、Pierazzo 等）分析发现，“冷点”撞击区比背景区域亮度温度低～9 K，亮度温度较低的区域可以从陨石坑的中心延伸到 10 倍直径处。利用陨石坑与背景区域亮度温度的差异，Wang 等（2016）共识别出月球表面 313 个“冷点陨石坑”，如图 3.12 所示。对这些陨石坑进行统计分析表明，“冷点”陨石坑数量随着纬度的增加略有减小，这与月球表面陨石坑的成坑率相一致。具体讨论见第 4 章和第 5 章。

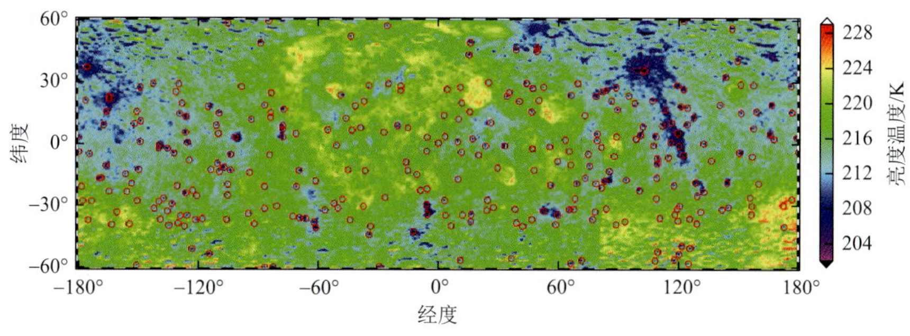

图 3.12 月球表面冷点陨石坑分布图

上述分析表明，月球表面微波辐射亮度温度具有一定的空间分布特征与时间变化规律：受物理温度的影响，月球表面亮度温度随着纬度的增加而减小，亮度温度昼夜变化可达几十开；受电磁波穿透深度影响，月球白天辐射亮度温度与介电常数分布相类似，月海与高地呈现明显的二分性，频率越高二分性越明显；月球两极亮度温度分布与太阳光照之间具有很好的相关性；一些大的陨石坑在亮度温度分布图中非常明显，月球黑夜时高频通道亮度温度图中存在数百个“冷点”陨石坑。

3.3 月球表面微波热辐射建模

了解影响月球表面微波热辐射的主要因素及其在月球表面的分布，建立合理有效的热辐射模型，可以解释月球表面亮度温度的空间分布特征与时间变化规律，其也是后续定量反演月壤层特征参数的基础。

3.3.1 影响月球表面微波热辐射的因素

1. 影响月球表面微波热辐射的主要因素

影响月球表面微波热辐射的主要因素有月球表面层物理温度、介电常数、月壤密度与成分、月球表面起伏粗糙度、月球表面石块大小与丰度、月球表面结构等。由于微波具有一定的穿透深度，月球表面微波热辐射也与月球表面层的体积密度、成分、介电常数、热特征参数等随深度的变化密切相关。

从月球表面向外的红外、微波频段的热辐射与太阳辐照和月壤本身的热物理特性有关（Vasavada et al.，1999）。月球表面单位面积接收到的太阳辐照与日月距离、太阳入射角有关，太阳入射角与时间、纬度、月球表面局部坡度有关。月壤热物理特性包括月壤成分、体积密度、热导率、比热容、表面结构等，它们形成月壤层的热物理参数。若能给出上述参数，则可以根据 2.7 节热传导方程，求解出月球表面物理温度分布。已有的红外与“嫦娥”微波观测，以及理论模型数值模拟表明，月球表面层物理温度随经度、纬度、深度、时间变化，月球表面层物理温度可认为是空间与时间的四维分布函数。

基于 Apollo 月壤样品分析表明，月壤介电常数实部主要与体积密度有关（与化学成有关），而损耗角正切则与钛铁矿含量有关（Carrier et al.，1991；Fa and Wieczorek，2012）。月壤层介电常数随深度变化决定不同深度处的月壤热辐射，以及其通过月壤层而被观测到的月球表面的微波辐射亮度温度。特别是介电常数的虚部或损耗正切，决定了月壤的微波穿透深度。一般来讲，若微波穿透深度远小于月壤厚度，则月壤可看作半空间的模型，不用考虑下垫层表面；但是若穿透深度大于或与月壤厚度相当，则需要采用分层介质模型。本书 2.3 节给出了基于 Apollo 月壤样品测量与 γ 射线遥感所获得的化学成分所估算出的月球表面层介电常数分布，其可作为月壤热辐射建模的已知参数。

月球表面分布有陨石撞击产生的石块、月壤层内也有石块等非均匀的不同成分，混合组合月壤的不同成分具有体散射，使得面散射与体散射共同影响月球表面微波热辐射数值（England，1975；Keihm，1984）。假定已知石块大小与丰度，建立球形粒子或非球形粒子模型，一并建立包括面散射与体散射的微波热辐射的解析或数值计算。这在地球遥感中已有不少研究。

但是，这会使得正向模型过于复杂，输入待定的未知参数过多，并对于月壤层关键参数反演造成不定的困难。同时，在频率低时（如 L 波段），月壤体散射不重要；而在频率高时，月壤很小的穿透深度使得不用考虑月壤层内的体散射。因此，在以下月球表面微波热辐射建模中，不考虑月球表面与月壤层内石块等的体散射。

月球表面月海和高地的起伏坡度改变太阳光照的局部入射角，影响月球表面单位面积内接收到的太阳辐射能量，进一步影响月壤层物理温度的分布（Fang and Fa，2014）。另外，月海和高地陨石坑等月球表面大坡度起伏会影响月球表面的平均反射率与热发射率（Jin and Fa，2010）。可根据月球表面高分辨率数字高程（digital elevation model，DEM）（图 2.11）在全月球表面的分布，计算月球表面坡度对物理温度与热发射率的影响。

月球表面波长尺度的粗糙度也会影响月球表面微波热发射率。若已知月球表面波长尺度的粗糙度，可以由粗糙面热辐射理论计算月球表面热发射率，这在地球遥感中已有许多研究与应用（Tsang et al.，1985；Jin，1994；Ulaby et al.，2014）。但是，对于以数十千米为分辨率量级的微波辐射计观测，难以合适地确定这样分辨率条件下的粗糙度的数值。也有人由已有的月球表面高程数据计算大尺度粗糙度参数（图 2.11），用 Hurst 指数与分形关系将大尺度粗糙度外推到微波波长尺度，进行了一些假设性的推演研究，但不具备对观测数据验证有本质的改进。

2. 非均匀起伏的陨石坑表面的热发射率

月球表面分布着大量大小不等的陨石坑。陨石坑坑壁的坡度可在几度到三十几度之间，其取决于陨石坑的年龄和大小。陨石坑的存在，会影响月球表面微波反射率与热发射率。本书以数值模拟的陨石坑表面为例，计算非均匀起伏月球表面微波热发射率，分析在“嫦娥一号”“嫦娥二号”空间分辨率尺度下陨石坑表面对于微波热辐射的影响。

一般来说，月球表面年龄越大，遭受陨石撞击的概率和风化的程度就越高，在一个单位面积内撞击坑的数量也就越多。据研究，月球表面每平方千米面积上陨石坑数量与直径存在着较强的反相关关系，即直径小的陨石坑，其数量就会多一些。Baldwin（1964）归纳陨石坑累积数量与直径之间存在着幂率关系，即

$$\log N_{\mathrm{cum}} \propto -2.\log D \tag{3.3.1}$$

式中，D 陨石坑的直径；N_{cum} 为每平方千米面积内直径大于 D 的陨石坑的累积数量。Pike（1974）根据 Apollo 计划获得的月球表面照片中也发现陨石坑深度与直径之间存在着线性增加的关系。

本书根据 Baldwin（1964）陨石坑累积数目分布和 Pike（1974）关于陨石坑深度/直径比值的统计结果，由一组经验参数给出陨石坑的截面形状，用数值构造陨石坑分布的月球表面高程分布，参见第 9.1 节。

选取对应于“嫦娥一号”微波辐射计空间分辨率为 30 km×30 km 的月球表面，由 Monte Carlo（MC）方法随机生成大小与位置随机的 4000 个陨石坑，这样陨石坑的密度为 4.45 个/km^2，其中陨石坑的最小半径为 $R_{\min}$=80 m。作为示例，图 3.13 给出了两次 MC 数值构造的陨石坑分布的高地表面。可以看出，陨石坑分布的月球高地表面地形取决于陨石坑的大小、形状与数量（Jin and Fa，2010）。

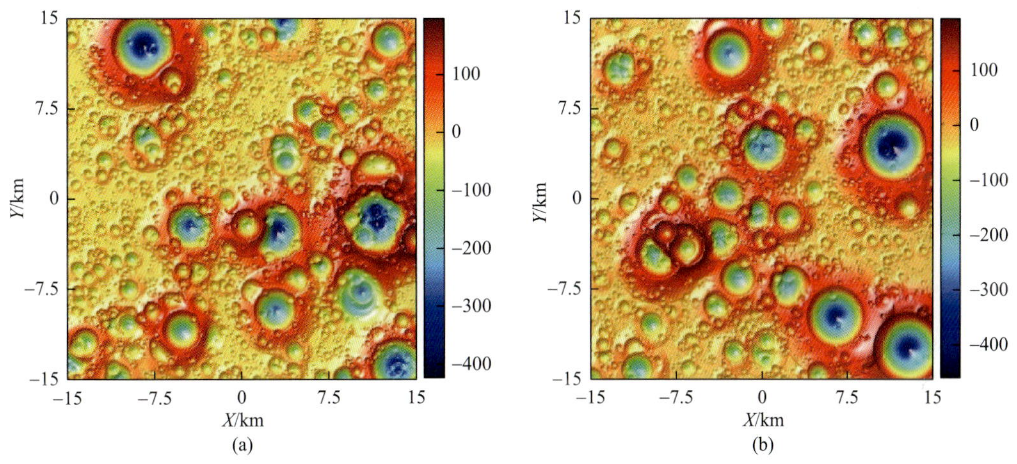

图 3.13　用 Monte Carlo 数值构造的月球高地陨石坑表面地形（m）

若月球粗糙表面可假定为具有一定起伏方差和起伏相关长度的 Gauss 或指数形式的解析函数，粗糙表面的散射与热发射可以解析地完成计算。但是，若月球表面起伏粗糙是不均匀的，如同 DEM 给定的，就必须用计算电磁学的数值方法计算粗糙表面的散射与热发射。

具有非均匀起伏的陨石坑表面对于“嫦娥一号”～30 km^2 空间分辨率的微波辐射观测起何作用，即计算图 3.13 的月球表面热发射率（Tsang et al.，1985；Jin，1994，2005）：

$$\begin{aligned} e_p(\theta) &= 1 - r_p(\theta) \\ &= 1 - \frac{1}{4\pi}\iint \mathrm{d}\theta' \sin\theta' \mathrm{d}\phi' [\gamma_{pp}(\theta,\theta',\phi') + \gamma_{pq}(\theta,\theta',\phi')] \end{aligned} \tag{3.3.2}$$

式中，$e_p(\theta)$, $r_p(\theta)$ 分别为 p（= v，h）极化热发射率与反射率；$\gamma_{pp}(\theta,\theta',\phi')$、$\gamma_{pq}(\theta,\theta',\phi')$ 分别为同极化 pp 与交叉极化 pq 双站散射系数，可以根据数值剖分的粗糙面，用数值方法计算，并得到式（3.3.2）的解。

在数值计算中，先对月球表面进行数值剖分，即用一系列离散的三角面元来表征连续的月面地形。在计算条件允许的情况下，给定网格大小（这里是 10 m），生成规则网格的月球表面地形数据。连接网格的对角线，划分成三角面元网格。30 km×30 km 的月球表面共有 2×（30 km/10 m）×（30 km/10 m）= 1.8×10^7 个小三角面元。作为示例，图 3.14 给出一个直径为 1 km 的陨石坑剖分后的结果（Jin and Fa，2010）。

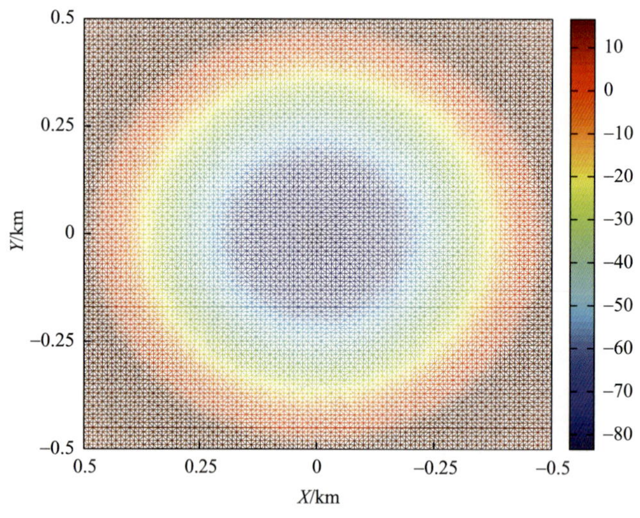

图 3.14　一个陨石坑的三角面元网格剖分结果

如图 3.15 所示，由第 m 个三角面元顶点坐标计算该面元的局部法向矢量 $\hat{n}_{m\ell}$，其与垂直方向（“嫦娥”微波辐射计的观测方向）的夹角为 $\theta_{m\ell}=\cos^{-1}(\hat{z}\cdot\hat{n}_{m\ell})$，$m=1,\cdots,M=1.8\times10^7$。每一个小三角面元的法线方向确定了该局部坐标系，在该局部坐标系里计算该平表面面元

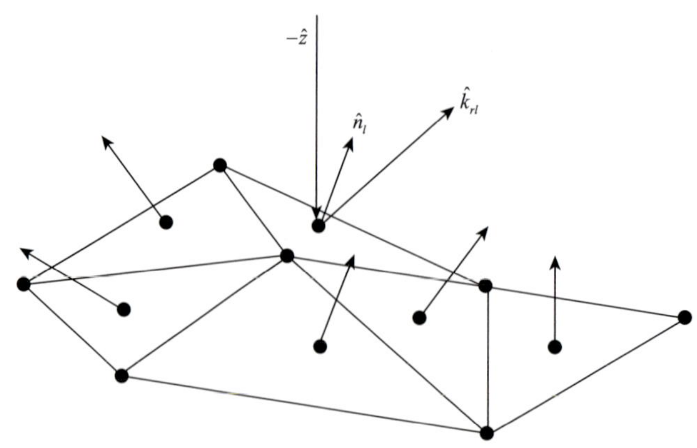

图 3.15　三角面元反射率计算示意图

的反射率 $r_m(\theta_{m\ell})$ 来近似地作为该面元的反射率，及其 $e_m(\theta_{m\ell})=1-r_m(\theta_{m\ell})$ 对观测到的热发射的贡献。

复杂粗糙面双站散射系数的计算是一个典型的计算电磁学的问题，“复杂”主要指的是由 DEM 描绘的粗糙面在各水平方位上是不均匀的，因此，粗糙面是三维的，各空间分辨率单元的双站散射系数是不同的。同时，为有效地计算，三角面元取大一些，但必须在平三角面元上加上微扰项作为一种粗糙修正。为此，本书提出了“双向解析射线跟踪法”（BART），数值地计算水平方位非均匀粗糙面和面上散射体的复合电磁散射（Xu and Jin，2008；Jin and Xu，2013；金亚秋和徐丰，2008），可参见第 8 章的讨论。

在月球表面热辐射计算中，粗糙月球表面对热发射率和辐射亮度温度的影响在几十千米的空间分辨率内影响不大，只需考虑月球表面陨石坑的边缘坡度的月面地形结构的影响。因此，我们以下的月球表面热辐射建模是平行分层的模型，在月球表面平坦表面上叠加粗糙度对热发射率计算的影响不予以考虑。

但是，在雷达主动遥感中，空间分辨率在米量级，这样粗糙面的影响会表现出来。本书将在第 7 章 Mini-RF 雷达遥感中讨论 BART 对粗糙表面散射与成像的数值计算和应用。

3.3.2　月壤层微波热辐射建模

月球表面存在着一层由岩石碎屑、粉末、角砾、撞击熔融玻璃物质组成的厚度不等的月壤层。受撞击作用与空间风化作用的影响，月壤体积密度随着深度的增加而迅速增加，而孔隙率则随深度的增加而迅速减小。因此，通常将月球表面厚度为几厘米、孔隙率大、密度小的月壤划分为月尘层。受孔隙率与体积密度的显著影响，月尘层和月壤层热导率差别很大，使得月尘层物理温度昼夜变化很大。在月球白天时，月尘层会阻挡太阳辐射热量向月壤深层传播；在月球黑夜时，月尘层则会阻止月壤内部热量向月球表面外空间辐射。这样，月球白天整个月壤层物理温度随深度增加而减小，而在月球黑夜时物理温度则随着深度增加而增加。受体积密度的影响，月尘层介电常数较小，月壤层介电常数则随着深度的增加而变大。

注意，对月尘层和月壤层的划分完全取决于月球表面物质层结构物理特性随深度的变化。由于月尘与月壤体积密度、孔隙率、物理温度、介电常数差异较大，因此可采用离散的分层模型。若月尘与月壤物理特性随深度变化是连续缓慢变化的，则可以将月尘与月壤视为一层连续非均匀的介质。

图 3.16 给出了月尘-月壤-月岩三层模型，其中月尘层厚度为 d_1、介电常数为 $\varepsilon_1(z)$、物理温度为 $T_1(z)$，月壤层厚度为 d_2、介电常数为 $\varepsilon_2(z)$、物理温度为 $T_2(z)$，月岩层介电常数为 ε_3、物理温度为 T_3。月尘和月壤视为连续的一整层月壤，则月壤厚度 $d=d_1+d_2$，物理温度为 $T(z)$ $[T(z)=T_1(z), z\leqslant d_1; T(z)=T_2(z), d_1\leqslant z\leqslant d_1+d_2]$，介电常数为 $\varepsilon(z)$ $[\varepsilon(z)=\varepsilon_1(z), z\leqslant d_1; \varepsilon(z)=\varepsilon_2(z), d_1\leqslant z\leqslant d_1+d_2]$。

下面根据“嫦娥一号”微波辐射计穿透深度与月壤厚度之间的关系，分别给出高频与低频通道热辐射的建模。

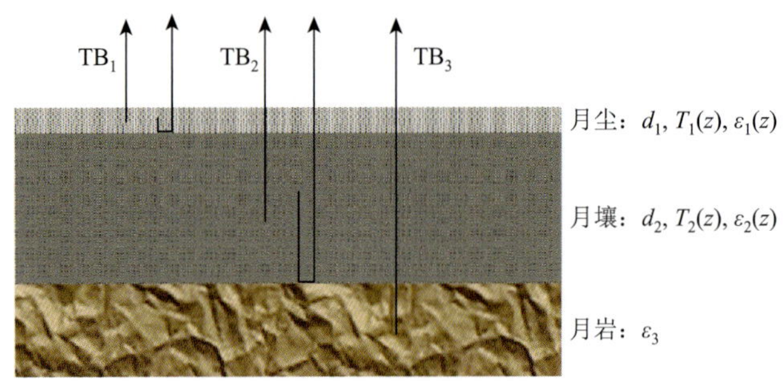

图 3.16　具物理温度与介电常数廓线的分层月球表面

1. 半无限大月壤层

对于“嫦娥一号”“嫦娥二号”高频通道，19.35 GHz、37 GHz 对应的电磁波波长分别为 0.015 5 m 和 0.008 1 m，此时，月球表面的穿透深度［式（2.3.1）］小于～0.5 m，远小于通常几米的月壤厚度，因此对高频通道，可以将月壤当成半无限大介质。月球表面的微波热辐射可以表示为（Keihm，1984；Jin，1994；Fang and Fa，2014）

$$\mathrm{TB}_p(\nu)=(1-r_p)\int_0^{\infty}\kappa_{\alpha}(z)T(z)e^{-\int_0^z \kappa_{\alpha}(z')\mathrm{d}z'}\mathrm{d}z \tag{3.3.3}$$

式中，ν 为频率；$r_p(\theta,\phi)$ 为平表面反射率；吸收系数 κ_{α} 为

$$\kappa_{\alpha}(z)=2\,\mathrm{Im}[k(z)]=\frac{4\pi\nu}{c}\mathrm{Im}(\sqrt{\mu\varepsilon(z)}) \tag{3.3.4}$$

式中，$k=2\pi\nu/c$，为真空中的波数；μ 为磁导率；c 为真空中的光速。

2. 具物理温度与介电常数廓线的月壤-月岩层

对于“嫦娥一号”“嫦娥二号”低频通道，3.0 GHz、7.8 GHz 对应的电磁波波长分别为 0.1 m 和 0.038 5 m，在月球表面的穿透深度最高可达 3 m（以 30 倍波长为例，图 2.9）。该穿透深度可与月壤厚度相当，因此，对于这样的低频通道，考虑分层月壤的热辐射。假设月尘与月壤物理特性随深度变化是连续变化的，则可将月尘层视为月壤顶层。图 3.17 为一层厚度为 d、具有物理温度 $T(z)$ 与介电常数廓线 $\varepsilon(z)$ 的月壤层。

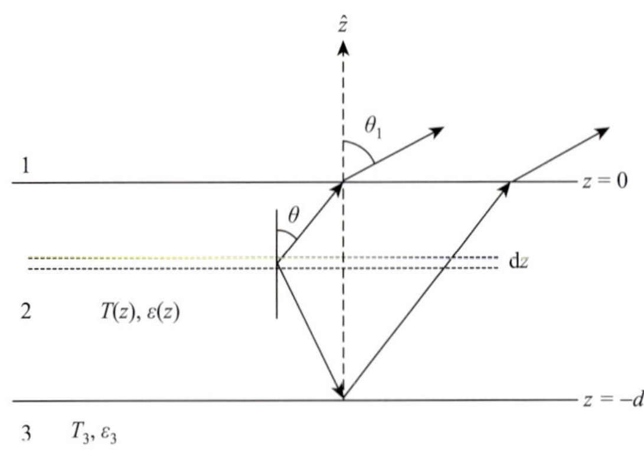

图 3.17　具有温度廓线 $T(z)$ 厚度为 d 的两层介质热辐射模型

深度为 z 处、厚度为 dz 的一薄层月壤沿方向 θ 向上的热辐射为（Ulaby et al.，1986；Jin and Fa，2010）

$$dT_B = \kappa_\alpha(z)T(z)\sec\theta e^{-\int_0^z \kappa_\alpha(z')\sec\theta \mathrm{d}z'} \mathrm{d}z \tag{3.3.5}$$

为方便起见，式（3.3.5）积分中 z 取正数，以下均同。

月壤中的一薄层 dz 以方向 $\pi-\theta$ 向下的热辐射为

$$d\mathrm{TB} = \kappa_\alpha(z)T(z)\sec\theta e^{-\int_z^d \kappa_\alpha(z')\sec\theta \mathrm{d}z'} \mathrm{d}z \tag{3.3.6}$$

其经过月壤-月岩分界面反射 $r_{23p}(\theta)$ 再向上传播衰减，到达上界面处的热辐射为

$$d\mathrm{TB} = r_{23p}(\theta)e^{-\int_0^d \kappa_\alpha(z)\sec\theta \mathrm{d}z} k_\alpha(z)T(z)\sec\theta e^{-\int_z^d \kappa_\alpha(z')\sec\theta \mathrm{d}z'} \mathrm{d}z \tag{3.3.7}$$

这样由式（3.3.5）～式（3.3.6）经过路程积分，厚度为 d 的一层介质向上的极化热辐射为

$$\begin{aligned}\mathrm{TB}_p(\theta, z=0) = {} & e_{23p}(\theta)T_3 e^{-\int_0^d \kappa_\alpha(z)\sec\theta \mathrm{d}z} + r_{23p}(\theta)e^{-\int_0^d \kappa_\alpha(z)\sec\theta \mathrm{d}z} \int_0^d T(z)\kappa_\alpha(z)\sec\theta\, e^{-\int_z^d \kappa_\alpha(z')\sec\theta \mathrm{d}z'} \mathrm{d}z \\ & + \int_0^d T(z)\kappa_\alpha(z)\sec\theta\, e^{-\int_0^z \kappa_\alpha(z')\sec\theta \mathrm{d}z'} \mathrm{d}z\end{aligned} \tag{3.3.8}$$

最终，在区域 1 辐射计观测到的 $p(=v, h)$极化辐射亮度温度为

$$\mathrm{TB}_p(\theta_1) = t_{12p}(\theta)\mathrm{TB}_p(\theta, z=0) = [1 - r_{12p}(\theta)]\mathrm{TB}_p(\theta, z=0) \tag{3.3.9}$$

式中，θ 和 θ_1 满足平表面 Fresnel 定律；$t_{12p}(=1-r_{12p})$ 为上界面的 p 极化透过率（即发射率）；$\kappa_a(z)$ 为介质吸收系数；$T(z)$ 为物理温度廓线。

若已知月壤体密度 $\rho(z)$，可以计算出介电常数 $\varepsilon(z)$ 随深度的变化，再结合月壤温度廓线 $T(z)$，可数值地完成非均匀温度、非均匀密度分布的介质层辐射亮度温度式（3.3.8）。若月壤层介电常数不随深度变化，则式（3.3.8）中各层的 κ_a 可以作为常数挪在积分外面。

3. 月尘-月壤-月岩三层介质模型

若月尘与月壤的物理性质相差较大，随深度的变化是非连续的，则需要考虑月尘-月壤-月岩三层介质（图 3.16）热辐射模型。假设月尘、月壤、月岩的物理温度分别为 T_1、$T_2(z) = Ae^{-\beta|z|} + B$、$T_3$。为方便利用式（3.3.8）的推导，月尘与月壤层的界面取 $z=0$。各层温度分布满足下列边界条件：

$$\begin{aligned} T_2(0) &= A + B \equiv T_1, \\ T_2(-d_2) &= Ae^{-\beta d_2} + B \equiv T_3 \end{aligned} \tag{3.3.10}$$

得到

$$A = \frac{T_1 - T_3}{1 - e^{-\beta d_2}},\ B = T_1 - \frac{T_1 - T_3}{1 - e^{-\beta d_2}} \tag{3.3.11}$$

则依据式（3.3.8）的推导方法，三层介质的辐射亮度温度为

$$\mathrm{TB}=\mathrm{TB}_1+\mathrm{TB}_2+\mathrm{TB}_3 \tag{3.3.12}$$

其中来自第一层的贡献为

$$\mathrm{TB}_1=(1-r_{01})(1-e^{-\kappa_{a1}d_1\sec\theta})(1+r_{12}e^{-\kappa_{a1}d_1\sec\theta})T_1 \tag{3.3.13a}$$

来自第二层的贡献为

$$\begin{aligned}
\mathrm{TB}_2&=(1-r_{01})e^{-\kappa_{a1}d_1\sec\theta}(1-r_{12})\\
&\quad\times[\kappa_{\alpha2}\sec\theta\int_0^{d_2}T_2(z)e^{-\kappa_{a2}z\sec\theta}\mathrm{d}z+r_{23}e^{-\kappa_{a2}d_2\sec\theta}\ \kappa_{\alpha2}\sec\theta\int_0^{d_2}T_2(z)\ e^{-\kappa_{a2}(d_2-z)\sec\theta}\mathrm{d}z]\\
&=(1-r_{01})e^{-\kappa_{a1}d_1\sec\theta}(1-r_{12})\\
&\quad\times[\kappa_{\alpha2}\sec\theta\int_0^{d_2}(Ae^{-\beta z}+B)e^{-\kappa_{a2}z\sec\theta}\mathrm{d}z+r_{23}e^{-2\kappa_{a2}d_2\sec\theta}\ \kappa_{\alpha2}\sec\theta\int_0^{d_2}(Ae^{-\beta z}+B)\ e^{\kappa_{a2}z\sec\theta}\mathrm{d}z]\\
&=(1-r_{01})e^{-\kappa_{a1}d_1\sec\theta}(1-r_{12})\{A\kappa_{\alpha2}\sec\theta[\frac{1-e^{-(\kappa_{a2}\sec\theta+\beta)d_2}}{\kappa_{\alpha2}\sec\theta+\beta}+r_{23}e^{-\kappa_{a2}\sec\theta d_2}\ \frac{e^{-\beta d_2}-e^{-\kappa_{a2}\sec\theta d_2}}{\kappa_{\alpha2}\sec\theta-\beta}]\\
&\quad+B(1+r_{23}e^{-\kappa_{a2}d_2\sec\theta})(1-e^{-\kappa_{a2}d_2\sec\theta})\}
\end{aligned} \tag{3.3.13b}$$

来自第三层的贡献为

$$\mathrm{TB}_3=(1-r_{01})(1-r_{12})(1-r_{23})e^{-\kappa_{a1}d_1\sec\theta}e^{-\kappa_{a2}d_2\sec\theta}T_3 \tag{3.3.13c}$$

注意，式（3.3.13a）～式（3.3.13c）各层中的θ是不同的（彼此由 Fresnel 定则），但为简略起见，而且由于在以下讨论中均取观测角$\theta=0^\circ$，故这里不特别标明有何区别。

当$\beta\to0$，$T_2(z)=A+B=T_1$，则第二层与第一层温度相同。

若$\beta\gg1$，且$T_2(z)=B=T_3\equiv T_2$，式（3.3.11）和式（3.3.12）回归到三层物理温度分别为均匀的T_1、T_2、T_3的辐射亮度温度。令$\theta=0^\circ$，可以得到（Fa and Jin，2007a）：

$$\begin{aligned}
\mathrm{TB}&=(1-r_{01})(1-e^{-\kappa_{a1}d_1})(1+r_{12}e^{-\kappa_{a1}d_1})T_1\\
&\quad+(1-r_{01})(1-r_{12})(1-e^{-\kappa_{a2}d_2})(1+r_{23}e^{-\kappa_{a2}d_2})e^{-\kappa_{a1}d_1}T_2\\
&\quad+(1-r_{01})(1-r_{12})(1-r_{23})e^{-\kappa_{a1}d_1}e^{-\kappa_{a2}d_2}T_3
\end{aligned} \tag{3.3.14}$$

图 3.18 给出具温度廓线分布（$\beta=0.1,\ 5.0$）的分层月球表面介质辐射亮度温度（其中--■--对应于温度为T_1的半空间情形，--●--对应于温度为T_3的半空间情形），月尘层厚度分别取 0.01 m 和 0.05 m（Jin and Fa，2010）。可以看出，β越小，表示物理温度随深度的变化越缓慢，在月球白天$\beta=0.1$时辐射亮度温度明显高于$\beta=5.0$的辐射亮度温度，而在月球黑夜$\beta=0.1$时辐射亮度温度明显低于$\beta=5.0$的辐射亮度温度。如图 3.18 中划线所示，β较小时高频通道的辐射亮度温度接近于温度为T_1的半空间的辐射，β较大时低频通道的辐射亮度温度接近于温度为T_3的半空间的辐射。在月球白天，辐射亮度温度随频率的增加而变大，而在月球黑夜辐射亮度温度随频率的增加而减小。高频率辐射亮度温度

TB_{19}, TB_{37} 对月球表面顶部敏感，因此 d_1 或 β 的大小主要直接影响 TB_{19} 与 TB_{37}，而低高频率透射深度大，特别是 TB_3 主要由月壤层和月岩层的热辐射占主导。

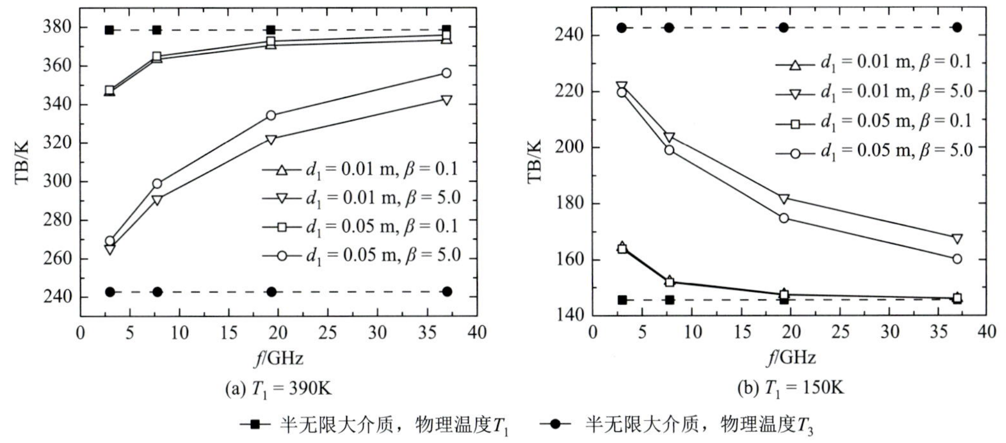

图 3.18　具温度廓线分布的分层月球表面介质辐射亮度温度

$T_3 = 250$ K, $\varepsilon_{g1} = 2. + i0.02$, $\varepsilon_{g2} = 3. + i0.03$, $\varepsilon_3 = 8. + i0.08$, $\theta = 0$, $d_2 = 500$ cm

选取合适的 d_1，可以用式（3.3.14）计算分层月球表面介质辐射亮度温度。

假设月尘、月壤、月岩层物理温度均匀，取月球白天月尘层温度 $T_1 = 400$ K，月球黑夜 $T_1 = 120$ K，月壤与月岩物理温度恒定为 $T_2 = T_3 = 255$ K。取月尘层厚度 $d_1 = 0.02$ m，月尘体积密度 $\rho_1 = 1.3$ g/cm^3，月壤体积密度 $\rho_2 = 1.8$ g/cm^3，月尘与月壤中 $FeO + TiO_2$ 的含量 S 为 10%，月尘和月壤的介电常数由式（2.36）计算，月岩的介电常数 $\varepsilon_3 = 8 + i0.5$。图 3.19 分别给出了月球白天和月球黑夜时 1.4 GHz、3.0 GHz、7.8 GHz、19.35 GHz、37.0 GHz 5 通道 0°观测角的 TB 随月壤厚度的变化（Fa and Jin，2007a）。可以看出，TB 随着月壤厚度 d 的增加而增加。在月球白天，频率越高 TB 高；而对于黑夜 $T_1 < T_2$，随着 d 的增加，频率低的通道 TB 增大。当 d 逐渐增大时，TB 将趋于饱和而对 d 的变化不再敏感。图 3.19 是由多通道微波辐射亮度温度反演月壤厚度的基础。

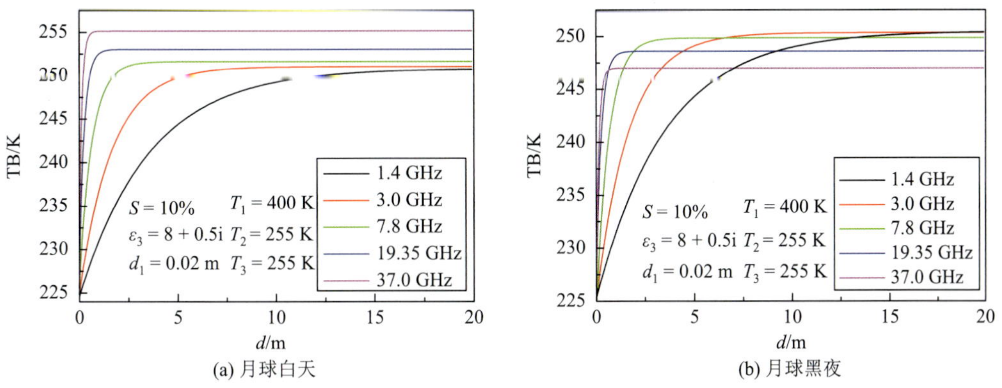

图 3.19　不同通道的辐射亮度温度随月壤厚度的变化

3.4　月壤厚度反演

3.4.1　“嫦娥一号”微波辐射计数据验证

“嫦娥一号”微波辐射计采用指向冷空的定标天线与处于环境温度匹配负载的两点在轨星上的定标系统，辐射亮度温度基准的选取对于获取高精度月球表面微波辐射亮温度，进而反演月壤厚度等是关键性的。在对月观测中，探月卫星定标天线波束宽度若纳入了太阳、地球等辐射源，定标天线输入温度就可能与冷空宇宙背景（约 2.7 K）有很大差异（崔海英等，2009；姜景山和金亚秋，2011）。太阳表面温度大约 6 000 K，其直径可约占 30′，这样对着太阳的影响就可能很明显。但是，可以简单地去除该类数据。对于木星（～300 K）、金星（～700 K）等，占的弧度都小（～1′），一般不用考虑。辐射计定标技术对数据处理有直接的影响。

由于目前采用的数据中缺少探月卫星轨道、飞行姿态以及定标天线波束宽度等技术指标，这里利用 Apollo 着陆点实测量对各通道辐射亮度温度进行验证与修正。

对于给定频率，月球表面辐射亮度温度与月尘层厚度 d_1、物理温度 T_1，月壤层厚度 d_2、物理温度 T_2，月岩物理温度 T_3 以及月壤中 FeO + TiO_2 含量 S 密切相关。Apollo 着陆点有过对月壤厚度的直接测量，返回的月壤样品中 FeO + TiO_2 含量 S 以及月壤样品介电常数等也有直接的测量结果（Fa and Jin，2007a）。表 3.2 给出了 Apollo 着陆点的位置、地形、月壤厚度实测值以及月壤样品中的 FeO + TiO_2 含量 S。通过估算辐射计观测时刻 Apollo 着陆点月尘层、月壤层和月岩的物理温度，由月球表面的三层微波辐射模型计算出着陆点辐射亮度温度，并将其作为辐射亮度温度定标的一个参考。

表 3.2　Apollo 着陆点月壤层参数

Apollo	位置	地形名称	d/m	(FeO + TiO_2)/%	数据个数
11	0.7°N，24.3°E	静海	4.5±1.0	23.2	5
12	3.2°S，23.4°W	风暴洋	3.8±2.0	18.38	4
14	3.7°S，17.5°W	弗拉摩罗撞击坑	8.6±2.0	12.12	5
15	26.1°N，3.7°E	哈德利-亚平宁	4.5±2.4	16.84/7.29	5
16	9.0°S，15.5°E	笛卡尔撞击坑	12.5±2.4	5.55	3
17	20.2°N，30.8°E	金牛-利特罗峡谷	8.4±2.2	24.5/9.0	5

以 Apollo 着陆点的经纬度为中心，考虑到微波辐射计在月球表面的空间分辨率，假设距 Apollo 着陆点 0.5° 以内的观测点都作为 Apollo 着陆点，则采用的 621 轨数据（图 3.4，图 3.5）中共有 27 轨数据经过 Apollo 着陆点，其中 13 轨数据为月球白天，14 轨数据为月球黑夜（表 3.2）。图 3.20 给出了月球白天和月球黑夜时 Apollo 着陆点“嫦娥一号”微波辐射计的辐射亮度温度实际测量值，其中横坐标为月壤厚度的实测值，纵坐标为辐射亮度温度。注意 A11 与 A15 点的月壤厚度均为 4.5 m，为区别于 A15 点的辐射亮度温度，图 6 中取 A11 点的月壤厚度为 4.8 m。

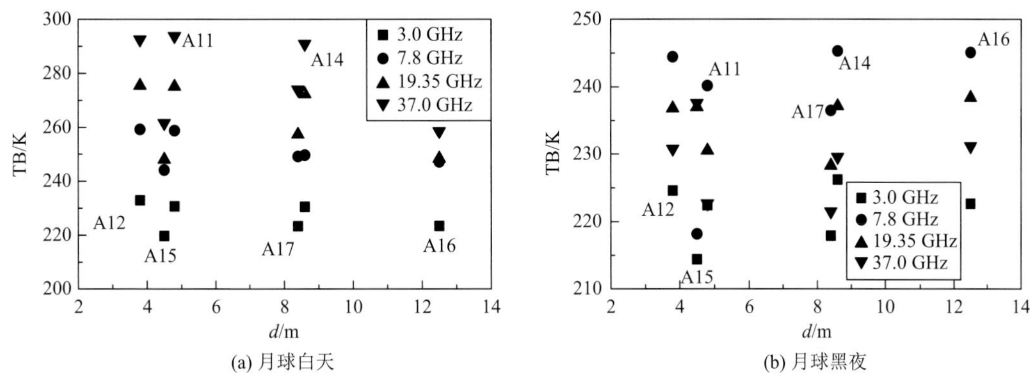

(a) 月球白天　　(b) 月球黑夜

图 3.20　Apollo 着陆点辐射亮度温度的实测值

影响 Apollo 着陆点的辐射亮度温度的不确定因素主要有月尘层、月壤层、月岩层的物理温度以及月尘层厚度。假设 Apollo 着陆点月壤厚度与 $FeO+TiO_2$ 含量的实测值为已知参数，假设月尘层厚度为 0～0.3 m，月球白天时月尘层物理温度在 320～420 K 变化，月壤层物理温度为 230～270 K，取月岩层温度等于月壤层温度，Apollo 着陆点辐射亮度温度的理论值 TB 由三层模型计算［式（3.3.19)］。这样，理论值 TB 与观测值 TB^o 之间的平方差异表示为

$$\Delta TB=\sqrt{\frac{1}{N}\sum_{i=1}^{N}\left[TB_i(d_1,T_1,T_2)-TB_i^o\right]^2} \tag{3.4.1}$$

式中，i 表示第 i 个通道；N 为选取的通道数目，如 $N=4$ 表示比较 4 个通道辐射亮度温度理论值与观测值之间的差异。

选择月球白天时经过 Apollo 着陆点的 13 轨观测数据，计算式（3.3.20)，选取误差最小时月尘层、月壤层物理温度以及月尘层厚度作为观测时刻的真实值。依次比较 Apollo 着陆点四通道、三通道辐射亮度温度理论值与观测值之间的差异。图 3.21 给出了式(3.4.1)

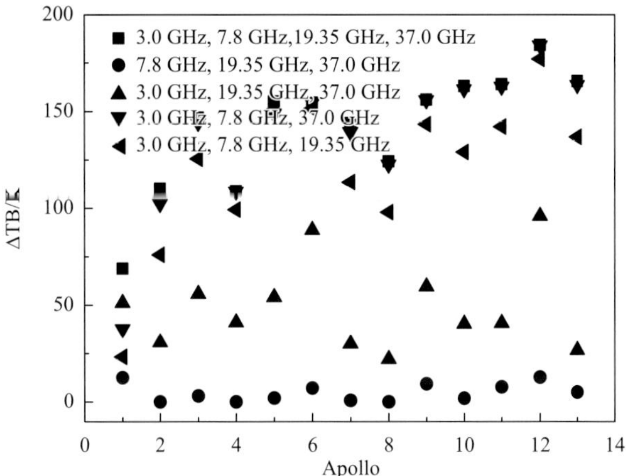

图 3.21　Apollo 着陆点辐射亮度温度观测值与理论值之差

的最小差异（Fa and Jin，2007a）。可以看出，如果只考虑 7.8 GHz、19.35 GHz、37.0 GHz 三通道的辐射亮度温度理论值与观测值之间的差异，则总的误差最小。因此，需要对 3.0 GHz 通道的观测值进行调整，可以同时使 4 个通道的辐射亮度温度观测值与理论值吻合得很好。

图 3.22 给出 Apollo 着陆点 4 个通道辐射亮度温度观测值与理论值的比较。可以看出，7.8 GHz、19.35 GHz 和 37.0 GHz 3 个通道的观测值和理论值吻合得很好。3.0 GHz 的观测值加 18 K 进行修正，则其理论值与实测值也吻合得很好。

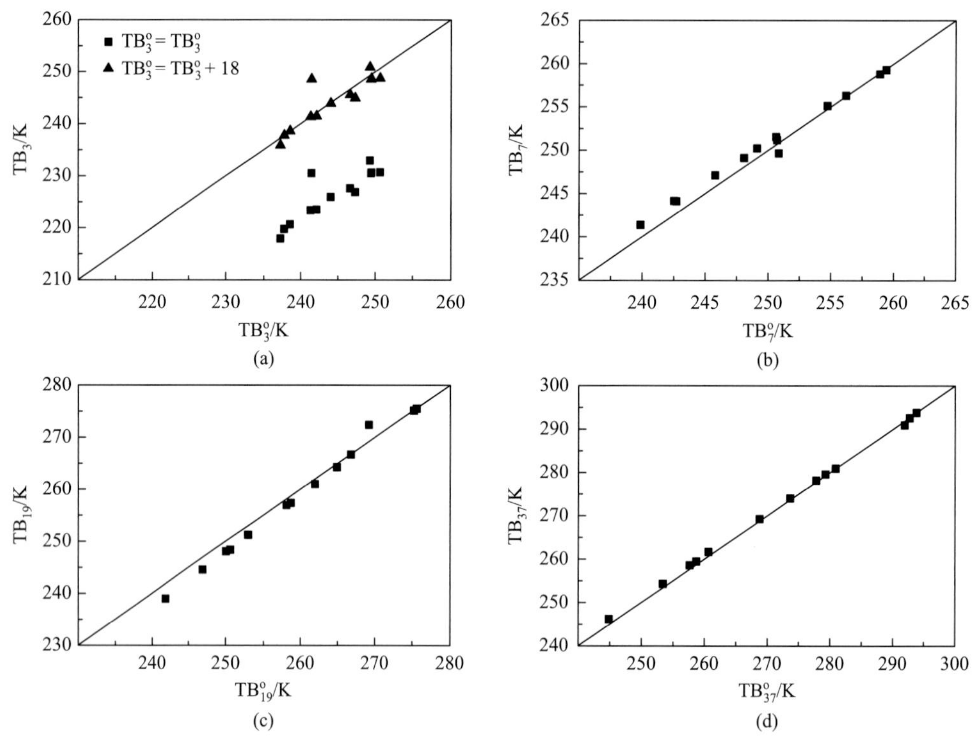

图 3.22　Apollo 着陆点辐射亮度温度观测值与理论值的比较

3.4.2　月壤厚度反演

在 0°观测角下，采用月尘-月壤-月岩三层微波热辐射模型，并假设每层物理温度均匀分布，则三层月球表面的微波热辐射可以由式（3.3.14）表示。考虑到月壤为低损耗介质，式（3.3.14）可以化简为（Fa and Jin，2007a）

$$
\begin{aligned}
\mathrm{TB} = & (1-r_{01})(1-e^{-\alpha_1 v d_1})(1+r_{12}e^{-\alpha_1 v d_1})T_1 \\
& +(1-r_{01})(1-r_{12})(1-e^{-\alpha_2 v d_2})(1+r_{23}e^{-\alpha_2 v d_2})e^{-\alpha_1 v d_1}T_2 \\
& +(1-r_{01})(1-r_{12})(1-r_{23})e^{-\alpha_1 v d_1}e^{-\alpha_2 v d_2}T_3
\end{aligned} \tag{3.4.2}
$$

式中，$\alpha \equiv 2\pi\varepsilon_i''/(c\sqrt{\varepsilon_i'})$；$r_{ij} = |R_{ij}|^2$，$i = 0,1,2$，$j = 1,2,3$。

由式（2.3.6）可知，随着月壤中 FeO + TiO_2 含量 S 的增加，月壤介电常数的虚部变大，而电磁辐射穿透深度减小。取月壤厚度为 1.5 m 时，按照式（2.3.6），当 FeO + TiO_2 含量 $S>15\%$ 时，对于 19.35 GHz 通道，$e^{-\alpha_2 \nu d}<0.01$，对于 37.0 GHz 通道，$e^{-\alpha_2 \nu d}<0.0001$，此时可以认为 $e^{-\alpha_2 \nu d}\approx 0$。因此，当 FeO + TiO_2 含量 S 较大时，对于 19.35 GHz 和 37.0 GHz 通道，其辐射亮度温度的计算公式可以进一步简化为

$$\mathrm{TB}=(1-r_{01})(1-e^{-\alpha_1 \nu d_1})(1+r_{12}e^{-\alpha_1 \nu d_1})T_1+(1-r_{01})(1-r_{12})e^{-\alpha_1 \nu d_1}T_2 \tag{3.4.3}$$

式（3.4.3）即月尘层和月壤层的热辐射，月岩层的热辐射忽略不计。根据式（3.4.3），由 19.35 GHz、37.0 GHz 两个通道的辐射亮度温度求解出温度 T_1 和 T_2 分别为

$$T_1=\frac{B_{37}\cdot \mathrm{TB}_{19}-B_{19}\cdot \mathrm{TB}_{37}}{A_{19}\cdot B_{37}-A_{37}\cdot B_{19}} \tag{3.4.4a}$$

$$T_2=\frac{A_{37}\cdot \mathrm{TB}_{19}-A_{19}\cdot \mathrm{TB}_{37}}{A_{37}\cdot B_{19}-A_{19}\cdot B_{37}} \tag{3.4.4b}$$

其中

$$A_\nu=(1-r_{01})(1-e^{-\alpha_1 \nu d_1})(1+r_{12}e^{-\alpha_1 \nu d_1}) \tag{3.4.5a}$$

$$B_\nu=(1-r_{01})(1-r_{12})e^{-\alpha_1 \nu d_1} \tag{3.4.5b}$$

然后将用式（3.4.4a）和式（3.4.4b）求解出的 T_1 和 T_2 作为已知量，按照式（3.4.2），由穿透深度较大的低频通道的辐射亮度温度求解出月壤厚度 d_2 为

$$d_2=-\frac{1}{2\alpha_2 \nu}\ln\left(\frac{1-\mathrm{TB}'}{r_{23}}\right) \tag{3.4.6}$$

其中

$$\mathrm{TB}'=(1-r_{01})^{-1}(1-r_{12})^{-1}[T_B-(1-r_{01})(1-e^{-\alpha_1 \nu d_1})(1+r_{12}e^{-\alpha_1 \nu d_1})T_1]e^{\alpha_1 \nu d_1}/T_2 \tag{3.4.7}$$

月壤物质的介电常数主要与月壤的体积密度 $\rho(z)$、月壤中 FeO + TiO_2 含量 S 有关，这里采用式（2.3.6）计算月壤介电常数。一般地，整个月球表面月壤体积密度 $\rho(z)$ 变化较小，按照 Carrier 等（1991），可以取月尘层体积密度为 1.3 g/cm^3；由 Carrier 等（1991）和 Hagfors（1964），月壤介电常数实部的典型值为 2.7，这对应于月壤层体积密度为 1.5 g/cm^3。

决定穿透深度的月壤介电常数虚部与月壤 FeO + TiO_2 含量 S 密切相关。到目前为止，月球表面中 FeO + TiO_2 含量是由月球表面的光学反射率观测，结合 Apollo 月壤样品的光谱特性与 FeO + TiO_2 含量的实测值来获得的。例如，美国克莱门汀探月卫星的紫外-可见光数据已获取了全月球表面的 FeO + TiO_2 含量分布（Lucey et al.，2000a）。也可由 γ 射线观测得到，如美国月球勘探者卫星上 γ 射线探测器也曾得到了全月球表面 FeO + TiO_2 含量分布（Lawrence et al.，2002；Prettyman et al.，2006）。光学观测分辨率高（100～325 m），能给出月球表面 1μm 以内的 FeO + TiO_2 含量分布。但是，由于受太阳照射条件的影响，在月球高纬度地区（＞70°）FeO + TiO_2 含量估算过大。γ 射线观测不受太阳照射条件的影响，可穿透到月球表面以下 1 m 左右，给出的是月球表面以下 1 m 深度内的 FeO + TiO_2 含量值，月球表面的空间分辨率（45～150 km）与微波辐射计相差不大。图 3.23 给出了美国月球勘探者卫星用 γ 射线数据得到的全月球表面 FeO + TiO_2

含量分布（Lawrence et al.，2002；Shkuratov et al.，2005），本书由图 3.23 和式（2.3.6）计算月球表面的介电常数分布。

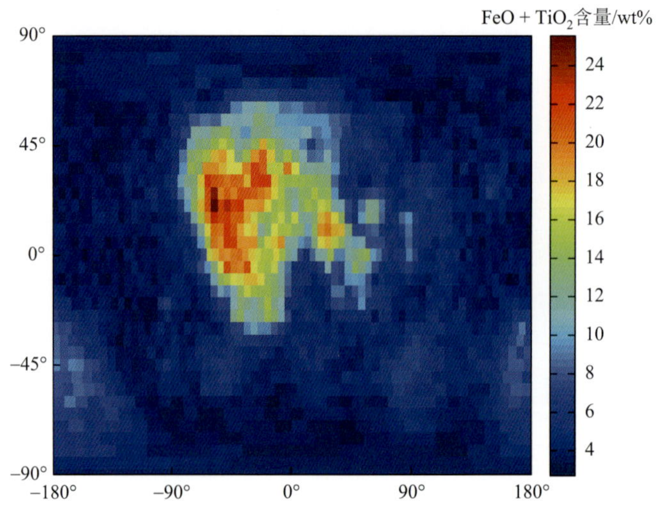

图 3.23　月球表面 FeO + TiO_2 含量（Lunar Prospector γ 谱仪结果）

影响月壤厚度反演的一个主要因素是月球表面分层结构的物理温度，其主要由月球表面得到的太阳辐射热量、月球表面向空间的热辐射以及月球内部向外的热流等共同决定。受太阳照射的影响，月尘层的物理温度昼夜变化很大。由于月尘层热导率非常小，月尘层和月壤层之间的热量交换很小，因此月壤深层和月岩的温度受太阳照射的影响不大。一般地（与地球情形相仿），在给定时刻，月球表面温度分布随着经纬度的不同而不同，不同时刻太阳照射在月球表面同一地点的温度也不同。

月球表面物理温度随纬度的增加而减小，Lawson 等（2000）根据 Clementine 红外观测数据得出月球表层温度随纬度 φ 的变化规律为

$$T = T_0 \cos^a \varphi \tag{3.4.8}$$

式中，T_0 为月球表面赤道处的温度；a 为常数，表示温度随纬度变化的快慢程度。Vasavada 等（1999）根据一维热传导方程及相应的边界条件，给出了月壤表层、月壤深层物理温度随深度以及纬度的变化，其数值结果与式（3.4.8）接近。

图 3.4 给出正午时整个月球表面辐射亮度温度分布，赤道处太阳入射角为 0°～14°，可近似认为月球表面辐射亮度温度测量时太阳照射条件都相同。忽略月球表面地形起伏以及小尺度范围内月壤热特性可能的差异，假定认为纬度相同的地方物理温度相同，这样月尘层与月壤层的物理温度可由式（3.4.8）估算。

取月尘层 $T_0 = 390$ K，月壤层 $T_0 = 250$ K，$a = 0.3$，图 3.24 给出了式(3.4.8)的月尘层和月壤层物理温度随纬度的变化，其中●和■分别表示利用式（3.4.1）计算得到 Apollo 着陆点辐射亮度温度观测值与理论值相差最小时月尘层和月壤层的物理温度。可以看出，Apollo 着陆点月尘层物理温度的反演值随纬度的波动变化较大，与理论值之间的差异也较大，而月壤层物理温度反演值与理论值吻合得较好。

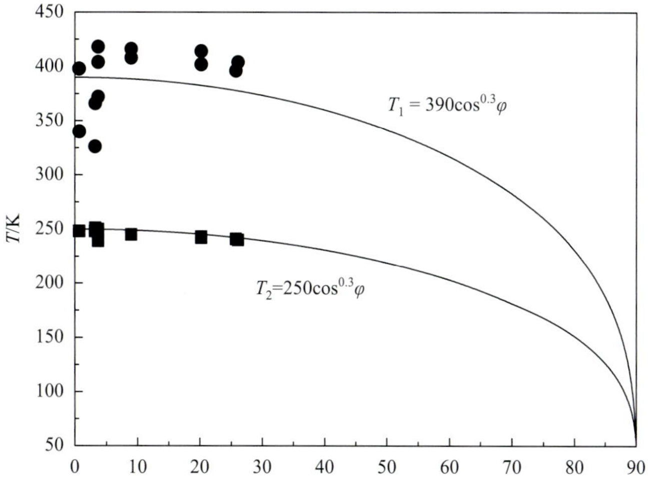

图 3.24　Apollo 着陆点物理温度反演值与经验公式的比较

对于月球白天时 Apollo 着陆点的辐射亮度温度理论值与观测值，按照式（3.4.1）进行回归分析，得到误差最小时月尘层的平均厚度为 0.13 m。月尘层和月壤层的物理温度由式（3.4.8）计算，其中月尘层 $T_0 = 390$ K，月壤层 $T_0 = 250$ K，$a = 0.3$，取月岩层物理温度与月壤层相同。按照图 3.22（a），对图 3.4 所示 3.0 GHz 的辐射亮度温度加 18 K 进行修正，由式（3.4.6）反演得到整个月球表面月壤厚度，如图 3.25 所示（Fa and Jin，2010a）。

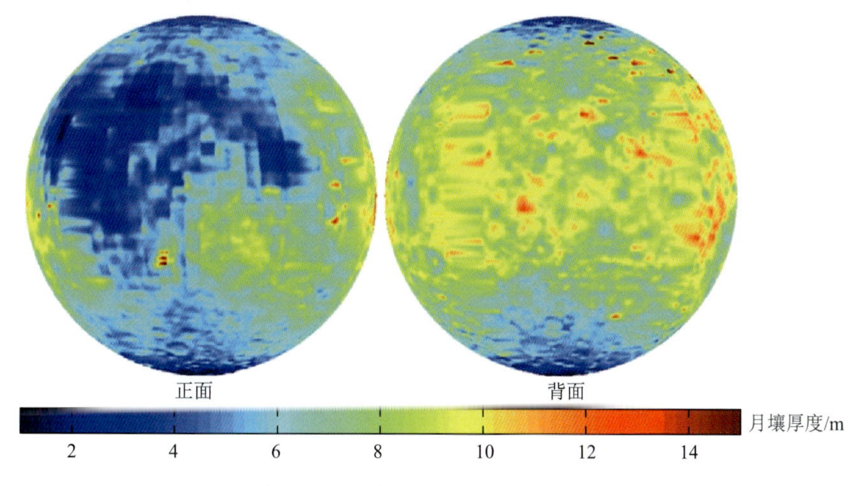

图 3.25　月球表面月壤厚度反演结果

可以发现，月海地区月壤厚度小，月陆地区月壤厚度大，两极地区月壤厚度较小，这是月球高地表面年龄大于月海表面年龄的直接表现。受陨石坑形成机制，即陨石撞击的影响，陨石坑底部月壤厚度较小而边缘处月壤厚度较大，因此在图 3.25 中大的陨石坑比较明显。

一般地，月海的 $FeO + TiO_2$ 含量高，高地的 $FeO + TiO_2$ 含量低，以图 3.23 中

$FeO + TiO_2$ 含量等于 10%作为月海与高地的分界，对图 3.25 中月壤厚度的反演值进行统计，则月海地区月壤厚度平均值为 4.5 m，中纬度地区（60°S～60°N）平均月壤厚度为 7.6 m。McKay 等（1991）给出月海地区月壤厚度平均值为 3～5 m，高地地区月壤厚度平均值为 10～15 m。

本书月海地区月壤厚度平均值与 McKay 等（1991）的结果相近，而高地地区月壤厚度平均值小于 McKay 等（1991）的结果。高地地区反演值与 McKay 等（1991）的结果差异较大，有可能是基于陨石坑形态学与大小-频率分布的方法只估算了高地局部区域，而本书的结果是全月球表面中纬度高地的平均值；也有可能是高地的月壤厚度过大，使得辐射亮度温度达到饱和而对月壤厚度不太敏感，因此月壤厚度反演值偏小。此外，由陨石坑形态估算月壤厚度的方法基于月壤与月岩之间的强度差异，而本书的方法是基于月壤月岩介电常数的差异，这两种方法估算的月壤厚度空间分辨率也有差异，前者为百米量级，后者为～30 km。因此，对这两种方法估算结果的比较有待于进一步的研究与验证。

图 3.26 给出了 Apollo 着陆点月壤厚度反演值与实测值的比较，其中水平误差棒表示月壤厚度测量的不确定度，品红色、蓝色、红色、黑色垂直误差棒分别表示月尘层温度误差为 10 K、月尘层厚度误差为 10%、月壤密度误差为 10%、月壤物理温度误差为 3 K 时对应的月壤厚度反演误差（Fa and Jin，2010b）。可以看出，对于月壤厚度较小的 Apollo 12 和 Apollo 15 着陆点，月壤厚度的反演值与实测值比较接近。当月壤厚厚度大时，如 Apollo 14、Apollo 16、Apollo 17 着陆点，反演误差比较大。这是因为月壤厚度大时，受穿透深度的影响，辐射亮度温度达到饱和而对月壤厚度不太敏感。

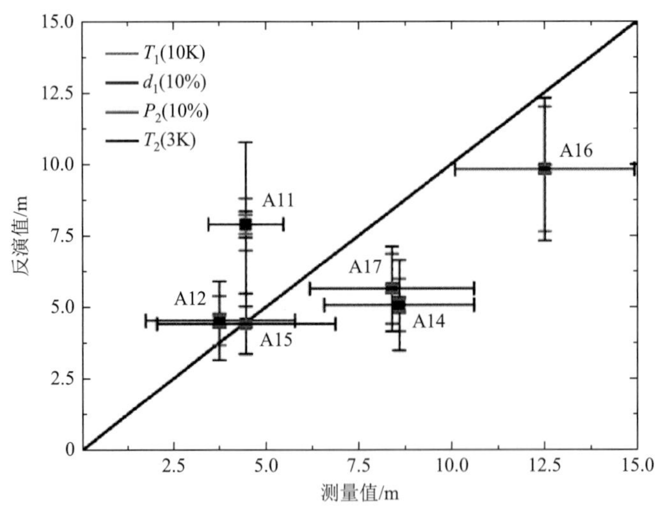

图 3.26 Apollo 着陆点月壤厚度反演结果比较

表 3.3 给出了“嫦娥一号”微波辐射计反演出的月海区域月壤厚度平均值，以及与 Shkuartov 和 Bonadarenko（2001）由地基雷达反演结果的比较。考虑到二者反演中存在的不确定因素，微波辐射计反演结果和地基雷达反演结果吻合得相对较好，特别是对于澄海、静海、汽海、云海、知海、风暴洋和虹湾。“嫦娥一号”微波辐射计反演结果表明，雨海

区域月壤厚度平均值最小，而丰富海和酒海的月壤厚度最大。此外，静海（最古老的月海之一）平均月壤厚度大于年轻的风暴洋，表明月壤厚度与年龄之间存在着相关性。

表 3.3　月海区域月壤厚度反演结果比较

月海	位置	直径/km	$\langle d\rangle^s$/m	σ_d^s/m	$\langle d\rangle$/m	σ_d/m
澄海	28.0°N，17.5°E	707	4.1	0.8	4.6	0.7
静海	8.5°N，31.4°E	873	4.1	1.1	4.9	1.5
危海	17.0°N，59.1°E	418	4.6	1.6	7.1	1.3
丰富海	7.8°S，51.3°E	909	5.9	1.4	7.8	1.3
冷海	56.0°N，1.4°E	1 596	7.4	2.1	5.1	1.2
雨海	32.8°N，15.6°W	1 123	6.2	2.0	3.6	1.1
湿海	24.4°S，38.6°W	389	4.0	0.9	6.0	1.2
酒海	15.2°S，35.5°E	333	9.6	2.3	7.7	0.5
汽海	13.3°N，3.6°E	245	5.4	1.1	5.3	1.1
云海	21.3°S，16.6°W	715	5.7	1.7	5.8	1.8
知海	10.0°S，23.1°W	376	4.9	0.7	4.7	0.9
露湾	54.0°N，56.6°W	202	7.5	1.9	4.8	0.8
虹湾	44.1°N，31.5°W	236	4.6	0.6	4.4	1.3
浪湾	10.9°N，8.8°W	290	6.5	1.4	4.7	1.2
风暴洋	18.4°N，57.4°W	2 568	4.8	1.6	4.2	1.5

注：$\langle d\rangle^s$ 和 σ_d^s 表示 Shkuartov 和 Bonadarenko（2001）月壤厚度反演结果的均值和方差；$\langle d\rangle$ 和 σ_d 表示 Fa 和 Jin（2010a）月壤厚度反演结果的均值和方差。

3.5　月壤中 ^{3}He 含量定量估算

氦 3(^{3}He)是一种可供人类长期使用、清洁、安全的可控核聚变燃料。与传统的反应堆燃料 ^{3}H（氚）相比，^{3}He 在聚变过程中不产生高能中子，不会产生辐射，不会对环境特别是反应堆造成损害。地球上 ^{3}He 资源极其稀少，总量为 2.0×10^4 kg 左右（Lewis，1991）。由于月球没有大气以及磁场，在漫长的月球地质历史过程中受太阳风的直接照射，月壤表层积累了丰富的 ^{3}He。因此，月球表面月壤中由太阳风注入的 ^{3}He 被普遍认为是一种可用来作为核聚变燃料的潜在的月球资源（Wittenberg et al.，1986；Lewis，1991）。

Wittenberg 等（1986）最早提出月壤中 ^{3}He 可作为核聚变燃料，Kulcinski 和 Schmitt（1988）进一步论证了从月壤中开采 ^{3}He 作为核聚变燃料的可行性。Swindle 等（1990）与 Fegley 和 Swindle（1993）分析了月壤样品中 ^{3}He 含量与月壤颗粒大小、TiO_2 含量以及月壤成熟度指数（Is/FeO，单质铁/氧化亚铁含量）之间的关系，初步估算出整个月球表面月壤中 ^{3}He 的总量为（8.6 ± 6.9）$\times10^8$ kg。Taylor（1990，1994）根据 Apollo 月壤样品，发现月壤中 ^{3}He 含量与月壤的 Is/FeO 以及 TiO_2 含量有关，而 ^{3}He 含量与 Is/FeO 和 TiO_2 的乘积相关性最好。Taylor（1994）进一步简单假设整个月球表面只有厚度为 3 m 的月壤层

中含有 ^{3}He，且 ^{3}He 含量随深度均匀分布，由此估计出整个月球表面 ^{3}He 总量为 7.15×10^8 kg。Johnson 等（1999）提出了受地球磁尾影响的月球表面太阳风通量分布模型，由 9 个月壤样品实验测量结果定标，给出了月壤中 ^{3}He 含量与太阳风通量、TiO_2 含量以及月壤光学成熟度（OMAT）之间的定量关系，根据克莱门汀（Clementine）光学反射率数据计算出整个月球表面月壤表层 ^{3}He 含量分布。根据 Taylor 给出的 ^{3}He 含量与月壤 Is/FeO 以及 TiO_2 含量之间的定量关系，Shkuratov 等（1999）由地基观测的月球正面反照率给出了月球正面 ^{3}He 含量分布，并由雷达与光学数据反演出月球正面月壤厚度分布（Shkuratov and Bondarenko，2001），给出了月球正面单位面积内 ^{3}He 含量的分布。但是，这些研究未纳入太阳风通量对月球表面 ^{3}He 含量的影响，或者只给出月壤表层 ^{3}He 含量分布。此外，对包括月球背面在内的整个月球表面月壤厚度的分布未曾有任何定量研究与估算，使得对整个月球表面月壤层中 ^{3}He 的分布及其总量未曾有精确的估算。

本节讨论了月壤中 ^{3}He 含量随太阳风通量的变化情况，根据受地球磁尾影响的月球表面太阳风通量模型，给出了月球表面归一化太阳风通量分布，讨论了月壤成熟度以及月壤中 TiO_2 含量等因素对月壤中 ^{3}He 含量的影响，由克莱门汀卫星的光学反射率数据，计算了整个月球表面月壤光学成熟度以及 TiO_2 含量的分布。根据 Apollo 月壤样品的实验测量结果，给出了月壤中 ^{3}He 含量与归一化太阳风通量、TiO_2 含量以及月壤光学成熟度组合的定量关系。在上述工作的基础之上，计算了整个月球表面月壤表层 ^{3}He 含量分布。最后以上节反演的月壤厚度分布为基础，定量估算了整个月球表面（正面与背面）月壤层单位面积内 ^{3}He 的含量，以及整个月球表面月壤中 ^{3}He 的总量。

3.5.1 影响月壤中 ^{3}He 含量的主要因素

月壤中 ^{3}He 的含量与两个因素有关：①太阳风粒子注入月壤中 ^{3}He 的总量；②月壤对 ^{3}He 的保持能力，即月壤的脱气作用（outgassing）。如果太阳风对 ^{3}He 含量的影响占主要地位，则 ^{3}He 含量应该与月球表面经纬度有关。如果月壤的脱气作用占主要地位，则 ^{3}He 含量与月壤的表面温度以及月壤对 ^{3}He 的吸附能力有关，而这些因素与月壤的结构和化学成分有关。下面分别讨论这些因素对 ^{3}He 含量的影响。

1. 月球表面太阳风强度分布

太阳风指的是从太阳大气最外层的日冕层向空间持续不断地抛射出来的物质粒子流。太阳风的主要成分是氢（H）粒子和氦（He）粒子，其中氢粒子约占 90%，氦粒子约占 7%（Taylor，1994）。由于月球上几乎没有大气和磁场，太阳风粒子能够直接撞击到月壤表面，并且注入月壤表面小于 1 μm 的月壤层中。太阳风通量越大，注入月壤层的 ^{3}He 就越多。

月球表面接收到的太阳风通量随月球表面经纬度而变化。首先，太阳风粒子的照射方向近似为恒定方向且与月球的自转平面平行。受太阳风照射方向的影响，高纬度地区单位面积内接收到的太阳风小于赤道附近接收到的太阳风。其次，月球每月有 6～8 天的时间（接近满月）处于地球磁尾的影响之中。Neugebauer 等（1972）指出，Apollo 12 着陆点在一个月之内大约有 30%的时间受地球磁尾或磁鞘的影响。这段时间内，有接近一半的时间受地球磁尾的影响，使得月球表面接收到的太阳风粒子流实质上为 0，其余时间内受地球磁鞘的影响，月球表面接收到的太阳风通量减少，为未受地球磁尾影响的其他地点太阳风通量的 0%～90%。这里不考虑由于地球磁场发生变化或地月距离变化对月球表面太阳风通量遮蔽所造成的影响，也不考虑小尺度上由于陨石小天体撞击月球表面在月球外壳产生的磁场所产生的影响。为计算简单，不考虑月球自转轴与太阳黄道面之间的夹角（恒定为 1°32′）以及月球的天平动，这些因素对本节模型及结果影响不大。

假设月球表面任意一点的经度为θ，纬度为ϕ。在某一给定时刻，以$\delta(\delta<90°)$表示月球表面任意一点到日下点的角距离，则月球表面任意点在此时刻接收到的太阳风通量为$F(\phi,\theta)=F_0\cos\delta$，其中$F_0$为日下点的太阳风通量，可近似为常数。根据球面几何的余弦定理，有$\cos\delta=\cos\phi\cos\beta,\beta=\theta+\tau$，为相对于日下点的经度，在每个月球自转周期内，$\tau$与前一次满月到观测时刻的时间成正比，在 0～2π 变化。假设月球受地球磁尾影响的半角度为$f\pi$，则在一个月球自转周期内月球表面接收到的平均太阳风通量为（Johnson et al.，1999）

$$F(\phi,\theta)=\int_0^{2\pi}F_0\cos\phi\xi(f)\cos(\theta+\tau)\mathrm{d}\tau \tag{3.5.1}$$

其中

$$\xi(f)=\begin{cases}1 & f\pi<\tau<(2-f)\pi\\ 0 & \tau\leqslant f\pi \text{ 或 } \tau\geqslant(2-f)\pi\end{cases} \tag{3.5.2}$$

式（3.5.2）表示当$f\pi<\tau<(2-f)\pi$时，月球表面接收到的平均太阳风通量不受地球磁尾或磁鞘的影响，而当$\tau\leqslant f\pi$或$f\geqslant(2-f)\pi$时，月球表面平均太阳风通量受地球磁尾或磁鞘的影响。月球表面经度为θ的点满足条件$-\pi/2<\theta+\tau<\pi/2$时，受到太阳风的照射。

综合考虑到上述因素，一个月球自转周期内月球表面任意一点接收到的平均太阳风通量为

$$F(\phi,\theta)=F_0\cos\phi\times\begin{cases}2+\sin(\theta-f\pi)-\sin(\theta+f\pi) & |\theta|\leqslant\pi(0.5-f)\\ 1+\sin(|\theta|-f\pi) & \pi(0.5-f)\leqslant|\theta|\leqslant\pi(0.5+f)\\ 2 & \pi(0.5+f)\leqslant|\theta|\leqslant\pi\end{cases} \tag{3.5.3}$$

注意，Johnson 等（1999）中也给出了类似的月球表面太阳风通量模型，但是他们的公式有误，正确的应为式（3.5.3）。

按照 Johnson 等（1999），月球表面在一个月球自转周期内有 1/4 的时间受地球磁尾的影响，即 $f=0.25$。取 $F_0=0.5$，图 3.27 给出了月球表面归一化太阳风通量分布。可以看出，受太阳风照射角度的影响，赤道附近太阳风通量高，随着纬度的增加而减小，两极附近最低。受地球磁尾的影响，月球正面正中心太阳风通量很小，随着经度变大而逐渐增大，至月球背面正中心处达到最大值 1。由图 3.27 可知，月球正面正中心处接收到的太阳风通量约为背面正中心太阳风通量的 29.3%。如果月球在一个月球自转周期内有 30%的时间受地球磁尾的影响（如 Apollo 12），则正面正中心接收到的太阳风通量降低为背面正中心的 19.1%。

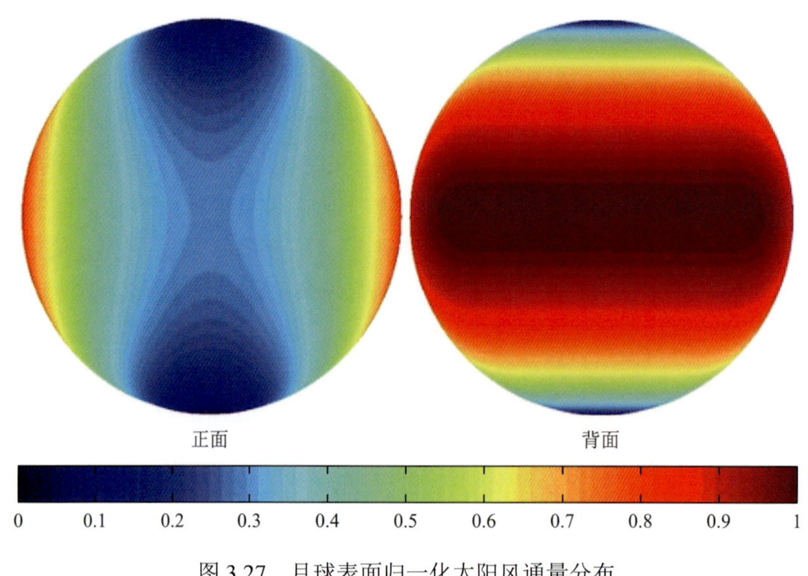

图 3.27 月球表面归一化太阳风通量分布

从月球表面整体来看，月球局部地区受陨石小天体的撞击是随机的，月壤颗粒吸收的 ^{3}He 未达到饱和，且月壤的化学成分不影响月壤中 ^{3}He 含量，则太阳风注入月壤中的 ^{3}He 含量应该与图 3.27 的太阳风通量成比例。换句话说，如果月球表面 ^{3}He 含量仅与太阳风通量有关，则图 3.27 表示了月壤中 ^{3}He 含量的相对分布。

2. 月壤成熟度的影响

在月球地质历史过程中，月壤层受大大小小陨石小天体（尺度从纳米到千米）的撞击，受太阳风、银河系宇宙射线的照射，其物理特性发生变化，如月壤颗粒变小、撞击熔融玻璃物质如胶合物的产生、矿物中 FeO 的减少以及微小颗粒单质铁的增加、月壤颗粒表面气相沉淀以及太阳风粒子的注入等，这些变化过程称为月壤的成熟过程（Heiken et al.，1991；Lucey et al.，2000b）。而成熟度指的是月壤成熟过程中，与暴露在月球表面时间有关的月壤物理特性变化到某种程度的定量度量。根据月壤颗粒大小以及月壤中胶合物的含量，可以将月壤分为不成熟、亚成熟和成熟三大类（Heiken et al.，1991）。衡量月壤成熟度的参数一般有成熟度指数（Is/FeO）、光学成熟度（OMAT）、太阳风气体含量、颗粒大小以及胶合物含量等。一般这些参数只能表征月壤物理特性的一个或几个方面。Morris（1976）指出，Is/FeO 为衡量月壤成熟度的一个较好的参数，其中 Is 为月壤中单质铁的含量，可以由铁磁共振实验测量得到。Is/FeO 与月壤的成分密切相关，Is/FeO 越大，月壤的成熟度越高。

月壤的光学特性与月壤中金属元素 Ti、Fe 的含量以及月壤的成熟度有关。在月壤的成熟过程中，随着暴露在宇宙空间中时间的加长，月壤颗粒减小，陨石小天体撞击产生的胶合物增多，使得月壤的光学特性发生显著的变化，如月壤变暗变红，其光谱对比度变小。美国克莱门汀探月卫星测得了整个月球表面紫外–可见光（UVVIS）的 5 波段反射率数据。Lucey 等（2000a，2000b）分析了月面物质的光谱特性以及对应 Apollo 着陆点的月壤样品，提出了由 UVVIS 5 波段光学数据计算的光学成熟度（OMAT）与 TiO_2 含量的方法。

月壤光学成熟度（OMAT）的计算公式为

$$OMAT=\left[(R_{750}-x_0)^2+\left(\frac{R_{950}}{R_{750}}-y_0\right)^2\right]^{\frac{1}{2}} \tag{3.5.4}$$

式中，$x_0=0.08$；$y_0=1.19$；R_{750}、R_{950} 分别为波长为 750 nm、950 nm 时月球表面的反射率。

根据克莱门汀 UVVIS 5 波段光学反射率数据和 Lucey 等（2000b）的方法，计算出月球表面月壤成熟度，如图 3.28 所示。需要说明的是，月壤光学成熟度越小，月壤越成熟。图 3.28 中月壤光学成熟度比较大的部分为陨石坑及其辐射纹等新生的不成熟月壤，如月球正面的 Tycho 陨石坑（43.3°S，10.3°W）。可以看出，图 3.28 中月海与高地的交界变得不明显，而在 FeO 含量与 TiO_2 含量分布图中（Lucey et al.，2000a），月海与高地的交界很明显，说明光学成熟度受月壤成分的影响较小。

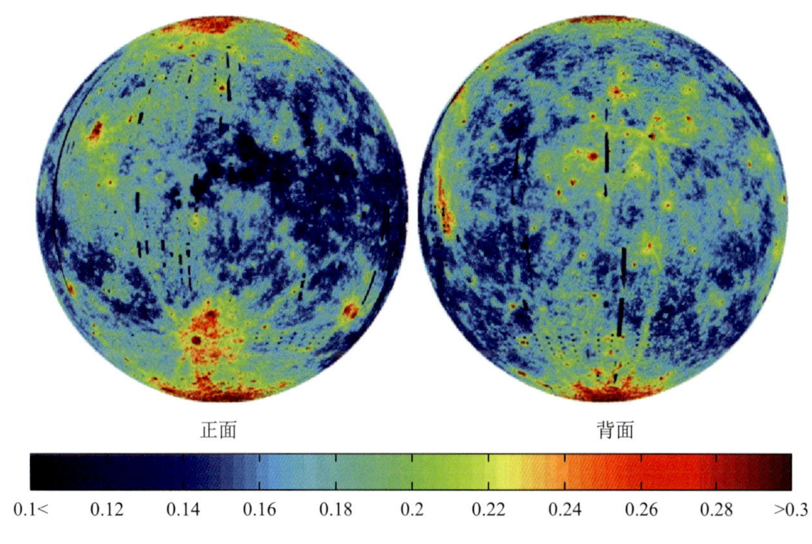

图 3.28　月球表面光学成熟度（OMAT）分布

月壤中的 ^3He 含量与月壤的成熟度有关。随着月壤变得成熟，月壤受太阳风照射的时间越长，月壤颗粒变得更加细小。受太阳风照射的时间越长，太阳风注入月壤中的 ^3He 也就越多；月壤颗粒越小，同等质量的月壤颗粒所拥有的表面积增加，对 ^3He 的吸附能力也增加（Taylor，1994；Shkuratov et al.，1999）。

图 3.29 给出 Apollo 月壤样品的 ^3He 含量（Swindle et al.，1990）与光学成熟度（Lucey et al.，2000b）之间的关系。可以看出，如果不考虑图 3.29 左上方 ^3He 含量大于 7.5ppb（ppb，十亿分之一，以质量为基准）的 3 个月壤样品，则 ^3He 含量与光学成熟度之间的相关性比较好。光学成熟度越小，^3He 含量越高。如果仅考虑光学成熟度对月壤中 ^3He 含量的影响，则图 3.28 中月球表面陨石坑及其辐射纹等新生月壤中 ^3He 含量较低。

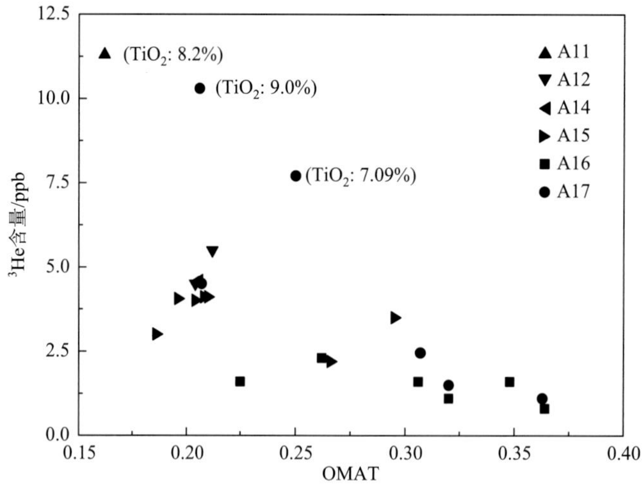

图 3.29　Apollo 月壤样品 ^{3}He 含量与光学成熟度（OMAT）之间的关系

3. 钛铁矿的影响

^{3}He 的扩散率强烈依赖于月壤的矿物组成，月壤颗粒对 ^{3}He 的保持能力与月壤中 TiO_2 的含量密切相关。对同一月壤样品中月壤颗粒大小相同而矿物组分不同，如钛铁矿、辉石、斜长石、橄榄石等月壤颗粒的研究分析发现，钛铁矿所蕴含的 ^{3}He 为其他矿物组分的 10～100 倍（Swindle et al.，1990；Taylor，1994）。由于月壤中大多数的 TiO_2 蕴含于钛铁矿中，TiO_2 含量可作为衡量钛铁矿的一个指标，因而也是衡量月壤对 ^{3}He 的保持能力的一个指标。

图 3.30 为 Apollo 月壤样品中 ^{3}He 含量与 TiO_2 含量之间的关系图，其中样品测量数据来自于 Swindle 等（1990）。可以看出，月壤中 ^{3}He 含量随着 TiO_2 含量的增加而增大。实际上，月海 TiO_2 含量很高，使得图 3.29 中 ^{3}He 含量与光学成熟度之间的相关性变得不明显。图 3.29 中 ^{3}He 含量大于 7.5ppb 的 3 个月壤样品（1 个 A11，2 个 A17）的 TiO_2 含量

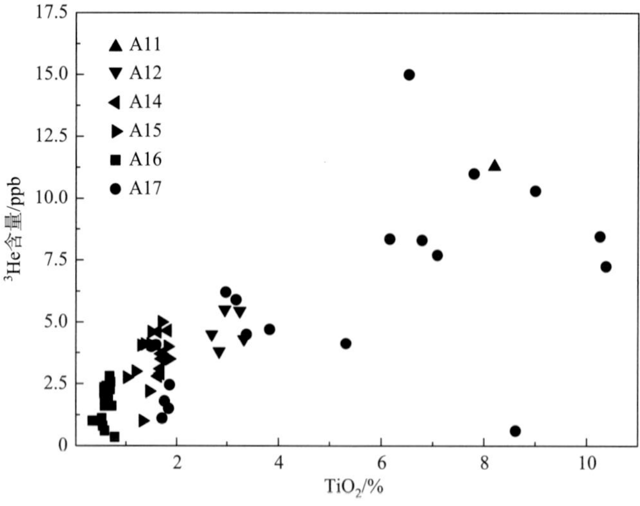

图 3.30　Apollo 月壤样品中 ^{3}He 含量与 TiO_2 含量之间的关系

都大于 7%（图 3.29 中括号内标注），而其他 22 个月壤样品 TiO_2 含量的平均值为 1.43%，最大值也仅为 3.38%。可见，与月壤成熟度相比较，TiO_2 对 ^3He 含量的影响更为明显。因此，在富含钛铁矿的月海地区，即使月壤不成熟，^3He 含量也可能会很高。

按照 Lucey 等 2000a 的方法，TiO_2 含量的计算公式为

$$\theta_{Ti} = \arctan\left(\frac{R_{415} / R_{750} - y_{0Ti}}{R_{750} - x_{0Ti}}\right) \tag{3.5.5}$$

$$S_{Ti}(\%) = 3.708 \times [\theta_{Ti}]^{5.979} \tag{3.5.6}$$

式中，$x_{0Ti} = 0.0$；$y_{0Ti} = 0.42$；R_{415}、R_{750} 分别为波长为 415 nm、750 nm 时月球表面反射率。

图 3.31 给出克莱门汀 UVVIS 5 波段光学反射率数据及式（3.5.5）和式（3.5.6）计算出的月球表面 TiO_2 含量的分布。可以看出，月球正面的月海地区 TiO_2 含量很高，高地 TiO_2 含量较低。如果仅考虑月壤对 ^3He 的保持能力，则 ^3He 主要蕴含于月球正面的富含钛铁矿的月海之中。

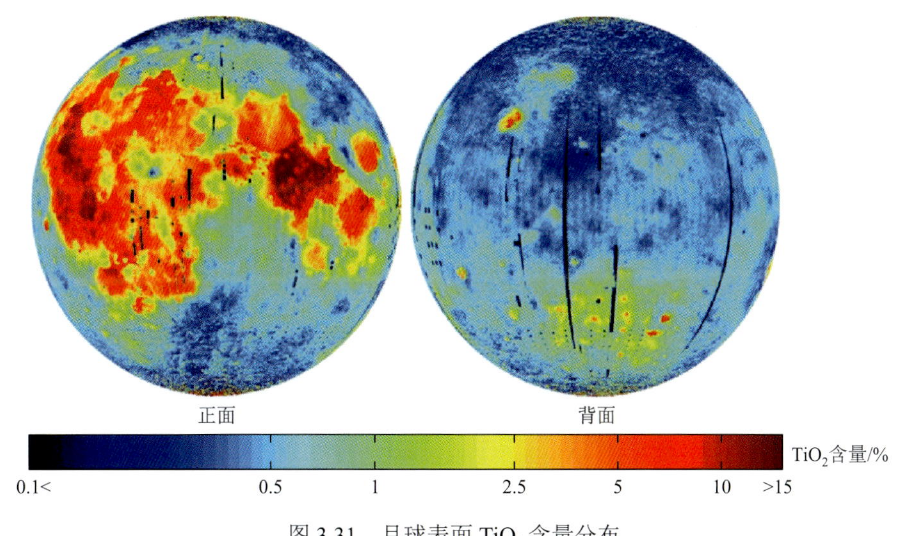

图 3.31　月球表面 TiO_2 含量分布

上述分析表明，月壤中 ^3He 主要来源于太阳风照射，月壤表层 ^3He 含量与太阳风通量有关。受月壤脱气作用的影响，月壤中 ^3He 含量与月壤成熟度以及月壤中 TiO_2 含量有关，其中与 TiO_2 含量的关系最为明显。

3.5.2　月壤中 ^3He 含量分布估算

1. 月球表面 ^3He 含量分布

Swindle 等（1990）给出了 Apollo 月壤样品中 ^3He 含量和 TiO_2 含量的测量结果，Lucey

等（2000b）由实验测量的月壤光谱特性计算出月壤光学成熟度，再由 Apollo 着陆点的经纬度（表 3.3）按照式（3.5.3）计算出这些月壤样品的归一化太阳风通量，一共有 25 个月壤样品同时具备这 4 个参数。综合考虑月壤表层 ^{3}He 含量与太阳风通量、光学成熟度以及 TiO_2 含量之间的关系，对这些月壤样品的测量数据进行拟合，得到月球表面 ^{3}He 含量 C_0 与归一化太阳风通量 F，TiO_2 含量 S_{Ti} 以及光学成熟度（OMAT）之间的关系为（Fa and Jin，2007b）

$$C_0 = 0.56 \times (S_{Ti} \times F / \mathrm{OMAT}) + 1.62 \tag{3.5.7}$$

图 3.32 给出了月壤样品的实验测量数据和拟合结果的比较，拟合的相关系数为 0.938。与 Taloy（1994）的方法比较，式（3.5.7）纳入了太阳风通量对月球表面 ^{3}He 分布的影响。Johnson 等（1999）取太阳风通量最大值为 1000（即 F_0=500），根据 9 个月壤样品的测量值得到 ^{3}He 含量为 $C_0 = 5.5886 \times 10^{-4} \times (S_{Ti} \times F / \mathrm{OMAT}) + 2.21313$。式（3.5.7）是由 25 个月壤样品的测量值拟合的结果，Johnson 等（1999）是由 9 个月壤样品得到的结果。

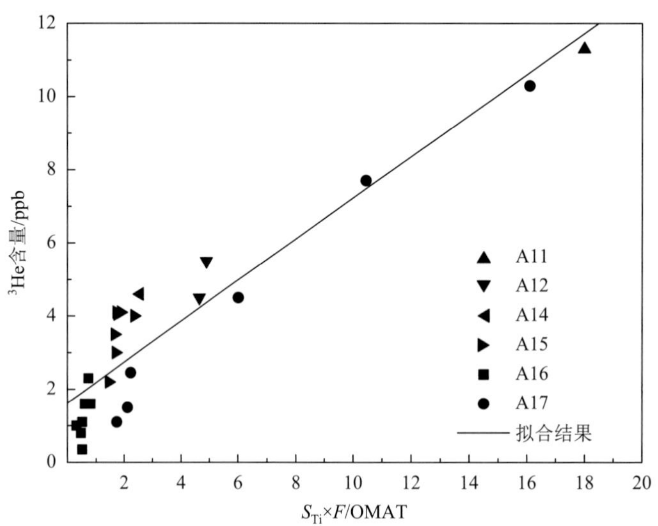

图 3.32　Apollo 月壤样品测量值与拟合结果

根据图 3.27 所示的月球表面归一化太阳风通量分布、图 3.29 所示的月球表面光学成熟度（OMAT）和图 3.31 所示的月球表面月壤中 TiO_2 含量分布，由式（3.5.7）计算出月球表面月壤表层 ^{3}He 含量分布，如图 3.33 所示。可以看出，虽然受地球磁尾的影响，月球正面的月海地区接收到的太阳风通量比较小，但由于 TiO_2 对 ^{3}He 的吸附能力很强，月球正面的月海地区 ^{3}He 含量仍然很高。此外，月球背面月海地区 ^{3}He 的含量也很高。

2. 月壤中 ^{3}He 总量

要估计月球表面某一特定点所蕴含的 ^{3}He 总量，必须知道这一点的月壤厚度以及月壤中 ^{3}He 含量随月壤深度的分布情况。

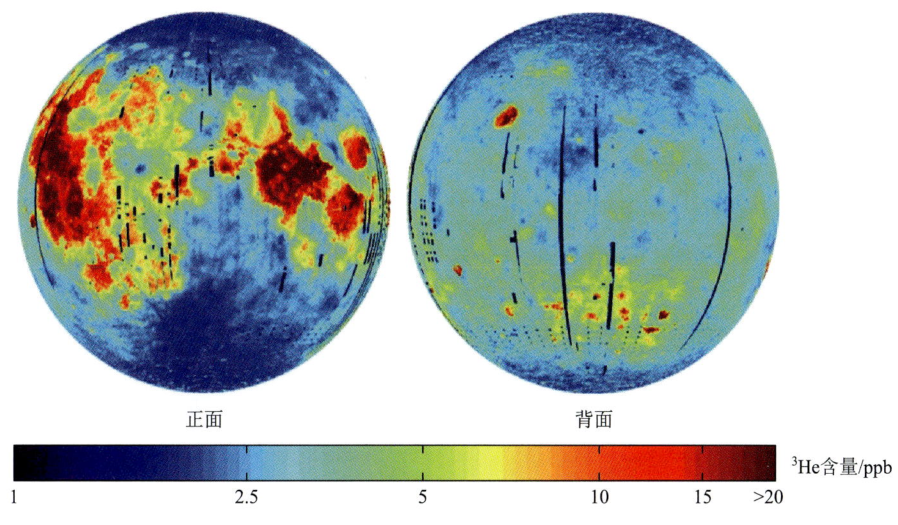

图 3.33　月球表面月壤表层 ^{3}He 含量分布

月海约占整个月球表面积的 15%，月陆高地占 85%。取月海地区平均月壤厚度为 8 m、^{3}He 含量为 5.3ppb，高地地区平均月壤厚度为 15 m、^{3}He 含量为 3.2ppb。Swindle 等（1990）根据这些条件计算出当 ^{3}He 含量随深度 z 按 $e^{-0.347z}$ 衰减时，整个月球表面月壤中 ^{3}He 总量为 4.50×10^8 kg，而 ^{3}He 均匀分布时总量为 3.22×10^9 kg。Fegley 等（1993）进一步简单假设月球表面只有 3 m 厚的月壤中含有 ^{3}He，并且 ^{3}He 随深度均匀分布，含量为 4.2±3.4ppb，根据这些条件估算出整个月球表面 ^{3}He 总量为（8.4±6.9）$\times10^8$ kg。Taylor（1994）假设月海表面 ^{3}He 含量为 6ppb，高地表面 ^{3}He 含量为 3ppb，假设整个月球表面只有 3 m 厚的月壤中含有 ^{3}He 且均匀分布，估算出整个月球表面的 ^{3}He 总量为 7.15×10^8 kg。由于缺少整个月球表面月壤厚度以及 ^{3}He 含量随经纬度分布的信息，因此这些计算都只是粗略的估计。

太阳风注入的 ^{3}He 主要集中于月球表层 1 μm 以内，由于受大大小小陨石小天体的撞击，深层月壤与表层月壤相混合，因此月壤深层也含有 ^{3}He。例如，在 Apollo 11 着陆点，由于受陨石小天体的撞击，厚度为 10 cm、1 m、3～4 m 的月壤层月壤混合的次数分别为 2 000 次、100 次、10 次（Shkuratov et al.，1999）。随着月壤深度的增加，月壤混合的次数减少，月壤中所蕴含的 ^{3}He 含量也减少。Apollo 探月计划中曾对月球表面深至 3 m 的月壤进行过直接探测，但是测量中随机因素的影响过大而掩盖了 ^{3}He 含量随深度变化的信息（Fegley and Swindle，1993）。对月球表面月壤的演化过程定量模拟的结果显示，月壤中 ^{3}He 含量随月壤深度呈指数衰减趋势（Arnold，1975）。

因此，假设月壤中 ^{3}He 含量随深度 z 的变化为

$$C(z)=C_0e^{-\alpha z} \tag{3.5.8}$$

取月壤的体积密度为 ρ，则月球表面任意一点单位面积内 ^{3}He 含量为

$$M=\int_0^d \rho(z)\cdot C(z)\mathrm{d}z \tag{3.5.9}$$

按照 Arnold（1975），当月壤深度为 3 m 时，^{3}He 含量约衰减到表层 ^{3}He 含量的 e^{-1}，因此取 $\alpha = 1/3$。同时，取月壤的体积密度不随月壤深度变化，恒定为 $\rho = 1.8$ g/cm^3（Hieken et al.，1991）。由图 3.33 给出的月壤表层 ^{3}He 含量分布以及图 3.25 给出的月壤厚度分布，按照式（3.5.9）计算出月球表面单位面积内 ^{3}He 含量分布。

图 3.34 给出月球表面单位面积内 ^{3}He 含量分布（Fa and Jin，2010b）。可以看出，由于月海富含的 TiO_2 对 ^{3}He 的吸附能力很强，即使月海月壤厚度比较小，月海地区单位面积所蕴含的 ^{3}He 也比较多。而月球背面月陆地区由于月壤厚度较大，单位面积内 ^{3}He 含量也比较高。在一些月海地区（如静海、丰富海、莫斯科海、风暴洋），由于月球表面 ^{3}He 含量与月壤厚度都大，因此 ^{3}He 的总含量高，可达 80 (ng/g)/m^2。

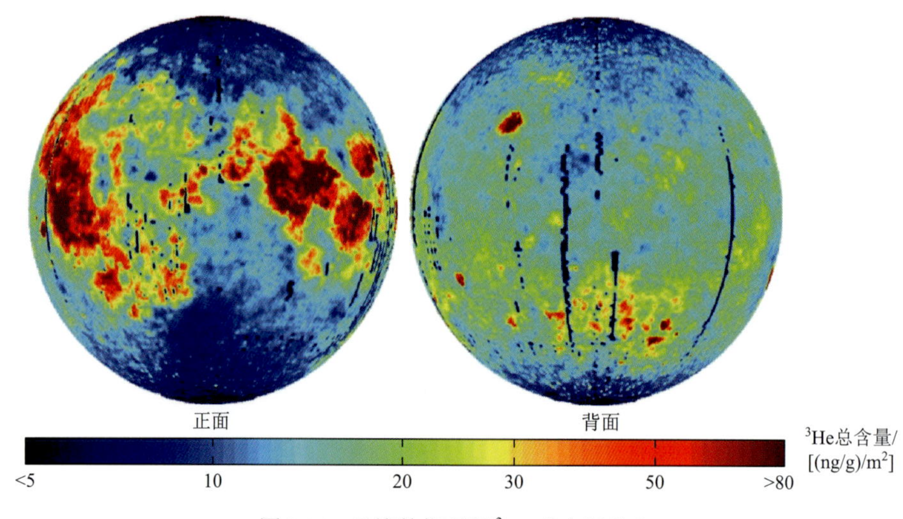

图 3.34　月壤单位面积 ^{3}He 总含量分布

按全月球表面每一像素所存的 ^{3}He 含量，得到全月球月壤的 ^{3}He 总含量。考虑到 CE-1 微波辐射计空间分辨率 30～50 km^2 对 ^{3}He 含量计算的限制，保留两位有效数，全月球月壤的 ^{3}He 总含量为 6.6×10^8 kg，其中月正面 3.7×10^8 kg、月背面 2.9×10^8 kg（Fa and Jin，2010b）。

如果 ^{3}He 在月壤中均匀分布，即式（3.5.9）中 $\alpha = 0$，则全月球月壤的 ^{3}He 总含量可大至 1.70×10^9 kg，其月正面 8.64×10^8 kg、月背面 8.33×10^8 kg（Fa and Jin，2010b）。

^{3}He 总含量估算的精度取决于 ^{3}He 月球表面分布、^{3}He 随深度的分布廓线、月壤层厚度。另外，由于 ^{3}He 含量随深度减小，非常厚的月壤层对 ^{3}He 总含量的估算影响不大。

参 考 文 献

崔海英，王振占，张晓辉，等. 2009. 空间微波环境对“嫦娥一号”微波探测仪在轨定标影响分析. 遥感技术与应用，24（4）：435–441.

姜景山，金亚秋. 2011. 中国微波探月研究. 北京：科学出版社.

姜景山，王振占，张晓辉，等. 2009. 微波月亮：人类对月球的全新视角——中国“嫦娥一号”卫星微波探测仪若干探测结果. 遥感技术与应用，24（4）：409–422.

金亚秋，徐丰. 2008. 极化散射与 SAR 遥感信息理论与方法. 北京：科学出版社.

张德海，张晓辉，王振占，等. 2009.“嫦娥一号”微波探测仪探测月壤厚度机理和地面验证实验. 中国科学：地球科学，39（8）：1097–1104.

张晓辉，姜景山，王振占，等. 2008. 中国首次月球探测卫星载荷微波探测仪. 中国科学技术前沿（中国工程院版），11：103–129.

Arnold J R. 1975. Monte Carlo simulation of turnover processes in the lunar regolith. Proceedings of the Lunar and Planetary Science Conference，6：2375–2395.

Arnold J R. 1979. Ice in the lunar polar regions. Journal of Geophysical Research，84（B10）：5659–5668.

Baldwin R B. 1964. Lunar crater count. Astrophys Journal，69：377–391.

Carrier W D，Olhoeft G R，Mendell W. 1991. Physical properties of the lunar surface//Heiken G H，Vaniman D T，French B M. Lunar Source-Book：A User's Guide to the Moon. New York：Cambridge University Press.

Chan K L，Tsang K T，Kong B，et al. 2010. Lunar regolith thermal behavior revealed by Chang'E-1 microwave brightness temperature data. Earth and Planetary Science Letters，295（1-2）：287–291.

England A W. 1975. Thermal microwave emission from a scattering layer. Journal of Geophysical Research，80（32）：4484–4496.

Fa W，Jin Y Q. 2007a. Simulation of brightness temperature from lunar surface and inversion of regolith-layer thickness. Journal of Geophysical Research：Planets，112（E5）：E05003.

Fa W，Jin Y Q. 2007b. Quantitative estimation of helium-3 spatial distribution in the lunar regolith layer. Icarus，190：15–23.

Fa W，Jin Y Q. 2010a. A primary analysis of microwave brightness temperature of lunar surface from Chang-E 1 multi-channel radiometer observation and inversion of regolith layer thickness. Icarus，207（2）：605–615.

Fa W，Jin Y Q. 2010b. Global inventory of Helium-3 in lunar regoliths estimated by a multi-channel microwave radiometer on the Chang-E 1 lunar satellite. Chinese Science Bulletin，55（35）：4005–4009.

Fa W，Wieczorek M A. 2012. Regolith thickness over the lunar nearside：results from Earth-based 70-cm Arecibo radar observations. Icarus，218（2）：771–787.

Fang T，Fa W. 2014. High frequency thermal emission from the lunar surface and near surface temperature of the Moon from Chang'E-2 microwave radiometer. Icarus，232：34–53.

Fegley Jr B R，Swindle T D. 1993. Lunar volatiles：implications for lunar resource utilization. Resources of near-Earth Space，367–426.

Gong X，Jin Y Q. 2012. Microwave brightness temperature of cratered lunar surface and inversions of the physical temperature profile and thickness of regolith layer. Radio Science，47：RS1012.

Gong X，Jin Y Q. 2013. Diurnal change of thermal emission from lunar craters with relevance to rock abundance. Acta Astronaut，86：237–246.

Hagfors T. 1964. Backscattering from an undulating surface with applications to radar returns from the Moon. Journal of Geophysical Research，69（18）：3779–3784.

Heiken G H，Vaniman D T，French B M. 1991. Lunar Source-Book：A user's Guide to the Moon. London：Cambridge University Press.

Jin Y Q. 1994. Electromagnetic Scattering Modelling for Quantitative Remote Sensing. Singapore：World Scientific.

Jin Y Q. 2005. Theory and Approach of Information Retrievals From Electromagnetic Scattering and Remote Sensing. Berlin，Germany：Springer-Verlag.

Jin Y Q，Fa W. 2009. An inversion approach for lunar regolith layer thickness using optical albedo data and microwave emission simulation. Acta Astronautica，65（9）：1409–1423.

Jin Y Q，Fa W. 2010. The modeling analysis of microwave emission from stratified media of nonuniform lunar cratered terrain surface for Chinese Chang-E 1 observation. IEEE Geoscience and Remote Sensing Letters，7（3）：530–534.

Jin Y Q，Xu F. 2013. Polarimetric Scattering and SAR Information Retrieval. New York：John Wiley-IEEE.

Johnson J R，Swindle T D，Lucey P G. 1999. Estimated solar wind-implanted helium-3 distribution on the Moon. Geophysical Research Letters，26（3）：385–388.

Keihm S J. 1984. Interpretation of the lunar microwave brightness temperature spectrum：feasibility of orbital heat flow mapping.

Icarus，60：568–589.

Kulcinski G L，Schmitt H H. 1988. The moon：an abundant source of clean and safe fusion fuel for the 21 st century. Lunar Helium-3 and Fusion Power（NASA Conference Publication 10018），35–63.

Lawrence D J. 2017. A tale of two poles：toward understanding the presence，distribution，and origin of volatiles at the polar regions of the Moon and Mercury. Journal of Geophysical Research：Planets，122：21–52.

Lawrence D J，Feldman W C，Elphic R C，et al. 2002. Iron abundances on the lunar surface as measured by the Lunar Prospector gamma-ray and neutron spectrometers. Journal of Geophysical Research：Planets，107（E12）：5130.

Lawson S L，Jakosky B M，Park H S，et al. 2000. Brightness temperatures of the lunar surface：calibration and global analysis of the Clementine long-wave infrared camera data. Journal of Geophysical Research：Planets，105（E2）：4273–4290.

Lewis J S. 1991. Extraterrestrial sources of He-3 for fusion power. Space Power，10（3-4）：363–372.

Liu N，Jin Y Q. 2019. A numerical model of CPR of rough surface with volumetric scatterers for analysis of Mini-RF data. Radio Science，in press.

Lucey P G，Blewett D T，Jolliff B L. 2000a. Lunar iron and titanium abundance algorithms based on final processing of Clementine ultraviolet-visible images. Journal of Geophysical Research：Planets，105：20297–20305.

Lucey P G，Blewett D T，Taylor G J，et al. 2000b. Imaging of lunar surface maturity. Journal of Geophysical Research：Planets，105（E8）：20377–20386.

Mazarico E，Neumann G，Smith D，et al. 2011. Illumination conditions of the lunar polar regions using LOLA topography. Icarus，211（2）：1066–1081.

McKay D，Heiken G，Basu A，et al. 1991. The lunar regolith//Heiken G H，Vaniman D T，French B M. Lunar Source-Book：A user's guide to the Moon. New York：Cambridge University Press：285–356.

Morris R V. 1976. Surface exposure indices of lunar soils：a comparative FMR study. The Proceeding of the 7 th Lunar Science Conference，315–335.

Neugebauer M，Snyder C W，Clay D R，et al. 1972. Solar wind observations on the lunar surface with the Apollo-12 ALSEP. Planetary and Space Science，20（10）：1577–1591.

Pike R J. 1974. Depth/diameter relations of fresh lunar craters：revision from spacecraft data. Geophysical Research Letters，1：291–294.

Prettyman T H，Hagerty J J，Elphic R C，et al. 2006. Elemental composition of the lunar surface：analysis of gamma ray spectroscopy data from Lunar Prospector. Journal of Geophysical Research：Planets，111：E12007.

Shkuratov Y G，Bondarenko N V. 2001. Regolith layer thickness mapping of the Moon by radar and optical data. Icarus，149（2）：329–338.

Shkuratov Y G，Kaydash V G，Stankevich D G，et al. 2005. Derivation of elemental abundance maps at intermediate resolution from optical interpolation of lunar prospector gamma-ray spectrometer data. Planetary and Space Science，53（12）：1287–1301.

Shkuratov Y G，Starukhina L V，Kaidash V G，et al. 1999. ^{3}He distribution over the lunar visible hemisphere. Solar System Research，33：409–420.

Swindle T D，Glass C E，Poulton M M. 1990. Mining Lunar Soils for ^{3}He. Tucson：UA/NASA Space Engineering Research Center TM-90/1.

Taylor L A. 1990. Hydrogen，helium，and other solar-wind components in lunar soil-Abundances and predictions. Engineering，Construction，and Operations in Space II，68–77.

Taylor L A. 1994. Helium-3 on the Moon：model assumptions and abundances. Engineering，Construction，and Operations in Space IV，678–686.

Tsang L，Kong J A，Shin B. 1985. Theory of Microwave Remote Sensing. New York：John Wiley.

Ulaby F T，Long D G，Blackwell W J，et al. 2014. Microwave Radar and Radiometric Remote Sensing. Ann Arbor：University of Michigan Press.

Ulaby F T，Moore R K，Fung A K. 1986. Microwave Remote Sensing（3 volumes）. Norwood：Artech House.

Vasavada A R，Paige D A，Wood S E. 1999. Near-surface temperatures on Mercury and the Moon and the stability of polar ice deposits. Icarus，141（2）：179–193.

Wang Y，Fa W，Du J. 2016. Distribution Characteristic and Formation Mechanism of Lunar "Cold Spot" Craters in Microwave Brightness Temperature Images. The 47 th Lunar and Planetary Science Conference.

Wittenberg L J，Santarius J F，Kulcinski G L. 1986. Lunar source of ^{3}He for commercial fusion power. Fusion technology，10（2）：167–178.

Zheng Y C，Tsang K T，Chan K L. 2012. First microwave map of the Moon with Chang'E-1 data：the role of local time in global imaging. Icarus，219：194–210.

第 4 章　月壤层物理温度分布反演

月球表面物理温度是月球最重要的环境参数之一，与月球热演化、极区水冰分布等重要科学问题密切相关，也是月球着陆探测中工程任务首要考虑的因素之一。月壤介电常数与月壤密度、化学成分有关，这些可以为了解月壤的形成与演化提供重要的信息。以往对月球表面物理温度的研究主要基于热红外遥感，对介电常数的研究主要基于 Apollo 样品实验室测量与多光谱遥感获得的月球表面成分。红外频率高，只能探测月球表面，完全受到探测深度的限制，对于月壤层温度是依靠理论模型的热传导方程数值求解与数据拟合。而微波具有 10 m 量级的月壤穿透特性，月球表面的辐射亮度温度蕴含了数米之内月壤物理温度与介电常数随深度变化的信息。

本章基于“嫦娥一号”（CE-1）微波辐射计对月球表面多通道微波热辐射的观测，在第 3 章月壤层微波热辐射模型的基础上，探讨由微波辐射观测反演月壤层物理温度和有效介电常数的应用方法。微波热辐射遥感对物理温度和有效介电常数的反演提供了与传统热红外遥感、多光谱遥感所不同的融合信息（Gong and Jin，2012a，2012b）。

特别以“嫦娥三号”选定着陆区月球虹湾地区为例。对虹湾区域月球表面物理温度的了解，有助于对“嫦娥三号”有效载荷观测数据的科学解译，也可为着陆器和巡视器的工程设计提供参考。根据月球地面坐标系和以虹湾地区中心点为新极点的坐标系之间的转换关系，由 CE-1 微波辐射计数据中的太阳入射角和方位角，来确定虹湾地区的月球当地时间。利用 CE-1 微波辐射计高频通道 19.35 GHz 和 37.0 GHz 微波辐射亮度温度，结合月尘-月壤-月岩三层微波辐射模型，反演了虹湾地区的物理温度，并给出了虹湾地区月尘层与月壤层不同时段平均物理温度随月球时间的变化（Gong and Jin，2012a）。将物理温度的反演结果与 LRO Diviner 红外辐射计的观测结果做了对比，并对影响虹湾地区温度分布的因素做了讨论。

月球两极地区一些陨石坑底部终年无法接收到太阳光的直接照射，形成了永久阴影区（Noda et al.，2008；Mazarico et al.，2011）。基于 CE-1 微波辐射计对月球极地地区的观测结果，分析了月球两极微波热辐射分布特征，讨论了月球表面陨石坑地形起伏对辐射亮度温度分布的影响，比较了辐射亮度温度的分布与太阳光照条件之间的关系，这些可以为极区水冰的存在区域提供某种约束条件（Gong and Jin，2012b）。关于高分辨率雷达探测永久阴影区是否存在水冰的问题在第 7 章中专门予以讨论。

CE 微波辐射计高频通道（19.35 GHz、37 GHz）辐射亮度温度数据用来研究具有物理温度分布廓线的 2 层月壤模型的辐射传输。选取赤道和沿经度 150°W 作为目标区域，用这两个频率的辐射亮度温度数据，通过最小二乘法反演月壤指数形式的物理温度廓线分布，再结合穿透能力较强的低频通道（3.0 GHz）观测数据，实现对月壤厚度的反演（Gong and Jin，2012a）。反演结果分别与以往物理温度随纬度变化的经验性分布以及 Apollo 着陆点月壤厚度测量进行了验证和分析。

月壤的体积密度、热物理传导、物理温度与介电常数随深度的变化有多种理论模型，一般假设由参数定义的指数型单调均匀变化廓线，并通过热传导方程求解，得到月球表面的物理温度，可与红外观测比较验证。这与 2 层或 3 层月壤-月岩的各一平均温度模型有所不同。

当采用月壤物理温度与体积密度单调均匀廓线的模型时，探讨了多通道微波辐射观测对月球一些区域的月壤层物理温度廓线的反演，从而与红外观测进行比较与融合。

本章探讨了多通道微波辐射亮度温度对月壤层有效介电常数的反演。首先由热传导方程讨论 Apollo 15 地区以及赤道高地地区的月壤温度廓线；再通过 CE-1 的 4 通道微波辐射计观测数据，基于半无限大介质的微波热辐射模型，由最小二乘法反演得到月球表面对不同频率电磁波的反射率与吸收系数；最后由反射率及吸收系数与月壤介电常数的关系，求解得到月壤复介电常数（Gong and Jin，2012，2013，2015）。

4.1　虹湾地区月壤物理温度反演

过去 Apollo 等登月计划，都未曾将虹湾地区作为登陆点。本节先依据月面坐标系和以虹湾地区中心点为新极点的坐标系之间的转换关系，由 CE-1 微波辐射计数据中的太阳入射角和方位角来确定虹湾地区的当地时间，然后用CE-1 高频通道 19.35 GHz 和 37.0 GHz 辐射亮度温度，结合月壤三层微波辐射模型，反演虹湾地区的物理温度，并给出了虹湾地区月尘层与月壤层不同时段物理温度随月球时间的变化，将物理温度的反演结果与 Diviner 红外辐射计的观测结果进行对比，并对影响虹湾地区温度分布的因素做了讨论。

4.1.1　虹湾区域 CE-1 观测时间与地形特征

月球自转周期为 27 天 7 小时 43 分 11.5 秒，与其围绕地球公转的周期刚好相等，这样在地球上用地基雷达或者天文望远镜只能观察到月球的一面，称为月球正面（nearside），背向地球的一侧，称为月球背面（farside）。在地球上观察到月球的“朔望”周期变化，实际上是月球自转时，表面接收太阳光照范围变化所引起的，也是月球当地时间的直接反映。

1. CE-1 虹湾地区观测数据的月球当地时间

采用 2007 年 11 月 27 日～2008 年 2 月 4 日以及 2008 年 5 月 15 日～7 月 28 日共计 1307 轨 CE-1 微波辐射计观测亮度温度数据，从中挑选出虹湾地区的不同月球当地时间的亮度温度数据。由于 CE-1 的月球极地运行轨道在月球自转一周的时间内，分别可以在月球白天与黑夜各观测到虹湾地区一次，因此可以按照月球的自转周期（27 天 7 小时 43 分 11.5 秒（Heiken et al.，1991），先将所有数据进行分组，在每个月球周期内先找到虹湾地区的观测数据，然后再确定每次观测的月球当地时间。

参照 CE-1 给出的数据，观测时间可以划分为 6 个月，分别为 2007 年 11 月 27 日～12 月 24 日（M1）、2007 年 12 月 25 日～2008 年 1 月 21 日（M2）、2008 年 1 月 21 日～2 月 4 日（M3）、2008 年 5 月 15 日～6 月 11 日（M4）、2008 年 6 月 11 日～7 月 7 日（M5）、

2008 年 7 月 7 日～7 月 28 日（M6）。这样，在每个月球日中 CE-1 都可以观测到虹湾地区白天和黑夜辐射亮度温度的一组数据。由于月球在绕地球公转的同时也围绕太阳公转，月球对太阳的相对位置随着时间会发生变化，因此每个月份（M1～M6）所观测到的虹湾区域实际上所处的月球当地时间并不相同。如果要确定每个月球日中所观测到虹湾区域所处的月球当地时间，则需要计算观测当时的太阳日下点所在经度与虹湾区域所在经度的差，这是表征当地时间的一个参量。举例来说，如果该夹角为 0°，表明该观测地区处于正午；若该夹角为 180°，则该地区处于午夜。

如图 4.1 所示，P 点为月球主坐标系的北极点，Q 点(φ_0,λ_0)为观测点，(φ_0,λ_0)分别为虹湾地区的纬度和经度，$K(\varphi,\lambda)$点为太阳所在位置。太阳入射角以及太阳方位角的定义都是基于以观察点 Q 为极点的地平面坐标系而言的。太阳入射角是指太阳入射光线与当地 Q 点法线的夹角，太阳方位角则定义为太阳入射光线在地平面上的投影与当地子午线的夹角。可以看到，图 4.1 中天顶距 z 所对应的圆心角（以 z 表示）与 α 满足太阳入射角和方位角的定义。这样，由式（4.1.1a）～式（4.4.1c）即可确定 K 点，亦即太阳所处的位置，再由 K 点与 Q 点的经度差就可以得到该观测点所处的月球当地时间。事实上，式（4.1.1a）～式（4.1.1c）可以通过球面三角形的正弦定理和余弦定理简单变换得到（张宏等，2006）：

$$\cos z = \sin\varphi\sin\varphi_0 + \cos\varphi\cos\varphi_0\cos(\lambda-\lambda_0) \tag{4.1.1a}$$

$$\sin z\cos\alpha = \sin\varphi\cos\varphi_0 - \cos\varphi\sin\varphi_0\cos(\lambda-\lambda_0) \tag{4.1.1b}$$

$$\sin z\sin\alpha = \cos\varphi\sin(\lambda-\lambda_0) \tag{4.1.1c}$$

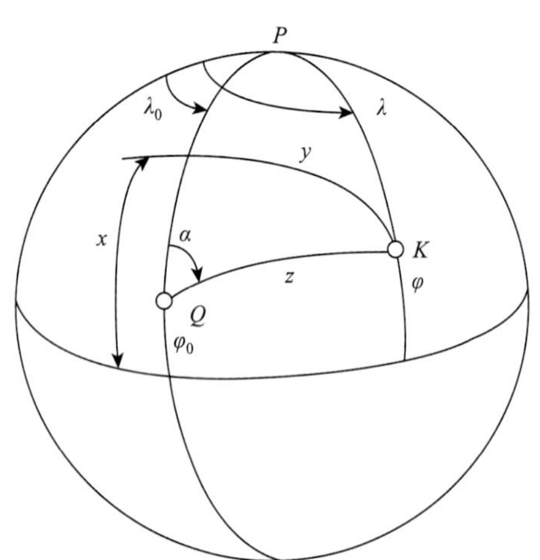

图 4.1　确定新极点的球面坐标系各点之间的相对位置关系（张宏等，2006）

在 CE-1 数据中，在给出观测点辐射亮度温度的同时，也给出了与观测时刻相对应的太阳入射角与方位角。按照上述方法，对 CE-1 数据按月球自转周期进行分组，找到对应的虹湾地区数据，并按照太阳入射角首先区分是月球白天还是黑夜的数据，得到 CE-1 所观测到的所有各个时间段虹湾地区的辐射亮度温度分布，以及所对应观测数据的太阳入射角和方位角，按照式（4.1.1a）～式（4.1.1c）换算成观测点的月球当地时间，如表 4.1 所示。

表 4.1　CE-1 观测到虹湾地区不同时段的太阳入射角和方位角以及对应的月球当地时间

项目	月球白天					
	M1	M2	M3	M4	M5	M6
太阳入射角/(°)	47.1835	45.3518	54.7299	46.3664	42.0414	48.9401
太阳方位角/(°)	204.971	166.705	132.251	213.772	176.823	141.744
当地时间	13:00	11:00	9:00	14:00	12:00	10:00

续表

项目	月球黑夜			
	M1	M2	M4	M5
太阳入射角/(°)	137.852	133.497	134.149	133.3
太阳方位角/(°)	9.65368	329.043	12.5084	336.425
当地时间	0:00	22:00	1:00	23:00

月球观测点的当地时间的换算原则是以太阳日下点所在经度为正午 12 点，向左向右各 7.5°为正午 12 点时间段，以此推断出虹湾地区所处的时间段，来确定其月球当地时间。这里的月球当地时间仅是指观察点区域所处的时间段，以小时为区分单元。由于 M3 和 M6 时间段并不是一个完整的月球自转周期，在这两个时间段中没有月球黑夜的观测数据，因此在月球黑夜只得到了 4 个时间点的观测数据。

图 4.2 给出各个时间段太阳与虹湾地区的相对位置。图 4.2 是以虹湾中心位置为观察点对月球进行投影得到的结果，其中彩色的梯形区域是虹湾地区，白底红色圆表示月球白天时刻太阳的位置，黑底红色圆表示黑夜时刻太阳的位置，此时太阳出于虹湾地区的背面，无法直接被观测到，图 4.2 中给出的是透视到月球背面时太阳所在位置的效果图。

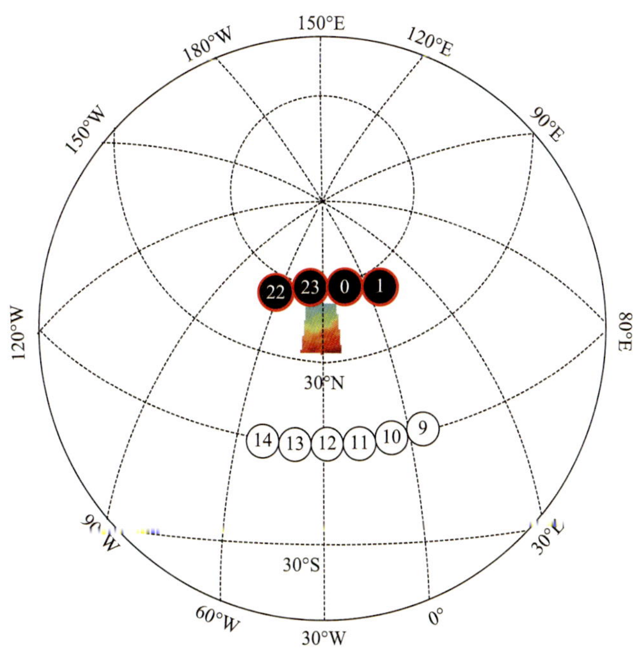

图 4.2　月球当地时刻下太阳与月球虹湾地区的各个相对位置

2. 虹湾地区的地形特征

由日本 Kaguya 卫星的激光高度计数据（Araki et al.，2009）可以得到虹湾地区地形图及其等高线图示意图，如图 4.3 所示。虹湾地区中心位置经纬度为（43°N，31°W），以该点为中心，选取长宽各 20 个经纬度的范围进行成图，成图分辨率是像素点/经纬度，数据的空间分辨率约 7.5 km（相对于赤道而言），对数据缺失点采用双线性插值法进行补充。

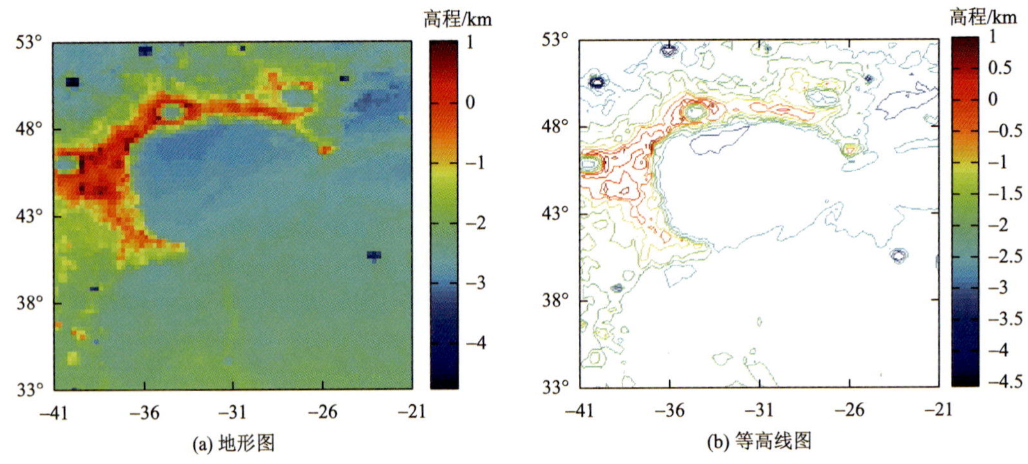

图 4.3　由日本 Kaguya 卫星激光高度计获得的虹湾地区高程分布

对虹湾地区地形的了解，有助于理解整个月球表面地形起伏对其辐射亮度温度分布直接或间接的影响。虹湾地区最显著的地形特征是具有清晰的月海与高地分界线，若能对月海与高地月壤样品进行采集，可比较月海与高地月壤组成的异同。

4.1.2　虹湾地区微波与红外辐射亮度温度分布

1. “嫦娥一号”微波辐射亮度温度数据

根据表 4.1 中给出的观测数据的月球当地时间，图 4.4 和图 4.5 分别给出了月球虹湾地区白天 37.0 GHz、19.35 GHz 辐射亮度温度（TB）的分布。其一般规律是月球白天高频通道的 TB 高于低频通道，如 $TB_{37} > TB_{19}$。图 4.4 和图 4.5 中以三维形式表现地形高低，颜色表示 TB 值。数据缺失点采用最近邻方法插值计算。本章所有地形测量单位都是 km。

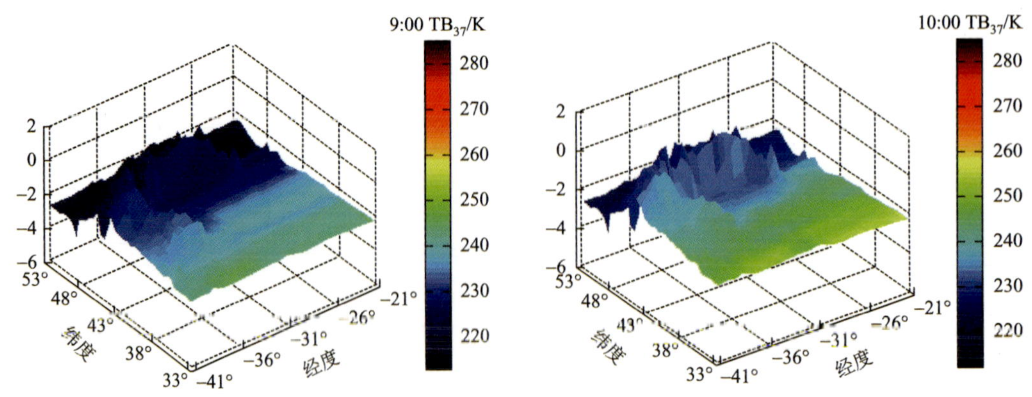

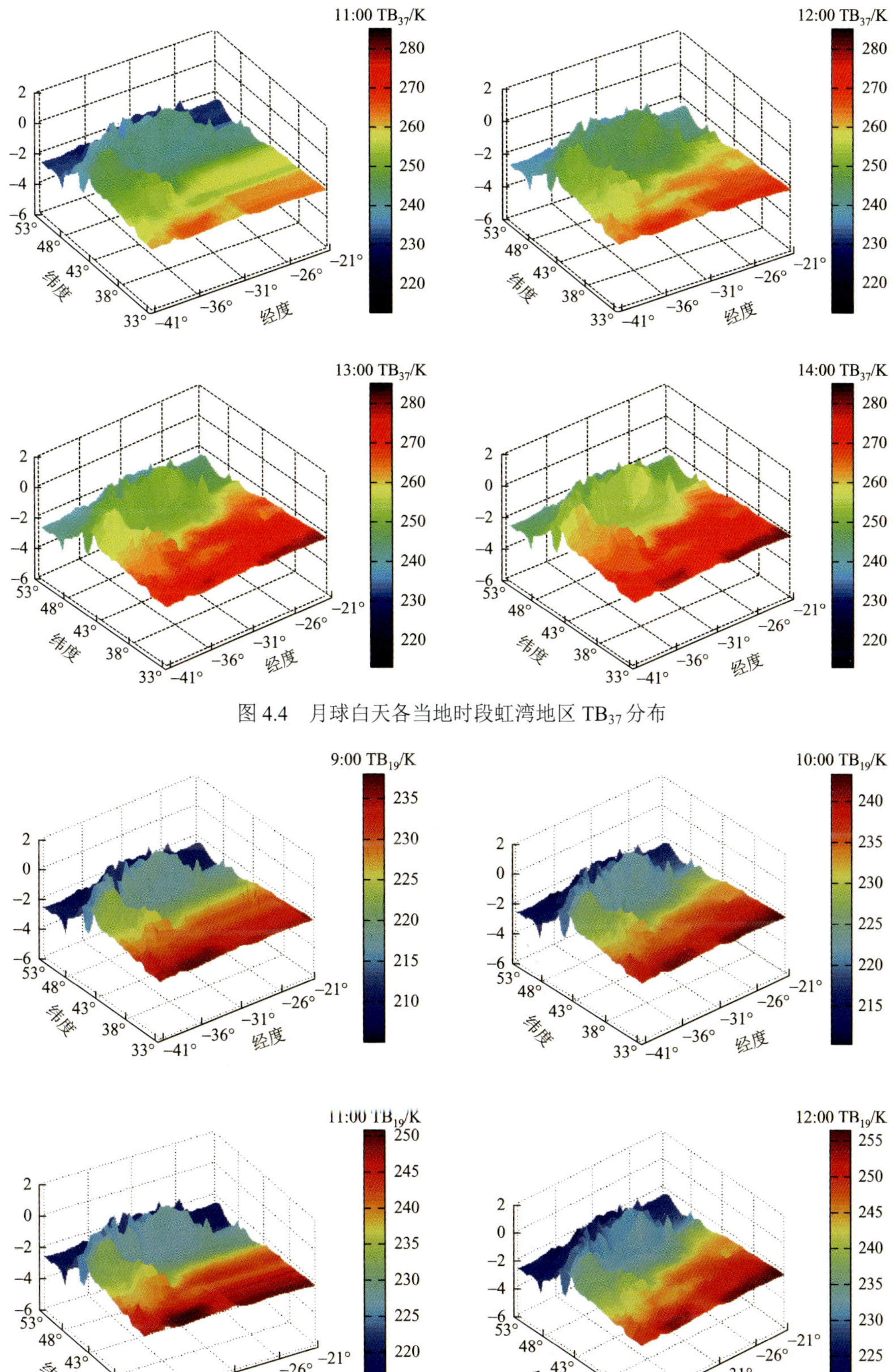

图 4.4　月球白天各当地时段虹湾地区 TB_{37} 分布

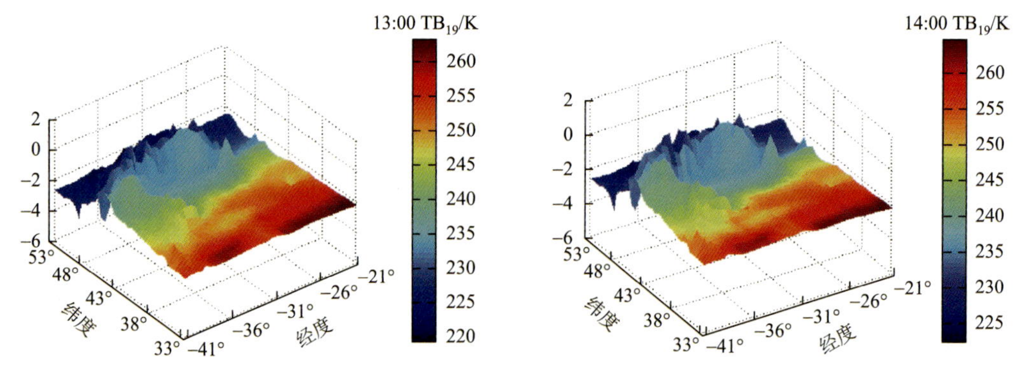

图 4.5　月球白天各当地时段虹湾地区 TB_{19} 分布

从图 4.4 和图 4.5 可看出，在月球当地时间 9:00～14:00，虹湾地区月球表面 TB 随时间逐渐升高，于月球当地时间 14:00 时达到最高，与地球上天气温度一天中的变化类似。这是由于太阳光照在正午之前一直持续增强，使月球表面物理温度与 TB 随之升高。由 2.7 节物理温度的数值模拟可知，月球表面物理温度在正午 12 时达到最大，次表层月壤对太阳照射的热响应会有一定的滞后性，因此次表层物理温度在 12 时以后达到最大值。由于微波具有一定的穿透特性，次表层的热辐射贡献使得卫星观测的辐射亮度温度在 12:00～14:00 仍然持续增高。而对于一固定时间段内的虹湾整个地区的 TB，其按一般的规律随纬度增高而逐渐降低。在地势较低的陨石坑底部，以及坡面的阴影，接收到太阳光照少，因而 TB 也较低。月海与高地的分界线也表现为 TB 变化的分界线，月海区域的 TB 相对较高，而月陆区域的 TB 明显降低。

作为对照，图 4.6 和图 4.7 给出月球黑夜各月球时段虹湾地区的 CE-1 TB_{37} 以及 TB_{19} 的观测数据。总结其一个特点是低频通道的 TB 要高于高频通道的 TB，如 $TB_{37} < TB_{19}$，与白天恰好相反。这是由于月球黑夜表面顶层没有太阳光照辐射热量，月尘层热惯量小，因而表面物理温度骤降。高频电磁波由于对月壤层穿透深度小，夜间逆温廓线的下层月壤热辐射贡献小，因此夜间时高频通道的 TB 低。在月球夜晚 22:00 至第二天 1:00，月球表面 TB 的变化表现为先下降，到午夜 0 点达到最低，之后又小幅回升。这可能是由于 0 点左右是一个月球日当中受太阳光照影响最小的时刻。

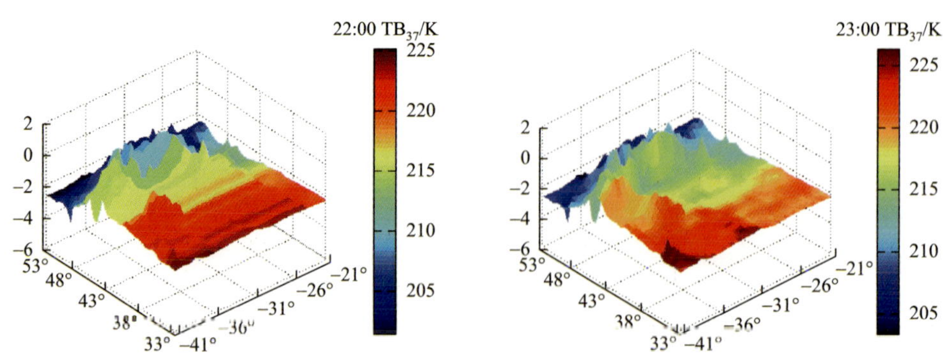

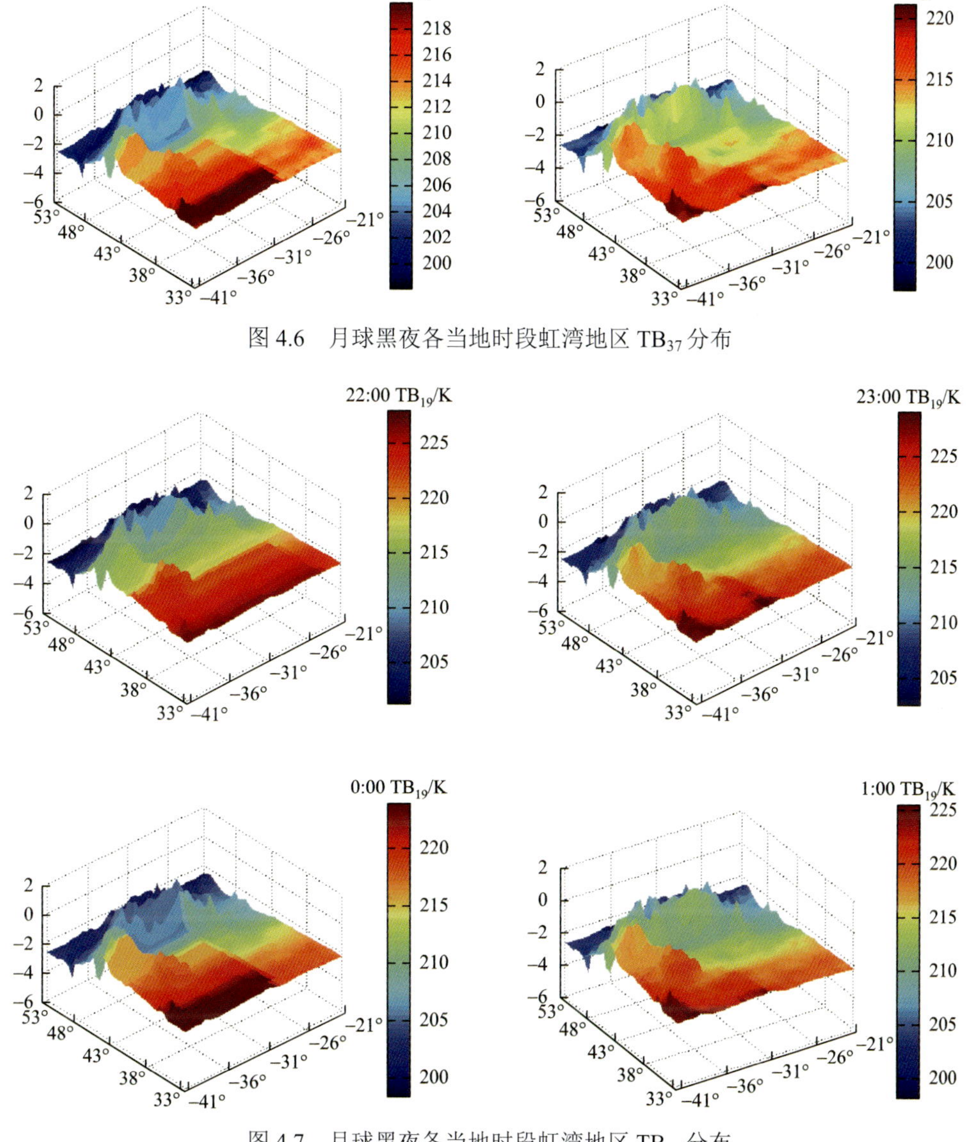

图 4.6　月球黑夜各当地时段虹湾地区 TB_{37} 分布

图 4.7　月球黑夜各当地时段虹湾地区 TB_{19} 分布

2. Diviner 热红外辐射亮度温度分布

2009 年美国 LRO Diviner（占卜者）测量月球表面红外波段热辐射。Diviner 共有 9 个通道，波长范围为 0.35～400 μm，其中前 2 个通道是太阳辐射测量通道（Paige et al., 2010），分别是对太阳辐射的高敏感通道和不敏感通道，第 3～第 9 通道是热辐射测量通道。图 4.8 给出的是 Diviner 第 8 通道 2010 年 5 月对虹湾地区白天和黑夜的测量结果，其中图 4.8（a）的测量时间对应于月球时间白天 8:16～8:27，图 4.8（b）对应的测量时间为月球黑夜 21:07～21:16（数据来源：http://geo.pds.nasa.gov/missions/lro/diviner.htm）。由于红外对月壤的穿透极小，因此红外波段月球表面辐射亮度温度可以看作是月球表面的物理温度。

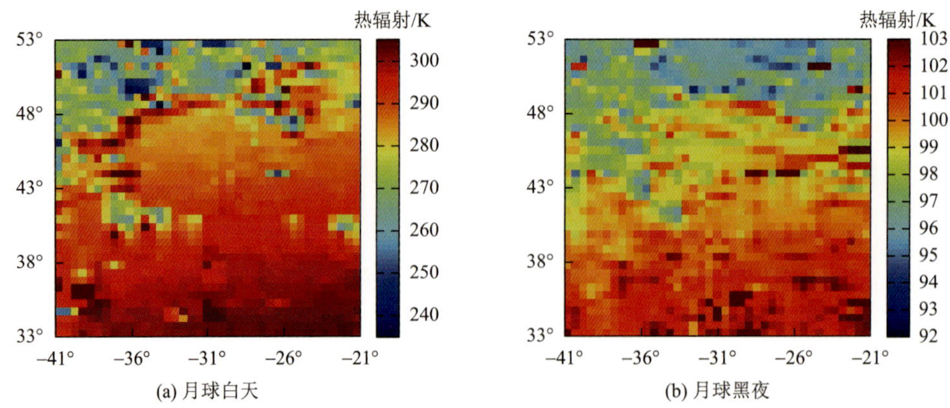

(a) 月球白天　(b) 月球黑夜

图 4.8　Diviner 测量的虹湾区域白天与黑夜的 IR 热辐射

由图 4.8 可以看到，与微波辐射亮度温度相似，红外波段辐射亮度温度随纬度增加逐渐降低，同时受到月球表面地形的影响，具体表现为月海的 TB 要比同纬度高地 TB 高，并且红外波段的昼夜温差要比微波频段大得多。

关于月食期间月球表面温度变化的研究表明（Shorthill and Saari，1965；Lucey，2000），在月球最表层覆盖着一层月尘层，月尘层颗粒密度小，稀疏松散，热导率差，是一层热惯量极低的物质，而月壤层颗粒相对密实，导热性较高。当白天月球表面接收大量太阳辐射时，月尘层温度骤升，但由于热导率较差，月尘层阻碍了太阳辐射向深层月壤的传递，因此月壤温度随深度减小，月壤层由于导热性较好，容易达到热平衡，因此在深度约 0.8 m 处温度几乎不再变化；同理，在月球黑夜，月球表面没有了太阳光照，表面温度骤降，月尘层又阻碍了月壤深处的热量向表层传播，因此表层温度很低，使得月球表面层的昼夜温差很大。由于红外波的穿透深度很小，因此对温度昼夜变化极大的月球表面层温度敏感，这就造成了红外频段辐射亮度温度的昼夜温差要比微波频段大的现象。

4.1.3　虹湾地区月球表面物理温度反演

在 0°观测角下，采用月尘、月壤、月岩 3 层微波热辐射模型，设每层物理温度平均值分别为 T_1、T_2、T_3，则月球表面的微波热辐射由式（3.4.2）计算。对于高频 19.35 GHz 和 37 GHz，由于其穿透深度较小，其热辐射可进一步简化为式（3.4.3）。这样，由高频通道 19.35 GHz 和 37 GHz 的微波辐射亮度温度，可按照式（3.4.4）求解出月尘层和月壤层的物理温度。

在下面的反演中，月尘层、月壤层介电常数由式（2.3.7）计算，其中 FeO 和 TiO_2 含量由克莱门汀 UVVIS 多光谱数据计算得到。图 4.9 给出了由克莱门汀可见光反射率数据反演得到的虹湾地区 FeO 与 TiO_2 含量（Fa and Jin，2007），可以看到月海地区的 FeO 与 TiO_2 含量较高，而高地地区的 FeO 与 TiO_2 含量较低，这与月球表面 FeO 与 TiO_2 含量分布的一般规律也是相一致的。

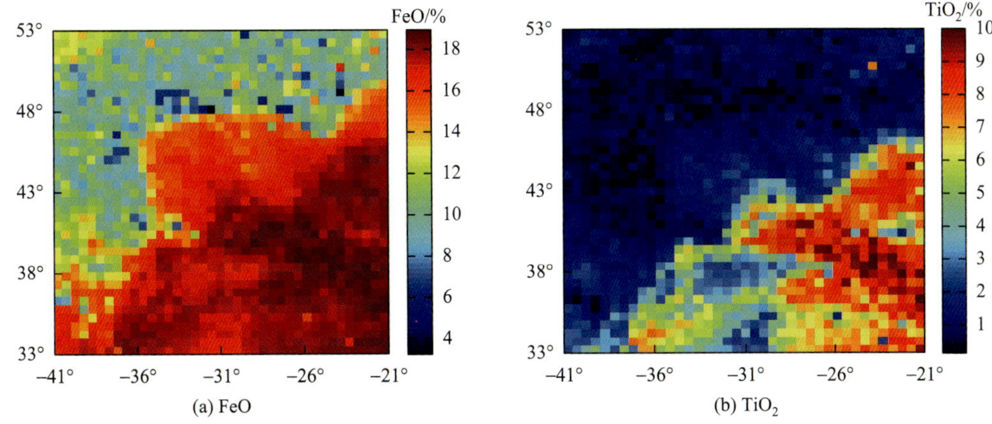

图 4.9　虹湾地区 FeO 与 TiO_2 含量

图 4.10 给出了月球白天各时段虹湾地区反演得到的月尘层与月壤层的平均物理温度 T_1、T_2 的反演结果。月尘层的厚度（d_1）在 0.01～0.3 m 按步长 0.01 m 变化，当反演的前后相邻的两个 T_1 的差不超过 3 K 时，认为反演结果不再随 d_1 的改变而发生变化，从而确定 d_1 的取值。反演结果表明，几乎所有地点的 d_1 都处于 0.1～0.2 m。

经比较可看出，月球白天的物理温度与月球表面 TB 的变化规律类似，朝中午逐渐升高，在当地时间 14:00 达到最高，这与预期的一致。月尘层的昼夜温差要明显大于月壤层的昼夜温度变化。然而经过比较，微波数据反演的表层物理温度要小于 Diviner 红外的

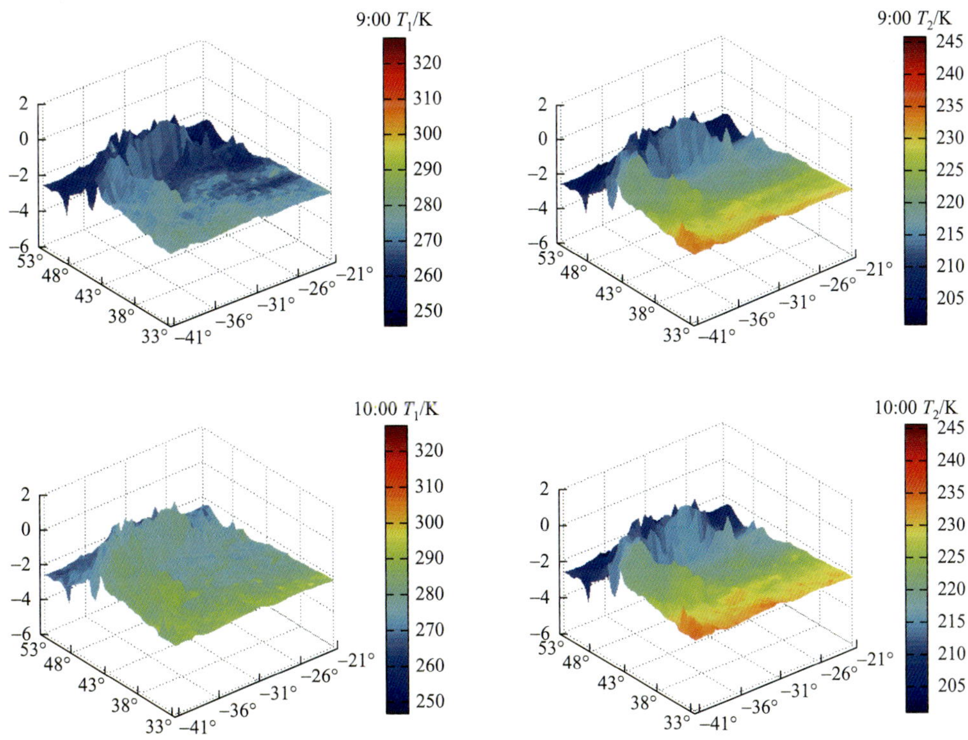

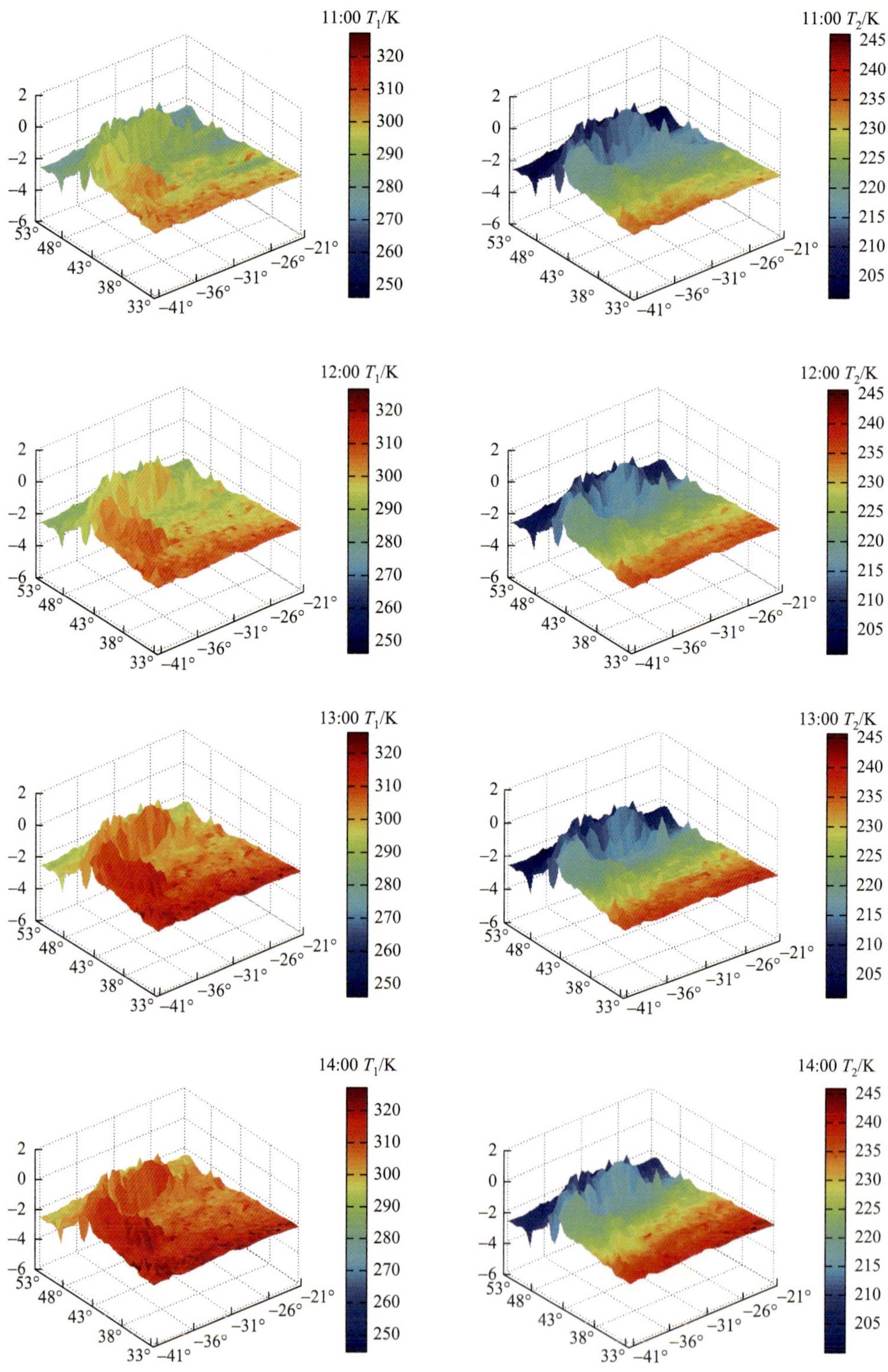

图 4.10　月球白大各时段虹湾地区月球表面层物理温度分布

观测结果。这是由于微波频段有一定的穿透深度，本书在计算中反演的实际上是厚度为 d_1 的整个一层内的平均温度，而红外观测的仅仅是最表层的温度。

由于月球自转周期相对较长，月球白天月球表面持续接收太阳光照辐射，较容易达到热平衡，因此在月球白天，月球表面的物理温度主要由太阳光照确定。月球表面不同的地形会影响接收到的太阳光照强度，CE 观测的微波辐射和 Diviner 观测的红外辐射都受到地形的影响。

图 4.11 给出月球黑夜虹湾地区各个时段月尘层与月壤层物理温度的反演结果。可以看到，在月球黑夜，月壤层物理温度要比月尘层物理温度高。这是由于在月球黑夜时月尘层失去太阳光照能量，自身热惯量差无法保留热量，月尘层的物理温度骤降。

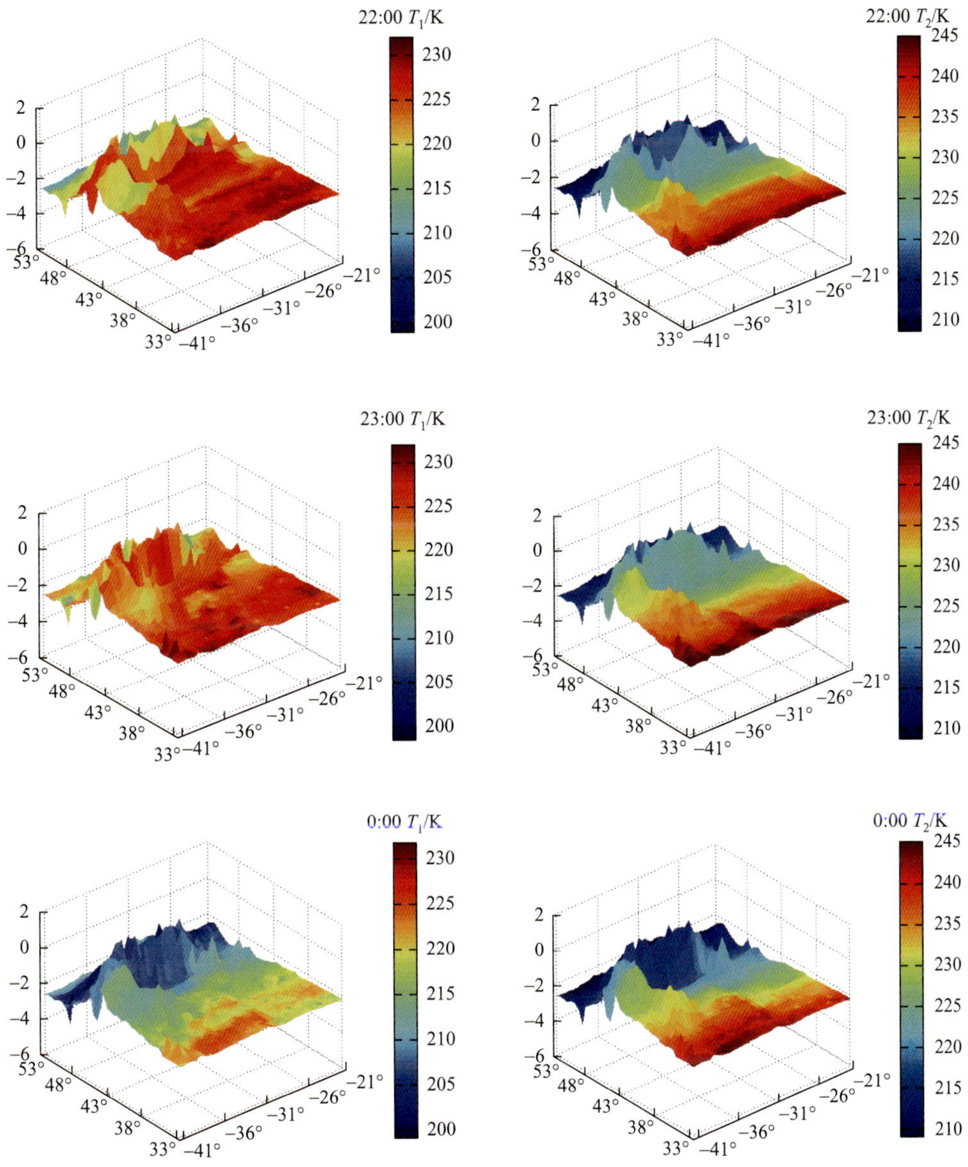

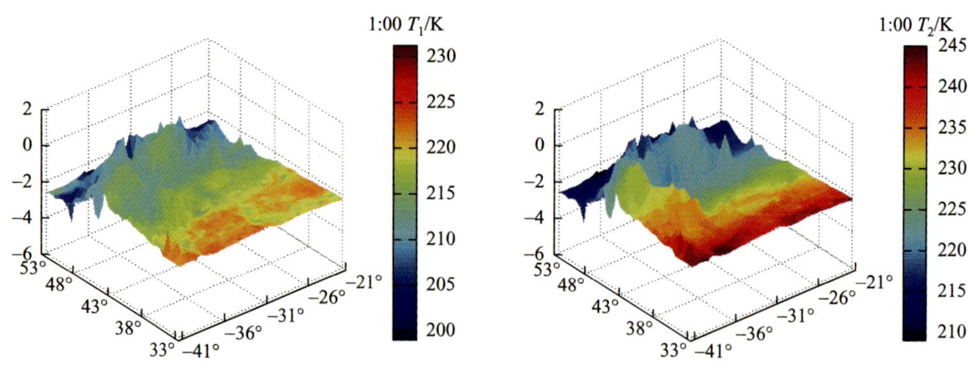

图 4.11　月球黑夜各时段虹湾地区月尘层与月壤层物理温度分布

以（43°N，31°W）为中心，在覆盖整个虹湾地区的长宽各 10°的经纬度范围内计算平均温度，如图 4.12 所示。图 4.12 中给出了月球白天 9:00～14:00 以及月球黑夜 22:00 至第二天 1:00 整个虹湾地区平均的 T_1、T_2 的变化。可以看到，在月球白天 6 个小时内平均的 $<T_1>$ 就有近 40 K 的温度变化，而月壤层的 $<T_2>$ 基本保持不变，这是由于月壤层达到热平衡，温度变化不再显著。因此，月球白天月球表面层温度随时间、纬度、地形、月尘与月壤成分等的变化是比较明显的。图 4.12（b）给出月球夜间 22:00 至第二天 1:00 虹湾地区月尘层与月壤层平均温度的变化。在没有太阳光照的情况下，月尘层与月壤层温度变化均不是太剧烈。

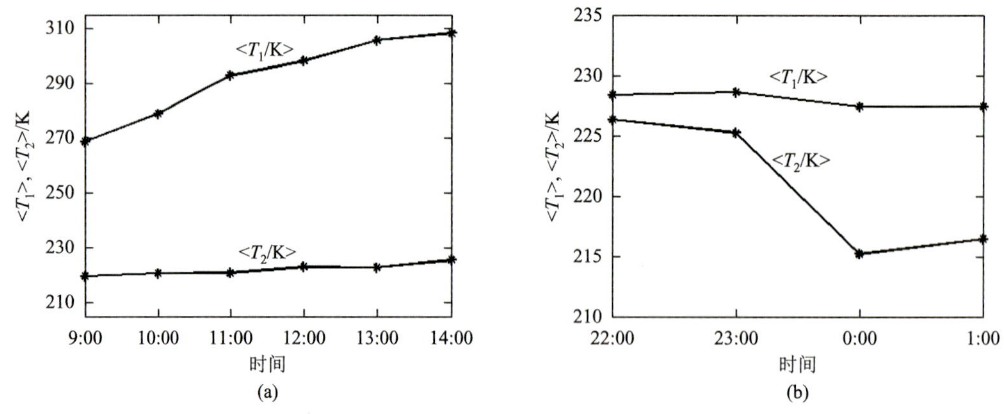

图 4.12　月球白天虹湾地区表面平均物理温度 $<T_1>$ 与 $<T_2>$ 随时间的变化

在平坦的月海地区，FeO 和 TiO_2 含量对物理温度反演结果起着很重要的作用，由图 4.10 和图 4.11 可以看到，在 FeO 和 TiO_2 含量较低的地方昼夜温差较大（图 4.9 左侧），反之亦然。在月球白天，由于 T_1 远远大于 T_2，式（3.4.3）中的项 $(1-e^{-\alpha_1 \nu d_1})T_1$ 在总的 TB 中占主导作用。在 FeO 和 TiO_2 含量较低的区域，$(1-e^{-\alpha_1 \nu d_1})$ 因子较小，如果观测的辐射亮度温度 TB 相近，那么就会导致反演的温度 T_1 较高。在月球黑夜，由于 $T_1 < T_2$，$e^{-\alpha_1 \nu d_1}T_2$ 对 TB 的贡献较大，由反演结果可知，T_2 较稳定，因此在 FeO + TiO_2 含量较低的地方，

$e^{-\alpha_1 v d_1} T_2$ 较大，这样就会导致在相同 TB 的情况下反演的 T_1 较小，由此可知，在 FeO 与 TiO_2 含量较低的地方，物理温度反演结果昼夜温差较大。

图 4.13（a）以月球时间上午 9:00 为例，给出月尘层与月壤层物理温度反演结果随月尘层厚度的变化情况。假设月壤层体积密度 ρ_2 和月尘层厚度 d_1 有 10%的不确定度，37 GHz 通道的辐射亮度温度有 2%的不确定度，图 4.13（b）中给出了相应的月尘层与月壤层物理温度的变化情况。可以看到，辐射亮度温度的误差将对物理温度的反演结果造成较大影响，因此在辐射亮度温度定标、数据处理等过程中，要保证其数值的准确性。

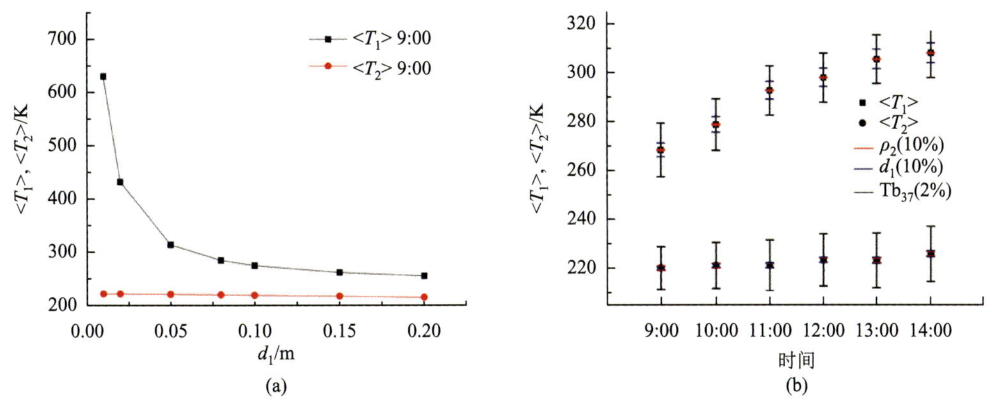

图 4.13　物理温度反演值随月尘层厚度、月壤体积密度等参数和 TB_{37} 的变化

在 CE-1 观测数据中提取月球虹湾地区在月球当地时间白天 9:00～14:00 与黑夜 22:00 至第二天 1:00 各时段的辐射亮度温度 TB 分布，在同一月球时间的 TB 随纬度增加而降低；同时受到月球表面地形的影响，在地势较低、太阳光照较少的陨石坑底部，其 TB 也相对较低。月海与高地的分界线也往往是 TB 变化的分界线，朝向月海区域的 TB 相对较高，而朝向高地区域的 TB 较低。对于不同月球时间，虹湾地区月球表面的 TB 在 9:00～14:00 随时间逐渐升高，于当地时间 14:00 时达到最高。而月球黑夜辐射亮度温度的特点低频高于高频，在 22:00 至第二天 1:00 月球表面 TB 基本保持不变。

4.2　月球两极微波辐射亮度温度分布

在月球两极地区，由于太阳光照倾角很小，很多陨石坑底部终年无法接收到太阳光辐射，形成了永久阴影区。在这些 PSR 中是否有水冰的存在一直是研究者感兴趣的问题。在第 7 章中将会讨论高分辨率的主动雷达遥感的 PSR 探测。本节用 CE-1 微波辐射计对月球极地地区进行观测，讨论月球极地低温地区的温度分布。以图 3.5～图 3.8 所示月球极区微波辐射亮度温度为例，分析极区微波辐射亮度温度分布特征与月球表面太阳照射条件之间的关系。

图 4.14 给出了月球南北两极的 DEM 与相应的 CE-1 微波辐射计白天 37.0 GHz 通道观测数据 TB_{37} 的对比图。CE-1 也搭载了激光高度计测量月球表面地形（平劲松等，2008），

DEM 数据来自日本 Kaguya 卫星激光高度计数据（Araki et al.，2009），微波辐射计数据均取在中午 11:00～13:00，月球当地时间可以由 CE-1 微波辐射计观测数据中的太阳入射角、太阳方位角以及观测点本身的位置确定。图 4.14（b）的辐射亮度温度数据取自 2008 年 5～7 月，图 4.14（d）的辐射亮度温度取自 2007 年 11 月～2008 年 2 月，这两个时间段内南北两极会出现极昼现象，可以判断各自都处于夏季半球区。37.0 GHz 通道辐射亮度温度 TB_{37} 分布上也可以看出陨石坑的地形轮廓。一般来讲，陨石坑内部朝向赤道的一面由于可以接收到太阳光照，辐射亮度温度相应较高；而朝向两极的地方背离太阳光照，因而辐射亮度温度较低。另外，那些处于陨石坑底部、终年无法被太阳光照射的永久阴影区的辐射亮度温度也很低。

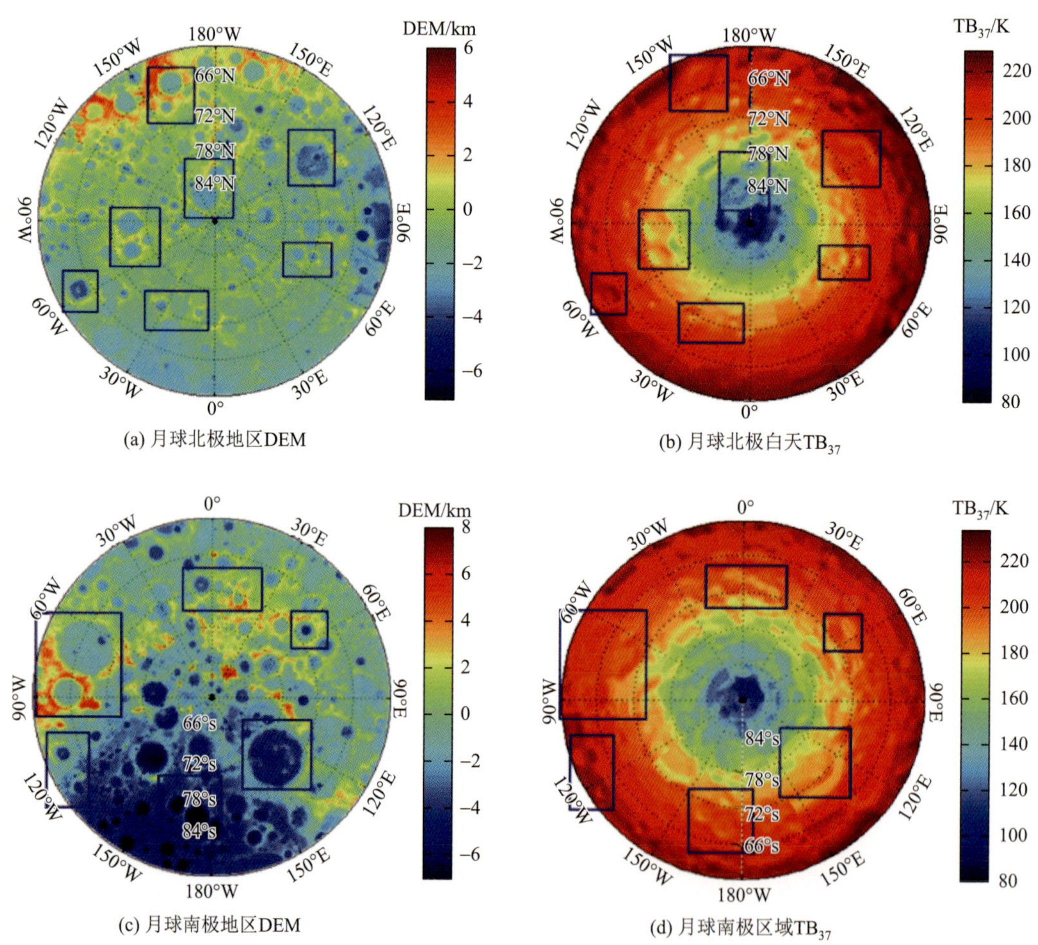

(a) 月球北极地区DEM　　(b) 月球北极白天TB_{37}

(c) 月球南极地区DEM　　(d) 月球南极区域TB_{37}

图 4.14　月球两极区域 CE-1 获得的辐射亮度温度分布与对应的 DEM

图 4.15 给出了月球两极区域两个典型陨石坑，位于北极的 Peary 陨石坑（88.5°N，30°E）以及位于南极的 Shoemaker 陨石坑（88.1°S，44.9°E）相应的 TB_{37} 与 DEM，辐射亮度温度分布能呈现出较强的地域特征，朝向赤道方向的一侧温度较高，朝向极地一侧的温度较低，再次验证了月球表面陨石坑地形坡度对 TB 分布有影响。

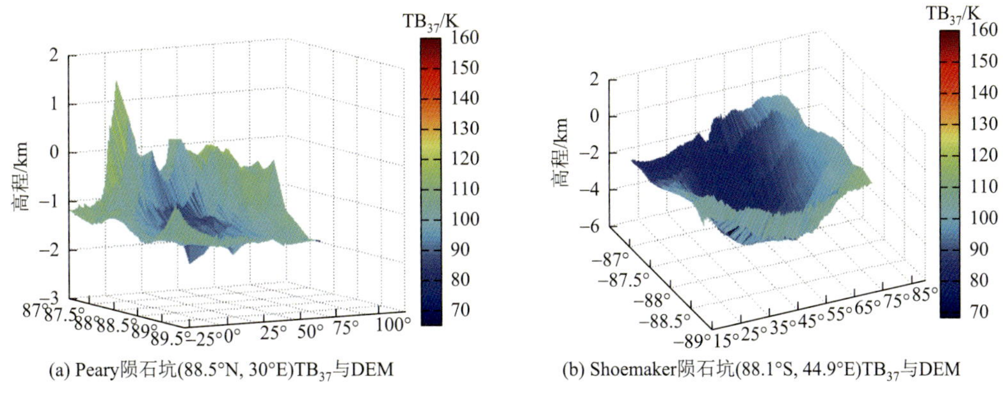

(a) Peary陨石坑(88.5°N, 30°E)TB_{37}与DEM　　(b) Shoemaker陨石坑(88.1°S, 44.9°E)TB_{37}与DEM

图 4.15　CE-1 获得的极区典型陨石坑的 TB_{37} 与 DEM

与 Diviner 红外辐射数据相比较，尽管图 4.14（b）和图 4.14（d）的微波 TB 分辨率

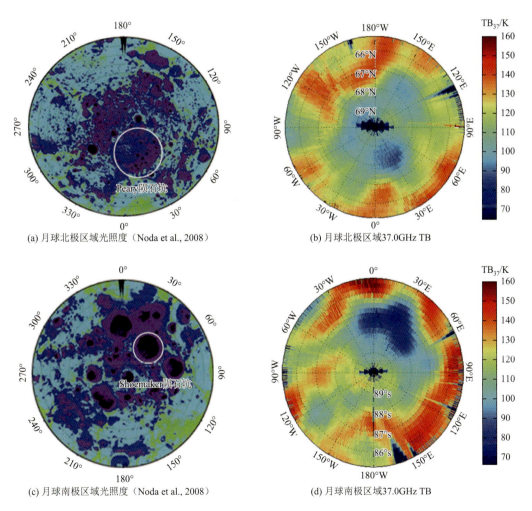

(a) 月球北极区域光照度（Noda et al., 2008）　　(b) 月球北极区域37.0GHz TB

(c) 月球南极区域光照度（Noda et al., 2008）　　(d) 月球南极区域37.0GHz TB

图 4.16　月球南极南纬 85°以内光照度与 37.0 GHz TB 的对比

较低，但是可以看到两者的变化趋势是一致的。由于 CE-1 微波辐射计的空间分辨率较低，某些温度极低的陨石坑的温度可能被平均掉了，因此微波 TB 分布没有温度极低的值。

以日本 Kaguya 卫星 2008 年 1 月 1 日～3 月 31 日激光高度计数据（Araki et al.，2008），计算了月球北极和南极纬度 85°以上地区的光照度（Noda et al，2008）。图 4.16（a）和图 4.16（c）分别是月球北极和南极地区 85°以上区域的光照度，颜色明亮的地方太阳光照度大，黑点表示表示全年可能接收不到太阳光照，即月球永久阴影区（Noda et al.，2008）。图 4.16（b）和 4.16（d）分别是月球北极和南极白天 37.0 GHz 通道的 TB 分布。从图 4.16 中可以看到，太阳光照度低的地方，辐射亮度温度也呈现较低值。

选取图 4.16（a）中月球北极光照度较低的 Peary 陨石坑（88.5°N，30°E），图 4.17（a）给出了与该陨石坑中心位置同纬度线上的 TB 值，其中小方框标志该陨石坑位置。月球南极最显著的地形特征是有 3 个很深的陨石坑，分别为 Faustini（87.3°S，77.0°E）、Shoemaker（88.1°S，44.9°E）和一个未命名的陨石坑（86.5°S，0°E）（Lucey，2009），从图 4.16（c）中可看到这 3 个陨石坑与周边同纬度区域相比太阳光照度都很小，在陨石坑底部甚至为 0。这些月球的永久阴影区是否有固态水冰是值得注意的。图 4.17（b）给出了与 Shoemaker 陨石坑中心位置同纬度的 TB 值，可看到光照度较低的陨石坑的 TB 与同纬度地区相比也是较低的，地形变化会明显影响到太阳光照度，特别是在极区，并且最终影响 TB 分布。

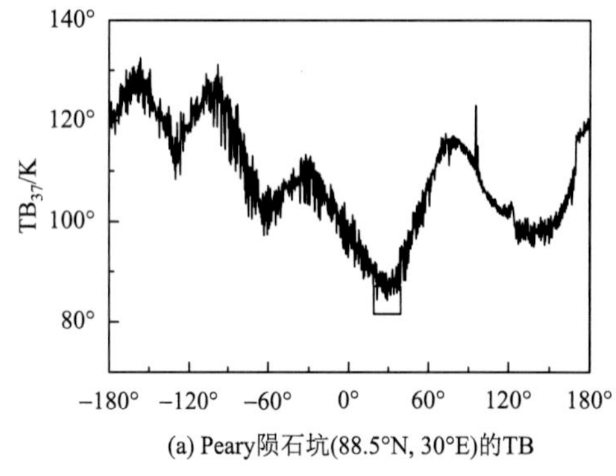

(a) Peary陨石坑(88.5°N, 30°E)的TB

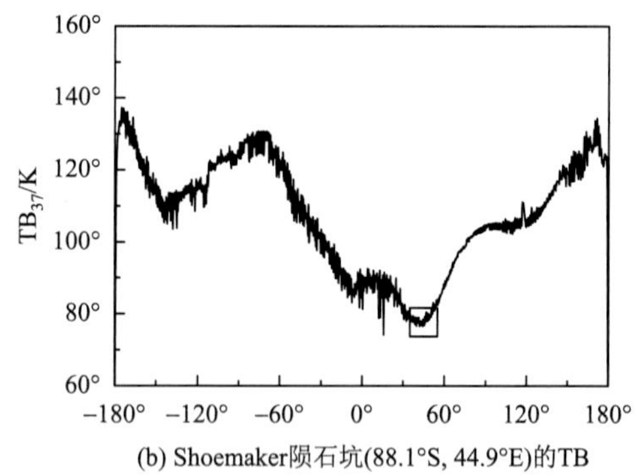

(b) Shoemaker陨石坑(88.1°S, 44.9°E)的TB

图 4.17　月球两极典型陨石坑的与同纬度地区 TB 的比较

4.3　月壤物理温度廓线分布

由于月壤介质的密度与热导率随深度的分布以及热导率和比热容与物理温度有关，月壤对太阳照射热响应的热传导过程，月壤物理温度应具有随深度变化的廓线分布，且温度廓线随时间变化。CE-1 多通道微波辐射计观测对于月壤不同深度的权重是不一样的，以月壤层物理温度指数型廓线为模型，来反演物理温度的分布廓线。选取绕赤道一圈和沿 150°W 经线的两个区域作为目标区域，用 CE-1 高频通道 19.35 GHz 和 37.0 GHz 辐射亮度温度数据，由具有物理温度廓线分布辐射传输的月壤月岩两层模型（Jin and Fa，2010），用最小二乘法反演月球表面层指数形式的物理温度廓线分布，结果说明了月球表面陨石坑结构对月球表面物理温度廓线的影响以及月球表面的 DEM 与太阳光照度之间的关系。再由低频 3.0 GHz 通道 TB 数据进一步反演月壤厚度。最后，比较分析了本节反演结果与以往物理温度随纬度变化的经验性分布以及 Apollo 着陆点月壤厚度的测量结果。

4.3.1　反演物理温度与数据校正

4.1 节中将月尘、月壤以及月岩层物理温度看作固定的常数值，分别为 T_1、T_2、T_3。由于月壤介质密度分布和热传导特性，月壤物理温度具有随深度变化的分布廓线。本节在原有月尘-月壤-月岩三层模型的基础上，将讨论纳入物理温度廓线的三层模型下的月壤物理温度与厚度的反演问题。

在月壤层考虑物理温度分布廓线的影响，采用 3.2.2 节中具有物理温度廓线的月尘-月壤-月岩的三层介质微波热辐射模型，月球表面的微波热辐射由式（3.3.12）和式（3.3.13）计算。月尘层与月壤层的介电常数按照 2.3.2 节中给出的方法计算，月岩层的介电常数通常取 $\varepsilon_3=10+0.5i$（Heiken et al.，1991）。

对于高频通道 19.35 GHz 与 37.0 GHz，衰减因子 $e^{-\kappa_{a2}d_2}$ 与 $e^{-\beta d}$ 都接近于 0，因此该两通道的式（3.3.12）可以简化为

$$\begin{aligned}\mathrm{TB}=&(1-r_{01})(1-e^{-\kappa_{a1}d_1})(1+r_{12}e^{-\kappa_{a1}d_1})T_{10}\\&+(1-r_{01})(1-r_{12})e^{-\kappa_{a1}d_1}\left[\frac{\kappa_{a2}A}{\kappa_{a2}+\beta}+T_{10}-A\right]\end{aligned}\tag{4.3.1}$$

式中，T_{10} 为月球表面物理温度，其余各参数的物理意义可见 3.2.2 节。

可以看出，式（4.3.1）中若 $\beta\to 0$，模型退化为温度为 T_{10} 的半空间模型；若 $\beta\to\infty$，模型则退化为温度为 T_{20} 的半空间模型。若有两处的 T_{10}、T_{20} 都相同，那么 κ_{a1} 小的地方，对应的 β 也小。

对于高频通道而言，三层月壤模型又可以退化为月尘-月壤两层模型，如式（4.3.1）所示。若不考虑温度廓线的存在，假设月尘层物理温度为 T_{10}，37.0 GHz 通道在月壤层探测到的物理温度为 T'_{10}，19.35 GHz 在月壤层探测到的理温度为 T''_{10}，T'_{10} 与 T''_{10} 的不同实际上就是月壤温度廓线的反映。

高频通道的辐射亮度温度可以表示为

$$\mathrm{TB}_{37}=(1-r_{01})[1-e^{-\kappa_{a1(37)}d_1}][1+r_{12}e^{-\kappa_{a1(37)}d_1}]T_{10}+(1-r_{01})(1-r_{12})e^{-\kappa_{a1(37)}d_1}T'_{10}\tag{4.3.2a}$$

$$\mathrm{TB}_{19}=(1-r_{01})[1-e^{-\kappa_{a1(19)}d_1}][1+r_{12}e^{-\kappa_{a1(19)}d_1}]T_{10}+(1-r_{01})(1-r_{12})e^{-\kappa_{a1(19)}d_1}T''_{10}\tag{4.3.2b}$$

由式（4.3.1）和式（4.3.2a）、式（4.3.2b）可以得到：

$$\beta=\frac{k_{a2(37)}(T_{10}-T'_{10})-k_{a2(19)}(T_{10}-T''_{10})}{T'_{10}-T''_{10}}\tag{4.3.3a}$$

$$A=\frac{(T_{10}-T'_{10})[k_{a2(37)}+\beta]}{\beta}\tag{4.3.3b}$$

这样，求解式（4.3.2）中的物理温度，可以得到月壤物理温度廓线的参数。

为了避免可能由数据的起伏接近而引起的反演病态问题，现采用最小二乘法，由 TB_{19} 与 TB_{37} 反演出月尘层以及月壤层物理温度，使得理论值 TB 与观测值 TB^o 之间的差异达到极小：

$$\Delta TB = \sqrt{(TB_{19} - TB_{19}^o)^2 + (TB_{37} - TB_{37}^o)^2} \tag{4.3.4}$$

经验性地假定：月尘层物理温度 T_{10} 的变化范围为 350～400 K，T'_{10} 变化范围为 240～290 K，T''_{10} 在 230～280 K 取值，当式（4.3.4）ΔT_b 达到最小时，可以得到这些参数的值。月尘层的体积密度取为 1.3 g/cm^3，月壤层的体积密度取为 1.5 g/cm^3。

2007 年 11 月～2008 年 2 月，CE-1 微波辐射计共获得了 13 轨经过 Apollo 着陆点的观测数据，其中 3 轨在 Apollo14 附近，其余各点均有 2 轨观测数据。首先由 Apollo 地区高频通道的辐射亮度温度观测数据，按式（4.3.4）反演相应地区的物理温度，结果如图 4.18 所示。

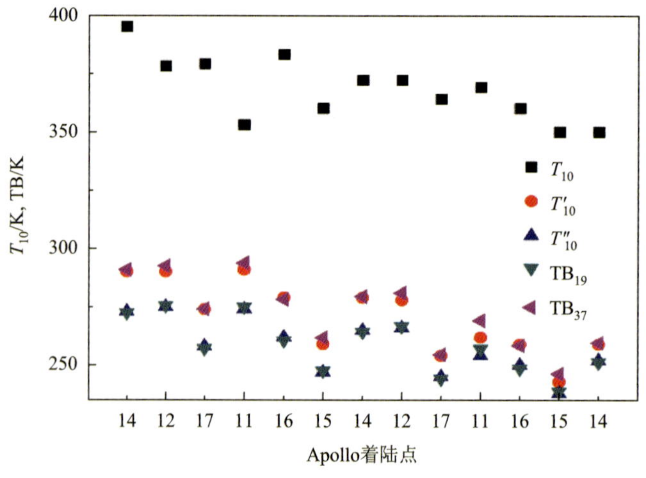

图 4.18　Apollo 着陆点物理温度的反演结果

由反演得到的物理温度就可以按式（4.3.3）计算月壤物理温度廓线参数。图 4.19 给出了 Apollo15 地区反演的物理温度廓线与 Vasavada 等（1999）的模拟结果的比较。

由图 4.18 所示的 Apollo 地区的物理温度反演结果，结合各登陆点月壤厚度的实际测量值（Shkuratov and Bondarenko，2001），可以由三层月壤模型得到各个通道的辐射亮度温度的模拟结果。图 4.20 给出了各通道辐射亮度温度模拟结果，以及与实际观测值的比较。可以看到，除了 3.0 GHz 通道数据以外，其余 3 个通道的辐射亮度温度模拟值与观测值吻合地较好。为了使 3.0 GHz 的模拟值与观测值一直，需要对 3.0 GHz 的观测数据做一定的偏移校正。若按照图 4.21 给出的校正曲线，3.0 GHz 的校正数据如图 4.20（b）所示。图 4.21 中横坐标为观测数据，纵坐标为需要校正的数值。

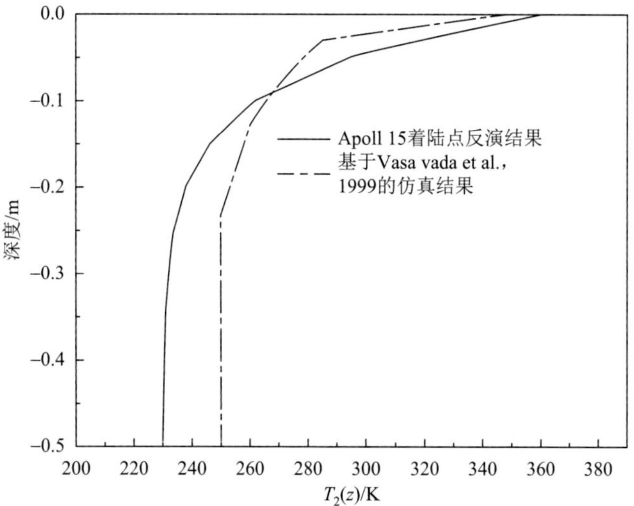

图 4.19　Apollo15 点物理温度廓线的反演结果与 Vasavada 等（1999）的比较

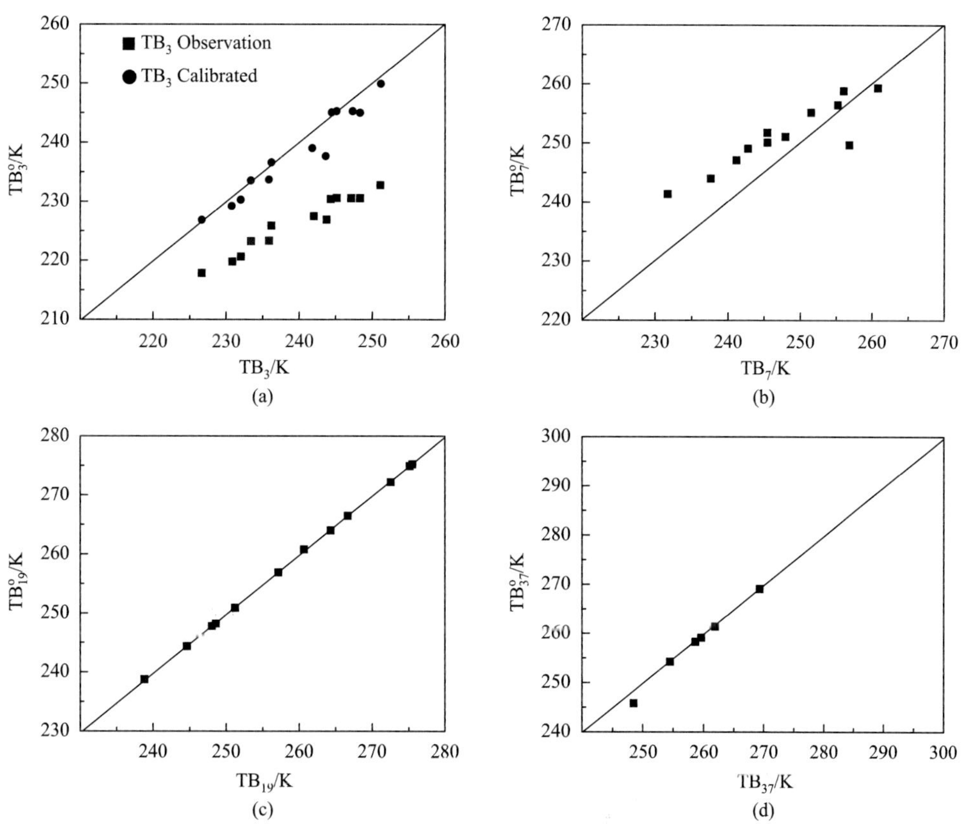

图 4.20　Apollo 地区辐射亮度温度模拟值与观测值的比较

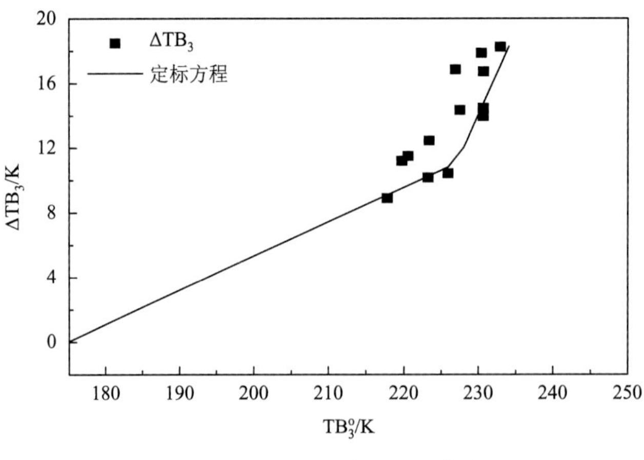

图 4.21　3.0 GHz 数据校正曲线

4.3.2　非均匀分布的全月球表面物理温度

1. 赤道地区温度廓线及月壤厚度反演

沿赤道一周选取太阳入射角在 0°～14°的 CE-137 GHz TB 数据，与对应的日本 Kaguya 卫星获得的 DEM（Araki et al.，2009）作对照，如图 4.22 所示。在月球正面（经度−90°～90°），月海地区地势较低，反照率较小，热辐射 TB 较大，而在月球背面（经度 90°～180°，−180°～−90°）情况相反，反照率较高的月陆地区 TB 较小。这表明，同纬度不同地区的 TB 会受到月球地形及其不同反照率的影响，当然在较小的尺度上，光照的遮蔽自然也对局部的 TB 产生影响。

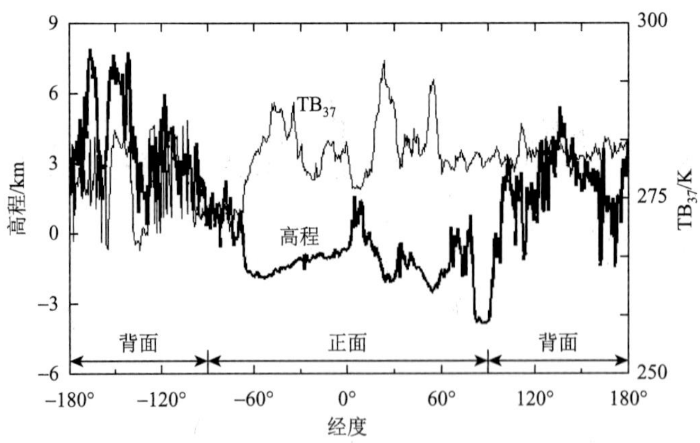

图 4.22　赤道地区 37.0 GHz 辐射亮度温度与 DEM 的对照

假设月球赤道地区表层物理温度 T_{10} 在 350～420 K 变化，T'_{10} 和 T''_{10} 可以由式（4.3.2a）和式（4.3.2b）求解得到，月壤厚度的取值范围为 1～20 m，这样校正后的 3.0 GHz 的 TB 就可以由式（4.3.4）用最小二乘法得到 T_{10} 和 d_2。图 4.23 给出了反演的月尘层物理温度 T_{10} 与下垫月岩的物理温度（T_{10}–A）。

图 4.24 给出的是赤道地区月球表面层物理温度 T_{10} 与 DEM 的比较。可以看出，月海地区反演的物理温度较低，而月陆地区的物理温度较高。T_{10} 的波动可能是由于用最小二乘法同时反演两个参数造成的。$T_{10}–A$ 的数值在 230～250 K 平稳变化，表明月壤深层的温度处于热平衡状态，因而较稳定。

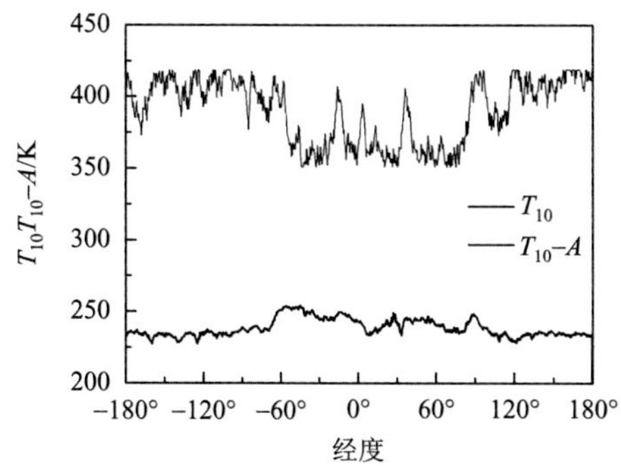

图 4.23　赤道地区物理温度的反演值

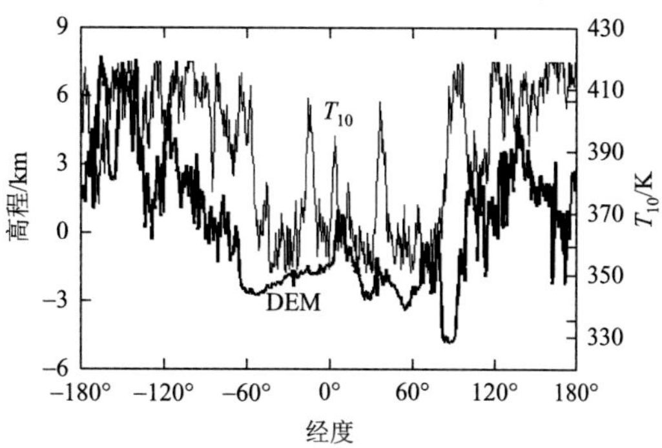

图 4.24　赤道地区 T_{10} 与 DEM 的比较

图 4.25 给出的是温度廓线参数 β 与月壤 $FeO + TiO_2$ 含量的比较，$FeO + TiO_2$ 含量由克莱门汀光学数据计算得到（Lucey et al.，1995，1998，2000），可以看到 $FeO + TiO_2$ 含量大的地方，β 也较大，表示温度廓线变化较快，反之亦然。

图 4.26 给出赤道地区月壤厚度 d_2 的反演结果。高地的月壤厚度为 10～20 m，与 Fa 和 Jin（2010）接近，月海地区的月壤厚度反演值较小，为 3～5 m，并且这种变化趋势与 Fa 和 Jin（2010）的研究结果也是一致的。

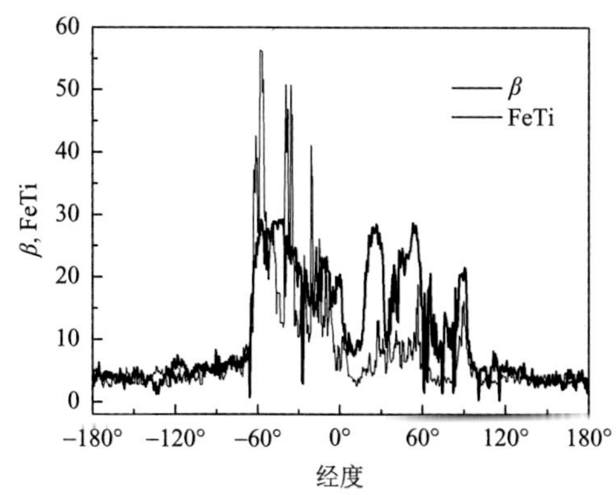

图 4.25　赤道地区月壤温度廓线参数 β 与 $FeO + TiO_2$ 含量

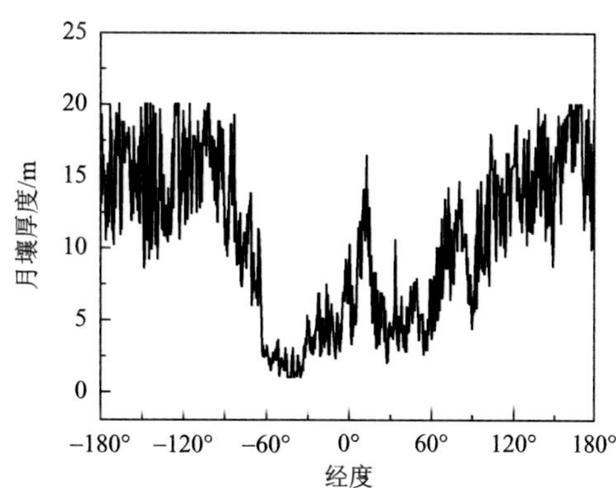

图 4.26　赤道地区月壤厚度的反演值

将以上反演结果代入式（3.3.12），得到各个通道模拟的辐射亮度温度。图 4.27 分别给出了 3.0 GHz、7.8 GHz、19.35 GHz、37 GHz 通道的 TB 模拟值（黑线）与观测值（点）的比较，其中观测值是每隔 2.5°取一个样点。可以看到，观测值与模拟值完全吻合，实际上这一结果也在用最小二乘法反演时已保证了的。

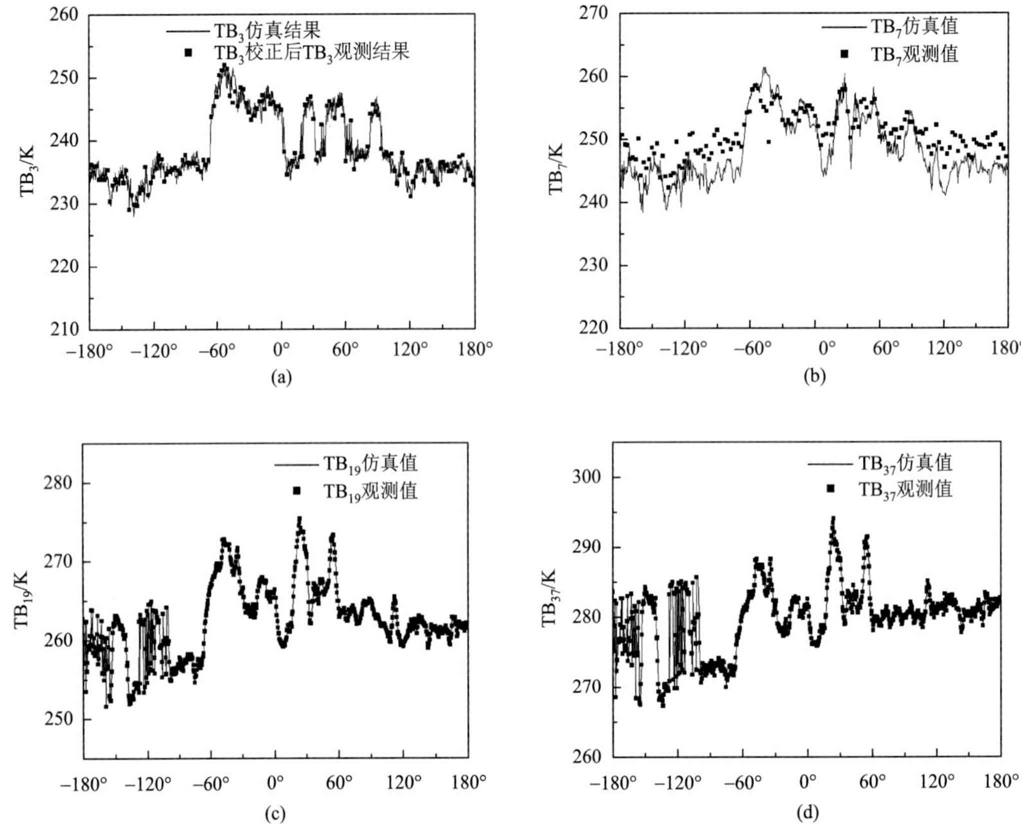

图 4.27　月球赤道地区的辐射亮度温度模拟值与观测值的比较

2. 经度 150°W 月壤温度廓线以及月壤厚度的反演

现沿月球背面经度 150°W 提取沿该经线地区的 TB 分布。图 4.28 给出了该区域月球白天 37.0 GHz TB 和对应处的 DEM，TB 数据的选取按照太阳入射角小于 14°的原则，以尽量消除不同月球时间辐射亮度温度差异的影响，可看到 TB 基本上遵从随纬度呈余弦变化的规律。

根据 2.7.1 节，月球表面物理温度随纬度 φ 的变化关系可以简化为

$$T_{10}(\varphi)=T_{10}\cos^{\alpha}\varphi,\quad \alpha=0.25 \tag{4.3.5}$$

式中，φ 为纬度；T_{10} 为赤道地区月球表面层的物理温度。Lawson 等（2000）基于克莱门汀红外相机的观测结果，也给出了类似的经验公式。由观测实验表明，赤道地区 T_{10} 大约为 390 K，因此在反演中 T_{10} 的变化范围为

$$T_{10}(\varphi)=390\times\cos^{0.2}\varphi\pm 30\ \text{K} \tag{4.3.6}$$

上述参数的选取是可以根据反演结果调整的，反演得到的沿 150°W 经线的月尘层与月壤层的物理温度廓线参数如图 4.29 所示。

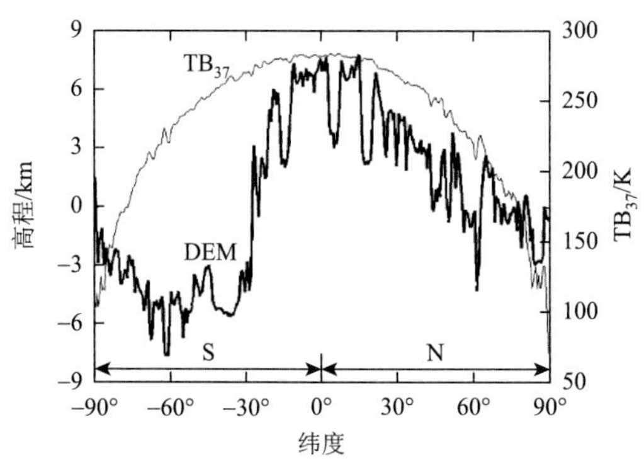

图 4.28　沿 150°W 37.0 GHz TB 与 DEM

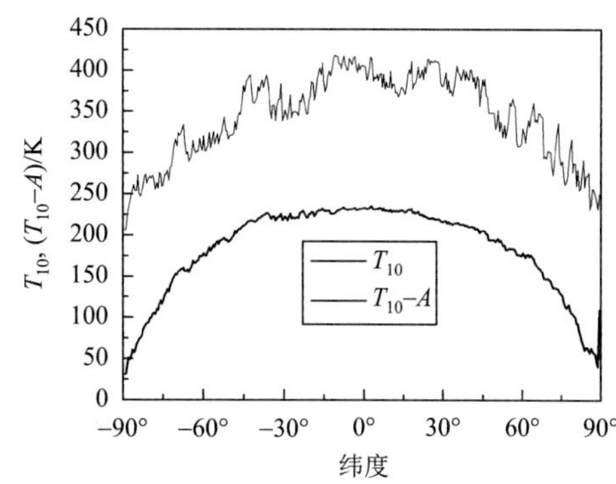

图 4.29　沿 150°W 月尘层与月壤层物理温度反演

图 4.30 给出沿 150°W 经线月壤层温度廓线系数 β 与该地月壤 $FeO + TiO_2$ 含量的对照。$FeO + TiO_2$ 含量高的地方，相应的 β 较大，这与赤道地区的反演结果一致。

图 4.31 给出沿 150°W 的月壤厚度反演结果。在高纬度地区（>65°），由于克莱门汀的 $FeO + TiO_2$ 含量反演中未考虑局部太阳入射角的影响等问题，月壤厚度的反演结果误差较大。在北纬中纬度地区（30°N～70°N），月壤厚度反演值明显高于 Fa 和 Jin（2010）的反演结果，这是由于该地区的 $FeO + TiO_2$ 含量和 β 都很小，按照本节的方法会导致比较大的月壤厚度 d 。这也证明 $FeO + TiO_2$ 以及月壤体密度 ρ 对于月壤厚度和其他参数的反演都是非常重要的。

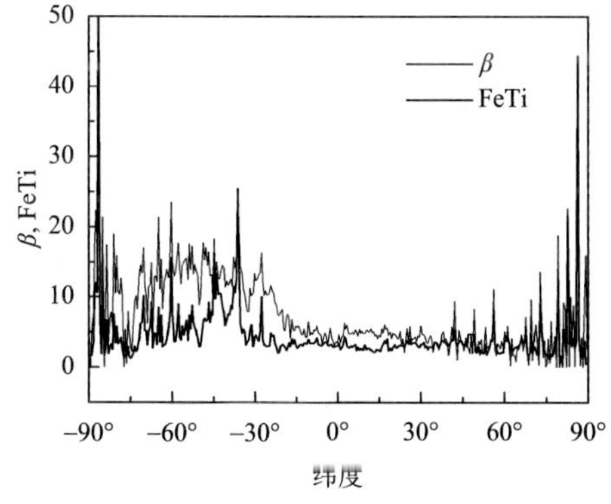

图 4.30　沿 150°W 月壤层反演的 β 与 $FeO + TiO_2$ 含量

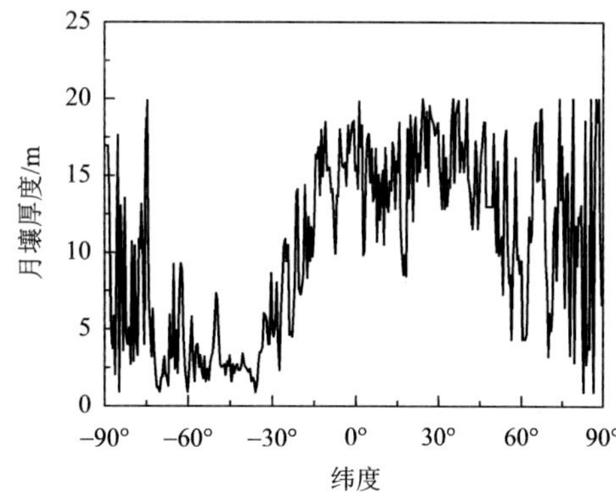

图 4.31　沿 150°W 经线反演的月壤厚度

图 4.32 给出了月尘层物理温度 T_{10} 与月壤深处物理温度 $(T_{10} - A)$ 沿不同纬度的反演值和 Lawson 等（2000）提出的经验公式的比较。可以看到，余弦函数形式的经验公式是合理的，但是对于深层月壤的物理温度经验公式，其幂指数需要视情况作出相应的调整。

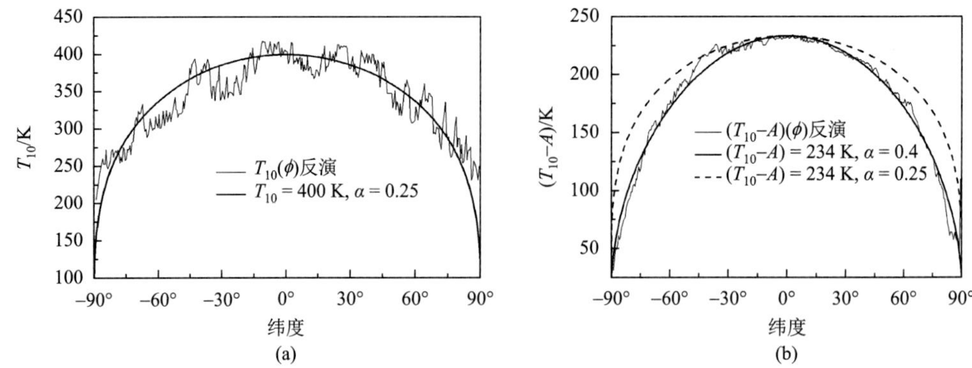

图 4.32　沿 150°W 月尘层物理温度反演值（a）和沿 150°W 月岩层物理温度反演值（b）

4.4　月壤层有效介电常数反演

热辐射的发射率与物质的介电常数相关，月球表面月壤介电常数与其体积密度和化学成分（主要是 FeO 与 TiO_2 含量）相关（Shkuratov and Bondarenko，2001；Fa and Jin，2007）。对 Apollo 样品的介电常数的实验测量，由于仅限于从月球表面的 6 个着陆区取样，其代表性有很大的局限性。通常介电常数的计算都有一定的假设条件。

本节通过热传导方程讨论 Apollo 15 地区以及赤道高地区域的月壤温度廓线，再通过 CE-1 的 4 通道微波辐射计观测数据，由最小二乘法反演月球表面不同频率的反射率与吸收系数，再由此估算月球表面介电常数的实部和虚部。这样的好处是：可根据月球表面每一点的微波观测数据来确定该地点的介电常数。

Apollo 15 和 Apollo 17 在着陆区进行了月球热流实验（Langseth et al.，1972，1973；Keihm and Langseth，1973），因此本节选取 Apollo 15 着陆区。

4.4.1　Apollo 15 着陆区月壤有效介电常数反演结果

用 2.7.2 节一维热传导方程数值求解，以获得月球表面物理温度随时间和深度的变化。采用的模型假设：月球表面有 2 cm 厚松软的月尘层，下面是密度较大的半空间月壤层。计算中，月尘与月壤的体积密度、热导率、热容量由表 2.8 第一行和式（2.7.7）计算。

图 4.33 给出了 Apollo 15 地区月壤表层和 2 m 深度处的物理温度，可以清晰地看到月球表面温度昼夜变化较大，而在 2 m 处，物理温度几乎不变。Diviner 也对 Apollo 15 地区进行过红外辐射测量，它可被看作月球表面的物理温度。图 4.33 中给出了 Diviner 第 7 通道 Apollo 15 地区观测结果与一维热传导方程数值模拟结果，可以看到二者相当一致。

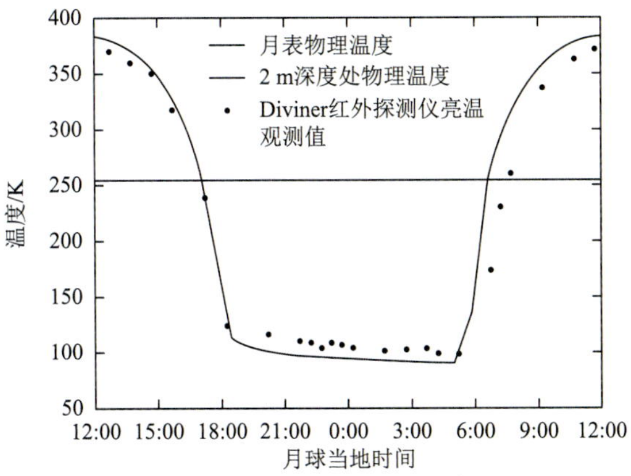

图 4.33　月球表面物理温度与 Diviner 观测值

从 CE-1 在 2008 年 11 月～2009 年 2 月以及 2009 年 5～7 月的约 1307 轨 4 通道微波辐射计测量数据中专门提取出 Apollo 15 地区的 TB 数据。

以 Apollo 15 点（26.4°N，3.65°E）为中心，取经纬度为 1°×1°为数据选取的范围，按照 CE-1 微波辐射计观测数据所提供的经纬度信息，从所有数据中提取 Apollo 地区辐射亮度温度，再按照计算月球当地时间的方法，给出这些观测数据的月球当地时间，确定 Apollo 15 地区 CE-1 微波辐射计数据随时间的变化，如图 4.34 所示。

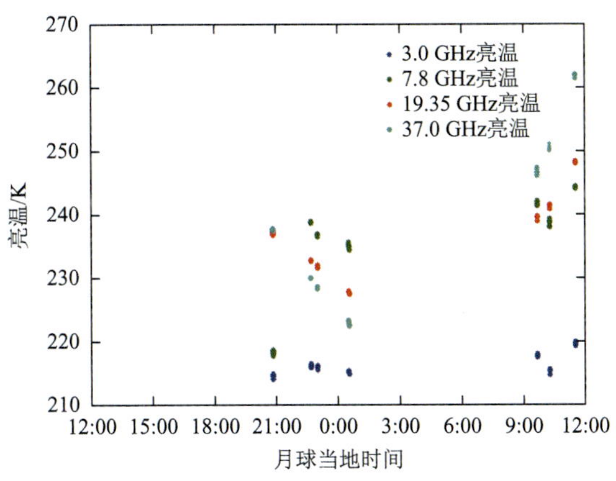

图 4.34　Apollo15 地区 CE-1 TB 随时间变化

获得的 75 轨观测数据分布在 7 个不同的观测时间内，从图 4.34 中可以看到月球表面微波热辐射在白天和黑夜的变化。

在观测角度为 0°的情况下，根据半空间的微波热辐射方程，月球表面的辐射亮度温度可以表示为（Mitchell and De Pater，1994）

$$\mathrm{TB}_{\nu}(0^{\circ})=(1-r_{\nu})\int_{0}^{\infty}\kappa_{a\nu}(z)T(z)e^{-\int_{0}^{z}\kappa_{a\nu}(z')\mathrm{d}z'}\mathrm{d}z \tag{4.4.1}$$

式中，ν 为频率；$\kappa_{a\nu}(z)$ 为吸收系数，其与频率 ν、月壤的介电常数 $\varepsilon(z)$ 与体密度 $\rho(z)$ 分

布有关；$T(z)$ 为物理温度廓线，由 2.7.2 节计算的数值结果给出。式（4.4.1）忽略层与层之间的反射及透射，仅考虑月球表面的反射与透射，并且对于各项同性介质，吸收系数 $\kappa_{av}(z)$ 可以看作常数，这会给数值积分过程带来简化。

图 4.35 给出几个月球时刻的月壤物理温度廓线模拟结果。月球白天的物理温度在月壤浅表层骤降，到 30 cm 处后已经变化不大，而在月球黑夜，物理温度在浅表层迅速升高，到 30 cm 处也达到热平衡。

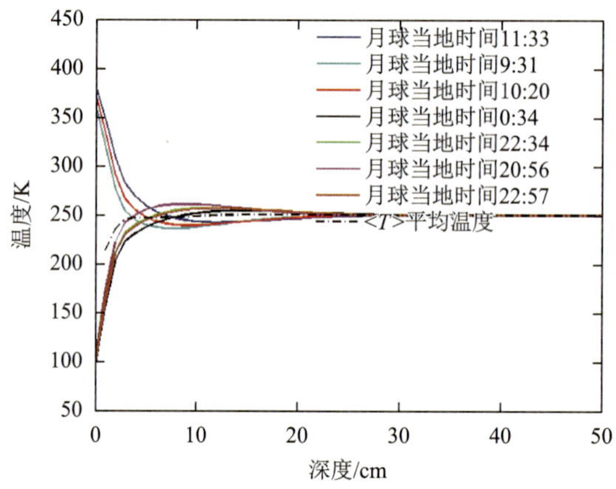

图 4.35　Apollo15 地区月壤物理温度随深度的变化

在已知月壤温度廓线与体积密度廓线的基础上，就可以按照式（4.4.1）对 Apollo 15 地区辐射亮度温度进行模拟。通过比较模拟值与观测值的差异，由最小二乘法反演得到各通道的反射率与吸收系数。

$$\Delta TB_v = \sum \sqrt{(TB_v^o - TB_v)^2} \tag{4.4.2}$$

式中，TB_v^o 为实际观测值；TB_v 为理论模拟值。

给反射率与吸收系数一定的取值范围，当式（4.4.2）达到最小时，就得到反射率与吸收系数的反演值，如表 4.2 所示。

表 4.2　Apollo 15 地区反演得到的各通道反射率与吸收系数

频率/GHz	λ/cm	r	κ_v/ν（m·g/cm^3·Hz）$^{-1}$	κ_v/(m·g/cm^3)$^{-1}$	衰减深度/cm
37.0	0.81	0.030	1.2×10^{-10}	4.44	11.85
19.35	1.55	0.050	1.1×10^{-10}	2.13	24.73
7.8	3.85	0.043	1.6×10^{-10}	1.25	42.17
3.0	10.0	0.135	2.3×10^{-10}	0.69	76.28

可以看到，除 19.35 GHz 通道外，反射率随着波长的增大略有增加，κ_v / f 的值较稳定，而吸收系数随波长的增大而减小，其中穿透能力最大的 3.0 GHz 在该地区的穿透深度不足 1 m。因此，本节采用半无限大介质热辐射模型是合理的。

将月球各个时间的物理温度廓线以及反演得到的反射率与吸收系数代入式（4.4.1），就可以得到月球表面微波辐射亮度温度全天候的变化。图 4.36 给出了 Apollo 15 地区 CE-1 微波辐射亮度温度观测值与理论模拟值随月球当地时间的变化。可以看到，本书的模拟结果与观测值吻合得很好，验证了反演结果的准确性。

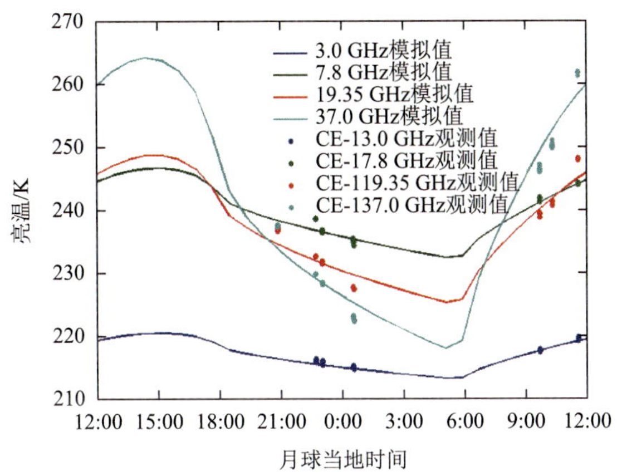

图 4.36　Apollo15 地区微波 TB 模拟值与观测值

根据微波反射率的定义以及 κ_{av} 的计算方法（Jin，1994）的计算月球表面 0°反射率：

$$r(0^\circ)=\left|\frac{\sqrt{\varepsilon_0}-\sqrt{\varepsilon_1}}{\sqrt{\varepsilon_0}+\sqrt{\varepsilon_1}}\right|^2 \tag{4.4.3}$$

式中，$\sqrt{\varepsilon_0}$ 、ε_0 为自由空间的介电常数；ε_1 为月球表面的介电常数。吸收系数为

$$\kappa_{av}=\frac{2\pi\varepsilon''\nu}{c\sqrt{\varepsilon'}} \tag{4.4.4}$$

图 4.37 给出了介电常数的反演结果以及与 Lucey 等（2000）结果的比较。在本书的反演方法中，考虑到月壤的密度廓线，不同频率的有效介电常数是不同的，因此在计算中

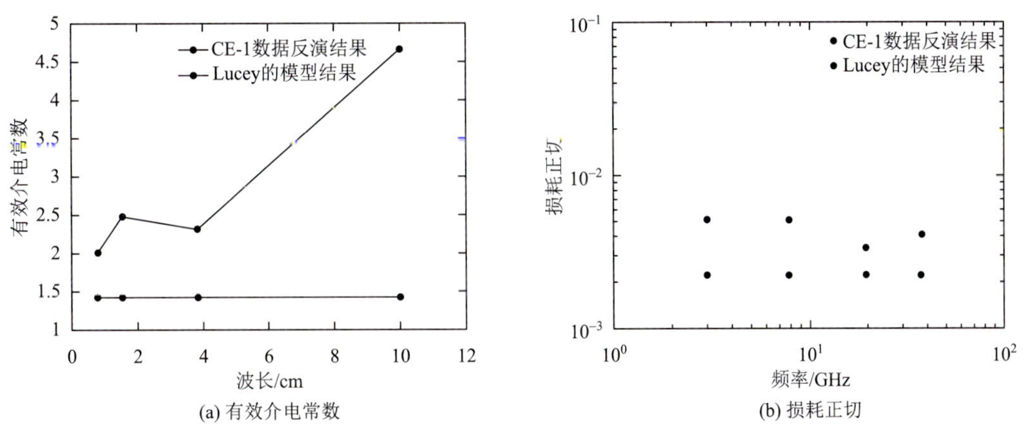

图 4.37　Apollo15 地区各通道介电常数反演结果与 Lucey 方法的比较

对各个通道分开考虑。有效介电常数随波长增加而增大也是由于穿透深度的不同引起的。由于月壤密度廓线的存在，月壤深处的密度较大会导致较大的有效介电常数。介电常数的损耗角正切约是传统方法的 2 倍，这也是表 4.2 中，3.0 GHz 通道穿透深度比预期小的原因。

4.4.2　月球赤道高地区域有效介电常数反演

由于高地地区的 FeO 与 TiO_2 含量相近，都较小，因此赤道高地地区可以看作是同一地区而进行讨论。按照 6.2 节中所述的方法，首先由月壤分层物理模型下的热传导方程求解，得到赤道高地地区在各个月球时刻的月壤物理温度廓线，按照辐射传输模型，由最小二乘法反演各通道的反射率与吸收系数，最终求解得到月球赤道高地地区的介电常数，月壤热特性参数的选择由 Vasavada 等（2012）给出。

反演得到的各通道参数如表 4.3 所示。由表 4.3 可以看到，与 Apollo15 登陆点的情况类似，反射率随波长的增大而增加（19.35 GHz 通道除外），各通道 κ_v / f 的值较为接近，吸收系数随波长的增加而减小，穿透能力最大的 3.0 GHz 通道穿透度可以超过 2 m。

对比表 4.2 我们发现，3.0 GHz 通道的穿透深度在 Apollo 15 月海地区与赤道高地区显著不同，后者是前者的近 3 倍，这也说明了月球月海与高地成分的巨大差异。本书的结果表明，高地地区的物质与月海地区相比，应该是低损耗的，应具有较低的介电常数，尤其是较低的损耗角正切。

表 4.3　赤道月陆地区反演得到的各通道反射率与吸收系数

频率/GHz	λ/cm	r	κ_v/ν（$m\cdot g/cm^3\cdot Hz)^{-1}$	$\kappa_v/(m\cdot g/cm^3)^{-1}$	衰减深度/cm
37.0	0.81	0.045	1.2×10^{-10}	4.44	12.51
19.35	1.55	0.065	1.1×10^{-10}	2.13	26.10
7.8	3.85	0.055	0.6×10^{-10}	0.47	118.71
3.0	10.0	0.06	0.85×10^{-10}	0.26	217.86

图 4.38 给出了由反演得到的一个完整的月球日内微波辐射亮度温度的变化情况，图 4.38 中圆点是 CE-1 观测值，赤道高地地区的选择范围在纬度上是±0.5°的条带，经度的范围为（−180°，−75°）以及（100°，180°）。

图 4.38 中所得到的赤道地区的观测数据量较大，是以 15 min 为间隔对温度数据进行平均所得到的结果。由图 4.38 可以预测赤道高地地区没有观测数据的月球时刻，其辐射亮度温度的分布情况，同时可以看到高频通道的辐射亮度温度在一天中温度变化最为剧烈，而 3.0 GHz 作为低频通道，其辐射亮度温度昼夜变化较小，这也是高频通道穿透深度小，对温度变化特别剧烈的月球表面层温度敏感的直接结果。

图 4.39 给出赤道高地地区的介电常数。对比图 4.37，赤道地区月壤的有效介电常数反演结果与 Apollo 15 地区类似，除 19.35 GHz 通道外，其余 3 个通道的有效介电常数随波长的增大而增加，但其最大值要比 Apollo 月海地区的数值小。

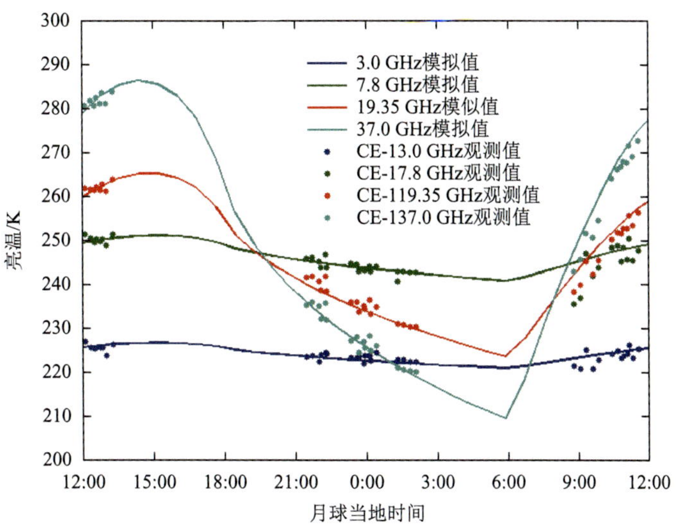

图 4.38　赤道月陆地区微波辐射亮度温度模拟值观测值的比较

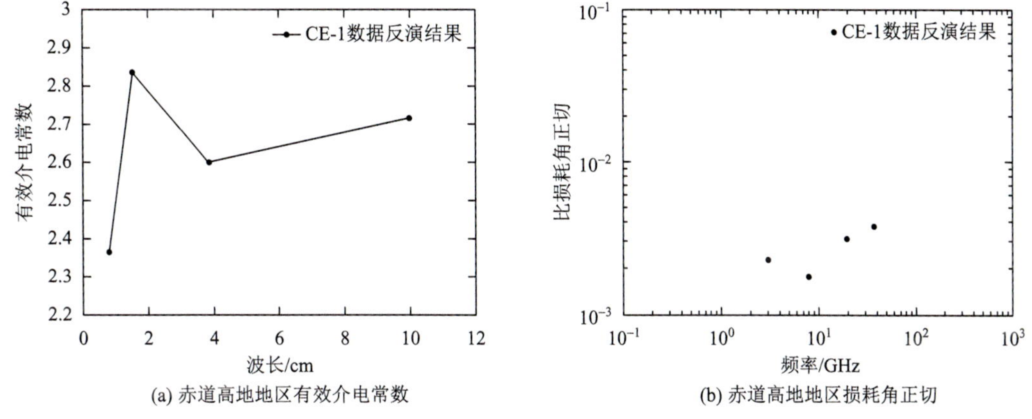

(a) 赤道高地地区有效介电常数　(b) 赤道高地地区损耗角正切

图 4.39　由 CE-1 微波辐射计数据反演得到的赤道高地地区的介电常数

另外，由赤道高地地区的损耗角正切计算结果可以看到，赤道高地地区的损耗角正切要比月海地区小，表明高地地区对电磁波的衰减及损耗较小，高地地区的物质成分与月海地区差异较大，这与美国克莱门汀探月卫星与月球勘探者探测得到的光学反射率数据反演得到的月球表面的金属含量分布是一致的，即月海地区 FeO 与 TiO_2 含量较高，是电磁波损耗较强的介质，而高地地区 FeO 与 TiO_2 含量较低，对电磁波的衰减较弱，电磁波穿透深度在这些地区较大。

参 考 文 献

平劲松，黄倩，鄢建国，等. 2008. 基于“嫦娥一号”卫星激光测高观测的月球地形模型 CLTM-s01. 中国科学 G 辑，38（11）：1601–1612.

张宏，温永宁，刘爱利. 2006. 地理信息系统算法基础. 北京：科学出版社.

Araki H，Tazawa S，Noda H. 2009. Lunar global shape and polar topography derived from Kaguya-LALT laser altimetry. Science，323（5916）：897–900.

Fa W，Jin Y Q. 2007. Simulation of brightness temperature of lunar surface and inversion of the regolith layer thickness. Journal of Geophysical Research：Planets，112：E05003.

Fa W，Jin Y Q. 2010. A primary analysis of microwave brightness temperature of lunar surface from Chang-E 1 multi-channel radiometer observation and inversion of regolith layer thickness. Icarus，207：605–615.

Gong X，Jin Y Q. 2012a. Diurnal physical temperature at Sinus Iridum area retrieved from observations of Chinese Chang，E-1 microwave radiometer. Icarus，218（2）：807–816.

Gong X，Jin Y Q. 2012b. Microwave brightness temperature of cratered lunar surface and inversion of the physical temperature profile and thickness of regolith layer. Radio Science，47：RS1021.

Gong X，Jin Y Q. 2013. Inversion of dielectric properties of the lunar regolith media with temperature profiles using Chinese Chang'E-1 and Chang'E-2 MW observations. Chinese Science Bulletin，58（36）：3798–3805.

Gong X，Paige D A，Seigler M A and Jin Y Q. 2015. Inversion of Dielectric Properties of the Lunar Regolith Media with Tewperature Profiles Using Chinese Chang'E-1 and Chang'E-2 MW Observations，IEEE Geoscience and Remote Sensing Letters，2015，12（2）：384–388.

Heiken G H，Vaniman D T，French B M. 1991. Lunar Source-Book：A user's Guide to the Moon. London：Cambridge University Press.

Jin Y Q. 1994. Electromagnetic Scattering Modelling for Quantitative Remote Sensing. Singapore：World Scientific.

Jin Y Q，Fa W. 2010. The modeling analysis of microwave emission from stratified media of nonuniform lunar cratered terrain surface for Chinese Chang-E 1 observation. IEEE Geoscience and Remote Sensing Letters，7（3）：530–534.

Keihm S J. 1984. Interpretation of the lunar microwave brightness temperature spectrum：feasibility of orbital heat flow mapping. Icarus，60（3）：568–589.

Keihm S J，Langseth M G Jr. 1973. Surface brightness temperatures at the Apollo 17 heat flow site：thermal conductivity of the upper 15 cm of regolith. Proceedings of the Lunar Science Conference，4：2503–2513.

Langseth M G，Chute J L，Keihm S. 1973. Direct measurements of heat flow from the Moon. The Lunar and Planetary Science Conference，4：455

Langseth M G，Clark S P Jr，Chute J L，et al. 1972. The Apollo 15 lunar heat-flow measurement. The Moon，4（3-4）：390–410.

Lawson S L，Jakosky B M，Park H S，et al. 2000. Brightness temperatures of the lunar surface：calibration and global analysis of the Clementine longwave infrared camera data. Journal of Geophysical Research：Planets，105：4273–4290.

Lucey P G. 2000. Thermal infrared observations of Moon during lunar eclipse. 31st Annual Lunar and Planetary Science Conference，1533.

Lucey P G. 2009. The poles of the Moon. Elements，5：41–46.

Lucey P G，Blewett D T，Hawke B R. 1998. Mapping the FeO and TiO_2 content of the lunar surface with multispectral imagery. Journal of Geophysical Research，103（E2）：3679–3699.

Lucey P G，Blewett D T，Jolliff B L. 2000. Lunar iron and titanium abundance algorithms based on final processing of Clementine ultraviolet visible images. Journal of Geophysical Research：Planets，105（E8）：20297–20305.

Lucey P G，Taylor G J，Malaret E. 1995. Abundance and distribution of iron on the Moon. Science，268：1855–1858.

Mazarico E，Neumann G，Smith D，et al. 2011. Illumination conditions of the lunar polar regions using LOLA topography. Icarus，211（2）：1066–1081.

Mitchell D L，De Pater I. 1994. Microwave imaging of Mercury's thermal emission at wavelengths from 0.3 to 20.5 cm. Icarus，110：2–32.

Noda H，Araki H，Goossens S. 2008. Illumination conditions at the lunar polar regions by KAGUYA（SELENE）laser altimeter. Geophysical Research Letters，35（24），

Paige D A，Foote M C，Greenhagen B T，et al. 2010. The lunar reconnaissance orbiter Diviner lunar radiometer experiment. Space Science Reviews，150（1-4）：125 160

Shkuratov Y G，Bondarenko N V. 2001. Regolith layer thickness mapping of the Moon by radar and optical data. Icarus，149（2）：

329–338.

Shorthill R W，Saari J M. 1965. Nonuniform cooling of the eclipsed moon：a listing of thirty prominent anomalies. Science，150（3693）：210–212.

Vasavada A R，Bandfield J L，Greenhagen B T，et al. 2012. Lunar equatorial surface temperatures and regolith properties from the Diviner Lunar Radiometer Experiment. Journal of Geophysical Research，117：E00H18.

Vasavada A R，Paige D A，Wood S E. 1999. Near-surface temperatures on Mercury and the Moon and the stability of polar ice deposits. Icarus，141（2）：179–193.

第 5 章　红外辐射热点与微波辐射冷点

月球表面的星载红外（IR）与微波（MW）不同频段的热辐射观测在中国“嫦娥一号”“嫦娥二号”微波辐射探月计划实施以后，有了比较、融合分析的可能。早在 20 世纪 60 年代，Shorthill 和 Saari（1965）曾发现一次全月食过程中月球表面有些陨石坑内红外辐射比邻近月球表面强，称为红外辐射“热点”。月球侦察轨道器（LRO）的红外辐射计（占卜者 Diviner）数据也显示，具有大量岩石块分布的新生环形山陨石坑（Paige et al.，2010；Bandfield et al，2010）夜晚的红外辐射温度要比周围环境高。由于月球表面分布的石块热物理特性不同于月壤土壤，夜间月表面岩石温度比月壤温度下降得慢，这是造成红外辐射“热点”的主要原因（Roelof，1968；Winter，1970）。

但是，2007 年中国“嫦娥一号”微波辐射计也观测到了微波辐射的日夜变化（Chan et al.，2010），在月球表面有丰富岩石块分布的一些新生陨石坑内，白天的微波辐射亮度温度要比周围高；但到了黑夜，这些区域的微波辐射亮度温度却明显要比周边环境低，在微波波段，这些红外辐射“IR 热点”变成了微波辐射“MW 冷点”（Gong and Jin，2013）。

本章首先对这些辐射异常点进行数据的定性分析，选取新生的 Tycho（第谷）陨石坑和相近纬度的老年的 Maurolycus（莫洛利卡斯）陨石坑的 CE-1 微波辐射亮度温度（TB）数据，给出月球表面微波热辐射的昼夜变化。用 CE-1 TB 数据反演了这两个典型陨石坑区域的月尘层与月壤层的物理温度分布及其昼夜变化。结果表明，新生陨石坑微波和红外热辐射、以及其月球表面物理温度的昼夜变化所表现出的异常分布，与其大量离散分布的高热传导率低热惯性岩石块密切相关的。

在此基础上，本书提出石块、月壤分层模型的辐射传输方程，定量地计算了裸露的月壤与被石块覆盖的月壤的红外和微波辐射亮度温度（Liu and Jin，2019）。用这些参数化辐射传输模型仿真了月球表面 37 GHz 亮度温度（TB_{37}），并用“嫦娥二号”（CE-2）数据进行了验证。为了计算月壤和表面石块的红外和微波辐射，首先用时域有限差分法（FDTD）求解月壤和石块热物性参数下的一维热传导方程（Liu et al.，2019），然后给出了月壤的红外和微波辐射亮度温度，以及存在表面岩石时的 IR、MW 不同的热辐射变化。

5.1　不同类陨石坑的微波与红外热辐射

我国“嫦娥一号”“嫦娥二号”（CE-1、CE-2）首次在国际上搭载了 4 通道的微波辐射计，由于微波波长相对于红外频段要长得多，月壤层一定深度内的微波辐射可以观测得到，与 Diviner 红外探测只能对月球表面肤层进行观测不同。比较这两者对月球热辐射观测的差异与融合，有助于了解月球表面结构及其热物理特性。

1. 两类月球表面陨石坑

作为例子，选取新生的第谷（Tycho）陨石坑（43°S，349°E）和处在相近纬度的一个老年的莫洛利卡斯（Maurolycus）（以下简称莫洛）陨石坑（41.8°S，14.0°E）。图 5.1 给出 LRO 相机拍摄的这两个陨石坑的光学图像（http://lroc.sese.asu.edu/）。在第谷 Tycho 陨石坑内可以清晰地看到大量岩块的存在，而在莫洛陨石坑内很少有离散的岩块。老年陨石坑经历了长期的陨石撞击与风化活动后，应该没有大量岩石块的分布。

(a) 第谷(Tycho)环形山

(b) 莫洛(Maurolycus)环形山

图 5.1　Tycho 与 Maurolycus 环形山由 LROC（Lunar Reconnaissance Orbiter Camera）拍摄到的光学图像

图 5.2 给出这两个陨石坑的地形图。由于这两个陨石坑纬度相近，物理温度应该比较相近。Tycho 陨石坑处在图 5.2 的中心，右侧的图例以 m 为单位，图的大小区域占经纬度 10°×10°，成图分辨率为每个像素 0.1°（以下各图都取相同的大小、图例以及分辨率，不另述）。实际上 LOLA 提供的最高的分辨率可以达到每个经纬度 1024 像素，但是由于这样的数据量太大，本章的计算并不需要分辨率太高的地形数据。

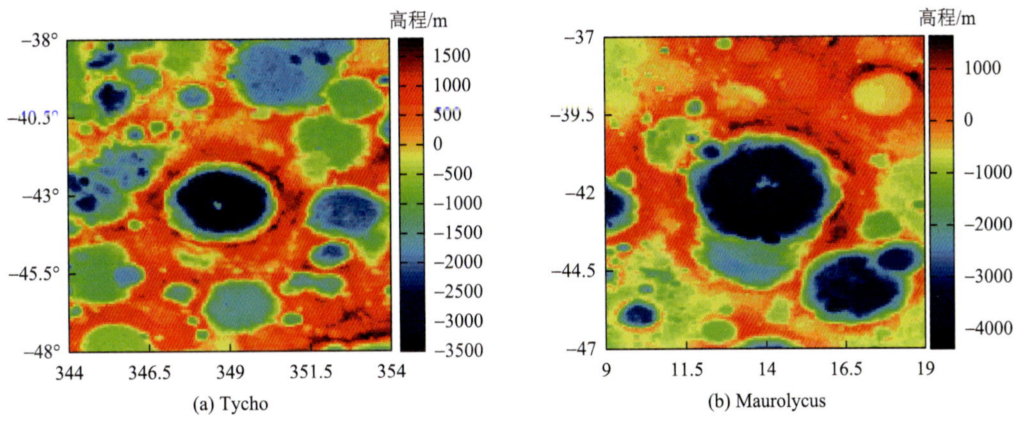

图 5.2　陨石坑高程图

2. 红外热辐射

图 5.3 和图 5.4 分别给出了 Tycho 与 Maurolycus 陨石坑各经纬度上白天和黑夜 Diviner 红外辐射观测结果。可以看到，白天由于持续的太阳光照，月球表面温度只与地形与纬度有关。但是，在夜间，Tycho 陨石坑红外辐射要比周围高，即是所谓的“热点”。而 Maurolycus 陨石坑红外辐射与周围环境没有明显差异。

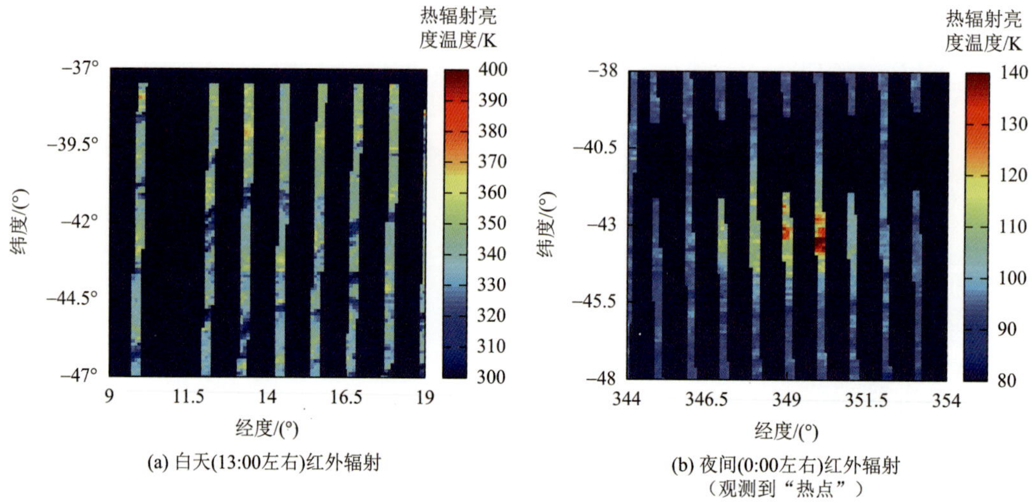

图 5.3　Tycho 陨石坑 Diviner 第 8 通道观测的热辐射亮度温度

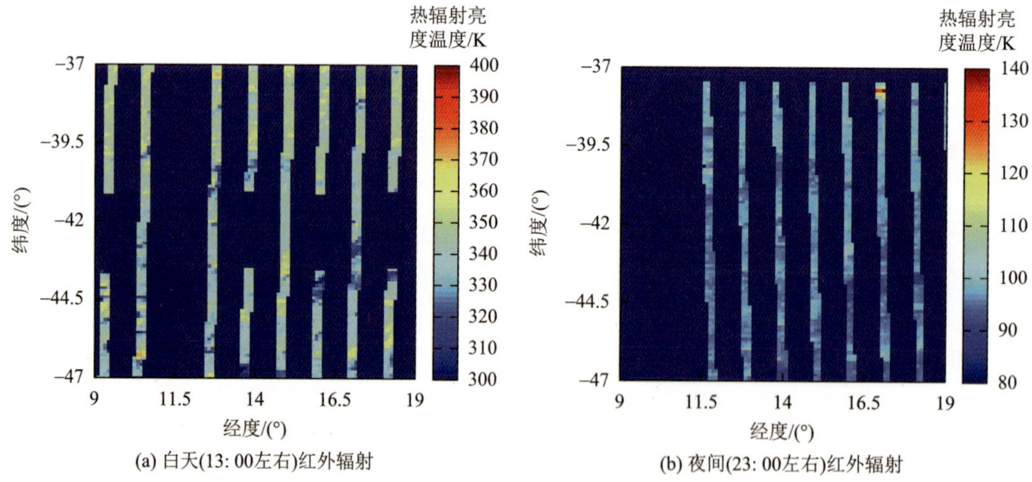

图 5.4　Maurolycus 陨石坑 Diviner 第 8 通道观测到的热辐射亮度温度

3. CE 微波热辐射

图 5.5 分别给出第谷陨石坑由 CE-1 37.0 与 19.35 GHz 通道观测的白天与夜间的辐射亮度温度 TB_{37} 与 TB_{19}。可以看出，陨石坑内白天微波热辐射比周围区域要强得多，而夜间陨石坑内微波热辐射要冷得多。这种白天辐射“热点”与夜间辐射“冷点”现象（Chan et al.，2010）与红外观测到的夜间“热点”不一致。

(a) 白天TB$_{37}$　(b) 白天TB$_{19}$

(c) 夜间TB$_{37}$　(d) 夜间TB$_{19}$

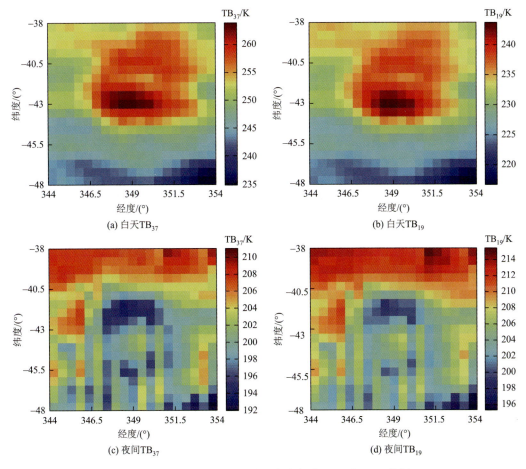

图 5.5　第谷陨石坑 CE-1 白天与夜间的 TB$_{37}$ 和 TB$_{19}$ 数据

图 5.6 分别给出莫洛陨石坑 CE-1 37.0 GHz 与 19.35 GHz 通道观测的白天与夜间的辐射亮度温度。可以看到，辐射亮度温度随纬度降低而有所增加。在夜间，也没有与第谷陨石坑相类似的“冷点”出现。

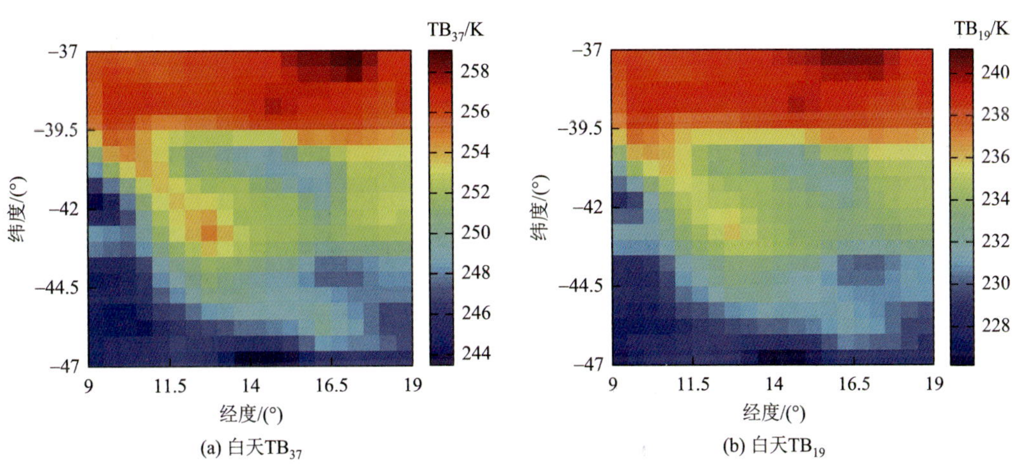

(a) 白天TB$_{37}$　(b) 白天TB$_{19}$

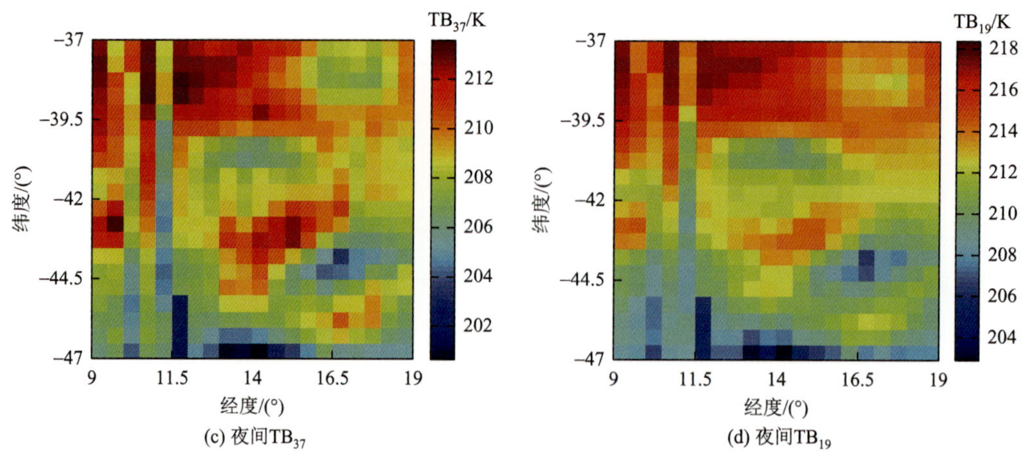

(c) 夜间TB_{37}　　(d) 夜间TB_{19}

图 5.6　莫洛陨石坑 CE-1 观测白天与夜间的 TB_{37} 和 TB_{19} 数据

作为一个定性解释，图 5.7（a）在新生的第谷陨石坑中，由于石块的热传导性好，当整个石块内达到热平衡后，温度延伸在整个石块表层。图 5.7（a）中两个黑色条块分别表示在白天和黑夜微波辐射计探测到的石块月球表面的物理温度范围，两个细黑线的空白方框表示没有石块的月壤探测到的物理温度范围。

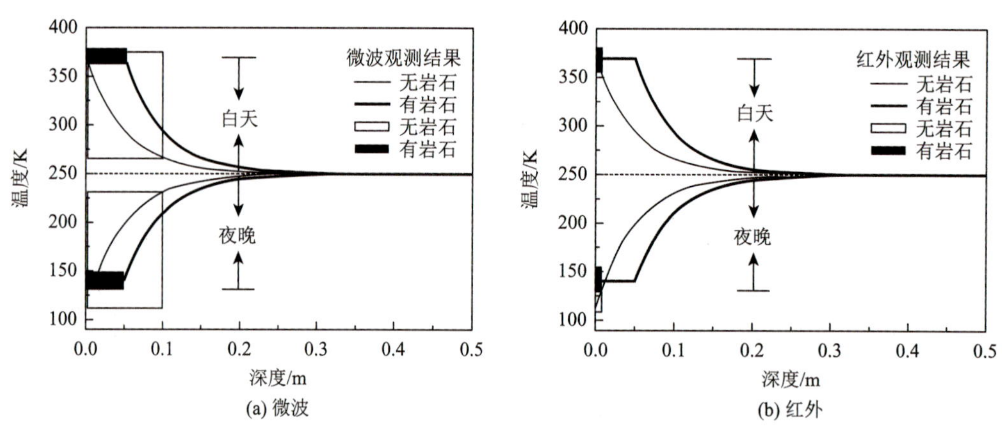

(a) 微波　　(b) 红外

图 5.7　富有石块和无石块的陨石坑微波与红外辐射观测示意图

温度廓线依据 Troitskii（1965）

在白天，月球表面石块物理温度比无石块的月壤面温度要高些，如平均约高 40 K（如图，石块 375 K，月壤从表面 375 K 到深 0.1 m 处的 250 K 权重平均）。但是在夜晚，石块温度陡降至～130 K，并挡住了下垫月壤层热辐射贡献；而无石块的月壤层在 0.1 m 内从表面 100 K 到深 0.1 m 处的 230 K 都有热辐射权重贡献。这就是富有石块的新生陨石坑微波辐射的“冷点”。

图 5.7（b）是红外辐射观测。红外频段几乎没有穿透能力，它所探测到的热辐射只来自于月球表面，由细黑条块和细方框表示。在月球黑夜，由于石块的存在使得温度～135 K，比月壤表面高～35 K，这就是红外辐射“热点”。

采用 CE 微波辐射观测数据（图 5.6，图 5.7），用第 4 章反演月壤层温度的方法，可以得到月壤分层的温度分布，同样也符合了本书所做的定性分析。

5.2　微波辐射冷点与红外辐射热点的辐射传输

对于某些陨石坑红外辐射“IR 热点”与微波辐射“MW 冷点”的解释大都限于定性的解释与评述。本书建立了一个辐射传输的理论模型，如图 5.8 部分月球表面被石块层覆盖的辐射传输模型。用辐射传输的定量计算来阐明“IR 热点”与“MW 冷点”的道理（Liu and Jin，2019）。

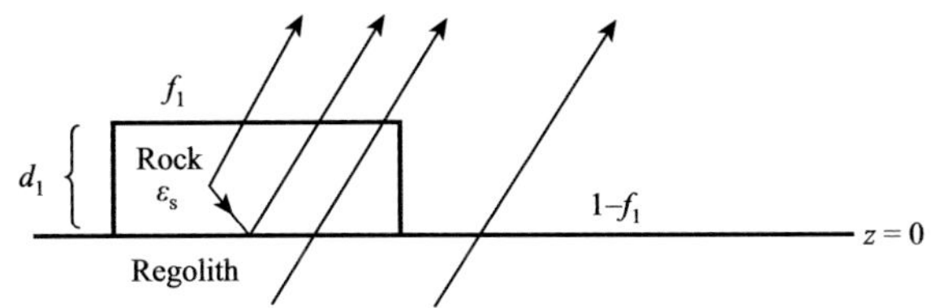

图 5.8　部分覆盖岩石的月球表面辐射传输模型

首先用时域有限差分法（FDTD）求解月壤和石块热物性参数下的一维热传导方程（Liu et al.，2019；Vasavada et al.，2012；Hayne et al.，2017）。通过 Diviner 红外辐射数据和 Apollo 热流试验，验证了月壤的热物性参数廓线的可靠性。在此基础上，数值仿真了月球表面 37 GHz（TB_{37}）辐射亮度温度，并用 CE-2 数据进行了验证。在辐射传输计算中，采用了月壤层与月球表面覆盖石块时的物理温度廓线。这样，由辐射传输方程计算了裸露的月壤与被石块覆盖的月壤的红外和微波的辐射亮度温度及其日夜的变化，从而定量地解释了“IR 热点”与“MW 冷点”的异常现象。

1. 求解 $T(z)$热传导方程

为得到月壤温度廓线$T(z)$，求解一维热传导方程（Yu and Fa，2016）：

$$\rho C\frac{\partial T}{\partial t}=\frac{\partial}{\partial z}\left(K\frac{\partial T}{\partial z}\right) \tag{5.2.1}$$

式中，C为比热容；$\rho(z)$为密度廓线；K为导热率。

边界条件写为

$$K(z,T)\frac{\partial T}{\partial z}|_{z=0}=\mathrm{TSI}(1-A)\cos^{+}\theta_i-e\sigma T_{\mathrm{s}}^4-J_0 \tag{5.2.2a}$$

$$K(z,T)\frac{\partial T}{\partial z}|_{z=-\infty}=-J_0 \tag{5.2.2b}$$

式中，TSI 为月球接收到的太阳辐射强度，本书 TSI 被设为$1371\ \mathrm{W/m^2}$（Racca，1995），这是当太阳和月球相距 1AU（天文单位）时接收到的辐射强度。月球表面的红外频域平均辐射率e设为 0.95（Bandfield et al.，2015），T_{s}为月球表面温度；J_0为内部热流，设为$0.018\ \mathrm{W/m^2}$（Langseth et al.，1976）；θ_i为太阳光的入射角，在白天时，当太阳入射

角 θ_i 小于 90°时，$\cos^+\theta_i$ 等于 $\cos\theta_i$，其他情况下 $\cos^+\theta_i$ 为 0，Stefan-Boltzmann 常数 σ 为 5.67×10^{-8} W/(m^2·K^4)。

月球表面反照率 A 与太阳入射角 θ_i 有关，纳入角度后的经验公式为（Keihm，1984）

$$A(\theta) = A_0 + a(\theta_i / 45)^3 + b(\theta_i / 90)^8 \tag{5.2.3}$$

式中，A_0 为归一化后的太阳光反照率，通过将克莱门汀的 750 nm 数据除以因子 1.3 得到，该结果与 Diviner 测得的太阳反照率一致（Vasavada et al.，2012）；a 和 b 为两个经验参数，分别为 0.06 和 0.25（Hayne et al.，2017）。

现假设月壤上覆盖有一层岩石，岩石的密度设为 2 940 kg/m^3，导热率设为 1.491 W/(m·K)，比热容为 $(-154.9+4.983\cdot T-0.008207\cdot T^2+0.000005192\cdot T^3)$ J/(kg·K)（Bandfield et al.，2011），计算后可知，石块的密度和导热率与月壤完全不同。

由 Apollo 月壤样本和 Diviner 数据拟合，得到的月壤的密度廓线（Hayne et al.，2017）：

$$\rho(z) = \rho_{\rm d} - (\rho_{\rm d} - \rho_{\rm s})e^{-z/H} \tag{5.2.4}$$

式中，$\rho_{\rm s} = 1100$ kg/m^3；$\rho_{\rm d} = 1800$ kg/m^3；H 被设为平均值 6 cm（Vasavada et al.，2012）。

月壤的比热容来自于样本的实测值（Ledlow et al.，1992；Hemingway et al.，1981）：

$$C = C_0 + C_1T + C_2T^2 + C_3T^3 + C_4T^4 \tag{5.2.5}$$

式中，$C_0 = -3.6125$ J/(kg·K)；$C_1 = +2.7431$ J/(kg·K^2)；$C_2 = +2.3616\times10^{-3}$ J/(kg·K^3)；$C_3 = -1.2340\times10^{-5}$ J/(kg·K^4)；$C_4 = +8.9093\times10^{-9}$ J/(kg·K^5)，

不同的样本之间 C 差别很小（Hemingway et al.，1973）。

月壤导热率 $K(T)$ 由固体导热率和辐射导热率两部分组成（Fountain and West，1970）：

$$K = K_{\rm c}\left[1+\chi\left(\frac{T}{350}\right)^3\right] \tag{5.2.6}$$

式中，辐射传输参数 χ 为 2.7；$K_{\rm c}$ 为固体导热率，来自于热流实验数据，$K_{\rm c}$ 被假设为与密度成线性关系（Fountain and West，1970）：

$$K_{\rm c} = K_{\rm d} - (K_{\rm d} - K_{\rm s})\frac{\rho_{\rm d} - \rho}{\rho_{\rm d} - \rho_{\rm s}} \tag{5.2.7}$$

式中，$K_{\rm s} = 7.4\times10^{-4}$ W/(m·K) 和 $K_{\rm d} = 3.4\times10^{-3}$ W/(m·K)，分别是表面和深处的导热率。

由于白天太阳辐射的能量远大于内部传导的能量，月球表面白天的温度主要由太阳辐射强度决定，图 5.9 是 Racca（1995）模型得到的月球表面正午温度：

$$T = \left[\frac{1-A}{e}\cdot\cos\theta_i\cdot\frac{\rm TSI}{\sigma} + \frac{J}{\sigma}\right]^{1/4} \tag{5.2.8}$$

式中，T 为表面温度；J 被设为 6 W/m^2，J 远小于式中的第一项，所以可以忽略（Fang and Fa，2014）。月球被认为是一个理想的球体，正午表面温度的计算中只用到了月球表面反照率。

图 5.9 是月球表面正午时刻物理温度的一个例子。左上角方框中的是 Aristarchus 陨石坑（24°N，47°W），由于太阳反照率较大，该陨石坑的表面温度低于同纬度其他区域，该

陨石坑内最大的太阳反照率值 $A_0 = 0.22$，被作为表面石块的太阳辐射光照反照率，比月壤表面的太阳辐射光照的反照率高很多。

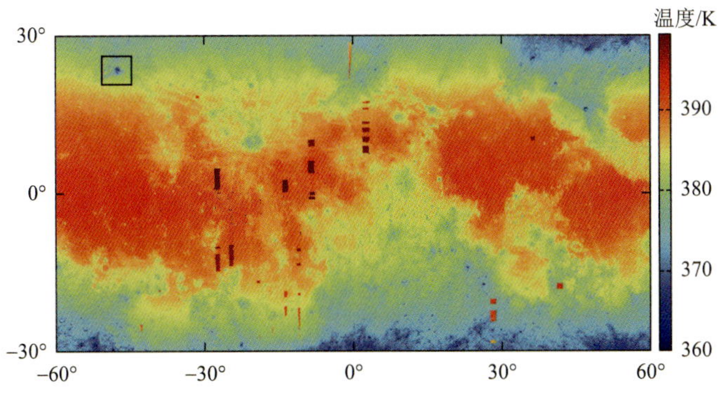

图 5.9　月球表面正午温度

阿里斯塔克斯（Aristarchus）（以下简称阿里）陨石坑是典型的红外“IR 热点”，图 5.10（a）是该陨石坑的光学图像，其直径约为 40 km，图 5.10（b）是图 5.10（a）中白色方框内部区域的放大图像，可以发现该陨石坑内存在大量石块，石块最大直径可达 50 m。

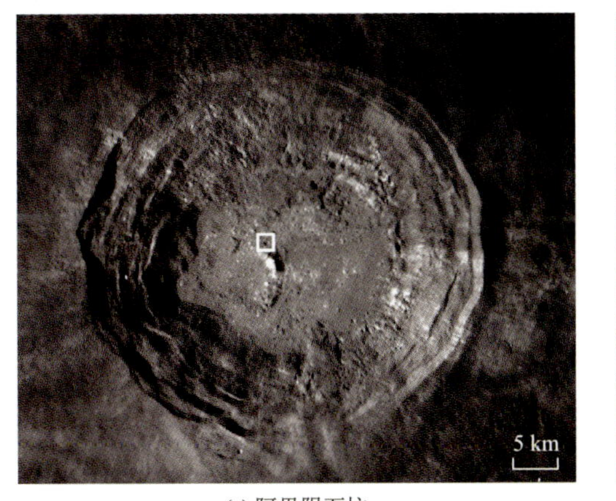

(a) 阿里陨石坑

(b) (a)中白框内的放大图像

图 5.10　阿里（Aristarchus）陨石坑光学图像

模型假设，断续成石块的厚度为 0.5 m、覆盖面积比 f_1 的石块层覆盖于月壤之上，用前文提到的热物性参数，分别计算得到正午和午夜时的物理温度廓线。

采用时域有限差分法（FDTD）来求解热传导方程式（5.2.1），上边界条件式（5.2.2a）是月壤表面温度 T_s 的一元 4 次方程，由克莱门汀号 750 nm 数据得到 A_0，代入式（5.2.3）后得到 A，将式（5.2.6）的参数 K，以及 A、J_0、e、θ_i、σ、TSI 等参数代入式（5.2.2a），给定每个剖分单元的初始温度为 256 K，用牛顿法求解一元 4 次方程，得到月壤的表面温度 T_s。月壤中热量的传递满足热传导方程（5.2.1）。将计算得到的表面温度代入式（5.2.1），计算得到热传导后所有剖分单元的温度，热传导方程中的时间步长δt和空间步长δz需要满足 Fourier-von Neumann 稳定条件（Haberman，2012）：

$$\frac{K\delta t}{\rho C\delta z^2}\leqslant\frac{1}{2} \tag{5.2.9}$$

重复上述过程直到得到收敛解，时间步长δt和空间步长δz分别设为 18 s 和 0.001 m，将上述过程重复进行 300 个月昼（每个月昼 29.53 个地球日），使得两个连续月昼同一时间的温差小于 0.0001 K 来保证解的收敛。

图 5.11 是对应的密度廓线$\rho(z)$、比热容$C(T)$和热导率廓线$K(T)$，以及计算得到的物理温度廓线$T(z)$，可以发现，石块的密度几乎是月壤密度的 2 倍，而石块的导热率是月壤的上百倍，巨大的热导率使得石块内部的温度梯度远小于表层月壤中的温度梯度。

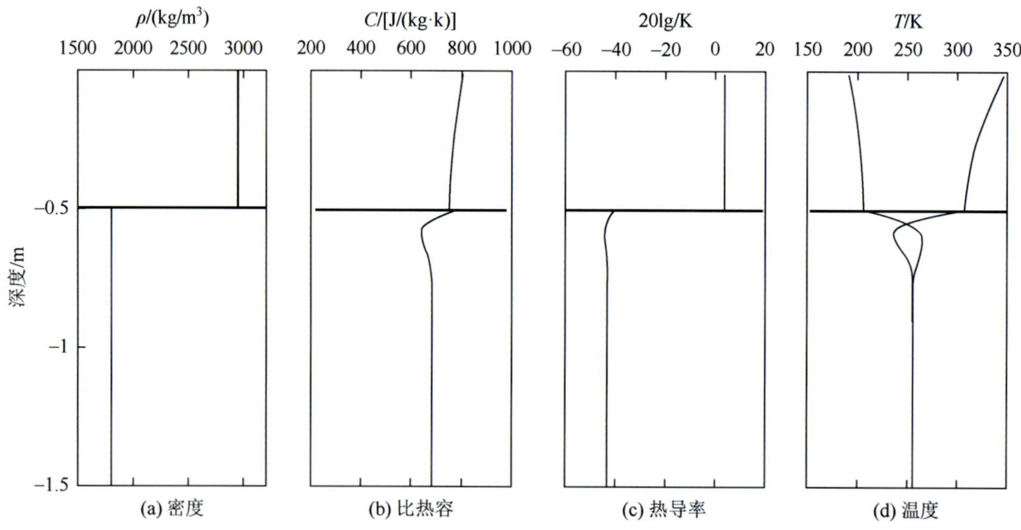

图 5.11　石块/月壤正午时的热物性参数以及正午和午夜时的温度廓线

导热率廓线取对数 20lg（K），深度−0.5～0 m 是石块的参数和温度

图 5.12 是不同厚度的石块在正午和午夜时的物理温度廓线，Aristarchus 陨石坑的太

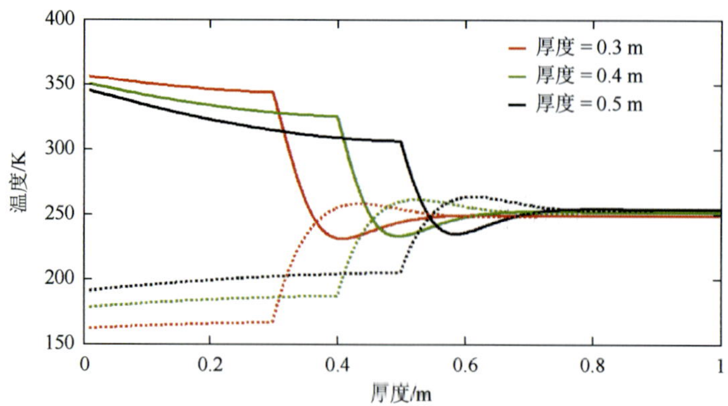

图 5.12　不同厚度石块的正午（实线）和午夜（虚线）的温度廓线

阳光反照率较高，这使得该区域白天和晚上的温度略低于其他区域，石块的热惯量极大，这极大地提高了该陨石坑的夜间温度。

从图 5.12 可以发现，更厚的石块夜间温度更高，这是因为更大的体积改变相同的温度需要更多的能量。

2. 求解石块覆盖的月壤辐射传输

按图 5.8 的辐射传输模型，辐射传输方程写为（Jin，1994；Fa and Jin，2007）

$$
\begin{aligned}
\mathrm{TB}(0) &= f_1 \times [1-R_0(0)] \cdot \int_0^{d_1} \kappa_\alpha(z) T(z) e^{-\int_z^{d_1} \kappa_\alpha(z')\mathrm{d}z'} \mathrm{d}z \\
&+ f_1 \times [1-R_0(0)] \cdot R_1(0) \cdot e^{-\int_0^{d_1} \kappa_\alpha(z')\mathrm{d}z'} \cdot \int_0^{d_1} \kappa_\alpha(z) T(z) e^{-\int_0^{z} \kappa_\alpha(z')\mathrm{d}z'} \mathrm{d}z \\
&+ f_1 \times [1-R_0(0)][1-R_1(0)] \cdot e^{-\int_0^{d_1} \kappa_\alpha(z')\mathrm{d}z'} \int_{-\infty}^{0} \kappa_\alpha(z) T(z) e^{-\int_z^{0} \kappa_\alpha(z')\mathrm{d}z'} \mathrm{d}z \\
&+ (1-f_1) \times [1-R_2(0)] \int_{-\infty}^{0} \kappa_\alpha(z) T(z) e^{-\int_z^{0} \kappa_\alpha(z')\mathrm{d}z'} \mathrm{d}z
\end{aligned}
\tag{5.2.10}
$$

式中，d_1 为石块层厚度；f_1 为占月面面积比；ε_s 为石块介电常数；观测方向为天顶观测角度 $\theta = 0°$；$R_0(0)$ 为岩石层表面的微波反射率；$R_1(0)$ 为石块层和月壤层之间的微波反射率；$R_2(0)$ 为月壤表面到真空的微波反射率。式（5.2.10）中的第 1 项和第 2 项是石块层的辐射，第 3 项是被石块覆盖部分的月壤辐射通过石块层后的辐射，第 4 项是未被石块覆盖的月壤的直接辐射。这 4 项辐射贡献与图 5.8 中的箭头标志一一对应。

石块的介电常数取自月球样本的实测值（Heiken et al.，1991），其实部设为 5，损耗正切设为 0.1。求得月壤密度廓线 $\rho(z)$ 后，代入式（5.2.17）就可以得到月壤的介电常数 $\varepsilon'(z)$ 。

通过求解式（5.2.1）的热传导方程，可以得到岩层和月壤的温度廓线，月壤的表面温度可以用 Diviner T_7（25～41 μm）通道红外数据验证（Liu et al.，2019）。

由于月壤样本数量较少，拟合的损耗正切具有局限性，此处用 TiO_2 含量拟合赤道正午 CE-2 TB_{37} 数据而得到月壤的损耗正切，该结果可以用月球其他纬度的数据来验证（Liu et al.，2019），拟合的损耗正切为

$$\tan\delta = 3.516 \times 10^{-4}\,\mathrm{TiO_2} + 0.0087 \quad 当 \quad \mathrm{TiO_2} > 1\% \tag{5.2.11}$$

$$\tan\delta = -8.945 \times 10^{-5}\,\mathrm{TiO_2} + 0.0097 \quad 当 \quad \mathrm{TiO_2} < 1\% \tag{5.2.12}$$

Aristarchus 陨石坑的 FeO 丰度平均值为 12 wt.%，TiO_2 丰度平均值为 3 wt.%，由式（5.2.11）可以得到陨石坑内月壤的损耗正切为 0.0098。

月壤的吸收系数 κ_a 为

$$\kappa_\mathrm{a} = \frac{2\pi \nu \varepsilon''(z)}{c\sqrt{\varepsilon'(z)}} \tag{5.2.13}$$

式中，ν 为频率；c 为真空中的光速；$\varepsilon'(z)$ 和 $\varepsilon''(z)$ 分别为深度 z 处的介电常数的实部和虚部，当 $f_1 = 0$ 时，式（5.2.10）仅是月壤的热辐射，计算结果可由 CE-2 37 GHz 辐射亮度温度数据来验证（Liu et al.，2019）。

不妨先令 $f_1 = 1$ 来研究石块层的辐射，图 5.13 给出了不同厚度石块层 37 GHz 的 TB_{37}。24 个月球时是一个月昼，对应约 29.3 个地球日。随着石块厚度的增加，白天与晚上辐射亮度温度差逐渐减少。实际上，观测到的辐射亮度温度是在穿透深度范围内不同深度月壤热辐射的总累积贡献，透射深度写为

$$d = \frac{1}{\kappa_a} = \frac{c\sqrt{\varepsilon'}}{2\pi \nu \varepsilon''} \tag{5.2.14}$$

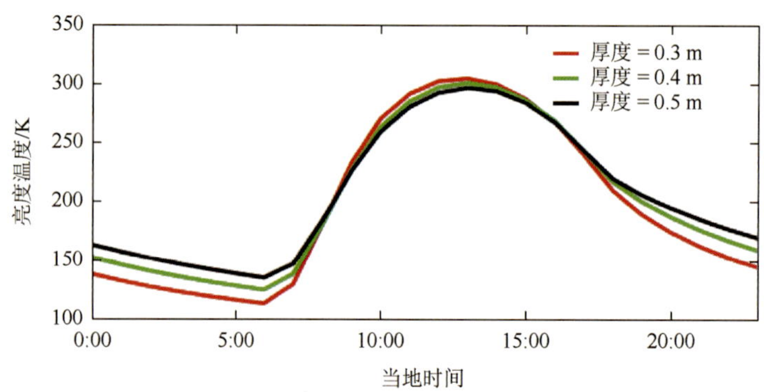

图 5.13　一个月昼下不同厚度石块的 37 GHz 亮度温度

由于来回行程的衰减，式（5.2.10）中的第 2 项和第 3 项都相当小。

巨大的导热率使得石块具有等温性，如图 5.11 所示，石块内部温度变化不大。温度均匀的石块的亮度温度可近似地用表面温度乘上辐射率来表示，辐射率定义如下：

$$E(0) = 1 - R_0(0) \tag{5.2.15a}$$

$$R_0(0) = \left(\frac{1-\sqrt{\varepsilon_s}}{1+\sqrt{\varepsilon_s}}\right)^2 \tag{5.2.15b}$$

式中，ε_s 为石块介电常数。

由 Apollo 岩心采样测量得到的密度，可以拟合出一条密度廓线（下标 0 特指由采样点的样本拟合的廓线）（Fa and Wieczorek，2012）：

$$\rho_0(z) = 1.919\frac{z+0.122}{z+0.18} \tag{5.2.16}$$

月壤的孔隙度廓线可以写为

$$n(z) = 1 - \rho_0(z)/G_0 \tag{5.2.17}$$

式中，$G_0 = 3.1\,\mathrm{g/cm^3}$ 是采样样本没有孔隙存在时月壤颗粒密度的标称值；孔隙率廓线 $\boldsymbol{n}(z)$ 设为常数不变，其影响有限。

无孔隙时，月壤颗粒的密度 G 可以用月壤样本的矿物含量来拟合，得到不同地区的月壤密度廓线，在计算中采用式（5.2.16）～式（5.2.18）：

$$\rho(z) = (1-n)G \tag{5.2.18}$$

5.3　IR 热点和 MW 冷点的数值模拟

以阿里（Aristarchus）陨石坑为例，正午时，由 Diviner 红外辐射数据可以得到其表面温度为 360 K，比同一纬度的月海温度约低了 10 K；CE-2 37 GHz 亮度温度为 285 K，比同纬度的月海约高了 10 K。午夜时，该陨石坑表面温度为 125 K，比月海高了 25 K，而 37 GHz 亮度温度为 195 K，比月海低了 15 K。

按照图 5.12 模型，假定石块层厚度 d_1 为 0.5 m，陨石坑内最大的太阳光照的反照率 0.22 作为石块层的反照率，而陨石坑外部的反照率约为 0.13，将其作为月壤的反照率。用辐射传输方程式（5.2.10）数值仿真，并与上述实际测量的 IR 与 MW 辐射亮度温度作比较，如表 5.1 所示。

表 5.1　阿里陨石坑红外与微波观测数据和理论计算数据

项目	正午		午夜	
	IR/K	MW/K	IR/K	MW/K
月壤（$A = 0.13$）	375	265	98	203
石块整层（厚度 0.5 m）	345	293	191	163
石块，占面积 = 20%	369	271	126	195
陨石坑数据	360	285	125	195
同纬度其他区域的数据	365～383	260～280	97～100	200～210

从表 5.1 可以发现，正午时石块的红外温度为 345 K，比月壤的 375 K 低了 30 K，这是石块较高的反照率和巨大的热惯量导致的。但是石块微波亮度温度为 293 K，比月壤的 265 K 高了近 30 K。石块的介电常数为 5，其辐射率为 0.85，乘上表面物理温度后，其微波亮度温度为 293 K，远高于月壤的 265 K。

但到了午夜，石块物理温度是 191 K，远高于月壤的 98 K，使得石块的微波亮度温度为 163 K，远低于月壤的 203 K。可以发现，石块的存在使得陨石坑内午夜的物理温度更高，而 37 GHz 微波亮度温度更低，正午时，物理温度偏低，而亮度温度偏高，数值仿真的结果与 IR、MW 的数据都是一致的。

石块的存在使得午夜红外亮度温度增加，而使微波亮度温度变低；而在白天正午时，红外亮度温度低，而微波亮度温度高。

图 5.14（a）是阿里陨石坑的 Diviner 红外数据和不同的石块覆盖率 f_1 得到的辐射传输数值仿真的结果。图 5.14（b）是位于 24°N、35°W 处的月海平原的 Diviner 红外数据和仿真结果，其平均的太阳光照的反照率为 0.07。可以发现，图 5.14（a）中石块覆盖率为 0.2 时的仿真结果以及图 5.14（b）中的仿真结果（粗黑线）与 Diviner 数据一致。从图 5.14（a）可看到，午夜时（0hr）粗黑线高于月壤辐射的红线，这就是夜间的红外辐射“热点”。当然，随着石块覆盖的增多，夜间观测到的表面温度也随之升高，如图 5.14（a）中虚线所示。

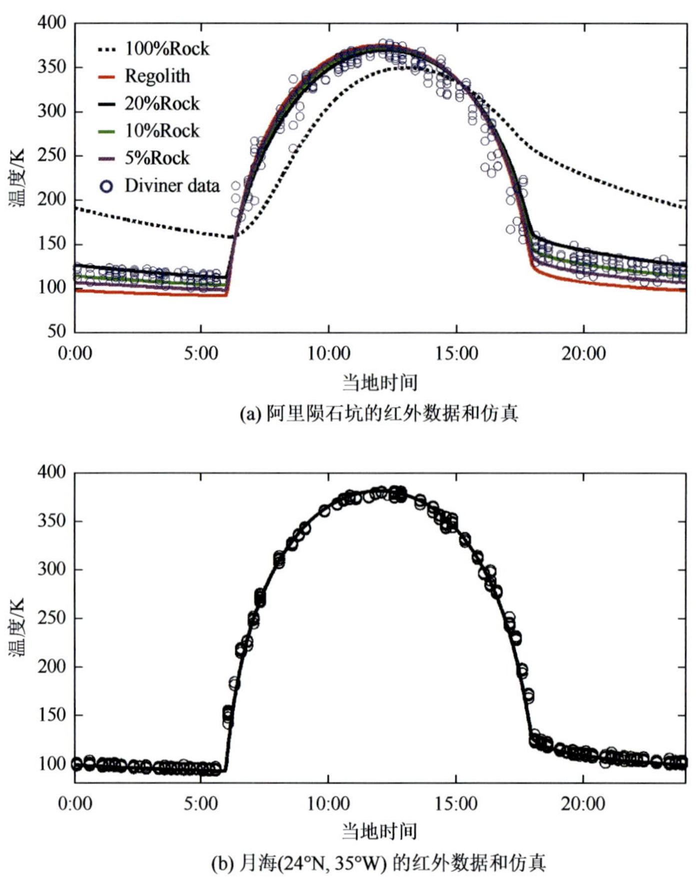

(a) 阿里陨石坑的红外数据和仿真

(b) 月海(24°N, 35°W) 的红外数据和仿真

图 5.14　阿里陨石坑和月海的红外数据及仿真

图 5.15 是阿里陨石坑 CE-2 37 GHz 亮度温度数据和不同的石块覆盖率下辐射传输数值仿真的结果。可以发现，在午夜（0hr）时，月壤亮度温度（红线）高于有石块覆盖的亮度温度（黑线），这就是微波辐射的“冷点”。而在中午，陨石坑内的亮度温度数据和仿真结果都高于同纬度的其他区域。

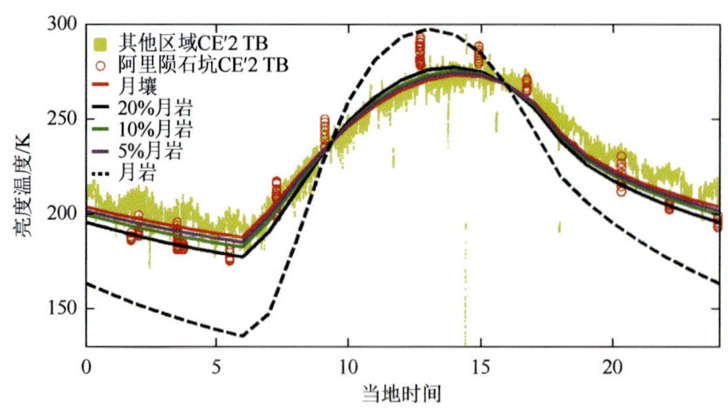

图 5.15　纬度 24°N 处 CE-2 37 GHz 亮温数据和不同岩石覆盖率下的仿真数据

红色圆圈是阿里陨石坑的数据，黄色的点是其他区域的数据，经度范围 180°W~180°E

为了对 CE-2 数据和仿真结果进行比较，定义数据的平均值 <$TB_{\text{CE-37G数据}}$> 和仿真结果 $TB_{\text{仿真}}$ 之间的差为

$$\Delta = \langle TB_{\text{CE-37G数据}} \rangle - TB_{\text{仿真}} \tag{5.3.1}$$

可以发现，在夜间（月球当地时间 01：48）：

$$\Delta_{\text{单一月壤层}} = -10.7\ \text{K}, \Delta_{\text{20\%石块覆盖月壤}} = -1.7\ \text{K} \tag{5.3.2}$$

在白天时（月球当地时间 12：48）：

$$\Delta_{\text{单一月壤层}} = 15.5\ \text{K}, \Delta_{\text{20\%石块覆盖月壤}} = 10.1\ \text{K} \tag{5.3.3}$$

这表明，石块覆盖月壤的模型比单一月壤模型更接近实际观测的 MW 数据。

根据式(5.2.14)，透射深度主要取决于介电虚部 ε''，或者说是损耗正切 $\tan\delta = \varepsilon''/\varepsilon'$，石块的微波波段损耗正切远大于月壤。令 $\nu = 37\ \text{GHz}$，石块的介电常数为 $\varepsilon_s = 5 + \text{i}0.5$，月壤的介电常数为 $\varepsilon_l = 2.2 + \text{i}0.022$，石块和月壤的穿透深度分别为 0.6 cm 和 8.9 cm，较大的损耗正切使得微波在石块中的穿透深度很小。

根据式（5.2.15），石块微波辐射亮度温度主要由热辐射率决定，热辐射率又由其介电常数 ε_s 决定。如图 5.16 所示，假设石块正午温度为 350 K，当介电常数从 5 上升到 6 时，微波热辐射率从 0.85 下降到 0.82，使得 TB_{37} 下降 11 K。

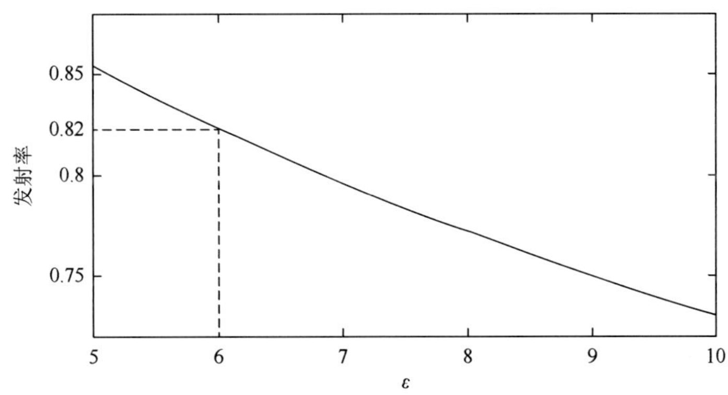

图 5.16　不同介电常数下岩石的辐射率

总之，较大的密度和巨大的热导率使得石块的热惯量远高于月壤，从而使得夜间石块的表面物理温度高于月壤，这就是 Diviner IR 热点。而夜间月壤温度廓线的逆转和微波的穿透深度，使得月壤深层温暖的微波辐射作出了热贡献。但是若有石块存在，夜间陡然降温的石块巨大的热惯量挡住了下面月壤的热贡献传输，使得石块微波辐射低于无石块的月壤，这就是微波的“冷点”。

本章的辐射传输模型是一个简单的模型，解释了红外“热点”和微波“冷点”。但是，模型没有考虑石块的大小、形状、阴影，以及二维非均匀热传导等复杂因素，因此需要更精细的参数模型来研究。

参考文献

Bandfield J L，Ghent R R，Vasavada A R，et al. 2010. Mapping lunar surface rock abundance and regolith thermalphysical properties using LRO Diviner data. Proceedings of the 41st Lunar and Planetray Science Conference.

Bandfield J L，Ghent R R，Vasavada A R，et al. 2011. Lunar surface rock abundance and regolith fines temperatures derived from LRO Diviner Radiometer data. J. Geophys. Res.，Planets，116（E00H02）.

Bandfield J L，Hayne P O，Williams，J P，et al. 2015. Lunar surface roughness derived from LRO Diviner Radiometer observations. Icarus，248：357–372.

Chan K L，Tsang K T，Kong B，et al. 2010. Lunar regolith thermal behavior revealed by Chang'E-1 microwave brightness temperature data. Earth and Planetary Science Letters，295（1-2）：287–291.

Fa W. 2013. Simulation for ground penetrating radar（GPR）study of the subsurface structure of the Moon. Journal of Applied Geophysics，99（1）：98–108.

Fa W，Jin Y Q. 2007. Simulation of brightness temperature from lunar surface and inversion of regolith-layer thickness. Journal of Applied Geophysics，112（E5）.

Fa W，Jin Y Q. 2010. A primary analysis of microwave brightness temperature of lunar surface from Chang-E 1 multi-channel radiometer observation and inversion of regolith layer thickness. Icarus，207（2）：605–615.

Fa W，Wieczorek M A. 2012. Regolith thickness over the lunar nearside：results from Earth-based 70-cm Arecibo radar observation. Icarus，218（2）：771–787.

Fang T，Fa W. 2014. High frequency thermal emission from the lunar surface and near surface temperature of the Moon from Chang'E-2 microwave radiometer. Icarus，232（4）：34–53.

Fountain J A，West E A. 1970. Thermal conductivity of particulate basalt as a function of density in simulated lunar and Martian environments. J. Geophys. Res.，Planets，75（20）：4063–4069.

Gong X H，Jin Y Q. 2013. Diurnal change of MW and IR thermal emissions from lunar craters with relevance to rock abundance. Acta Astronautica，86（5）：237–246.

Hayne P O，Bandfield J L，Siegler M A，et al. 2017. Global regolith thermophysical properties of the Moon from the Diviner Lunar Radiometer Experiment. J. Geophys. Res.，Planets，122（12）：2371–2400.

Heiken G H，et al. 1973. Lunar Sourcebook：A User's Guide to the Moon. New York：Cambridge University Press.

Hemingway. B S，et al. 1973. Specific heats of lunar soils，basalt，and breccias from the Apollo 14，15，and 16 landing sites，between 90 and 350°K. Lunar. Sci. Conf. Proc.，4：2481

Hemingway B S，Krupka K M，Robie R A. 1981. Heat capacities of the alkali feldspars between 350 and 1000 K from differential scanning calorimetry，the thermosdynamic functions of the alkali feldspars from 298. 15 to 1400 K，and the reaction quartz + jadeite = anabite. American Mineralogist，66（11-12）：1202–1215.

Huang Q，Wieczorek M A. 2012. Density and porosity of the lunar crust from gravity and topography. J. Geophys. Res.，Planets，117（E5）.

Jin Y Q. 1994. Electromagnetic Scattering Modelling for Quantitative Remote Sensing. Singapore：World Scientific：310.

Jin Y Q，Fa W. 2009. An inversion approach for lunar regolith layer thickness using optical albedo data and microwave emission simulation. Acta Astronautic，65（9）：1409–1423.

Jin Y Q，Fa W. 2010. The Modeling analysis of microwave emission from stratified media of nonuniform lunar cratered terrain surface for Chinese Chang-E 1 observation.IEEE Geosci. Remote Sens. Lett.，7（3）：530–534.

Keihm S J. 1984. Interpretation of the lunar microwave brightness temperature spectrum：feasibility of orbital heat flow mapping. Icarus，60（3）：568–589.

Langseth M G，Keihm S J，Peters，K. 1976. Revised lunar heat-flow values. Lunar and Planet. Sci. Conf. Proc：3143–3171.

Ledlow M J，et al. 1992. Subsurface emissions from Mercury-VLA radio observations at 2 and 6 centimeters. Astrophysical Journal，384：640–655.

Liu N，Fa W，Jin Y Q. 2019. Brightness temperature of lunar surface for calibration of multi-channel millimeter-wave radiometer of geosynchronous FY-4M. IEEE Transactions on Geoscience and Remote Sensing. In press.

Liu N，Jin Y Q. 2019. A radiative transfer model for MW cold and IR hot spots of Chang'e and diviner observations. IEEE Transactions on Geoscience and Remote Sensing，in Press.

Low F J，Davidson A W. 1998. Lunar observation at a wavelength of 1 mm. Astrophysical Journal，142：806–808.

Lucey P G，et al. 2000. Lunar iron and titanium abundance algorithms based on final processing of Clementine ultraviolet-visible images. J. Geophys. Res.，Planets，105（E5）.

Lucey P G，Blewett D T，Hawke B R. 1998. Mapping the FeO and TiO_2 content of the lunar surface with multispectral imagery. J. Geophys. Res. Planets，103（E2）：3679–3699.

Lucey P G，Taylor G J，Malaret E. 1995. Abundance and distribution of iron on the Moon. Science，268（5214）：1150–1153.

Paige D A，Foote M C，Greenhagen B T，et al. 2010. The Lunar Reconnaissance Orbiter Diviner Lunar Radiometer Experiment Space Science Review，150：125–160.

Racca G D. 1995. Moon surface thermal characteristics for moon orbiting spacecraft thermal analysis. Planet. Space Sci.，43（6）：835–842.

Roelof E C. 1968. Thermal behavior of rocks on the lunar surface. Icarus，8（1）：138–159.

Shorthill R W，Saari J M. 1965. Nonuniform cooling of the eclipsed moon：a list of thirty prominent anomalies. Science，150：210–212

Troitskii V S. 1965. To the theory of the Moon radio emission. Astronomicheskij Zhumal，42：511–521.

Tsang L，Kong J A，Shin R T. 1985. Microwave Remote Sensing Theory. New York：John Wiley & Sons，Inc..

Vasavada A R，Bnadfield J L，Greenhagen B T，et al. 2012. Lunar equatorial surface temperatures and regolith properties from the Diviner Lunar Radiometer Experiment. J. Geophys. Res.，Planets，117（E12）.

Vasavada A R，Paige D A，Wood S E. 1999. Near-surface temperatures on mercury and the Moon and the stability of polar ice deposits. Icarus，141（2）：179–193.

Winter D F 1970. The infrared Moon：data，interpretations，and implications. Radio Science，5（2）：229–240.

Yu S，Fa W. 2016. Thermal conductivity of surficial lunar regolith estimated from Lunar Reconnaissance Orbiter Diviner Radiometer data. Planet. Space Sci.，124（5）：48–61.

第 6 章　风云卫星毫米波月面辐射定标

中国分别在 1997 年和 2016 年发射了新一代的同步轨道气象遥感卫星“风云 2 号”和“风云 4 号”系列，新一代的“风云 4 号”毫米波星（FY-4M，FengYun-4 Millimeter）上将携带 6 个毫米波辐射计，分别工作在 55 GHz、89 GHz、118 GHz、166 GHz、183 GHz 和 425 GHz，这将极大地提高我国气象监测和预报能力。卫星观测的多通道辐射亮度温度的准确性依赖于定标技术。卫星在发射前，需要在热真空腔中进行预定标来获得定标参数；卫星在轨运行中，将会进行在轨定标，选取冷空作为低温参考源。一般地，卫星会自带定标黑体作为热定标源，但是定标黑体的稳定性极易受到太空恶劣环境的影响，从而影响定标的可靠性。而月球由于没有大气干扰，并且月球表面没有任何水文、气候、生物等的影响，特别是月球表面的物理性质和化学性质能保持长期的稳定，月球表面热辐射随着自转与公转具有周期性变化的特点，由此月球表面热辐射可以作为一个稳定可靠的热定标源（Kieffer，1997）。

对月球的辐射亮度温度的观测可以追溯到 20 世纪 40 年代（Piddington and Minnett，1949），由于当时对月球表面层物质的热物理参数和介电特性的认知有限，还无法很好地解释与分析观测得到的月球表面热辐射和定量的辐射亮度温度。最近几十年内，多类先进的月球遥感卫星使得人们对月球表面的热物性参数有了一定的了解。月球轨道勘测器（LRO）上搭载的 Diviner（占卜者）中红外辐射计获取了全月球表面昼夜不同时间的太阳光反射率和表面温度数据（Paige et al.，2010），月球表面白天吸收太阳辐照，夜间温度主要受月壤热物理特性参数的影响。Vasavada 等（2012）根据红外观测数据，通过求解一维热传导方程，拟合了月壤层中热物理特性参数的分布廓线。当然，月球不同区域的热物性参数会有一定的区别，其取决于当地月壤形成演化的物质构造。通常用一个指数函数形式的参数 H 来描述不同月球表面区域的月壤密度及其导热率的分布廓线（Hayne et al.，2017），在第 2～第 4 章中多次用过。这些热物性参数可以由 Diviner 数据和 Apollo 热流试验中测量的深层温度来验证，从而使得计算得到的月壤层物理温度廓线能够对观测到的辐射亮度温度进行计算与匹配。

中国“嫦娥一号”“嫦娥二号”探月卫星微波探测计的 4 个通道的穿透深度最大可达到 10 m（Fa and Jin，2010；Jin and Fa，2010）。为了对 FY-4M 毫米辐射波定标进行讨论，本章采用最高频率的“嫦娥二号”37 GHz 的微波辐射亮度温度数据。

首先，基于月壤层体密度、导热率和热容等热物性参数廓线，根据一维热传导方程计算得到月壤层的物理温度廓线（Hayne et al.，2017），并用 Diviner 的月球表面红外辐射数据和 Apollo 热流试验测得的深层温度进行验证匹配。然后，用“嫦娥二号”37 GHz 赤道区域正午的微波辐射亮度温度数据拟合合适的月壤物质正切损耗，并用其他月球表面区域的微波 37 GHz 辐射数据加以验证，从而使得计算得到的 37 GHz 辐射亮度温度与“嫦娥二号”观测的辐射亮度温度非常一致。最后，依据上述验证后的参数选取规则，计算 FY-4M 频段的月球表面辐射亮度温度，它可以用于 FY-4M 毫米波的热源定标（Liu et al，2019）。

6.1　月球表面物理温度及 Diviner 数据验证

1. 月壤层体密度

月壤层体密度 $\rho(z)$ 具有非均匀的分布廓线，基于 Diviner 数据和 Apollo 月壤样本的研究，通常用一维的指数函数及其特征参数 H 来表达（Hayne et al.，2017），如式（6.1.1）所示：

$$\rho(z)=\rho_{\mathrm{d}}-(\rho_{\mathrm{d}}-\rho_{\mathrm{s}})e^{-z/H} \tag{6.1.1}$$

式中，$\rho_{\mathrm{s}}=1100\ \mathrm{kg/m^3}$；$\rho_{\mathrm{d}}=1800\ \mathrm{kg/m^3}$。图 6.1 是月球表面 H 参数分布图。由图 6.1 可知，沿着赤道的 H 参数分布在 0.055～0.065 m，其均值为 0.06 m。

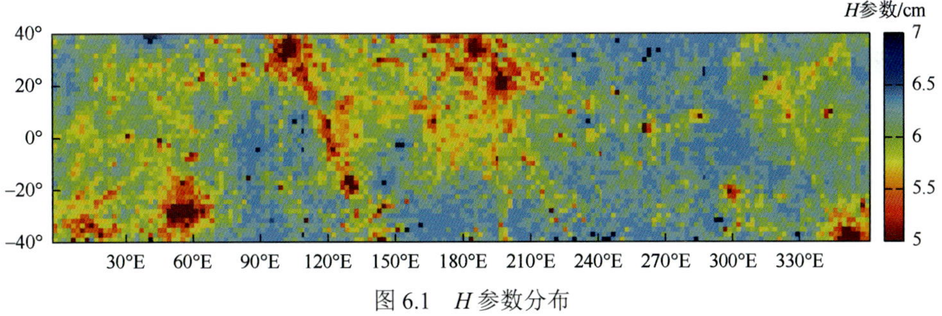

图 6.1　H 参数分布

2. 热传导方程求解月壤层物理温度

为本章叙述的完整性，仍简叙与前两章提到的一维热传导方程，它描述了月壤层的物理温度的时间与深度（z）变化的规律（Yu and Fa，2016）：

$$\rho C\frac{\partial T}{\partial t}=\frac{\partial}{\partial z}\left(K\frac{\partial T}{\partial z}\right) \tag{6.1.2}$$

式中，C 为比热容；ρ 为密度；K 为导热率，有

$$C=C_0+C_1T+C_2T^2+C_3T^3+C_4T^4 \tag{6.1.3}$$

式中，$C_0=-3.6125\ \mathrm{J/(kg\cdot K)}$；$C_1=+2.7431\ \mathrm{J/(kg\cdot K^2)}$；$C_2=+2.3616\times10^{-3}\ \mathrm{J/(kg\cdot K^3)}$；$C_3=-1.2340\times10^{-5}\ \mathrm{J/(kg\cdot K^4)}$；$C_4=+8.9093\times10^{-9}\ \mathrm{J/(kg\cdot K^5)}$。

该比热容是从 Ledlow 等（1992）和 Hemingway 等（1981）的数据中拟合多项式得到的。由于不同地点采集的月壤样本之间比热容差别不大（Hemingway et al.，1973），所以式（6.1.3）也适用于月球不同区域的月壤。

导热率分为两部分，一部分是固体导热率，另一部分是辐射导热率，将辐射导热率部分用无量纲的参数 χ 来表述，导热率可写为

$$K=K_{\mathrm{c}}\left[1+\chi\left(\frac{T}{350}\right)^3\right] \tag{6.1.4}$$

式中，$\chi = 2.7$；K_c 为固体导热率。基于测量得到的数据（Fountain and West，1970），K_c 可写为

$$K_c = K_d - (K_d - K_s)\frac{\rho_d - \rho}{\rho_d - \rho_s} \tag{6.1.5}$$

式中，K_s、K_d 分别为表层和深层处的热导率，$K_s = 7.4 \times 10^{-4}$ W/(m·K)，$K_d = 3.4 \times 10^{-3}$ W/(m·K)。

式（6.1.2）的边界条件可表述为

$$K(z,T)\frac{\partial T}{\partial z}\Big|_{z=0} = \mathrm{TSI}(1-A)\cos^+\theta_i - e\sigma T_s^4 - J_0 \tag{6.1.6a}$$

$$K(z,T)\frac{\partial T}{\partial z}\Big|_{z=-\infty} = -J_0 \tag{6.1.6b}$$

式中，TSI 为太阳总辐射强度（total solar irradiance，TSI），在一个天文单位（1AU）距离下的太阳辐射强度为1371 W/m^2（Racca，1995）；式（6.1.6a）等号右边第二项的 e 为月球表面宽带热辐射率（或称热发射率），在本章中取赤道表面平均辐射率值 $e = 0.95$（Bandfield et al.，2015）；T_s 为表面温度；J_0 为热流，这里令 J_0 为 0.018（Langseth et al.，1976）；Stefan-Boltzmann 常数 σ 为 5.67×10^{-8} W/(m^2·K^4)；θ_i 为太阳辐照的入射角，当白天太阳入射角 θ_i 小于 90°时，$\cos^+\theta_i$ 等于 $\cos\theta_i$，当 θ_i 不在这个范围内时，$\cos^+\theta_i$ 为 0，考虑当地表面坡度的影响，θ_i 为当地斜坡的局部入射角（Yu and Fa，2016）；A 为月球表面太阳光的反照率，由经验得到的月球表面太阳光反照率与太阳光入射角有关，可表示为（Keihm，1984）

$$A(\theta) = A_0 + a(\theta/45)^3 + b(\theta/90)^8 \tag{6.1.7}$$

式中，A_0 为归一化的反照率；a、b 为两个经验系数，由 Diviner 数据拟合得到，分别为 0.06 和 0.25（Hayne et al.，2017）。这里的 A_0 使用的是克莱门汀号 750 nm 的数据除以 1.3，使得该结果与 Diviner 测量得到的赤道表面的光反射率一致（Vasavada et al.，2012），赤道平均 A_0 为 0.134。

LRO Diviner 测量月球表面太阳光照辐射的反射率及其月球表面温度，其通道 1 与通道 2 的波长分别为 0.35～2.8 μm，用于测量太阳辐射的月球表面反射率，通道 3、通道 4 和通道 5 的波长范围为 7.55～8.68 μm，主要测量 Christiansen 特征，用于研究硅酸盐的分布，通道 6 至通道 9 的波长分布在 13～400 μm，用于测量月球表面温度和岩石丰度。在计算岩石丰度时，Bandfield 等（2011）发现通道 3 至通道 5 没有足够的信噪比，而通道 9 的亮度温度数据存在严重的数据漂移，由于 Diviner 的 T_7（波长 25～41 μm）通道的数据具有很高的信噪比，Vasavada 等（2012）令对应波段的辐射率为 1，用 T_7 通道红外辐射亮度温度直接表示月球表面温度，模型仿真的结果与观测数据轮廓一致。本书也直接用 Diviner 的 T_7 通道的数据来验证热物性参数。

图 6.2 是赤道中心区域的月表面太阳光反射率 A_0，选取 0°N～2°N、2°W～0°E 区域内的物理温度数据（图 6.2 黑框中的区域），该区域内反演的 H 平均值为 0.06 m，A_0 平均值为 0.09，由 DEM 数据发现，该区域相当平坦，所以这里把坡度设置为 0°。

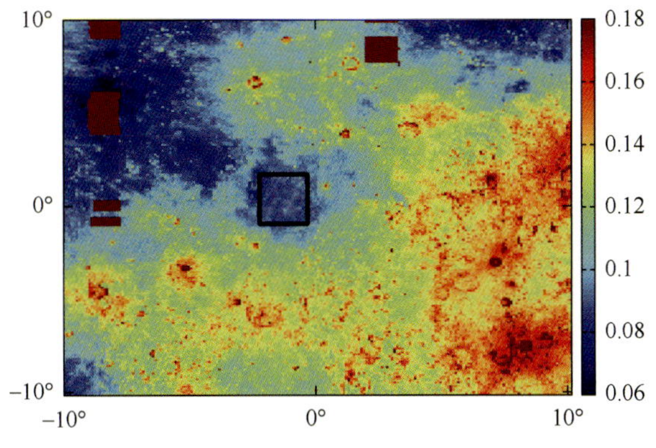

图 6.2　赤道中心区域 A_0

采用时域有限差分法（FDTD）来求解热传导方程式（6.1.2），上边界条件式（6.1.6a）是月壤表面温度 T_s 的一元 4 次方程，由克莱门汀号 750 nm 数据得到 A_0，代入式（6.1.7）后得到 A，将式（6.1.4）的参数 K，以及 A，J_0，e，θ_i，σ，TSI 等参数代入式（6.1.6a），给定每个剖分单元的初始温度为 256 K，用牛顿法求解一元 4 次方程，得到月球表面温度 T_s。月壤中热量的传递满足热传导方程式（6.1.2）。将计算得到的表面温度代入式（6.1.2），计算得到热传导后所有剖分单元的温度，热传导方程中的时间步长 δt 和空间步长 δz 需要满足 Fourier-von Neumann 稳定条件（Haberman，2012）：

$$\frac{K\delta t}{\rho C\delta z^2}\leqslant\frac{1}{2} \tag{6.1.8}$$

重复上述过程直到得到收敛解，这里时间步长 δt 和空间步长 δz 分别设为 18 s 和 0.001 m，将上述过程重复进行 300 个月昼（每个月昼 29.53 个地球日），使得两个连续月昼同一时间的温差小于 0.0001 K，来保证解的收敛。

上述参数计算得到的物理温度与 Diviner 的 T_7 通道实测数据一致，如图 6.3 所示。

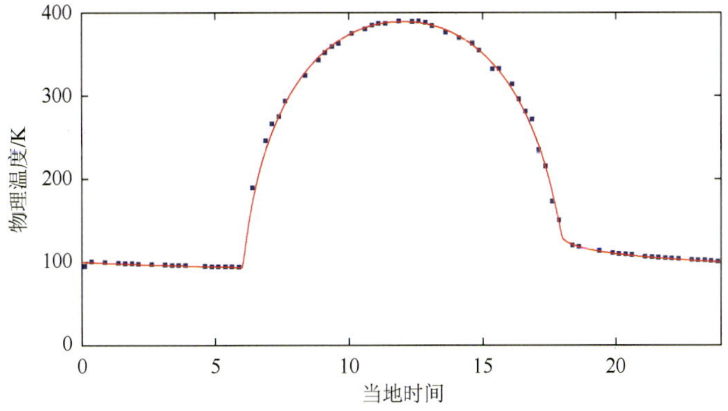

图 6.3　月球表面物理温度验证

蓝点是当地时间 Diviner T_7 数据平均值；红实线是仿真值

在不同当地时间、不同纬度（小于 60°）处，计算的结果与 Diviner 数据匹配得很好。此外，Apollo 热流试验测量得到的深层温度也证明了这些热物性参数的可靠性（Keihm et al.，1973；Keihm and Langseth，1973）。

位于 26°N 的 Apollo15 的一号探管处，1.38 m 深的地方测得的物理温度为 253 K，对应的热流为 3×10^{-6} W/cm^2（Langseth et al.，1973），这里令太阳反射率为 0.07，仿真得到深层温度为 251 K。此外，计算得到的正午月球表面温度为 379 K，与 Diviner 数据一致。而在位于 20°N 的 Apollo17 热量探针的二号探管处，1.3 m 深处的温度为 256.11 K，热流为 2.9×10^{-6} W/cm^2，仍然令太阳反照率为 0.07，仿真得到 1.3 m 深处的温度为 255 K，计算得到的正午月球表面温度为 384 K，这与 Diviner 数据一致。仿真得到的月球表面深处温度均在 Apollo 热流试验的误差范围之内。

夜间岩石的物理温度比月壤温度高几十 K，但大部分月球表面石块覆盖率小于 1%（Bandfield et al.，2011），所以岩石对 T_7 通道的影响一般都小于 1 K（Vasavada et al.，2012）。由于计算得到的月球表面物理温度和月壤层物理温度廓线与 Diviner 数据和 Apollo 测试数据的匹配良好，由此得到的月壤层物理温度廓线将用于 6.2 节、6.3 节中微波辐射亮度温度与毫米波辐射亮度温度的计算。

6.2 赤道定标区域 37 GHz 辐射亮度温度与 CE-2 数据

月壤厚度远大于 37 GHz 的透射深度，所以对于这类高频率通道的热辐射建模，月壤层看作是半空间耗散的非均匀介质模型，其热辐射强度可由起伏逸散定理和 WKB 方法推导（Jin，1994）。在 0°角观测条件下，且介电常数虚部远小于实部时，忽略非均匀介质层内的多次反射，则可以将辐射亮度温度简化成现在通用的形式：

$$\mathrm{TB}(0)=[1-R(0)]\int_0^{\infty}\kappa_{\mathrm{a}}(z)T(z)e^{-\int_0^z \kappa_{\mathrm{a}}(z')\mathrm{d}z'}\mathrm{d}z \tag{6.2.1}$$

式中，$R(0)$ 和 $[1-R(0)]$ 分别为垂直观测（0°）时的月球表面反射率和微波发射率，有

$$R(0)=\left(\frac{1-\sqrt{\varepsilon_1}}{1+\sqrt{\varepsilon_1}}\right)^2 \tag{6.2.2}$$

式中，ε_1 为月球表面的介电常数。如同在第 3 章、第 4 章一样，在本问题模型中，月球表面看作是平坦的，不考虑月球表面的粗糙和起伏坡度等因素。月壤的吸收系数 κ_{a} 可写为

$$\kappa_{\mathrm{a}}=\frac{2\pi\nu\varepsilon''}{c\sqrt{\varepsilon'}} \tag{6.2.3}$$

式中，ν 为频率；c 为真空中光速；ε' 和 ε'' 分别为介电常数实部和虚部，正切损耗为 $\tan\delta=\varepsilon''/\varepsilon'$。

介电常数实部 $\varepsilon'(z)$ 与月壤密度 $\rho(z)$ 总是相关的，而月壤密度主要由孔隙度廓线 $n(z)$ 和 FeO、TiO_2 含量确定，损耗正切 $\tan\delta$ 由 TiO_2 和月壤样本测量值拟合得到（Lucey et al.，2000；Fa and Wieczorek，2012）。

基于 Apollo 采样的结果，Apollo 月壤样本的密度廓线可以拟合为

$$\rho_0(z)=1.919\frac{z+0.122}{z+0.18} \tag{6.2.4}$$

月壤的孔隙度廓线可以写为

$$n(z)=1-\rho_0(z)/G_0 \tag{6.2.5}$$

这里 $G_0=3.1\,\text{g/cm}^3$，是由 Apollo 采样样本得到的颗粒密度（没有孔隙的颗粒密度），由于月球其他区域没有月壤孔隙度的采样实验，这里假设全月球的孔隙度廓线 $n(z)$都相同。而定标问题中，只限于月球赤道区域。不同地点的颗粒密度可以由该处的矿物含量求得（Huang and Wieczorek，2012）：

$$G=27.3\text{FeO}+11\text{TiO}_2+2773 \tag{6.2.6}$$

式中，G 的单位为 kg/m^3；FeO 和 TiO_2 为矿物的含量。不同地点的密度廓线可以写为

$$\rho(z)=(1-n)G \tag{6.2.7}$$

然后，用第 2 章的 Maxwell-Garnett（GM）公式，计算介电常数实部：

$$\frac{1}{<\rho>}\frac{<\varepsilon>-1}{<\varepsilon>+2}=\frac{1}{\rho(z)}\frac{\varepsilon'(z)-1}{\varepsilon'(z)+2} \tag{6.2.8}$$

式中，归一化的介电常数 $<\varepsilon>=2.75$；密度为 $<\rho>=1.7\,\text{g/cm}^3$。

已有文献中公布了在地球上测得的月壤样本的损耗正切，采用频率 450 MHz 的测量结果，总共有 23 个月壤样本，其中仅有 3 个样本的 TiO_2 大于 4 wt.%（Fa and Wieczorek，2012）。由于这 3 个样本的正切损耗被多次测量，测量过程中样本的密度发生改变，所以测量得到的正切损耗也不同，拟合得到以下损耗正切：

$$\tan\delta=10^{-2.395+0.064\text{TiO}_2} \tag{6.2.9}$$

月球矿物分布的反演结果显示，月海区域大部分地区的 TiO_2 都大于 4 wt.%，这些 450 MHz 测得的损耗正切和计算拟合曲线如图 6.4 所示。本书使用沿着赤道正午归一化的“嫦娥二号”37 GHz 辐射亮度温度数据来反演损耗正切，并用 TiO_2 含量来拟合损耗正切，结果为

$$\tan\delta=3.516\times10^{-4}\text{TiO}_2+0.0087(\text{TiO}_2>1\%) \tag{6.2.10a}$$

$$\tan\delta=-8.945\times10^{-5}\text{TiO}_2+0.0097(\text{TiO}_2<1\%) \tag{6.2.10b}$$

式中，TiO_2 的单位为 wt.%。式（6.2.10a）和式（6.2.10b）的拟合结果在图 6.4 中用黑点和黑线表示。两种情况下拟合的损耗正切均方根误差都是 0.001。

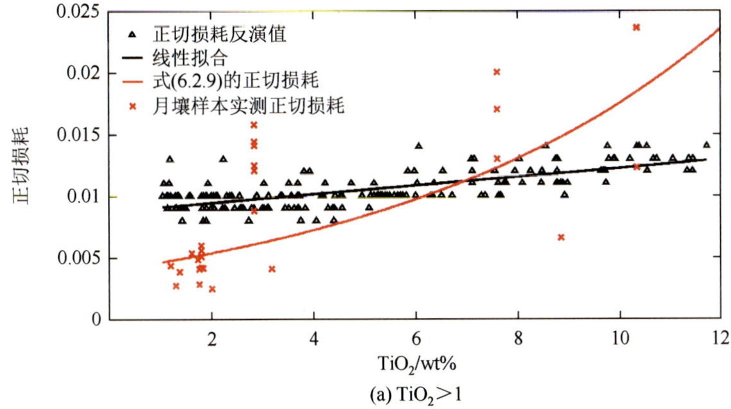

(a) $TiO_2>1$

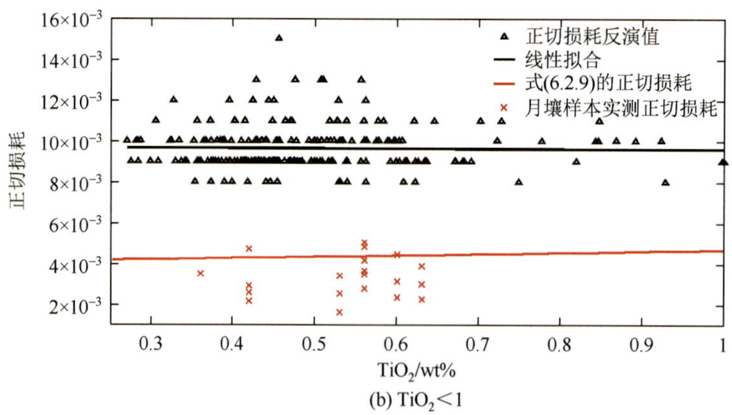

(b) TiO_2＜1

图 6.4　损耗正切线性拟合

黑色三角形是反演的损耗正切，黑线是线性拟合的结果；红色交叉符号是样本测量结果，红线是实测值的拟合结果

用拟合后的损耗正切，计算得到赤道正午 37 GHz 辐射亮度温度，并与归一化的“嫦娥二号”37 GHz 数据对比，如图 6.5 所示。其中，70%的点误差小于 3 K，88%的点误差小于 5 K，几乎所有的点（99.5%）小于 10 K。图 6.5 中经度 115°到 135°附近区域内，计算值低于 CE-2 实测值，该地区是月球冷点区（King 陨石坑附近），石块较多而使月球表面复杂，单一的月壤模型不再适用。

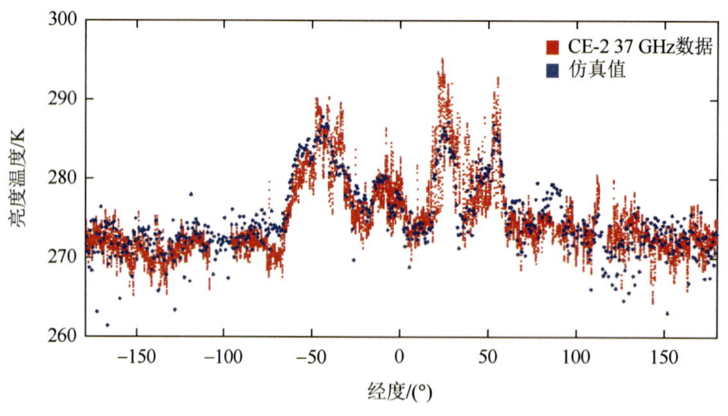

图 6.5　赤道处“嫦娥二号”正午 37 GHz 微波数据和仿真结果比较

在数据仿真计算中，矿物含量和太阳反射率的分辨率是 10 像素/(°)，沿着赤道有 3600 个像素，DEM 的分辨率是 4 像素/(°)。本书对矿物含量和太阳反射率每 5 个像素取一个平均值，沿着赤道总共有 720 个像素，用对应的月球表面坡度和太阳反射率计算得到每个点的温度廓线，再由式（6.2.4）～式（6.2.8）求得 $\varepsilon'(z)$ 。

有了每个点的辐射亮度温度数据，用穷举法来反演损耗正切。给定损耗正切范围为 0.004～0.017，间隔为 0.001，以确保所有的辐射亮度温度都有一个反演值，再用沿着赤道的 TiO_2 来拟合反演得到的损耗正切。赤道上 59%的像素 TiO_2 小于 1%，为了使得拟合更加合理，将 $TiO_2<1$ 和 $TiO_2>1$ 的点分开拟合，使用最小二乘法来进行线性拟合。此外，还用纬度 60°N 处的正午亮度温度来进行验证，如图 6.6 所示。其中，87%的亮度温度误差小于 10 K，63%的亮度温度误差小于 5 K，44%的亮度温度误差小于 3 K。

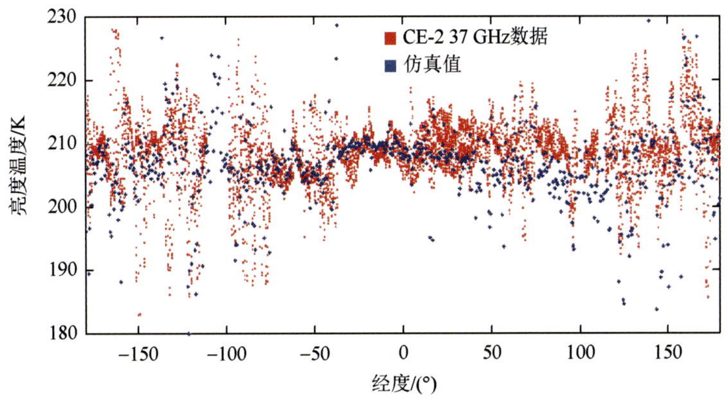

图 6.6　“嫦娥二号”对 60°N 处的 37 GHz 亮温数据和仿真数据的比较

可以发现，大的损耗正切 $\tan\delta$ 导致小的穿透深度，从而导致月球表面在正午有一个更高的辐射亮度温度，这也是月海正午辐射亮度温度比高地区域高的原因。此外，月海的太阳反射率约为 0.08，低于高地的太阳反射率，这样月海吸收的太阳光能量更多，使得月海温度比高原高大约 8 K。图 6.5 位于经度−50°的地方是月海，其亮度温度比高地高了近 15 K，其中 8 K 由太阳反射率引起，剩下的 7 K 由其损耗正切引起。基于赤道平均矿物含量 $FeO=8.9\%$，$TiO_2=2.3\%$，图 6.7 给出了月球赤道介电常数实部 $\varepsilon'(z)$ 和虚部 $\varepsilon''(z)$ 的廓线。

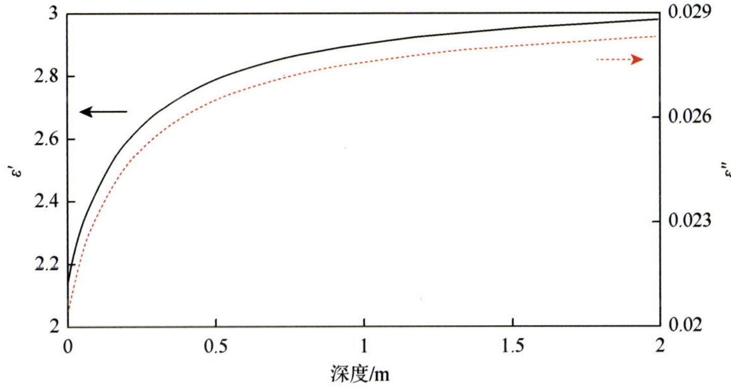

图 6.7　月球赤道区域介电常数廓线

黑线是实部；红线是虚部

6.3　FY-4M 毫米波热辐射定标仿真

FY-4M 静止轨道气象卫星将位于赤道上空 35 800 km、99.5°E～123.5°E 的区域，在发射前，首先在地球上进行预定标，以确定定标参数。在轨飞行过程中，卫星也会携带定标源进行在轨定标（Wang et al.，2010）。但是由于宇宙空间环境恶劣，在轨定标过程中存在许多不确定性和不稳定性，这些因素都将直接影响到定标的结果。月球表面由于没有大气，也没有各类覆盖物的影响，在相当长的时间内都能保持不变与稳定，所以是一个极佳的定标源。月球与地球之间的距离在近地点约 363 400 km、远地点约 405 400 km（Meeus，1991）。在这么远的距离内，相对于月球赤道中心区域可以看作垂直的天底观测。FY-4M 辐射计的波束张角范围为 0.097°～0.027°，在远地点计算得到不同通道的观测区域的直径为

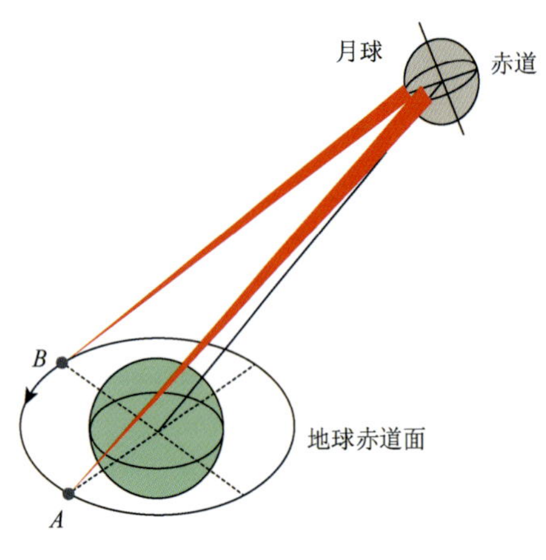

图 6.8　FY-4M 月球表面热辐射作为定标的几何说明

$$750\ \text{km}(55\ \text{GHz}), 480\ \text{km}(89\ \text{GHz}, 118\ \text{GHz}),\\ 300\ \text{km}(166\ \text{GHz}, 183\ \text{GHz})\text{和}210\ \text{km}(425\ \text{GHz}) \tag{6.3.1}$$

卫星观测与定标的几何说明如图 6.8 所示。

运用上两节拟合 Diviner 红外和 CE-2 微波辐射亮度温度数据所采用的参数与求解方法，用式(6.2.1)来计算 FY-4M 毫米波频段的辐射亮度温度。图 6.9 是月球赤道部分区域正午和午夜的各毫米波频率的辐射亮度温度，每一个通道观测的赤道区域根据该通道波束宽度确定，并作平均。

图 6.9 中误差条说明了目标区域内亮度温度可能的波动情况，如 55 GHz 的误差条最大，是因为该频率的观测区域面积最大。从图 6.9（a）可见，与图 6.5 相似，月海的亮度温度温高，最高的值出现在 50°W（风暴洋）和 30°E（静海）区域；而最低值出现在 10°E 附近。夜间月壤温度廓线反转，使得夜间的亮度温度表现与正午恰好相反，月海的亮度温度比高地低，主要也是由于月海和高地的损耗正切与穿透深度不同。

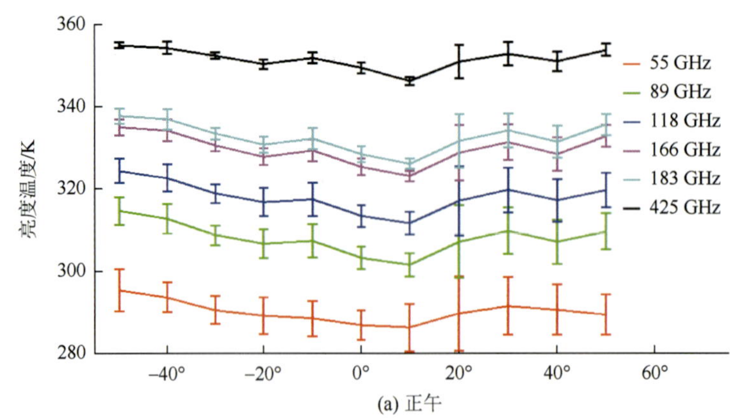

(a) 正午

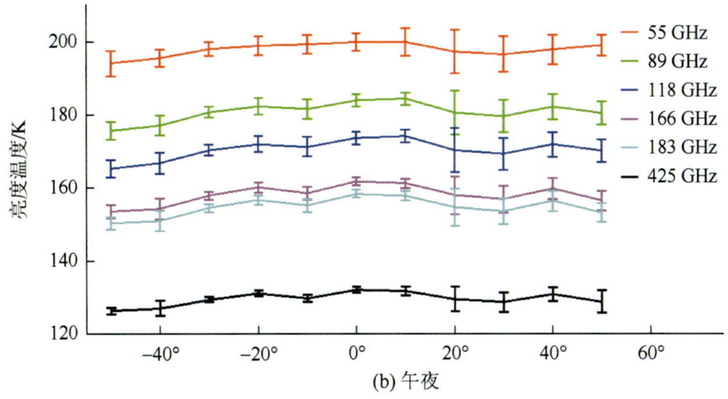

图 6.9　赤道区域各毫米波通道的平均辐射亮度温度

图 6.10 给出了赤道中心区域各毫米波通道的辐射亮度温度随时间的变化。可以发现，当黎明到来时，太阳辐射使得辐射亮度温度快速升高；而当夜晚降临时又迅速下降。若辐射亮度温度随时间变化的速率大，则意味着由当地时间的计算误差引入的辐射亮度温度的误差更大。当辐射亮度温度达到一个峰值时，其变化率最小，此时的观测结果更适用于定标，从图 6.10 还可以发现，不同通道的辐射亮度温度达到峰值的时间不同，都有延迟，晚于 12:00。频率低的通道透射深度大，达到峰值的时间更晚。

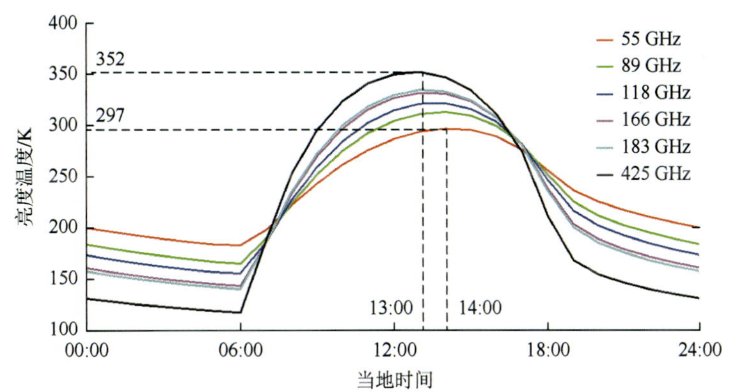

图 6.10　赤道中心区域各毫米波通道的辐射亮度温度日夜变化

图 6.11 是月壤同深度处物理温度随日夜时间的变化。

有趣的是，从图 6.10 可以看出，不同通道的亮度温度在 07:30 和 17:30 附近相交，交点附近不同通道的亮度温度非常接近。这个现象也许能用于不同通道之间的相互验证。

如图 6.12 所示，这个现象也存在于“嫦娥二号”37 GHz 和 19.35 GHz 数据中，实线是仿真值。图 6.13 是两个交点的温度廓线。日出时，太阳照射月球表面，使得月球表面温度迅速回升，热量逐渐传递到深处；当夜晚来临时，月球表面温度迅速下降，而深处的温度仍然保持一个稍高的温度，一个温度的峰值出现在 0.1 m 处。

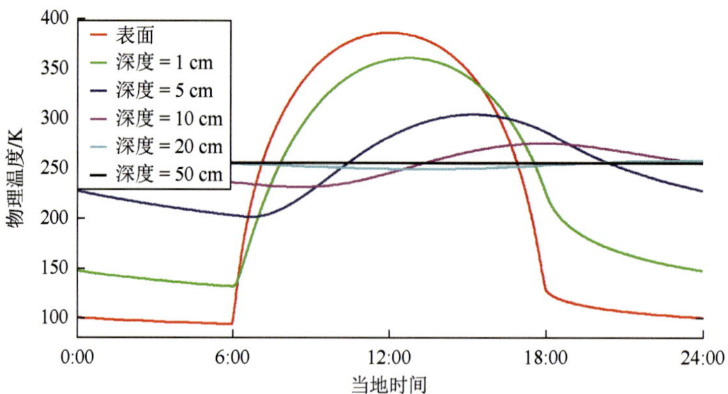

图 6.11　不同深度处物理温度的日夜变化

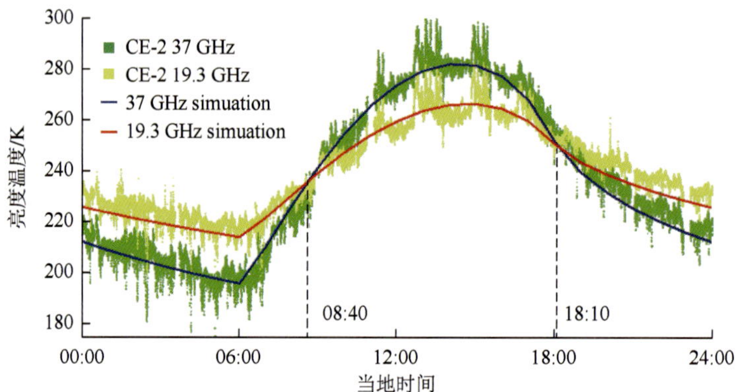

图 6.12　CE-2 微波辐射亮度温度的交叉点

点是 CE-2 数据；实线是仿真值

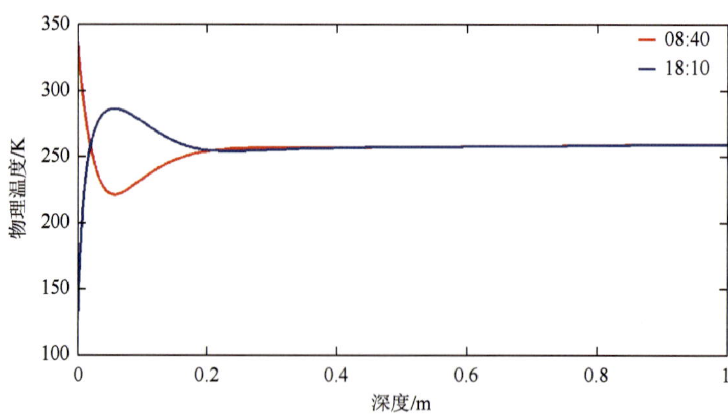

图 6.13　白天 08:40 和夜晚 18:10 亮度温度交点时的月壤物理温度廓线

考察一下热物性参数，以导热率参数为例。假设 K_s 和 K_d 分别在 6.4×10^{-4}～8.4×10^{-4} W/(m·K) 和 2.4×10^{-3}～4.4×10^{-3} W/(m·K) 波动，计算可得其对物理温度的影响小于 3 K，而对 FY-4M 毫米波辐射亮度温度的影响小于 2.5 K。沿着赤道的 H 参数在 0.055～

0.065 m，其对亮度温度的影响在 1 K 以内。目前来说，这些热物性参数都经过 Diviner 数据和 Apollo 测试结果的验证。

以典型月海矿物含量 $TiO_2 = 6\%$、$FeO = 15\%$ 和典型月高原矿物含量 $TiO_2 = 0.5\%$、$FeO = 4\%$ 为例，对应的介电常数实部 ε' 对亮度温度的影响在 2.5 K 以内；而损耗正切（或者介电常数虚部）的影响更为显著。例如，当损耗正切为 $\tan\delta = 0.009$，各毫米波通道的亮度温度分别为 342.88 K（425 GHz）、321.90 K（183 GHz）、318.80 K（166 GHz）、307.1 K（118 GHz）、297.00 K（89 GHz）、280.53 K（55 GHz）。而当正切损耗为 $\tan\delta = 0.013$ 时，分别有 348.64 K（425 GHz）、332.43 K（183 GHz）、329.84 K（166 GHz）、319.65 K（118 GHz）、310.13 K（89 GHz）、292.95 K（55 GHz）。亮度温度差在 6～12 K。

在拟合损耗正切时，其均方根误差为 0.001，由此计算得到不同通道的亮度温度的不确定性分别小于 1.8 K（425 GHz）、3.2 K（183 GHz）、3.4 K（166 GHz）、3.7 K（118 GHz）、3.8 K（89 GHz）和 3.4 K（55 GHz）。

如图 6.10 所示，由于穿透深度不同，不同频率通道的亮度温度达到峰值的时间不同。图 6.14 给出了不同通道的峰值及其出现时间，频率越高，峰值越高，出现时间越早，相比于其他时间的亮度温度，达到峰值时的亮度温度更适用于定标。同时，月球夜间的亮度温度也可以用作定标冷源。此外，不同频率的亮度温度在某个当地时间相交，也就是 07:00 和 18:00 附近，这些交点可能用于评估 FY-4M 不同通道的性能。

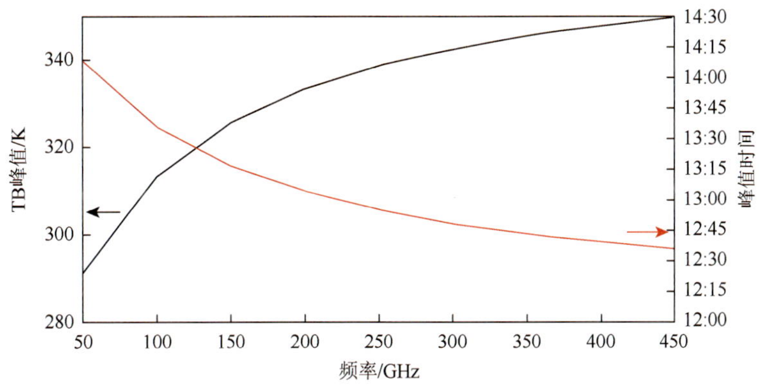

图 6.14　FY-4M 频段辐射亮度温度峰值及其出现时间

FY-4M 毫米波多通道定标对未来气象预报应用有重大意义。由于月球表面的物理与化学性质有长期的稳定性，其热物性参数和介电参数都有长期的研究积累。同时，根据 Diviner 等红外遥感和“嫦娥”微波遥感数据的比较，以及 Apollo 热流实验的测试结果，月球（特别是赤道）的辐射亮度温度有较高的精确度。

当月表面亮度温度达到峰值时，其随时间变化的速度比较缓慢，适合于定标。而在 06:00 左右亮度温度变化显得太快。月壤的损耗正切产生的拟合误差会导致亮度温度误差在 1.8（425 GHz）～3.8 K（89 GHz），这个误差是可以接受的。

本章的数值模拟都基于红外与微波相应的观测与参数确定，推演到毫米波各个通道会有什么相应的变化与不同，还有待于进一步的研究。

参 考 文 献

Bandfield J L，Ghent R R，Vasavada A R et al. 2011. Lunar surface rock abundance and regolith fines temperatures derived from LRO Diviner Radiometer data. J. Geophys. Res.，Planets，116（E00H02）.

Bandfield J L，Hayne P O，Williams J P. et al. 2015. Lunar surface roughness derived from LRO Diviner Radiometer observations. Icarus，248：357–372.

Fa W，Jin Y Q. 2010. A primary analysis of microwave brightness temperature of lunar surface from Chang-E 1 multi-channel radiometer observation and inversion of regolith layer thickness. Icarus，207（2）：605–615.

Fa W，Wieczorek M A. 2012. Regolith thickness over the lunar nearside：results from Earth-based 70-cm Arecibo radar observation. Icarus，218（2）：771–787.

Fang T，Fa W. 2014. High frequency thermal emission from the lunar surface and near surface temperature of the Moon from Chang'E-2 microwave radiometer. Icarus，232（4）：34–53.

Fountain J A，West E A. 1970. Thermal conductivity of particulate basalt as a function of density in simulated lunar and Martian environments. J. Geophys. Res.，Planets，75（20）：4063–4069.

Haberman R. 2012. Applied Partial Differential Equations with Fourier Series and Boundary Value Problems. Addison Wesley Longman.

Hayne P O，Bandfield J L，Siegler M A，et al. 2017. Global regolith thermophysical properties of the Moon from the Diviner Lunar Radiometer Experiment. J. Geophys. Res.，Planets，122（12）：2371–2400.

Hemingway B S，Krupka K M，Robie R A. 1981. Heat capacities of the alkali feldspars between 350 and 1000 K from differential scanning calorimetry，the thermosdynamic functions of the alkali feldspars from 298. 15 to 1400 K，and the reaction quartz + jadeite = anabite. American Mineralogist，66（11-12）：1202–1215.

Hemingway B S，Robie R A，Wilson W H. 1973. Specific heats of lunar soils，basalt，and breccias from the Apollo 14，15，and 16 landing sites，between 90 and 350°K. Lunar. Sci. Conf. Proc.，4：2481

Huang Q. Wieczorek M A. 2012. Density and porosity of the lunar crust from gravity and topography. J. Geophys. Res.，Planets，117（E5）.

Jin Y Q. 1994. Electromagnetic Scattering Modelling for Quantitative Remote Sensing. Singapore：World Scientific：310.

Jin Y Q，Fa W. 2010. The modeling analysis of microwave emission from stratified media of nonuniform lunar cratered terrain surface for Chinese Chang-E 1 observation. IEEE Geosci. Remote Sens. Lett.，7（3）：530–534.

Keihm S J. 1984. Interpretation of the lunar microwave brightness temperature spectrum：feasibility of orbital heat flow mapping. Icarus，60（3）：568–589.

Keihm S J，Langseth M G. 1973. Surface brightness temperatures at the Apollo 17 heatflow site：thermal conductivity of the upper 15 cm of regolith. Lunar and Planet. Sci. Conf. Proc.，4：2503.

Keihm S J，Peters K，Langseth M G，et al. 1973. Apollo 15 measurement of lunar surface brightness temperatures thermal conductivity of the upper 1 1/2 meters of regolith. Earth and Planetary Science Letters，19（3）：337–351.

Kieffer H H. 1997. Photometric stability of the lunar surface. Icarus，130（2）：323–327.

Langseth M G，Chute J L，Keihm S. 1973. 'Direct measurements of heat flow from the Moon. Lunar and Planet. Sci. Conf.，4：455.

Langseth M G，Keihm S J，Peters K. 1976. Revised lunar heat-flow values. Lunar and Planet. Sci. Conf. Proc.，3143–3171.

Ledlow M J，Burns J O，Gisler G R，et al. 1992. Subsurface emissions from Mercury-VLA radio observations at 2 and 6 centimeters. Astrophysical Journal，384：640–655.

Liu N，Fa W，Jin Y Q. 2019. Brightness temperature of lunar surface for calibration of multi-channel millimeter-wave radiometer of geosynchronous FY-4M. IEEE Transactions on Geoscience and Remote Sensing，57（5）：3055–3063.

Lucey P G，Blewett D T，Jolliff B L. 2000. Lunar iron and titanium abundance algorithms based on final processing of Clementine ultraviolet-visible images. J. Geophys. Res.，Planets，105（E8）.

Meeus J. 1991. Astronomical Algorithms. Willmann-Bell Inc.

Paige D A，Foote M C，Greenhagen B T，et al. 2010. The lunar reconnaissance orbiter diviner lunar radiometer experiment. Space Sci. Rev.，150：125–160.

Piddington J H，Minnett H C. 1949. Microwave thermal radiation from the Moon. Australian J. Chem.，2（1）：63–77.

Racca G D. 1995. Moon surface thermal characteristics for moon orbiting spacecraft thermal analysis. Planet. Space Sci.，43（6）：835–842.

Vasavada A R，Bandfield J L，Greenhagen B T，et al. 2012. Lunar equatorial surface temperatures and regolith properties from the Diviner Lunar Radiometer Experiment. J. Geophys. Res.，Planets，117（E12）.

Wang Z，Li J，Zhang S，et al. 2010. Prelaunch calibration of microwave humidity sounder on China's FY-3A meteorological satellite. IEEE Geosci. Remote Sens. Lett.，8（1）：29–33.

Yu S，Fa W. 2016. Thermal conductivity of surficial lunar regolith estimated from Lunar Reconnaissance Orbiter Diviner Radiometer data. Planet. Space Sci.，124（5）：48–61.

第 7 章　月球极区温度季节性变化数据验证

月球自转轴相对于太阳黄道法向量有一个 1°32′ 的倾斜夹角，月球随地球一起绕太阳公转时，月表面各地的太阳辐照入射角度有所不同（Heiken et al.，1991；Siegler et al.，2015），月表面各地的太阳辐照强度与入射角的余旋成正比。这样，月球两极高纬度地区的太阳辐照变化就更显著，特别使得月球极区表面温度随公转季节有显著性变化，参见图 7.1。

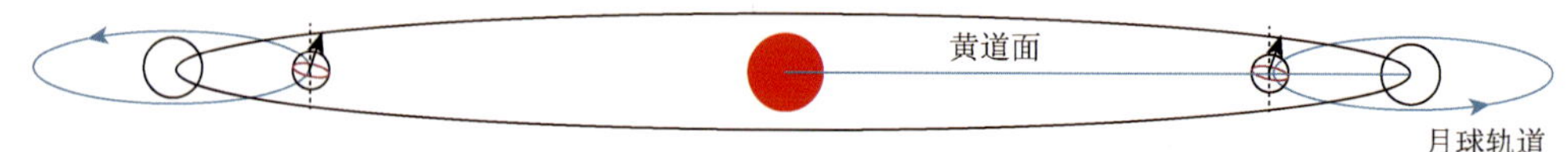

图 7.1　月球运动轨道

由 VSOP82 行星理论和 Chapront ELP-2000/82 月球理论，来确定某时刻太阳辐照月表面的日下点的位置（Meeus，1991），及其月表面当地入射角，提出太阳入射角的实时变化的模型（Liu and Jin，2019a），将实时的太阳日下点与月表面各地辐照入射角作为参数，代入一维热传导方程，采用第 3～5 章的月球物质热物理参数，计算得到月球极区一年内表面的物理温度的季节性变化。用 Diviner T_7 通道（25～41 μm）的数据来验证计算结果。同样，采用第 3～5 章的月壤微波热辐射的计算，得到一年内的 37 GHz 微波辐射亮度温度 TB_{37}，用嫦娥 CE-2 数据来验证。可以发现，即使在没有太阳辐照的永久阴影区 PSR 的内部的物理温度和微波辐射亮度温度也存在季节性变化，这是由于来自周围区域热变化的影响。

7.1　太阳入射角的实时变化的模型

早在 17 世纪对月球轨道运动的观测中，1683 年卡西尼总结了三条经验定律：①月球向东自转，自转速率恒定，和公转的速率一样；②月球赤道平面和黄道平面的夹角固定，为 1°32’；③黄道法向量，月球轨道平面法向量和月球自转轴位于同一平面（Mutch 1972）。由于月球自转轴的这一倾斜角，绕太阳公转时不同季节的太阳辐照入射角不同；特别是极区的太阳辐照入射角 θ_i 接近 90°，单位面积上的太阳辐射强度可以表示为 $TSI \times \cos\theta_i$，假设入射到平坦表面的入射角从 88.5°变为 87°，单位面积上的太阳辐射强度就会增加为原来的两倍，所以极区微小的入射角变化在极区会产生巨大的温度变化。

由 VSOP82 行星理论和 Chapront ELP 2000/82 月球理论，可以得到日下点的准确位置（Meeus 1991）。图 7.2 给出了 2009 年到 2012 年日下点经纬度的变化。

当日下点在南半球时，我们定义为南半球的夏天，北半球的冬天；反之亦然。月球轨道和黄道平面的升交点逆行周期约为 18.6 年（Meeus，1991），月球自转轴的进动周期也是 18.6 年，这导致了月球表面季节的周期性变化。

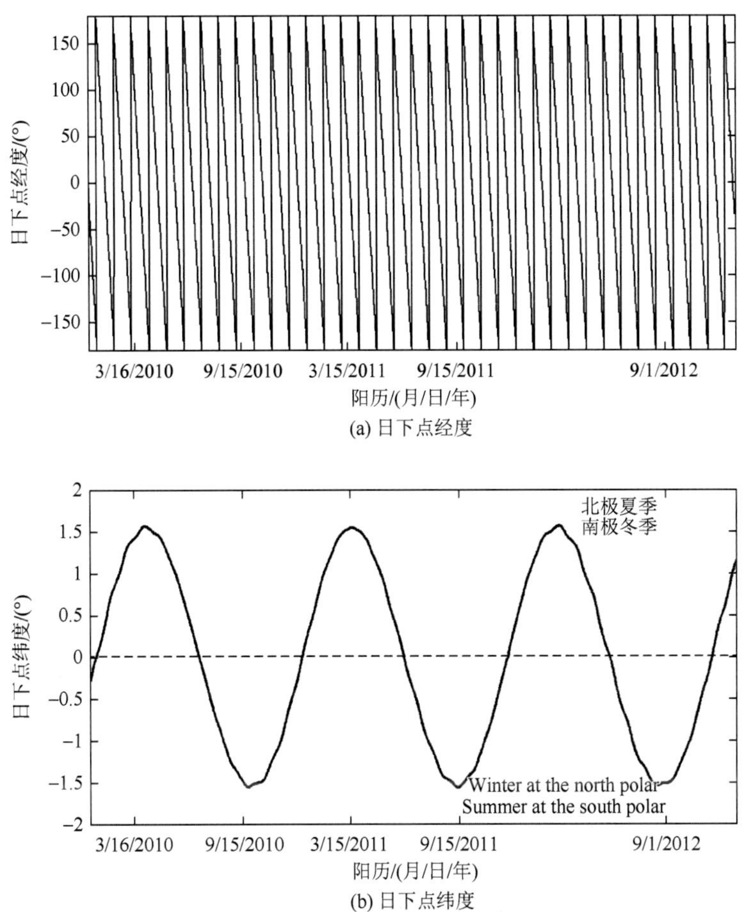

(a) 日下点经度

(b) 日下点纬度

图 7.2　太阳直接辐照日下点位置

基于实时的日下点的准确位置和太阳辐照强度，建立了太阳辐照月表面各地的物理温度实时模型。用实时的 TSI 和辐照该地的入射角作为条件参数，代入一维热传导方程，求解 IR 热辐射与表面实时的温度。

当日月距离 1AU 时，TSI 为$1371\ \mathrm{W/m^2}$（Racca，1995），地球和太阳之间的距离约为1 ± 0.02 AU，而月球和地球之间的距离约为 0.0025 AU，这里不考虑月球和地球之间的距离，由日地距离来确定实时的 TSI 为

$$\mathrm{TSI} = 1371/d_{\mathrm{se}}^2 \tag{7.1.1}$$

式中，d_{se} 是日地距离，单位是 AU，当地球位于远日点和近日点时，TSI 分别为$1326\ \mathrm{W/m^2}$和$1418\ \mathrm{W/m^2}$。

θ_i 是太阳辐照月球表面目标区域的局部入射角，由日下点位置，目标区域位置及其表

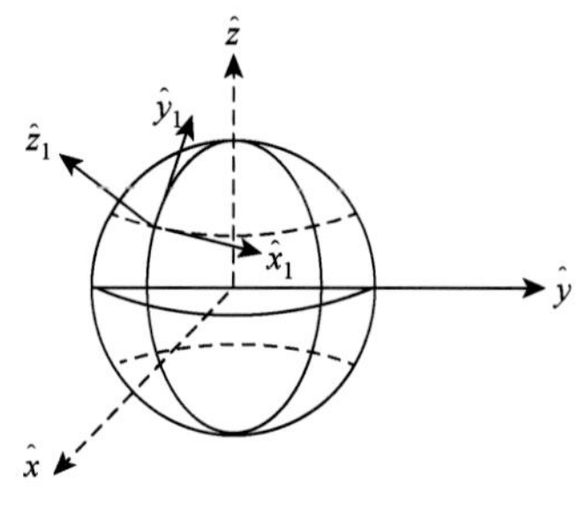

图 7.3　月球坐标系

面斜坡 (ω,γ) 决定。假设日下点的经度为 λ，纬度为 φ，目标区域的经度为 λ_0，纬度为 φ_0，将月球视为一个圆球，其半径为 1737.4 km。图 7.3 是月球的正交坐标系，其中 $\hat{z}$ 表示从月心指向北极的单位向量，$\hat{x}$ 表示从月心指向月面经纬度都为 0°处的单位向量。

在目标区域建立局部坐标系，$\hat{x}_l$ 轴与目标点的纬线平行，从北极上方看指向逆时针方向，$\hat{y}_l$ 轴与目标点的经线平行，从南极指向北极方向，$\hat{z}_l$ 是从月心指向目标点的单位向量，$\hat{x}_l$，$\hat{y}_l$ 和 $\hat{z}_l$ 可以写为：

$$\hat{x}_l = -\sin\lambda_0 \cdot \hat{x} + \cos\lambda_0 \cdot \hat{y} \tag{7.1.2a}$$

$$\hat{y}_l = -\sin\varphi_0 \cdot \cos\lambda_0 \cdot \hat{x} - \sin\varphi_0 \cdot \sin\lambda_0 \cdot \hat{y} + \cos\varphi_0 \cdot \hat{z} \tag{7.1.2b}$$

$$\hat{z}_l = \cos\varphi_0 \cdot \cos\lambda_0 \cdot \hat{x} + \cos\varphi_0 \cdot \sin\lambda_0 \cdot \hat{y} + \sin\varphi_0 \cdot \hat{z} \tag{7.1.2c}$$

月表面斜坡的单位法向量写为

$$\hat{n}_l = \frac{-\alpha \cdot \hat{x}_l - \beta \cdot \hat{y}_l + \hat{z}_l}{\sqrt{\alpha^2 + \beta^2 + 1}} \tag{7.1.3}$$

其中

$$\alpha = \tan\gamma, \quad \beta = \tan\omega \tag{7.1.4}$$

从月心指向日下点的单位向量写为

$$\hat{s} = \cos\varphi \cdot \cos\lambda \cdot \hat{x} + \cos\varphi \cdot \sin\lambda \cdot \hat{y} + \sin\varphi \cdot \hat{z} \tag{7.1.5}$$

太阳的局部入射角写为

$$\cos\theta_i = \hat{n}_l \cdot \hat{s} \tag{7.1.6}$$

实时的当地的太阳辐照 TSI 和入射角作为热传导方程的输入参数，按照第 5 章的方法，求解一维热传导方程，获得月表面月壤层的物理温度廓线 $T(z)$。

在夜间，$\hat{z}_l \cdot \hat{s} < 0$，没有阳光，$\cos^+\theta_i$ 为 0；在白天时，实时的局部入射角由式（7.6）计算得到。当 $\cos\theta_i < 0$ 时，斜坡背阴，没有阳光照射，$\cos^+\theta_i$ 为 0；其他情况下，$\cos^+\theta_i$ 等于 $\cos\theta_i$。月表面红外辐射率 e 设为 0.95（Bandfield et al.，2015），T_s 是月表面温度，J_0 是内部热流，其影响可以忽略，这里设为 0 W/m^2，Stefan-Boltzmann 常数 σ 为 5.67×10^{-8} W/(m$^2\cdot$K^4)。

调用 2000 年 1 月 1 日到 2011 年 12 月 31 日的日下点位置，获得实时的 TSI 和太阳辐照入射角，如同第 5 章运行 FDTD 超过 120 个月昼来确保收敛。假设目标点的经度是 21°W，纬度是 85.1°S，计算仿真得到不同坡度角为 ω 的 2010 年的月表面温度，如图 7.4。

已知 2010 年 3 月和 4 月时日下点的纬度在 1.4°N 附近，南半球处在冬季，在 2010 年 9 月和 10 月时，日下点纬度约为 1.4°S，是南半球的夏季。在目标区域（85.1°S，21°W），仿真得到月表面假定不同坡度角 ω 下夏季和冬季间的季节性温差 ΔT，如表 7.1 所示。

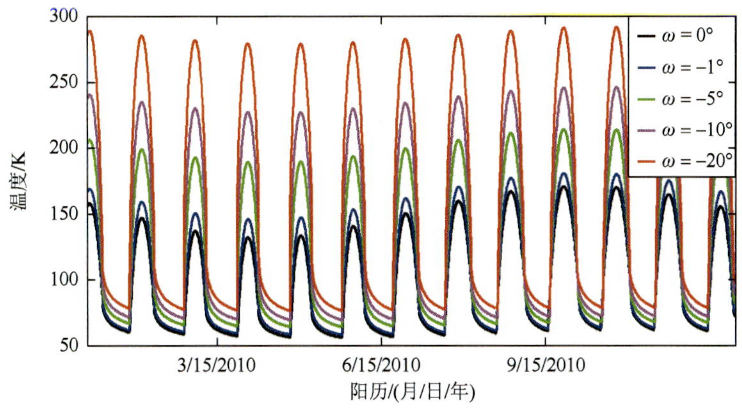

图 7.4　月表面（85.1°S，21°W）按 2010 年参数计算的表面温度（令 $\alpha = 0$）

表 7.1　月表面（85.1°S，21°W）季节性温度仿真

ω/(°)	冬天最高温度/K	夏天最高温度/K	ΔT/K
0	139	177	38
−1	153	187	34
−5	195	220	25
−10	233	252	19
−20	284	297	13

在月球南极，若 ω 是一个较大的正数，该表面坡度背阴，没有阳光直射，所以这里选取的 ω 都是负数。

如图 7.4，当 $\omega = 0$ 时，季节性温差 ΔT 可达 39 K。如表 7.1 所示，当 ω 从 0°降到−20°时，月表面从平坦变为向阳坡度，冬季和夏季的表面温度都会升高，而 ΔT 减小。此外，图 7.4 可看出，表面不同坡度间的日间温差远大于夜间温差。

7.2　Diviner IR 数据验证

LRO 的 Diviner 从 2009 年 7 月开始采集月球的太阳辐照反射率和中红外辐射数据（Williams et al.，2017）。LRO 轨道平面与月球赤道倾斜 90°，LRO 的轨道平面在惯性坐标系中几乎是固定的，月球相对于 LRO 轨道平面旋转 360°需要 27.3 天（Paige et al.，2010），这也是一张 Diviner level 2 GDR（Global Data Records）亮度温度图的获取周期。亮度温度图的空间分辨率是 240 m/pixel，这里使用 Diviner T_7 通道（25～41 μm）数据。月表面 IR 辐射率设为 1，红外辐射亮度温度等于表面物理温度（Vasavada et al.，2012）。

通过比较月球极区不同季节的温度，可以发现有明显的季节性温差，以南半球为例，选用南半球冬天的 2010 年 3 月 16 日到 4 月 12 日（dgdr_tb7_avg_pols_20100316d_240_img）时间段数据，其时日下点纬度 1.5 °N 附近；另一时间段是南半球夏天的 2010 年

9月10日到10月7日(dgdr_tb7_avg_pols_20100910d_240_img),其时日下点纬度在1.5°S附近。

图7.5（a，b）给出月球南极夏季和冬季的温度分布（图中的条带处没有数据），每幅图是由Diviner在27.3天内采集的数据拼接而成，不同轨的数据采集时对应的月球当地时间存在一些差异。为尽量减少数据的当地时间不同的影响，选取两幅图中当地时间相近的三个区域来进行比较。如图4（a）中红框所示。观测时间是月球白天当地时间约为12:00，正午时刻温度变化最为缓慢。计算仿真的正午时刻的温度梯度小于20 K/月球时（Hr）。选取的区域大部分像素点的当地时间差小于0.1 Hr，当地时间引起的误差小于2 K。

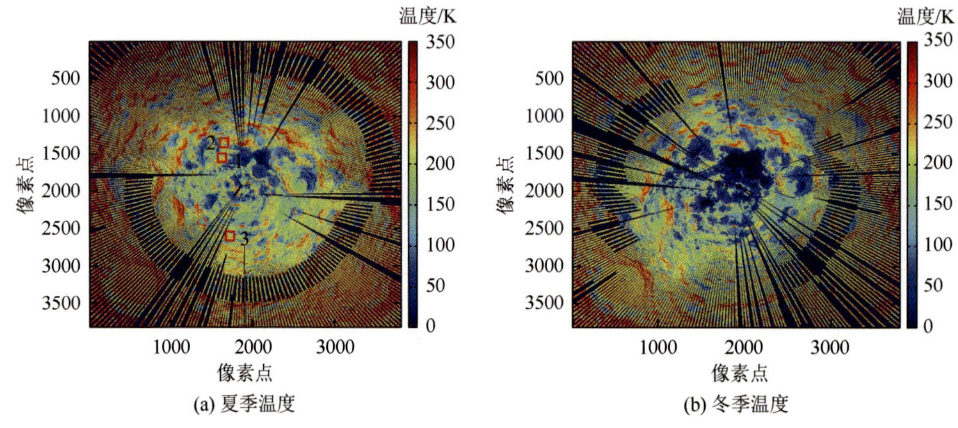

图7.5 ·Diviner数据（横纵坐标轴是像素点数）

图7.5区域1位于（87°S，30°W）附近，月球当地时间是12：15，用夏季的温度减去冬季的温度来表示温差ΔT。图7.6（a）～（d）是区域1的夏季和冬季温度T，两季温度差ΔT和数据的当地时间差。太阳的直射会导致表面温度较高，向阳面的季节性温差在0到40 K之间，温度越高，季节性温差越小，这与仿真的结果一致。图中可发现，许多地区的温差大于40 K，可能是因为冬季被坡度阴影遮蔽多而温度低，而在夏季却有太阳直射。

图7.7（a-d）和图7.8（a-d）分别是区域2和区域3的夏季和冬季的温度，两季节温

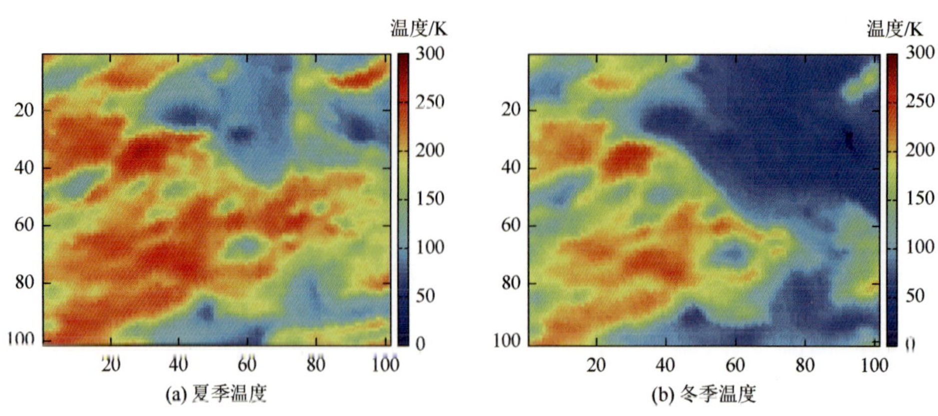

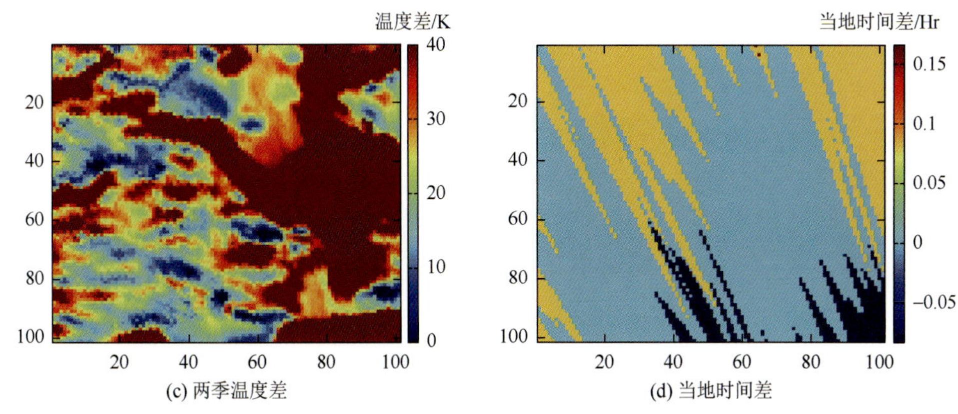

(c) 两季温度差　　(d) 当地时间差

图 7.6　区域 1 的温度、两季温度差和当地时间差

度差和数据的当地时间差。区域 2 位于（85.1°S，21°W）附近，区域 3 位于（84.4°S，161.4°W）附近，通过比较图 7.7 与图 7.8 的（a）和（b），也可以发现有明显的季节性温差。

为了比较月表面起伏坡度对温度的影响，图 7.5（b）中的温度数据和对应的 DEM 数据被重采样为简单圆柱投影，并统计了对应的坡度角 ω，γ，如图 7.9（a-f）所示。其横

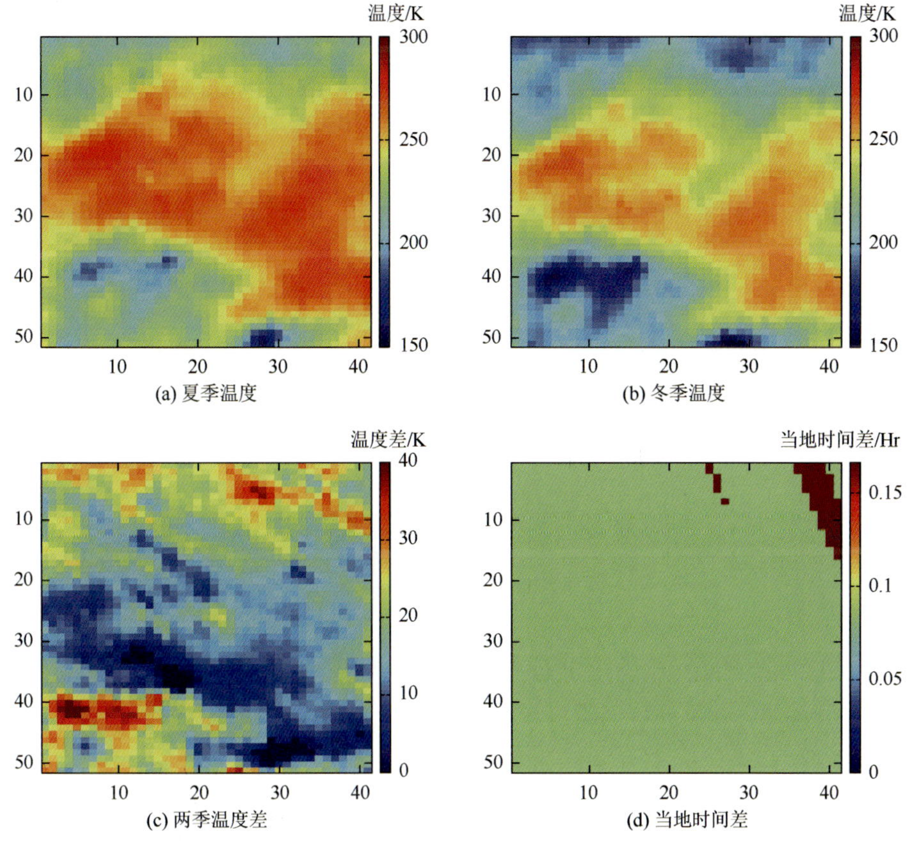

(a) 夏季温度　　(b) 冬季温度

(c) 两季温度差　　(d) 当地时间差

图 7.7　区域 2 的温度、两季温度差和当地时间差

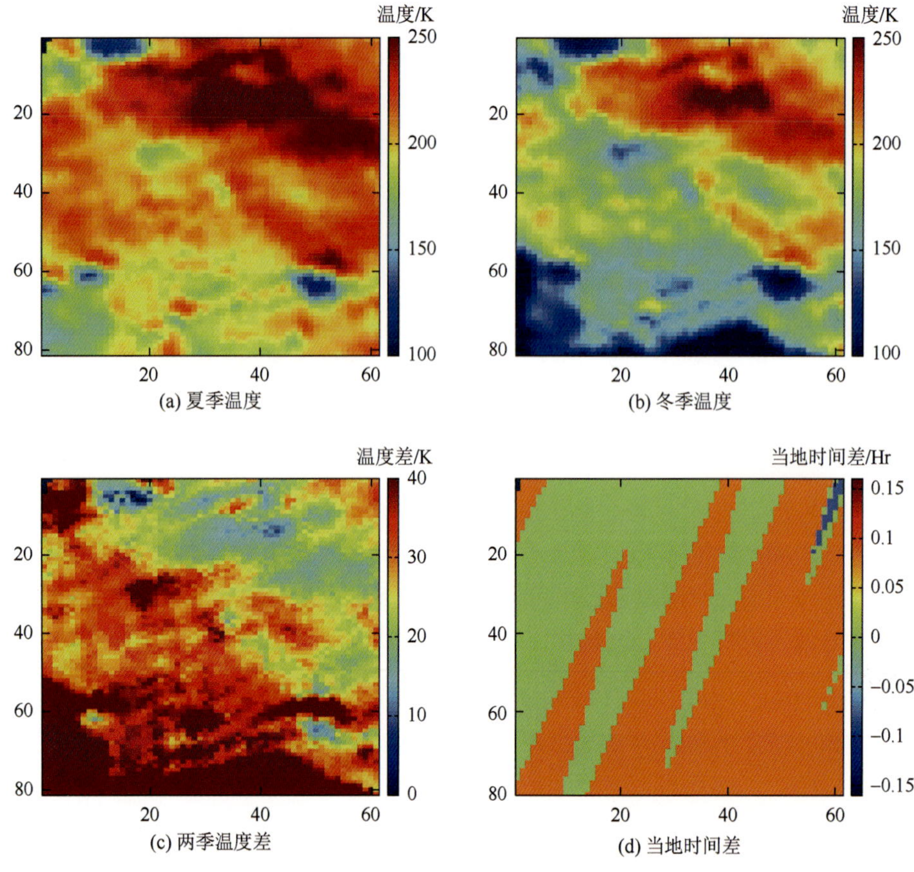

(a) 夏季温度　(b) 冬季温度

(c) 两季温度差　(d) 当地时间差

图 7.8　区域 3 的温度、两季温度差和当地时间差

坐标是经度，范围从 3°W 到 65°W，纵坐标是纬度，范围从 82°S 到 88°S，纬度上一度在距离上跨越 $1737.4\,\pi/180\,\text{km}$，经度上一度在距离上跨越 $1737.4\pi\cdot\cos\varphi_0/180\,\text{km}$。从图 7.9（a，b，d，f）可以发现，向阳面的温度明显高于背影面。在正午时刻，温度与 ω 的关联更加密切。图 7.10（a，b）给出了冬季温度与坡度角的直接比较。

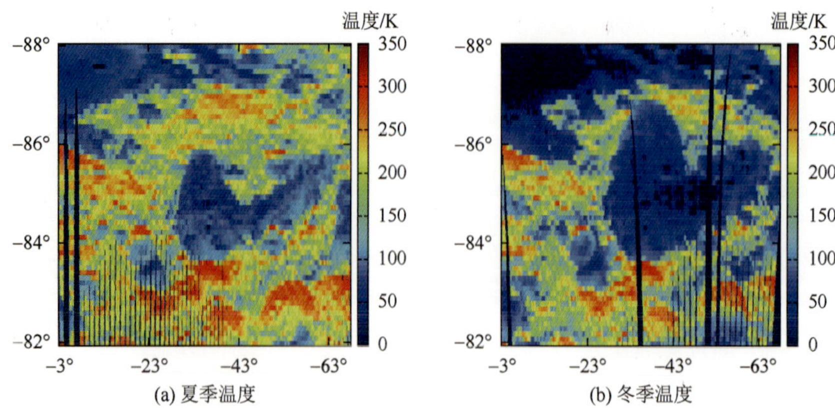

(a) 夏季温度　(b) 冬季温度

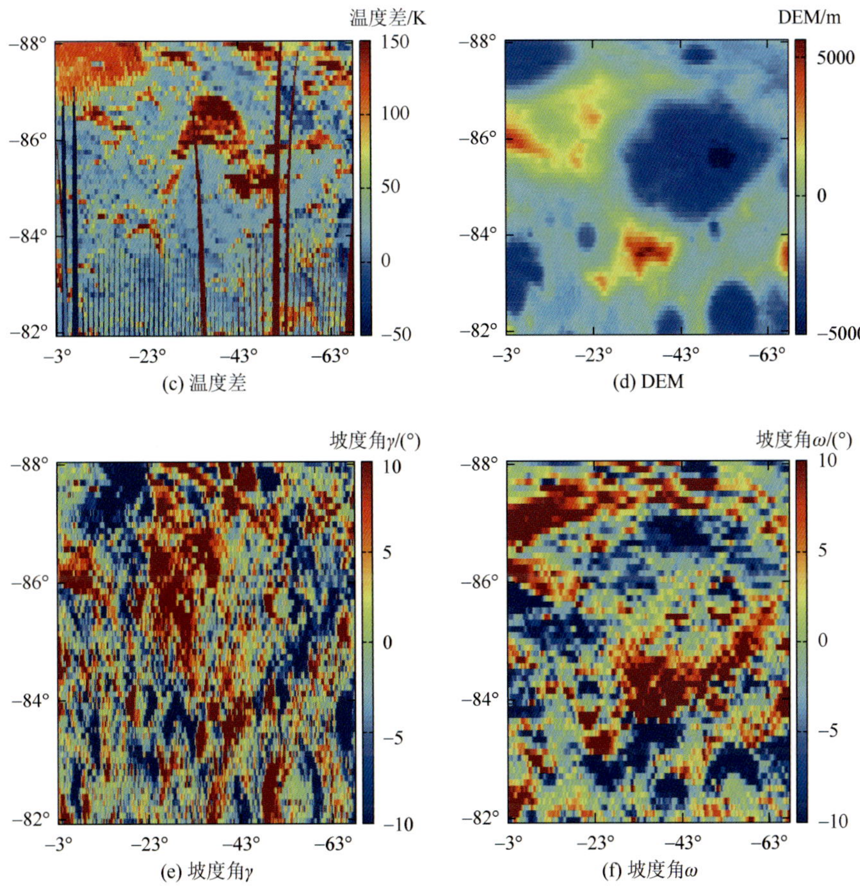

图 7.9　重采样为简单圆柱投影的数据

从图 7.10(b)可看出，ω 减小可能使温度升高。当 ω 达到−20°时，最高温度可达 300 K，这与仿真的结果一致。在白天，为了维持热平衡，月表面温度主要由太阳辐射决定（Racca，1995），所以月表面温度取决于当地时间和坡度角 ω，γ。这些参数决定了太阳辐照的局部入射角，图 7.10 中的数据当地时间约为 12:00，所以温度主要与坡度角 ω 相关。

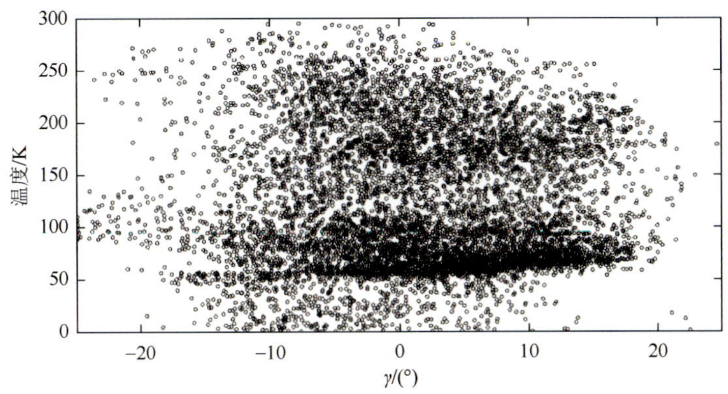

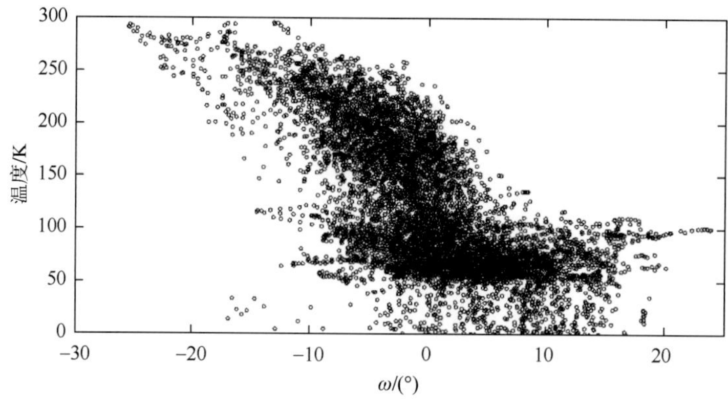

图 7.10　冬季温度数据和坡度角的关系

图 7.11 给出了夏季和冬季温度差 ΔT 和坡度角 ω 的关系，数据选取图 7.9（a，b）中当地时间差小于 0.2Hr 的像素点。在 Part 1（ΔT＜40 K，$\omega < 0°$）中，温度差 ΔT 随 ω 角增大而升高，Part 2（ΔT＞40 K，$\omega < 0°$）中，向阳面的温度差 ΔT 很大，这可能是由于陨石坑壁或者高地的阴影覆盖，在冬季太阳辐照入射角小，阴影覆盖面大，而夏季太阳辐照入射角大，阴影覆盖面小，使得部分区域冬季被阴影遮挡，而夏季被太阳直射。Part 3（ΔT＜40 K，$\omega > 15°$）中，可能由于斜坡背阴，冬季和夏季都缺乏太阳辐照，温度都很低，而使温度差很小。在 Part 4（ΔT＞40 K，$\omega > 0°$），较大的 ΔT 可能是因为月表面在冬季被遮蔽，而在夏季被太阳直射。

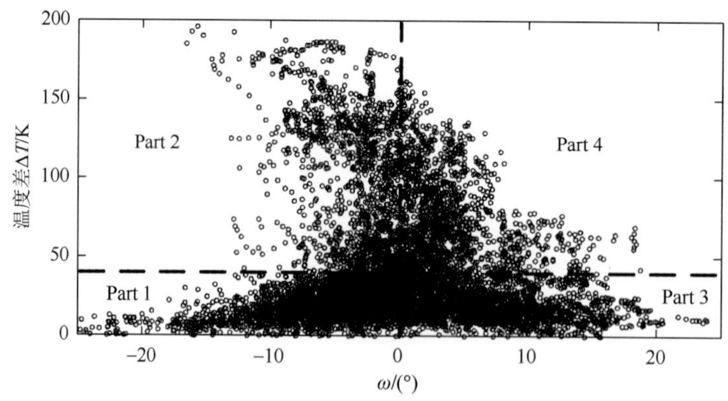

图 7.11　两季温度差 ΔT 与坡度角 ω 的关系

在月球南极（85.1°S，21°W）处的坡度角为 $\gamma = -2.75°$ 和 $\omega = -13.65°$，在 3 月份测得的温度为 256 K，当地时间为 12:10；在 9 月份的温度为 268 K，当地时间 12:15，两季温度差 ΔT 为 12 K。图 7.12 是按 2010 年参数计算仿真的温度，在对应的当地时间，3 月份仿真的温度为 254 K，9 月份仿真的温度为 269 K，两季温度差的仿真值为 15 K。

1. PSR 温度的日夜变化

月球 PSR 区域没有太阳辐照的直接照射，全年温度极低，这些区域一直被认为可能

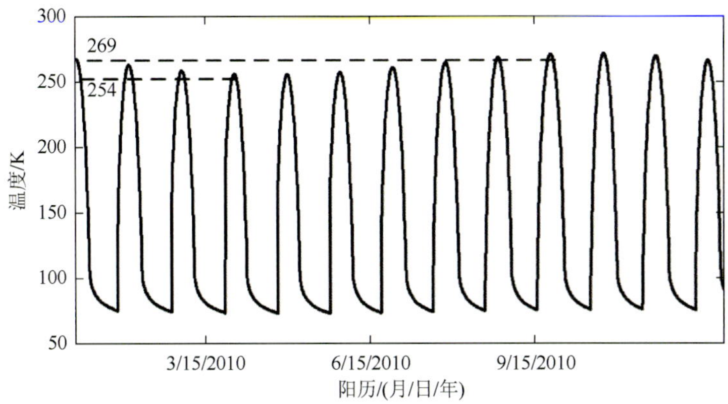

图 7.12　按 2010 年参数计算仿真的月表面（85.1°S，21°W）温度

存在有水冰。据研究，1 mm 厚的水冰在低于 100 K 的情况下，能够保存超过 2 百万年（Fisher et al.，2017），位于北极的 Hermite-A 陨石坑内部最低温度约为 35 K。第 8 章将讨论雷达探测 PSR 的 Hermite-A 陨石坑内部是否存在水冰的可能性。

选取从 2011 年 3 月 6 日(日下点 1.5 °N)到 2011 年 4 月 2 日(日下点 1.5°N)的 Diviner IR 温度数据，当地时间约为 14：30，以及从 2011 年 3 月 20 日（日下点纬度 1.5°N）到 2011 年 4 月 16 日（日下点纬度 1.4°N）的 Diviner IR 温度数据，当地时间约为 22:30.

图 7.13（a-d）是 Diviner 的日夜温度数据和对应的当地时间，图 7.13（e）是日夜温度差。可以发现，最大的温度差能达到 40 K。在 14:30 时，陨石坑内部温度最高能达到 110 K。白天陨石坑的边缘区域受到太阳光的直届辐照，温度会很高。陨石坑壁上的热辐照是 PSR 内部区域的主要热源（Paige et al.，2010）。从 14:30 到 22:30，陨石坑内绝大部分区域温度变化的速率小于 5 K/Hr。

2. PSR 温度的季节性变化

选取 2010 年 5 月 10 日（日下点纬度 1.3°N）到 2010 年 6 月 6 日（日下点纬度 0.7°N）和从 2012 年 8 月 19 日（日下点纬度 1.5°S）到 2012 年 9 月 15 日（日下点纬度 1.4°S）间 Diviner IR 数据，其当地时间都约为 09：40，绝大部分区域的当地时间差小于 1Hr。图 7.14 给出 2010 年数据减去 2012 年数据得到两者温度差 ΔT 和观测数据的当地时间差。

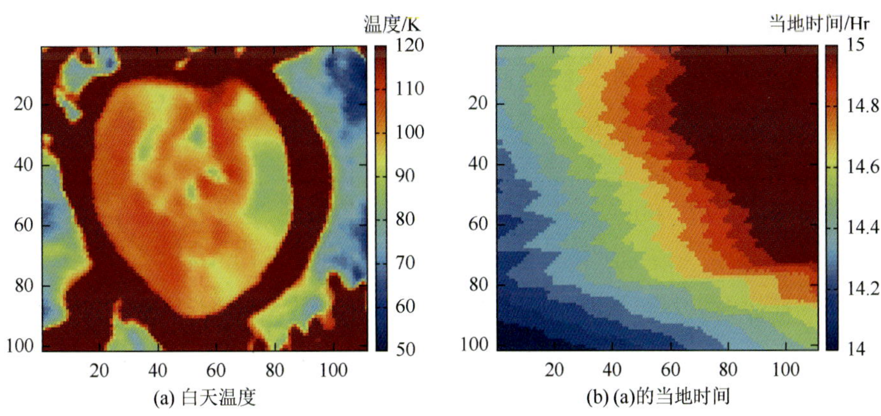

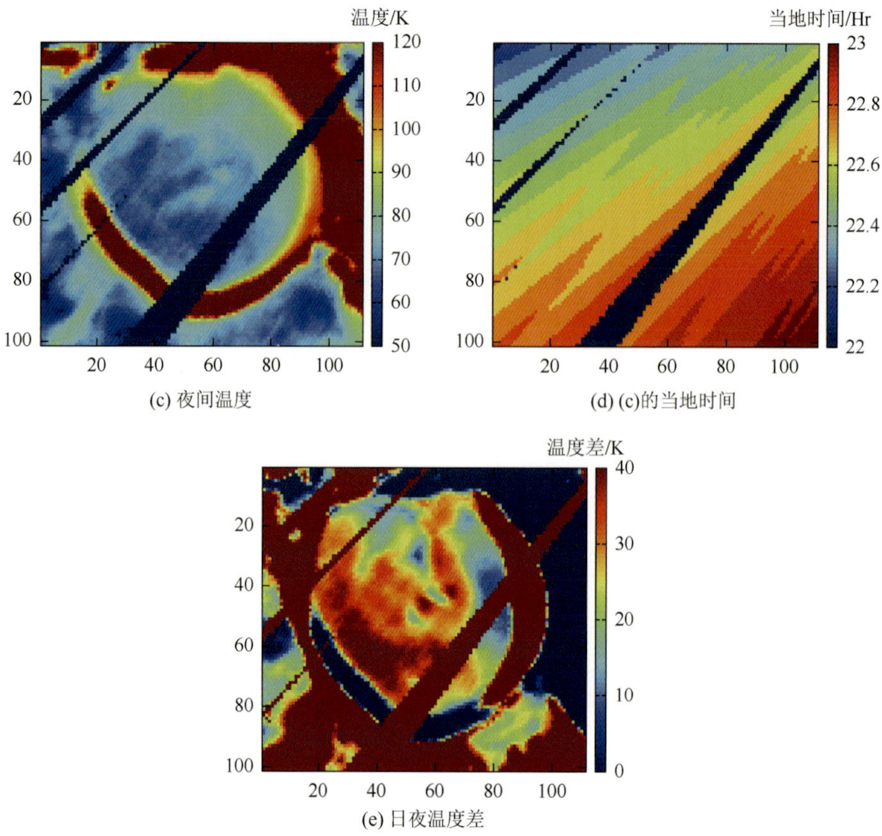

图 7.13　Hermite-A 陨石坑内部白天和夜间的温度变化

可以发现最大的温度差大于 30 K，太阳辐照入射角每个月份都有不同，这使得陨石坑壁上的温度也有了季节性变化，坑壁热辐射到 PSR 内部的热流也会不同，这可能是 PSR 内部季节性温度差的主要原因。

同时，PSR 内部的温度有一定的分布规律。将图 7.13（a）的数据重新采样为简单圆柱投影，如图 7.15。其中的截面 AA′对应的温度和高度由图 7.16 特别给出。可以发现，温度峰值出现在太阳光照直射的斜坡上，这是 PSR 内部的热源。而在陨石坑的另一边，

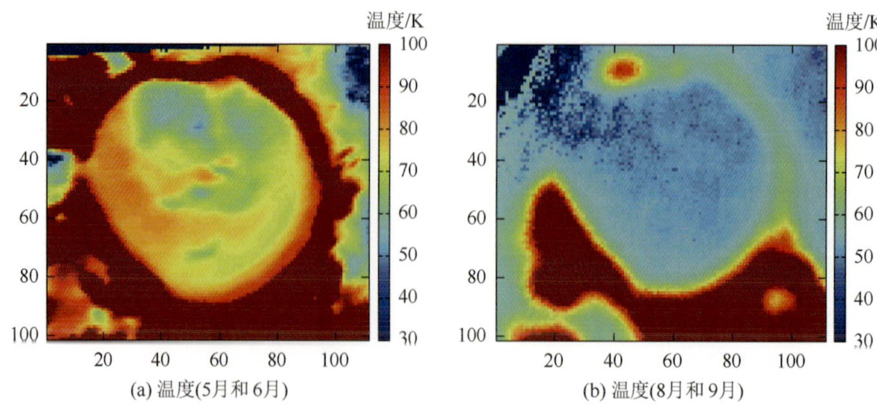

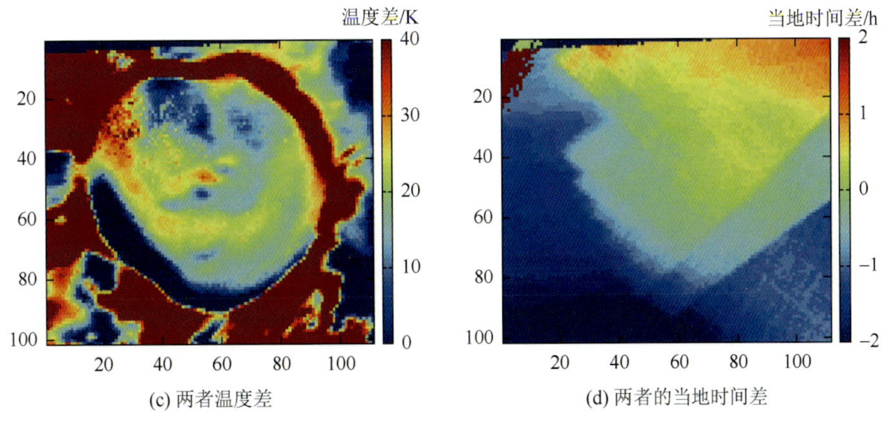

(c) 两者温度差　　(d) 两者的当地时间差

图 7.14　PSR 内 Diviner 数据的季节性温度差

温度的峰值出现在陨石坑边缘的外部，这部分的热辐射会被陨石坑边缘遮蔽。PSR 内部的温度分布和地形十分相关，面向热源的斜坡表面会有较高的温度。

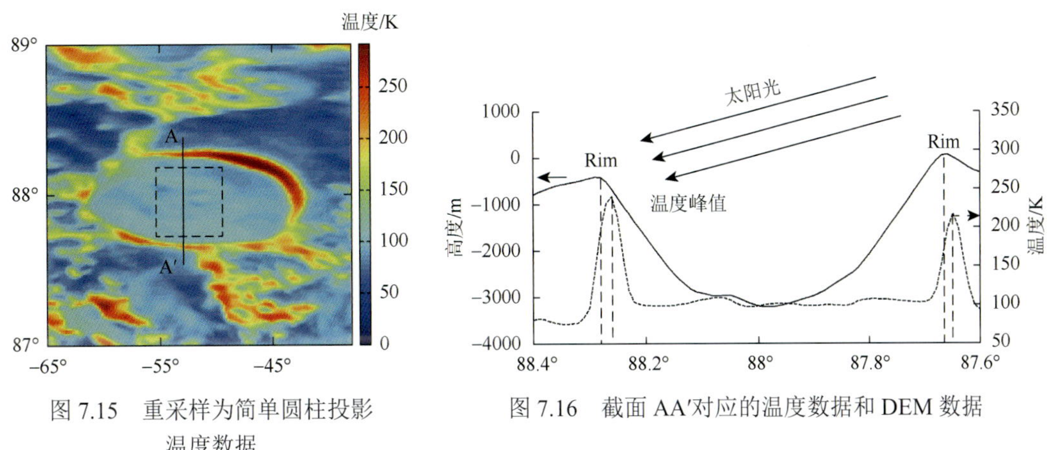

图 7.15　重采样为简单圆柱投影温度数据

图 7.16　截面 AA′对应的温度数据和 DEM 数据

图 7.17（a-d）中是图 7.15 中黑框内的温度数据、DEM、坡度角角 γ 和 ω。可以发现，

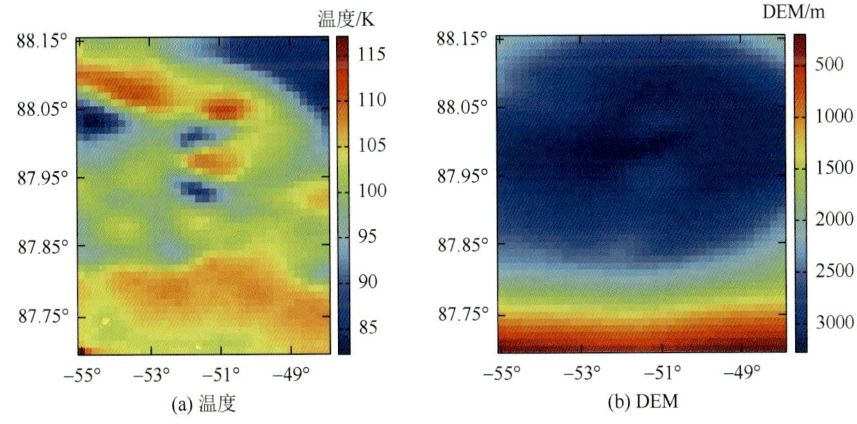

(a) 温度　　(b) DEM

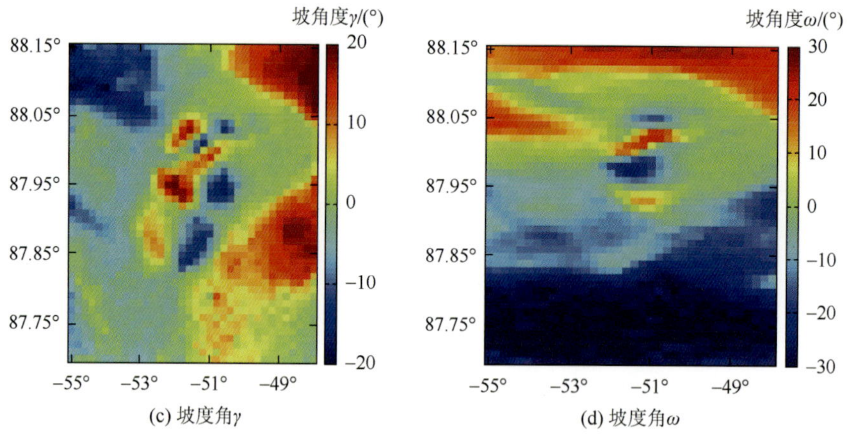

(c) 坡度角γ　　(d) 坡度角ω

图 7.17　Diviner 数据（图 7.15 的虚框区域）

PSR 内部温度与当地的地形有关，特别是 ω 角。ω 为负数的斜坡朝向了陨石坑的向阳面，接收到的热辐射强，使得 PSR 内部温度随着 ω 角的降低而升高。

7.3　CE-2 微波辐射亮度温度数据验证

采集纬度范围在（75°S～74.5°S）之间的“嫦娥二号”37 GHz 辐射亮度温度 TB_{37} 数据，图 7.18（a）是数据的当地时间和测量的时间，选取的时间段为 2010 年 10 月到 11 月（日下点纬度 1.5°S～0.7°S）和 2011 年 4 月到 5 月（日下点纬度 1.5°N～0.4°N）间。数据的当地时间 14:00 到 15:00，并将数据的当地时间归一化到 14:30，归一化后的数据如图 7.18（b）所示。可以发现，2010 年 10 和 11 月的 TB_{37} 数据高于 2011 年 4 月和 5 月的数据，大部分的差别 ΔTB_{37} 在 5 到 10 K 之间。

表 7.2 给出图 7.18 中的两个像素点的 TB_{37} 和位置信息。这两个数据点的轨道数是 0436 和 2601，两个观测中心相距约 3 km，当地时间差是 0.13 Hr，季节性 ΔTB_{37} 为 7 K。

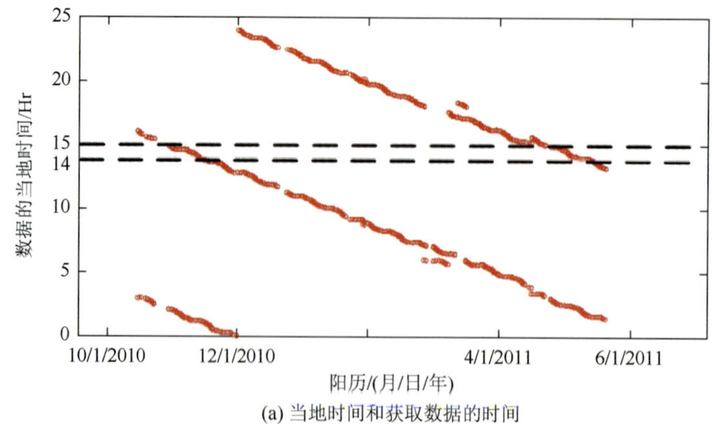

(a) 当地时间和获取数据的时间

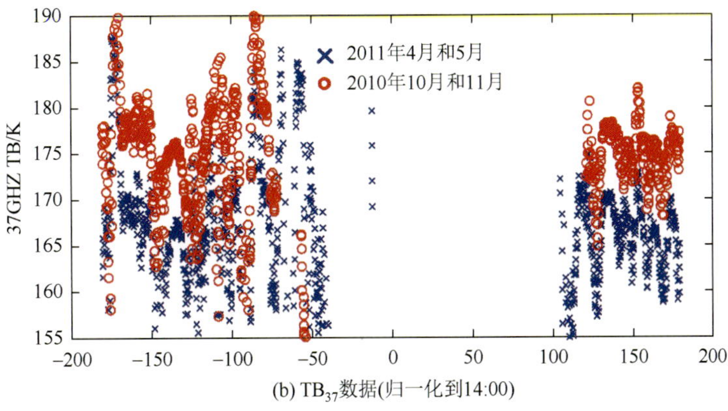

图 7.18　“嫦娥二号”TB$_{37}$ 数据

表 7.2　“嫦娥二号”微波辐射亮度温度 TB$_{37}$ 数据季节性变化

数据观测时间（年-月-日）	当地时间	λ_0	φ_0	φ	TB/K
2010-12-11	14:08	135.02°E	74.45°S	1.1°S	177.7
2011-9-5	14:00	135.02°E	74.35°S	1.0°N	170.3

按照 DEM 数据，该区域的平均坡度为 $\omega = -0.07°$ 和 $\gamma = 0.2°$ 、由 Lucey et al.（2000）的矿物含量计算算法和克莱门汀 UVVIS 数据，可以得到 $FeO = 6.6\%$ 和 $TiO_2 = 0.4\%$ 。

图 7.19（a）给出了 2010 年和 2011 年计算仿真得到的该区域的 TB$_{37}$，其中最大的季节性差别 ΔTB$_{37}$ 约为 10 K，最小的季节性亮温差别 ΔTB$_{37}$ 约为 6 K。

图 7.19（b）给出了 2010 年 11 月和 2011 年 5 月的仿真 TB$_{37}$。选定和实测数据相同的当地时间，11 月的 TB$_{37}$ 为 176 K，5 月的 TB$_{37}$ 为 166 K，两者差 10 K，仿真结果与实测结果非常接近。

图 7.20 给出了月表面不同坡度角 ω 下仿真的 TB$_{37}$。可以看出，ω 下降 5°，TB$_{37}$ 至少上升 10 K。不同的坡度角 ω 下的季节性 ΔTB$_{37}$ 在 6.5 K 到 10.7 K 之间，如表 7.3 所示。如果某一区域冬季被阴影遮蔽，而在夏季被太阳直射，则对应的季节性 ΔTB$_{37}$ 会很大。

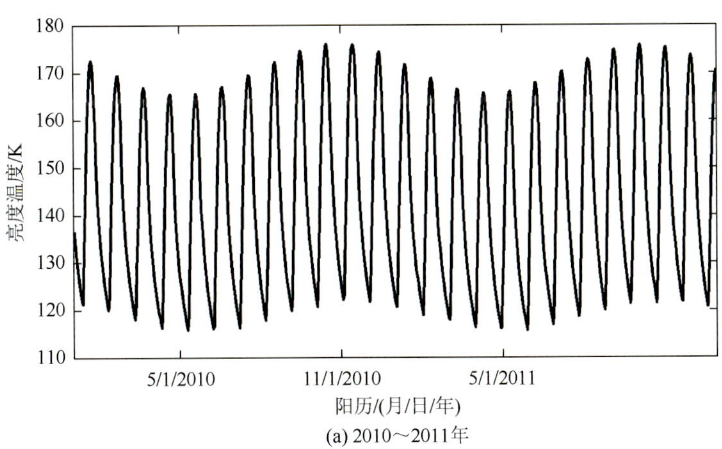

(a) 2010～2011年

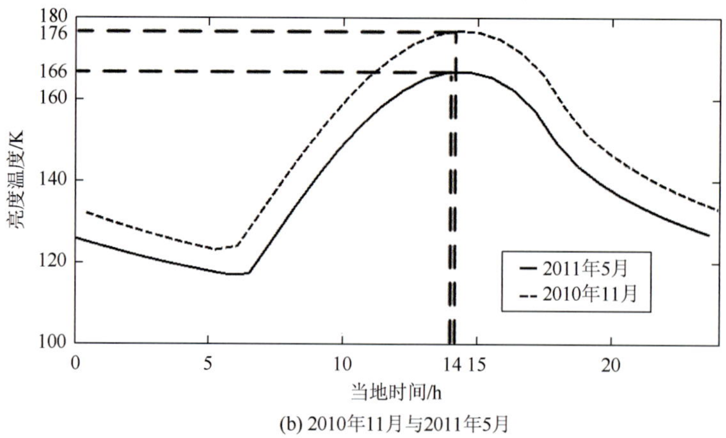

(b) 2010年11月与2011年5月

图 7.19 计算仿真的月壤（74.4°S，135°E）37 GHz 辐射亮度温度

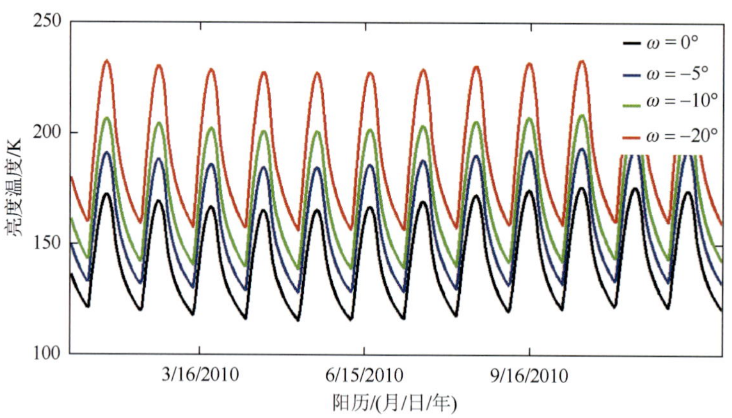

图 7.20 按 2010 年参数条件下坡度角对 37 GHz 辐射亮度温度的影响

表 7.3 74.4°S，135°E 处计算仿真的 37 GHz 辐射亮度温度

ω/(°)	冬天最高温度/K	夏天最高温度/K	ΔTB_{37} /K
0	165.0	175.7	10.7
–5	184.6	193.6	9.0
–10	201.0	209.0	8
–20	227.2	233.7	6.5

在 PSR 内，微波 TB_{37} 也存在一种季节性变化。以位于月球南极 PSR 的 Haworth 陨石坑（87.0°S，5.1°W）为例，表 7.4 给出了该陨石坑内的 CE-2 TB_{37} 数据，对应数据的轨道数为 0598 和 1683，选取的这两个数据点观测中心的距离约为 1 km，观测的当地时间差约为 0.1Hr，日下点纬度为 0.8°S 和 1.4°N。可得到季节性 ΔTB_{37} 为 15.8 K。PSR 内部其它区域也能发现这种季节性变化的 ΔTB_{37}。

表 7.4　PSR 内部 37 GHz 辐射亮度温度的季节性变化

数据观测时间（日/月/年）	当地时间	λ_0	φ_0	φ	TB_{37}/K
26/11/2010	15：54	0.288°E	87.163°S	0.8°S	52.58
23/2/2011	16：00	0.504°E	87.197°S	1.4°N	36.80

参 考 文 献

Aye K M，Paige D A，Foote M C，et al. 2013. The coldest place on the moon，Online]. Available：www.lpi.usra.edu/meetings/lpsc2013/eposter/3016.pdf

Bandfield J L，Hayne P O，Williams J P et al. 2015. Lunar surface roughness derived from LRO Diviner Radiometer observations. Icarus，248：357–372.

Calla O P N，Mathur S，Gadri K L. 2016. Quantification of Water Ice in the Hermite-A Crater of the Lunar north pole. IEEE Geoscience and Remote Sensing Letters，13（7）：926–930.

Fa W，Jin Y Q. 2010. A primary analysis of microwave brightness temperature of lunar surface from Chang-E 1 multi-channel radiometer observation and inversion of regolith layer thickness. Icarus，207（2）：605–615.

Fa W，Wieczorek M A. 2012. Regolith thickness over the lunar nearside：Results from Earth-based 70-cm Arecibo radar observation. Icarus，218（2）：771–787.

Fang T，Fa W. 2014. High frequency thermal emission from the lunar surface and near surface temperature of the Moon from Chang'E-2 microwave radiometer. Icarus，232（4）：34–53.

Fisher E A，Lucey P G，Lemelin M，et al. 2017. Evidence for surface water ice in the lunar polar regions using reflectance measurements from the Lunar Orbiter Laser Altimeter and temperature measurements from the Diviner Lunar Radiometer Experiment. Icarus，292（8）：74–85.

Fountain J A，West E A. 1970. Thermal conductivity of particulate basalt as a function of density in simulated lunar and Martian environments. J. Geophys. Res.，Planets，75（20）：4063–4069.

Hayne P O，Bandfield J L，Siegler M A，et al. 2017. Global regolith thermophysical properties of the Moon from the Diviner Lunar Radiometer Experiment. J. Geophys. Res.，Planets，122（12）：2371–2400.

Heiken G H，et al. 1991. Lunar Sourcebook：A User's Guide to the Moon. Cambridge University Press，New York：285–356.

Hemingway B S，Krupka K M，Robie R A. 1981. Heat capacities of the alkali feldspars between 350 and 1000 K from differential scanning calorimetry，the thermosdynamic functions of the alkali feldspars from 298.15 to 1400 K，and the reaction quartz + jadeite = anabite. American Mineralogist，66（11-12）：1202–1215.

Huang Q，Wieczorek M A. 2012. Density and porosity of the lunar crust from gravity and topography. J. Geophys. Res.，Planets，117（E5）.

Jin Y Q. 1993. Electromagnetic scattering modelling for quantitative remote sensing. World Scientific，Singapore：310.

Jin Y Q，Fa W. 2010. The Modeling Analysis of Microwave Emission From Stratified Media of Nonuniform Lunar Cratered Terrain Surface for Chinese Chang-E 1 Observation. IEEE Geosci. Remote Sens. Lett.，7（3）：530–534.

Keihm S J. 1984. Interpretation of the lunar microwave brightness temperature spectrum：Feasibility of orbital heat flow mapping. Icarus，60（3）：568–589.

Ledlow M J，et al. 1992. Subsurface emissions from Mercury-VLA radio observations at 2 and 6 centimeters. Astrophysical Journal，384：640–655.

Liu N，Fa W，Jin Y Q. 2018. No Water-Ice Invertable in PSR of Hermite-A Crater Based on Mini-RF Data and Two-Layers Model.. IEEE Geoscience & Remote Sensing Letters，15（10）：1485–1489.

Liu N，Jin Y Q. 2019a. A Real-time model of the Seasonal Temperature of Lunar Polar Region and Data validation"，IEEE Transactions on Geoscience and Remote Sensing，TGRS-2019-20190418 submitted.

Liu N，Fa W，Jin Y Q. 2019c. Brightness Temperature of Lunar Surface for Calibration of Multi-Channel Millimeter-Wave Radiometer of Geosynchronous FY-4M. IEEE Transactions on Geoscience and Remote Sensing. in press.

Liu N，Jin Y Q. 2019b. A radiative transfer model for MW cold and IR hot spots of Chang’e and Diviner observations. IEEE Transactions on Geoscience and Remote Sensing，2019，in press.

Lucey P G，et al. 2000. Lunar iron and titanium abundance algorithms based on final processing of Clementine ultraviolet-visible images.' J. Geophys. Res.，Planets，105（E8）.

Meeus J. 1991. Astronomical algorithms. Willmann-Bell Inc，：314–347.

Mutch T A. 2000. Geology of the Moon-A Stratigraphic View. Princeton Univ.，Princeton，New Jersey：26.

Paige D A，Foote M C，Greenhagen B T，et al. 2010. The Lunar Reconnaissance Orbiter Diviner Lunar Radiometer Experiment. Space Sci. Rev.，150：125–160.

Paige D A，Siegler M. A. Zhang J A，et al. 2010. Diviner lunar radiometer observation of cold traps in the Moon's south polar region. Science，330（6003）：479–482.

Paige D A，Williams J P，Sullivan M T，et al. 2010. LRO Diviner Lunar Radiometer Global Mapping Results and Gridded Data Product. Lunar Planet. Sci. Conf.，42 nd Abstract 2544.

Racca G D. 1995. Moon surface thermal characteristics for moon orbiting spacecraft thermal analysis. Planet. Space Sci.，43（6）：835–842.

Siegler M，Paige D A，Williams J P，et al. 2015. Evolution of lunar polar ice stability，Icarus，255（15）：78–87.

Ulaby F T，R.K. Moore and A K Fung. 1981. Microwave remote sensing fundamentals and radiometry. Microwave Remote Sensing Active & Passive. Andisson Wiley：229–230.

Vasavada A R，Bandfield J L，Greenhagen B T，et al. 2012. Lunar equatorial surface temperatures and regolith properties from the Diviner Lunar Radiometer Experiment. J. Geophys. Res.，Planets，117（E12）.

Williams J P，Paige D A，Greenhagen B T et al. 2017. The global surface temperatures of the Moon as measured by the Diviner Lunar Radiometer Experiment. Icarus，283：300–325.

Yu S and W Fa. 2016. Thermal conductivity of surficial lunar regolith estimated from Lunar Reconnaissance Orbiter Diviner Radiometer data. Planet. Space Sci.，124：48–61.

Zheng Y C，Tsang K T，Chan K L，et al. 2012. First microwave map of the Moon with Chang’E-1 data：The role of local time in global imaging. Icarus，219（1）：194–210.

第 8 章　月球永久阴影区水冰的探测

水是太阳系内的重要资源，月球上是否存在水一直是一个研究的热点。月球自转轴与黄道平面有一定的倾斜，使得太阳光照无法到达月球两极某些撞击坑内部，这些区域被称为永久阴影区（permanent shaded region，PSR）。这些区域终年保持一个极低的温度，可低至 25 K（−248℃）（Aye et al，2013）。同时，PSR 内氢含量较高，这些氢元素可能以水冰的形式存在，因此 PSR 一直被怀疑可能存在水冰及其他一些挥发性物质（Clark，2009）。

近些年里，美国的月球轨道勘测器（LRO）的 mini-RF 和印度“月船一号”的 mini-SAR 的简极化（compact polarimetry）合成孔径雷达对月球获得了米级高分辨率（mini-RF 最高分辨率为 15×30 m）微波雷达图像。雷达遥感的高分辨率特别适合特定目标的识别，而不同于辐射计千米量级的遥感。在 mini-SAR 和 mini-RF 遥感探测中，发现 PSR 的圆极化率（circular polarization ratio，CPR）有一高值。这使得一些人认为这是水冰存在的一个证据（Hapke，1990）。这一推论出自于木星的冰卫星上存在高 CPR（Ostro et al.，1992），在火星南极冰盖处也观测到大片区域的强雷达回波能量和高 CPR（Muhleman et al.，1991）。

月球北极地区典型的 CPR 值在 0.1～0.3（Spudis et al.，2010），南极地区的平均 CPR 为 0.31（Neish et al.，2011）。而在月球极区 PSR 的陨石坑内部，mini-RF（波长 12.6 cm）发现了高 CPR 值（Spudis et al.，2013），最大可达到 3。但是，也有用中子探测器的结果来显示（Feldman et al.，2001），即使水冰存在，其厚度也不足以导致高 CPR。事实上，月球表面的粗糙面散射和分布的石块体散射也会导致高 CPR（Campbell et al.，2006）。但是，这些解释和模型大都是定性叙述性的。

位于月球北极 PSR 的 Hermite-A（87.8°N，47.1°W）陨石坑内，同时发现了高 CPR 值和氢元素（Spudis et al.，2013）。Calla 等（2016a）用 Campbell（2002）提出的模型和 mini-RF 数据的极化比 P_R，研究该陨石坑月球表面的介电常数的反演，以此估算该陨石坑内部的水冰含量。但是，他们十分粗糙的推论研究应用的模型是错误的，反演的介电常数不可靠，更不能说明水冰的存在。

本书（Liu and Jin，2017）指出，Campbell 的两层模型实际上是一个蜕化的半空间模型，因此无法按 Calla 等（2016a）的意愿来完成反演。本书提出了一个两层 KA/SPA 模型，即上表面满足基尔霍夫近似（Kirchhoff approximation，KA），下表面满足微扰近似（small perturbation approximation，SPA），特别考虑了粗糙月球表面对入射波的局部入射角及其极化坐标基转换的影响，以此来分析月球表面粗糙度、斜坡、下垫表面介电常数等多种因素对介电常数反演的影响。本书提出，目前用 mini-RF 数据反演的结果无法证明 PSR 内存在水冰（Liu and Jin，2018）

为建立粗糙月球表面上随机离散分布的石块等产生二阶、高阶体散射，以及对 CPR 的数值影响，本书（Liu et al.，2019）提出用双向解析射线跟踪方法（Xu and Jin，2009），数值地计算作为新生陨石坑 DEM 描绘的粗糙月球表面和随机分布石块的面散射与体散射复合模型的高阶散射，由此得到 CPR 的数值结果。

8.1 KA-SPA 两层模型

“月船一号”的 mini-SAR（2.38 GHz）和月球轨道勘测器（LRO）的 mini-RF（2.38 GHz、7.14 GHz）对月球极区的 PSR 进行了简极化探测，以左旋或右旋圆极化发射、垂直和水平线极化接收，获得 4 个 Stokes 参数的后向散射极化强度矢量。其二级产品用斜圆柱投影的方法得到合成孔径雷达观测的 Stokes 参数成像（Reid，2010）。现在 mini-RF 数据已经公开用于科学研究，如用极化后向散射系数反演月球表面介电常数等。mini-RF 的入射角是 49°，空间分辨率是 7.4 m/pixel。基于 Campbell 模型，Calla 等（2016a）直接将 mini-RF 二级数据用于反演陨石坑内月球表面的介电常数，与实验室中测量的人造月壤水冰混合物的介电常数比较（Calla et al.，2016b），来估算月球北极 PSR 内的水冰含量。

但是，由于 Campbell（2002）中的几个假设，却将原先的两层模型实际上蜕化半空间模型（图 8.1）。此外，由于并没有考虑月球表面粗糙和斜坡等地形因素的影响，反演的方法与结果就有了很大的误差。实际上，作为月壤的两层介质模型，下垫面月岩石土壤、分层面粗糙度，以及斜坡等都对局部坐标系极化基和 Stokes 强度矢量产生变化，直接影响介电常数的反演。

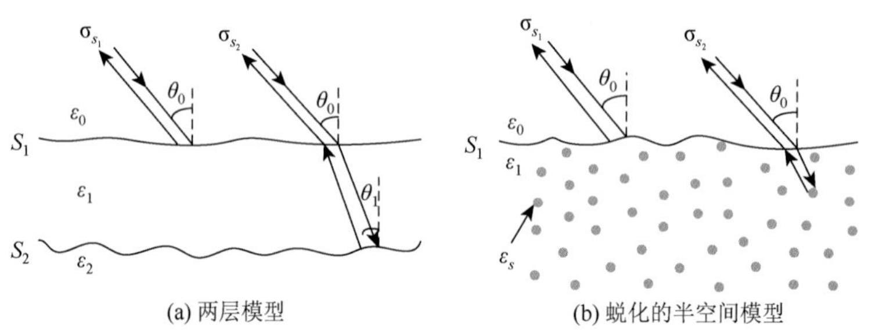

图 8.1 月球上表面/下表面散射模型

1. Campbell 蜕化模型

Campbell（2002）采用了 3 个假设：①次表面的回波占主导，即 $\sigma_{S_2} >> \sigma_{S_1}$，这样使得 σ_{S_1} 被忽略，S_1 为平表面；②覆盖层中并无粒子散射；③次表面的水平和垂直同极化散射系数相等，即 $\sigma_{\mathrm{HH},S_2} = \sigma_{\mathrm{VV},S_2}$。基于这 3 个假设，下表面回波的线性同极化比值为

$$\frac{\sigma_{\mathrm{HH}}^0}{\sigma_{\mathrm{VV}}^0} = \frac{t_{\mathrm{H}}^2}{t_{\mathrm{V}}^2} = \cos^4(\theta_1 - \theta_0) \tag{8.1.1}$$

式中，t_{H} 和 t_{V} 分别为水平和垂直极化的透射率；θ_1 为透射角，与入射角 θ_0 满足 Snell 定律 $\sin\theta_0 = \sqrt{\varepsilon_1}\sin\theta_1$

这样的假设使得式（8.1.1）与月球下表面完全没有关系了，可以等效为图 8.1（b）所示的半空间各向同性粒子模型。由式（8.1.1）可以得到月壤表层介电常数为

$$\varepsilon_1 = \left[\frac{\sin\theta_0}{\sin\left(\cos^{-1}\left[\frac{\sigma_{\mathrm{HH}}^0(\theta_0)}{\sigma_{\mathrm{VV}}^0(\theta_0)} \right]^{0.25} - \theta_0 \right)} \right]^2 \tag{8.1.2}$$

假设③是基于几何光学近似中下表面基尔霍夫近似（KA）粗糙面散射的结果，如果没有这些假设，两个同极化散射系数就不相等，也就得不到式（8.1.1）。此外，Calla 等（2016a）中没有考虑月球陨石坑表面地形的影响，因为此时的局部入射角以及局部坐标系中极化基的旋转完全改变极化散射场的计算。本书将证明月球表面粗糙度、斜坡、下表面介电常数等地形因素对 CPR 和介电常数反演的影响。

2. 月球表面局部坡度影响

图 8.2 是 Hermite-A 陨石坑的数字高程 DEM 模型，其中 A-A'和 B-B'是沿着截面的斜坡轮廓，其坡度如表 8.1 所示。整个 Hermite-A 陨石坑的平均坡度大约为 16°，表面倾斜会改变局部入射角和局部坐标系的极化基。

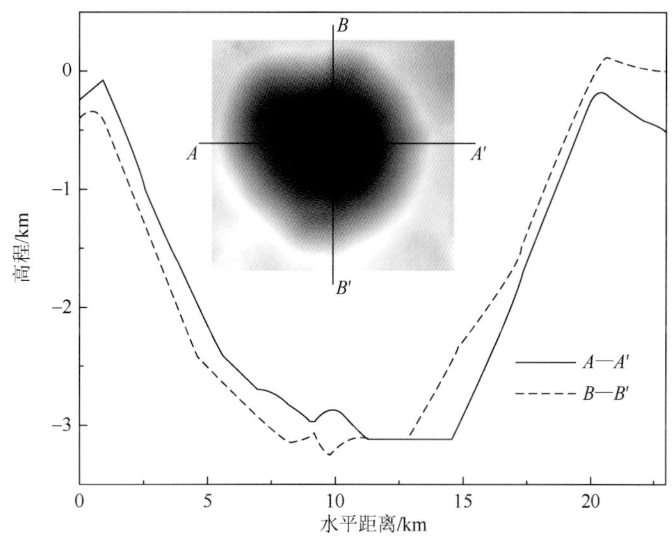

图 8.2　DEM（LDEM_875N_10M）及 Hermite-A 陨石坑截面廓线分别沿着 A—A'和 B—B'截面

表 8.1　截面 A-A'和 B-B'的坡度角

项目	左边/(°)	底部/(°)	右边/(°)
A—A'	18.88	5.31	27.53
B—B'	20.28	6.50	22.47

在 mini-RF 的主坐标系中，雷达入射角为 $\theta_0 = 49°$，但是由于斜坡以及每个像素上法向量的不同，所以每个像素上的局部入射角也不同，假设入射平面是 yoz 平面，对应的入射波矢量为 $\hat{\boldsymbol{k}}_{\mathrm{i}} = \hat{\boldsymbol{y}}\sin\theta_0 - \hat{\boldsymbol{z}}\cos\theta_0$（$0° < \theta_0 < 90°$），沿着 $\hat{\boldsymbol{x}}$ 和 $\hat{\boldsymbol{y}}$ 方向的坡度为 $\alpha = \tan\omega$ 和 $\beta = \tan\gamma$，每个像素上的局部入射角可以写为

$$\cos\theta_{0\ell} = -(\hat{\boldsymbol{n}} \cdot \hat{\boldsymbol{k}}_{\mathrm{i}}) = \frac{\cos\omega \cdot \cos(\gamma - \theta_0)}{\sqrt{\cos^2\gamma \cdot \sin^2\omega + \cos^2\omega}} \tag{8.1.3}$$

角度差 $\Delta\theta = \theta_{0\ell} - \theta_0$ 会导致反演误差 $\Delta\varepsilon = \varepsilon_{1\ell} - \varepsilon_1$，从而使得水冰含量反演完全不准确。这里令 $\theta_0 = 49°$，图 8.3 给出了 $\Delta\varepsilon$ 随 $\Delta\theta$ 变化的关系图，当用式（8.1.2）反演得到 $\varepsilon_1 = 5.31$，减去实验中介电测量的偏差 1.38（Calla et al.，2016a）后得到 $\varepsilon_1 = 3.93$，对应 5%的实验室样本水冰含量（Calla et al.，2016b）。如果 $\Delta\theta = -1°$，也就是局部入射角为 48°，反演结果为 $\varepsilon_1 = 5.71$，水冰含量接近 10%。如果局部入射角为 50°，反演结果 $\varepsilon_1 = 4.96$，此时水冰含量接近 0%。所以，即使是 1°的局部入射角偏差，也会使这种方式反演的水冰含量完全不同。

再举一个没有坡度的例子。假设式（8.1.2）反演的介电常数为 $\varepsilon_1 = 7$，无水冰；如果斜坡使局部入射角增大 3.6°，反演的介电常数则为 $\varepsilon_1 = 5.31$，对应 5%的水冰含量。mini-RF 的空间分辨率是 7.4 m/pixel，这意味着 7.4 m 的距离内地表起伏 $\Delta h = \pm 0.129$ m 就会有 $\Delta\theta = \pm 1°$，而 $\Delta h = \pm 0.647$ m 会导致 $\Delta\theta = \pm 5°$，地表斜坡会改变局部入射角，从而对反演的介电常数产生巨大的影响。如果 DEM 数据的误差小于 0.129 m，坡度角的精度就小于 1°。

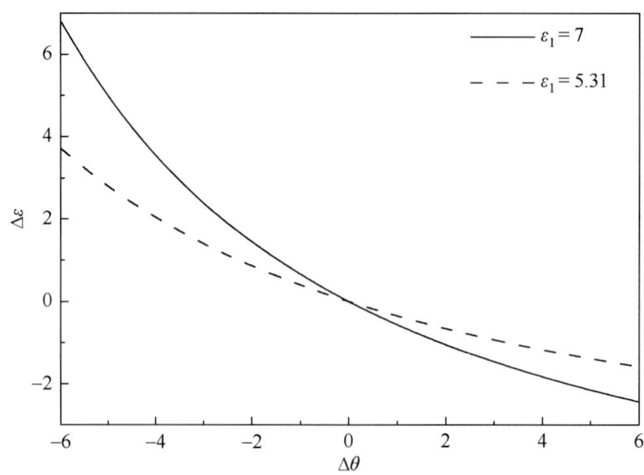

图 8.3　由入射角误差 $\Delta\theta$ 引起的反演误差 $\Delta\varepsilon$

3. 极化基的旋转

表面倾斜会改变局部极化坐标基，在后向散射方向，局部坐标系下的散射矩阵 $\bar{\boldsymbol{S}}_1$ 可以由主坐标系下的散射矩阵 $\bar{\boldsymbol{S}}_0$ 获得（Jin and Xu，2013）：

$$\bar{\boldsymbol{S}}_1 = \bar{\boldsymbol{U}}^{-1} \cdot \bar{\boldsymbol{S}}_0 \cdot \bar{\boldsymbol{U}} \tag{8.1.4a}$$

$$\bar{\boldsymbol{U}} = \begin{bmatrix} \cos\vartheta & \sin\vartheta \\ -\sin\vartheta & \cos\vartheta \end{bmatrix}, \quad \bar{\boldsymbol{S}}_n = \begin{bmatrix} S_{n,\mathrm{HH}} & S_{n,\mathrm{HV}} \\ S_{n,\mathrm{VH}} & S_{n,\mathrm{VV}} \end{bmatrix}, \quad n = 0,1 \tag{8.1.4b}$$

式中，$\bar{\boldsymbol{U}}$ 为极化旋转矩阵；ϑ 为极化基旋转的角度，由局部坡度角（ω,γ）和主坐标系入射角 θ_0 决定

$$\tan\vartheta = \frac{\tan\omega}{-\tan\gamma\cos\theta_0 + \sin\theta_0} \tag{8.1.5}$$

在 Campbell 半空间模型中假设局部坐标系下 $S_{1,\mathrm{HV}}=S_{1,\mathrm{VH}}=0$。但是，经过式（8.1.4）的极化旋转之后，就有 $S_{0,\mathrm{HV}},S_{0,\mathrm{VH}}\neq 0$。Calla 等（2016a）简单地把 $\sigma_{\mathrm{HL}}/\sigma_{\mathrm{VL}}$ 当作 $\sigma_{\mathrm{HH}}/\sigma_{\mathrm{VV}}$ 来反演是不正确的。当 mini-RF 发射左旋圆极化波，接收线极化波时，接收回波的极化比为

$$P_{\mathrm{R}}=\frac{\sigma_{\mathrm{HL}}}{\sigma_{\mathrm{VL}}}=\frac{\dfrac{\sigma_{\mathrm{HH}}(\theta_{0\ell})}{\sigma_{\mathrm{VV}}(\theta_{0\ell})}\cdot\cos^2\vartheta+\sin^2\vartheta}{\dfrac{\sigma_{\mathrm{HH}}(\theta_{0\ell})}{\sigma_{\mathrm{VV}}(\theta_{0\ell})}\cdot\sin^2\vartheta+\cos^2\vartheta} \tag{8.1.6}$$

$$\frac{\sigma_{\mathrm{HH}}(\theta_{0\ell})}{\sigma_{\mathrm{VV}}(\theta_{0\ell})}=\frac{S_{1,\mathrm{HH}}^2(\theta_{0\ell})}{S_{1,\mathrm{VV}}^2(\theta_{0\ell})}=\cos^4(\theta_{1\ell}-\theta_{0\ell}) \tag{8.1.7}$$

式中，$\theta_{1\ell}$ 为局部透射角，由 Snell 定理可得 $\sin\theta_{0\ell}=\sqrt{\varepsilon_1}\sin\theta_{1\ell}$；$\sigma_{\mathrm{HL}}/\sigma_{\mathrm{VL}}$ 可由 mini-RF 的二级数据得到。

比较式（8.1.6）～式（8.1.7）可以发现，当式（8.1.6）中的极化旋转角 $\vartheta>45°$ 时，会使得 $P_{\mathrm{R}}>1$。图 8.4 给出了不同坡度下 P_{R} 与反演的 ε_1 的关系。

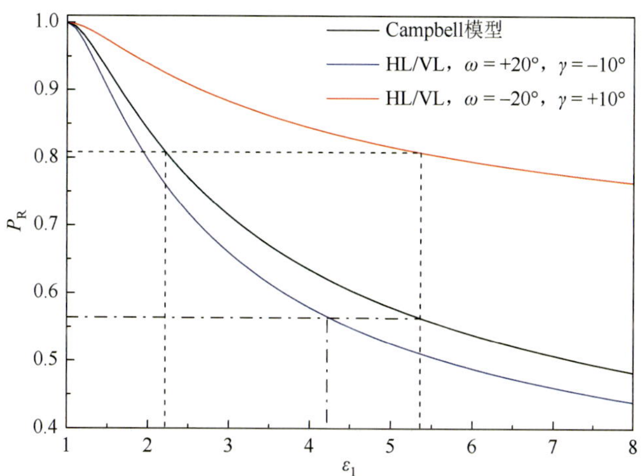

图 8.4　不同坡度下半空间模型的极化比 P_{R} 与 ε_1 的关系

黑线坡度 0°；蓝线坡度角 $\omega=+20°$ $\gamma=-10°$；红线坡度角 $\omega=-20°$ $\gamma=+10°$

所以在半空间模型中，极化比 $P_{\mathrm{R}}=\sigma_{\mathrm{HL}}/\sigma_{\mathrm{VL}}$ 应该考虑到表面坡度 (ω,γ) 对局部入射角 $\theta_{1\ell}(\omega,\gamma)$ 及极化坐标基旋转的影响，式（8.1.2）应该改写为

$$\varepsilon_1=\left\{\frac{\sin\theta_{0\ell}}{\sin\left[\cos^{-1}\left(\dfrac{\sin^2\vartheta-P_{\mathrm{R}}\cos^2\vartheta}{P_{\mathrm{R}}\sin^2\vartheta-\cos^2\vartheta}\right)^{0.25}-\theta_{0\ell}\right]}\right\}^2 \tag{8.1.8}$$

雷达入射角为 $\theta_0=49°$，假设 $P_{\mathrm{R}}=0.5656$，Campbell 模型的反演式（7.1.2）结果为 $\varepsilon_1=5.31$，对应水冰含量为 5%。当坡度角为 $\omega=+20°$ 和 $\gamma=-10°$ 时，反演式（8.1.8）的

介电常数为$\varepsilon_1 = 4.2$，此时没有水冰含量。若保持反演结果仍为$\varepsilon_1 = 5.31$，而坡度角变为$\omega = -20°$和$\gamma = +10°$，此时对应的极化比就变为$P_R = 0.8096$，若直接用 Campbell 模型反演，得到的结果是$\varepsilon_1 = 2.2$，不包含水冰成分，与原先的反演结果大不相同。

局部坡度角(ω,γ)产生局部极化基的旋转，即局部坐标系发生旋转式（8.1.4）。令入射角$\theta_0 = 49°$，$P_R = 0.5656$，式（8.1.2）反演的介电常数为$\varepsilon_1 = 5.31$，其水冰含量为 5%；但考虑到坡度角后，式(8.1.8)给出了完全不同的反演结果。图 8.5 是式(8.1.2)与式(8.1.8)反演的误差随ω的变化关系。当$\gamma = 0°$，$\omega = 1°\sim5°$时，反演误差$\Delta\varepsilon = 0.04\sim0.14$；当$\gamma = 1°$，$\omega = 1°\sim5°$时，反演误差$\Delta\varepsilon = 0.4\sim0.56$。不同的斜坡会产生不同的反演结果，如$\varepsilon_1 = 5.83$ $(\gamma = 0°,\ \omega = \pm9°)$和$\varepsilon_1 = 5.81$ $(\gamma = 1°,\ \omega = \pm4°)$，都对应约 10%的水冰含量。

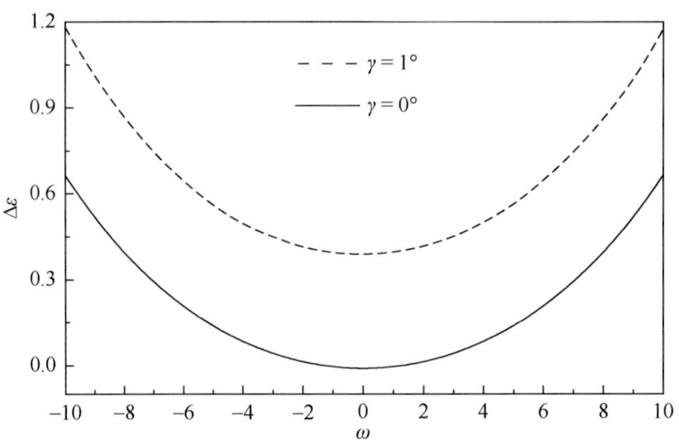

图 8.5　给定γ时反演误差$\Delta\varepsilon$与坡度角ω的关系

4. KA-SPA 两层模型

Campbell 提出的两层模型实际上是一个蜕化的半空间模型。当入射角很大时（$\theta_0 > 40°$），来自微扰 SPA 粗糙面的后向回波远大于来自大尺度 KA 近似的粗糙面（Wu and Fung，1972）。本书提出了一个下表面 SPA 与上表面 KA 的两层模型，这样接受到的后向散射可以写为

$$\sigma_0(\theta_0) = \sigma_{S_1}^{\mathrm{KA}}(\theta_{0\ell}) + t_{01}\cdot e^{-A}\cdot\sigma_{S_2}^{\mathrm{SPA}}(\theta_{1\ell})\cdot e^{-A}\cdot t_{10} \tag{8.1.9}$$

式中，e^{-A}为透射衰减项，在极化比值中可以约去，上表面回波$\sigma_{S_1}^{\mathrm{KA}}$小而略去。Campbell（2002）半空间模型的假设③$\sigma_{\mathrm{VV},S_2}^{\mathrm{SPA}} = \sigma_{\mathrm{HH},S_2}^{\mathrm{SPA}}$不再成立。由式（8.1.9）观测到的（上标 OBS，observed）同极化比值可以写为

$$\frac{\sigma_{\mathrm{HH}}^{\mathrm{OBS}}(\theta_{0\ell})}{\sigma_{\mathrm{VV}}^{\mathrm{OBS}}(\theta_{0\ell})} = \cos^4(\theta_{0\ell}-\theta_{1\ell})\cdot\frac{\sigma_{\mathrm{HH},S_2}^{\mathrm{SPA}}(\theta_{1\ell})}{\sigma_{\mathrm{VV},S_2}^{\mathrm{SPA}}(\theta_{1\ell})} \tag{8.1.10}$$

SPA 下表面的回波$\sigma_{\mathrm{HH},S_2}^{\mathrm{SPA}}(\theta_{1\ell})$和$\sigma_{\mathrm{VV},S_2}^{\mathrm{SPA}}(\theta_{1\ell})$与其均方根高度和相关长度等粗糙度参数有关，但在线性比值$\sigma_{\mathrm{HH},S_2}^{\mathrm{SPA}}/\sigma_{\mathrm{VV},S_2}^{\mathrm{SPA}}$中，这些参数的影响互相约去（Ulaby et al，1982；Tsang et al.，1985；金亚秋等，2008），得到：

$$\frac{\sigma_{\mathrm{HH},S_2}^{\mathrm{SPA}}(\theta_{1\ell})}{\sigma_{\mathrm{VV},S_2}^{\mathrm{SPA}}(\theta_{1\ell})} = \frac{(\varepsilon_2\cos\theta_{1\ell}+\sqrt{\varepsilon_2-\varepsilon_1\sin^2\theta_{1\ell}})^4}{(\sqrt{\varepsilon_1}\cos\theta_{1\ell}+\sqrt{\varepsilon_2-\varepsilon_1\sin^2\theta_{1\ell}})^4\cdot((\varepsilon_2-\varepsilon_1)\sin^2\theta_{1\ell}+\varepsilon_2)^2} \tag{8.1.11}$$

可以看出，式（8.1.9）～式（8.1.11）与介电常数ε_1，ε_2，以及下表面局部入射角$\theta_{1\ell}$有关。由式（8.1.3）的$\theta_{0\ell}$和 Snell 定律求得下表面的$\theta_{1\ell}$后，将式（8.1.10）和式（8.1.11）代入式（8.1.6），就能得到介电常数ε_1，ε_2和极化比P_R之间的关系了。

图 8.6（a）中的曲线反映了P_R与ε_1之间的变化关系。令$\varepsilon_2 = 5、10、20$，可以发现曲线与ε_2有关。与半空间模型（黑线）比较，发现当$\varepsilon_1 = \varepsilon_2$时，两层模型与 Campbell 模型相交，此时表层与下垫层都是一样的月壤，两层模型也就退化为半空间模型。图 8.6（a）中虚线是没有坡度的情况，实线对应于坡度角为$\omega = 10°, \gamma = 20°$的情况。可以看到，假设$P_R = 0.7$，Campbell 模型反演的$\varepsilon_1 = 3.15$，而 KA-SPA 两层模型反演分别有$\varepsilon_1 = 1.29$（当$\varepsilon_2 = 5$），$\varepsilon_1 = 1.68$（当$\varepsilon_2 = 10$）和$\varepsilon_1 = 2.14$（当$\varepsilon_2 = 20$），如图 8.6（b）所示。

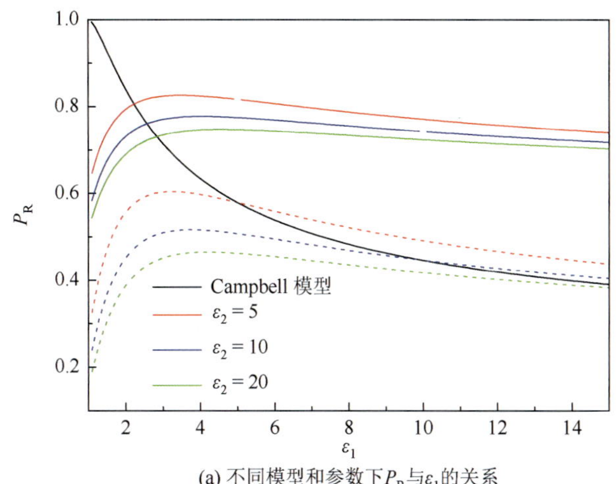

(a) 不同模型和参数下P_R与ε_1的关系

图中彩色虚线对应于没有坡度的情况，彩色实线对应于坡度角$\omega = 10°$，$\gamma = 20°$的情况

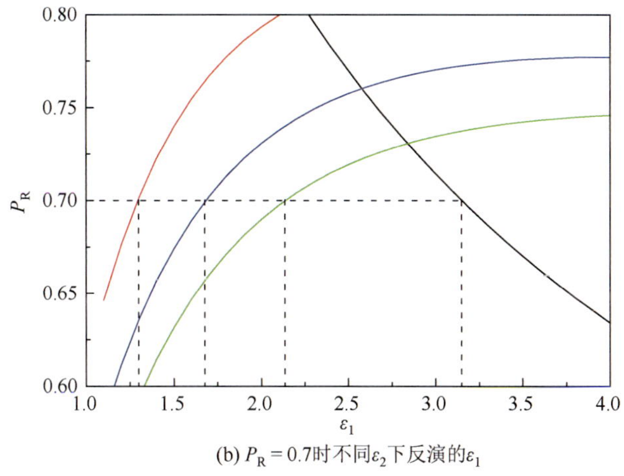

(b) $P_R = 0.7$时不同ε_2下反演的ε_1

图 8.6　极化比P_R与ε_1反演

式（8.1.6）、式（8.1.10）、式（8.1.11）表示了P_R和月球表面层ε_1之间的关系。总结反演过程如下。

步骤 1：计算极化基的旋转角度 ϑ ［式（8.1.5）］

步骤 2：用实测的 P_R 和式（8.1.6），计算极化比 $\sigma_{HH}(\theta_{0\ell})/\sigma_{VV}(\theta_{0\ell})$：

$$\frac{\sigma_{HH}(\theta_{0\ell})}{\sigma_{VV}(\theta_{0\ell})}=\frac{\sin^2\vartheta-P_R\cdot\cos^2\vartheta}{P_R\cdot\sin^2\vartheta-\cos^2\vartheta} \tag{8.1.12}$$

步骤 3：用已知的坡度角 (ω,γ)，计算式（8.1.3）局部入射角 $\theta_{0\ell}$ 和折射角 $\theta_{1\ell}$。

步骤 4：P_R、ϑ、$\theta_{0\ell}$、$\theta_{1\ell}$、$\sigma_{HH}^{SPA}/\sigma_{VV}^{SPA}$ 现在均为已知，给定 ε_2，用二分法来数值求解式（8.1.10）和式（8.1.11），得到 ε_1。

由于下表面介电常数 ε_2 未知，反演结果具有不确定性。一般来讲，月壤层下面是岩石层，其介电常数在 5～20（Ulaby et al，1988；Campbell et al.，1993）。

图 8.7 给出了不同下垫面 ε_2，两层模型和 Campbell 模型反演 ε_1 的误差 $\Delta\varepsilon$。假设用 Campbell 模型反演的是 $\varepsilon_1=9.16$，则随着下垫面 ε_2 的变化，两层模型反演的 $\varepsilon_1=1.46$～3.42，最大误差达到 $\Delta\varepsilon=-5.74$。Campbell 模型反演的 ε_1 过大。当坡度为 $\omega=10°,\gamma=20°$ 时，如图 8.7 虚线所示，若有 Campbell 模型反演为 $\varepsilon_1=3.15$，则两层模型反演的范围 $\varepsilon_1=1.16$～1.71。

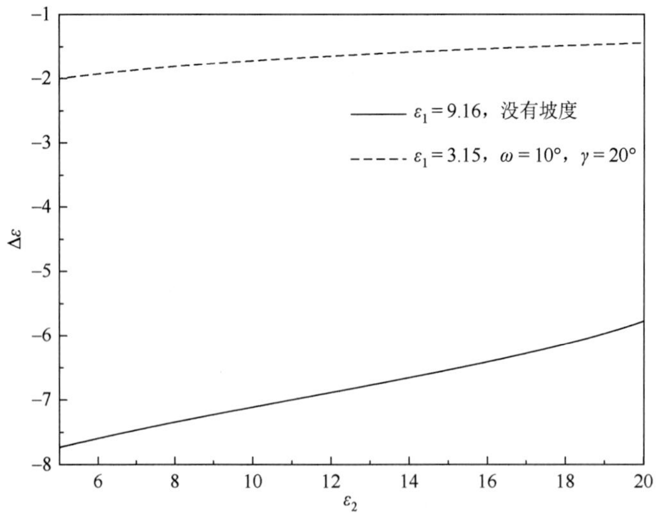

图 8.7　不同 ε_2 下两层模型和 Campbell 模型的反演误差 $\Delta\varepsilon$

实线是没有坡度的情况，Campbell 模型反演结果是 $\varepsilon_1=9.16$；虚线是存在坡度角 $\omega=10°$，$\gamma=20°$ 的情况，Campbell 模型反演的结果是 ε_1=3.15

图 8.8 是 Hermite-A 陨石坑内 mini-RF 观测的极化比 P_R 的分布。可以发现，大部分的 P_R 大于 1，这可能是由于表面石块的体散射和较大的表面坡度引起的。单层或者两层的月壤模型都无法反演 P_R 大于 1 的点，所以需要精度更高的月球表面地形数据和模型来解决这个问题。

归纳反演误差的因素有：①目标区域内存在其他散射机制，如石块体散射；②表层的粗糙度描述有误差，若不均匀，不满足 KA 与 SPA 条件；③DEM 精度有问题；④下垫面 ε_2 难以确定。所以，需要更为准确的月球表面地形与物质结构信息。

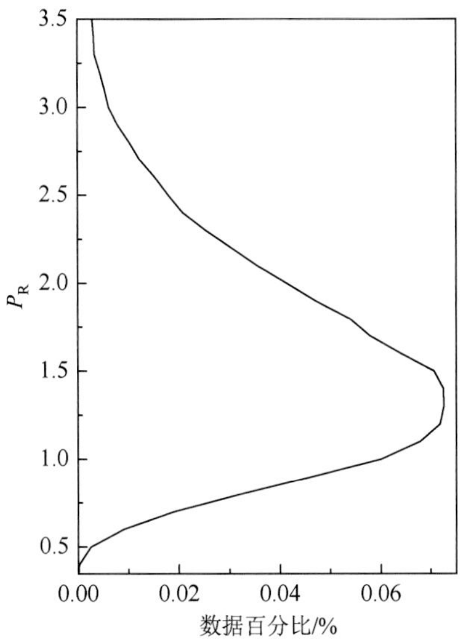

图 8.8　Hermite-A 陨石坑内 P_R 数据分布

8.2　月球 PSR 内部水冰反演

水是太阳系中最宝贵的资源之一，月球自转轴与黄道面有一倾斜角，使得太阳光无法到达月球两极某些陨石坑内部，这些区域被称为永久阴影区（PSR），由于没有光照，这些区域终年保持一个极低的温度，某些区域温度低至 25 K（–248℃）（Aye et al.，2013），这些区域可能成为水冰及其他一些挥发性物质的存储地点。PSR 内发现的较高的氢元素含量可能以水冰的形式存在（Feldman et al.，1998）。双站雷达观测到 PSR 内部的圆极化率（circular polarization ratio，CPR）比较高，被视为水冰存在的一个证据（Nozette et al，1996）。后来，mini-SAR 与 mini-RF 也有类似的研究。但是，高 CPR 也可能由其他许多因素引起（Nelson et al.，1998；Fa and Cai，2013；Campbell，2012；Eke et al.，2014），特别是非极区的一些陨石坑内也存在高值的 CPR（Fa and Cai，2013）。推导一下 CPR 的解析表达式，就可以看出 CPR 受多种极化因子的影响，有（Jin and Xu，2013）

$$\begin{bmatrix} E_{\mathrm{H}}^{s} \\ E_{\mathrm{V}}^{s} \end{bmatrix} = \begin{bmatrix} S_{\mathrm{HH}} & S_{\mathrm{HV}} \\ S_{\mathrm{VH}} & S_{\mathrm{VV}} \end{bmatrix} \cdot \begin{bmatrix} E_{\mathrm{H}}^{i} \\ E_{\mathrm{V}}^{i} \end{bmatrix} \tag{8.2.1}$$

式中，$S_{pq}(p,q=\mathrm{H,V})$ 表示发射 q 极化，接收 p 极化的极化散射系数；H 和 V 分别表示水平线极化和垂直线极化。在后向散射约定（back-scattering alignment，BSA）下，CPR 可以表示为

$$\mathrm{CPR} \equiv \frac{|S_{\mathrm{LL}}|^2}{|S_{\mathrm{RL}}|^2} = \frac{|S_{\mathrm{HH}} - S_{\mathrm{VV}}|^2 + 4|S_{\mathrm{HV}}|^2 - 4\,\mathrm{Im}[(S_{\mathrm{HH}} - S_{\mathrm{VV}})S_{\mathrm{HV}}^{*}]}{|S_{\mathrm{HH}} + S_{\mathrm{VV}}|^2} \tag{8.2.2}$$

式中，S_{LL} 和 S_{RL} 表示发射左旋圆极化波，接收左旋和右旋圆极化波，分子上的同极化或者交叉极化项的改变都会使得 CPR 上升。

注意，圆极化波的右旋（R）或左旋（L）一般是按照电磁波传播方向的右手或左手

定则来定义的（Lee and Pottier 2000）。当发射左旋圆极化波时，CPR 就是接收到的左旋成分除以右旋成分（LL/LR）。按照不同散射约定（后向 BSA：backscattering alignment，或前向 FSA：forward scattering alignment），即按波传播方向定义，或是按发射方向定义，对应 CPR 的表达式会不一样，但是 CPR 的值应是一样的。按照 $(\hat{v},\hat{h},\hat{k})$ 或 $(\hat{h},\hat{v},\hat{k})$ 不同定义的坐标系下的 CPR 表达式也同样有差异，但其公式本质与数值是一样的。

Calla 等（2016a）直接用 Campbell（2002）模型和 mini-RF 数据的极化比 P_R 来反演 Hermite-A 陨石坑（87.8°N，47.1°W）表面的介电常数 ε_1，以此作为水冰存在的证据。在上一节，已经证明了他们的方法是不对的，他们的反演无法作为水冰存在的证据。

本节用 mini-RF 实际观测数据，纳入 DEM 给出的月球表面地形，计入局部入射角和极化坐标基的影响，重新计算了 P_R，并用 KA-SPA 两层模型来反演介电常数 ε_1。mini-RF 数据空间分辨率是 7.4 m/pixel，作为 PSR 典型的 Hermite-A 陨石坑的 mini-RF 数据用于反演和分析，月球表面 DEM 地形来自于 LOLA（lunar orbiter laser altimeter）的数字高程数据。

1. 数据配准

mini-RF 发射左旋圆极化波，接收水平和垂直线极化波，mini-RF 的 2 级（level2）数据经过了正射纠正和斜圆柱投影（Reid，2010），雷达回波用 4 个 Stokes 参数来表示，其中：

$$I_1 = \langle |E_{HL}|^2 + |E_{VL}|^2 \rangle \text{ 和 } I_2 = \langle |E_{HL}|^2 - |E_{VL}|^2 \rangle \tag{8.2.3}$$

极化比 P_R 定义为

$$P_R = \frac{|E_{HL}|^2}{|E_{VL}|^2} = \frac{I_1 + I_2}{I_1 - I_2} \tag{8.2.4}$$

图 8.9（a）是 Hermite-A 陨石坑的可见光图像，图 8.9（b）是 P_R 图像，分辨率是 7.4 m/pixel。Hermite-A 陨石坑的直径约为 20 km，DEM 数据用于计算表面斜坡，由于 DEM 数据和 mini-RF 数据的投影方式和分辨率不同，反演前需要对其进行配准，使 DEM 的数据和 mini-RF 数据一一对应。

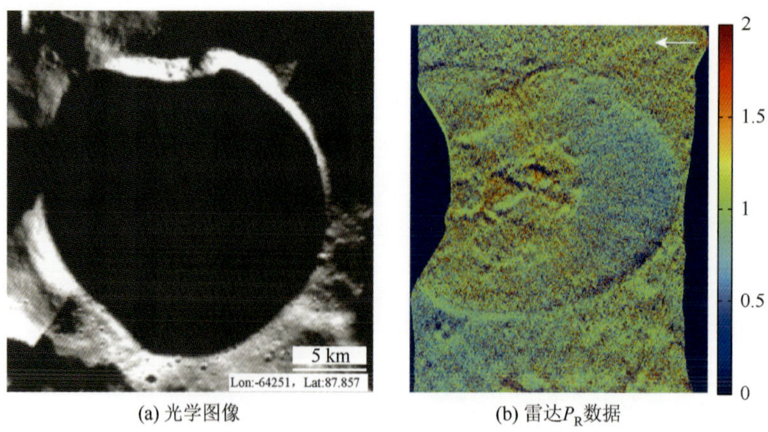

(a) 光学图像　　(b) 雷达 P_R 数据

图 8.9　Hermite-A 陨石坑

分辨率为 7.4 m/pixel

2. 投影配准

Hermite-A 陨石坑的 mini-RF（mini-RF swath LSZ_04356_2CD_OKU_87N332_V1）数据采用斜圆柱投影的方式，图 8.10(a)是 I_1 图像，雷达入射角是 50.8°，经度范围为 10.0°E～89.5°E，纬度范围在 84.62°N～88.63°N。DEM 数据（LDEM_875N_10M）采用极方位投影，空间分辨率为 10 m/pixel，纬度范围为 87.5°N～90°N。配准时，首先求出 DEM 数据的经纬度，将这些经纬度用斜圆柱投影的方式投影到图像上，最后用线性插值的方法使得 DEM 数据的分辨率和 mini-RF 数据相同。图 8.10（b）是配准后的 DEM 数据。

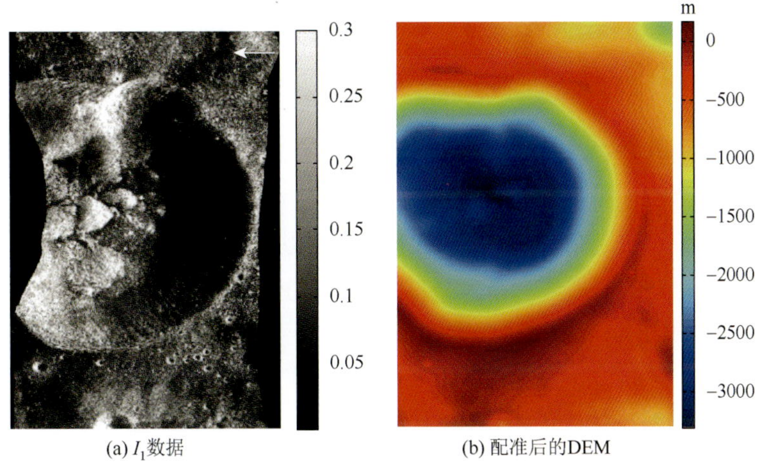

(a) I_1 数据　　(b) 配准后的DEM

图 8.10　mini-RF 数据和 DEM

3. 地形参数

由图 8.10（b）中的 DEM 数据可以求得倾斜表面的坡度角 ω 和 γ：

$$\gamma = \arctan\frac{\mathrm{DEM}(i, j+1) - \mathrm{DEM}(i, j)}{R} \tag{8.2.5}$$

$$\omega = \arctan\left[-\frac{\mathrm{DEM}(i+1, j) - \mathrm{DEM}(i, j)}{R}\right] \tag{8.2.6}$$

式中，R 为高程数据的空间分辨率。

月球表面的大尺度起伏坡度导致局部坐标系的极化基的旋转（Lee et al，2000；Jin and Xu，2013），按局部入射角来重新定义局部坐标系的极化基，极化坐标基的旋转角度 ϑ 与坡度角 (ω,γ)、入射角 θ_0 的关系为式（8.1.5），局部入射角 $\theta_{0\ell}$ 为式（8.1.3）。

入射矢量为 $\hat{\boldsymbol{k}}_{\mathrm{i}} = |\sin\theta_0|\hat{\boldsymbol{y}} - |\cos\theta_0|\hat{\boldsymbol{z}}$，此时 $\theta_0 > 0$，当卫星从目标区域的另一边入射时，入射矢量为 $\hat{\boldsymbol{k}}_{\mathrm{i}} = -|\sin\theta_0|\hat{\boldsymbol{y}} - |\cos\theta_0|\hat{\boldsymbol{z}}$，$\theta_0$ 被定义为负值。

局部入射角如图 8.11（a）所示，卫星位于陨石坑的右边，所以陨石坑右侧的局部入射角（大于 70°）大于左侧（约为 30°），陨石坑外的局部入射角约为 50°，这与雷达入射角一致，图 8.11（b）是极化基的旋转角，陨石坑内部 ϑ 角范围为−40°～40°，陨石坑外地形平坦，ϑ 约为 0°。

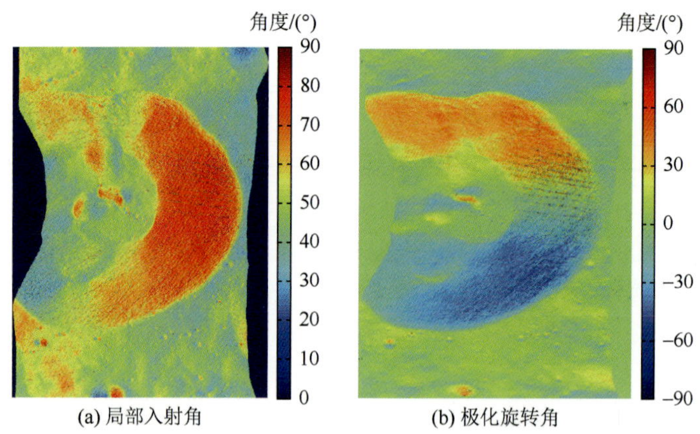

图 8.11　考虑到 Hermite-A 陨石坑地形的局部入射角和极化旋转角

4. KA-SPA 反演模型

KA 粗糙面要满足条件（金亚秋等，2008）：

$$kl > 6,\ l^2 > 2.76\delta\lambda \tag{8.2.7}$$

式中，k 为波数；l 为相关长度；δ 为随机粗糙面的均方根高度；λ 为波长。

SPA 粗糙面要满足：

$$kl < 0.3, \sqrt{2}\delta / l < 0.3 \tag{8.2.8}$$

KA-SPA 模型是解析的，能够用参数函数来描述散射机制，KA 描述月球表面大尺度起伏，与 DEM 的结果一致。SPA 描述下表面粗糙起伏，是合理的假设。mini-RF 的 S 波段透射深度能达到几米，入射波能够达到月壤与岩石的分界面。

基于粗糙面散射理论，有

$$\frac{\sigma_{\mathrm{HH}}}{\sigma_{\mathrm{VV}}} \leqslant 1 \tag{8.2.9}$$

因此，若数据不满足这个条件，说明数据有误，或另有其他散射机制，需另行处理。

按照 8.1 节 KA-SPA 模型的反演步骤（1）～步骤（4），给定 ε_2 的情况下，数值求解得到反演值 ε_1，这里 $\varepsilon_1 < \varepsilon_2$。

5. 混合物中水冰的估计

Calla 等（2016b）在−196℃温度下，用与 mini-RF 相同的频率 2.38 GHz 测量了模拟月壤样本的介电常数。当水冰质量占样本总质量之比 w_{ice} 从 0%增加到 10%时，对应的介电常数 $\varepsilon_1 = 3.54$（密度为$1.6\ \mathrm{g/cm^2}$，$w_{\mathrm{ice}} = 0$）和 $\varepsilon_1 = 4.42$（密度为$1.76\ \mathrm{g/cm^2}$，$w_{\mathrm{ice}} = 0.1$）。用线性模型来描述水冰含量对介电常数的影响，有

$$\varepsilon_1 = w_{\mathrm{ice}}\varepsilon_{\mathrm{ice}} + (1 - w_{\mathrm{ice}})\varepsilon_{\mathrm{soil}} \tag{8.2.10a}$$

$$w_{\mathrm{ice}} = \frac{m_{\mathrm{ice}}}{m_{\mathrm{mix}}} = \frac{v_{\mathrm{ice}} \cdot \rho_{\mathrm{ice}}}{v_{\mathrm{ice}} \cdot \rho_{\mathrm{ice}} + v_{\mathrm{soil}} \cdot \rho_{\mathrm{soil}}} \tag{8.2.10b}$$

式中，v_{ice} 为冰的体积比；ρ_{ice} 为冰的密度；v_{soil} 为土壤的体积比；ρ_{soil} 为土壤的密度。$v_{\mathrm{ice}} + v_{\mathrm{soil}} = 1$，用上述数据，可得到：

$$w_{ice} = \frac{\varepsilon_1 - 3.54}{8.8} \tag{8.2.11}$$

需要注意的是在微波范围内，冰的介电常数约为 3.17，这与月壤的介电常数非常接近，即使有埋在月壤中的水冰也可能会被混淆为月壤，一般月壤中孔隙率较高，其介电常数 ε_1 应该更小。

6. 反演结果

图 8.12（a）和图 8.12（b）分别是不考虑显著斜面坡度和考虑坡度影响时 Campbell 半空间模型的反演结果，图 8.12（a）中有 42%的像素点在式（8.2.9）的范围内，能够用于反演。PSR 内部共有 3699417 个像素，图 8.12（a）与 Calla 等（2016a）中反演的结果是一样的。图中黑点的介电常数范围为 3.54～4.42，在式（8.2.9）的范围之内，水冰含量 w_{ice} 为 0%～10%，但只占总像素点数的 3.63%。图 8.12（b）中共有 50%的像素点能够用于反演，而只有 2.6%（黑点）的像素点满足 $\varepsilon_1 \in (3.54, 4.42)$，反演得到的水冰含量 w_{ice} 在 0%～5%（总像素点的 1.46%）和 5%～10%（总像素点的 1.14%）。

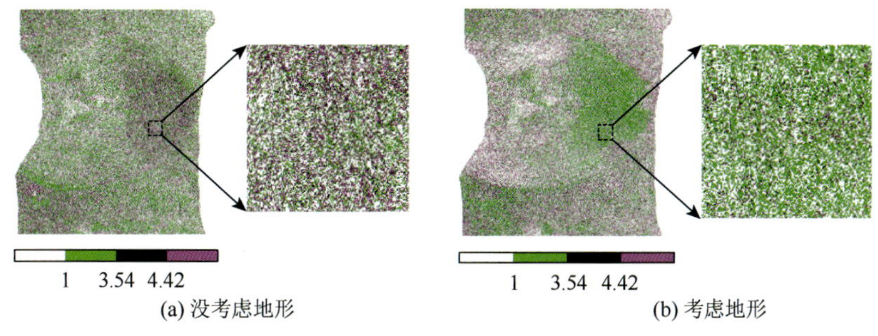

(a) 没考虑地形　　(b) 考虑地形

图 8.12　Campbell 模型反演的 ε_1

右边部分是左边黑色方框中结果的放大

现在用 KA-SPA 两层模型来反演。分别令 $\varepsilon_2 = 3$ 和 $\varepsilon_2 = 5$，反演的 ε_1 如图 8.13 所示，反演结果与图 8.12 相差极大，几乎没有存在水冰的点（黑色的点）。

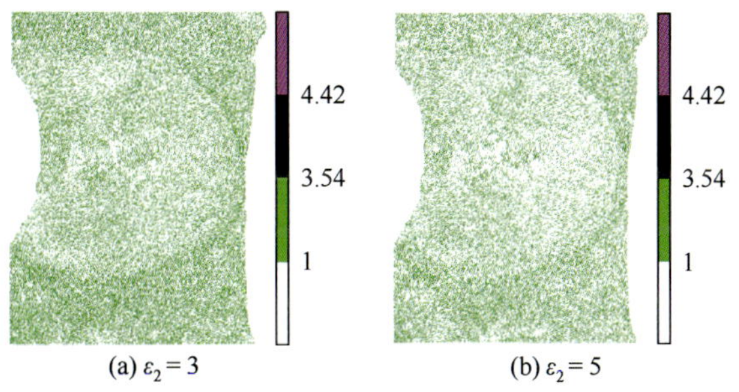

(a) $\varepsilon_2 = 3$　　(b) $\varepsilon_2 = 5$

图 8.13　KA-SPA 模型反演的介电常数

令 $\varepsilon_2 = 3$ 时，如图 8.13（a）所示。只有 12.06%的像素点在能够在反演的范围内，反演的介电常数都在 1～2（占总像素点的 92.37%）和 2～3（占总像素点的 7.63%）的范围内，不满足 $\varepsilon_1 \in (3.54, 4.42)$。

令 $\varepsilon_2 = 5$ 时，如图 8.13（b）所示。9.39%的像素点能够用于反演，0.01%的像素点的反演结果满足 $\varepsilon_1 \in (3.54, 4.42)$。反演的介电常数在 1～2（占总像素点的 86.71%），2～3（占总像素点的 12.43%）和 3～4（占总像素点的 0.51%）的范围内。图 8.13 显示极少的点点（数量小于 0.01%）能用于水冰反演，反演得到的介电常数很小，并且分布稀疏。

实际上，如何准确地估算月壤的介电常数 $<\varepsilon_1>$ 仍然是一个问题。Calla 等（2016b）使用的模拟月壤样本的密度为 1.6 g/cm^2，密度较大，$<\varepsilon_1> = 3.54$，与月壤样本实测的结果相比偏大。另一个问题是如何处理 $\sigma_{HH}/\sigma_{VV} > 1$ 的数据，需要另行考虑体散射建模。

月球表面体散射

两层模型无法反演 $\sigma_{HH}/\sigma_{VV} > 1$ 的点，高 σ_{HH}/σ_{VV} 值很可能是由月球表面石块等的体散射引起的。图 8.14（a）给了一个简单的二面角模型来解释石块引起的二次散射，平面的水平极化和垂直极化反射率为

$$r_H(\theta_0) = \left(\frac{\sqrt{\varepsilon_1 - \sin^2\theta_0} - \cos\theta_0}{\sqrt{\varepsilon_1 - \sin^2\theta_0} + \cos\theta_0} \right)^2 \tag{8.2.12a}$$

$$r_V(\theta_0) = \left(\frac{\varepsilon_1 \cos\theta_0 - \sqrt{\varepsilon_1 - \sin^2\theta_0}}{\varepsilon_1 \cos\theta_0 + \sqrt{\varepsilon_1 - \sin^2\theta_0}} \right)^2 \tag{8.2.12b}$$

二次散射的线性极化比可简单地写为

$$\begin{aligned} \frac{\sigma_{HH}}{\sigma_{VV}} &= \frac{r_H(\theta_0) \cdot r_H(\pi/2 - \theta_0)}{r_V(\theta_0) \cdot r_V(\pi/2 - \theta_0)} \\ &= \left(\frac{\cos\theta_0\sqrt{\varepsilon_1 - \sin^2\theta_0} + \sin^2\theta_0}{\cos\theta_0\sqrt{\varepsilon_1 - \sin^2\theta_0} - \sin^2\theta_0} \cdot \frac{\sin\theta_0\sqrt{\varepsilon_1 - \cos^2\theta_0} + \cos^2\theta_0}{\sin\theta_0\sqrt{\varepsilon_1 - \cos^2\theta_0} - \cos^2\theta_0} \right)^2 \end{aligned} \tag{8.2.13}$$

入射角为 49°时，二面角的极化比远大于 1，其与介电常数的关系如图 8.14（b）所示，这表明二次散射会使得 σ_{HH}/σ_{VV} 上升。

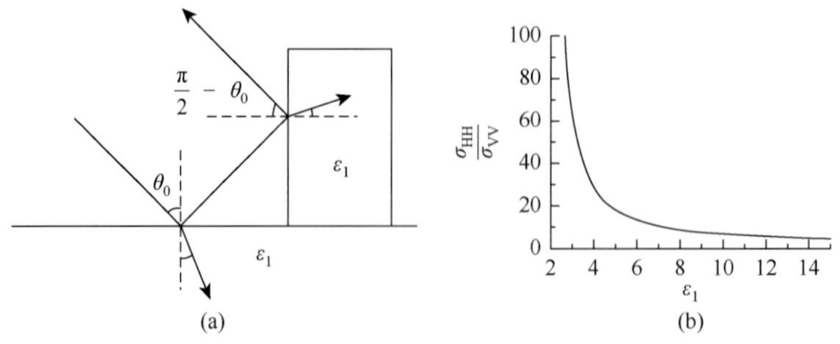

图 8.14　二面角模型二次反射（a）和入射角 $\theta_0 = 49°$ 下（a）中二次散射的 σ_{HH}/σ_{VV}（b）

一般来说，由于长时间暴露在太空环境下，年老陨石坑中的石块蜕化严重，数量少于年轻陨石坑。举例来说，在位于 43°S，349°E 的年轻的第谷陨石坑和位于 40°S，12°E 的

年老的陨石坑莫若里可内，选取入射角相近的两块区域，如图 8.15 所示，局部入射角约为 57°，区域大小为$1.48\ \text{km}\times1.48\ \text{km}$，这两个陨石坑都不在 PSR 区域内。

(a) 第谷陨石坑

(b) 莫若里可陨石坑

图 8.15　陨石坑内部光学图像

图像分辨率 1 m/pixel，区域大小都是 1.48 km×1.48（http://target.lroc.asu.edu/q3/#）

图 8.16 是两块区域内的$\sigma_{\text{HH}}/\sigma_{\text{VV}}$分布，像素大小为 14.8 m/pixel，莫若里可（红线）的$\sigma_{\text{HH}}/\sigma_{\text{VV}}$明显小于第谷陨石坑，莫若里可的$\sigma_{\text{HH}}/\sigma_{\text{VV}}$均值为 1.0734，第谷陨石坑的均值为 1.3081，可见撞击坑内表面的石块的体散射机制会使得P_{R}上升。

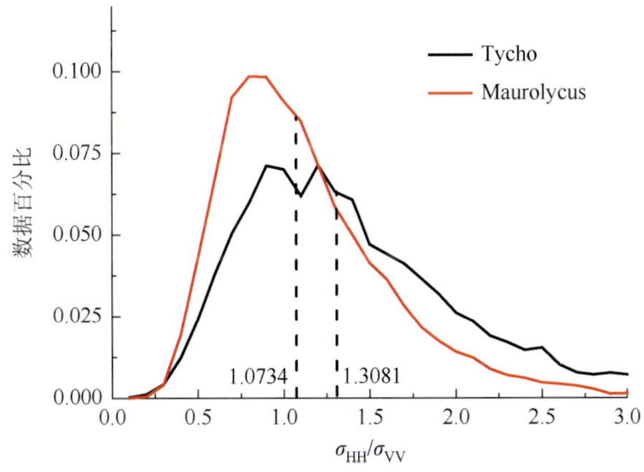

图 8.16　第谷陨石坑（黑线）与莫若里可陨石坑（红线）的$\sigma_{\text{HH}}/\sigma_{\text{VV}}$

虚线表示两个陨石坑的平均值，第谷为 1.3081，莫若里可为 1.0734

8.3　双向射线追踪的月球粗糙表面 CPR 仿真

本节通过双向解析射线跟踪（bidirectional analytic ray tracing，BART）法（Xu and Jin，2009），按照月球表面 DEM 数据，提出一个粗糙月球表面与面上石块体的复合的参数化模型，数值地计算多阶体散射与面散射及其 CPR 分析。

8.3.1 Mini-RF 简极化遥感

Mini-RF 采用简极化（compact-polarimetry）模式，发射左旋圆极化波，接收水平和垂直线极化回波，合成 4 个 stokes 参数的矢量：

$$S_1 = \left\langle |E_{\text{HL}}|^2 + |E_{\text{VL}}|^2 \right\rangle \tag{8.3.1a}$$

$$S_2 = \left\langle |E_{\text{HL}}|^2 - |E_{\text{VL}}|^2 \right\rangle \tag{8.3.1b}$$

$$S_3 = 2\,\text{Re}\left\langle E_{\text{HL}} E_{\text{VL}}^* \right\rangle \tag{8.3.1c}$$

$$S_4 = -2\,\text{Im}\left\langle E_{\text{HL}} E_{\text{VL}}^* \right\rangle \tag{8.3.1d}$$

式中，下标 L 表示发射单位左旋圆极化波；H、V 分别表示接收水平和垂直极化。CPR 定义为与发射波相同圆极化分量（same sense circular polarization，SC）和相反圆极化分量（opposite sense circular polarization，OC）的比值：

$$\mu_{\text{c}} = \frac{\sigma_{\text{SC}}}{\sigma_{\text{OC}}} = \frac{S_1 - S_4}{S_1 + S_4} \tag{8.3.2}$$

其中

$$\sigma_{\text{SC}} = S_{\text{LL}} \cdot S_{\text{LL}}^*, \quad \sigma_{\text{OC}} = S_{\text{RL}} \cdot S_{\text{RL}}^* \tag{8.3.3}$$

式（8.3.3）中的圆极化散射系数也可以用 $(\hat{v},\hat{h},\hat{k})$ 坐标系下前向散射约定（forward scattering alignment，FSA）下的线极化散射系数来表示：

$$S_{\text{LL}} = (S_{\text{HH}} + jS_{\text{VH}} - jS_{\text{HV}} + S_{\text{VV}})/2 \tag{8.3.4a}$$

$$S_{\text{RL}} = (jS_{\text{HH}} + S_{\text{VH}} + S_{\text{HV}} - jS_{\text{VV}})/2 \tag{8.3.4b}$$

用线极化表达圆极化散射系数由坐标系及其散射矩阵来定义，所以不同的文献给出的公式会不一样。圆极化的旋转方向通常是根据电磁波传播方向来定义的。在 $(\hat{v},\hat{h},\hat{k})$ 坐标基中，$\hat{v},\hat{h},\hat{k}$ 满足右手螺旋定律 $\hat{v}\times\hat{h}=\hat{k}$，其中 $\hat{k}$ 是波传播方向，$\hat{v}$ 和 $\hat{h}$ 分别是垂直和水平极化单位矢量，确定了 $(\hat{v},\hat{h},\hat{k})$ 坐标基。单位左旋圆极化波可以写为 $(j\hat{h}+\hat{v})/\sqrt{2}$，所谓 FSA 就是以入射波的波矢量为 $\hat{k}$。单位左旋圆极化波可以写为 $(j\hat{h}+\hat{v})/\sqrt{2}$。

但是有的文献中使用 $(\hat{h},\hat{v},\hat{k})$ 坐标基，满足 $\hat{h}\times\hat{v}=\hat{k}$，该坐标基下单位左旋圆极化波为 $(j\hat{h}-\hat{v})/\sqrt{2}$（Lee and Pottier，2009），坐标基的选定决定了发射和接收时圆极化波的表达形式。而散射矩阵约定方式，FSA 和后向散射约定（backscattering alignment，BSA）仅仅决定了回波的极化方向的定义，BSA 下回波的极化方向定义与发射时的极化坐标基相同，而 FSA 下回波的水平极化方向定义与发射时相反，垂直极化方向定义相同。FSA 和 BSA 定义下极化方向如图 8.17 所示，下标 T 表示发射，下标 R 表示接收，两种约定下的散射矩阵满足：

$$\bar{\boldsymbol{S}}_{\text{BSA}} = \begin{bmatrix} -1 & 0 \\ 0 & 1 \end{bmatrix} \cdot \bar{\boldsymbol{S}}_{\text{FSA}} \tag{8.3.5}$$

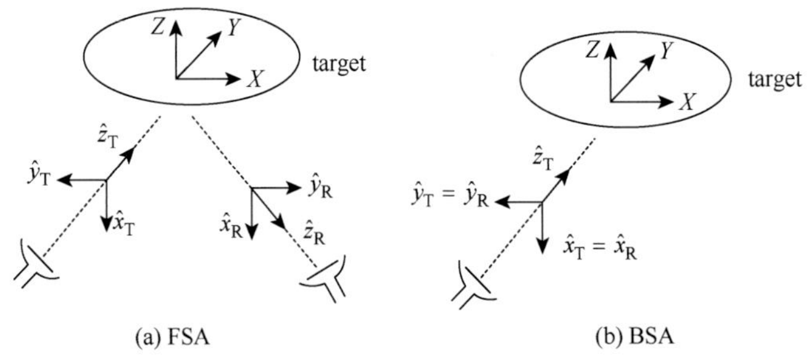

图 8.17　极化坐标基的入射与散射约定

在 FSA $(\hat{v},\hat{h},\hat{k})$ 坐标系下，电磁波入射与散射的极化矢量定义为

$$\hat{h}_i = \frac{\hat{z}\times\hat{k}_i}{|\hat{z}\times\hat{k}_i|},\quad \hat{v}_i = \hat{h}_i\times\hat{k}_i \tag{8.3.6a}$$

$$\hat{h}_s = \frac{\hat{z}\times\hat{k}_s}{|\hat{z}\times\hat{k}_s|},\quad \hat{v}_s = \hat{h}_s\times\hat{k}_s \tag{8.3.6b}$$

式中，$\hat{k}_i$ 和 $\hat{k}_s$ 分别为入射与散射波矢量。对于后向散射 $\hat{k}_i=-\hat{k}_s$，有 $\hat{h}_i=-\hat{h}_s$，$\hat{v}_i=\hat{v}_s$。天线发射左旋圆极化波，$\hat{e}_i=(j\hat{h}_i+\hat{v}_i)/\sqrt{2}$，全极化用散射矩阵表示为

$$\boldsymbol{E}_S = \frac{e^{ikr}}{r}\begin{bmatrix} S_{HH}^F & S_{HV}^F \\ S_{VH}^F & S_{VV}^F \end{bmatrix}\cdot\boldsymbol{E}_i, \tag{8.3.7}$$

散射波用 $(\hat{v}_s,\hat{h}_s)$ 坐标基表示为 $\boldsymbol{E}_s=\hat{h}_sE_{sH}^F+\hat{v}_sE_{sV}^F=\hat{h}_s(jS_{HH}^F+S_{HV}^F)/\sqrt{2}+\hat{v}_s(jS_{VH}^F+S_{VV}^F)/\sqrt{2}$。

左旋圆极化散射波矢量为 $\hat{e}_{sL}=(j\hat{h}_s+\hat{v}_s)/\sqrt{2}$，这样有

$$S_{LL}=\hat{e}_{sL}^*\cdot\boldsymbol{E}_s=\frac{1}{2}\cdot(-j\hat{h}_s+\hat{v}_s)\cdot(\hat{h}_sE_{sH}^F+\hat{v}_sE_{sV}^F)=\frac{1}{2}\cdot(S_{HH}^F-jS_{HV}^F+jS_{VH}^F+S_{VV}^F) \tag{8.3.8}$$

同样可得到：

$$S_{RL}=\hat{e}_{sR}^*\cdot\boldsymbol{E}_s=\frac{1}{2}\cdot(\hat{h}_s-j\hat{v}_s)\cdot(\hat{h}_sE_{sH}^F+\hat{v}_sE_{sV}^F)=\frac{1}{2}\cdot(jS_{HH}^F+S_{HV}^F+S_{VH}^F-jS_{VV}^F) \tag{8.3.9}$$

由式（8.3.8）与式（8.3.9），得到 CPR 的式（8.3.2）。

在 $(\hat{v},\hat{h},\hat{k})$ 坐标系下，垂直入射于理想导电体（PEC）平面时，其散射系数为 $S_{HH}=1$，$S_{VV}=-1$，$S_{HV}=S_{VH}=0$，此时 CPR 为 0。而当入射于一个 PEC 二面角时，有 $S_{HH}=-1$，$S_{VV}=-1$，$S_{HV}=S_{VH}=0$，此时 CPR 为无穷大。这两个例子被用于解释观测到的 CPR 规律。

以位于 12.8°N，70.8°W 的 Cardanus E 陨石坑为例，该陨石坑直径 6.42 km（Fa et al，2013），LRO 窄角度相机光学图像如图 8.18（a）所示，图 8.18（b）是图 8.18（a）中白色框内区域的放大，其中的白色箭头指向位于陡峭坑壁上的一堆石块。图 8.18（c）～图 8.18（f）分别是来自 LRO mini-RF 的 CPR，σ_{SC} 与 σ_{OC} 和来自 DEM 的局部入射角数据。石块体构成二面角，二次散射增加了 SC 成分，使得 CPR 上升。陨石坑内局部入射角小的地方，直接的反射成分占主导，主要贡献 OC 成分，使得 CPR 较小（Eke et al.，2014）。

随着局部入射角增大，σ_{SC} 和 σ_{OC} 都会下降，但 σ_{OC} 下降更快，使得 CPR 增大。此外，注意光学图像中陨石坑壁面起伏不平，也可能增大入射角，升高 CPR。

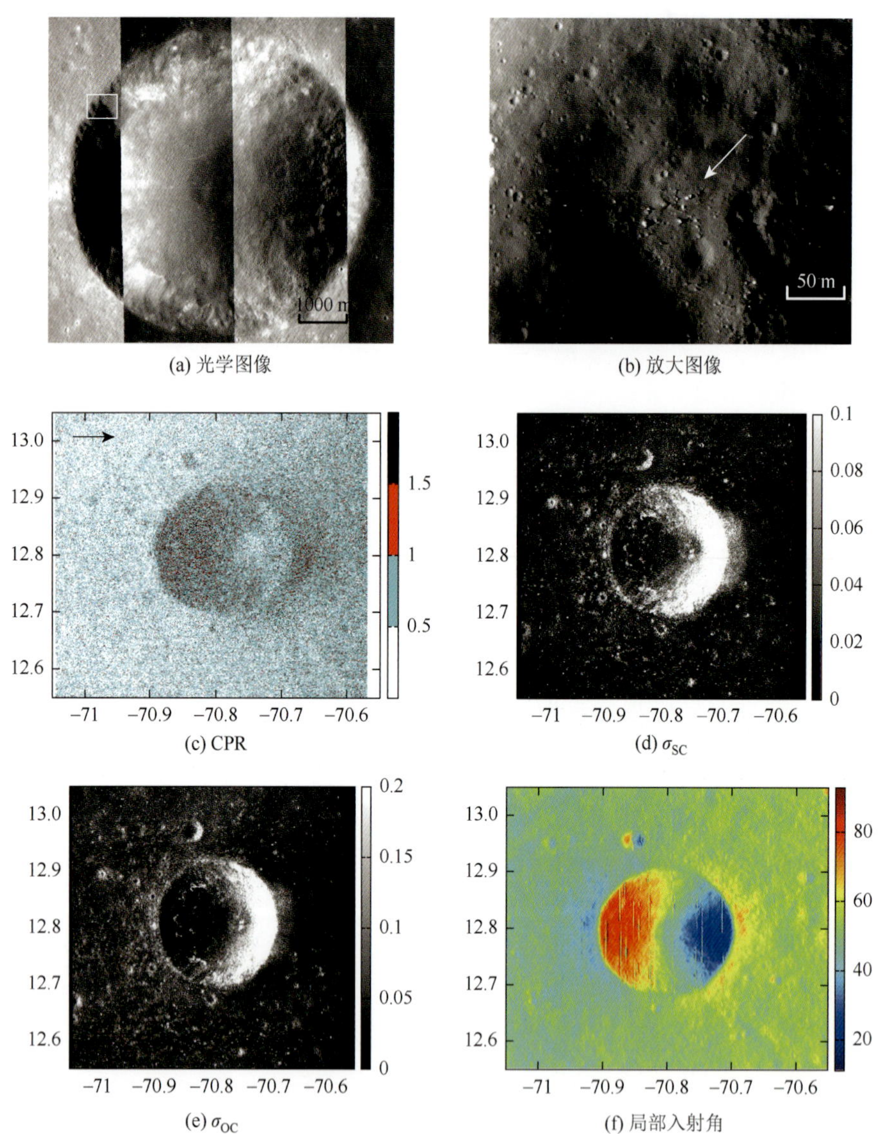

图 8.18　Cardanus E 陨石坑

8.3.2　BART 对 CPR 的数值仿真

三维电大复杂目标与环境背景复合的电磁散射快速计算问题是计算电磁学的一个重要的研究课题，一直以来没能得到很好的解决。BART（Xu and Jin，2009）给出了一个快速便捷的计算方法，极大地减小了计算量，缩短了电磁散射计算耗时，同时计算结果的精度也在可接受的范围之内，因此在多个环境与目标复合电磁散射的问题中得到应用。本书提出 DEM 描述的粗糙月球表面上有离散石块体的面散射与体散射复合模型 BART 计算（Liu et al.，2019），特别应用于 CPR 的定量研究。

1. BART 算法

双向解析射线追踪（BART）算法结合了计算电磁学高频方法和计算几何，对目标和环境采用大面元表征，用精确多边形来描述射线束的入射、反射和散射，从而可以在几何大尺度上进行追踪，不需要对几何模型和射线进行波长级别的离散化。这里所采用的关键技术是用计算几何精确的计算射线束的照射、阴影面积，同时采用高频方法，如几何光学（GO）、物理光学（PO）和物理绕射理论（PTD）等解析法，直接求解面元散射（解析的含义），因此称为解析追踪。双向追踪是指由入射方向与散射反方向（双向的含义）分别进行射线追踪，两个方向的射线交会于同一个面元或者边缘上时，形成一条散射路径，记录沿途每个面元上的射线照明区和阴影区，计算并累计每个面元上交汇的前后两束射线产生的多阶散射贡献，从而可以更快地计算更多高阶散射路径的贡献。

利用多边形射线柱对电大尺寸三维复杂目标进行解析射线追踪，设有一束射线柱（入射波）照射目标，当射线柱照射到三角面元或面元边缘时，射线会发生反射或者绕射，从而产生高一阶的射线。重复上述过程并持续追踪该射线柱，直到设定的追踪阶数 N 或者无任何新射线再产生为止。新产生的高阶射线称为子射线，而前一阶射线则为父射线。在射线追踪的过程中，射线的形状、位置及方向采用多边形为单位进行描述，同时由计算几何学中的多边形相交、相并及相减等运算精确地解析计算区分亮区和暗区。

假设有一束射线从发射源发出，并沿入射方向进行追踪（前向追踪），射线入射到某个三角面元时产生几何光学（GO）反射；另外一束虚拟射线同时由接收点处发出，并沿逆出射方向进行追踪（后向追踪）。分别经过了 n 次前向追踪和 m 次后向追踪之后的前向射线和后向射线交会于同一个三角面元上，可以将此过程描述为 $m+n$ 次几何光学 GO 反射加上 1 次物理光学 PO 散射，从而构成 $m+n+1$ 次散射，则该三角面元的散射可由其 PO 散射远场近似计算得到，另外再计入其 n 次 GO 反射及 m 次 GO 反射对散射场的影响。这样，散射场可写为

$$\begin{aligned}\boldsymbol{E}_{\mathrm{s}} &= e^{ikr_0}\int e^{i(\boldsymbol{k}_{\mathrm{i}}-\boldsymbol{k}_{\mathrm{s}})\cdot\boldsymbol{r}(x)}\mathrm{d}x\prod_{b=1}^{m}\bar{\boldsymbol{R}}_b\cdot\bar{\boldsymbol{S}}_{\mathrm{PO}}^{0}(x)\cdot\prod_{f=1}^{n}\bar{\boldsymbol{R}}_f\cdot\boldsymbol{E}_{\mathrm{i}} \\ &= e^{ikr_0}\prod_{b=1}^{m}\bar{\boldsymbol{R}}_b\cdot\bar{\boldsymbol{S}}_{\mathrm{PO}}(x)\cdot\prod_{f=1}^{n}\bar{\boldsymbol{R}}_f\cdot\boldsymbol{E}\end{aligned} \tag{8.3.10}$$

式中，$\bar{\boldsymbol{R}}$ 为 GO 反射矩阵；下标 f 和 b 分别表示前向和后向；$\mathrm{d}x$ 为微分单元，$\boldsymbol{r}(x)$ 为相对于参考点 $\bar{r}_0$ 的位置；$\boldsymbol{k}_{\mathrm{i}}$ 和 $\boldsymbol{k}_{\mathrm{s}}$ 分别为入射和散射的波矢量；r_0 为参考点 $\bar{r}_0$ 的传播距离；$\bar{\boldsymbol{S}}_{\mathrm{PO}}^{0}(x)$ 为单个微分单元的 PO 散射矩阵；$\bar{\boldsymbol{S}}_{\mathrm{PO}}(x)$ 为积分后的 PO 散射矩阵。

追踪过程中记录前向射线在每个面元上的照射区域 $S_f^{+},(f=1,2,\cdots,F)$ 和后向射线的照射区域 $S_b^{-},(b=1,2,\cdots,B)$。将这些区域两两组合，计算其交集（多边形）如 S_f^{+} 与 S_b^{-} 的交集为 $I_{f,b}$。然后根据式（8.3.10）计算该区域的 PO 散射积分，并进一步将所有散射路径的贡献累加，得到最终散射场，即

$$\boldsymbol{E}_{\mathrm{st}}=\sum_{\text{facets \& edges}}\sum_{f=1}^{F}\sum_{b=1}^{B}\boldsymbol{E}_{\mathrm{s}}(I_{fb}) \tag{8.3.11}$$

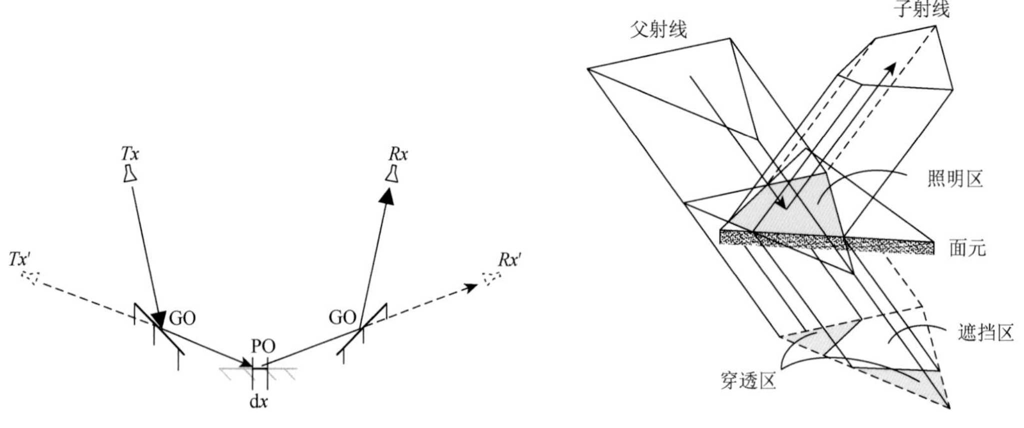

图 8.19　双向射线追踪　　图 8.20　多边形射线柱的解析追踪

考虑背景自然环境为粗糙面（如地面、海面）时，传统方法可以将粗糙面用一组非常小的平面元建模，这种方法需要大量精细几何模型，会引入额外的复杂度，从而削弱解析追踪的优势。为了避免这一缺点，BART 中引入粗糙面解析模型，如微扰法（SPM）、积分方程法（IEM）等，先对粗糙面剖分为满足电大尺寸的面元，称为粗糙面元。粗糙面元的尺寸往往远大于相关长度，因此可以忽略相互之间的相关性。粗糙面元内部可以看作是一个随机粗糙面的样本，可以采用解析解计算其散射特性。粗糙面元的处理与平面元非常一致，区别仅在于平面元的 GO 反射和 PO 漫散射由粗糙面元的相干分量和非相干分量代替，这两个散射分量的大小由粗糙度参数控制。

BART 方法的计算复杂度仅与目标模型剖分后获得的三角面元总数（即目标结构）相关，而不会随目标电尺寸的增大而增加，这是其最大的优势所在。电大尺寸目标电磁散射计算问题中散射元的尺寸通常都比较大，在综合考虑模型剖分细节和电磁计算精度需求的情况下，尽可能使用较大尺寸的三角面元对目标模型进行剖分，从而使面元数目尽可能少，这样大块面元剖分的多边形射线柱解析追踪能够显著降低问题的计算复杂度。在以往的研究中，BART 已被成功地应用于复杂电大尺寸目标的电磁散射计算问题中。

2. BART 准确性检验

为评估 BART 计算的准确性，用平表面上有一个半球的简单模型作为石块与月球表面散射耦合的例子，用电磁仿真软件 FEKO 对多层快速多极子方法的计算结果进行比较（Song et al.，1997）。球的半径 0.2 m，正方形边长 1.5 m，目标为 PEC，频率 2.38 GHz（波长 12.6 cm），观测角为–90°～90°。图 8.21 是后向散射系数计算结果的对比，其中红色线条为 FEKO 的计算结果，蓝色线条为 BART 计算结果。除个别角度情况下存在细小误差之外，两者结果吻合。以上对比结果表明，BART 在极大地提高电磁散射计算效率的同时，仍保证了较高的计算精度，能够计算电大尺寸目标复杂建模与计算。

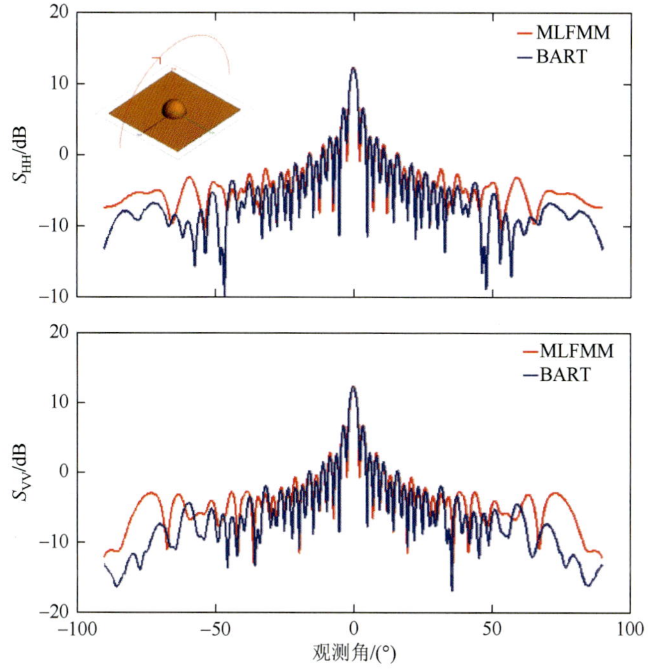

图 8.21　BART 计算结果与 FEKO 的比较验证

3. BART 计算结果

图 8.22（a）给出了一个粗糙面模型，其粗糙面介电常数为 2，类似于月壤的该介电常数，每个面片上叠加小微扰，其相关长度 l 设为 0.1 m，均方根高度 δ 为 0.01 m，该粗糙度满足基尔霍夫近似条件（Jin and Xu，2013），面片构成的地形起伏的相关长度为 1.5 m，均方根高度为 0.20 m，该粗糙起伏在月球实测起伏程度范围内（Shepard et al.，2001），总面积大小为 40 m×40 m，剖分成 1250 个三角面元。在相同的粗糙面上添加大石块，石头的介电常数为 7，该值取自月球石块样本的测量值（Heiken et al.，1991）。石块边长约 20 m，高 10 m，如图 7.21（a）所示，仿真中，使用 mini-RF 相同的频率，中心频率 2.38 GHz，计算 1 阶与 2 阶散射，得到其 SC，OC 及 CPR 随入射角的关系如图 8.22（b）～图 8.22（d）所示。

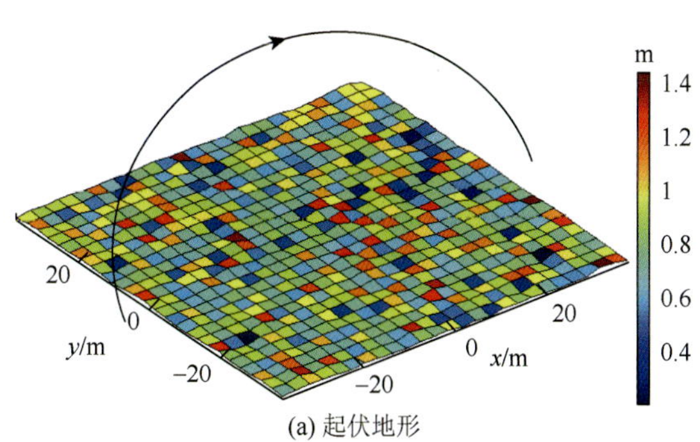

(a) 起伏地形

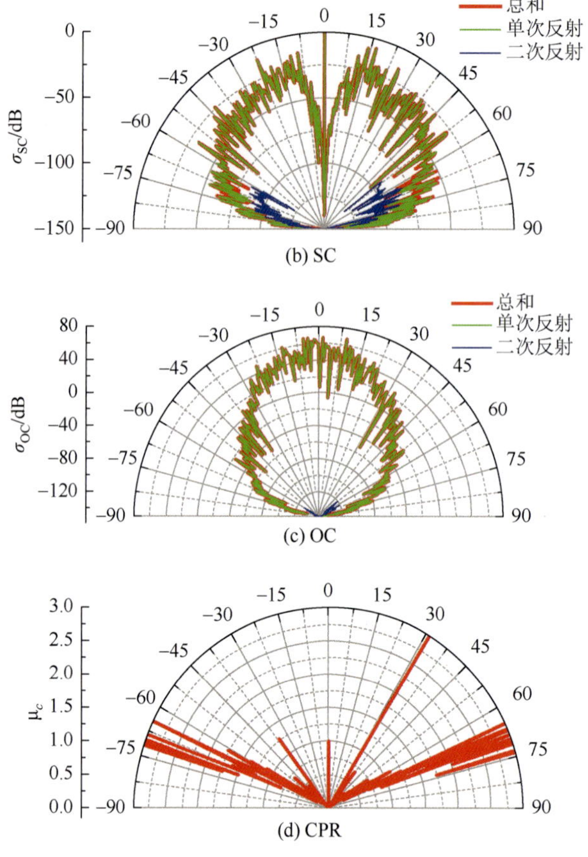

图 8.22　粗糙地面雷达 1 阶、2 阶回波

从图 8.22 中可以发现，局部入射角小于 45°时，OC 成分远大于 SC 成分，所以 CPR 都比较小，SC 成分和 OC 成分都主要由单次回波贡献。当局部入射角增大时，SC 成分和 OC 成分都快速下降，主要是由于单次回波的能量下降，而二次回波的成分逐渐增大，当局部入射角大于 75°时，二次回波能量对 SC 成分的贡献越来越多，此时的二次回波是由地形的起伏引起的，而单次回波能量随入射角增大而减小很多，已经不再主导，所以在局部入射角很大时，地形起伏的二次散射能使得 CPR 增大。

存在石块的情况如图 8.23 所示，入射角较小时，单次散射和二次散射都对 SC 成分有很大的贡献，而 OC 成分主要来自于单次散射的贡献，且 OC 成分远大于 SC 成分，所以 CPR 较小。当局部入射角大于 60°时，二次散射成分对 SC 和 OC 成分贡献更明显，而 SC 成分大于 OC 成分，所以 CPR 大于 1。由于存在石块，局部入射角增大时，更容易产生二次散射。

如图 8.23 所示，石块的存在会使得 CPR 上升，为了分析石块和月球表面地形对 CPR 的影响，对有石块的月球表面进行雷达散射成像。首先在月球表面选取一块较平坦的区域，对其 DEM 数据进行缩放来构造月球表面地形，选取的月球表面靠近 Hyginus 陨石坑，该陨石坑位于经纬度 6.18°E，7.19°N 附近。由于 LOLA 的 DEM 数据的分辨率为 60 m/pixel，

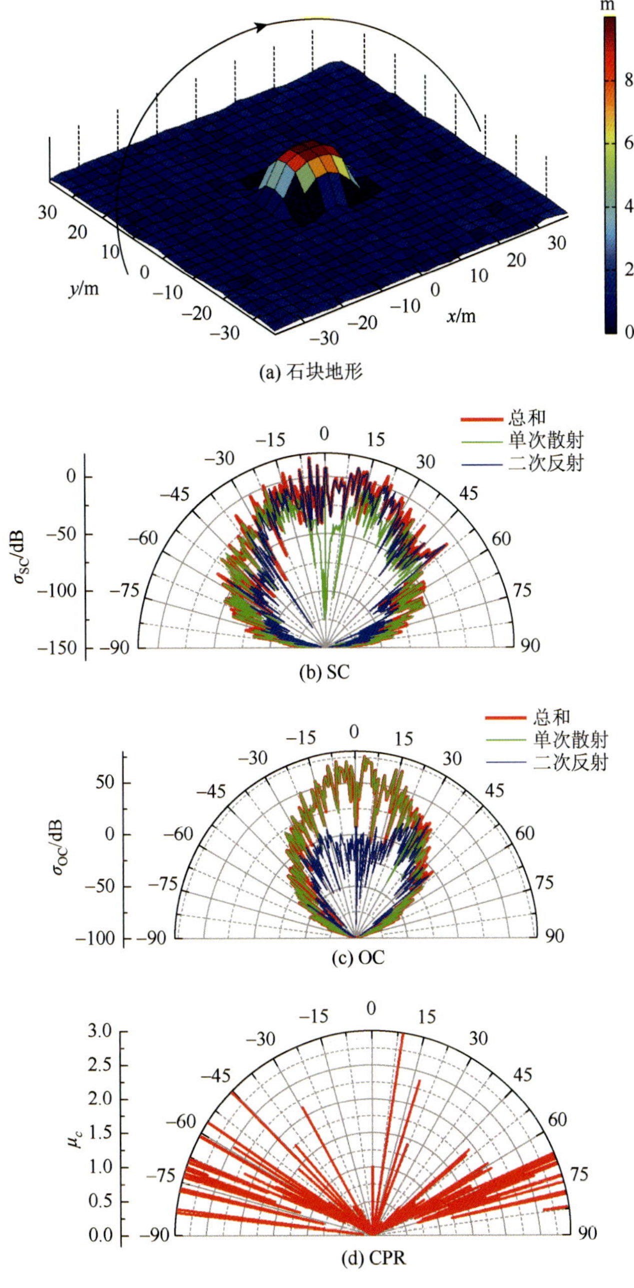

图 8.23　存在石块时 1 阶、2 阶雷达回波

只能体现整体月球表面地形，而无法体现石块，这里人为地在上面添加石块，如图 8.23（a）所示。使用实际数据相同的频率和带宽，中心频率 2.38 GHz，带宽 8 MHz，获得扫角扫频数据后，分别在距离向和方位向做两次逆傅里叶变换，其距离向分辨率为 18.75 m，方位向分辨率为 15 m。

截取中间一列 CPR，叠加在月球表面地形之上，如图 8.24 所示。石块位于地形的中心，石块边长约 35 m，高 10 m，石块处的 CPR 明显高于其他平坦区域，石块处的二次成分明显高于其他平坦地区，产生了一个较大的交叉极化分量，也就是 S_{HV} 和 S_{VH}，使得石块的 CPR 很高。极化坐标基的旋转也会产生交叉极化分量，但极化坐标基的旋转不会改变 CPR，这在下面会被证明。图 8.24 中 CPR 的最大值在一个小陨石坑处，该陨石坑直径约为 30 m，此处的一次回波占主导，坑壁上的大入射角是 CPR 高的原因。小陨石坑遍布全月球，覆盖密度很高。

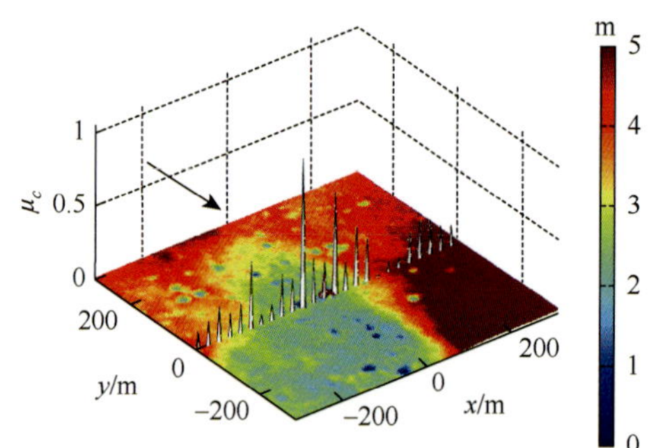

图 8.24　月球表面上 CPR 仿真值

图 8.25 是两个位于 7.478°N，6.277°E 的小陨石坑的 CPR、SC、OC 数据，数据分辨率是 14.8 m/pixel，横坐标是配准后的 LRO 光学图像，配准误差为几米，如图 8.25 中虚线所示。SC、OC 数据的峰值对应小陨石坑朝向卫星入射方向的一面，此时的局部入射角较小，CPR 较小。在 SC、OC 数据降低之后，由于 OC 下降速度更快，所以 CPR 达到一个峰值，此时局部入射角较大。

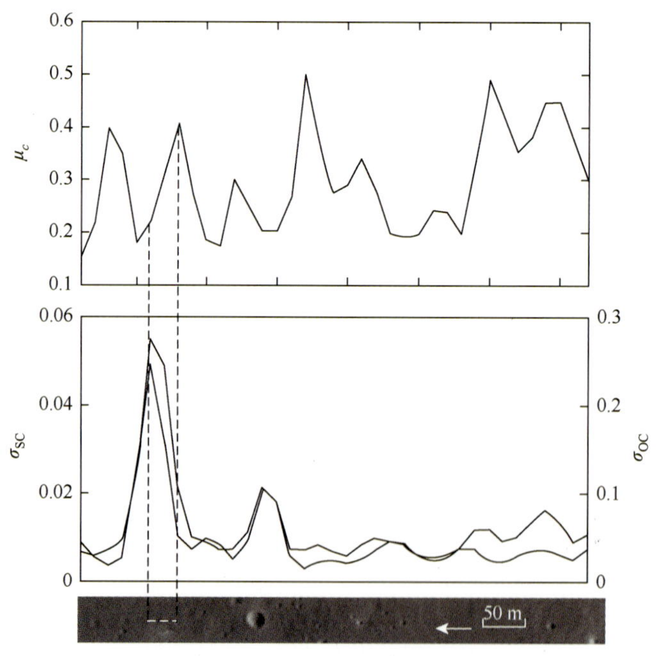

图 8.25　小陨石坑 CPR 数据

位于北极的 Hermite-A 陨石坑被认为是一个可能包含水冰的陨石坑（Spudis et al.，2013），用该陨石坑的 DEM 数据来计算其 CPR 值分布（Liu et al.，2019）。由于计算能力限制，这里对该陨石坑进行等比缩放，其直径约为 600 m，深度约为 180 m，介电常数为 2，设置粗糙面片的均方根高度为 0.01 m，相关长度为 0.1 m。剖分面片边长为 6 m，剖分图片如图 8.26（a）所示。仿真的 SC、OC、CPR 如图 8.26（b）～图 8.26（d）所示。在局部入射角较小时，OC 成分大于 SC 成分，随着入射角的增大，两者都迅速减小，而 CPR 增大。由于这里的面片边长 6 m，米级尺寸的石块和微小的地形起伏都无法模拟，所以整体仿真的 CPR 较小。图 8.26 的仿真数据中，局部入射角小的那一面 SC 和 OC 成分明显偏小，这与数据的规律一致，但是 CPR 的分布和局部入射角之间的规律不明显，这可能是剖分面片过大，无法体现实际月球表面小尺度起伏和粗糙导致的。

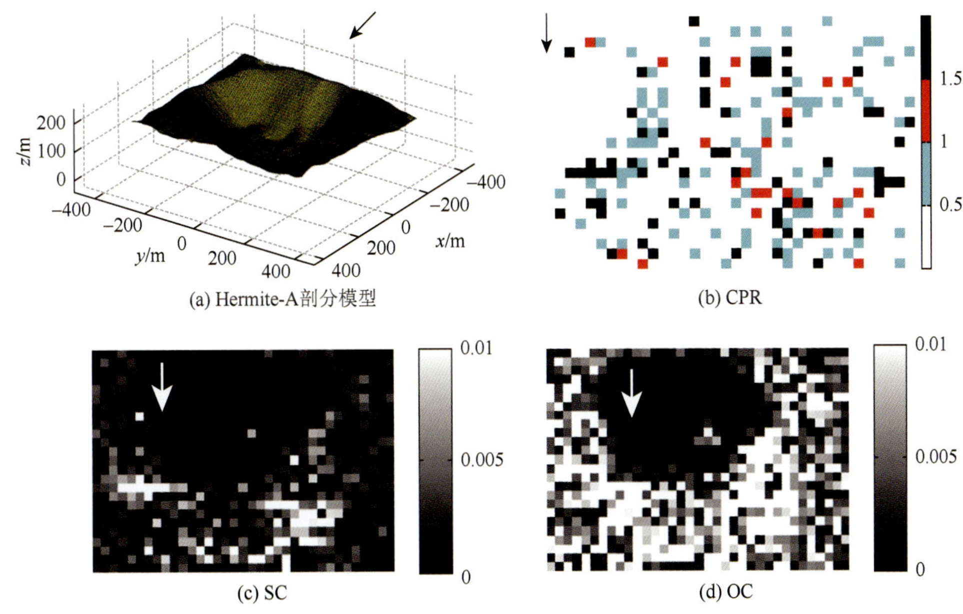

图 8.26　Hermite-A 陨石坑雷达回波仿真

4. 起伏地形的影响

入射角度较大时容易有二次散射，将图 8.22 中起伏地形的均方根高度人为地放大为 0.33 m 和 0.46 m，其他参数不变，其结果分别如图 8.27 和图 8.28 所示。通过对比可以发现，起伏大的地面更容易产生二次散射。选用一个位于 7.456°N，6.202°E 的陨石坑来说明这个现象，图 8.29（a）和图 8.29（b）是该陨石坑的 LRO 光学图像，图 8.29（b）是图 8.29（a）中白色框内的放大图，该处的局部入射角较大。图 8.29（c）是该陨石坑的 CPR，该区域的地形主要由小陨石坑和起伏地形组成，并分布着一些石块。起伏的地形、石块体，大入射角使得白框内的 CPR 显然高于陨石坑内其他区域。

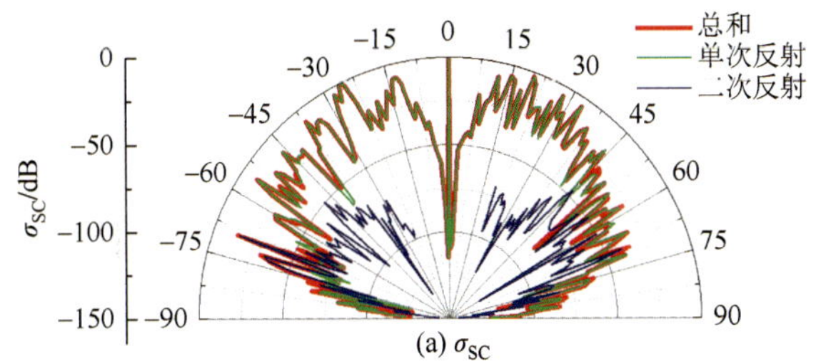

(a) σ_{SC}

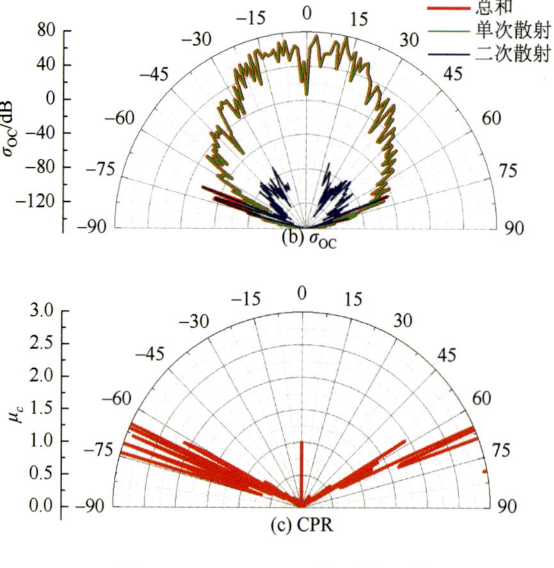

图 8.27　$\delta = 0.33\mathrm{m}$ 的雷达回波

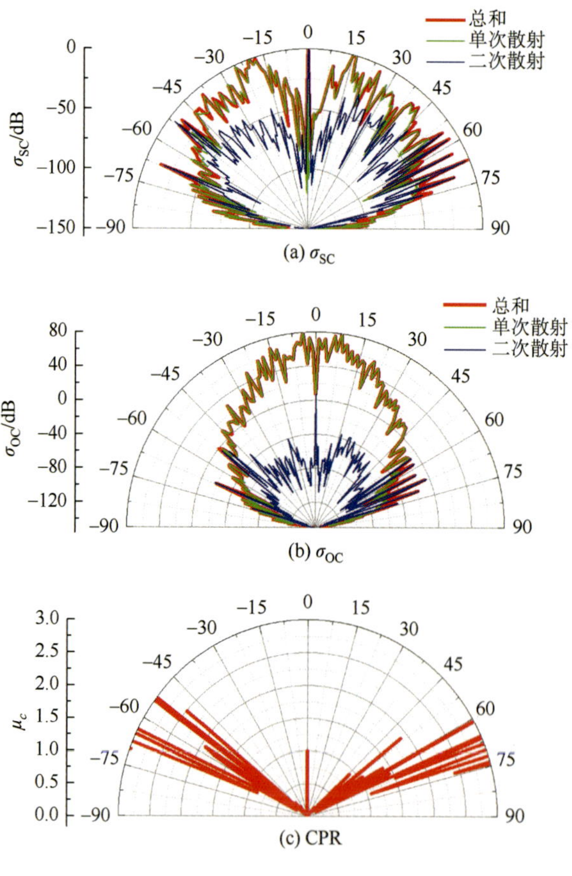

图 8.28　$\delta = 0.46\mathrm{m}$ 的 CPR

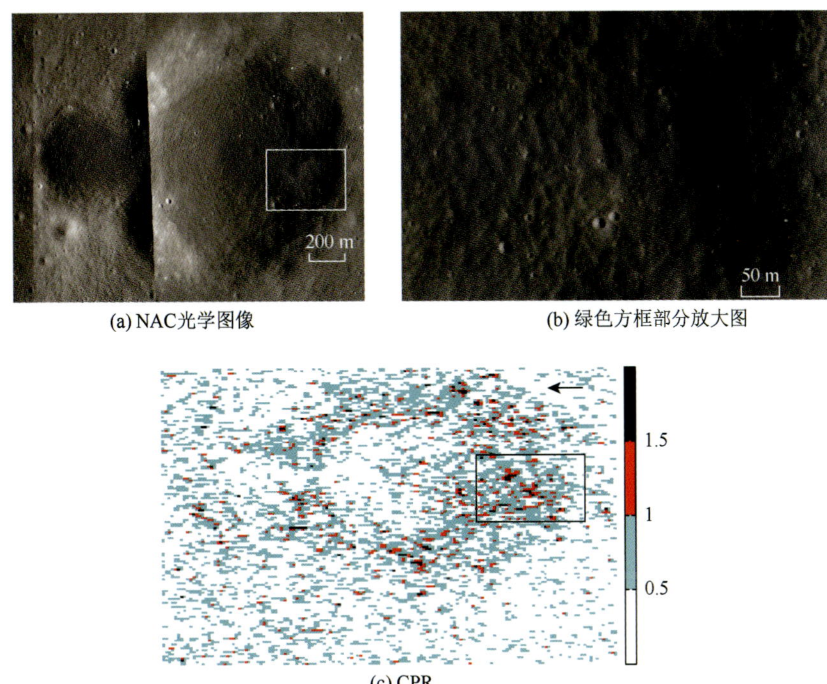

(a) NAC光学图像　　(b) 绿色方框部分放大图

(c) CPR

图 8.29　小陨石坑光学图像及 CPR 值

5. 极化基的旋转

主坐标系的散射矩阵可以用局部坐标系的散射矩阵获得（Jin and Xu，2013）：

$$\bar{\boldsymbol{S}} = \bar{\boldsymbol{U}}(\Delta_s) \cdot \bar{\boldsymbol{S}}' \cdot \bar{\boldsymbol{U}}^{-1}(\Delta_i) \tag{8.3.12}$$

式中，$\bar{\boldsymbol{S}}'$ 为局部坐标系中没有斜坡的粗糙面的散射矩阵；$\bar{\boldsymbol{S}}$ 为主坐标系的散射矩阵；Δ_i 和 Δ_s 为入射和散射方向下，两个主坐标系和局部坐标系旋转过的角度，在单站的情况下，$\Delta_i = -\Delta_s$。当极化坐标基的旋转角度为 Δ 时，两个散射矩阵间的相互转化矩阵 $\bar{\boldsymbol{U}}(\Delta)$ 为

$$\bar{\boldsymbol{U}}(\Delta) = \begin{bmatrix} \cos\Delta & \sin\Delta \\ -\sin\Delta & \cos\Delta \end{bmatrix} \tag{8.3.13}$$

假设 $\bar{\boldsymbol{S}}'$ 中的交叉极化可以忽略，式（8.3.2）中的 CPR 可以表示为

$$\mu_c = \frac{\left|S'_{HH} + S'_{VV}\right|^2}{\left|S'_{HH} - S'_{VV}\right|^2} \tag{8.3.14}$$

式中，S'_{HH} 和 S'_{VV} 是 $\bar{\boldsymbol{S}}'$ 中的散射系数，从式（8.3.14）可见，极化坐标基的旋转对 CPR 没有影响。

BART 方法来考虑高阶散射，包括二次回波。地表模型使用 DEM 数据来构造，雷达参数与 mini-RF 相同，仿真得到不同地形下 SC、OC 成分和 CPR 值，结论如下。

（1）石块会引起二次散射，提高 CPR。

（2）入射角较小时，单次回波主导，CPR 较小。

（3）地表坡度导致局部入射角的上升，使得单次回波迅速衰减，二次回波能量比重越来越大，CPR 上升。

（4）极化坐标基的旋转对 CPR 没有影响。

参 考 文 献

金亚秋，刘鹏，叶红霞. 2008.随机粗糙面与目标复合散射数值模拟理论和方法，北京：科学出版社.

Aye K-M，Paige D A，Foote M C，et al. 2013. The Coldest Place on the Moon. Dept. Earth Space Sci.，Los Angeles，CA，USA. www.lpi.usra.edu/meetings/lpsc2013/eposter/3016.pdf

Calla O P N，Mathur S，Gadri K L. 2016a. Quantification of water ice in the hermite-a crater of the lunar north pole. IEEE Geoscience and Remote Sensing Letters，13（7）：926–930.

Calla O P N，Mathur S，Gadri K L. 2016b. Study of variability of complex permittivity of Terrestrial Analogue of Lunar Soil（TALS）having different percentage of water at microwave frequencies. IEEE Geoscience and Remote Sensing Letters，13（2）：123–126.

Campbell B A. 2002. Radar Remote Sensing of Planetary Surfaces. UK：Cambridge University Press.

Campbell B A. 2012. High circular polarization ratios in radar scattering from geologic targets. Journal of Geophysical Research，117（E6）.

Campbell B A，Arvidson R E，Shepard M K. 1993. Radar polarization properties of volcanic and playa surfaces：applications to terrestrial remote sensing and Venus data interpretation. Journal of Geophysical Research Atmospheres，98（E9）：17099–17113.

Campbell D B，Campbell B A，Carter L M，et al. 2013. No evidence for thick deposits of ice at the lunar south pole. Nature，443（7113）：835–837.

Campbell B A，Grant J A，Maxwell T. 2001. Radar Penetration in Mars Analog Environments. Houston，TX，USA：The 33rd Annual Lunar Planetary Science Conference.

Clark R N. 2009. Detection of adsorbed water and hydroxyl on the Moo. Science，326（5952）：562.

Eke V R，Bartram S A，Lane D A，et al. 2014. Lunar polar craters-icy，rough or just sloping?. Icarus，241：66–78.

Eke V R，Teodoro L F A，Elphic R C. 2008. The spatial distribution of polar hydrogen deposits on the Moon. Icarus，200（1）：12–18.

Fa W，Cai Y. 2013. Circular polarization ratio characteristics of impact craters from Mini-RF observations and implications for ice detection at the polar regions of the Moon. J. Geophys. Res.，Planets，118（8）.

Fa W，Wieczorek M A. 2012. Regolith thickness over the lunar nearside：results from Earth-based 70-cm Arecibo radar observation. Icarus，218（2）：771–787.

Fa W，Wieczorek M A，Heggy E. 2013. Modeling polarimetric radar scattering from the lunar surface：study on the effect of physical properties of the regolith layer. J. Geophys. Res.，Planets，116（E3）.

Feldman W C，Maurice S，Binder A B，et al. 1998. Fluxes of fast and epithermal neutrons from Lunar Prospector：evidence for water ice at the lunar poles. Science，281（5382）：1496–500.

Feldman W C，Maurice S，Lawrence D J，et al. 2001. Evidence for water ice near the lunar poles. J. Geophys. Res.，Planets，106（E10）.

Gold T，Bilson E，Baron R L. 1976. Electrical properties of Apollo 17 rock and soil samples and a summary of the electric properties of lunar material at 450 MHz frequency. Lunar Sci. Conf.，3：2593–2603.

Hapke B. 1990. Coherent backscatter and the radar characteristics of outer planet satellites. Icarus，88（2）：407–417.

Heiken G H，Vaniman D T，French B M. 1991. Lunar Sourcebook：A User's Guide to the Moon. New York：Cambridge University Press. http://pdsgeosciences.wustl.edu/lro/lro-l-mrflro-4-cdr-v1/lromrf_0001/document/dp_sis/ mrflro_dp_sis.htm.

Jin Y Q. 1994. Electromagnetic Scattering Modelling for Quantitative Remote Sensing. Singapore：World Scientific.

Jin Y Q，Xu F. 2013. Polarimetric Scattering and SAR Information Retrieval. New York：John Wiley & Sons Inc.

Lee J S，Schuler D L，Ainsworth T L. 2000. Polarimetric SAR data compensation for terrain azimuth slope variation. IEEE Transactions on Geoscience and Remote Sensing，38（5）：2153–2163.

Liu N，Fa W，Jin Y-Q. 2018. No water-ice invertable in PSR of hermite-a crater based on mini-RF data and two-layers model. IEEE

Geoscience and Remote Sensing Letters，15（10）：1485–1489.

Liu N，Xu F，Jin Y-Q. 2019. A numerical model of CPR of rough surface with volumetric scatterers for analysis of mini-RF data. Radio Science，in press.

Liu N，Ye H，Jin Y-Q. 2017. Dielectric inversion of lunar PSR media with topographic mapping and comment on quantification of water ice in the hermite-a crater of the lunar north pole. IEEE Geoscience & Remote Sensing Letters，14（9）：1444–1448.

Muhleman D O，Butler B J，Grossman A W，et al. 1991. Radar images of Mars. Science，253（5027）：1508–1513.

Neish C D，Bussey D B J，Spudis P.，et al. 2011. The nature of lunar volatiles as revealed by Mini - RF observations of the LCROSS impact site. J. Geophys. Res.，Planets，116（E1）.

Nelson R M，Hapke B W，Smythe W D，et al. 1998. Phase curves of selected particulate materials：the contribution of coherent backscattering to the opposition surge. Icarus，131（1）：223–230.

Neumann G A. 2015. Lunar Reconnaissance Orbiter Lunar Orbiter Laser Altimeter Archive Volume Software Interface Specification. NASA，Washington DC，USA. http：//pds-geosciences.wustl.edu/lro/lro-l-lola-2-edr-v1/lrolol_0xxx/document/a-rchsis.pdf.

Nozette S，et al. 1996. The Clementine bi-static radar experiment. Science，274（5292）：1495–1498.

Ostro S J，Campbell D B，Simpson R A，et al. 1992. Europa，Ganymede，and Callisto：new radar results from Arecibo and Goldstone. J. Geophys. Res.，Planets，97（E11）.

Raney R K，Spudis P D，Bussey B，et al. 2010. The lunar Mini-RF radars：hybrid polarimetric architecture and initial results. Proceedings of the IEEE.，99（5）：808–829.

Reid M. 2010. PDS data product Software Interface Specification（SIS）for mini-RF Advanced Technologies-Lunar Reconnaissance Orbiter（LRO）Payload Operations Center. NASA，Washington DC，USA.

Shepard M K，Campbell B A，Bulmer M H，et al. 2001. The roughness of natural terrain：a planetary and remote sensing perspective. J. Geophys. Res.，Planets，106（E12）.

Song J，Lu C，Chew W C. 1997. Multilevel fast multiple algorithm for electromagnetic scattering by large complex objects. IEEE Transactions on Antennas and Propagation，45（10）：1488–1493.

Spudis P D，Bussey D B J，Baloga S M，et al. 2010. Initial results for the north pole of the Moon from Mini - SAR，Chandrayaan-1 mission. Geophys. Res. Lett.，37（6）.

Spudis P D，Bussey D B J，Baloga S M，et al. 2013. Evidence for water ice on the Moon：results for anomalous polar craters from the LRO Mini - RF imaging radar. J. Geophys. Res.，Planets，118（10）.

Ulaby F T，Bengal T，East J，et al. 1988. Microwave dielectric spectrum of rocks，Rep. 23817-1-T，Univ，of Mich. Radiat. Lab.，31pp.，Ann Arbor.

Ulaby F T，Moore R. K，Fung A K. 1982. Radar remote sensing and surface scattering and emission theory. Microwave Remote Sensing Active & Passive，ii：945–971.

Wu S T，Fung A K. 1972. A noncoherent model for microwave emissions and backscattering from the sea surface. Journal of Geophysical Research，77（30）：5917–5929.

Xu F，Jin Y-Q. 2009. Bidirectional analytic ray tracing for fast computation of composite scattering from electric-large target over a randomly rough surface. IEEE Transactions on Antennas and Propagation，57（5）：1495–1505.

第 9 章 “嫦娥三号”雷达测高测速设计模拟

2013 年 12 月 12 日发射“嫦娥三号”（CE-3）探测器是中国探月工程的第二个阶段，实现“嫦娥三号”着陆器和巡视器（即“玉兔号”月球车）的首次月球软着陆和自动巡视探测。“嫦娥三号”经历了地-月转移轨道、绕月轨道、制动下降与软着陆、月球车地面探测几个阶段（图 9.1）。月球探测器的制动下降与软着陆如图 9.2（a）所示（Shiina et al., 1992; 李冬雪，2007），其主要包括 3 个阶段：①主制动段，探测器沿过渡轨道下降到 15 km 高度时，启动制动火箭消除探测器速度的水平分量。②制导着陆段，当探测器水平速度为 0 时，高度为 3～5 km，此时开始探测器的垂直下降着陆，整个过程曾经设计采用多波束雷达实现探测器预着陆区选取、高度速度估计及下降控制，最终在着陆点上方约 100 m 处悬停，初步确定落月地点。③自由落体阶段，当探测器到达距离月面 15 m 高度时，先以较小的速度调整着陆器姿态，在距离月面 4 m 左右时相对月面静止，之后关闭发动机，使着落器自由落体到精确的落月点。

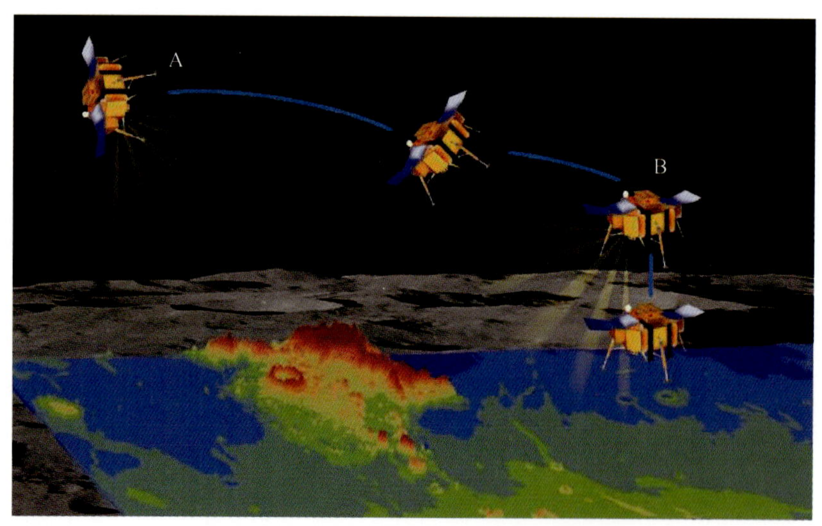

图 9.1 CE-3 落月过程多波速雷达测距测速

本章根据“嫦娥三号”预着陆点处月面的地形地貌（高分辨率 DTM 高程数据）及物理组成（月球表面复介电常数），基于大尺度起伏粗糙面的 Kirchhoff 近似模型（KA），进行落月过程中图 9.1 A 和 B 阶段多波束雷达回波的计算，并根据雷达回波，进行探测器下降过程中的高度和速度测量的数值仿真模拟（Ye and Jin，2015）。

9.1 雷达配置及相关参数

1. 多波速雷达配置

为了实现“嫦娥三号”探测器的制动下降与软着陆控制，曾设计配置有 5 个天线波束的控制雷达，其波束中心指向几何关系如图 9.2（b）和图 9.2（c）所示。其中，R4 和 R5 波束相互垂直，R4 波束在主减速阶段垂直指向月面，R5 波束在着陆器姿态快速调整后垂直指向月面。R1、R2、R3 均匀分布在一个半锥角为 17°的圆锥面上，圆锥轴线与 R1、R4、R5 三个波束在同一平面内，圆锥轴线与 R5 波束的夹角为 30°。各波束的参数如下。

（1）天线波束宽度：6°×6°。

（2）作用距离：R1、R2、R3 三个波束：2 m～12 km；
R4 波束：3～16 km；
R5 波束：15 m～3 km。

（3）工作频段：X 频段（波长 3.8 cm）及 Ka 频段（波长 8.76 mm）。

（4）极化方式：VV、HH。

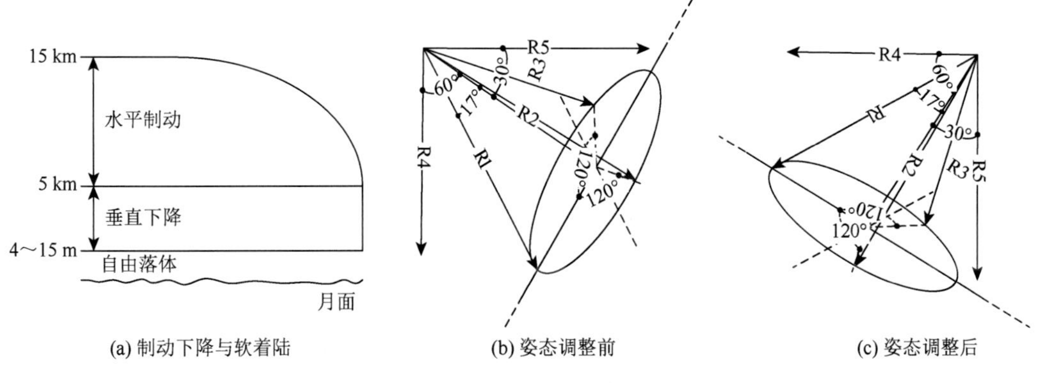

图 9.2 制动雷达的天线配置

2. 雷达波束建模

雷达波束的半功率波束宽度为 6°×6°，为了消除雷达波束截断引起的边缘效应，电磁散射计算中纳入了 12°×12°波束覆盖范围内所有面元的散射贡献，并用 Gauss 函数来考虑波束能量的缓慢衰减。以雷达星下点为坐标原点，根据 CE-3 雷达波束的配置模型，计算得到雷达平台旋转前后的波束照射模式和照射范围，如图 9.3 所示。图 9.3 中蓝线对应波束 6°×6°的覆盖范围，红线对应波束 12°×12°的覆盖范围。可见，高空姿态（即平台旋转前）时，雷达波束 R2 和 R3 的照射区域最大且最远，以高度 $H = 20\ \text{km}$ 为例，最远照射中心点为 $O = (51.3\ \text{km}, \pm 14.4\ \text{km})$，波束照射区域为 $47.24\ \text{km} \times 11.96\ \text{km}$。低空姿态（即平台旋转后）时，波束 R1 的照射区域最大且最远，以高度 $H = 5\ \text{km}$ 为例，最远照射中心点为 $O = (-5.4\ \text{km}, 0\ \text{km})$，波束照射范围为 $2.55\ \text{km} \times 1.54\ \text{km}$。若进一步考虑地形起伏的情况，波束覆盖范围会进一步增加。

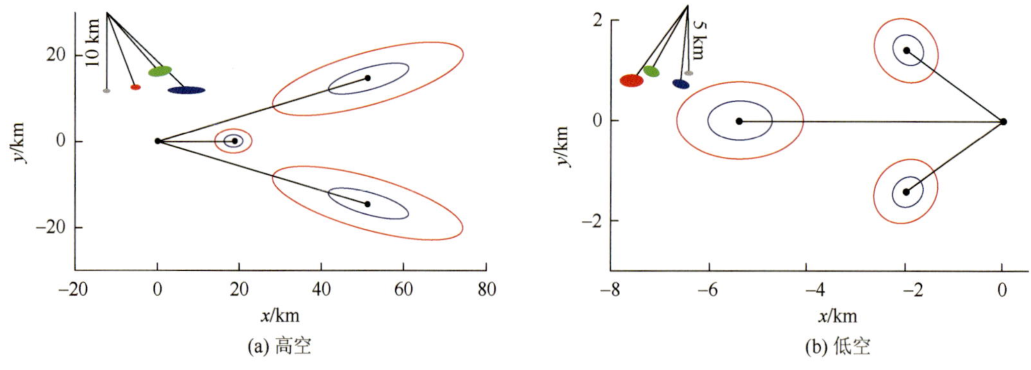

图 9.3　雷达波束配置模型及其照射区域

为了能更好地考虑月面陨石坑随机起伏粗糙度对入射电磁波的散射影响，需要利用尽可能高分辨率的月面高程数据。日本 SELENE 计划获取了高分辨率的月面 LISM DTM 数据（Namiki et al.，2009），该数据的水平分辨率为 7.403 m。原始 DTM 数据有很多高程起伏的异常点，如图 9.4（c）所示，中间一条类似砂烁的条带可能是石块强散射造成的激光高度计数据异常。为了采用大尺度平缓起伏表面的 KA 散射计算模型，本书通过插值方法进行了异常数据点处理。图 9.4（a）和图 9.4（b）中两个子区域的地形是经过异常点剔除

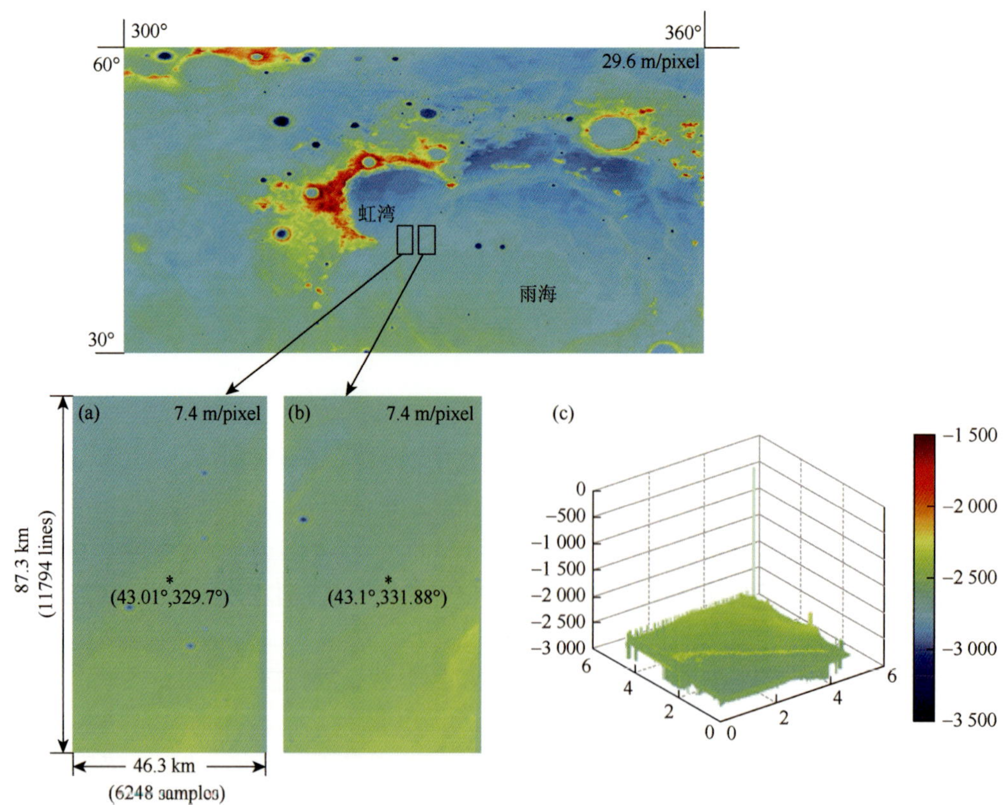

图 9.4　虹湾地区 LISM DTM 高程地形

后的 DTM 高程图，对应的经纬度和横向尺寸如图 9.4 中所示，该区域位于雨海西北角的虹湾地区，即“嫦娥三号”探测器的着陆点，本书选取这两块区域进行雷达散射回波的模拟仿真。

图 9.5 描绘了（b）区域沿两个垂直方向上的两条高程数据。可以看出，即使相对平滑的虹湾地区，由于若干大小不一的陨石坑起伏的影响，其地形起伏变化仍然很大，不能简单地看成平面模型进行处理。因此，高分辨率的月球表面地形对高分辨率雷达的电磁散射计算至关重要，这与以千米为量级的被动辐射计完全不同。

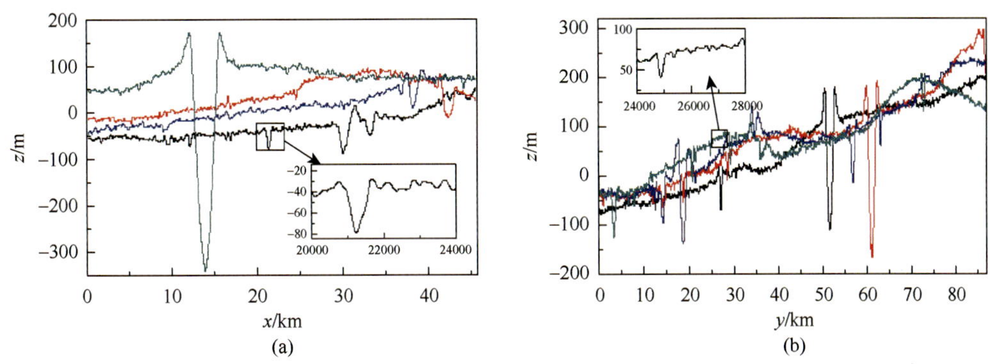

图 9.5 月亮女神激光高度计获得的 DTM 高程数据沿 x 和 y 方向的变化曲线

为了得到每个雷达波束接收到的散射回波的极化信息，需对每个波束建立局部坐标系 $(\hat{\boldsymbol{x}},\hat{\boldsymbol{y}},\hat{\boldsymbol{z}})$，它与主坐标系 $(\hat{\boldsymbol{X}},\hat{\boldsymbol{Y}},\hat{\boldsymbol{Z}})$ 的关系如图 9.6 所示，其中雷达波的传播方向为 $\hat{\boldsymbol{k}}_i = \dfrac{\boldsymbol{r}'-\boldsymbol{r}}{|\boldsymbol{r}'-\boldsymbol{r}|} = \hat{\boldsymbol{x}}$，两个线极化方向分别定义为

$$\hat{\boldsymbol{h}} = \hat{\boldsymbol{z}} = \frac{\hat{\boldsymbol{x}}\times\hat{\boldsymbol{Z}}}{|\hat{\boldsymbol{x}}\times\hat{\boldsymbol{Z}}|}, \quad \hat{\boldsymbol{v}} = \hat{\boldsymbol{y}} = \hat{\boldsymbol{z}}\times\hat{\boldsymbol{x}}$$

根据天线辐射理论，雷达局部坐标系内天线辐射场（即粗糙面上的入射场）设为（Kong，2005）

$$\boldsymbol{E}_i = \boldsymbol{E}_{\text{rad}} = \hat{\boldsymbol{e}}_i \frac{e^{i\boldsymbol{k}_i\cdot(\boldsymbol{r}'-\boldsymbol{r})}}{4\pi R} f(\theta,\varphi) \tag{9.1.1}$$

式中，$\hat{\boldsymbol{e}}_i = \hat{\boldsymbol{v}},\hat{\boldsymbol{h}}$ 表示天线辐射场的极化方式；$R = |\boldsymbol{r}-\boldsymbol{r}'|$ 为粗糙面上二次辐射源点 P_1 到雷达探测平台 P_{radar} 的距离；$f(\theta,\varphi)$ 为天线的方向性函数，采用 Gauss 函数 $f(\theta)=\exp[-(\theta/c)^2]$ 来拟合 6°×6°波束宽度的天线方向性函数，其中波束宽度控制参数 $c=0.089$。若进一步给定天线的具体形式，可考虑实际天线辐射场的方向图。

为了提高计算效率，对每个天线波束只考虑 12°×12°波束以内天线辐射场对月面的照射亮区，波束外的辐射场未纳入考虑，如图 9.7 中蓝色椭圆区域。对应的红色矩形区域为计算过程中循环搜索范围，该区域随着雷达平台高度、姿态等的变化，需在计算中实时调整。这样，无需对整个月球表面 87.3 km×46.3 km 的大范围进行循环扫描，节省了大量的计算时间。

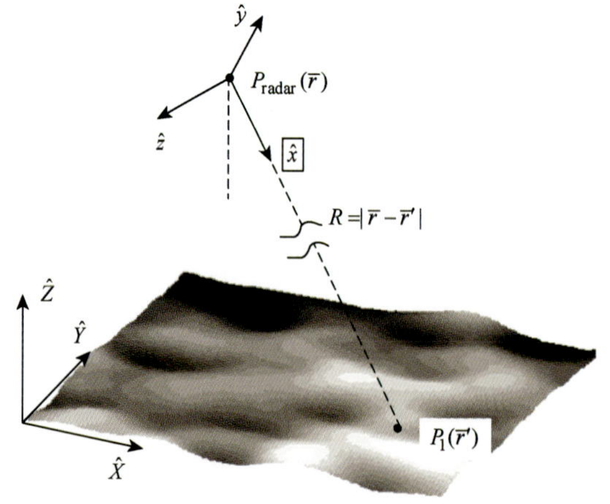

图 9.6　雷达波束入射粗糙面的几何建模

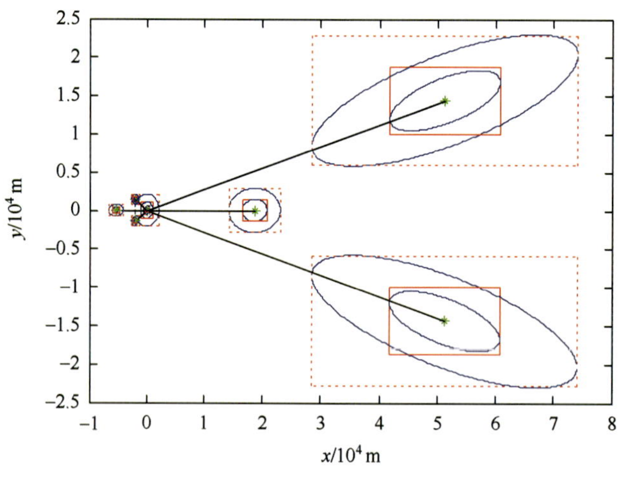

图 9.7　回波计算区域范围

9.2　月球表面粗糙面的电磁散射建模与计算

由 Huygens 原理，雷达接收的回波是雷达天线辐射场照射月球表面产生的感应场的二次辐射（Kong，2005）：

$$\boldsymbol{E}_s(\boldsymbol{r})=\iint_S\{i\omega\mu_0\bar{\boldsymbol{G}}(\boldsymbol{r},\boldsymbol{r}')\cdot[\hat{\boldsymbol{n}}\times\boldsymbol{H}(\boldsymbol{r}')]+\nabla\times\bar{\boldsymbol{G}}(\boldsymbol{r},\boldsymbol{r}')\cdot[\hat{\boldsymbol{n}}\times\boldsymbol{E}(\boldsymbol{r}')]\}\mathrm{d}s' \tag{9.2.1}$$

式中，$\bar{\boldsymbol{G}}$ 为并矢 Green 函数。考虑到 CE-3 着陆点处的月球表面地形起伏缓慢，表面感应场可基于切平面近似计算，进一步利用 Green 函数的远场近似，得到散射场的表达式为（Tsang et al，1985）

$$\boldsymbol{E}_{\mathrm{s}}(\boldsymbol{r})=ik\iint_S E_{\mathrm{i}}(\boldsymbol{r}')\boldsymbol{F}(\boldsymbol{r}',\alpha,\beta)\frac{e^{i\boldsymbol{k}_{\mathrm{s}}\cdot(\boldsymbol{r}-\boldsymbol{r}')}}{4\pi R}\mathrm{d}s' \tag{9.2.2}$$

$$\begin{aligned}\boldsymbol{F}(\alpha,\beta)=&-(\hat{\boldsymbol{e}}_{\mathrm{i}}\cdot\hat{\boldsymbol{q}})(\hat{\boldsymbol{n}}\cdot\hat{\boldsymbol{k}}_{\mathrm{i}})\hat{\boldsymbol{q}}(1-R_{\mathrm{h}})+(\hat{\boldsymbol{e}}_{\mathrm{i}}\cdot\hat{\boldsymbol{p}})(\hat{\boldsymbol{n}}\times\hat{\boldsymbol{q}})(1+R_{\mathrm{v}})\\&(\hat{\boldsymbol{e}}_{\mathrm{i}}\cdot\hat{\boldsymbol{q}})[\hat{\boldsymbol{k}}_{\mathrm{s}}\times(\hat{\boldsymbol{n}}\times\hat{\boldsymbol{q}})](1+R_{\mathrm{h}})+(\hat{\boldsymbol{e}}_{\mathrm{i}}\cdot\hat{\boldsymbol{p}})(\hat{\boldsymbol{n}}\cdot\hat{k}_{\mathrm{i}})[\hat{\boldsymbol{k}}_{\mathrm{s}}\times\hat{\boldsymbol{q}}](1-R_{\mathrm{v}})\end{aligned}\tag{9.2.3}$$

式中，$(\hat{\boldsymbol{k}}_{\mathrm{i}},\hat{\boldsymbol{p}},\hat{\boldsymbol{q}})$ 为入射波入射在粗糙面局部点的正交坐标矢量。对于后向雷达，散射方向 $\hat{\boldsymbol{k}}_{\mathrm{s}}=-\hat{\boldsymbol{k}}_{\mathrm{i}}$，$R_{\mathrm{h}}$ 和 R_{v} 为粗糙面局部点处的水平和垂直线极化反射系数，它们与电磁波的局部入射角有关，可写成：

$$R_{\mathrm{h}}=\frac{k_0\cos\theta_{\mathrm{il}}-\sqrt{k_1^2-k_0^2\sin^2\theta_{\mathrm{il}}}}{k_0\cos\theta_{\mathrm{il}}+\sqrt{k_1^2-k_0^2\sin^2\theta_{\mathrm{il}}}},\quad R_{\mathrm{v}}=\frac{\varepsilon_1 k_0\cos\theta_{\mathrm{il}}-\varepsilon_0\sqrt{k_1^2-k_0^2\sin^2\theta_{\mathrm{il}}}}{\varepsilon_1 k_0\cos\theta_{\mathrm{il}}+\varepsilon_0\sqrt{k_1^2-k_0^2\sin^2\theta_{\mathrm{il}}}}\tag{9.2.4}$$

式中，$\theta_{\mathrm{il}}=-\cos^{-1}(\hat{n}\cdot\hat{k}_{\mathrm{i}})$ 为入射波对粗糙面的局部入射角。

根据月球表面 DEM 数据，对月球表面粗糙面进行网格剖分。由于目前获得的月球表面 DTM 数据分辨率为 7.403 m，远大于电磁波长（X 波段和 Ka 波段），忽略网格单元上照射场的幅度变化，仅考虑每个面元上各点的相位相干贡献，其散射场可写成（Ye and Jin，2013）：

$$\boldsymbol{E}_{\mathrm{sm}}(\boldsymbol{r})\approx -ik\frac{f(\theta,\varphi)\boldsymbol{F}(\boldsymbol{r}_{\mathrm{m}},\alpha,\beta)}{(4\pi R_{\mathrm{m}})^2}e^{i2\boldsymbol{k}_{i\mathrm{m}}\cdot(\boldsymbol{r}_{\mathrm{m}}-\boldsymbol{r})}\iint_{\Delta S_{\mathrm{m}}}e^{i2\boldsymbol{k}_{i\mathrm{m}}\cdot\boldsymbol{r}'_{\mathrm{m}}}\mathrm{d}s'\tag{9.2.5}$$

式中，$\boldsymbol{r}'=\boldsymbol{r}_{\mathrm{m}}+\boldsymbol{r}'_{\mathrm{m}}$，$R_{\mathrm{m}}=|\boldsymbol{r}_{\mathrm{m}}-\boldsymbol{r}|$，$\boldsymbol{r}_{\mathrm{m}}$ 为每个三角面元的零相位参考点，如图 9.8 所示；(θ,φ) 为 $\boldsymbol{r}_{\mathrm{m}}$ 在每个雷达波束局部坐标系中的方向角；(α,β) 表示该面元的倾斜坡度角。

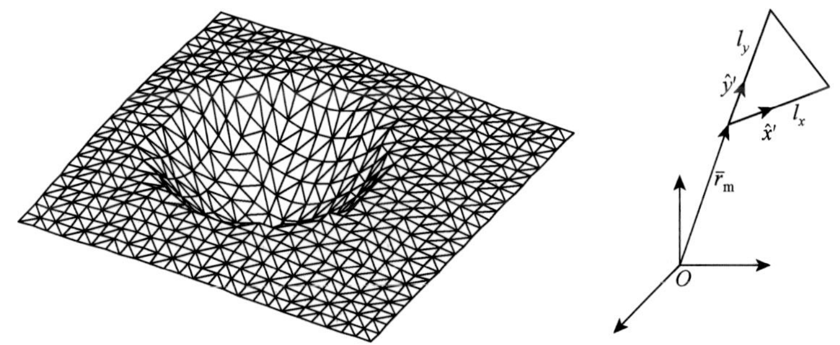

图 9.8 月面三角形网格剖分

由三角积分可把式（9.2.5）中的相位积分解析表示成（Xu and Jin，2009）

$$I_{\mathrm{Pm}}=\iint_{\Delta S_{\mathrm{m}}}e^{i2\boldsymbol{k}_{i\mathrm{m}}\cdot\boldsymbol{r}'_{\mathrm{m}}}\mathrm{d}s'=\frac{|\sin\Delta_{xy}|}{A}\left[e^{Al_x}\frac{e^{Bl_y-Al_x}-1}{B-Al_x/l_y}-\frac{e^{Bl_y}-1}{B}\right]\tag{9.2.6}$$

$$A=i2\boldsymbol{k}_i\cdot\hat{\boldsymbol{x}}',B=i2\boldsymbol{k}_i\cdot\hat{\boldsymbol{y}}'\tag{9.2.7}$$

式中，$\hat{\boldsymbol{x}}'$、$\hat{\boldsymbol{y}}'$ 为沿三角形边缘的单位矢量；l_x 和 l_y 为对应的三角形边长。

对雷达波束照射范围内所有面元的散射场求和，得到雷达接收的总散射场为

$$\boldsymbol{E}_{\mathrm{s}}(\boldsymbol{r}) \approx -ik\sum_{m}\frac{f(\theta,\varphi)\boldsymbol{F}(\boldsymbol{r}_{\mathrm{m}},\alpha,\beta)}{(4\pi R_{\mathrm{m}})^2}e^{i2\boldsymbol{k}_{\mathrm{im}}\cdot(\boldsymbol{r}_{\mathrm{m}}-\boldsymbol{r})}I_{\mathrm{Pm}} \tag{9.2.8}$$

后向散射系数γ定义为回波功率P_{r}与入射功率的比值，即

$$\gamma(\hat{\boldsymbol{k}}_{\mathrm{s}}=-\hat{\boldsymbol{k}}_{\mathrm{i}})=\lim_{r\to\infty}4\pi r^2\frac{P_{\mathrm{r}}}{P_{\mathrm{inc}}}=\lim_{r\to\infty}4\pi r^2\frac{|\hat{\boldsymbol{e}}_{\mathrm{s}}\cdot\boldsymbol{E}_{\mathrm{s}}|^2}{E_0^2A\cos\theta_{\mathrm{i}}} \tag{9.2.9}$$

式中，r为波束中心点到雷达的距离；$E_0=1/(4\pi r)$，为波束中心点的入射波强度。分别取$\hat{\boldsymbol{e}}_{\mathrm{s}}=\hat{\boldsymbol{e}}_{\mathrm{i}}=\hat{\boldsymbol{v}},\hat{\boldsymbol{h}}$，即可得到两种极化的回波功率和后向散射系数。

对 Gauss 随机粗糙面，可以解析计算其镜向相干和后向非相干散射系数分别为

$$\gamma_{\mathrm{coh}}^{p}(\hat{\boldsymbol{k}}_{\mathrm{s}}=\hat{\boldsymbol{k}}_{\mathrm{r}})=4\pi|R_{p0}|^2\frac{e^{-4k^2\Delta^2\cos\theta_{\mathrm{i}}^2}}{\sin\theta_{\mathrm{i}}}\delta(\theta_{\mathrm{s}}-\theta_{\mathrm{i}})\delta(\varphi_{\mathrm{s}}-\varphi_{\mathrm{i}}) \tag{9.2.10}$$

$$\gamma_{\mathrm{incoh}}^{p}(\hat{\boldsymbol{k}}_{\mathrm{s}}=-\hat{\boldsymbol{k}}_{\mathrm{i}})=(kl)^2|R_{p0}|^2\cos\theta_{\mathrm{i}}e^{-4k^2\Delta^2\cos\theta_{\mathrm{i}}^2}\sum_{m=1}^{\infty}\frac{(2k\Delta\cos\theta_{\mathrm{i}})^{2m}}{m\,m!}\mathrm{e}^{-\frac{(k\Delta\sin\theta_{\mathrm{i}})^2}{m}} \tag{9.2.11}$$

式中，l 和Δ分别为高斯起伏粗糙面的相关长度和起伏方差；R_{p0}为平表面的反射系数，$p=v$，h表示电磁波的极化。

给定 Gauss 粗糙面的 kl 和 $k\Delta$参数，对每个粗糙面样本分别用数值方法［式（9.2.8）和式（9.2.9）］和解析方法［式（9.2.10）和式（9.2.11）］计算其后向散射系数，其中0° 垂直入射时的解析计算需同时纳入相干和非相干散射贡献。

图 9.9 比较了 3 组不同参数的 Gauss 粗糙面的后向散射系数，它们的起伏方差相同$k\Delta=0.717$，相关长度 kl 取值不同。可以看出，在入射角度不太大的范围内，KA 数值结果与解析解吻合得很好，在大角度入射（低掠角）时，由于 KA 计算未纳入多次散射、遮蔽效应等影响，与解析结果偏差较大。并且，粗糙面起伏的相关长度越大，KA 后向散射系数计算的有效范围越小，因为大部分电磁能量都集中在镜向方向上，后向的散射贡献很弱。

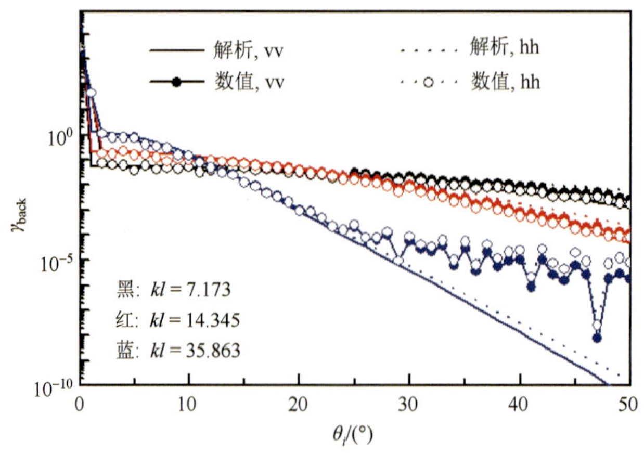

图 9.9　Gauss 粗糙面的后向散射系数 γ_{back} 随入射角度 θ_i 的关系

9.3 雷达回波仿真与平台下降速度反演

1. 运动目标的多普勒效应

多普勒效应是指当雷达发射源与目标之间存在相对径向运动时，雷达接收信号的频率发生变化。例如，当两者相互接近时频率升高，两者相互离开时则降低，这种现象被称为多普勒效应。接收回波的频率与发射波频率之间的差被称为多普勒频移，根据多普勒频率的大小可以测算出目标相对雷达的径向运动速度。

为了方便描述，这里假设目标为理想点目标，即目标尺寸远小于雷达分辨单元。设雷达发射信号为

$$f_{\mathrm{T}}(t)=A\cos(\omega_0 t+\varphi_0) \tag{9.3.1}$$

式中，ω_0 为发射电磁波的角频率；φ_0 为初相位；A 为发射信号的振幅。

雷达发出的电磁波经目标反射后返回到雷达，雷达接收到的回波信号为（丁鹭飞，1997）

$$f_{\mathrm{R}}(t)=kA\cos[\omega_0(t-\tau)+\varphi_0] \tag{9.3.2}$$

式中，k 为回波衰减系数，它与目标散射 RCS、电磁波传输过程中的路径损耗等有关；$\tau=2R/c$ 为接收信号滞后于发射信号的时间延迟；R 为电磁波从雷达到达目标的传播距离；c 为电磁波的传播速度。

当目标与雷达之间固定不动时，距离 R 为常数，接收信号与发射信号之间的相位差 $\Delta\varphi=-\omega_0 2R/c$ 固定不变，它是电磁波往返于雷达和目标之间所产生的相位滞后。

对于一个运动目标，距离 R 随时间变化。设目标以径向速度 v_{r} 向雷达匀速运动，则目标与雷达间的距离为 $R(t)=R_0-v_{\mathrm{r}}t$，此时收发信号之间的相位差为

$$\Delta\varphi=-\frac{2\omega_0}{c}(R_0-v_{\mathrm{r}}t) \tag{9.3.3}$$

产生的多普勒频移为（Foessel and William，2001）

$$f_{\mathrm{d}}=\frac{1}{2\pi}\frac{\mathrm{d}\varphi}{\mathrm{d}t}=\frac{2v_{\mathrm{r}}}{\lambda_0} \tag{9.3.4}$$

式中，λ_0 为载频电磁波的波长。可见，目标向着雷达运动或远离雷达运动所产生的频移量是相同的，但符号不同：①如果目标朝向雷达运动，则多普勒频移为正；②如果目标远离雷达运动，则多普勒频移为负。

CE-3 测距测速雷达配置了多个波束对雷达高度和下降速度进行实时监测与控制，波束照射区域的月面地表即为目标散射体，每个波束所照射区域的散射体目标与雷达平台之间的径向速度与雷达平台自身速度的关系为

$$v_{\mathrm{r}}=v_0\cos\beta \tag{9.3.5}$$

式中，β 为每个雷达波束与雷达平台运动方向之间的夹角。因此，根据收发信号之间的多普勒频移求得每个波束所照射目标区域的径向运动速度，从而可以根据波束配置夹角推算出雷达平台自身的运动速度。

首先考虑平直介质分界面的情况，图 9.10 给出了由式（9.2.8）计算的介质平表面的雷达回波功率，蓝色对应 Ka 波段，红色对应 X 波段，卫星平台在 $H=5$ km 处改变雷达波

束的照射姿态。可以看出，下视波束 R4/R5 接收平表面的相干强散射回波，斜视波束 R1-R3 则接收后向非相干散射回波，其回波功率相对较弱。由于 R2/R3 波束在姿态调整前后对应的入射角分别为69.4°/25.6°，其回波在 5 km 转折点处出现了明显的突变增大的现象。

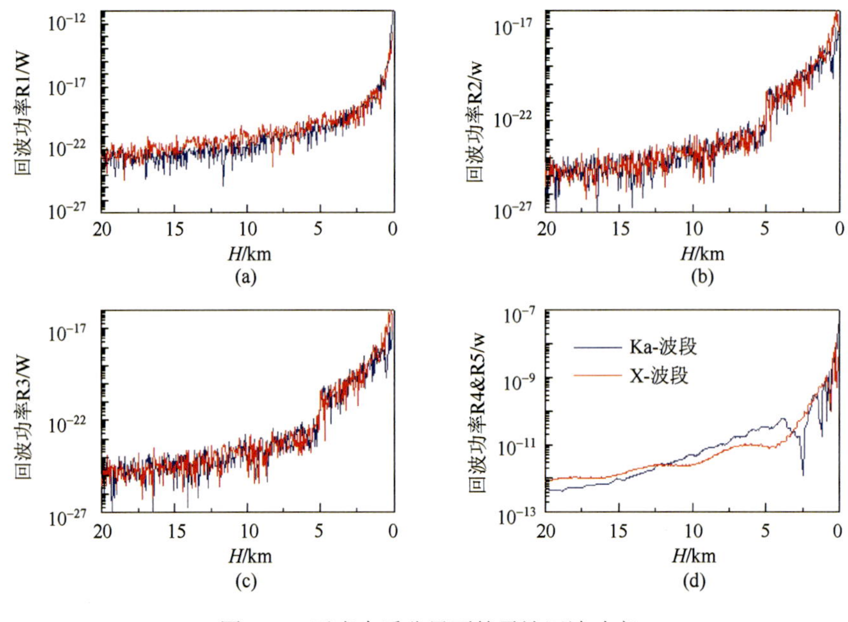

图 9.10　平直介质分界面的雷达回波功率

图 9.11 是各波束接收回波在某一高度附近的放大图，其中 $H=10$ km 和 $H=8$ km 是平台姿态调整前的情况，$H=5$ km 和 $H=3$ km 对应姿态调整后的情况。提取回波信号的相位信息，如图 9.12 所示。R1/R4/R5 三个波束在姿态调整前后的相位曲线基本不变化，而 R2/R3 两波束的相位曲线出现了明显的变化，调整前相位曲线变化缓慢，而调整后相位曲线变化急剧加速，这与调整前后的两个波束相对地面的入射角有明显关系（入射角为 $69.4°\rightarrow25.6°$）。

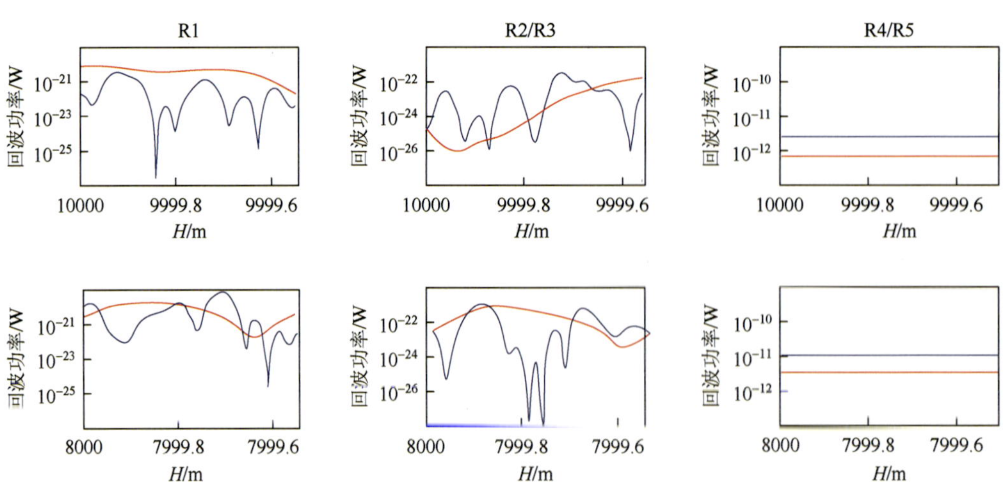

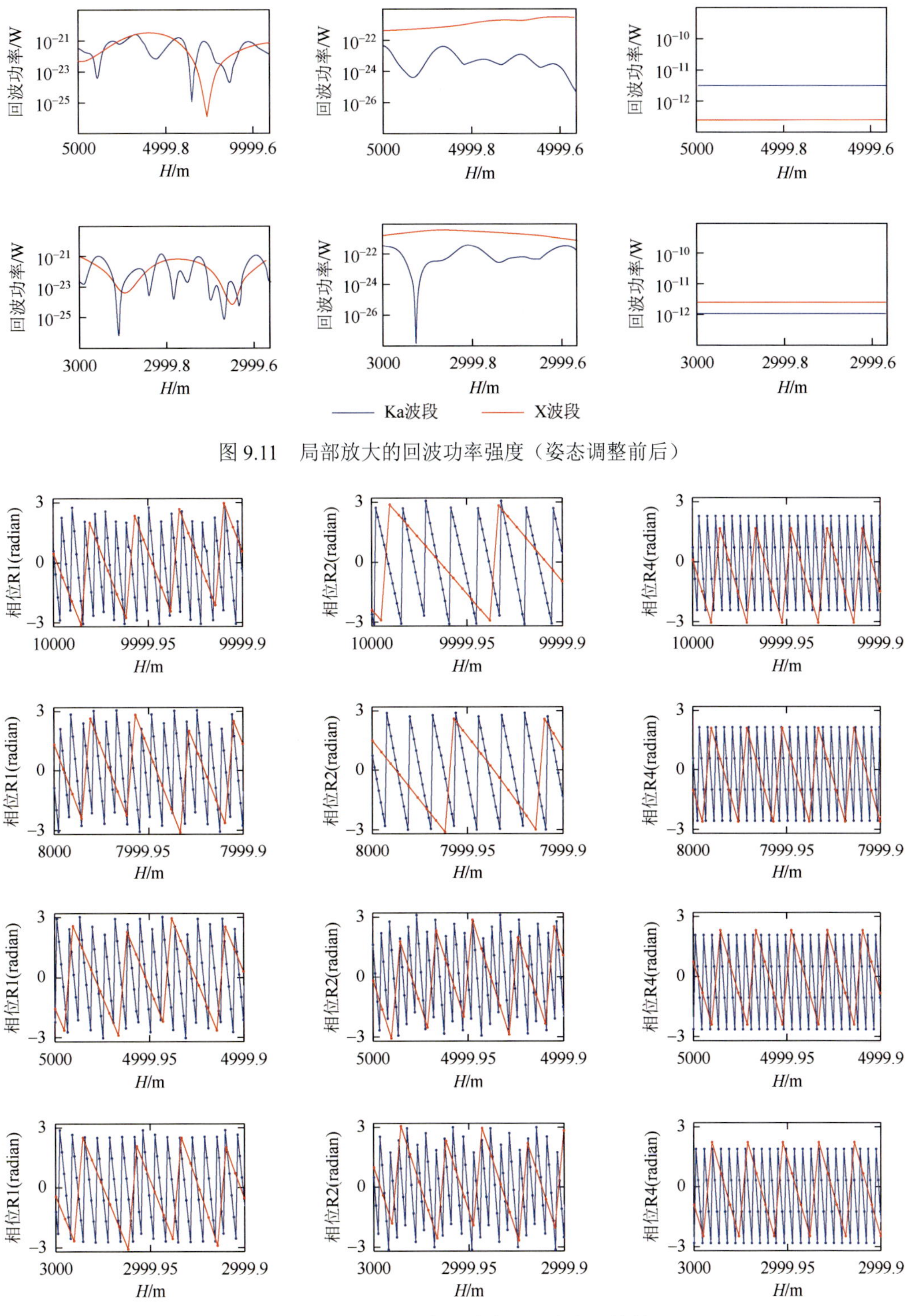

图 9.11 局部放大的回波功率强度（姿态调整前后）

图 9.12 各波束相位信息的放大图（姿态调整前后）

统计采样信号序列的相位变化情况，其均值和方差如表 9.1 所示，可以看出，各波束回波的相位差基本围绕均值起伏，偏移方差很小。由于 R4/R5 波束照射区域内的散射体在雷达平台下降过程中变化不大，产生的相位散焦几乎可以忽略。而 R1-R3 斜视波束的照射区域在平台下降过程中变化很大，造成相位散焦现象相对比较严重。其中，R1 波束在姿态调整前后的波束入射角变化不大（ $43° \to 47°$ ），故整个下降过程中起伏散焦情况比较均匀。R2/R3 波束在姿态调整前后波束入射角发生很大变化（ $69.4° \to 25.6°$ ），故起伏散焦情况也发生变化：调整前波束入射角 69.4°，电磁波照射亮区较大，扩散起伏情况比较严重，而调整后波束入射角 25.6°，电磁波照射亮区较小，扩散起伏情况比较微弱。总之，电磁波照射亮区范围越大散焦起伏越明显，反之，照射亮区越小散焦起伏越微弱。此外，R4/R5 波束在接近地表（H 高度很小）时，远场近似和点散射条件慢慢不严格，散射计算的不严格造成了回波相位差的较大起伏。

表 9.1　各波束相位差的均值和标准方差

雷达姿态		R1		R2/R3		R4/R5	
		Ka 波段	X 波段	Ka 波段	X 波段	Ka 波段	X 波段
调整前	均值	0.92132	0.21131	0.44900	0.105278	1.25664	0.28969
	方差	0.06708	0.02284	0.05659	0.007568	0.000001	0.0000004
调整后	均值	0.86425	0.20201	1.13248	0.26221	1.25663	0.28969
	方差	0.07304	0.02487	0.04452	0.00145	0.000003	0.0000003

在 CE-3 探测器软着陆过程中，控制器必须将探测器的下降速度从绕月轨道的几千米每秒减速至几米每秒的安全着陆速度，平台的下降速度可以根据雷达各波束回波信号的多普勒信息计算。设 CE-3 雷达平台从 20 km 高度开始匀速下降，仿真过程中每隔 100 m 记录一次发射信号和回波信号序列。为保证足够的样本记录，每下降 $\Delta H = \lambda/8$ 采样一个回波数据，对应的时间采样间隔为

$$\Delta t = \frac{\Delta H}{v_0} \tag{9.3.6}$$

由式（9.3.4）计算每个天线波束回波信号的多普勒频率，如图 9.13 和图 9.14 所示。可以看出，两种工作频率对应的回波多普勒频率明显分开，Ka 波段多普勒频率相比 X 波段明显较大。

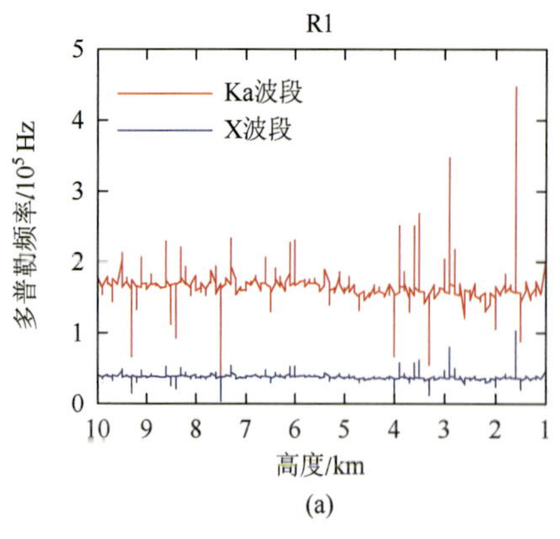

(a)

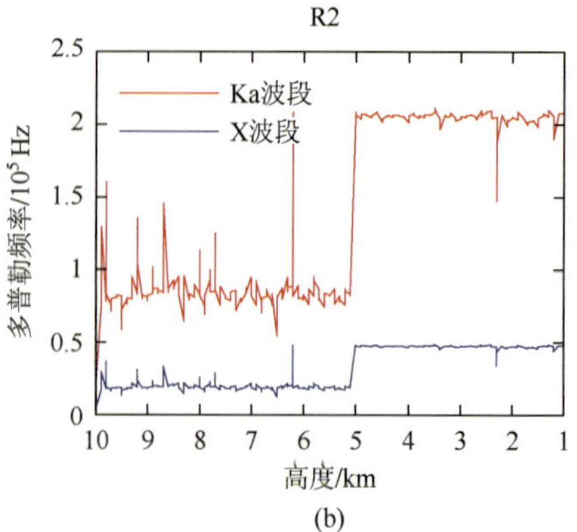

(b)

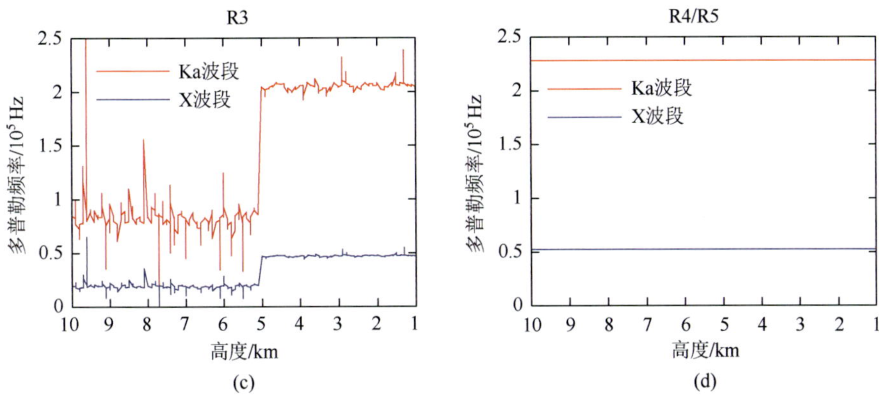

图 9.13　各波束的径向多普勒频率（速度 $v_0 = 1\text{km/s}$）

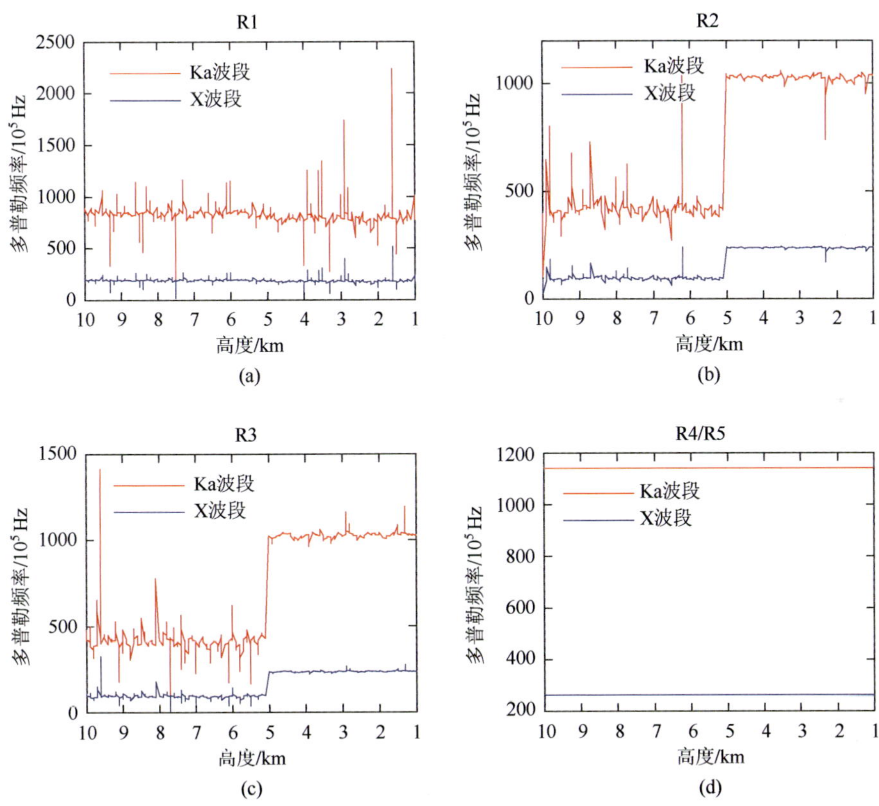

图 9.14　各波束的径向多普勒频率（速度 $v_0 = 5\text{m/s}$）

根据 CE-3 天线波束的配置方式，各雷达波束与平台下降方向的夹角分别为

$$\beta_{1\text{-}4} = 43°, 69.4°, 69.4°, 0°\ （调整前），\quad \beta_{1\text{-}4} = 47°, 25.6°, 25.6°, 0°\ （调整后） \tag{9.3.7}$$

根据式（9.3.4）和式（9.3.5）反演得到雷达平台的下降速度，如表 9.2 所示。

可以看出，不同频段、不同姿态、不同波束入射角反演得到的雷达平台运动速度基本都接近预设值，并且垂直波束（R4/R5）反演得到的运动速度的精度最高，波束入射角越

表 9.2　根据各波束多普勒频率推演的雷达平台下降速度

雷达姿态		R1		R2/R3		R4/R5	
		Ka 波段	X 波段	Ka 波段	X 波段	Ka 波段	X 波段
5 m/s	调整前	5.01	4.99	5.08	5.16	5.00	5.00
	调整后	5.04	5.08	5.00	4.99	5.00	5.00
1 km/s	调整前	1002.47	997.37	1015.52	1032.90	1000.00	1000.00
	调整后	1008.44	1022.48	999.30	1003.66	1000.00	1000.00

大反演精度越低，这是因为大入射角时接收到的后向非相干散射回波很弱，并且 KA 近似计算方法不适合大角度入射的情况。

2. 月球表面介质粗糙面的回波计算与速度反演

选取中心经纬度(43.0°N, 329.7°E)区域的月面地形进行数值仿真，分别考虑不同波段（Ka 波段和 X 波段）和两种极化（VV 极化和 HH 极化）的情况，计算雷达下降过程中每个雷达波束接收到的回波信号，数据记录的时间和高度间隔同上。

图 9.15 给出了雷达下降过程中各波束接收到的月球表面介质粗糙面的散射回波功率。图 9.16 是其局部放大。

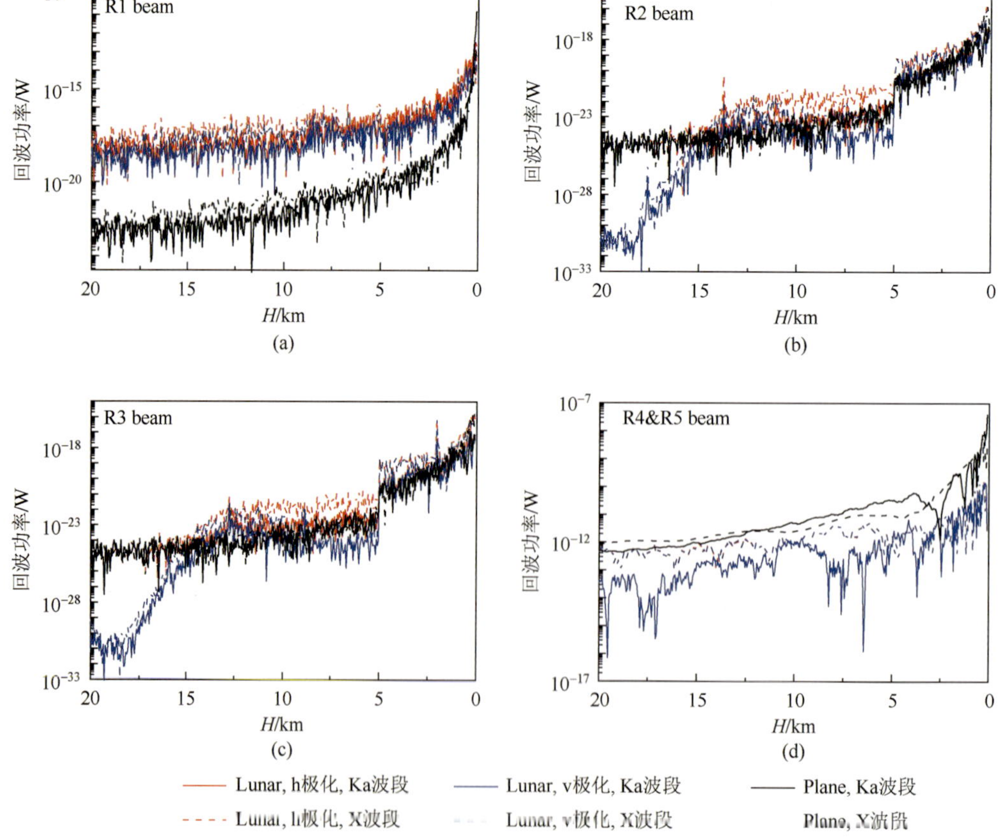

图 9.15　各波束接收的月面散射回波功率（不同极化、频段）

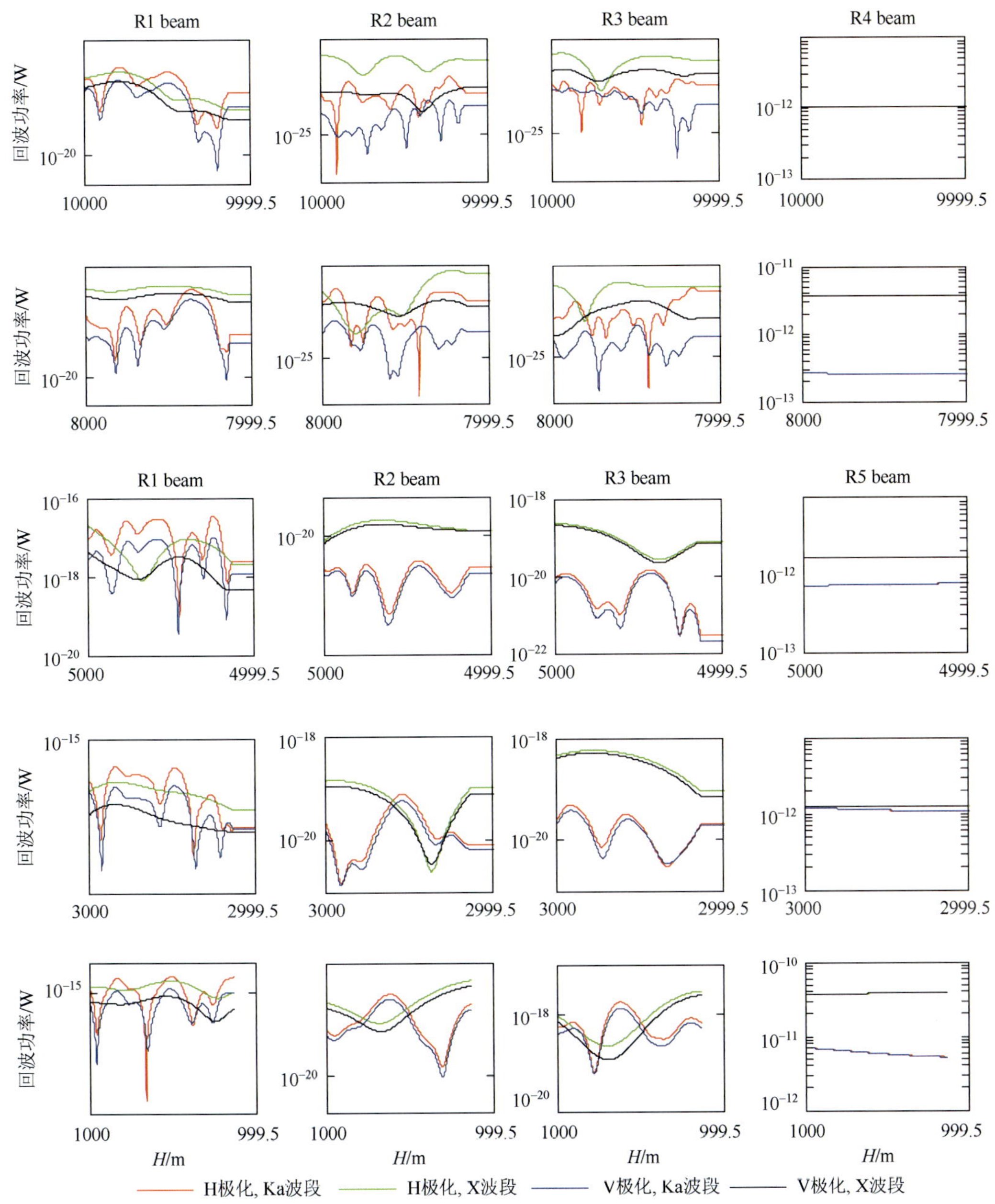

图 9.16 各波束回波功率的局部放大图（姿态调整前后）

根据回波功率计算各波束后向散射系数，如图 9.17 所示，其中黑色表示垂直波束 R4/R5，红色表示 R1 波束，蓝色和绿色分别表示 R2、R3 波束。

从回波数据可以看出：

（1）雷达回波强度随雷达高度的降低而增加。这是因为回波模拟过程中固定了天线的发射功率，随着雷达高度降低，月面散射单元与雷达之间的双程衰减（球面波因子）大大减弱，回到雷达天线的能量就明显增加。

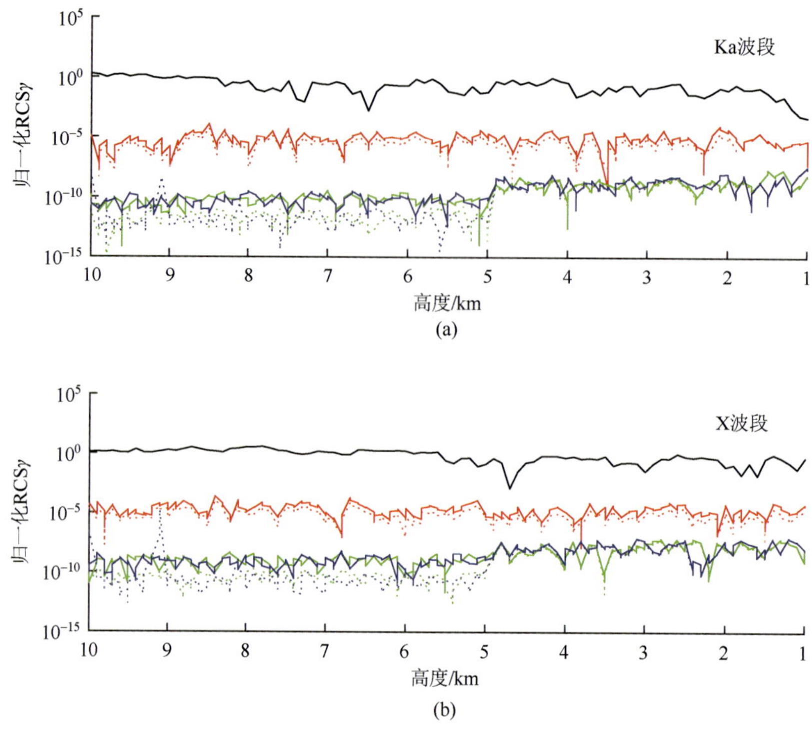

图 9.17　各波束对应的后向散射系数 γ（不同波束入射角比较）

（2）X 波段的后向散射回波较 Ka 波段的回波强，因为频率越高对应的镜向相干散射贡献越强，而后向非相干散射贡献越弱。

（3）小入射角情况下两种极化的后向散射系数差别不大，大入射角情况下 H 极化的后向散射系数比 V 极化的大。

（4）波束 R4/R5 对应下视垂直入射，其回波包括强相干和弱非相干两种贡献，使得该方向波束的回波相比其他波束明显增强，并且其 VV 极化和 HH 极化回波基本一致。

（5）雷达姿态调整前后，波束 R1 在姿态调整前后对应的入射角为 $43^\circ/47^\circ$，角度变化不大，故其后向散射系数没有明显变化。而波束 R2 和 R3 对月面的入射角有明显的变化，即 $69.4^\circ \to 25.6^\circ$，故在 $H = 5$ km 转折点处，其回波功率和后向散射系数都有明显的突然增大。

由各波束回波信号提取相应的相位信息，如图 9.18 所示。对比姿态调整前后的相位信息，R1/R4/R5 三个波束在姿态调整前后的相位曲线基本不变化，而 R2/R3 两个波束的相位曲线出现了明显的变化，这与调整前后波束的入射角有明显的关系（入射角为 $69.4^\circ \to 25.6^\circ$）。

统计各波束回波信号的相位变化情况，如表 9.3 和表 9.4 所示。可以看出，R4/R5 下视波束垂直照射的月面区域在平台下降过程中变化不大，产生的相位散焦几乎可以忽略；而 R2-R3 斜视波束平台下降过程中对月面的照射区域变化较大，故回波相位差的起伏散焦情况不同：调整前波束入射角为 69.4°，波束照射区域较大，故扩散起伏情况比较严重，

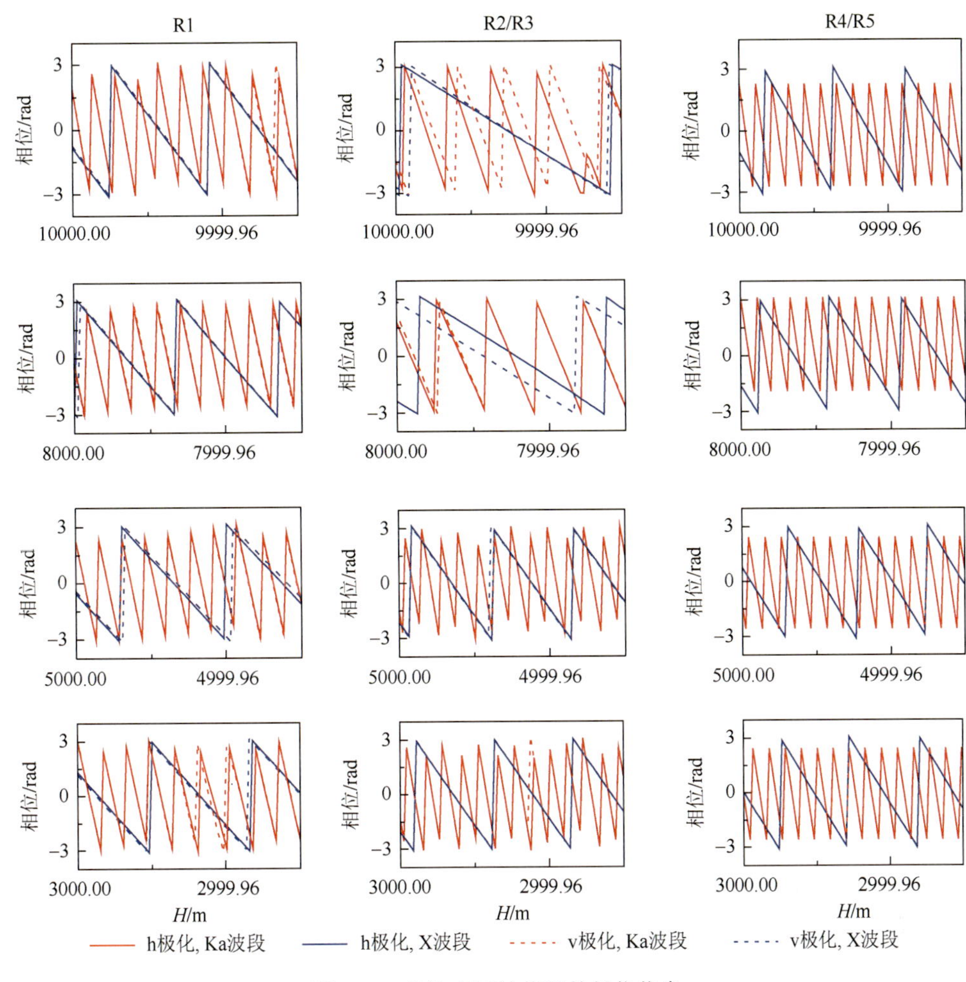

图 9.18 各波束回波信号的相位信息

而调整后波束入射角变成 25.6°，波束照射区域较小，扩散起伏情况比较微弱。R4/R5 波束在接近地表（H 高度很小）时，远场近似和点散射条件慢慢不严格，散射计算的误差造成了回波相位差的较大起伏。此外，极化对回波相位几乎没有影响，因此，回波的多普勒信息主要由月面散射体形状和媒质参数决定。

表 9.3 各波束相位差的均值

雷达姿态		R1		R2/R3		R4/R5	
		Ka 波段	X 波段	Ka 波段	X 波段	Ka 波段	X 波段
调整前	H 极化	0.9197	0.2114	0.4482	0.1036	1.2566	0.2897
	V 极化	0.9191	0.2103	0.4272	0.1043	1.2566	0.2897
调整后	H 极化	0.8625	0.1969	1.1416	0.2627	1.2567	0.2897
	V 极化	0.8594	0.1973	1.1416	0.2626	1.2567	0.2897

表 9.4　各波束相位差的标准方差

雷达姿态		R1		R2/R3		R4/R5	
		Ka 波段	X 波段	Ka 波段	X 波段	Ka 波段	X 波段
调整前	H 极化	0.0400	0.0050	0.0778	0.0169	0.00006	0.000009
	V 极化	0.0425	0.0061	0.0525	0.00870	0.00006	0.000009
调整后	H 极化	0.0478	0.0082	0.0180	0.0076	0.0001	0.00002
	V 极化	0.0525	0.0089	0.0185	0.0070	0.0001	0.00002

由回波相位差数据计算各波束中心径向上的多普勒频率，如图 9.19 和图 9.20 所示。可以看出，两种工作频率对应的回波多普勒频率明显分开，Ka 波段的多普勒频率相比 X 波段明显较大。这是因为前文设定序列采样的距离间隔是相对于波长而言的 $\lambda/8$，这样 Ka 波段的时间采样间隔 Δt 较小，因而相对多普勒频率较大。

根据回波多普勒信号可以推演出雷达平台的下降速度，如表 9.5 和表 9.6 所示。对比表中各数据可以看出：①H 极化的反演精度比 V 极化的反演精度高；②波束中心指向与雷达下降方向的夹角越小，反演精度越高；③雷达工组频率对速度反演的影响不大。

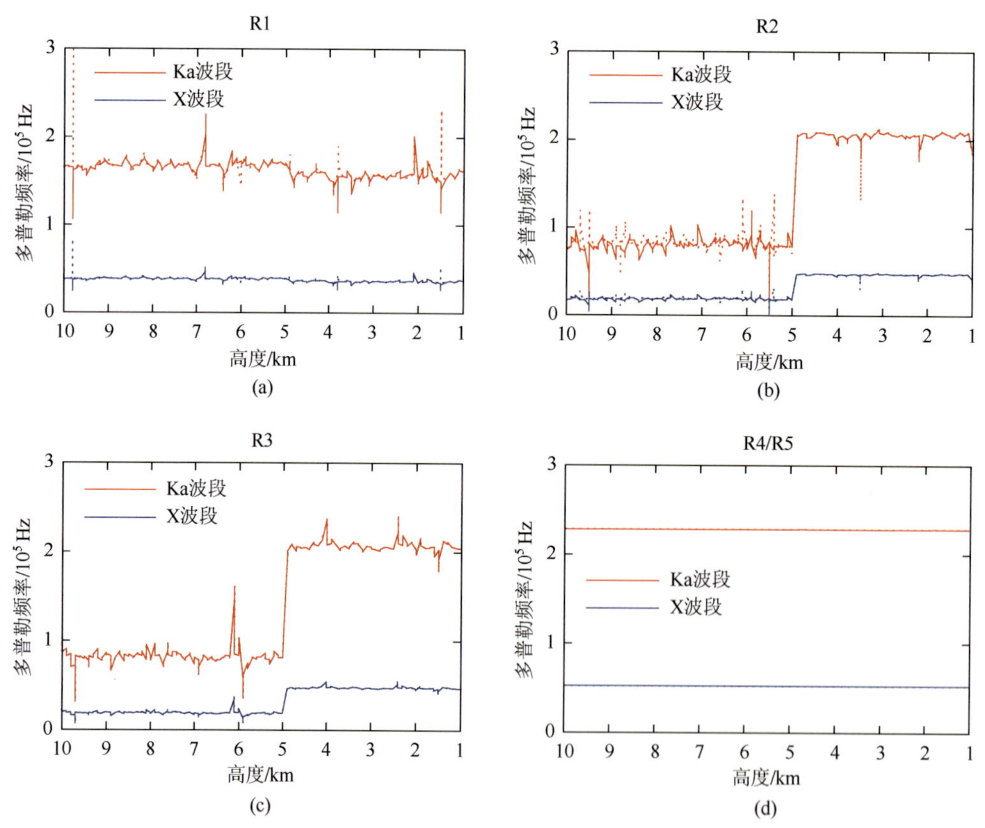

图 9.19　各波束的径向多普勒频率（平台下降速度 $v_0 = 1\text{km/s}$）

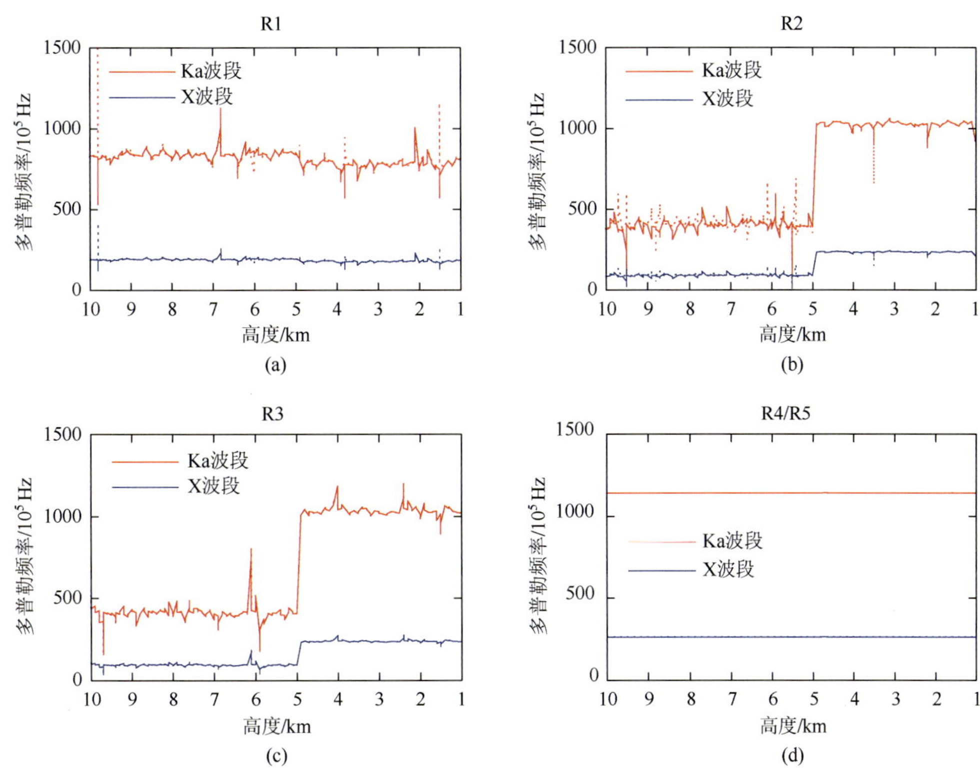

图 9.20　各波束的多普勒频率（平台下降速度 $v_0 = 5$ m/s）

表 9.5　根据多普勒频率推演的雷达平台下降速度（预设下降速度 $v_0 = 1$ km/s）

雷达姿态		R1		R2		R4/R5	
		Ka 波段	X 波段	Ka 波段	X 波段	Ka 波段	X 波段
调整前	H 极化	1002.898	1002.898	997.985	997.985	1000.005	1000.005
	V 极化	1007.090	1007.090	1029.301	1029.301	1000.004	1000.004
调整后	H 极化	1001.673	1001.673	981.508	981.508	1000.070	1000.070
	V 极化	1013.162	1013.162	980.980	980.980	1000.070	1000.070

表 9.6　根据多普勒频率推演的雷达平台下降速度（预设下降速度 $v_0 = 5$ m/s）

雷达姿态		R1		R2		R4/R5	
		Ka 波段	X 波段	Ka 波段	X 波段	Ka 波段	X 波段
调整前	H 极化	5.01	5.01	4.99	4.99	5.00	5.00
	V 极化	5.04	5.04	5.15	5.15	5.00	5.00
调整后	H 极化	5.01	5.01	4.91	4.91	5.00	5.00
	V 极化	5.07	5.07	4.90	4.91	5.00	5.00

3. 月球不同地区的回波仿真分析

对图 9.4 中虹湾地区（a）和（b）两块小区域分别进行回波仿真和参数提取，如图 9.21 所示，其中实线表示区域（a），虚线表示区域（b）。可以看出，不同区域的回波功率和散射系数的大致趋势基本一致，细微起伏差别是由于两块区域地形高度和起伏引起的。

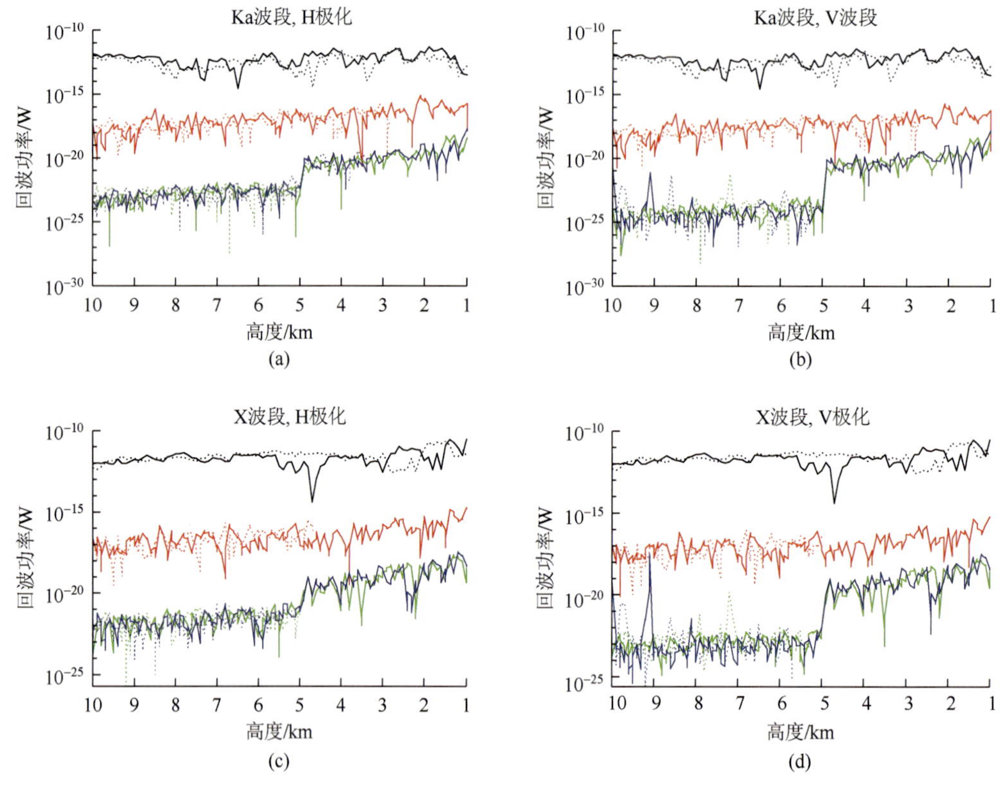

图 9.21　各波束回波功率

实线表示区域（a），虚线表示区域（b）；红色为 R1 波束，绿色为 R2 波束，蓝色为 R3 波束，黑色为 R4/R5 波束

根据这两块区域的雷达回波反演计算的雷达平台的下降速度如表 9.7 所示，可以看出，由于仿真计算的两块区域的地形起伏都比较缓慢，而且相差不大，反演精度都比较高。因此，对于雷达探测和反演，选取比较平坦的区域对目标高度和速度反演会有利。

表 9.7　根据多普勒频率推演雷达平台的下降速度

预设雷达速度		R1		R2/R3		R4/R5	
		区域（a）	区域（b）	区域（a）	区域（b）	区域（a）	区域（b）
1 km/s	调整前	1001.43	1001.43	1043.81	1043.80	1000.00	1000.00
	调整后	990.73	1001.14	981.89	988.90	1000.00	1000.01
5 m/s	调整前	5.01	5.01	5.22	5.22	5.00	5.00
	调整后	4.95	5.01	4.91	4.95	5.00	5.00

4. 雷达平台旋转的仿真分析

考虑雷达平台（$\phi = 20° \sim 70°$）的旋转，如图 9.22 所示，各波束的后向回波及平均 RCS 随旋转角度的变化曲线如图 9.23 所示。可以看出，波束 R4 的入射角从 0° 开始逐渐增大，照射区域距离平台越来越远，回波功率越来越小，归一化 RCS 也越来越小。而波束 R5 的入射角则逐渐减小至 0，回波功率和 RCS 变化与 R4 波束正好相反。

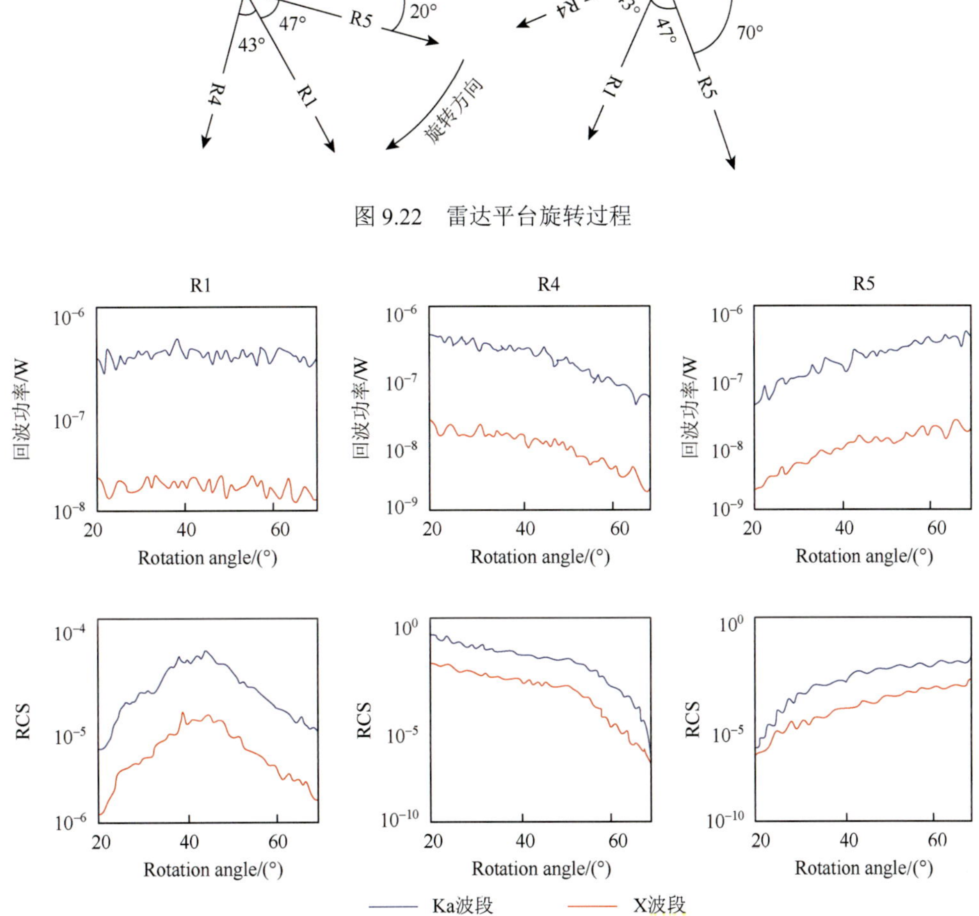

图 9.22　雷达平台旋转过程

图 9.23　雷达平台旋转过程各波束的回波功率和 RCS

根据对 CE-3 所降落地区（虹湾地区）的雷达散射回波模拟与仿真，以及基于复回波信号对月面散射 RCS 特性计算和雷达运动速度反演，得出以下几个结论：

（1）在小入射角度下，KA 数值计算能快速准确地模拟起伏粗糙月面的散射回波；

（2）由于月球地表起伏和环形山的影响，散射回波呈现波动性随机起伏，相干统计分析可以很大程度上抑制和消除随机性，便于回波特性分析；

（3）为了利用回波相位提取反演多普勒速度，回波采样必须满足采样定理条件；

（4）多普勒速度反演与雷达波束照射角（相对于运动速度方向的夹角）有关，角度越小，反演精度越高；

（5）通常情况下，H 极化回波对多普勒速度的反演精度比 V 极化的高；

（6）只要有足够的采样率，雷达工作频率对反演精度基本没有影响。

参 考 文 献

丁鹭飞. 1997. 雷达原理. 西安：西安电子科技大学出版社.

李冬雪. 2007. 月球探测器软着陆有限推力控制轨道优化设计. 哈尔滨工业大学硕士学位论文.

Foessel A，William L W. 2001. MMW-Scanning Radar for Descent Guidance and Landing Safeguard. Proceedings 6th International Symposium on Artificial Intelligence，Robotics and Automation in Space.

Kong J A. 2005. Electromagnetic Wave Theory. Massachusetts：EMW Publishing.

Namiki N，Iwata T，et al. 2009. Farside gravity field of the Moon from four-way doppler measurements of SELENE（Kaguya）. Science，323（5916）：900–905.

Shiina K，Nakai S，et al. 1992. Conceptual study of lunar landing modules. Celestial Mechanics & Dynamical Astronomy，114（1-2）：137–150.

Tsang L，Kong J A. 2001. Scattering of Electromagnetic Waves：Advanced Topics. Wiley Interscience.

Xu F，Jin Y Q. 2009. Bidirectional analytic ray tracing for fast computation of composite scattering from electric-large target over a randomly rough surface. IEEE Trans. On Antennas and Propagation，57（5）：1495–1505.

Ye H X，Jin Y Q. 2013. An inversion of planetary rough surface permittivity from radar sounder observations. IEEE Antennas and Wireless Propagation Letters，12（12）：1069–1072.

Ye H X，Jin Y Q. 2015. Simulation of multi-angular radar echoes for measuring the range/speed during CE-3 landing on the lunar Sinus Iridum surface. IEEE Transactions on Geoscience and Remote Sensing，53（9）：4922–4932.

第 10 章　月球表面 SAR 成像模拟

星载合成孔径雷达（synthetic aperture radar，SAR）可进行高分辨率成像遥感，是主动遥感最主要的技术，在地球遥感领域起着十分重要作用。早在 20 世纪 90 年代，SAR 就开始应用于金星、月球、土卫六等天体的遥感观测（Elachi et al.，2004；Nozette et al.，2010；Pettengill et al.，1991）。特别地，对于具有浓密大气的行星（如金星、土卫六），或其他一些天体，如月球、水星两极的永久阴影区（Campbell et al.，2006），星载 SAR 可能是唯一的成像观测手段。了解天体表面雷达散射特征与 SAR 成像机理，对于未来探测计划中 SAR 传感器设计、行星 SAR 图像数据验证与解译、行星表面形貌特征识别、次表层结构物理特征定量获取等具有非常重要的意义。

印度 2008 年 10 月月船探月卫星搭载 2.38 GHz、空间分辨率 150 m 的微型 SAR（mini-SAR），采用简极化的方式（compact-polarimetry），以左旋圆极化发射，垂直与水平线极化接收。美国 2009 年 6 月月球侦查轨道器搭载频率 2.38 GHz（S 波段）、7.14 GHz（C 波段）的微型 SAR（mini-RF），空间分辨率分别为 15 m×30 m 与 150 m，也采用简极化的方式，以左旋圆极化或右旋圆极化发射、垂直与水平线极化接收。由此，可以得到 4 个 Stokes 参数组成的散射强度矢量（Jin and Xu，2013）。极化 SAR 的测量特别引起人们注意月球表面浅表层物理特性，以及月球两极永久阴影区内水冰存在的可能。

本章以月球表面为例，按照现有的月球表面撞击陨石坑数量和形态的统计特征，数值构造了具有不同形态的陨石坑分布的月球表面地形。根据月球表面地形起伏坡度非均匀分布的特征，提出了一种由不规则三角形网格月球表面数值剖分来作为月面数字地形。对于地形起伏变化小的地方，所取的剖分面元尺寸大，而对于地形起伏变化大的地方，所取的剖分面元尺寸小，这样能用较少的面元表征非均匀月球表面高程的随机起伏。在上述工作基础上，由 Kirchhoff 近似（KA）计算月球表面同极化散射的雷达回波。根据 SAR 成像算法，数值模拟了具有陨石坑分布的非均匀起伏月球表面的 SAR 图像。以 Apollo 15 着陆点地区表面真实的数字高程和克莱门汀紫外可见光数据为基础，数值模拟了 Apollo 15 着陆区 SAR 图像（Fa et al.，2009）。最后，对模拟的月球表面 SAR 图像强度进行了统计验证，并与真实的月球表面 SAR 图像做了比较。

本章的月球表面雷达回波模拟方法与 SAR 成像方法也可以应用到水星、火星等其他行星或天体的探测中。

10.1　非均匀起伏月球表面地形的模拟与剖分

月球表面可分为相对平缓的月海（maria）和多坑洞的高地（highlands）。月海是大型陨石坑盆地底部火山喷发之后所形成的宽广平原，以玄武岩为主，约占月球表面积的 17%。高地是指月球表面高出月海的地区，一般高出月球水准面 2～3 km，约占月球表面积的 83%，以斜长岩为主（Heiken et al.，1991）。一般情况下，月海表面相对比较光滑，除零星分布的陨石坑之外，月海表面没有特别不同的地形特征，而高地表面则布满了大量大小不等的陨石坑（Heiken et al.，1991）。

在现有缺少月球表面高分辨率数字高程模型的情况下，本书用数值方法来模拟月球表面地形。对于相对比较平滑的月海表面，用 Gauss 或指数型相关函数定义的随机粗糙面来描述其表面地形。随机粗糙面电磁散射与 SAR 成像在地球遥感中已有很多讨论（Xu and Jin，2006；金亚秋等，2008）。因此，本章只讨论有陨石坑分布的月球表面地形的构造与 SAR 成像。数值构造月面地形的优点是参数可予以选取的理论建模，如月球表面陨石坑的数量、其大小-出现概率分布、形状等，从而实现非均匀起伏月球表面的 SAR 成像的理论模拟与数值定量解译和评估，进一步进行 SAR 图像中月球表面主要特征的识别和提取。

对于火星和其他天体表面，也可以按照本章方法来数值模拟构造其表面地形。

10.1.1　陨石坑分布的月球表面地形的生成

由陨石小天体撞击而产生的月面陨石坑的直径分布可以从几十微米到几百千米。最新研究结果表明，月球表面直径大于 1 km 的陨石坑总数约为 130 万个（Robbins，2019）。一般来说，月球表面年龄越古老，遭受陨石撞击的概率越大，陨石坑的密度也就越大。对于陨石坑分布的月球表面地形的构造，需考虑月球表面撞击的陨石坑数量、大小、形态、分布等统计特性。我们根据 Baldwin（1964）的陨石坑大小-频率分布和 Pike（1974）的陨石坑深度与直径比值关系的统计结果，来数值构造陨石坑分布的月球表面地形。

月球表面每平方千米面积上陨石坑数量与直径之间存在着较强的反相关关系，即陨石坑直径越小，单位面积内的数量越多。这体现了月面上小型撞击事件发生的概率远大于大型撞击事件的概率。Baldwin（1964）给出单位面积内陨石坑的累积数量与直径之间存在着幂率关系，即

$$\lg N_{\mathrm{cum}} \propto -2.12025 \log D \tag{10.1.1}$$

式中，D 为陨石坑的直径；N_{cum} 为直径大于 D 的陨石坑的累积数量。在本章中，对式（10.1.1）做简单的修改，简单取其右边的系数为–2 来表征陨石坑的数量统计特征。

Pike（1974）根据 Apollo 15、Apollo 16、Apollo 17 计划中拍摄到的月球表面照片，对大范围内陨石坑的尺度做了测量，指出陨石坑的深度（陨石坑边缘与坑底的高程差）与直径之间存在着很强的相关性。对于新生陨石坑，随着陨石坑直径的增大，陨石坑的深度线性增加，在陨石坑直径小于 15 km 时，陨石坑的深度与直径的比值约为 0.2，当陨石坑直径大于 15 km 时，陨石坑的深度与直径的比值逐渐降低。Greeley（1987）的研究发现，

陨石坑的形状与直径有关：当陨石坑的直径小于 10 km 时，其形状趋近于碗状，而当陨石坑直径大于 10 km 时，陨石坑的形态逐渐由简单的碗状趋向于更为复杂的形态，底部趋近于平表面。此外，陨石坑以其中心点为对称结构。

按上述两种统计结果，构造有陨石坑分布的月球表面地形。陨石坑的形状为点对称，由一组经验参数给出陨石坑的截面形状。当陨石坑的直径小于 10 km 时，其截面的形状采用 Kobayashi 等（2002b）的方式描述为

$$z(r)=\begin{cases}(\alpha+\beta\ln R)R-0.4\left\{1-\exp\left[-\dfrac{|r-R|}{R}\right]\right\}\dfrac{R}{1-e^{-1}} & (0\leqslant r\leqslant R)\\ (\alpha+\beta\ln R)\exp\left[-\dfrac{(r-R)^2}{0.64R^2}\right]R & (R\leqslant r\leqslant aR)\end{cases}\tag{10.1.2}$$

式中，$z(r)$ 为在半径为 R 的陨石坑中距其中心为 r 处的高度；α、β 为常数，取值如下：

$$\alpha=\frac{\ln 2}{40\ln 10},\beta=\frac{1}{40\ln 10},\gamma=0.25\tag{10.1.3}$$

式中，a 为一个常数，用来限制陨石坑边缘以外抛射物的范围，取其值为 2.2（Melosh，1989，2011）。这表示受陨石小天体的撞击，一个陨石坑对距其中心为半径 2.2 倍范围内的地形都产生影响。

对于直径大于 10 km 的陨石坑，陨石坑截面的形状也采用 Kobayashi 等（2002b）的方式描述：

$$z(r)=\begin{cases}u\exp\left[-\dfrac{(r-R)^2}{v^2}\right]-\omega & (0\leqslant r\leqslant R)\\ p\exp\left[-\dfrac{(r-R)^2}{q^2}\right] & (R\leqslant r\leqslant aR)\end{cases}\tag{10.1.4}$$

式中，u、v、ω、p 和 q 分别为 R 的函数，定义如下。

$$u=1.690R^{0.23},v=1.352R^{0.23},\omega=1.268R^{0.23},\ p=0.422R^{0.23},q=3.380R^{0.23}\tag{10.1.5}$$

陨石撞击点的位置作为陨石坑的中心，由 Monte Carlo（M-C）方法随机产生。陨石坑的大小在保持 Baldwin（1964）的统计特性的条件下也随机产生。这一特性描述为

$$R_n=R_{\min}/\sqrt{a_n}\tag{10.1.6}$$

式中，R_n 为第 n 个陨石坑的半径；$R_{\min}$ 为陨石坑的最小半径；a_n 为[0，1]均匀分布的随机数。在本章陨石坑表面的生成方法中，我们也考虑到了陨石坑的叠加和掩埋，即年轻的陨石坑可以在年老的陨石坑上产生，并部分破环或者全部破环年老的陨石坑的结构。

图 10.1 给出了两种不同形状的陨石坑的剖面结构，其中图 10.1（a）为碗状陨石坑，半径为 3 km，图 10.1（b）为平底陨石坑，半径为 8 km。可以看出，与碗状陨石坑相比，平底陨石坑底部比较平坦，而陨石坑边缘比较陡峭。

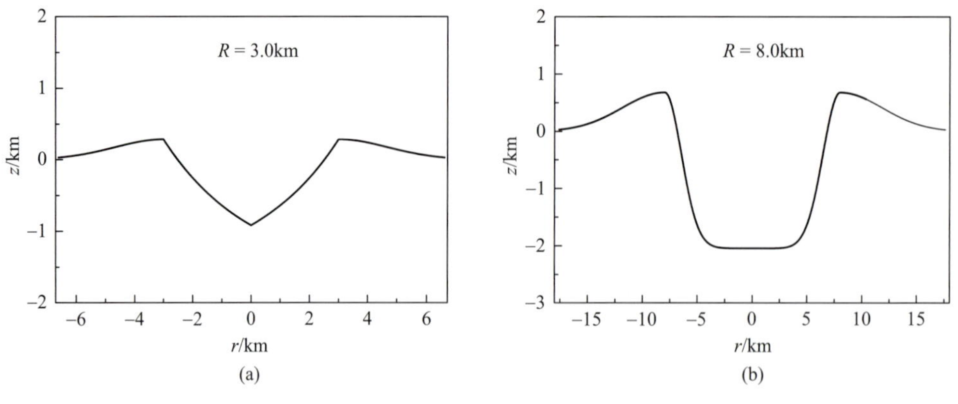

图 10.1　两种不同形状的陨石坑

（a）碗状结构；（b）平底结构

选取月球表面 50 km×50 km 大小的区域，取陨石坑的数目为 10000 个，陨石坑的最小半径为 $R_{\min} = 50$ m，陨石坑的位置由 M-C 方法随机生成，图 10.2 给出了这一区域数值构造的月球表面地形。图 10.2 表明，有陨石坑分布的月面地形主要取决于陨石坑的大小、形状和数量。可以看出，大的陨石坑边缘或内部也会有小的陨石坑产生，这说明本章采用的方法在生成月球表面地形的过程中考虑到了年轻的陨石坑对古老的陨石坑的侵蚀和掩埋作用。

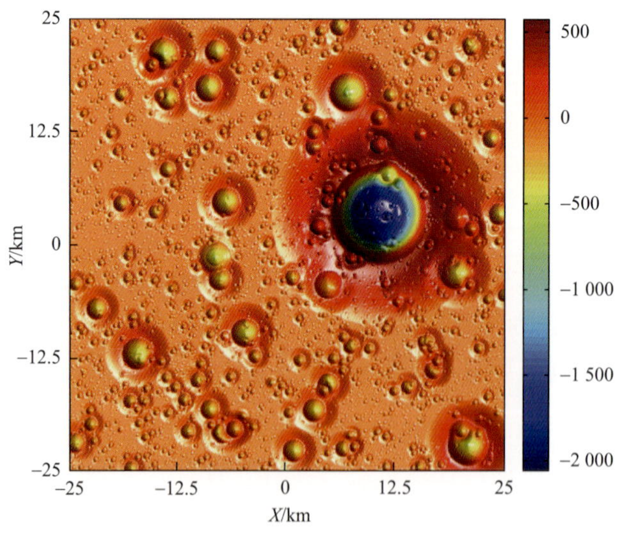

图 10.2　M-C 随机产生模拟陨石坑分布的月球表面

10.1.2　不规则三角网格对月球表面的剖分

先对月球表面进行数值剖分，用一系列小面元来剖分连续的月面地形。SAR 回波信号的计算方法与剖分时小面元(网格)的形状、大小、数量等直接相关。Kobayashi 等(2002a,

2002b）曾采用规则小网格来对月球或火星表面进行剖分，以完成面元散射计算中的相位积分项。规则剖分简单易于处理，但在地形平坦的地方，存在大量的冗余数据，而在不改变离散网格大小的情况下，又难以足够准确地表征地形起伏特别大的区域。

本书采用不规则三角形网格（triangulated irregular network，TIN）对月球表面进行剖分。TIN 按一定的规则将离散点连接成覆盖整个区域且互不重叠、结构最佳的三角形，实际上是建立离散点之间的空间关系（Dwyer，1987）。与规则剖分相比较，不规则三角网格剖分具有容易通过离散点生成、合适处理复杂地形且数据冗余较少的优点。Delaunay 三角形适用于各种数据分布密度，可直接利用各种地形特征信息，具有唯一性好、适用于不规则形状区域等优点，所以选择 Delaunay 三角形来建立 TIN（D-TIN）。

生成 TIN 数据的思路是，在给定网格大小（即原始数据分辨率）的情况下，按照图 10.3 所述方法生成规则网格的月球表面地形数据，通过提取特征点（指地形发生突变的点），连成 Delaunay 三角形，就可以得到不规则三角剖分的数据。

如图 10.3（a）所示，在给定月球表面区域大小的情况下，由给定网格大小（即原始 DEM 的分辨率）生成二维网格。在每个节点上按照 10.1.1 节所述方法生成月球表面高度，则每个节点由坐标 (x, y, z) 表示，如图 10.3（b）所示。遍历所有节点，选出地形起伏变化比较大的节点作为特征点。

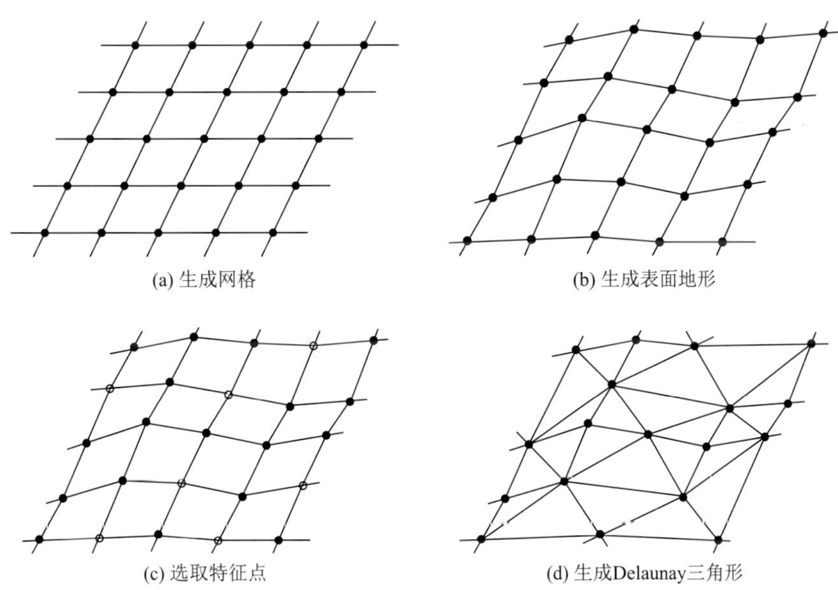

图 10.3　不规则三角网格剖分示意图

如图 10.4 所示，假设月球表面沿 x 方向的剖面用曲线方程 $z = f(x)$ 来描述，则某给定点 A 处沿 x 方向的曲率半径为

$$R = (1 + f')^{3/2} / f'' \tag{10.1.7}$$

式中，f'、f'' 分别为 f 的一阶、二阶导数。点 A 所在的弧线对圆心所张的角度为

$$\mathrm{d}\theta = \mathrm{d}s / R \tag{10.1.8}$$

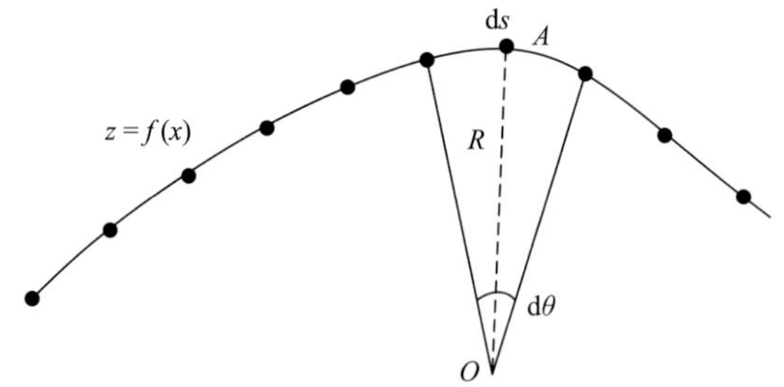

图 10.4　特征点选取示意图

给定阈值$\Delta\theta$，对于某一给定点A，当$\mathrm{d}\theta>\Delta\theta$时，保留该点；当$\mathrm{d}\theta<\Delta\theta$时，该点以一定的概率保留，使得对月球表面所有的点平均之后等效于由月球表面任意相邻两点构成的线段用$N=2\pi/\Delta\theta$的一个正N边形的一条边来代替。同时，考虑到每个三角面元不能剖分得太大，因此需要给定一个剖分的下限值，即至少为每单位面积所保留的点的数目。设此概率下限为$P_{\min}$，则给定点被保留的概率为

$$P(x)=P_{\min}+\min[\mathrm{d}\theta/\Delta\theta,1]\cdot(1-P_{\min}) \tag{10.1.9}$$

综合考虑上述两个因素，对于给定点，由 M-C 方法产生一个[0，1]均匀分布的随机数a_n，当$P(x)>a_n$时，保留该点。

对与图 10.4 垂直的y方向做同样的判断，当x或y方向有一个满足式（10.1.9）时，保留该点。如图 10.3（c）所示，其中黑色的节点为按照式（10.1.9）找出的特征点，空心圆为地形起伏变化不大的节点，予以去除。将这些特征点连接成 Delaunay 三角形，即表示月球表面地形的不规则三角形网格，如图 10.3（d）所示。

由式（10.1.9）可以看出，$P_{\min}$越大，单位面积内平均保留的点数目越多，剖分接近于均匀剖分。而式（10.1.9）的第二项则控制剖分时月球表面的地形变化，$\Delta\theta$值越小，剖分时越与地形的变化有关，即地形起伏变化同样快慢的地方，保留的点越多。

在 10 km×10 km 的区域内，按照 10.1.1 节所述方法构造 2 个不同形状的陨石坑，取碗状陨石坑半径为 3 km，为方便比较，取平底陨石坑半径为 6 km，按照式（10.1.4）计算出月球表面高度之后等比例缩小 2 倍。选取$P_{\min}=1/1600$，$\Delta\theta=30°$，图 10.5 给出了半径为 3 km 的两种不同形状的陨石坑采用非均匀剖分后的结果，其中碗状陨石坑剖分之后面元数为 2432，平底陨石坑剖分之后面元数为 4582 个。可以看出，在陨石坑的外围，由于地形比较平坦，剖分的三角形尺度较大、数目较少，而在陨石坑边缘地形变化较大的地方，剖分三角形尺度较小、数目较多。对于碗状陨石坑，其底部坡度变化较快，因此剖分数量较多，而由于平底陨石坑底部比较平坦，其剖分的面元较大而数量较少。与碗状陨石坑相比，平底陨石坑剖分的面元主要集中在陨石坑边缘与内壁下部高度起伏变化快的地方。可以看出，在给定剖分参数的情况下，剖分所得三角形的数量主要与地形的起伏变化快慢有关。

非均匀剖分后每个三角面元的高度表示月球表面的高度起伏，可以由三角面元顶点的高程值重构出在原始分辨率时所有节点的高度值。比较月球表面高程数据与原始数据之间的差异，可以作为衡量非均匀剖分准确性的一个指标。以图 10.5（a）所示碗状撞击坑为例，在原始数据中总共有 1001×1001 个节点，选取不同的参数$P_{\min}$和$\Delta\theta$对其进行非均匀剖分。

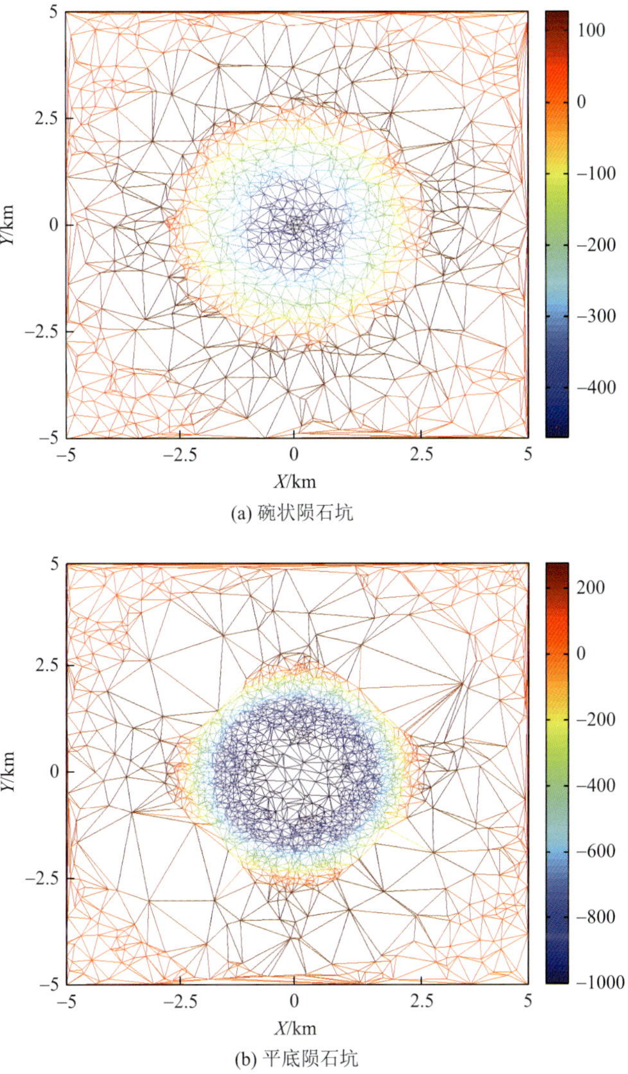

(a) 碗状陨石坑

(b) 平底陨石坑

图 10.5　两种不同的陨石坑剖分后的结果

对于固定的剖分参数$\Delta\theta = 24°$，选择$P_{\min}$在 0.0004～0.04 变化，图 10.6 给出了不规则三角剖分之后所保留的特征点数目、三角面元数目，以及表面高度相对误差小于 1%和 5%的点所占总节点数的比例。可以看出，对于给定的阈值$\Delta\theta$，$P_{\min}$越大，保留的特征点数目越多，三角面元数目也越多，而剖分后的表面误差越小。对于固定阈值$\Delta\theta = 24°$，当$P_{\min} > 0.0025$时，有多于 95%的点误差小于 5%，而$P_{\min} > 0.04$时，有 98%的地方误差小于 1%。

对于固定的剖分参数$P_{\min} = 0.01$，选择$\Delta\theta$在 9.2°～72°变化，图 10.7 给出了不规则三角剖分之后所保留的特征点数目、三角面元数目，以及表面高度相对误差小于 1%和 5%的点所占总节点数的比例。可以看出，对于给定的阈值$P_{\min}$，$\Delta\theta$越大，保留的特征点数目越多，三角面元数目也越多，而剖分后的表面误差越小。对于给定的参数$P_{\min} = 0.01$，$\Delta\theta$在 9.2°～72°变化时，有 98%的地方误差小于 5%。

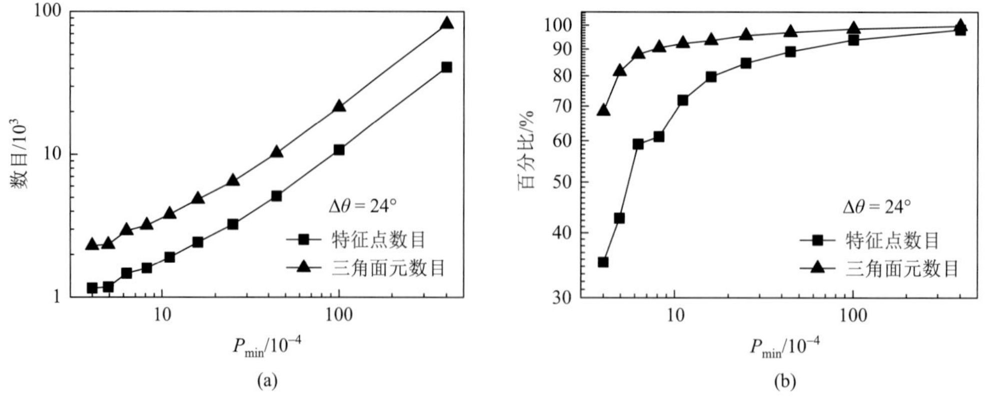

图 10.6　特征点、三角面元数目与剖分误差随 P_{min} 的变化

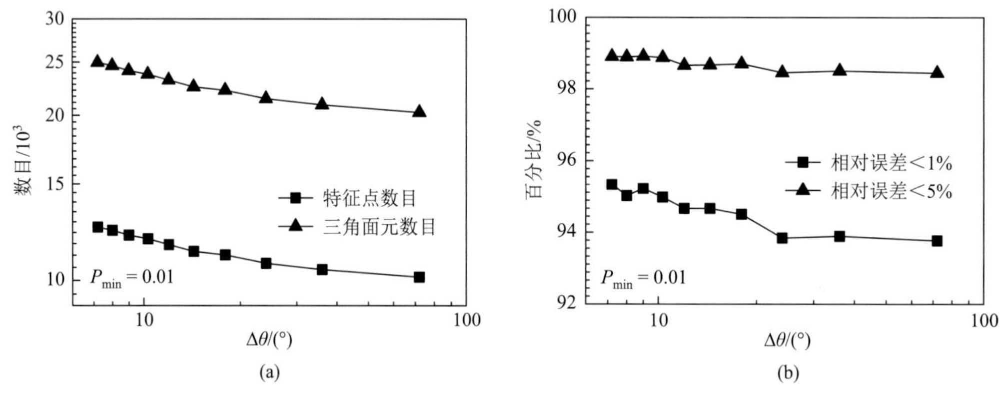

图 10.7　特征点、三角面元数目与剖分误差随 $\Delta\theta$ 的变化

图 10.5（a）所示碗状陨石坑的原始数据有 1001×1001 个节点，如果采用均匀剖分，则需要的面元数为 200 万个，按照图 10.6 和图 10.7 所示参数进行非均匀剖分时，三角面元数目的最大值为 81630 个，而此时的误差已经很小，超过 98%的地方相对误差小于 1%。可见，与均匀剖分相比较，不规则三角网格在准确保持表面高度的基础上，极大地减小了三角面元的数量。

对于图 10.5（b）所示的平底陨石坑，也有类似的结果。

10.2　SAR 回波计算与成像算法

月球表面电磁散射与月面坡度、粗糙度、月球表面和月壤层内石块等散射体大小与形状、月壤介电常数等因素有关。参数化理论模型可以给出雷达回波与这些参数之间的定量关系（Campbell et al.，1997；Fa et al.，2011；Thompson et al.，2011）。但是，这些参数的准确确定总是有一定的困难。例如，月壤介电常数与月壤体密度、月壤中 $FeO + TiO_2$ 含量密切相关，其可以通过月面的光学反射率数据来推算得到（Lucey et al.，2000）。已有探测结果表明，在米级尺度范围内月球表面的粗糙度很小，均方根斜率约为 3°（Hagfors，

1970；Phillips et al.，1973），而米级尺度的石块丰度也很低（平均值为～0.5%），（Bandfield et al.，2011），因此这里不考虑月面剖分面元的粗糙度以及可能分布的石块对面散射所带来的额外影响。

电磁波可以穿透到一定深度的低损耗月壤层，这样会导致在 SAR 图像中出现由月壤层内部分层和非均匀产生的散射而引起的图像模糊。但是，实验结果与理论分析表明，只要合成孔径取得足够大，就可以消除 SAR 图像中由非均匀月壤散射所引起的模糊度问题（Kobayashi and Ono，2007）。因此，本章（Fa et al.，2009）在模拟 SAR 成像时，不考虑电磁波对月壤的穿透特性。月壤层雷达散射、月壳浅表层高频雷达波的散射问题，将在第 10 章中予以讨论。

10.2.1　SAR 回波信号模拟

按 10.1 节所述的进行剖分后，月球表面用离散的三角面元来表征。如图 10.8 所示，雷达位于 S 处，距第 n 个三角面元 ΔABC 的距离为 R 。在 KA 近似下，三角面元表面的感应场用局部切向场近似，根据 Huygens 原理（Kong，1985），其远区后向散射场表示为（Tsang et al.，1985；Jin，1994，2005）

$$\boldsymbol{E}_{\mathrm{S}}^{n}(f,\boldsymbol{R})=\frac{-jk}{4\pi R}E_0(\overline{\boldsymbol{I}}-\hat{k}_{\mathrm{s}}\hat{k}_{\mathrm{s}})\cdot\boldsymbol{F}(\hat{k}_{\mathrm{i}},\hat{e},\hat{n})I_A \tag{10.2.1}$$

式中，$\overline{\boldsymbol{I}}$ 为单位并矢，相位积分为

$$I_A=\int_A \exp(-j2kR)\mathrm{d}s \tag{10.2.2}$$

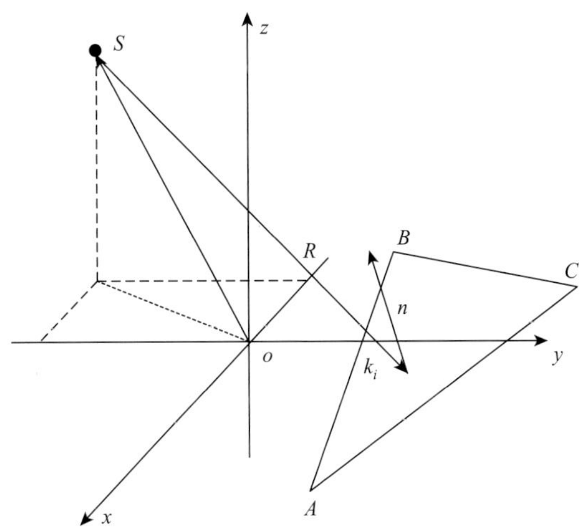

图 10.8　三角面元散射示意图

极化散射项为

$$\begin{aligned}\boldsymbol{F}(\hat{k}_{\mathrm{i}},\hat{e}_{\mathrm{i}},\hat{n})=&-(\hat{e}_{\mathrm{i}}\cdot\hat{q}_{\mathrm{i}})(\hat{n}\cdot\hat{k}_{\mathrm{i}})\hat{q}_{\mathrm{i}}(1-R_{\mathrm{h}})+(\hat{e}_{\mathrm{i}}\cdot\hat{p}_{\mathrm{i}})(\hat{n}\times\hat{q}_{\mathrm{i}})\hat{q}_{\mathrm{i}}(1+R_{\mathrm{v}})\\&+(\hat{e}_{\mathrm{i}}\cdot\hat{q}_{\mathrm{i}})[\hat{k}_{\mathrm{s}}\times(\hat{n}\times\hat{q}_{\mathrm{i}})](1+R_{\mathrm{h}})+(\hat{e}_{i}\cdot\hat{p}_{\mathrm{i}})(\hat{n}\cdot\hat{k}_{\mathrm{i}})(\hat{k}_{\mathrm{s}}\times\hat{q}_{\mathrm{i}})(1-R_{\mathrm{v}})\end{aligned} \tag{10.2.3}$$

式中，$\boldsymbol{R}$ 为接收点（雷达）位置；$\hat{e}_{\mathrm{i}}=\hat{e}_{\mathrm{iv}},\hat{e}_{\mathrm{ih}}$ 为主坐标系中入射波极化矢量；$\hat{n}$ 为面元法向矢量；下标 i，s 分别表示入射与散射；$\hat{q}_{\mathrm{i}},\hat{p}_{\mathrm{i}}$ 为该面元局部坐标系的入射波极化矢量，分别定义为（Tsang et al.，1985；Jin，1994）

$$\hat{e}_{\mathrm{ih}}=\frac{\hat{k}_{\mathrm{i}}\times\hat{z}}{|\hat{k}_{\mathrm{i}}\times\hat{z}|},\hat{e}_{\mathrm{iv}}=\hat{e}_{\mathrm{ih}}\times\hat{k}_{\mathrm{i}},\hat{q}_{\mathrm{i}}=\frac{\hat{k}_{\mathrm{i}}\times\hat{n}}{|\hat{k}_{\mathrm{i}}\times\hat{n}|},\hat{p}_{\mathrm{i}}=\hat{q}_{\mathrm{i}}\times\hat{k}_{\mathrm{i}} \tag{10.2.4}$$

局部坐标系的散射波极化矢量也类似定义。对于后向散射，有 $\hat{k}_{\mathrm{s}}=-\hat{k}_{\mathrm{i}}$。

R_{v} 和 R_{h} 分别为局部垂直极化和水平极化反射系数，可用式（1.3.33）计算。计算中每个第 m 个面元的局部入射角 $\theta_{m\mathrm{i}}$ 由式（10.2.5）确定：

$$\cos\theta_{m\mathrm{i}}=-\hat{n}_m\cdot\hat{k}_{\mathrm{i}} \tag{10.2.5}$$

对于一个三角面元 ΔABC，其积分因子 I_A 可以表示为

$$I_A=\begin{cases}I''_{CA}-I''_{BC}-I''_{AB} & O\notin\Delta ABC\\ I''_{BC}+I''_{CA}+I''_{AB}+\dfrac{\pi}{2k^2}\exp(j2kH)(j2kH-1) & O\in\Delta ABC\end{cases} \tag{10.2.6}$$

式中，O 为雷达在 ΔABC 所在平面的投影点；H 为雷达距平面 ΔABC 的距离；I'' 为由 Fresnel 积分表示的一个函数。I_A 的具体推导在附录 A，其适用于任意大小与形状的三角面元。

对雷达照射范围内每个小面元的回波进行叠加，则雷达接收到的频域回波为

$$\boldsymbol{E}_S(f)=\sum_{n=1}^{N}\boldsymbol{E}_S^n(f) \tag{10.2.7}$$

式中，N 为雷达照射范围内三角面元数。

对频域回波进行 Fourier 逆变换（inverse fourier transform），即可得到时域的回波

$$\boldsymbol{E}_S(t)=\frac{1}{2\pi}\int_{-\infty}^{+\infty}\boldsymbol{E}_S(f)e^{-ift}\mathrm{d}f \tag{10.2.8}$$

实际上，雷达对月球表面的观测是在空间域内进行的，因此一般都将 $\boldsymbol{E}_S(t)$ 按照 $R=ct/2$ 的关系转换到空间域 $\boldsymbol{E}_S(\boldsymbol{R})$ 中。

10.2.2 后向投影成像算法

如图 10.9 所示，高度为 H 的雷达沿着方位向 x 以速度 v 飞行，不同时刻发射不同的脉冲序列，对月球表面进行一系列的观测。当雷达沿着轨道飞行时，每一个时刻接收到的回波由式（10.2.8）计算。定义慢时间变量 s 为雷达沿路径飞行的时间，快时间变量 t 为一个脉冲收发周期之内的时间变量。于是，可以得到雷达在不同位置接收到的回波信号的二维矩阵 $\boldsymbol{E}_S(s,t)$。利用变换关系 $R=ct/2$ 和 $x=vs$，也可以把回波信号矩阵写为空间域内的二维信号矩阵 $\boldsymbol{E}_S(x,R)$。

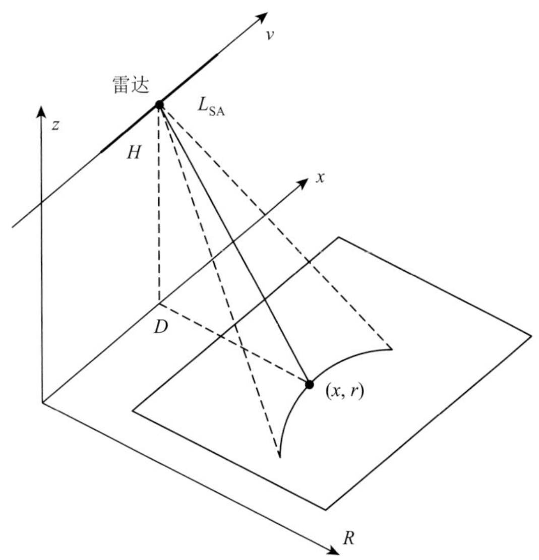

图 10.9　后向投影 BP 成像算法示意图

一般地，SAR 成像算法包括两个脉冲压缩过程，即距离向压缩和方位向压缩（Curlander and McDonough，1991）。本章对 SAR 原始信号的模拟是在频域中进行的，对模拟的原始 SAR 信号按照式（10.2.8）可以直接得到 SAR 回波随距离的变化，因此不需要对回波进行距离向压缩。对于方位向，本书采用时域后向投影算法（back projection，BP），其原理是在距离压缩后的二维信号中提取聚焦位置所对应轨迹的采样信号，先补偿这些回波信号的 Doppler 相位，然后进行相干叠加（Curlander and McDonough，1991）。

方位向压缩表示接收到的信号与参考信号之间的互相关（Curlander and McDonough，1991），对于由时间 (s,t) 表示的场景中 (x,r) 处的目标，有

$$\boldsymbol{E}_{\text{image}}(s,t)=\int_{-\infty}^{+\infty}F_{\text{ref}}^{*}(s,t\,|\,\tau)\boldsymbol{E}_{S}(\tau\,|\,s,t)\mathrm{d}\tau \tag{10.2.9}$$

式中，$F_{\text{ref}}(s,t\,|\,\tau)$ 为参考信号，定义为

$$F_{\text{ref}}(s,t\,|\,\tau)=\begin{cases}\exp\left[-j\dfrac{2\pi}{\lambda}\sqrt{H^{2}+(D+r)^{2}+(s-\tau)^{2}v^{2}}\right] & -\dfrac{T_{\text{SA}}}{2}\leqslant\tau\leqslant\dfrac{T_{\text{SA}}}{2}\\ 0 & \text{其他}\end{cases} \tag{10.2.10}$$

式中，D 为场景边缘距雷达星下点的距离。式（10.2.10）的相位表示场景中目标与雷达之间的相位延时。

令 T_{SA} 为雷达飞过长度为 L_{SA} 的合成孔径所需时间，即

$$T_{\text{SA}}=L_{\text{SA}}/v \tag{10.2.11}$$

实际观测时，雷达在飞行轨道上的离散点对月球表面场景进行观测，则式（10.2.9）变为对离散点的求和。通常为计算方便，将式（10.2.9）对时间的求和转换到空间域中进

行。利用关系 $R=ct/2$ 和 $x=vs$ 可以将时间变量转换为空间变量。取雷达观测的空间间隔为 Δx（$\Delta x=v\Delta t$），沿距离向分辨率为 $\Delta r=c/2B_{\mathrm{w}}$，其中 B_{w} 为 SAR 发射信号的带宽，则场景中 (x,r) 处的点（$x=n_x\Delta x$，$r=m_r\Delta r$）所成的像变为

$$\boldsymbol{E}_{\text{image}}(n_x,m_r)=\sum_{n=-N_{\mathrm{SA}}/2}^{N_{\mathrm{SA}}/2}F_{\text{ref}}^{*}(x_n)\boldsymbol{E}_S[x_n,R(x_n,m_r)]\Delta x/v \tag{10.2.12}$$

参考信号 $F_{\text{ref}}(x_n)$ 为

$$F_{\text{ref}}(x_n)=\begin{cases}\exp\left[-j\dfrac{4\pi}{\lambda}R(x_n,m_r)\right] & -\dfrac{L_{\mathrm{SA}}}{2}\leqslant t\leqslant\dfrac{L_{\mathrm{SA}}}{2}\\ 0 & \text{其他}\end{cases} \tag{10.2.13}$$

其中

$$\begin{aligned}&R(x_n,m_r)=\sqrt{H^2+(D+m_r\Delta r)^2+x_n^2}\\&N_{\mathrm{SA}}=L_{\mathrm{SA}}/\Delta x,x_n=n\Delta x\end{aligned} \tag{10.2.14}$$

得到场景中每个点的散射场 $\boldsymbol{E}_{\text{image}}(n_x,m_r)$ 之后，求出该点的后向散射系数（Fung，1994）：

$$\sigma^{pq}=\frac{4\pi R^2\,|\,\boldsymbol{E}_{\text{image}}^{p}(n_x,m_r)\,|^2}{A_0\,|\,E_i^q\,|^2} \tag{10.2.15}$$

式中，$p,q=v,h$ 表示极化；A_0 为雷达照射面积。

10.3　表面 SAR 成像模拟

取雷达距月球表面的轨道高度为 50 km，飞行速度为 1.6 km/s，入射波频率为 150 MHz，带宽为 $B_{\mathrm{w}}=5$ MHz，则对应距离向分辨率 $r_{\mathrm{R}}=c/2B_{\mathrm{w}}$，为 30 m。取合成孔径的长度 $L_{\mathrm{SA}}=1.667$ km，则方位向分辨率约为 30 m。取雷达离场景中心的水平距离为 30 km，对应于雷达到场景中心的入射角 θ 约为 31°。

10.3.1　模拟构造陨石坑月球表面的成像

在图 10.10 中，假设雷达沿 y 方向飞行，向 x 方向发射电磁波。取月壤的介电常数 $\varepsilon_1=4.0+i0.05$，图 10.10 出了 10 km×10 km 区域范围内 2 种不同形状的陨石坑的 SAR 成像结果，由上到下依次为水平同极化 HH，垂直同极化 VV，交叉极化 HV 极化。图 10.10 中（a）为碗状陨石坑，半径为 3 km，图 10.10（b）为平底陨石坑，为与图 10.10（a）比较，取其半径为 6 km，按照式（10.1.4）计算出表面高度之后等比例缩小 2 倍。

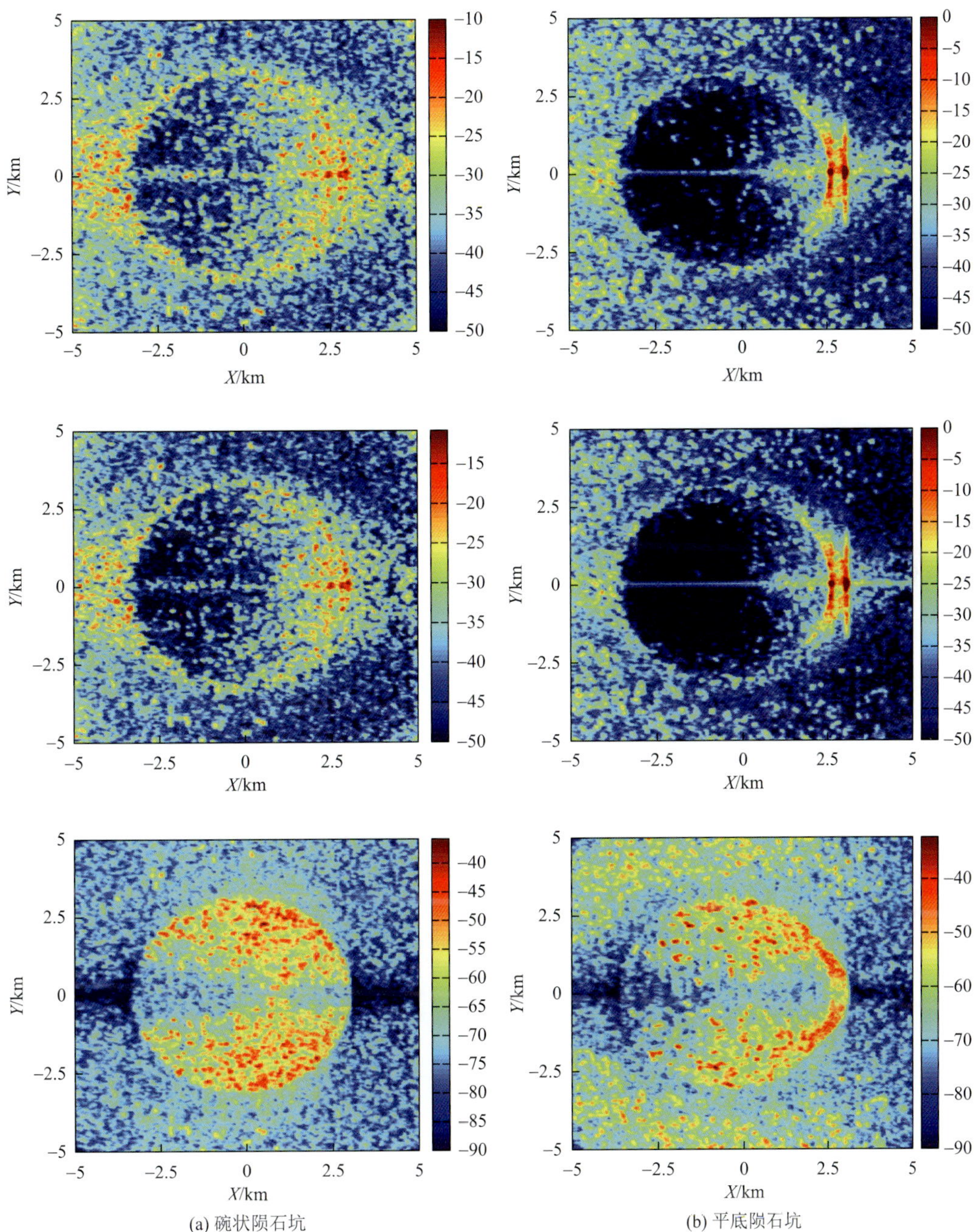

(a) 碗状陨石坑　　(b) 平底陨石坑

图 10.10　一个陨石坑的 SAR 成像结果

图 10.10 中 HH 极化与 VV 极化之间的差异是由式（10.2.3）中局部水平极化和垂直极化反射系数之间的差异造成的。从模拟的 SAR 图像中可以清楚地看出陨石坑的轮廓。对于 HH 和 VV 极化，在正对雷达照射的陨石坑边缘地区散射较强，这是由于这些地方的面元法向与入射波的方向接近于垂直照射。对于交叉极化，在陨石坑内壁有坡度且面元法向与入射波照射方向不在同一平面内的地方散射较强。与碗状陨石坑相比，平底陨石坑正

对入射波方向的边缘区域散射更强。平底陨石坑成像结果中亮的长线是这些区域散射过强导致其旁瓣也较强的缘故。

图 10.11 给出了图 10.2 所示模拟构造的有陨石坑分布的复杂月球表面场景的成像结果，其范围 x 方向为−5～20 km，y 方向为−7.5～17.5 km。可以看出，对于非均匀起伏月球表面 SAR 成像，较大的陨石坑的边缘可以看得很清楚，在接近于垂直照射的地方散射很强。对比图 10.2 给出的月面地形可以发现，较小的陨石坑与图 10.11 中 HH 和 VV 极化的小亮点一一对应。对比图 10.2 可以发现，交叉极化更能反映出陨石坑的形状。图 10.11 中较亮点附近的长线是方位向压缩时旁瓣较高所造成的。

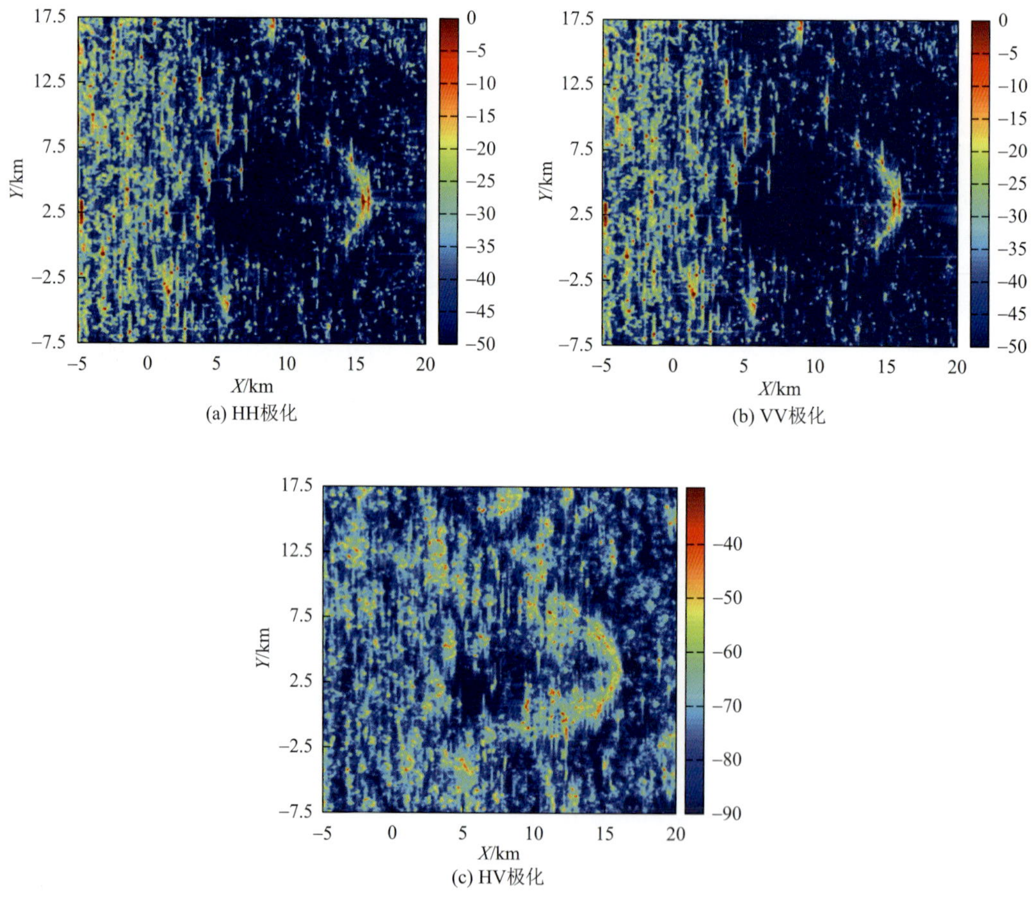

图 10.11　复杂模拟月球表面的 SAR 成像

10.3.2　真实月球表面 SAR 成像模拟

图 10.12 为月球与行星研究所（lunar and planetary institution，LPI）给出的 Apollo 15 附近的地形图，其中经度为 3.0°E～4.0°E，纬度 25.5°N～26.5°N。图 10.12 中黑色的地形低的蜿蜒状月面沟纹为哈德利月谷（Rima Hadley），Apollo 15 载人登月舱在哈德利月谷

以东着陆，着陆点（26.1°N，3.7°E）位于高出哈德利月谷 4000 m 以上的山岭和深度大于 300 m 的山谷之间（Heiken et al.，1991），如图 10.12 中黑色小旗所示。

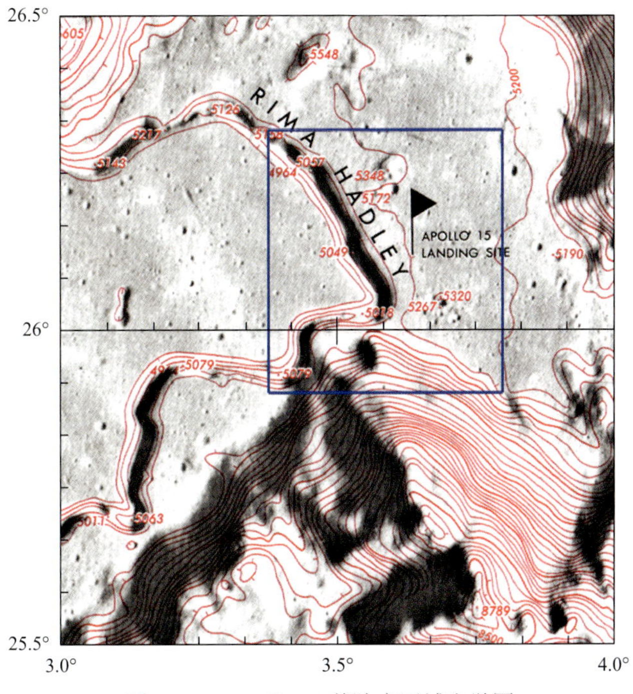

图 10.12　Apollo 15 着陆点区域光学图

我们选取经度为 3.4°E～3.8°E，纬度为 25.9°N～26.3°N 的 12 km×12 km 的月球表面区域进行 SAR 成像模拟，如图 10.12 中蓝框所示。

图 10.13（a）给出了该区域的月球表面数字高程（http://ser.sese.asu.edu/），其空间分辨率为 7.5 m。图 10.13（a）中蓝色部蜿蜒状月面沟纹为哈德利月谷，地形较低，下方中间红色地形较高地方为亚平宁山脉。

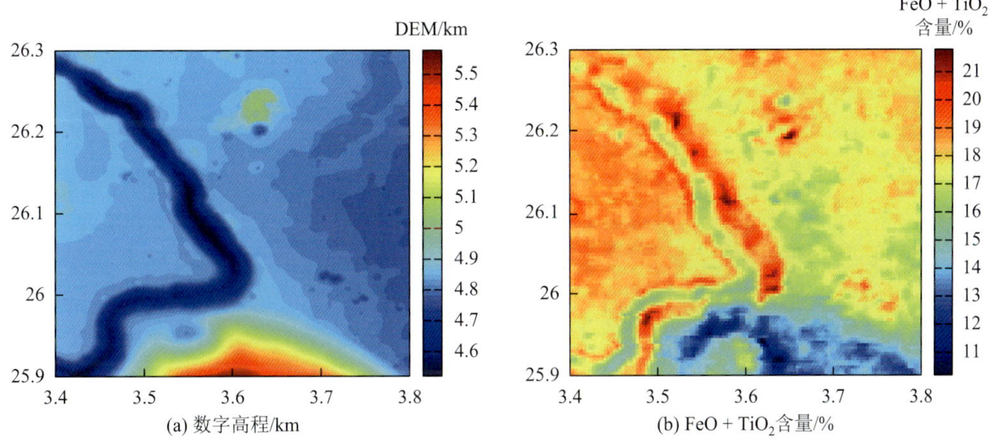

(a) 数字高程/km　　(b) FeO + TiO$_2$含量/%

图 10.13　SAR 成像区域月球表面真实数据

根据美国克莱门汀探月卫星紫外可见光（UVVIS）5 波段光学反射率数据和 Lucey 等（2000）给出的由光学反射率计算 FeO 和 TiO_2 含量的方法，计算出该区域月球表面 FeO + TiO_2 含量 S 的分布，如图 10.13（b）所示，其分辨率约为 100 m。在计算时，由双线性插值方法将光学数据 S 按照经纬度进行插值，转换为与月球表面 DEM 分辨率一致的数据。

月壤样品分析表明，月壤介电常数实部主要与月壤体积密度 ρ 有关，而与化学成分、矿物组分、频率（大于 1 MHz 时）、温度（在月球的温度变化范围内）关系不大（Carrier et al.，1991）。损耗角正切 $\tan\delta \equiv \varepsilon'' / \varepsilon'$ 则与 ρ 及月壤中 FeO + TiO_2 的含量 S 有关，而受频率以及温度的变化影响很小。这里采用 Shkuratov 和 Bondarenko（2001）中给出的方法，假设月壤体积密度 ρ 与月壤中 FeO + TiO_2 的含量 S 和月壤颗粒的占空比 f_1 有关，其中 $f_1 = 1 - n$，n 为月壤颗粒之间的孔隙率。可以通过月壤样品的测量来给出 ρ 与 S 之间的关系，但是月壤孔隙率变化比较大，使得相关性比较差。因此，采用月岩的测量结果与给定的月壤土壤占空比，来估算月壤的介电常数不受月壤占空比的影响。月岩的密度与 S 的相关性较好，其关系为

$$\rho_R = 0.0165S + 2.616 \tag{10.3.1}$$

月壤的介电常数与 S 的关系为

$$\varepsilon_1' = 0.74\exp(0.85 f_1 \rho_R) \tag{10.3.2}$$

$$\tan\delta = 8.8\times 10^{-4}\exp(0.5 f_1 \rho_R + 0.085S) \tag{10.3.3}$$

这里选取 f_1=0.75（Heiken et al.，1991；Shkuratov and Bondarenko，2001）。

取雷达轨道高度为 50 km，在纬度为 29.1°N 处沿经度方向飞行，图 10.14 分别给出了这一区域内 HH、VV、HV 极化的 SAR 图像模拟。可以看出，对于 HH 和 VV 极化，哈德利月谷左岸散射比较强，在图像上比较明显。在纬度约为 26.24°N、经度约为 3.63°E 处地形相对较高的地方散射也比较强。位于图 10.14 下方的高山地区散射也较强，这是因为这些地方坡度接近于垂直照射。对于该地区小的陨石坑，成像结果为亮点。HV 极化散射则对坡度比较敏感，谷底和高山地方散射都比较强。由于该地区没有大的陨石坑，因此没有出现图 10.8、图 10.9 中大的陨石坑边缘散射较强的现象。

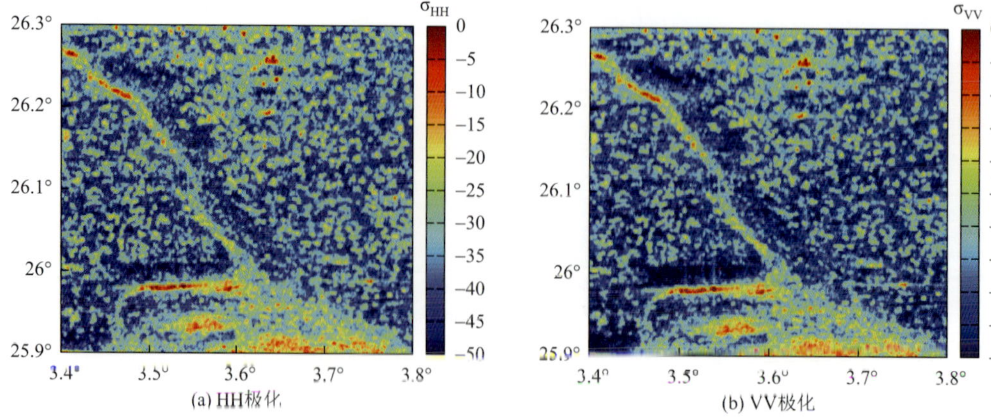

(a) HH极化　　(b) VV极化

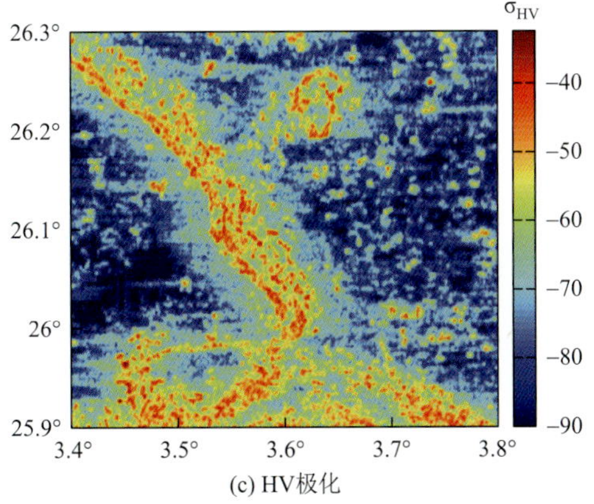

(c) HV极化

图 10.14　沿经度方向飞行时 Apollo 15 着陆点地区模拟的 SAR 图像

仍然以图 10.12 中 Apollo 15 着陆点为例，取雷达轨道高度为 50 km，在经度为 2.6°E 处沿纬度方向向上飞行，图 10.15 给出了这一区域内 HH、VV、HV 极化的 SAR 图像模拟，其中剖分参数与图 10.12 相同。可以看出，当雷达沿着纬度方向飞行时，对于 HH 和 VV 极化，哈德利月谷右岸散射比较强。图 10.13 下方的亚平宁山脉地区散射比较弱，而在图 10.12 中散射比较强，这是不同的飞行方向雷达的照射角度不同所引起的。在图 10.15 中出现的亮的线条是这些点散射太强，沿方位向压缩时旁瓣太大所引起的。

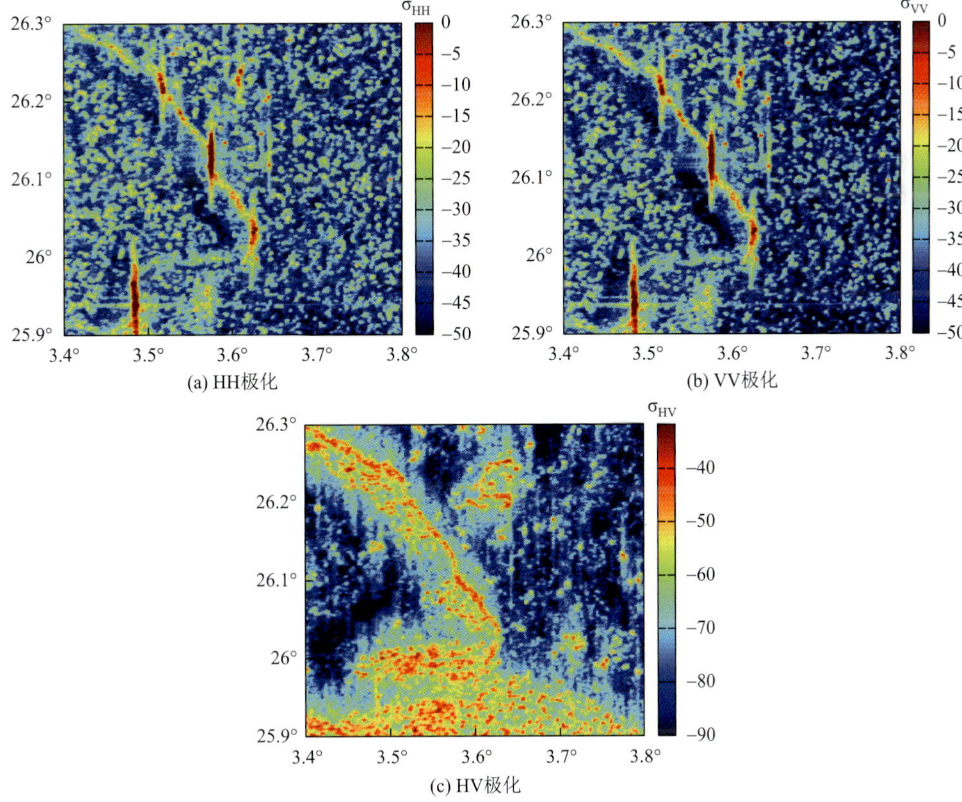

(a) HH极化　(b) VV极化

(c) HV极化

图 10.15　沿纬度方向飞行时 Apollo 15 着陆点地区模拟的 SAR 图像

对比图 10.14、图 10.15 和图 10.13（b）可以发现，$FeO + TiO_2$ 的含量对散射的影响很小，这是在图 10.13（b）中，$FeO + TiO_2$ 含量在 10%～22%变化，月壤的实部介电常数在 4.36～4.95 变化，对反射系数影响很小的缘故。

10.3.3　验证与讨论

这里通过两种方法来对模拟的 SAR 图像进行验证：①定量估算 SAR 图像像素以及像素之间的统计特征，来判断图像是否合理；②直接比较模拟的 SAR 图像与真实的月球表面 SAR 图像。

一般地，SAR 图像中散射强度服从 Rayleigh 分布（Curlander and McDonough，1991）。选择两块宏观上均匀的区域进行统计，其中一块是图 10.11（a）中沿 x 方向−3.5～2.5 km、沿 y 方向−7.5～17.5 km 的区域，另外一块是图 10.14（a）中纬度为 26.05°N～26.3°N、经度为 3.65°E～3.8°E 的区域。图 10.16（a）给出了这两个区域 SAR 强度的直方图，可以看出，它们符合 Rayleigh 分布。图 10.16（b）给出了这两个区域的像素之间的自相关函数，其中旁瓣的位置与像素的分辨率吻合，可以看出，在 SAR 成像过程中聚焦效果很好。

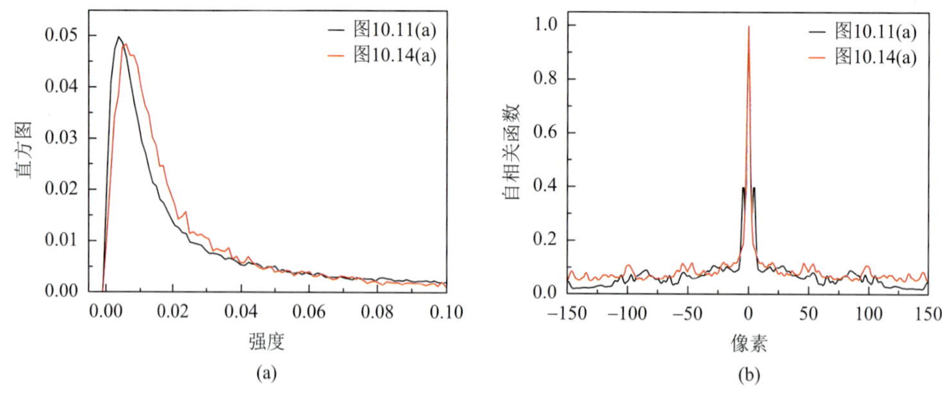

图 10.16　模拟 SAR 图像的强度直方图（a）和模拟 SAR 图像中像素的自相关函数（b）

在 Apollo 17 探月飞行器上搭载的星载雷达探测仪试验（ALSE）曾对月球表面局部区域进行 SAR 成像观测，其频率为 150 MHz（Phillips et al.，1973；Porcello et al.，1974）。图 10.17（a）给出了 ALSE 实验中所获得的一个陨石坑的 SAR 图像。图 10.17（b）为模拟的半径为 6 km 的平底陨石坑的 SAR 图像，这里采用地距投影方式。取雷达轨道高度为 50 km，在图 10.15（b）中左边的距场景中心 30 km 处从下向上飞行，向右发射雷达波。

比较图 10.17（a）和图 10.17（b）可以看出，由于缺少 ALSE SAR 成像过程中的一些参数，如空间分辨率、观测角、刈宽、真实陨石坑的地形等，两者并不会完全相同。但是，图 10.17（a）与 10.17（b）中许多地方都很相似，如陨石坑右边的边缘地区、下方和左边的边缘等。在正对雷达照射的陨石坑边缘地区散射都很强，陨石坑的轮廓都很明显，SAR 图像中陨石坑的形状也比较相似。图像左边的差异可能是 ALSE 实验中刈宽较宽所

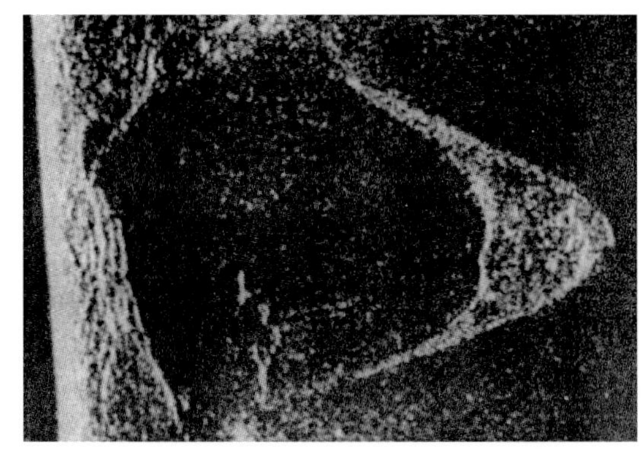

(a) ALSE实验中一个陨石坑的真实SAR图像

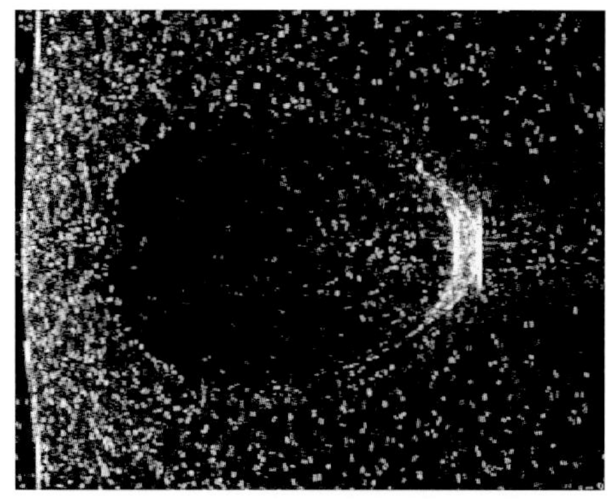
(b) 半径为6km的平底陨石坑的模拟SAR图像

图 10.17　SAR 成像结果比较

引起的，也有可能是陨石坑表面月壤中的石块散射所引起的，而这些在我们的模型中都忽略了。此外，图 10.9 中小的陨石坑的成像结果与 Henderson 和 Lewis（1998）给出的多个多陨石坑分布的复杂月球表面地区的成像结果也很相似，其中较小的陨石坑在 SAR 图像中都对应为小的亮点。这些都说明本章对有陨石坑分布的月球表面 SAR 成像的模拟与实际观测结果吻合得较好。

附录 A　球面波入射时三角面元积分因子 I_A 的推导

当入射波为球面波时，式（10.2.2）的相位积分因子为

$$I_A = \int_A \exp(-j2kR)\mathrm{d}s \tag{10.A.1}$$

式中，积分为小面元的面积，这里是一个小三角面元 ΔABC 的面积。

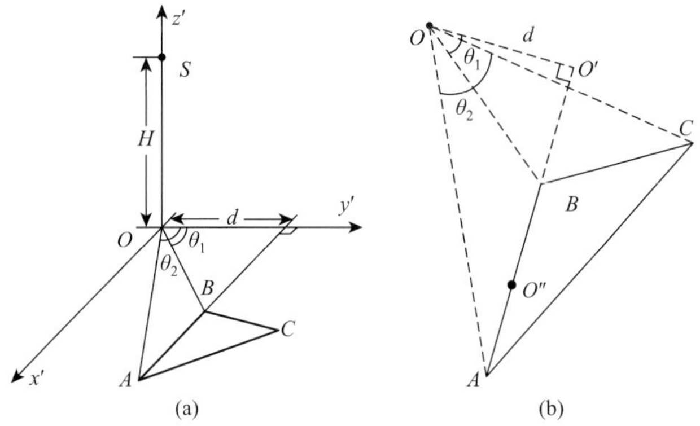

图 10.A.1　投影坐标系（a）和极坐标系（b）

将图 10.8 的主坐标系转化到局部投影坐标系，如图 10.A.1（a）所示。假设雷达在小面元 ΔABC 所在平面上的投影点为 O，雷达到该平面的距离为 H，先计算积分：

$$I_{AB}=\int_{\Delta OAB}\exp(-j2kR)\mathrm{d}s \tag{10.A.2}$$

假设 O 点到直线 AB 的距离为 d，垂足为 O'，直线 OO' 与直线 OA、OB 的夹角分别为 θ_1、θ_2，则积分 I_{AB} 可以表示为

$$\begin{aligned}I_{AB}&=\int_{\Delta OAB}\exp(-j2kR)\mathrm{d}s\\&=\int_{\theta_1}^{\theta_2}\int_0^{d/\cos\theta}\exp(j2k\sqrt{H^2+r^2})r\mathrm{d}r\mathrm{d}\theta\\&=\frac{1}{4k^2}\exp(j2kH)(j2kH-1)(\theta_2-\theta_1)\\&\quad-\frac{1}{4k^2}\int_{\theta_1}^{\theta_2}j2k\sqrt{d^2\sec^2\theta+H^2}\exp(j2k\sqrt{d^2\sec^2\theta+H^2})\mathrm{d}\theta\\&\quad+\frac{1}{4k^2}\int_{\theta_1}^{\theta_2}\exp(j2k\sqrt{d^2\sec^2\theta+H^2})\mathrm{d}\theta\end{aligned} \tag{10.A.3}$$

将对角度 θ 的积分转换为沿直线 AB 的积分，令 $\tan\theta=x/d$，$x=X+\delta$，其中 X 为 O' 到线段 AB 中点 O'' 的距离，$\delta\in[-\Delta,\Delta]$，$\Delta$ 为线段 AB 长度的一半。由 $\tan\theta=x/d$ 有

$$\mathrm{d}\theta=\frac{d}{x^2+d^2}\mathrm{d}x=\frac{d}{(X+\delta)^2+d^2}\mathrm{d}x\approx\frac{d}{X^2+d^2}\mathrm{d}x \tag{10.A.4}$$

则 I_{AB} 可以化为

$$\begin{aligned}I_{AB}&=\frac{1}{4k^2}\exp(j2kH)(j2kH-1)(\theta_2-\theta_1)\\&\quad-\frac{1}{4k^2}\int_{X-\Delta}^{X+\Delta}\mathrm{d}x\frac{d}{X^2+d^2}\sqrt{H^2+d^2+x^2}\exp(j2k\sqrt{H^2+d^2+x^2})\\&\quad+\frac{1}{4k^2}\int_{X-\Delta}^{X+\Delta}\mathrm{d}x\frac{d}{X^2+d^2}\exp(j2k\sqrt{H^2+d^2+x^2})\end{aligned} \tag{10.A.5}$$

令 $R_0=\sqrt{H^2+d^2+X^2}$，则将 $\sqrt{H^2+d^2+x^2}$ 展开至二阶，有

$$\sqrt{H^2+d^2+x^2}=\sqrt{H^2+d^2+(X+\delta)^2}\approx\frac{\tau}{2R_0}[(\delta+\eta)^2+u] \tag{10.A.6}$$

式中，$\eta=X/\tau$；$u=(2R^2-3X^2)/\tau^2$；$\tau=1-X^2/R_0^2$。

经过一些复杂的数学运算，积分 I_{AB} 可以化为

$$I_{AB}=I'_{AB}+I''_{AB} \tag{10.A.7}$$

其中

$$I'_{AB}=\frac{1}{4k^2}\exp(j2kH)(j2kH-1)(\theta_2-\theta_1) \tag{10.A.8}$$

$$I''_{AB}=\frac{1}{8k^2}\frac{d}{X^2+d^2}\exp\left(\frac{jku\tau}{R_0}\right)\left\{3f-\frac{j2ku\tau}{R_0}f-h\right\} \tag{10.A.9}$$

$$f=\frac{1}{\rho}\{F[\rho(\eta+\Delta)]-F[\rho(\eta-\Delta)]\},\rho=\sqrt{2k\tau/\pi R_0} \tag{10.A.10}$$

$$h=(\Delta+\eta)\exp\left[j\frac{\pi}{2}\rho^2(\Delta+\eta)^2\right]-(\eta-\Delta)\exp\left[j\frac{\pi}{2}\rho^2(\eta-\Delta)^2\right] \tag{10.A.11}$$

式中，$F(t)$为 Fresnel 积分，表示为

$$F(t)=\int_0^t \exp(j\pi u^2/2)\mathrm{d}u \tag{10.A.12}$$

当O点在直线AB上的垂足O'在点A、B之间时，只需把式（10.A.8）I'_{AB}的积分中的角度$\theta_2-\theta_1$变为$\theta_2+\theta_1$即可。

考虑到当雷达在平面ΔABC上的投影点O在三角形ΔABC之外时，有

$$I_A=I_{CA}-I_{BC}-I_{AB}=I''_{CA}-I''_{BC}-I''_{AB} \tag{10.A.13}$$

当雷达在平面ΔABC上的投影点O在三角形ΔABC之内时，有

$$\begin{aligned}I_A&=I_{BC}+I_{CA}+I_{AB}\\&=I''_{BC}+I''_{CA}+I''_{AB}+\frac{\pi}{2k^2}\exp(j2kH)(j2kH-1)\end{aligned} \tag{10.A.14}$$

如果在推导过程中进一步取

$$\int_{-\Delta}^{+\Delta}\mathrm{d}\delta(\delta+\eta)^2\exp\left[j\frac{k\tau}{R_0}(\delta+\eta)^2\right]\approx\eta^2\int_{-\Delta}^{+\Delta}\mathrm{d}\delta\exp\left[j\frac{\pi}{2}\rho^2(\delta+\eta)^2\right]=\eta^2 f \tag{10.A.15}$$

则I_{AB}的积分可以化为

$$\begin{aligned}I_{AB}&=\frac{1}{4k^2}\exp(j2kH)(j2kH-1)(\theta_2-\theta_1)\\&+\frac{1}{4k^2}\frac{d}{X^2+d^2}(1-j2kR_0)\exp\left(\frac{jku\tau}{R}\right)f\end{aligned} \tag{10.A.16}$$

数值结果表明，式（10.A.16）和式（10.A.7）的结果相差很小。

参 考 文 献

Baldwin R B. 1964. Lunar crater count. Astrophys Journal，69：377–391.

Bandfield J L，Ghent R R，Vasavada A R，et al. 2011. Lunar surface rock abundance and regolith fines temperatures derived from LRO Diviner Radiometer data. Journal of Geophysical Research：Planets，116（E12）：E00H02.

Campbell B A，Hawke B R，Thompson T W. 1997. Regolith composition and structure in the lunar maria：result from long-wavelength radar studies. Journal of Geophysical Research，102：19307–19320.

Campbell D B，Campbell B A，Carter L M，et al. 2006. No evidence for thick deposits of ice at the lunar south pole. Nature，443：835–837.

Carrier W D，Olhoeft G R，Mendell W. 1991. Physical properties of the lunar surface//Heiken G H，Vaniman D T，French B M. Lunar Source-Book：A User's Guide to the Moon. New York：Cambridge University Press.

Curlander J，McDonough R N. 1991. Synthetic Aperture Radar：System and Signal Processing. Hoboken，N. J.：John Wiley.

Dwyer R A. 1987. A faster divide and conquer algorithm for constructing Delaunay triangulations. Algorithmica，2（2）：137–151.

Elachi C，Allison M D，Borgarelli L，et al. 2004. Radar：the CASSINI Titan radar Mapper. Space Science

Reviews，115：71–110.

Fa W，Wieczorek M A，Heggy E. 2011. Modeling polarimetric radar scattering from the lunar surface：study on the effect of physical properties of the regolith layer. Journal of Geophysical Research：Planets，116：E03005.

Fa W，Xu F，Jin Y Q. 2009. SAR imaging simulation for an inhomogeneous undulated lunar surface based on triangulated irregular network. Science in China F，52（4）：559–574.

Franceschetti G，Migliaccio M，Riccio D，et al. 1992. SARAS：a synthetic aperture radar（SAR）raw signal simulator. IEEE Transactions on Geoscience and Remote Sensing，30（1）：110–123.

Fung A K. 1994. Microwave Scattering and Emission Models and their Applications. Norwood，Mass：Artech House.

Greeley R. 1987. Planetary Landscapes. Boston：Allen & Unwin.

Hagfors T. 1970. Remote probing of the moon by infrared and microwave emissions and by radar. Radio Science，5（2）：189–227.

Heiken G H，Vaniman D T，French B M. 1991. Lunar Source-Book：A User's Guide to the Moon. New York：Cambridge University Press.

Henderson F M，Lewis A J. 1998. Manual of Remote Sensing. New York：John Wiley.

Jin Y Q. 1994. Electromagnetic Scattering Modelling for Quantitative Remote Sensing. Singapore：World Scientific.

Jin Y Q. 2005. Theory and Approach of Information Retrievals from Electromagnetic Scattering and Remote Sensing. Berlin，Germany：Springer-Verlag.

Kobayashi T，Ono T. 2007. SAR/InSAR observation by an HF Sounder. Journal of Geophysical Research：Planets，112：E03S90.

Kobayashi T，Oya H，Ono T. 2002a. A-scope analysis subsurface radar sounding of lunar mare region. Earth Planets Space，54：973–982.

Kobayashi T，Oya H，Ono T. 2002b. B-scan analysis of subsurface radar sounding of lunar highland region. Earth Planets Space，54：983–991.

Kong J A. 1985. Electromagnetic Wave Theory. IEEE Press.

Lucey P G，Blewett D T，Jolliff B L. 2000. Lunar iron and titanium abundance algorithms based on final processing of Clementine ultraviolet-visible images. Journal of Geophysical Research：Planets，105：20297–20305.

Melosh H J. 1989. Impact Cratering：A Geologic Process. New York：Oxford University Press.

Melosh H J. 2011. Planetary Surface Processes. New York：Cambridge University Press.

Nozette S，Spudis P，Bussey B，et al. 2010. The Lunar Reconnaissance Orbiter miniature radio frequency（mini-RF）technology demonstration. Space Science Reviews，150（1-4）：285–302.

Pettengill G H，Ford P G，Johnson W T，et al. 1991. Magellan：radar performance and data products. Science，252（5003）：260–655.

Phillips R J，Adams G F，Brown Jr W E. 1973. Apollo Lunar Sounder Experiment. Technical report，NASA.

Pike R J. 1974. Depth/diameter relations of fresh lunar craters：revision from spacecraft data. Geophysical Research Letters，1：291–294.

Porcello L J，Jordan R L，Zelenka J S，et al. 1974. The Apollo lunar sounder radar system. Proceedings of the IEEE，62（6）：769–783.

Robbins S J. 2019. A new global database of lunar impact craters＞1-2 km：1. Crater locations and sizes，comparisons with published databases，and global analysis. Journal of Geophysical Research：Planets，

Shkuratov Yu G，Bondarenko N V. 2001. Regolith layer thickness mapping of the Moon by radar and optical data. Icarus，149：329–338.

Thompson T W，Ustinov E A，Heggy E. 2011. Modeling radar scattering from icy lunar regoliths at 13 cm and 4 cm wavelengths. Journal of Geophysical Research，116：E01006.

Tsang L，Kong J A，Shin R. 1985. Scattering of Electromagnetic Waves. Hoboken，N. J：John Wiley.

Xu F，Jin Y Q. 2006. Imaging simulation of polarimetric SAR for a comprehensive terrain scene using the mapping and projection algorithm. IEEE transactions on Geoscience and Remote Sensing，44（11）：3219–3234.

第 11 章　月球次表层雷达探测

对行星次表层探测，获得行星次表层的物理结构与化学组成，可以为研究行星壳层结构的形成与演化、分析不同地质过程对浅表层的塑造与改造等提供重要的信息。大多数固体行星表面物质为低损耗介质，适当频率的雷达波可穿透到表面以下数米到数千米的次表层，从而揭示出被表面尘土、风化层所覆盖的次表层结构等信息。*L* 波段窄脉冲雷达可穿透数米到数十米的行星表面风化层，具有高的距离向分辨率，其时间域回波蕴含着风化层土壤与石块等结构信息，由回波图像可获得风化层结构的二维分布（Jin et al.，2007）。星载雷达探测仪（radar sounder）可工作在高频（HF，3～30 MHz）、甚高频（VHF，30～300 MHz）波段，探测深度可达数十米到数千米，主要通过行星表面天底点和次表面天底点回波的时延差与强度比来获得行星表层结构与物质成分等信息，其已经被广泛应用到月球、火星、冰卫星的探测中（Porcello et al.，1974；Ono and Oya，2000；Seu et al.，2004；Picarid et al.，2004；Phillips and Pappalardo，2014）。

了解电磁波在行星表面与次表层的散射、反射、透射、传播、衰减等，建立参数化电磁散射模型，模拟行星表面与次表层雷达回波图像，对次表层雷达回波图像的解译、次表层特征参数的定量反演等有着重要的参考价值。本章以月球为例，提出了星载全极化 L 波段窄脉冲雷达对月壤层结构探测的建议（Jin et al.，2007），并给出了一种月球分层结构雷达探测仪回波模拟方法（Fa and Jin，2010），分别实现了雷达对月球浅表层与深层结构的探测。

提出低空飞行全极化 L 波段雷达窄脉冲探测月壤层厚度与结构的建议。月壤层为一层具有上下随机粗糙界面的有耗介质层，在下垫月岩粗糙界面上有一层随机分布的碎石散射体。时间域矢量辐射传输方程，推导了包含面散射、体散射，以及面–体相互作用 7 种散射机制的全极化脉冲波时域 Mueller 矩阵解。以月壤特征参数（月壤层厚、FeO + TiO_2 含量、介电常数、界面粗糙度、碎石分布等）为函数，给出高分辨率极化脉冲雷达回波的波形与强度，将其作为探测月壤厚度、分层与各向异性结构的数值化模拟。结果表明，L 波段窄脉冲极化回波波形能用于反演或估算月壤厚度与分层结构（Jin et al.，2007）。

电磁波在月球分层结构内散射与传播的建模与模拟，对于从雷达探测仪回波中提取微弱的次表面天底点回波，获取次表层结构信息等有重要的意义。基于粗糙面散射的 Kirchhoff 近似与几何光学射线追踪，提出一种月球分层结构雷达探测回波的模拟方法。根据月球表面地形特征，由规则三角形网格对月球表面地形进行数值剖分，数值计算月球表面与次表层面的雷达回波，模拟绕月飞行的星载雷达探测仪对月球表面与次表层结构的探测图像，并分析了月球表面特征性物理参数对回波的影响（Fa and Jin，2010）。

本章所述方法也可以应用到火星、木星冰卫星等其他行星与天体次表层结构的探测中。

11.1　月壤层脉冲回波模拟

L 波段的雷达脉冲波能穿透十几米的月壤层，面散射、体散射、面-体相互作用，以及脉冲波传播的时延波形能表现低耗损介质层的层结构特征（Jin et al.，2004；徐丰和金亚秋，2005）。如图 11.1 模型所示，月壤层（1）为耗散均匀介质，厚度为D；在下垫月岩层（3）上面附有一层厚为d的随机分布的椭球状碎石（2），月壤层上下界面（$z=0$，$z=-D$）均为随机粗糙面。月壤以上真空（0）、月壤、碎石、月岩的介电常数分别为ε_0、ε_1、ε_2、ε_3，层 2 背景介质与层 1 月壤的介电常数相同。碎石大小由椭球半轴 a、b、c 描述，石块占空比为f_{v}，空间取向随机分布由 Euler 角β和γ来描述（Jin，1994）。月壤上表面和月壤-月岩分界面为随机粗糙面，粗糙度由均方根高度δ_{ij}和相关长度l_{ij}来描述，其中下标 ij 表示层 i 和层 j 之间的界面。

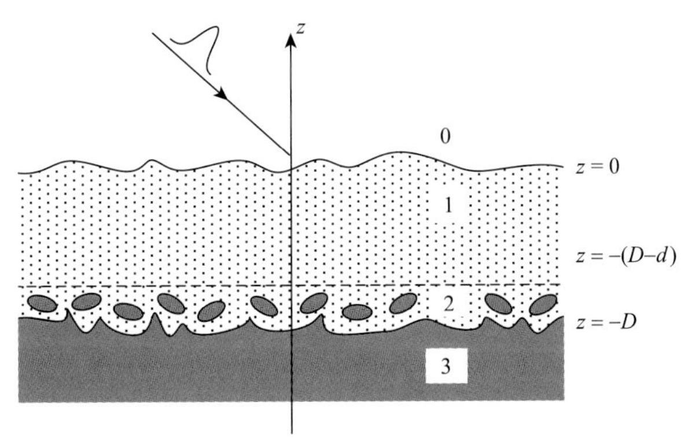

图 11.1　月壤层模型

11.1.1　分层月壤散射时域 Mueller 矩阵解

当入射极化脉冲波$\boldsymbol{I}_0(t)$通过月壤层上界面，在月壤层（1）中上行出射的 Stokes 矢量为

$$\begin{aligned}\boldsymbol{I}(t,\Theta)=\bar{\boldsymbol{R}}_{01}(\Theta;\Omega_i)\boldsymbol{I}_0(t)+\int \mathrm{d}\Theta'\cdot\bar{\boldsymbol{T}}_{10}(\Theta;\Theta')\cdot\exp(-\tau_1/\mu')\cdot\int \mathrm{d}\Omega''\bar{\boldsymbol{M}}(t-t_1',\Theta';\Omega'')\\ \cdot\exp(-\tau_1/\mu'')\cdot\bar{\boldsymbol{T}}_{01}(\Omega'';\Omega_i)\cdot\boldsymbol{I}_0(t-t_1'-t_1'')\end{aligned}\tag{11.1.1}$$

式中，右端第一项是月壤层上界面的散射；$\bar{\boldsymbol{R}}_{01}$为上粗糙界面散射矩阵；$\bar{\boldsymbol{T}}_{01}$、$\bar{\boldsymbol{T}}_{10}$为上粗糙界面透射矩阵，下标 01 或 10 分别表示从层 0 到层 1，或从层 1 到层 0；右端第二项是用 Mueller 矩阵描述脉冲波在月壤层 1、2（包括上下粗糙界面）中的散射传输；光程$\tau_1=\kappa_1(D-d)$，κ_1为层 1 吸收系数；$\mu=\cos\theta$；$\mu'=\cos\theta'$；$\mu''=\cos\theta''$；$t_1=(D-d)/(\mu c_0)$；$t_1'=(D-d)/(\mu' c_0)$；$t_1''=(D-d)/(\mu'' c_0)$为对应时延；向上行$\Theta=(\theta,\varphi)$；向下行$\Omega=(\pi-\theta,\varphi)$。

式（11.1.1）中 4×4 维 Mueller 矩阵 $\bar{\boldsymbol{M}}$ 包含了由厚度为 d 的层 2 贡献的下粗糙面散射（$z=-D$）、体散射（椭球状碎石），以及面-体相互作用的 5 项散射机制（徐丰和金亚秋，2005），推导如下：

$$\begin{aligned}
\bar{\boldsymbol{M}}(t,\Theta;\Omega_i)\boldsymbol{I}(t,\Omega_i) &= \exp(-\bar{\boldsymbol{\tau}}_2/\mu-\bar{\boldsymbol{\tau}}_2/\mu_i)\cdot\bar{\boldsymbol{R}}_{23}(\Theta;\Omega_i)\cdot\boldsymbol{I}(t-t_2-t_{2i},\Omega_i)\\
&+\mu^{-1}\int_{-d}^{0}\mathrm{d}z'\exp(\bar{\boldsymbol{\kappa}}_2z'/\mu+\bar{\boldsymbol{\kappa}}_2z'/\mu_i)\cdot\bar{\boldsymbol{P}}(\Theta;\Omega_i)\cdot\boldsymbol{I}_0[t+z'/(\mu c_0)+z'/(\mu_ic_0)]\\
&+\mu^{-1}\int_{-d}^{0}\mathrm{d}z'\exp(\bar{\boldsymbol{\kappa}}_2z'/\mu)\cdot\int\mathrm{d}\Theta'\bar{\boldsymbol{P}}(\Theta;\Theta')\cdot\exp(-\bar{\boldsymbol{\tau}}_2/\mu'-\bar{\boldsymbol{\kappa}}_2z'/\mu')\cdot\bar{\boldsymbol{R}}_{23}(\Theta';\Omega_i)\\
&\cdot\exp(-\bar{\boldsymbol{\tau}}_2/\mu_i)\cdot\boldsymbol{I}_0[t+z'/(\mu c_0)-(d+z')/(\mu'c_0)-t_{2i},\Omega_i]\\
&+\mu^{-1}\cdot\exp(-\bar{\boldsymbol{\tau}}_2/\mu)\cdot\int\mathrm{d}\Omega'\bar{\boldsymbol{R}}_{23}(\Theta;\Omega')\cdot\int_{-d}^{0}\mathrm{d}z'\exp(-\bar{\boldsymbol{\tau}}_2/\mu'-\bar{\boldsymbol{\kappa}}_2z'/\mu')\cdot\bar{\boldsymbol{P}}(\Omega';\Omega_i)\\
&\cdot\exp(\bar{\boldsymbol{\kappa}}_2z'/\mu_i)\cdot\boldsymbol{I}_0[t-d/(\mu c_0)-d/(\mu'c_0)-z'/(\mu'c_0)+z'/(\mu_ic_0),\Omega_i]\\
&+\mu^{-1}\exp(-\bar{\boldsymbol{\tau}}_2/\mu)\cdot\int\mathrm{d}\Omega''\bar{\boldsymbol{R}}_{23}(\Theta;\Omega'')\cdot\int_{-d}^{0}\mathrm{d}z'\exp(-\bar{\boldsymbol{\tau}}_2/\mu''-\bar{\boldsymbol{\kappa}}_2z'/\mu'')\\
&\cdot\int\mathrm{d}\Theta'\bar{\boldsymbol{P}}(\Omega'';\Theta')\cdot\exp(-\bar{\boldsymbol{\tau}}_2/\mu'-\bar{\boldsymbol{\kappa}}_2z'/\mu')\cdot\bar{\boldsymbol{R}}_{23}(\Theta';\Omega_i)\cdot\exp(-\bar{\boldsymbol{\tau}}_2/\mu_i)\\
&\cdot\boldsymbol{I}_0[t-d/(\mu c_0)-d/(\mu''c_0)-z'/(\mu''c_0)-d/(\mu'c_0)-z'/(\mu'c_0)-d/(\mu_ic_0),\Omega_i]
\end{aligned} \tag{11.1.2}$$

式中，$\bar{\boldsymbol{R}}_{23}$ 为从层 2 至层 3 的下粗糙面（$z=-D$）散射矩阵；$\bar{\boldsymbol{P}}$ 为层 2 的碎石体散射的相矩阵；$\bar{\boldsymbol{\kappa}}_2$ 为层 2 消光矩阵（与波传播方向有关，式中略去方向标注）；$\bar{\boldsymbol{\tau}}_2=\bar{\boldsymbol{\kappa}}_2d$；$t_{2i}=d/(\mu_ic_0)$。若将式（11.1.2）的前 4 项代入式（11.1.1），展开为

$$\begin{aligned}
\boldsymbol{I}(t,\Theta) &= \bar{\boldsymbol{R}}_{01}(\Theta;\Omega_i)\cdot\boldsymbol{I}_0(t)+\int\mathrm{d}\Theta'\bar{\boldsymbol{T}}_{10}(\Theta;\Theta')\cdot\exp(-\bar{\boldsymbol{\tau}}_2/\mu')\cdot\int\mathrm{d}\Omega'''\bar{\boldsymbol{R}}_{23}(\Theta';\Omega''')\\
&\cdot\exp(-\bar{\boldsymbol{\tau}}_2/\mu''')\cdot\bar{\boldsymbol{T}}_{01}(\Omega''';\Omega_i)\cdot\exp(-\tau_1/\mu'-\tau_1/\mu''')\cdot\boldsymbol{I}_0(t-t_1'-t_1'''-t_2'-t_2''')\\
&+\int\mathrm{d}\Theta'\bar{\boldsymbol{T}}_{10}(\Theta;\Theta')\cdot 1/\mu'\int_{-d}^{0}\mathrm{d}z'\exp(\bar{\boldsymbol{\kappa}}_2z'/\mu')\cdot\int\mathrm{d}\Omega'''\bar{\boldsymbol{P}}(\Theta';\Omega''')\cdot\exp(\bar{\boldsymbol{\kappa}}_2z'/\mu''')\\
&\cdot\bar{\boldsymbol{T}}_{01}(\Omega''';\Omega_i)\cdot\exp(-\tau_1/\mu'-\tau_1/\mu''')\cdot\boldsymbol{I}_0\left[t+z'/(\mu'c_0)+z'/(\mu'''c_0)-t_1'-t_1'''\right]\\
&+\int\mathrm{d}\Theta'\bar{\boldsymbol{T}}_{10}(\Theta;\Theta')\cdot 1/\mu'\int_{-d}^{0}\mathrm{d}z'\exp(\bar{\boldsymbol{\kappa}}_2z'/\mu')\cdot\int\mathrm{d}\Theta''\bar{\boldsymbol{P}}(\Theta';\Theta'')\cdot\exp(-\bar{\boldsymbol{\tau}}_2/\mu''-\bar{\boldsymbol{\kappa}}_2z'/\mu'')\\
&\cdot\int\mathrm{d}\Omega'''\bar{\boldsymbol{R}}_{23}(\Theta'';\Omega''')\cdot\exp(-\bar{\boldsymbol{\tau}}_2/\mu''')\cdot\bar{\boldsymbol{T}}_{01}(\Omega''';\Omega_i)\cdot\exp(-\tau_1/\mu'-\tau_1/\mu''')\\
&\cdot\boldsymbol{I}_0\left[t+z'/(\mu'c_0)-d/(\mu''c_0)-z'/(\mu''c_0)-d/(\mu'''c_0)-t_1'-t_1'''\right]\\
&+\int\mathrm{d}\Theta'\bar{\boldsymbol{T}}_{10}(\Theta;\Theta')\cdot\exp(-\bar{\boldsymbol{\tau}}_2/\mu')\cdot 1/\mu'\int_{-d}^{0}\mathrm{d}z'\int d\Omega''\bar{\boldsymbol{R}}_{23}(\Theta';\Omega'')\cdot\exp(-\bar{\boldsymbol{\tau}}_2/\mu''-\bar{\boldsymbol{\kappa}}_2z'/\mu'')\\
&\cdot\int\mathrm{d}\Omega'''\bar{\boldsymbol{P}}(\Omega'';\Omega''')\cdot\exp(\bar{\boldsymbol{\kappa}}_2z'/\mu''')\cdot\bar{\boldsymbol{T}}_{01}(\Omega''';\Omega_i)\cdot\exp(-\tau_1/\mu'-\tau_1/\mu''')\\
&\cdot\boldsymbol{I}_0\left[t-d/(\mu'c_0)-d/(\mu''c_0)-z'/(\mu''c_0)+z'/(\mu'''c_0)-t_1'-t_1'''\right]
\end{aligned} \tag{11.1.3}$$

可见式（11.1.3）中包含了多达三次积分（五重积分），致使计算过于复杂。其中，对于角度的积分都是上下两个粗糙界面的漫散射和漫透射引起的。

事实上，粗糙面的散射和透射由相干和非相干两部分组成（Fung，1994），将 $\bar{\boldsymbol{R}}_{01}$、$\bar{\boldsymbol{T}}_{01}$、$\bar{\boldsymbol{T}}_{10}$、$\bar{\boldsymbol{R}}_{23}$ 写为

$$\begin{cases}\bar{\boldsymbol{R}}(\Theta;\Omega_i)=\bar{\boldsymbol{R}}^n(\Theta;\Omega_i)+\bar{\boldsymbol{R}}^c(\Theta;\Omega_i)\cdot\delta(\Omega-\Omega_i)\\ \bar{\boldsymbol{T}}(\Theta;\Theta_i)=\bar{\boldsymbol{T}}^n(\Theta;\Theta_i)+\bar{\boldsymbol{T}}^c(\Theta;\Theta_i)\cdot\delta(\Theta-\Theta_i^+)\end{cases} \tag{11.1.4}$$

式中，$\delta(\Omega-\Omega_i)$、$\delta(\Theta-\Theta_i^+)$ 为相干散射或透射仅在镜向或折射方向存在，用 Θ_i^+ 表示 Θ_i 折射后的方向，Θ^- 表示 Θ 折射前的方向；上标 c，n 分别指相干与非相干。注意到这里的相干和非相干部分均受界面粗糙度的影响，当界面变粗糙时相干部分减弱、非相干部分增强，反之亦然。

对于较平滑的粗糙界面，相干部分占主要作用（Fung，1994）。考虑到月球表面大尺度起伏且介电常数不大，在低频条件下，粗糙界面产生的非相干散射相对于相干散射来说可以忽略。另外，匀质月壤下碎石层体散射相对于粗糙面的相干散射也相当小。这样将式（11.1.4）代入式（11.1.3）后，仅计入包含最多一次非相干散射、透射或体散射的散射项，于是式（11.1.3）可归纳写为

$$\begin{aligned}\boldsymbol{I}(t,0^+,\Theta)=&\bar{\boldsymbol{R}}_{01}^c(\Theta;\Omega_i)\boldsymbol{I}_0(t)\\
&+\bar{\boldsymbol{T}}_{10}^c(\Theta;\Theta^-)\cdot\exp(-\bar{\boldsymbol{\tau}}_2/\mu^-)\cdot\bar{\boldsymbol{R}}_{23}^c(\Theta^-;\Omega^-)\cdot\exp(-\bar{\boldsymbol{\tau}}_2/\mu^-)\cdot\bar{\boldsymbol{T}}_{01}^n(\Omega^-;\Omega_i)\\
&\cdot\exp(-2\tau_1/\mu^-)\cdot\boldsymbol{I}_0(t-2t_1^--2t_2^-)\\
&+\bar{\boldsymbol{T}}_{10}^c(\Theta;\Theta^-)\cdot\exp(-\bar{\boldsymbol{\tau}}_2/\mu^-)\cdot\bar{\boldsymbol{R}}_{23}^n(\Theta^-;\Omega_i^+)\cdot\exp(-\bar{\boldsymbol{\tau}}_2/\mu_i^+)\cdot\bar{\boldsymbol{T}}_{01}^c(\Omega_i^+;\Omega_i)\\
&\exp(-\tau_1/\mu^--\tau_1/\mu_i^+)\cdot\boldsymbol{I}_0(t-t_1^--t_{1i}^+-t_2^--t_{2i}^+)\\
&+\bar{\boldsymbol{T}}_{10}^n(\Theta;\Theta_i^+)\cdot\exp(-\bar{\boldsymbol{\tau}}_2/\mu_i^+)\cdot\bar{\boldsymbol{R}}_{23}^c(\Theta_i^+;\Omega_i^+)\cdot\exp(-\bar{\boldsymbol{\tau}}_2/\mu_i^+)\cdot\bar{\boldsymbol{T}}_{01}^c(\Omega_i^+;\Omega_i)\\
&\cdot\exp(-2\tau_1/\mu_i^+)\cdot\boldsymbol{I}_0(t-2t_{1i}^+-2t_{2i}^+)\\
&+\bar{\boldsymbol{T}}_{10}^c(\Theta;\Theta^-)\cdot 1/\mu^-\int_{-d}^0\mathrm{d}z'\exp(\bar{\boldsymbol{\kappa}}_2z'/\mu^-)\cdot\bar{\boldsymbol{P}}(\Theta^-;\Omega_i^+)\cdot\exp(\bar{\boldsymbol{\kappa}}_2z'/\mu_i^+)\cdot\bar{\boldsymbol{T}}_{01}^c(\Omega_i^+;\Omega_i)\\
&\cdot\exp(-\tau_1/\mu^--\tau_1/\mu_i^+)\cdot\boldsymbol{I}_0[t+z'/(\mu^-c_0)+z'/(\mu^+c_0)-t_1^--t_{1i}^+]\\
&+\bar{\boldsymbol{T}}_{10}^c(\Theta;\Theta^-)\cdot 1/\mu^-\int_{-d}^0\mathrm{d}z'\exp(\bar{\boldsymbol{\kappa}}_2z'/\mu^-)\cdot\bar{\boldsymbol{P}}(\Theta^-;\Theta_i^+)\cdot\exp(-\bar{\boldsymbol{\tau}}_2/\mu_i^+-\bar{\boldsymbol{\kappa}}_2z'/\mu_i^+)\\
&\cdot\bar{\boldsymbol{R}}_{23}^c(\Theta_i^+;\Omega_i^+)\cdot\exp(-\bar{\boldsymbol{\tau}}_2/\mu_i^+)\cdot\bar{\boldsymbol{T}}_{01}^c(\Omega_i^+;\Omega_i)\cdot\exp(-\tau_1/\mu^--\tau_1/\mu_i^+)\\
&\cdot\boldsymbol{I}_0[t+z'/(\mu^-c_0)-d/(\mu_i^+c_0)-z'/(\mu_i^+c_0)-d/(\mu_i^+c_0)-t_1^--t_{1i}^+]\\
&+\bar{\boldsymbol{T}}_{10}^c(\Theta;\Theta^-)\cdot 1/\mu^-\int_{-d}^0\mathrm{d}z'\exp(-\bar{\boldsymbol{\tau}}_2/\mu^-)\cdot\bar{\boldsymbol{R}}_{23}^c(\Theta^-;\Omega^-)\cdot\exp(-\bar{\boldsymbol{\tau}}_2/\mu^--\bar{\boldsymbol{\kappa}}_2z'/\mu^-)\\
&\cdot\bar{\boldsymbol{P}}(\Omega^-;\Omega_i^+)\cdot\exp(\bar{\boldsymbol{\kappa}}_2z'/\mu_i^+)\cdot\bar{\boldsymbol{T}}_{01}^c(\Omega_i^+;\Omega_i)\cdot\exp(-\tau_1/\mu^--\tau_1/\mu_i^+)\\
&\cdot\boldsymbol{I}_0[t-d/(\mu^-c_0)-d/(\mu^-c_0)-z'/(\mu^-c_0)+z'/(\mu_i^+c_0)-t_1^--t_{1i}^+]\end{aligned} \tag{11.1.5}$$

式（11.1.5）右端的 7 项散射分别由图 11.2 描述，图中起伏线段和直线段处分别表示发生非相干和相干散射或透射。式中，第 1 项 $\bar{\boldsymbol{M}}_0$ 来自上表面的直接漫散射，第 2、第 3、第 4 项 $\bar{\boldsymbol{M}}_{\mathrm{b1}}$、$\bar{\boldsymbol{M}}_{\mathrm{b2}}$、$\bar{\boldsymbol{M}}_{\mathrm{b3}}$ 都是来自下表面的散射，第 5 项 $\bar{\boldsymbol{M}}_{\mathrm{p}}$ 来自粒子的体散射，第 6、第 7 项 $\bar{\boldsymbol{M}}_{\mathrm{bp}}$、$\bar{\boldsymbol{M}}_{\mathrm{pb}}$ 来自粒子与下表面相互作用。

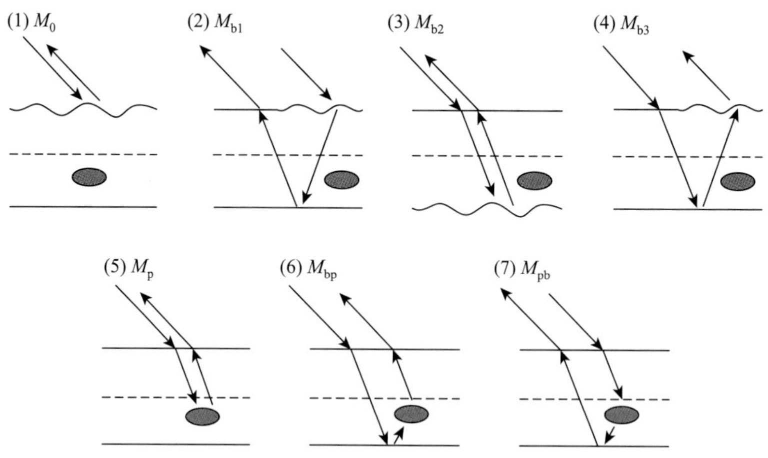

图 11.2　7 项散射示意图

对式（11.1.5）中各符号重新整理如下：

$$\begin{aligned}
&\sin\theta^- = \sqrt{\varepsilon_0/\varepsilon_1}\sin\theta, \sin\theta_i^+ = \sqrt{\varepsilon_0/\varepsilon_1}\sin\theta_i \\
&\mu^- = 1/\cos\theta^-, \mu_i^+ = 1/\cos\theta_i^+ \\
&\tau_1 = \kappa_1(D-d), \bar{\boldsymbol{\tau}}_2 = \bar{\boldsymbol{\kappa}}_2 d \\
&t_1^- = (D-d)/(\mu^- c_0), t_2^- = d/(\mu^- c_0) \\
&t_{1i}^+ = (D-d)/(\mu_i^+ c_0), t_{2i}^+ = d/(\mu_i^+ c_0) \\
&\begin{cases} \bar{\boldsymbol{T}}_{nm}^c(\Theta;\Theta^-) = \exp[-\sigma_{nm}^2(\kappa_n'/\mu - \kappa_m'/\mu^-)^2]\cdot\bar{\boldsymbol{T}}_{nm}^0(\Theta;\Theta^-) \\ \bar{\boldsymbol{R}}_{nm}^c(\Theta;\Omega) = \exp[-2\sigma_{nm}^2(\kappa_n'/\mu)^2]\cdot\bar{\boldsymbol{R}}_{nm}^0(\Theta;\Omega) \end{cases} \\
&\kappa_1 = 2\kappa'', \bar{\boldsymbol{\kappa}}_2 = \bar{\boldsymbol{\kappa}}_{\mathrm{e}} + \bar{\boldsymbol{J}}(1-f_{\mathrm{s}})\kappa_1
\end{aligned} \tag{11.1.6}$$

式中，$\bar{\boldsymbol{R}}^0$、$\bar{\boldsymbol{T}}^0$ 分别为 Fresnel 平表面反射和透射矩阵；σ_{nm} 为层 n 和层 m 之间粗糙界面的均方根高度；κ_n'、κ_n'' 分别为层 n 中波数的实部和虚部（$n,m=1,2,3$）；$\bar{\boldsymbol{J}}$ 为单位阵。层 2 中椭球形碎石粒子的消光矩阵 $\bar{\boldsymbol{\kappa}}_{\mathrm{e}}$，相矩阵 $\bar{\boldsymbol{P}}$，粗糙面散射矩阵 $\bar{\boldsymbol{R}}^n$、$\bar{\boldsymbol{R}}^c$，透射矩阵 $\bar{\boldsymbol{T}}^n$、$\bar{\boldsymbol{T}}^c$ 在相关文献中均有表达式（Fung，1994；Jin，1994）。

注意到，在后向散射情况下有 $\theta^- = \theta_i^+$，式（11.1.3）后两项的积分将省略，且第 2、第 3、第 4、第 6、第 7 项的时延均相等，在时间轴上重叠。

在纳入月球表面大尺度起伏坡度时，设主坐标系 $(\hat{x}_{\mathrm{g}},\hat{y}_{\mathrm{g}},\hat{z}_{\mathrm{g}})$ 下倾斜的月壤层局部坐标系 $(\hat{x},\hat{y},\hat{z})$ 的取向由 Euler 角 (α,β,γ) 表示，如图 11.3 所示。在局部坐标系下，时域 Mueller 矩阵解仍由式（11.1.5）表示，但入射、散射方向角需要进行变换（徐丰和金亚秋，2005）。此外，对局部坐标系的 Mueller 矩阵进行极化基旋转变换：

$$\bar{\boldsymbol{M}}(\Theta_{\mathrm{s}};\Omega_{\mathrm{i}}) = \bar{\boldsymbol{U}}(\Delta_{\mathrm{s}})\cdot\bar{\boldsymbol{M}}^0(\Theta_{\mathrm{s}}^0;\Omega_{\mathrm{i}}^0)\cdot\bar{\boldsymbol{U}}^{-1}(\Delta_{\mathrm{i}}) \tag{11.1.7}$$

式中，上标 0 标记局部坐标系的 Mueller 矩阵和入射散射角；Δ_{i}、Δ_{s} 为入射、散射方向的极化基旋转角（徐丰和金亚秋，2005）；$\bar{\boldsymbol{U}}$ 为 Stokes 矢量的极化基旋转变换矩阵

$$\bar{\boldsymbol{U}}(\Delta)=\begin{bmatrix} \cos^2\Delta & \sin^2\Delta & \sin 2\Delta & 0 \\ \sin^2\Delta & \cos^2\Delta & -\sin 2\Delta & 0 \\ -\dfrac{1}{2}\sin 2\Delta & \dfrac{1}{2}\sin 2\Delta & \cos 2\Delta & 0 \\ 0 & 0 & 0 & 1 \end{bmatrix} \tag{11.1.8}$$

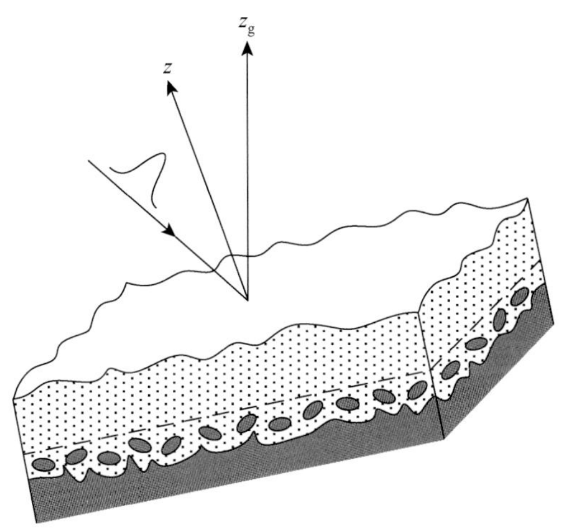

图 11.3　坡度倾斜的月壤层

11.1.2　时域脉冲回波数值模拟

这里采用的雷达脉冲是经过幅度调制的窄脉冲，载频为 1.4 GHz，其强度轮廓为 Gauss 型，表示如下：

$$I_0(t)=\exp[-b^2(t-T_0)^2] \tag{11.1.9}$$

式中，$b=\sqrt{\ln 2}/T_{\rm w}$，$2T_{\rm w}$ 为半功率宽度；T_0 为脉冲峰值距离起始时刻的时长。为达到一定分辨能力，取 $T_{\rm w}=6$ ns，$T_0=18$ ns。该入射脉冲如图 11.4 所示。根据 Gauss 脉冲特性，该脉冲波的单边半功率带宽约为 $B_{\rm w}=2\ln 2/T_{\rm w}=231$ MHz。

这里的雷达脉冲探测平台如图 11.4 所示，图中雷达承载在飞行器上。关于该平台需要考虑的几点问题如下。

（1）为穿透有耗月壤层达到十几米的深度，载波频率不能太高，根据理论模拟（Jin，2005；金亚秋，2005），需要在 L 波段以下；

（2）为获得距离向分辨能力，雷达脉冲宽度需要达到 10 ns 量级，这同时也对接收机的带宽和采样率提出了要求；

（3）由于本书模型没有考虑色散效应，因此载频不能太低、脉宽也不能太窄；

（4）为使得照射面积内的月壤层满足均匀一致的条件，需要平台具有足够高的空间分辨率，这就意味着需要窄波束天线和低空飞行的平台，否则将影响距离向分辨能力；

（5）从后文模拟结果上看，要探测一定深度的月壤，对接收机的动态范围也提出要求，一般要在 80 dB 以上。

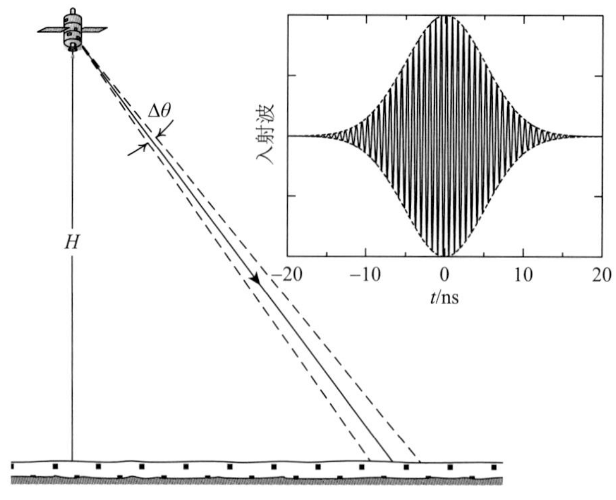

图 11.4　脉冲波及探测平台示意图

根据月球表面的地形特征（Heiken et al.，1991；Shkuratov and Bondarenko，2001），设定参数如下：月壤层厚 $D=500$ cm、碎石层厚 $d=150$ cm、扁椭球状的碎石体半轴长 2.5 cm 和 1 cm、占空比 0.02、空间取向随机分布于 Euler 角 $\beta\in[0,60°)$、$\gamma\in[0,360°)$，月壤介电常数为 3 + 0.01i（对应 FeO + TiO_2 含量为 6%），月岩及碎石介电常数均为 8 + 0.5i。月壤上表面为 Gauss 随机粗糙面，起伏方差和相关长度分别为 4 cm、20 cm，月壤与月岩的界面起伏方差和相关长度分别为 2 cm、40 cm，各例中入射角均为 $\theta_i=30°$。图 11.5～图 11.7 中不考虑月面倾斜起伏。

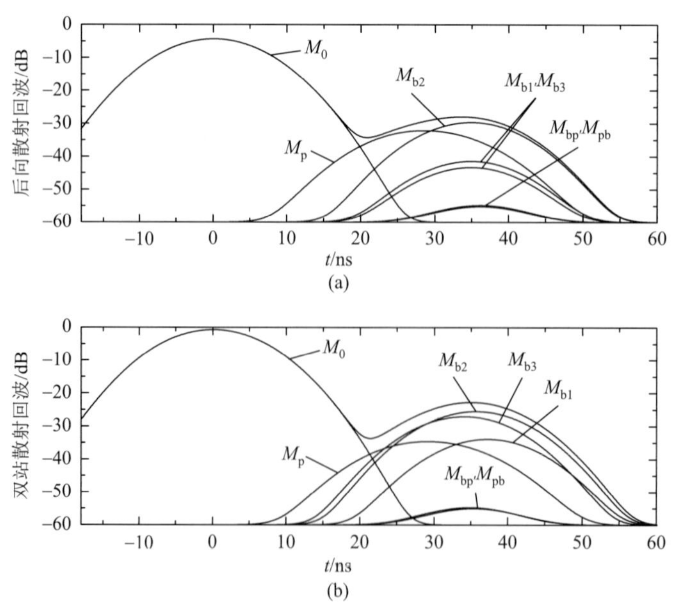

图 11.5　VV 极化 7 项不同的散射

（a）30°入射后向散射；（b）20°入射、前向 50°出射

图 11.5 给出式（11.1.5）中 7 项散射各自的后向与双站散射波形（垂直同极化 VV）。参见图 11.2，来自月壤上表面散射的 $\bar{\boldsymbol{M}}_0$ 比 11.5 其他项都要大。在后向散射图［11.5（a）］中，来自月岩表面的三项中 $\bar{\boldsymbol{M}}_{b2}$ 较大，这一项没有经过上表面的非相干透射。在双站散射［11.5（b）］中，来自月岩表面的散射项各自错开，这是入射角与散射角传播方向上路程的差异引起的，对应地，所经历的衰减也出现差异。

可以预计，若月壤层 1 中包括非均匀的随机分层结构，则图 11.3 中在时间 0～25 ns 中会出现层结构产生的反射随机起伏。同样，若分层结构是各向异性的，不同极化的回波呈现不同程度的反应，可提供分层结构的更多信息。

图 11.6 给出月壤层不同的 $FeO + TiO_2$ 含量、月壤层厚、碎石层厚（见图中标明的数据）4 种情况下的脉冲回波。由图 11.6（b）可见，金属含量的增加使得层 1 介电常数虚部增大，导致月壤层耗散衰减增大，来自底层的散射亦会被衰减遮蔽。由图 11.6（c）可见，月壤层厚的增加自然将导致底层（$z=-D$）回波延滞且变弱。由图 11.6（d）可见，碎石层增厚导致其滞后的散射回波波峰增强。

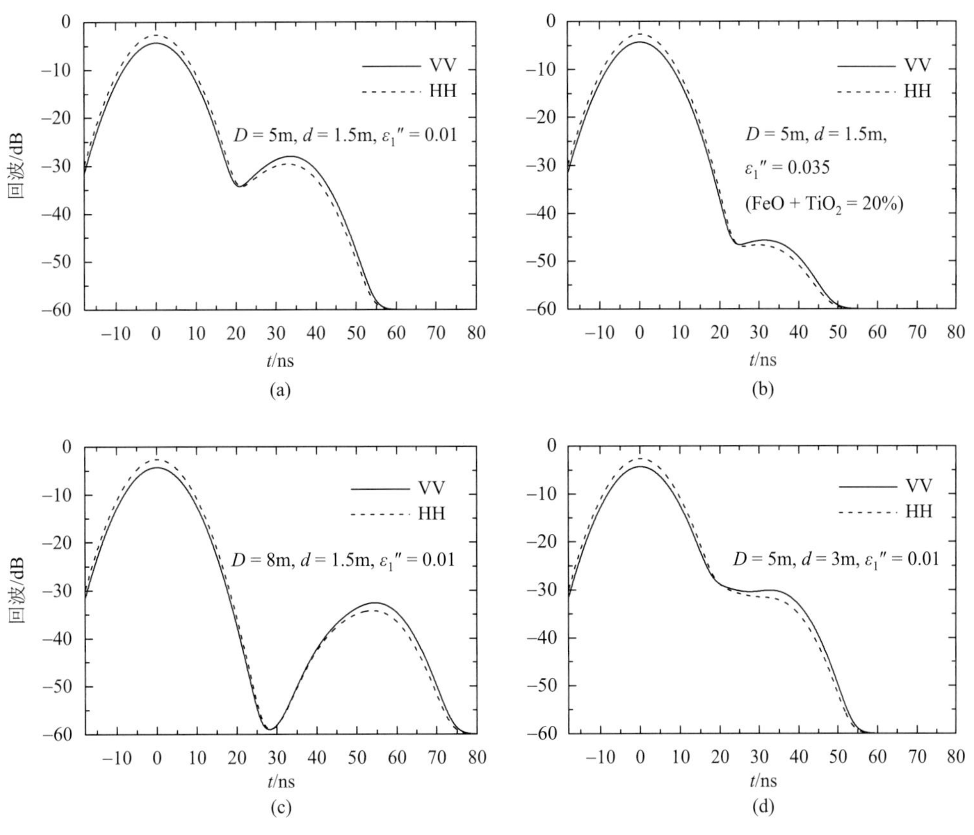

图 11.6　4 种不同月壤层的脉冲回波

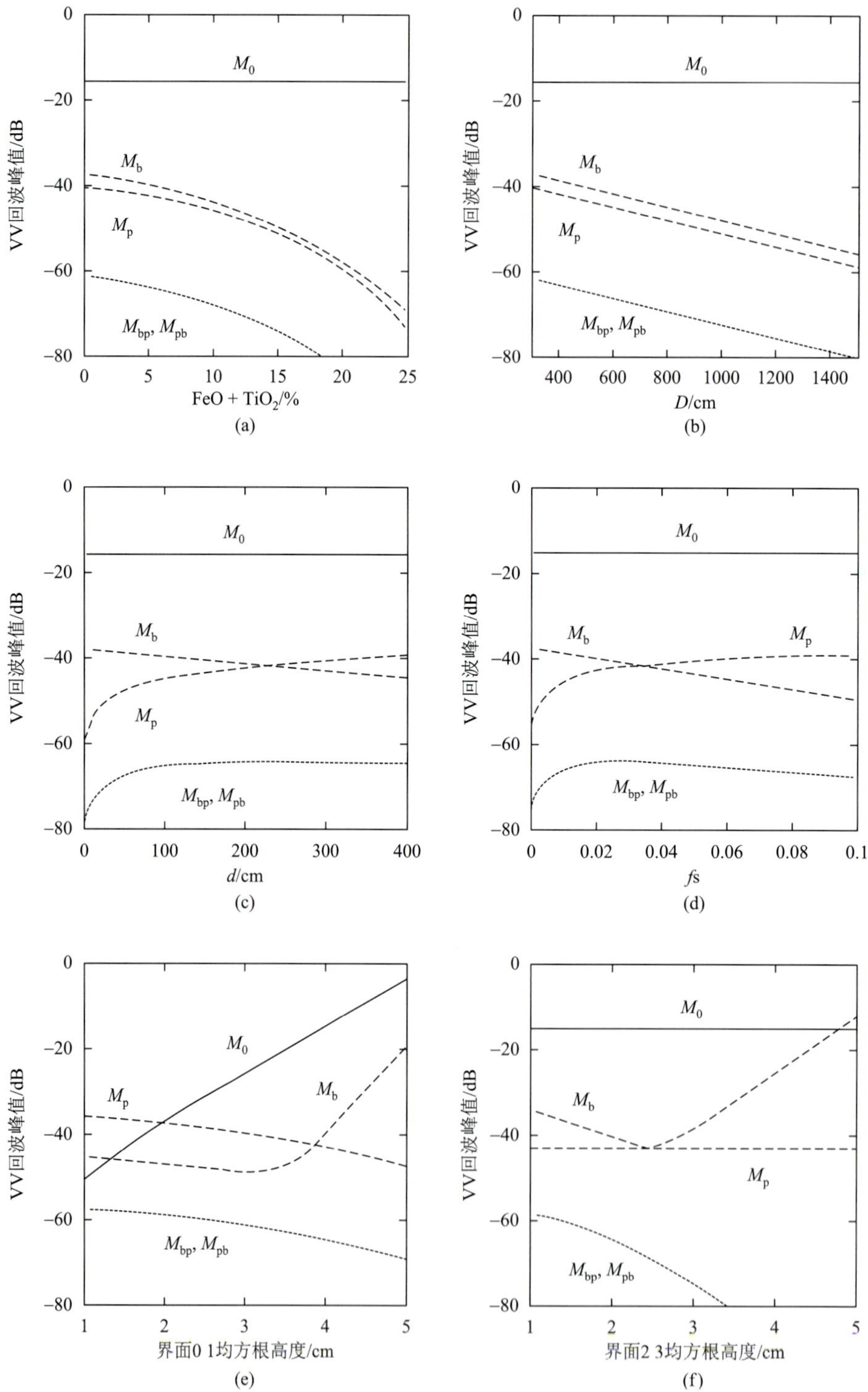

图 11.7　月壤层参数变化对各项回波波峰的影响

一些主要的月壤层物理参数（如 $FeO + TiO_2$ 含量、月壤厚度、碎石厚度、碎石密度、两个界面的粗糙度）对各项散射波形的峰值的影响，如图 11.7 所示，图中 $\bar{\boldsymbol{M}}_b$ 表示 $\bar{\boldsymbol{M}}_{b1}$、$\bar{\boldsymbol{M}}_{b2}$、$\bar{\boldsymbol{M}}_{b3}$ 三项的和。

由图 11.7（a）看出，增加月壤层金属含量将增强衰减，导致下垫碎石层和下垫粗糙面散射贡献减弱，散射主要由月壤层上表面贡献。同样地，根据图 11.7（b），月壤层厚的增加，也使碎石层和下垫粗糙面的散射得到衰减。而根据图 11.7（c），碎石层厚度增加，加强了碎石层的体散射强度。同样地，图 11.7（d）碎石占空比增加，自然也增强了体散射。

而图 11.7（e）上表面（0/1）粗糙度的增加会明显增强上表面的散射，也增强其非相干透射，但也减弱了其相干透射。因此，碎石层散射（仅经过相干透射）减小，但对于下表面的散射（包含相干和非相干透射）存在一个相干和非相干此消彼长的现象。当上表面粗糙度很小时，影响下表面散射的主要是相干透射，因此随着粗糙度增大而减少；当粗糙度增大到一定程度时，非相干透射占主要作用，因此散射随着粗糙度增大而回升。同样地对于图 11.7（f）下表面（2/3）的粗糙度，也存在相干和非相干之间的平衡问题，可以看到下表面的散射也是先减小后增大。

11.1.3　月壤厚度探测脉冲回波成像

由 11.1.2 节脉冲回波模拟可以看出，脉冲回波波形能够初步反映月壤层状结构的特征。考虑高分辨率近地雷达探测技术，将水平方向不同像素的回波排列形成图像。可以根据现有月球高程（Smith et al.，1997）、模拟构造的月壤厚度（Fa and Jin，2007）、$FeO + TiO_2$ 含量（Lucey et al.，2000）等数据，模拟一个同一纬度的切面。这里选取月球 Clavius 撞击坑（58.4°S，14.4°W；直径 231 km）的一个切面（纬度 57.5°S，经度 22.5°W 到 2.5°E）进行回波图像仿真，该地区的地貌如图 11.8 所示。

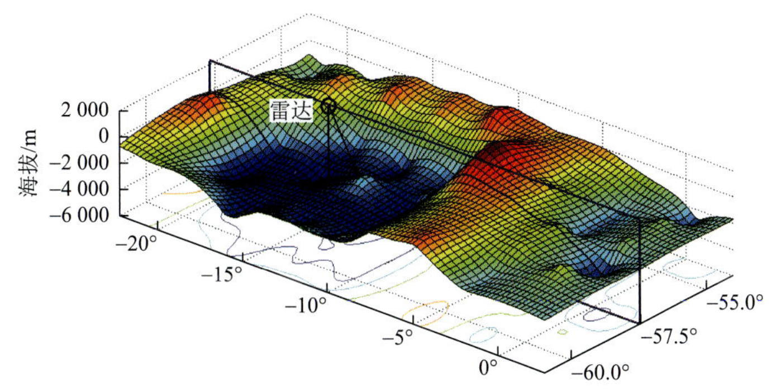

图 11.8　成像地区的地貌示意图

图 11.9 分别给出该切面的月壤厚度、$FeO + TiO_2$ 含量，模拟时各像素点的粗糙面参数分别加入 10%的随机起伏。考虑由于月球表面地形引起的月壤层倾斜，任意一点处倾斜表面的法矢量（局部坐标系的 $\hat{z}$ ），可以根据周围 4 个相邻点的高程数据按式（11.1.10）估计得到：

$$
\begin{aligned}
\hat{z}(i_x,i_y) &= \frac{\hat{t}_x \times \hat{t}_y}{\| \hat{t}_x \times \hat{t}_y \|} \\
\hat{t}_x &= [2\Delta x \quad 0 \quad h(i_x+1,i_y)-h(i_x-1,i_y)]^{\mathrm{T}} \\
\hat{t}_y &= [0 \quad 2\Delta y \quad h(i_x,i_y+1)-h(i_x,i_y-1)]^{\mathrm{T}}
\end{aligned}
\tag{11.1.10}
$$

式中，$h(i_x,i_y)$ 为 (i_x,i_y) 处的高程；Δx、Δy 为月球表面高程分辨率间隔。

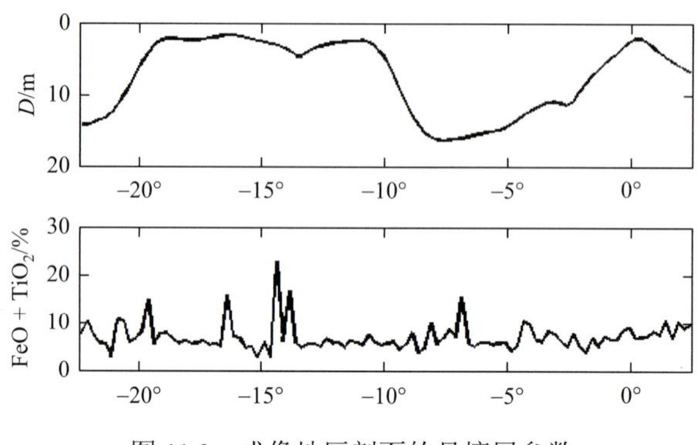

图 11.9　成像地区剖面的月壤层参数

图 11.10 为所生成的 VV、HH、HV 极化回波图像，每一个像素点约 4.1 km。图中月壤表面和月岩表面的轮廓容易识别，碎石层的厚度也容易识别，说明了本章方法的可行性。

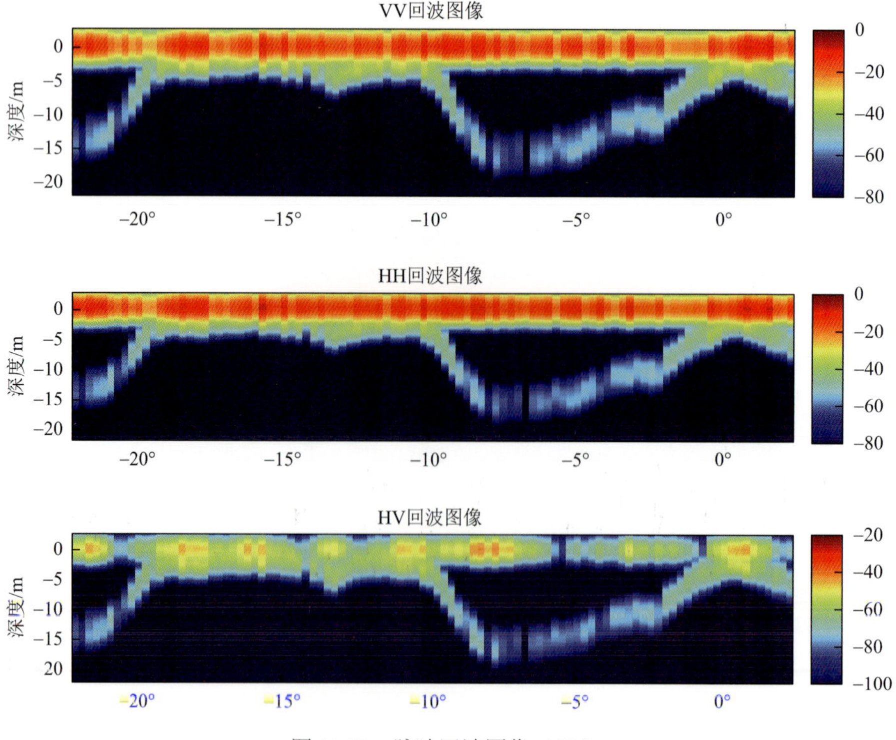

图 11.10　脉冲回波图像（dB）

而且，通过下面界线的亮度可以在一定情况下说明 FeO + TiO_2 含量的高低。其中，交叉极化主要是由月壤层倾斜度引起，根据该极化信息可以反演或估算月壤层厚度、坡度及其地貌（Jin and Luo，2004）。

11.2　月球表面雷达探测仪回波数值模拟

星载雷达探测仪主要通过行星表面天底点回波和次表面天底点回波的时延差与强度来研究行星次表层的结构与物质状态。在实际观测中，受行星表面非均匀起伏地形的影响，表面强的非天底点回波往往会淹没微弱的次表面天底点回波，从而给次表层结构的探测带来困难。因此，描述电磁波在行星次表层内的传播、衰减、散射等，对于如何从雷达探测仪回波中提取微弱的次表面天底点回波，获取行星次表层结构与物质介电常数等信息有着非常重要的意义。

本节以月球为例，首先介绍了星载雷达探测仪对月球次表层结构探测的基本原理。其次，给出了雷达回波仿真流程，包括地形构建与剖分、入射场计算、表面与次表面散射计算、回波信号的合成。最后，以月海和高地为例，给出了雷达探测仪回波与图像的仿真结果，并讨论了月球表面层特征参数对雷达回波的影响。

11.2.1　雷达探测仪回波模拟流程

1. 雷达探测仪工作原理

由 2.3 节可知，月球表面物质介电常数的实部与月球表面物质体积密度 ρ 有关，而损耗角正切与 TiO_2 含量有关（Fa and Wieczorek，2012）。取月球表面物质体积密度为 $\rho = 1.8\ g/cm^3$，TiO_2 含量在 0.5%～20%变化，得到月球表面物质介电常数 $\varepsilon = 2.9 + 0.0135 \sim 2.9 + 0.2396$。这样 5 MHz 电磁波穿透深度为 0.068～1.2 km，其主要取决于月球表层物质中 TiO_2 含量。随着 TiO_2 含量的增加，月壤的损耗角正切变大，电磁波的穿透深度减小；随着频率的增加，电磁波的穿透深度减小。可见，用 HF 波段的雷达探测几十米到几千米的月球表面层结构是可行的。

图 11.11 给出了雷达探测仪对月球次表层结构探测的示意图，其中月球表层（层 1）的介电常数为 ε_1，损耗角正切为 $\tan\delta_1$，厚度为 D，次表层（层 2）的介电常数为 ε_2，损耗角正切为 $\tan\delta_2$。为便于描述，定义层 1 与层 2 的交界面为月球次表面，而层 1 与月球表面上空的交界面为月球表面。注意：为保证足够的穿透深度，雷达探测仪的入射波波长通常很长（如 60 m），远大于 11.1 节图 11.1 所示月壤与碎石层的厚度。因此，在雷达探测仪对月球表面次表层结构的探测中，可以忽略月壤层与角砾层，而认为次表面的深度 D 从表面以下几百米到几千米。

如图 11.11 所示，高度为 H 的雷达探测仪以一定的波束宽度 θ 向月球表面发射电磁波。电磁波在表面天底点 A 处发生反射和透射，反射回波的时延为 $2H/c$，其中 c 为真空中的光速。A 处透射的电磁波通过表层 1 至次表面天底点 B 处时发生反射，再经过表层 1

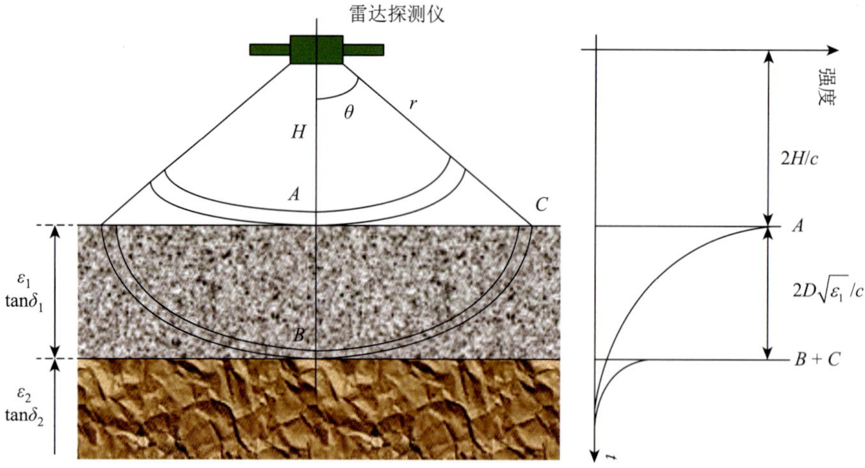

图 11.11　月球分层结构探测的示意图

向上传播被雷达探测仪接收，该回波比 A 处回波时延晚 $2D\sqrt{\varepsilon_1'}/c$。如果表层 1 介电常数 ε_1 已知，则由该时延差可以确定次表面的深度 D，而由这两点回波的强度差异可以估算次表层介电常数 ε_2，进一步判断次表层（层 2）的物质成分与状态。

若月球表面和次表面都是光滑平表面，则雷达探测仪只接收到 A 处和 B 处的回波。实际上月球表面是高低起伏的，这样雷达探测仪也会接收到月球表面非天底点 C 处以内各处的回波。电磁波在月球表面层内部传播时，受到表面透射、表层衰减以及次表面反射等的影响，次表面天底点 B 处的回波往往是很微弱的。若月球表面非天底点 C 处的回波时延和次表面天底点 B 处的回波时延差几乎相等，则雷达探测仪将同时接收到这两点的回波。这样，B 处微弱的次表面天底点回波可能被表面 C 处非天底点回波所淹没，从而无法分辨出次表面回波。

定义 A 点的回波为表面天底点回波（surface nadir echo），B 点的回波为次表面天底点回波（subsurface nadir echo），C 点的回波为表面非天底点回波（surface off-nadir echo）。在雷达探测仪对月球次表层结构探测中，非天底点回波是识别次表面回波的最大障碍，因此非天底点回波也称为杂波（clutter）。在雷达探测仪回波分析中，表面杂波消除技术是重要的研究方向之一。

2. 雷达回波的模拟流程

雷达探测仪接收到的回波与天线在月球表面的辐射场分布、月球表面的地形起伏、次表层分层结构、发射波的波形等有关。计算月球表面散射时，需要对月球表面进行剖分，剖分尺度一般取 1/10～1/8 波长，这需要数米到十米尺度分辨率的月球表面地形。在缺少月球表面米级分辨率地形的情况下，完整的月球表面雷达探测仪回波模拟包括：月球表面地形的数值构造与剖分，天线在月球表面的辐射场分布，月球表面与次表面散射的计算（相当于表面与次表面的冲击响应函数），由发射脉冲的波形合成出最终的回波波形与图像。

图 11.12 给出了本章雷达探测仪回波的模拟流程。首先由月球表面的地形地貌特

征，数值构造月球表面的地形分布，对表面地形进行剖分。根据雷达探测仪所采用的天线（一般为偶极子天线），计算月球表面的入射场分布。由 Kirchhoff 近似计算月球表面的散射，由射线追踪、几何光学和 Kirchhoff 近似计算次表面的散射，得到上表面和次表面的冲击响应函数。最后根据雷达探测仪发射脉冲的波形，合成出雷达探测仪所接收到的回波。

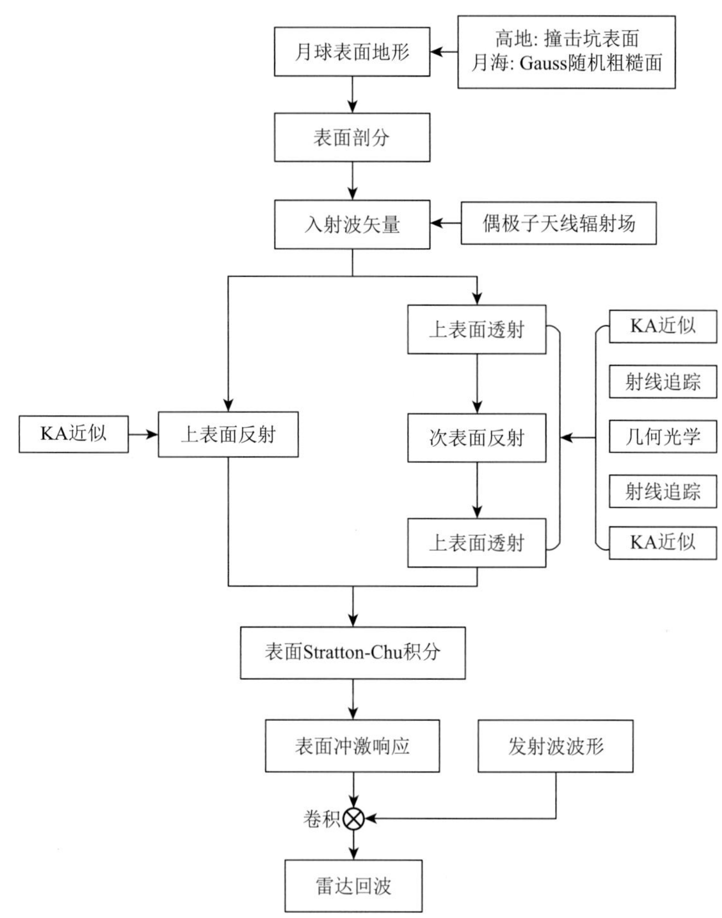

图 11.12　月球表面雷达探测仪回波仿真流程图

在缺少高分辨率数值高程情况下，这里用数值方法来构造月海与高地地形。月球高地地形的构造方法采用第 10 章的方法，按照撞击坑形状与数量的统计规律，由 Monte Carlo 数值模拟。对于比较平缓的月海表面，由三维 Gauss 随机粗糙面来模拟，其粗糙度参数由表面起伏的均方根高度 δ 和相关长度 l 来描述。为减少模拟中的参数，可以取相关长度等于入射波长，这样由 $k\delta$ 来描述粗糙度，其中 $\delta = 2\pi / \lambda$ 。$k\delta$ 越大，表面越粗糙。作为示例，图 11.13 给出了根据 Kuang 和 Jin（2007）的方法所模拟的两个不同粗糙度的月海表面地形，其中 $l = 60$ m。

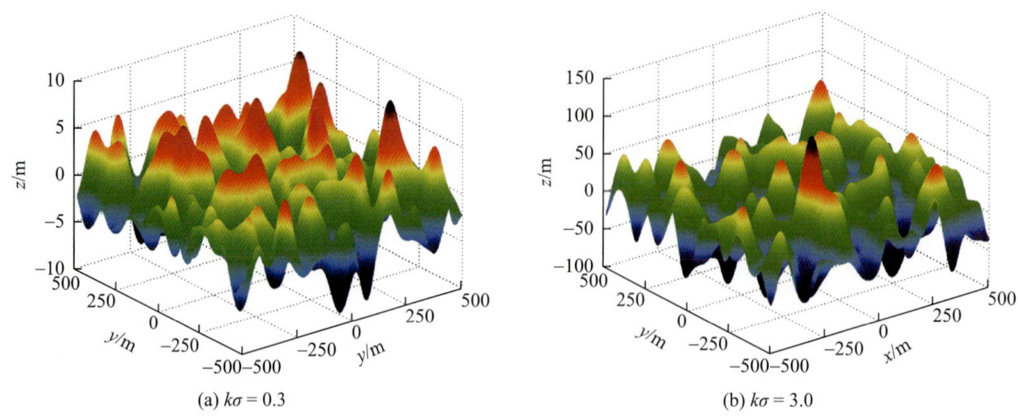

图 11.13　数值仿真的 Gauss 随机粗糙面

为数值计算月球表面散射，在给定的月球表面区域进行二维网格剖分，本节采用规则三角形网格剖分。每个网格节点 (x,y,z) 对应于月球表面的高度。连接网格的对角线，将每个网格划分为三角面元，如图 11.14 所示。用各三角形顶点坐标确定其几何中心，并计算每个三角面元的法向矢量和面积。

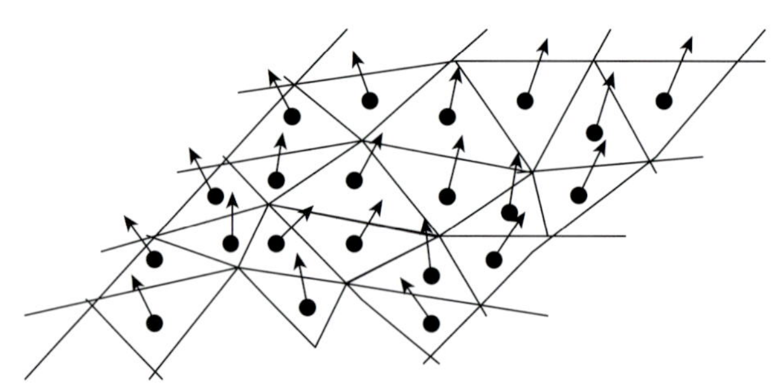

图 11.14　月球表面的剖分

11.2.2　月球分层面散射的计算

1. 月球表面入射场分布

一般地，雷达探测仪都采用偶极子天线，如日本 Kaguya 的 LRS 与欧洲太空局的 MARSIS 等。如图 3 所示，雷达探测仪沿着卫星轨道飞行时，偶极子天线平行于月球表面。在月球表面所在的主坐标系 $(\hat{x},\hat{y},\hat{z})$ 中，雷达探测仪位于 (x_0,y_0,z_0)，雷达波入射到的面元位于 (x_i,y_i,z_i)，雷达天线局部坐标系为 $(\hat{x}_l,\hat{y}_l,\hat{z}_l)$。

如图 11.15 所示，长度为 L 、电流为 I 的偶极子天线辐射的电场为（Kong，2005）

$$\boldsymbol{E}(r,\theta_l) = -i\frac{kIL}{4\pi}\sqrt{\frac{\mu_0}{\varepsilon_0}}\frac{e^{ikr}}{r}\sin\theta_l\hat{\theta}_l \tag{11.2.1}$$

式中，k 为真空中波数；ε_0 和 μ_0 分别为真空中介电常数和磁导率。偶极子辐射电场极化矢量 $\hat{\theta}_l$ 在局部坐标系可以写为

$$\hat{\theta}_l = \hat{x}_l\cos\theta_l\cos\phi_l + \hat{y}_l\cos\theta_l\sin\phi_l - \hat{z}_l\sin\theta_l \tag{11.2.2}$$

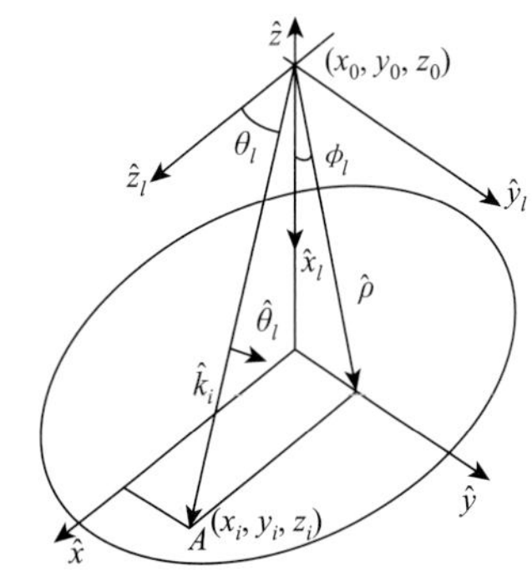

图 11.15　雷达偶极子天线辐射入射月球表面

主坐标系 $(\hat{x},\hat{y},\hat{z})$ 与局部坐标系 $(\hat{x}_l,\hat{y}_l,\hat{z}_l)$ 之间有

$$\hat{x}_l = -\hat{z},\ \hat{y}_l = \hat{y},\ \hat{z}_l = \hat{x} \tag{11.2.3}$$

根据式（11.2.1）～式（11.2.3），在主坐标系中入射的电场为

$$\boldsymbol{E}(x,y,z) = -i\frac{kIL}{4\pi}\sqrt{\frac{\mu_0}{\varepsilon_0}}\frac{e^{ikr}}{r}(-\sin^2\theta_l\hat{x} + \sin\theta_l\cos\theta_l\sin\phi_l\hat{y} - \sin\theta_l\cos\theta_l\cos\phi_l\hat{z}) \tag{11.2.4}$$

其中，局部坐标系中 θ_l, ϕ_l 为

$$\theta_l = \cos^{-1}(\hat{z}_l\cdot\hat{k}_i), \phi_l = \cos^{-1}(\hat{x}_l\cdot\hat{\rho}) \tag{11.2.5}$$

式中，$\hat{k}_i$ 和 $\hat{\rho}$ 分别表示为

$$\begin{aligned}\hat{k}_i &= \frac{(x_i - x_0)\hat{x} + (y_i - y_0)\hat{y} + (z_i - z_0)\hat{z}}{\sqrt{(x_i - x_0)^2 + (y_i - y_0)^2 + (z_i - z_0)^2}} \\ \hat{\rho} &= \frac{(y_i - y_0)\hat{y} + (z_i - z_0)\hat{z}}{\sqrt{x_0^2 + (y_i - y_0)^2 + (z_i - z_0)^2}}\end{aligned} \tag{11.2.6}$$

月球表面天底点 $\theta_l = 90°$，偶极子在月球表面天底点的辐射场最大。

取偶极子天线平行于月球表面，位于月球表面以上 50 km 处，与月球主坐标系中 x 轴的夹角为 0°。取偶极子天线的辐射频率为 5 MHz，电流强度 $I = 4$ A，偶极子天线在 100 km×100 km 大小的月球表面辐射的电场如图 11.16 所示。可以看出，在偶极子正下方月球表面中心处（即表面天底点）辐射场的强度最大。这也是雷达探测仪选择偶极子天线的原因之一，使得辐射能量集中于月球表面天底点待探测目标区域。

2. 分层月球表面电磁散射计算

如图 11.17 所示，雷达探测仪位于点 $P_0(x,y,z)$，入射波至粗糙表面点 $P_1(x,y,z)$，产生散射［表面回波（1）］与透射。透射波经层 1 向下传播至次表面点 $P_2(x,y,z)$ 产生镜面反射和透射，镜面反射波再经层 1 向上传播到粗糙面 $P_3(x,y,z)$，向 $P_0(x,y,z)$ 发出次表面回波（2）。给定入射点 P_1 后，由几何光学射线追踪找到点 P_2 和 P_3。

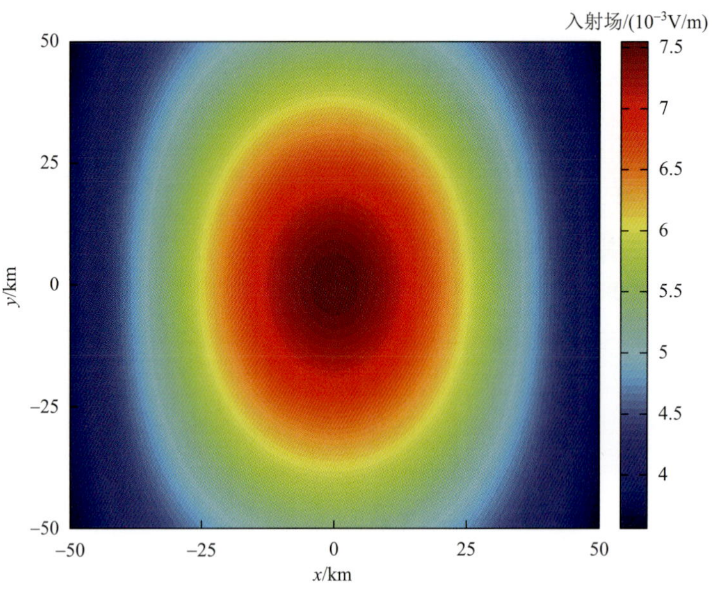

图 11.16　雷达偶极子天线在月球表面的入射场分布

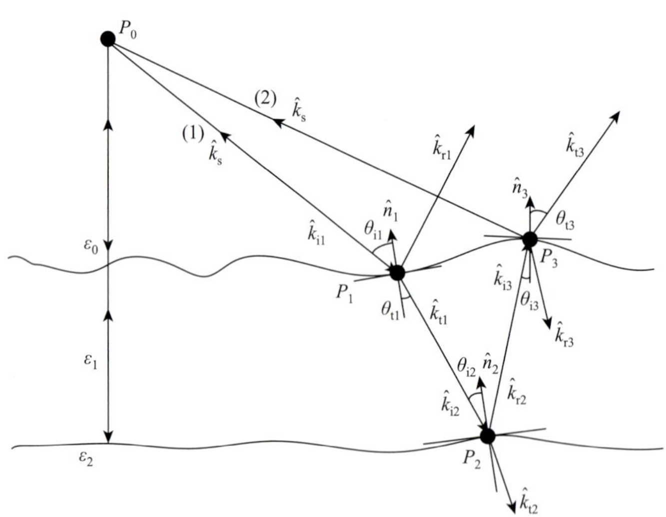

图 11.17　月球分层面的雷达回波计算示意图

月球表面被剖分为大量小面元，每个面元的散射场由 KA 近似与 Stratton-Chu 积分计算（见附录 A）。将距观测点 P_0 的射程距离为 r_n（第 n 个距离间隔）的所有面元产生的散射场相加，得到雷达探测仪接收到的表面（sur）与次表面（sub）散射场分别为

$$\begin{aligned}\boldsymbol{E}_{\text{sur}}(r_n) = -ikE_0 \sum_{\text{range}\subseteq r_n} & [-(\hat{e}\cdot\hat{h}_1)(\hat{n}_1\cdot\hat{k}_{i1})\hat{h}_1(1-R_{01}^h)+(\hat{e}\cdot\hat{v}_1)(\hat{n}_1\times\hat{h}_1)(1+R_{01}^v) \\ & +(\hat{e}\cdot\hat{h}_1)\hat{k}_s\times(\hat{n}_1\times\hat{h}_1)(1+R_{01}^h)+(\hat{e}\cdot\hat{v}_1)(\hat{n}_1\cdot\hat{k}_{i1})(\hat{k}_s\times\hat{h}_1)(1-R_{01}^h)]G_{10}\Delta S\end{aligned} \tag{11.2.7}$$

$$\boldsymbol{E}_{\text{sub}}(r_n) = ikE_0\exp[ik_1(r_{12}+r_{23})]\sum_{\text{range}\subseteq r_n}\boldsymbol{F}\cdot G_{30}\Delta S \tag{11.2.8}$$

式（11.2.7）和式（11.2.8）中的具体推导以及各参数的意义见附录 A。

这样，雷达探测仪接收到的总场为

$$\boldsymbol{E}(r_n)=\boldsymbol{E}_{\text{sur}}(r_n)+\boldsymbol{E}_{\text{sub}}(r_n) \tag{11.2.9}$$

3. 雷达回波信号合成

为有足够的距离分辨率和发射能量，雷达探测仪一般采用线性调频脉冲信号。发射脉冲表示为（Ono and Oya，2002；Kobayashi et al.，2002a）

$$T_{\text{r}}(t)=\begin{cases}W(t)\exp\left[-i\int_0^t 2\pi(f_0+Kt')\text{d}t'\right] & (0\leqslant t\leqslant T)\\ 0 & (\text{其他})\end{cases} \tag{11.2.10}$$

式中，$W(t)$ 为发射脉冲的包络；f_0 为起始频率；K 为调频率；T 为脉冲宽度，这样发射脉冲的带宽为 $B_{\text{W}}=KT$ 。

考虑到发射波的波形，最终接收到的电场强度 $\boldsymbol{E}(t)$ 可以合成为

$$\boldsymbol{E}(t)=\sum_{n=1}^{N}\boldsymbol{E}(r_n)T_{\text{r}}(t,\tau_n) \tag{11.2.11}$$

其中，时延为 $\tau_n=2r_n/c$ ，$T_{\text{r}}(t,\tau_n)$ 为

$$T_r(t,\tau_n)=\begin{cases}W(t)\exp\left\{-i\int_{\tau_n}^t 2\pi[f_0+K(t'-\tau_n)\text{d}t']\right\} & (\tau_n\leqslant t\leqslant\tau_n+T)\\ 0 & (t\leqslant\tau_n,\tau_n+T\leqslant t)\end{cases} \tag{11.2.12}$$

对式（11.2.11）给出的时域电场强度 $\boldsymbol{E}(t)$ 与参考信号 $S_{ref}(t)$ 进行混频，得到：

$$\boldsymbol{E}_{\text{mix}}(t)=S_{\text{ref}}^{*}(t)\boldsymbol{E}(t) \tag{11.2.13}$$

参考信号为 $S_{\text{ref}}(t)$ 为

$$S_{\text{ref}}(t)=\begin{cases}S_0\exp\left[-i\int_0^{t-\tau_{\text{ref}}}2\pi(f_0+Kt')\text{d}t'\right] & (\tau_{\text{ref}}\leqslant t\leqslant T+\tau_{\text{ref}})\\ 0 & (\text{其他})\end{cases} \tag{11.2.14}$$

式中，τ_{ref} 为参考信号的起始时间；S_0 为参考信号的幅度。

对混频信号 $\boldsymbol{E}_{\text{mix}}(t)$ 进行 Fourier 变换，可以得到：

$$\boldsymbol{E}(f)=\frac{1}{2\pi}\int_{-\infty}^{+\infty}\boldsymbol{E}_{\text{mix}}(t)e^{i2\pi t}\text{d}t \tag{11.2.15}$$

式（11.2.15）即雷达探测仪的回波随频率的变化，由线性调频脉冲的性质，可以得到频率为 f 的分量对应的射程距离 r 为

$$r=\frac{c}{2}\left(\tau_{\text{ref}}+\frac{f}{K}\right) \tag{11.2.16}$$

实际上，式（11.2.9）给出的 $\boldsymbol{E}(r_n)$ 相当于月球表层回波的冲击响应函数，式（11.2.11）为冲击响应函数 $\boldsymbol{E}(r_n)$ 与发射脉冲的卷积，得到了时域回波 $\boldsymbol{E}(t)$ 。$\boldsymbol{E}(t)$ 与参考信号 $S_{\text{ref}}(t)$ 混频得到 $\boldsymbol{E}_{\text{mix}}(t)$ ，再进行 Fourier 变换是线性调频信号的脉冲压缩过程（Curlander and McDonough，1991）。

11.2.3 雷达探测仪回波仿真

在本节回波仿真中，若无特别说明，则采取如下仿真参数：雷达高度 $H = 50$ km，中心频率 $f = 5$ MHz，偶极子天线长度 $L = 30$ m，发射功率 800 W，天线阻抗 50 Ω，则偶极子天线上电流强度 $I = 4$ A。月海表面为 Gauss 随机粗糙面，相关长度 60 m，表面与次表面的粗糙度由参数 $k\delta_1$ 和 $k\delta_2$ 描述，其中 δ_1 和 δ_2 分别为表面和次表面的高度起伏方差。剖分面元大小为 10 m，月球次表层 $\varepsilon_2 = 8 + 0.5\text{i}$。选取雷达探测仪发射脉冲长度 $T = 2.67\times10^{-5}$ s，发射脉冲的包络（Kobayashi et al.，2002a，2002b）为

$$W(t) = \begin{cases} \dfrac{1}{2}\left[1-\cos\left(10\pi\dfrac{t}{T}\right)\right] & (0 \leqslant t < 0.1T) \\ 1 & (0.1T \leqslant t \leqslant 0.9T) \\ \dfrac{1}{2}\left[1+\cos\left(10\pi\dfrac{t}{T}-9\pi\right)\right] & (0.9T < t \leqslant T) \end{cases} \tag{11.2.17}$$

1. 散射计算结果验证

作为简单的平表面入射波例子，Kobayashi（2000）给出一个偶极子天线入射到平表面时，雷达探测仪接收到的电场幅度值 E 随射程距离 r 变化的理论值为

$$E(r) = \left(\frac{k}{4\pi r}\right)^2 IL\sqrt{\frac{\mu_0}{\varepsilon_0}}\cos\theta_{\text{in}}\,|\,R_{01}^v(\theta_{\text{in}})\cos^2\theta_{\text{in}} - R_{01}^h(\theta_{\text{in}})\,|\,2\pi r\Delta r \tag{11.2.18}$$

式中，Δr 为距离间隔，这里取 1 m；θ_{in} 为入射角度，随射程距离 r 变化的关系为

$$\cos\theta_{\text{in}} = H / r \tag{11.2.19}$$

式（11.2.18）中，$R_{01}^v(\theta_{\text{in}})$ 和 $R_{01}^h(\theta_{\text{in}})$ 分别是入射角为 θ_{in} 时 0～1 界面上垂直与水平极化反射系数。将用该简单例子的式（11.2.18）验证表面回波的数值计算程序。

其次，当表面和次表面均为平表面时，Ono 和 Oya（2000）由雷达方程给出接收到反射电场幅度的比值为

$$\frac{E_{\text{sub}}}{E_{\text{sur}}} = \frac{H}{H+D}\frac{|\,R_{12}(0)[1+R_{01}(0)][1+R_{10}(0)]\,|}{|\,R_{01}(0)\,|}\exp\left(-\frac{1}{2}\tau_D\omega\tan\delta\right) \tag{11.2.20}$$

式中，$\tau_D = 2D\sqrt{\varepsilon_1'}/c$；$\omega = 2\pi f$；$\tan\delta = \varepsilon_1''/\varepsilon_1'$；$R_{ij}(0)$ 表示角度为 0°时层 i 与层 j 之间的反射系数。将用该简单例子的式（11.2.20）验证分层介质回波的数值计算程序。

次表面回波射程距离的理论值为

$$R_{\text{sub}} = D\sqrt{\varepsilon_1'} \tag{11.2.21}$$

作为数值计算程序的验证，先取月球表面和次表面均为平表面，大小都为 20 km×20 km，$D = 1.0$ km，$\varepsilon_1 = 4 + 0.01\text{i}$，$\varepsilon_2 = 8 + 0.5\text{i}$。图 11.18 中细线给出了由式(11.2.9)计算的表面和次表面的回波。图 11.18 中取射程距离减掉 50 km，这样射程距离为 0 时正好对应于表面天底点。图 11.18 中 OA 部分为由式（11.2.7）计算的平表面回波（黑线）与式（11.2.18）理论值（红线）的比较。注意，粗线理论值的射程距离取 0～0.99 km，细

线计算的射程距离取 0～1.96 km。可以看出，在射程没有超出 20 km×20 km 范围时（图中 0～0.99 km），数值计算与理论值完全吻合。数值计算时表面为面元组成，使得数值结果非光滑地起伏。当射程超出所取的范围外（图 11.18 中标记 A 处），数值计算突然下降，这是因为计算区域有限，范围外均没有计算。上述的验算只需看此范围内的结果。

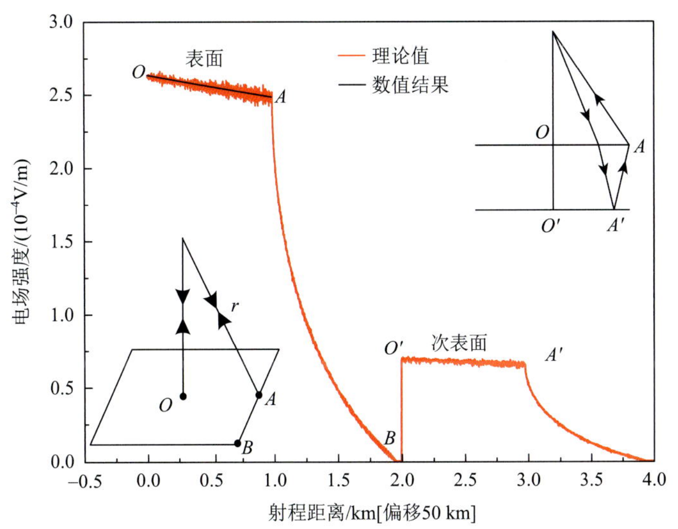

图 11.18　平表面与次表面回波验证

为避免类似图 11.18 中 A 处月球表面场景边缘在所对应的射程距离处产生虚假的峰值回波，在模拟中，需要在边缘对对应的射程距离处接收到的回波进行截断。若月球表面场景半径为 r_0，则截断处对应的射程距离 $R=\sqrt{H^2+r_0^2}-H$ 。

射程距离为 2.0 km 处，出现了次表面的回波，这与式（11.2.21）一致。由图 11.18 可知，射程距离为 0 时天底点回波的强度为 $E_{\text{sur}}=2.63\times10^{-4}$ V/m，射程距离为 2.0 m 处次表面天底点回波的强度为 $E_{\text{sub}}=6.90\times10^{-5}$ V/m， $E_{\text{sub}}/E_{\text{sur}}=0.262$ ，按照雷达探测仪的参数，由式（11.2.20）计算得到 $E_{\text{sub}}/E_{\text{sur}}=0.267$ 。可以看出，无论是次表面回波出现的射程距离，还是次表面与表面回波强度之比，数值结果与理论值都吻合得很好。

式（11.2.18）只适应于偶极子照射平表面时回波强度随射程距离的变化，且无法计算次表面的回波。由于回波强度随射程距离的变化与月球表面元到雷达探测仪的距离的远近有关，因此对于随机粗糙起伏的月球表面不存在回波强度随射程距离变化的解析公式，只能由数值方法来计算雷达探测仪回波。这里采用式（11.2.18）和式（11.2.20）的计算，只是验证简单平表面条件下本书数值计算的准确性。

2. 月海表面雷达回波仿真结果

现选取月球表面区域为 40 km×40 km，次表面为 10 km×10 km，剖分面元为 10 m，这样该表面共有 3.2×10^7 个面元，次表面有 2×10^6 个面元。取 $D=1$ km，$\varepsilon_1=4+0.03\text{i}$，月海表面粗糙度 $k\delta_1$ 在 0～0.5 变化，次表面为平表面 $k\delta_2=0$ 。

雷达探测仪位于表面中心之上，高度 $H = 50$ km，中心频率 5 MHz，带宽 $B_w = 2$ MHz。图 11.19 给出 $k\delta_1 = 0.1$ 和 0.4 时回波功率随射程距离的变化，其中射程距离如前例减掉 50 km。可以看出，在 $k\delta_1 = 0.1$ 时，射程距离 2 km 处的尖峰是次表面天底点的回波（图 11.19 中箭头所示）。当月球表面粗糙度增加至 $k\delta_1 = 0.4$ 时，非天底点回波变大而遮盖了次表面天底点回波。

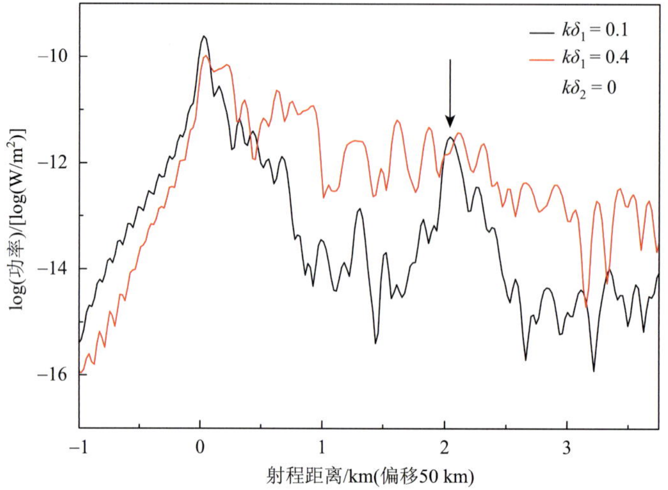

图 11.19　$H = 50$ km 时不同月球表面粗糙度的回波

若降低雷达探测仪的高度，在同一个条件下，纳入的非天底点的观测范围减小，这样使得非天底点回波减弱，次表面回波就可能比较容易观测到。

图 11.20 给出带宽 $B_w = 4$ MHz 与 8 MHz 时回波功率随射程距离的变化。可以看出，随着带宽的增加，雷达探测仪距离分辨率变大，月海表面的一些细节特征也凸现出来，如射程距离 450 m 处有回波峰值。

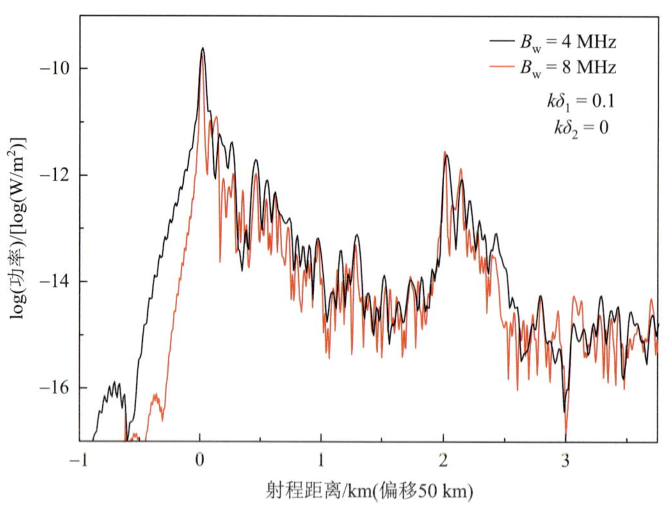

图 11.20　带宽对回波的影响

因此，为探测表面细节特征，应使带宽大些。但是，带宽的增加要求中心频率提高，而中心频率提高使得电磁波的穿透深度减小。因此，带宽选择应综合考虑距离分辨率与探测深度的要求。

图 11.21 给出月球表面层不同介电常数 $\varepsilon_1 = 4 + 0.01\mathrm{i}$ 与 $\varepsilon_1 = 4 + 0.05\mathrm{i}$ 时月海表面的回波，其中带宽 $B_\mathrm{w} = 4\,\mathrm{MHz}$。可以看出，随介电常数虚部的增大，次表面回波的峰值减小。为探测次表层结构，该区域的月球表面物质介电常数虚部不要过大。

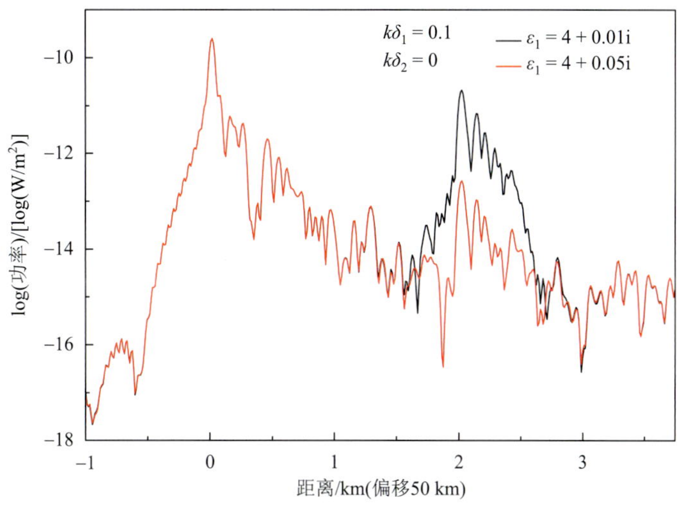

图 11.21　月球表面层 1 介电常数对回波的影响

为突出次表面粗糙度对回波的影响，图 11.22 给出了月球表面光滑 $k\delta_1 = 0$，次表面粗糙度 $k\delta_2 = 0.1$ 和 0.3 时的回波功率。可以看出，粗糙的次表面使得次表面非天底点的散射也出现一些峰值；随着次表面粗糙度的增加，角度性的漫散射使次表面天底点回波强度减小。

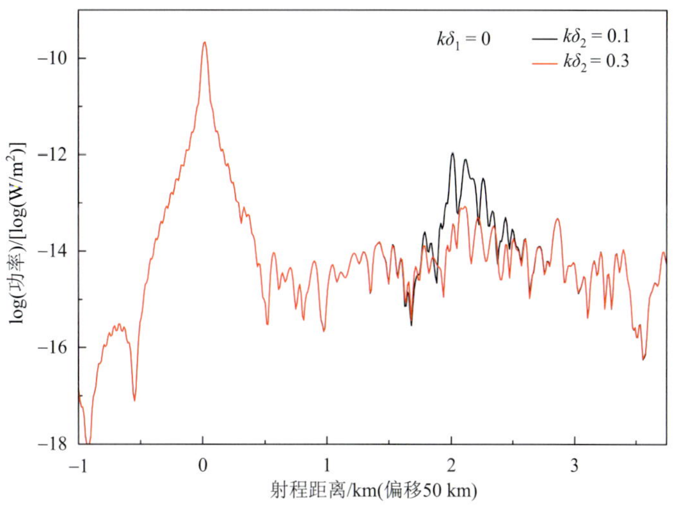

图 11.22　次表面粗糙度对回波的影响

3. 高地表面雷达图像仿真结果

如图 11.23 所示，在 40 km×40 km 的区域内生成 6 个撞击坑，其半径由大到小依次为 2.0 km、1.8 km、1.5 km、1.5 km、1.2 km、0.8 km。取雷达高度 $H=50$ km，飞行速度 $v=1.6$ km/s，脉冲重复频率 PRF = 20 Hz，带宽 $B_{\mathrm{w}}=8$ MHz。当雷达沿图 11.23 中箭头所示轨道飞行时，星下点位置在（−5 km，−5 km）到（5 km，5 km）变化，星下点轨迹长度为 14.2 km。取雷达探测仪在月球表面的照射范围为半径 12.5 km 的圆形，这样波束宽度为 14°，次表面取半径为 1 km 的圆形区域，层 1 厚度 $D=0.5$ km，$\varepsilon_1=4+0.03\mathrm{i}$，层 2 为平表面，$\varepsilon_2=8+\mathrm{i}0.5$。

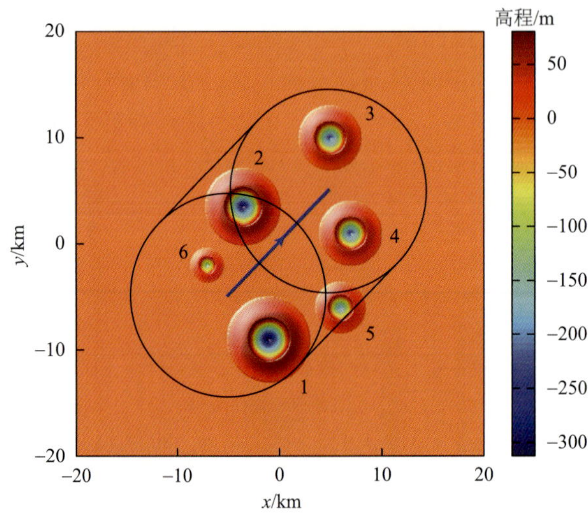

图 11.23　6 个撞击坑的月球表面地形

图 11.24 给出雷达探测仪沿 10.23 中箭头飞行时月球表面层的回波成像。纵坐标是雷达至目标的射程距离，横坐标是雷达飞行时每次观测（次数），观测间隔为 80 m。位于射程距离 0 km 处的表面天底点回波和位于 1 km 处的平坦次表面天底点回波呈直线形状，且清晰可见。雷达的飞行，使其对月球表面各撞击坑的射程距离发生变化，其回波在射程距离的图像中呈圆弧形状，标号为 1～6 的回波分别来自撞击坑 1～6。例如，当雷达向前飞行，离撞击坑 1 和 6 越来越远，射程距离变大，弧线向下。最终撞击坑 1 和 6 消失在雷达照射范围外，即回波图像中这两个撞击坑回波对应的射程距离增大至 110 次和 145 次观测之后消失。随着雷达的飞行，撞击坑 2 和 5 越来越近，当雷达星下点位置为（0 km，0 km）的第 88 次观测时，撞击坑 2 达到最近，然后再渐渐远离。与撞击坑 2 相比，撞击坑 5 离雷达的距离稍远，因此撞击坑 5 回波是下面的一条弧线（射程距离远一些）。在第 35 次和第 95 次观测之后，撞击坑 3 和 4 开始出现在雷达的照射范围之内，其回波对应的射程距离逐渐减小，弧线是向上的。图 11.24 中其他较弱的弧线来自于撞击坑的外围或边缘部分，较难区分。撞击坑 2 的半径大于撞击坑 5，且离星下点轨迹较近，当星下点（0 km，0 km）时，撞击坑 5 的回波强度大于撞击坑 2 的回波强度，这是因为撞击坑 5 对雷达的照射恰好接近于垂直照射，散射较强。

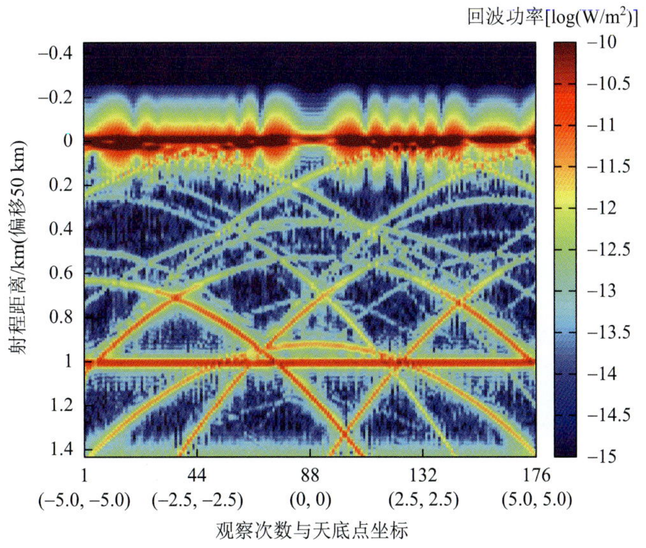

图 11.24　6 个撞击坑的雷达探测仪回波图像（$B_w = 8$ MHz，$k\delta_2 = 0$）

由于次表层面为平面，射程回波图像呈直线，其强度受介质层衰减与表层面粗糙度的影响。

作为比较，图 11.25 给出带宽 4 MHz 时该区域的回波成像。其表面天底点回波、次表面天底点回波以及各个撞击坑的回波形状与图 11.24 相似。但是由于带宽的变小，回波变得模糊，来自撞击坑边缘的一些细节较难辨认。

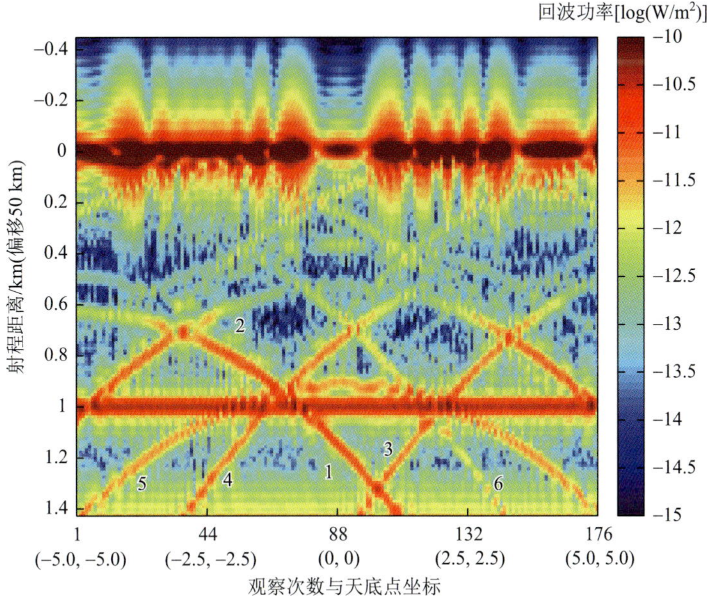

图 11.25　6 个撞击坑的雷达探测仪回波成像（$B_w = 4$ MHz，$k\delta_2 = 0$）

当月球次表层面为粗糙面，如取 $k\delta_2 = 0.2$，其他条件不变，图 11.26 给出了此时的雷达回波射程图像。可以看出，受次表面粗糙度漫散射的影响，次表面天底点回波的强度变小。理论上讲，此时粗糙次表面非天底点也有回波被雷达探测仪观测到，但由于月球表面层的衰减和粗糙面角度性的漫散射，在雷达探测仪的观测角度上量级一般都很小，在射程距离的回波图像上与直线形状差不多。

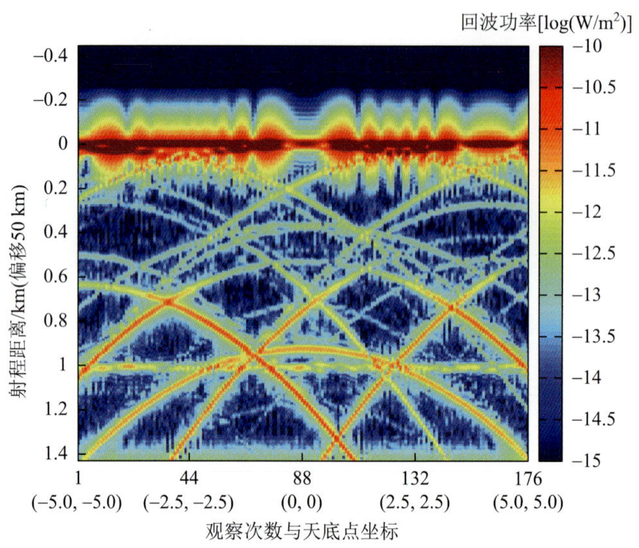

图 11.26　6 个撞击坑的雷达探测仪回波成像（$B_{\mathrm{w}}=8$ MHz，$k\delta_2=0.2$）

现在 40 km×40 km 区域内随机生成 1000 个撞击坑，如图 11.27 所示。图 11.28 给出雷达探测仪回波图像。可以看出，在星下点为（−2.5 km，−2.5 km）～（0.5 km，0.5 km）时，强烈的月球表面非天底点回波遮盖了次表面的回波；而在其他位置时，次表面回波仍然可以辨认。与图 11.24 相比较，次表面回波变得微弱。一些较大的撞击坑在回波图像中呈弧形，较小的撞击坑使得回波强度增加，但是很难辨认。

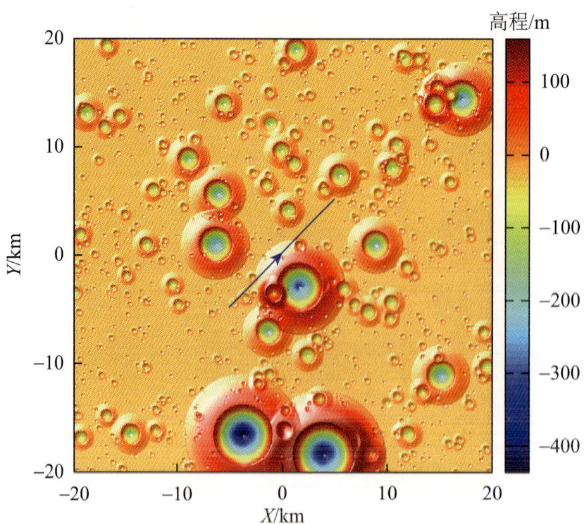

图 11.27　1000 个撞击坑分布的月球表面高程分布

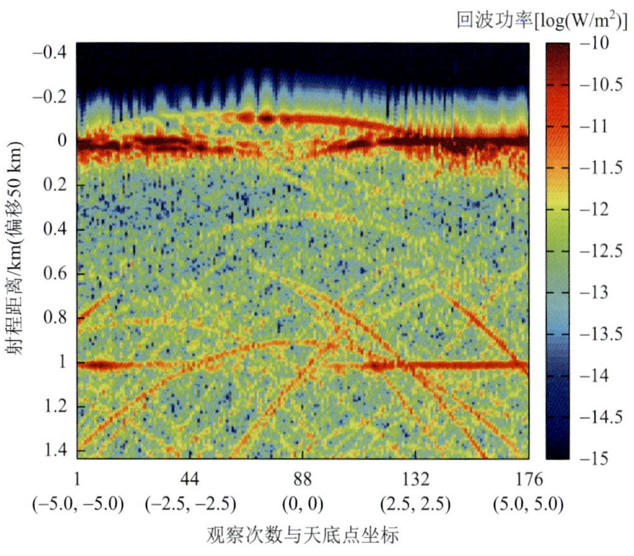

图 11.28　多个撞击坑分布的月球表面雷达探测仪回波成像（$B_{\rm w}=8$ MHz，$k\delta_2=0$）

随着月球表面撞击坑密度的增加，来自月球表面非天底点的回波强度变大，会使得次表面天底点回波很难识别。在 40 km×40 km 区域内随机生成 4000 个撞击坑，即撞击坑密度为 2.5 个/km^2，如图 11.29 所示。图 11.30 给出了这一区域内的雷达回波成像。可以看出，较大的撞击坑在回波图形中呈弧形，小的撞击坑使回波强度变大，这与图 11.28 是一致的。位于射程距离 1 km 处的次表面天底点回波变得很微弱，很难辨认。与图 11.28 相比较，背景区域的回波变得很强，这主要是来自小撞击坑的贡献。小撞击坑直径小于雷达分辨率，无法被雷达有效辨别，但数量较多，使得背景区域的回波变强。因此，月球表面撞击坑密度越大，背景区域回波越强，次表面天底点回波功率越小，次表面回波越难辨认。

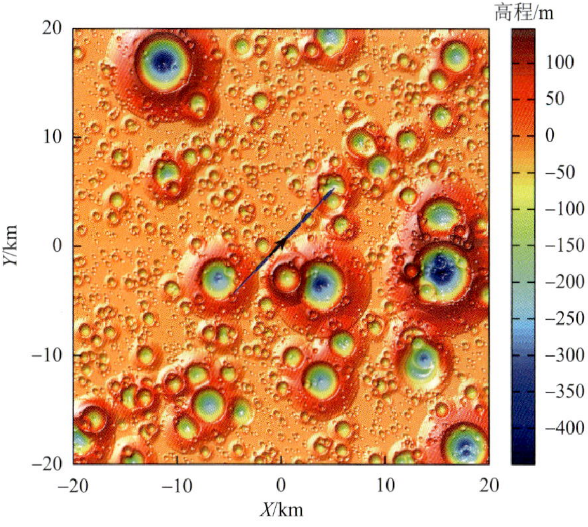

图 11.29　4000 个撞击坑分布的月球表面地形

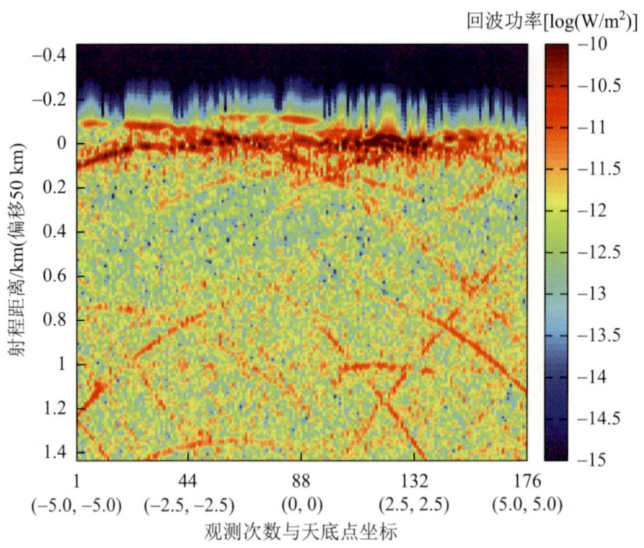

图 11.30　多个撞击坑分布的月球表面雷达探测仪回波成像（$B_w = 8$ MHz，$k\delta_2 = 0$）

真实的月球表面数字高程数据将有助于分析图像中各回波来源于哪一个撞击坑或次表层面，从而估算出月球分层厚度与介电特性等，这也是判断次表层是否有水冰存在的一个依据。

日本 Kaguya 探月卫星 LRS 2007 年 11 月 20 日对月面 Poisson 撞击坑(30.4°S,10.6°E)附近区域进行了观察（http://www.jaxa.jp/press/2008/01/20080110_kaguya_e.html）。图 11.31 回波成像中，撞击坑回波随射程距离的变化及其强度的变化均与图 11.28 和图 11.30 的模拟结果十分相似，图中撞击坑 2 和 5 的回波强度随射程距离以及观察次数的变化与 Ono 等（2009）中撞击坑 Dawes（17.2°N，26.4°E）的回波也极其相似。因此，本章模拟方法的可行性是得到佐证的。

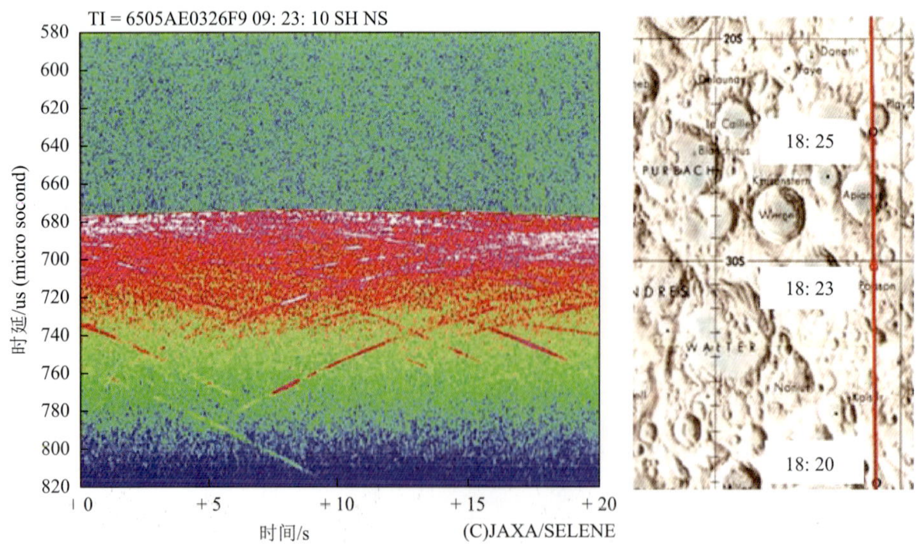

图 11.31　雷达探测仪 LRS 对 Poisson 撞击坑区域回波成像结果

上述数值模拟结果表明：

（1）雷达探测仪高度低，容易辨认次表面的回波。

（2）增加雷达探测仪的带宽，可以分辨月球表面的细节特征。但是带宽加大提高了雷达探测仪中心频率，使得探测深度减小。因此，带宽的选择应综合考虑距离分辨率与探测深度的要求。

（3）月球表面层中钛铁矿含量高影响探测次表面的能力。

（4）平坦次表面的射程距离上回波图像呈直线；粗糙的次表面会增强次表面非天底点的回波，同时次表面天底点回波强度会减弱。

（5）在雷达射程回波图像中，来自较大撞击坑的回波呈弧线型，当环形山的撞击坑数量变大时，各个撞击坑表面回波将使次表面回波较难识别。依靠真实的月球表面数字高程有助于分析图像中各回波来源于各自撞击坑或次表层面，从而估算出月球分层厚度与介电特性等。

月球表面雷达探测仪回波的理论模拟应该综合考虑月球分层结构与物理特征、本次探测目的与需求、探测雷达技术参数等几大因素。高频雷达探测仪对月球次表层结构探测的主要目的是探测月球表面以下几百米到几千米的深层结构，因此要求入射波的波长比较大（即入射波的频率要低），从而入射波的带宽不能太大，这将限制雷达探测仪沿射程距离方向的分辨率。本节中入射波长为 60 m、带宽为 2 MHz 时，雷达探测仪射程距离分辨率为 75 m（8 MHz 时为 18.75 m）。本节两层模型用以研究雷达探测仪回波中表面天底点回波、表面非天底点回波（杂波）、次表面天底点回波。

本章分层介质雷达回波的模拟可以同样的方式应用到第 12 章火星次表层结构的探测中。

附录 A　KA 近似下表面与次表面散射场

图 11.17 中，设点 P_1 处入射场为 $\boldsymbol{E}_{\mathrm{i}}=E_0\hat{e}$，$\hat{e}$ 为入射场极化矢量。根据 KA 近似，P_1 处的反射场 $\boldsymbol{E}_1^r$ 为

$$\boldsymbol{E}_1^r=R_{01}^v(\hat{e}\cdot\hat{v}_1)E_0(-\hat{k}_{\mathrm{r}1}\times\hat{h}_1)+R_{01}^h(\hat{e}\cdot\hat{h}_1)E_0\hat{h}_1 \tag{11.A.1}$$

式中，$\hat{v}_1$ 和 $\hat{h}_1$ 为 P_1 所在面元局部坐标系中水平极化和垂直极化矢量；$\hat{k}_{\mathrm{r}1}$ 为面元 P_1 处的反射波矢量，表示为

$$\hat{k}_{\mathrm{r}1}=\hat{k}_{\mathrm{i}1}-2\hat{n}_1(\hat{n}_1\cdot\hat{k}_{\mathrm{i}1}) \tag{11.A.2}$$

由 Stratton-Chu 积分方程（Kong，2005），P_1 所在面元 1 在雷达探测仪 P_0 处辐射的电场为（Jin，1994，2005）

$$\boldsymbol{E}_{\mathrm{sur}}(\overline{r})=-\int_S[(\hat{n}_1\cdot\boldsymbol{E}_1)\nabla G_{10}+(\hat{n}_1\times\boldsymbol{E}_1)\times\nabla G_{10}+(\hat{n}_1\times\nabla\times\boldsymbol{E}_1)G_{10}]\mathrm{d}S \tag{11.A.3}$$

式中，$\boldsymbol{E}_1=\boldsymbol{E}_{\mathrm{i}}+\boldsymbol{E}_1^r$ 为面元 1 处的表面场；Green 函数 $G_{10}=e^{ikr_{10}}/(4\pi r_{10})$，$P_0$ 与 P_1 之间的距离 $r_{10}=|P_0(x,y,z)-P_1(x,y,z)|$。

在远场近似 $kr_{10} \gg 1$ 条件下，经过一些数学推导，表面散射场可以进一步表示为（Kong，2005）

$$\begin{aligned}\boldsymbol{E}_{\text{sur}}(\bar{r}) = -ik\int_S E_0\{-(\hat{e}\cdot\hat{h}_1)(\hat{n}_1\cdot\hat{k}_{\text{i}1})\hat{h}_1(1-R_{01}^h)+(\hat{e}\cdot\hat{v}_1)(\hat{n}_1\times\hat{h}_1)(1+R_{01}^v)\\ +(\hat{e}\cdot\hat{h}_1)\hat{k}_{\text{s}}\times(\hat{n}_1\times\hat{h}_1)(1+R_{01}^h)+(\hat{e}\cdot\hat{v}_1)(\hat{n}_1\cdot\hat{k}_{\text{i}1})(\hat{k}_{\text{s}}\times\hat{h}_1)(1-R_{01}^h)\}G_{10}\text{d}S\end{aligned} \tag{11.A.4}$$

式中，入射波矢量 $\hat{k}_{\text{i}1}$ 为

$$\hat{k}_{\text{i}1} = \frac{P_1(x,y,z)-P_0(x,y,z)}{|P_1(x,y,z)-P_0(x,y,z)|} \tag{11.A.5}$$

对于接收雷达回波，有 $\hat{k}_{\text{s}} = -\hat{k}_{\text{i}1}$。

根据 KA 近似，点 P_1 处局部入射角 $\theta_{\text{i}1} = \cos^{-1}(-\hat{n}_1\cdot\hat{k}_{\text{i}1})$ 的入射场 $\boldsymbol{E}_i = E_0\hat{e}$ 在面元 1 处产生的透射场 $\boldsymbol{E}_{\text{h}1}^t$ 和 $\boldsymbol{E}_{\text{v}1}^t$ 分别为

$$\boldsymbol{E}_{\text{h}1}^t = (1+R_{01}^h)(\hat{e}\cdot\hat{h}_1)E_0\hat{h}_1 \tag{11.A.6a}$$

$$\mathbf{E}_{\text{v}1}^t = \frac{\eta_1}{\eta_0}(1+R_{01}^v)(\hat{e}\cdot\hat{v}_1)E_0(-\hat{k}_1^t\times\hat{h}_1) \tag{11.A.6b}$$

式中，$\eta_0 = \sqrt{\mu_0/\varepsilon_0}$ 和 $\eta_1 = \sqrt{\mu_1/\varepsilon_1}$。

面元 1 处的透射波矢量 $\hat{k}_1^t$ 为

$$\hat{k}_1^t = \sin\theta_{\text{t}1}(\hat{n}_1\times\hat{h}_1)+\cos\theta_{\text{t}1}(-\hat{n}_1) \tag{11.A.7}$$

式中，透射角 $\theta_{\text{t}1}$ 与 $\theta_{\text{i}1}$ 由 Snell 定理计算。

面元 1 处的透射波向下传播至 P_2，发生反射之后，反射场 $\boldsymbol{E}_{\text{h}2}^r$ 和 $\boldsymbol{E}_{\text{v}2}^r$ 分别为

$$\begin{aligned}\boldsymbol{E}_{\text{h}2}^r = E_0\exp(ik_1r_{12})\{\eta_1/\eta_0R_{12}^h(1+R_{01}^v)(\hat{e}\cdot\hat{v}_1)[(-\hat{k}_1^t\times\hat{h}_1)\cdot\hat{h}_2]\\ +R_{12}^h(1+R_{01}^h)(\hat{e}\cdot\hat{h}_1)(\hat{h}_1\cdot\hat{h}_2)\}\hat{h}_2\end{aligned} \tag{11.A.8a}$$

$$\begin{aligned}\boldsymbol{E}_{\text{v}2}^r = E_0\exp(ik_1r_{12})\{\eta_1/\eta_0R_{12}^v(1+R_{01}^v)(\hat{e}\cdot\hat{v}_1)[(-\hat{k}_1^t\times\hat{h}_1)\cdot\hat{v}_2]\\ +R_{12}^v(1+R_{01}^h)(\hat{e}\cdot\hat{h}_1)(\hat{h}_1\cdot\hat{v}_2)\}(-\hat{k}_{\text{r}2}\times\hat{h}_2)\end{aligned} \tag{11.A.8b}$$

式中，$r_{12} = |P_1(x,y,z)-P_2(x,y,z)|$，为 P_1 与 P_2 之间的距离；$\hat{v}_2$ 和 $\hat{h}_2$ 为 P_2 所在面元局部坐标系中水平极化和垂直极化矢量；k_1 为层 1 中的波数；$\hat{k}_{\text{r}2}$ 为面元 P_2 处的反射波矢量，表示为

$$\hat{k}_{\text{r}2} = \hat{k}_{\text{i}2}-2\hat{n}_2(\hat{n}_2\cdot\hat{k}_{\text{i}2}) \tag{11.A.9}$$

式中，$\hat{k}_{\text{i}2} = \hat{k}_1^t$。

面元 P_2 处的反射波向上传播至 P_3 所在面元 3，在面元 P_3 处水平极化和垂直极化的透射场 $\boldsymbol{E}_{\text{h}3}^t$ 和 $\boldsymbol{E}_{\text{v}3}^t$ 分别为

$$\begin{aligned}\boldsymbol{E}_{\mathrm{h}3}^{t}&=E_0\exp[ik_1(r_{12}+r_{23})]\{R_{12}^{h}(1+R_{01}^{h})(1+R_{10}^{h})(\hat{e}\cdot\hat{h}_1)(\hat{h}_1\cdot\hat{h}_2)(\hat{h}_2\cdot\hat{h}_3)\\&+\frac{\eta_1}{\eta_0}R_{12}^{v}(1+R_{01}^{v})(1+R_{10}^{h})(\hat{e}\cdot\hat{v}_1)[(-\hat{k}_1^t\times\hat{h}_1)\cdot\hat{v}_2][(-\hat{k}_{\mathrm{r}2}\times\hat{h}_2)\cdot\hat{h}_3]\\&+\frac{\eta_1}{\eta_0}R_{12}^{h}(1+R_{01}^{v})(1+R_{10}^{h})(\hat{e}\cdot\hat{v}_1)(\hat{h}_2\cdot\hat{h}_3)[(-\hat{k}_1^t\times\hat{h}_1)\cdot\hat{h}_2]\\&+R_{12}^{v}(1+R_{01}^{h})(1+R_{10}^{h})(\hat{e}\cdot\hat{h}_1)(\hat{h}_1\cdot\hat{v}_2)[(-\hat{k}_{\mathrm{r}2}\times\hat{h}_2)\cdot\hat{h}_3]\}\hat{h}_3\end{aligned}\tag{11.A.10a}$$

$$\begin{aligned}\boldsymbol{E}_{\mathrm{v}3}^{t}&=E_0\exp[ik_1(r_{12}+r_{23})]\{\eta_0/\eta_1R_{12}^{h}(1+R_{01}^{h})(1+R_{10}^{v})(\hat{e}\cdot\hat{h}_1)(\hat{h}_1\cdot\hat{h}_2)(\hat{h}_2\cdot\hat{v}_3)\\&+\frac{\eta_0}{\eta_1}R_{12}^{v}(1+R_{01}^{h})(1+R_{10}^{v})(\hat{e}\cdot\hat{h}_1)(\hat{h}_1\cdot\hat{v}_2)[(-\hat{k}_{r2}\times\hat{h}_2)\cdot\hat{v}_3]\\&+R_{12}^{v}(1+R_{01}^{v})(1+R_{10}^{v})(\hat{e}\cdot\hat{v}_1)[(-\hat{k}_1^t\times\hat{h}_1)\cdot\hat{v}_2][(-\hat{k}_{\mathrm{r}2}\times\hat{h}_2)\cdot\hat{v}_3]\\&+R_{12}^{h}(1+R_{01}^{v})(1+R_{10}^{v})(\hat{e}\cdot\hat{v}_1)(\hat{h}_2\cdot\hat{v}_3)[(-\hat{k}_1^t\times\hat{h}_1)\cdot\hat{h}_2]\}(-\hat{k}_3^t\times\hat{h}_3)\end{aligned}\tag{11.A.10b}$$

式中，$r_{23}=|P_2(x,y,z)-P_3(x,y,z)|$，为 P_2 与 P_3 之间的距离；$\hat{v}_3$ 和 $\hat{h}_3$ 为 P_3 所在面元局部坐标系中水平极化和垂直极化矢量，透射矢量 $\hat{k}_3^t$ 可以表示为

$$\hat{k}_3^t=\sin\theta_{\mathrm{t}3}(\hat{h}_3\times\hat{n}_3)+\cos\theta_{\mathrm{t}3}\hat{n}_3\tag{11.A.11}$$

式中，面元 3 处的透射角 $\theta_{\mathrm{t}3}$ 与入射角 $\theta_{\mathrm{i}3}$ 由 Snell 定理计算。

将式（11.A.8）和式（11.A.10）所示的透射场代入式（11.A.3）的 Stratton-Chu 积分方程中，经过一些数学运算，得到次表面的散射场为

$$\boldsymbol{E}_{\mathrm{sub}}(\overline{r})=ikE_0\exp[ik_1(r_{12}+r_{23})]\int_S\boldsymbol{F}\cdot G_{30}\mathrm{d}S\tag{11.A.12}$$

其中

$$\begin{aligned}\boldsymbol{F}&=\{R_{12}^{v}(1+R_{01}^{v})(1+R_{10}^{v})(\hat{e}\cdot\hat{v}_1)[(-\hat{k}_1^t\times\hat{h}_1)\cdot\hat{v}_2][(-\hat{k}_{\mathrm{r}2}\times\hat{h}_2)\cdot\hat{v}_3]\\&+\frac{\eta_0}{\eta_1}R_{12}^{v}(1+R_{01}^{h})(1+R_{10}^{v})(\hat{e}\cdot\hat{h}_1)(\hat{h}_1\cdot\hat{v}_2)[(-\hat{k}_{\mathrm{r}2}\times\hat{h}_2)\cdot\hat{v}_3]\\&+\frac{\eta_0}{\eta_1}R_{12}^{h}(1+R_{01}^{h})(1+R_{10}^{v})(\hat{e}\cdot\hat{h}_1)(\hat{h}_1\cdot\hat{h}_2)(\hat{h}_2\cdot\hat{v}_3)\\&+R_{12}^{h}(1+R_{01}^{v})(1+R_{10}^{v})(\hat{e}\cdot\hat{v}_1)(\hat{h}_2\cdot\hat{v}_3)[(-\hat{k}_1^t\times\hat{h}_1)\cdot\hat{h}_2]\}\\&\cdot(\hat{k}_{\mathrm{s}}\times\hat{n}_3\times\hat{k}_3^t\times\hat{h}_3-\hat{k}_{\mathrm{s}}\times\hat{k}_{\mathrm{s}}\times\hat{n}_3\times\hat{k}_3^t\times\hat{k}_3^t\times\hat{h}_3)\\&+\{R_{12}^{v}(1+R_{01}^{h})(1+R_{10}^{h})(\hat{e}\cdot\hat{h}_1)(\hat{h}_1\cdot\hat{v}_2)[(-\hat{k}_{\mathrm{r}2}\times\hat{h}_2)\cdot\hat{h}_3]\\&+\frac{\eta_1}{\eta_0}R_{12}^{v}(1+R_{01}^{v})(1+R_{10}^{h})(\hat{e}\cdot\hat{v}_1)[(-\hat{k}_1^t\times\hat{h}_1)\cdot\hat{v}_2][(-\hat{k}_{\mathrm{r}2}\times\hat{h}_2)\cdot\hat{h}_3]\\&+\frac{\eta_1}{\eta_0}R_{12}^{h}(1+R_{01}^{v})(1+R_{10}^{h})(\hat{e}\cdot\hat{v}_1)(\hat{h}_2\cdot\hat{h}_3)[(-\hat{k}_1^t\times\hat{h}_1)\cdot\hat{h}_2]\\&+R_{12}^{h}(1+R_{01}^{h})(1+R_{10}^{H})(\hat{e}\cdot\hat{h}_1)(\hat{h}_1\cdot\hat{h}_2)(\hat{h}_2\cdot\hat{h}_3)\}\\&\cdot(-\hat{k}_{\mathrm{s}}\times\hat{n}_3\times\hat{h}_3+\hat{k}_{\mathrm{s}}\times\hat{k}_{\mathrm{s}}\times\hat{n}_3\times\hat{k}_3^t\times\hat{h}_3)\end{aligned}\tag{11.A.13}$$

在式（11.A.12）中，Green 函数 $G_{30}=e^{ikr_{30}}/(4\pi r_{30})$；$P_0$ 与 P_3 之间的距离 $r_{30}=|P_0(x,y,z)-P_3(x,y,z)|$。

$$\hat{k}_{sc} = \frac{P_0(x,y,z) - P_3(x,y,z)}{|P_0(x,y,z) - P_3(x,y,z)|} \tag{11.A.14}$$

参 考 文 献

金亚秋. 2005. 空间微波遥感数据验证理论与方法. 北京：科学出版社.

金亚秋，刘鹏，叶红霞. 2008. 随机粗糙面与目标复合散射数值模拟理论与方法. 北京：科学出版社.

徐丰，金亚秋. 2005. 粗糙面上混杂非球形粒子层全极化散射数值模拟. 微波学报，21（6）：1–7.

Curlander J，McDonough R N. 1991. Synthetic Aperture Radar：System and Signal Processing. Hoboken，N. J：John Wiley.

Fa W，Jin Y Q. 2007. Simulation of brightness temperature from lunar surface and inversion of regolith-layer thickness. Journal of Geophysical Research：Planets，112（E5）：E05003.

Fa W，Jin Y Q. 2010. Simulation of radar sounder echo from lunar surface and subsurface structure. Science China Earth Sciences，53（7）：1043–1055.

Fa W，Xu F，Jin Y Q. 2009. SAR imaging simulation for an inhomogeneous undulated lunar surface based on triangulated irregular network. Science in China F，52（4）：559–574.

Fung A K. 1994. Microwave Scattering and Emission Models and Their Applications. Boston：Artech House.

Heiken G H，Vaniman D T，French B M. 1991. Lunar Source-Book：A User's Guide to the Moon. London：Cambridge University Press.

Jin Y Q. 1994. Electromagnetic Scattering Modeling for Quantitative Remote Sensing. Singapore：World Scientific，13–64.

Jin Y Q. 2005. Theory and Approach of Information Retrievals from Electromagnetic Scattering and Remote Sensing. Berlin Heidelberg New York：Springer.

Jin Y Q，Chen F，Chang M. 2004. Retrievals of underlying surface roughness and moisture for stratified vegetation canopy using polarized pulse echoes in the specular direction. IEEE Transactions on Geoscience and Remote Sensing，42（2）：426–433.

Jin Y Q，Luo L. 2004. Terrain topographic inversion using single-pass polarimetric SAR image data. Science in China Ser. F Information Sciences，47（4）：490–500.

Jin Y Q，Xu F，Fa W. 2007. Numerical simulation of polarimetric radar pulse echoes from lunar regolith layer with scatter inhomogeneity and rough interfaces. Radio Science，42：RS3007.

Kobayashi T. 2000. Computer Simulation on Investigation of Lunar Subsurface Structure by Radar Sounders-Studies Related to the SELENE Project. Sendai：Tohoku University.

Kobayashi T，Oya H，Ono T. 2002a. A-scope analysis of subsurface radar sounding of lunar mare region. Earth Planets Space，54（10）：973–982.

Kobayashi T，Oya H，Ono T. 2002b. B-scan analysis of subsurface radar sounding of lunar highland region. Earth Planets Space，54（10）：983–991.

Kong J A. 2005. Electromagnetic Wave Theory. Massachusetts：EMW Publishing.

Kuang L，Jin Y Q. 2007. Bistatic scattering from a three-dimensional object over a randomly rough surface using the FDTD algorithm. IEEE Transactions on Antennas and Propagation，55（8）：2302–2312.

Lucey P G，Blewett D T，Jolliff B L. 2000. Lunar iron and titanium abundance algorithms based on final processing of Clementine ultraviolet-visible images. Journal of Geophysical Research：Planets，105：20297–20305.

Ono T，Kumamoto A，Nakagawa H，et al. 2009. Lunar radar sounder observations of subsurface layers under the nearside maria of the Moon. Science，323（5916）：909–912.

Ono T，Oya H. 2000. Lunar Radar Sounder（LRS）experiment on-board the SELENE spacecraft. Earth，Planets and Space，52（9）：629–637.

Phillips C B，Pappalardo R T. 2014. Europa clipper mission concept：exploring Jupiter's ocean moon. Eos，Transactions American Geophysical Union，95（20）：165–167.

Picardi G，Biccari D，Seu R，et al. 2004. Performance and surface scattering models for the Mars Advanced Radar for Subsurface and Ionosphere Sounding（MARSIS）. Planetary and Space Science，52：149–156.

Porcello L J，Jordan R L，Zelenka J S，et al. 1974. The Apollo lunar sounder radar system. Proceedings of the IEEE，62（6）：769–783.

Seu R，Biccari D，Lorenzoni L V，et al. 2004. SHARAD：the MRO 2005 shallow radar. Planetary and Space Science，52：157–166.

Shkuratov Y G，Bondarenko N V. 2001. Regolith layer thickness mapping of the Moon by radar and optical data. Icarus，149：329–338.

Smith D E，Zuber M T，Neumann G A，et al. 1997. Topography of the Moon from the Clementine lidar. Journal of Geophysical Research：Planets，102（E1）：1591–1611.

第 12 章　火星分层介质的雷达遥感

火星是太阳系八大行星之一，火星赤道半径为 3397.2 km，质量为 6.421×10^{23} kg，平均密度为 3.94 g/cm^3。火星与太阳之间的平均距离为 2.2794×10^{11} km，公转周期为 686.98 天，火星自转轴与轨道平面的夹角为 24°，自转周期为 24.6229 h。按离太阳由远到近的顺序是第四颗行星，也是离地球最近、与地球最相似的行星。

火星结构与地球十分相似，均由壳、幔和核组成，行星表面存在大气，大气的主要成分为 CO_2（95.32%）、N_2（2.7%）、Ar（1.5%）、O_2（0.13%）、CO（0.07%）、H_2O（0.03%）等，火星大气比地球稀薄得多，其密度只有地球上的 1%。火星表面昼夜温差很大，白天温度约为 300 K，夜晚温度低至 140 K。因此，只有在低纬地区的夏季白天，才具备液态水存在的条件。大气顶部存在电离层，会对低频的雷达信号造成干扰。

火星表面地形南北差异很大，以北纬 20°为分界线，分界线以北是较晚形成的低洼平原，占总表面积的 30%，而分界线以南是遍布陨石坑的古老高地，占总表面积的 70%，火星地形图如图 12.1 所示。火星上有太阳系中最高的山峰——奥林帕斯山（Olympus Mons），其高达 27.4 km，相当于地球上珠穆朗玛峰的 3 倍多，也有太阳系最大的峡谷——水手号峡谷（Valles Marineris），其深度约 7 km，长约 4000 km，宽约 300 km。火星表面还分布着由陨石小天体撞击而形成的陨石坑、干枯的河床、由风吹堆积而成的沙丘等多种地形。对火星探测数据的初步分析表明，在风化作用、陨石小天体的撞击以及太阳辐射等因

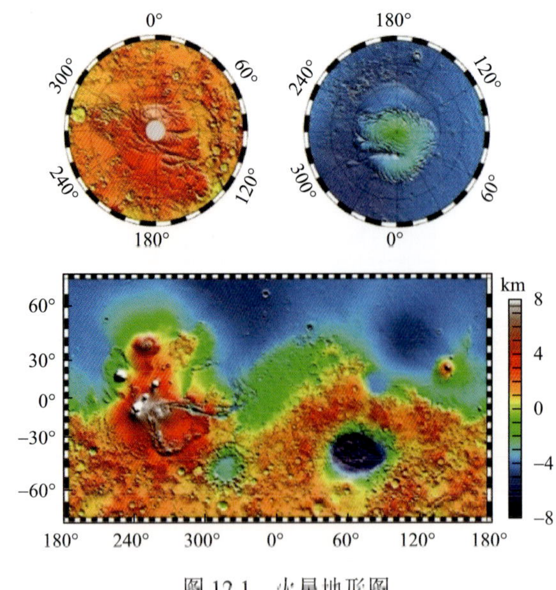

图 12.1　火星地形图

素的影响下，火星表面大部分地区分布着一层土壤，其中富含铁氧化物，因而呈现红色。图 12.2 是美国的“海盗一号”火星车拍摄的火星表面照片，可以看到，火星表面布满了红色的土壤和石块。火星表面土壤层的厚度大多为 0.1～2 m，最多不超过 5 m（Christensen，1986）。

图 12.2　“海盗一号”获取的火星表面景象

火星表层以及浅表层是否有水（或冰）存在、对其表面以下的物质构成与分布状态的探测，可以为火星形成和演化历史以及火星地质的研究提供重要的科学证据。在火星表层以下，很可能存在水冰（Mcewen et al. 2011；Ojha et al.，2015），其对寻找火星生命有着重要的意义。

1960 年，苏联开始发射火星系列（Mars）探测器。由于距火星的距离相对遥远，50 余次火星探测超过一半的探测以失败告终。人类第一次成功的火星探测是 1964 年美国的“水手 4 号”（Mariner-4）。

1996 年，美国发射了火星环球勘探者（Mars global surveyor）探测器，对火星表面、内部结构和大气进行了探测。同年发射的火星探路者（Mars pathfinder）上搭载的旅居者（Sojourner）火星车成功着陆，首次实现了火星车在火星表面大范围的移动探测。

2001 年美国发射了奥德赛（Odyssey）探测器，伽玛射线光谱仪和中子光谱仪检测到大量的氢元素。

2003 年欧洲太空局（ESA）发射了火星快车（Mars express），搭载的火星表面电离层先进探测雷达(MARSIS)证实了火星北极和南极存在巨大的冰盖，厚度可达几千米(Picardi et al.，2006)。

2005 年 NASA 发射火星侦查轨道器（Mars reconnaissance orbiter，MRO），其中高分

辨率相机图像分辨率可达 1 m。2008 年 NASA 又发射了“凤凰号”（Phoenix）登陆器，其可获取火星表面地形、气候以及火星土壤的成分信息。

2011 年，美国 NASA 发射了“好奇号”（Curiosity）火星车。2013 年 NASA 又发射了 MAVEN，以探测火星高层大气为目的，同时作为火星车与地球通信的中继卫星。同年印度发射了自己的第一颗火星探测器。

2018 年美国发射 Insight 火星着陆器，利用地震仪和热流探针研究火星内部结构与热流。欧洲太空局（ESA）和俄罗斯计划在 2020 年合作发射 ExoMars 火星车，寻找火星微生物。

中国也计划在 2020 年左右发射火星探测器，一次性实现对火星的环绕和登陆探测。在中国的首次火星探测计划中，也将搭载 UHF-VHF 雷达探测仪。本章讨论火星分层介质的 UHF-VHF 雷达探测、分层介质介电常数与结构的反演等（Liu et al.，2014；Liu and Jin，2016，2019）。

12.1 火星的雷达探测

对火星最初的雷达观测以地基雷达为主（Goldstein et al.，1963；Rogers et al.，1970）。火星的第一部星载雷达观测载荷是 2003 年欧洲太空局（ESA）的火星快车（Mars express）上搭载的火星次表面电离层探测先进雷达（Mars advanced radar for subsurface and ionosphere sounding radar，MARSIS）。火星快车以椭圆轨道运行，其近拱点距离火星 298 km，远拱点距离火星 10107 km，轨道运行周期约为 6.7 h。MARSIS 只有在接近近拱点的时候才具备观测条件，当轨道高度小于 800 km 时，MARSIS 可以进行次表面探测，观测时间为 30～40 min，当轨道高度小于 1200 km 时，MARSIS 可以探测电离层。

MARSIS 有两个天线，主天线是偶极子天线，平行于火星表面放置，方向沿着 Mars Express 轨道运行方向，长度为 40 m，用于观测次表面回波，副天线是方向垂直于地面的单极子天线，长度为 7 m，用于接收非天底点杂波，从而降低主天线接收到的杂波对天底点回波的干扰。MARSIS 有 4 个工作频率，其中心频率分别为 1.8 MHz、3 MHz、4 MHz、5 MHz，带宽均为 1 MHz，真空中垂直分辨率为 150 m。需要注意的是，当入射波的频率与电离层中等离子体的振荡频率相等时，电磁波会被电离层完全反射。因此，只有频率高于等离子体频率最大值的电磁波才能到达火星表面。通常 1.8 MHz 的频带用来进行电离层的观测，而其余 3 个频带用来观测火星次表层结构。5 MHz 的工作频带可以穿透 500 m～5 km 的介质（不同介质的电磁波衰减不同）。火星夜晚电离层的等离子体频率一般在 0.8 MHz 左右，而白天可能达到 4 MHz（Seu et al.，2004），因此 MARSIS 数据受电离层的影响很大，必须经过校正才能使用。MARSIS 的发射脉冲是一个线性调频脉冲，脉冲宽度是 250 μs，脉冲重复频率为 127 Hz。中心频率为 1.8 MHz 的脉冲功率是 1.5 W，其余 3 个工作频带的发射脉冲功率均为 5 W。

2005 年 NASA 发射的火星侦查轨道器 MRO 上搭载了浅表层雷达（SHAllow RADar，SHARAD）。SHARAD 轨道高度为 155～320 km，发射中心频率 20 MHz、带宽 10 MHz 的线性调频脉冲，发射功率为 10 W，脉冲宽度为 85 μs，脉冲重复频率为 700 Hz，天线是一个 10 m 长的偶极子天线，真空垂直分辨率为 15 m，是 MARSIS 的 10 倍。SHARAD

可以探测地面以下几百米深的浅表层结构，其穿透深度最高可达 2 km（Grima et al.，2009）。

MARSIS 和 SHARAD 的数据是目前雷达探测火星表层可用的数据源。Picardi，等（2006）用 MARSIS 数据发现火星北极地区有超过 1 km 厚的水冰沉积物，验证了火星水冰的存在。Plaut 等（2007）利用 MARSIS 数据估计了火星南极地区水冰的大致储量，约为 1.6×10^6 km^3。Farrell 等（2008）利用 MARSIS 数据分析火星南极分层结构。Grima 等（2011）分析了火星南极沉积物的分层结构与地质成因。Milkovich 等（2011）结合 MARSIS 数据和 SHARAD 数据，分析了火星南极沉积物的分层结构。

Mouginot 等（2010）用 MARSIS 数据计算了火星表面反射率，并由此推算火星表面介电常数。Grima 等（2009）根据表面反射率估算其冰层平均介电常数为 3.1，纯度大于 95%（Grima et al.，2009）。类似的估算研究还有一些，但研究方法大致相同（Zhang and Nielsen，2011；Alberti et al.，2012；Lauro et al.，2010，2012）。

中国的火星探测计划也将会采用雷达探测仪对火星进行探测，因此对类似 MARSIS 和 SHARAD UHF-VHF 雷达数据的研究是十分有意义的。特别是，至今的数据研究均缺乏参数化建模和模拟，对有关物理特征的技术参数影响缺乏定量的估算。

如何选择雷达天线、频率、带宽、波束角等，在技术参数条件下，获取数据后如何获取更多、更准确的科学信息，是需要机理、建模、模拟、验证、反演研究的。我们的研究着中这一科学问题的研究思路。

高频雷达探测仪（radar sounder）利用 HF、VHF 频率电磁波探测表层与次表层构造。高频雷达探测仪是一种正下视雷达，如图 12.3 所示。高度为 H 的雷达探测仪以一定的波束宽度向火星表面发射电磁波。电磁波在表面天底点 A 处产生反射和透射，A 处透射的电磁波通过表层至次表面天底点 B 处时发生反射，再经过表层向上传播被雷达探测仪接收。反射回波的时延为 $2H/c$，其中 c 为真空中的光速，透射回波比 A 处回波时延晚 $2D\sqrt{\varepsilon_1'}/c$。同时，由于表面是高低起伏的粗糙面，雷达回波也包含粗糙表面非天底点的散射回波（如 C 处）。因此，雷达距离回波包含了雷达波束宽度内的距离回波，如图 12.3 描述的各散射传播路径的距离回波。自然，由于表层内电磁波衰减，次表面天底点 B 的回波往往很弱。若表面非天底点（如 C）回波时延和次表面天底点 B 回波时延差不多，则雷达探测仪几乎同时收到这两处的回波，因此无法分辨次表面天底点回波和表面非天底点回波。

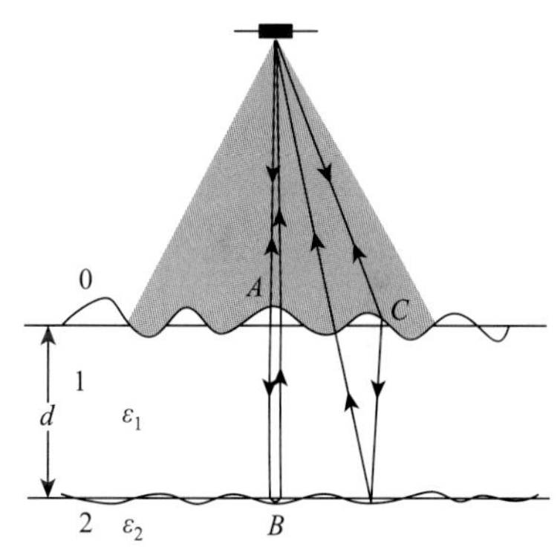

图 12.3　火星分层结构的雷达探测

参照 MARSIS 雷达探测火星表面技术参数与观测数据，选取火星 21°N～22°N、303°E～304°E Bahram Vallis 附近区域，MARSIS 第 1907 轨数据如图 12.4 所示，图中用黑线标识出 520 帧（该轨第 520 次观测）数据，1907 轨经过该地区的轨道以及 520 帧对应的观测位置如图 12.5 所示。图 12.5 中高程数据为 75 m 分辨率的 HRSC（high/super resolution stereo colour imager）数字地形模型（DTM）数据。

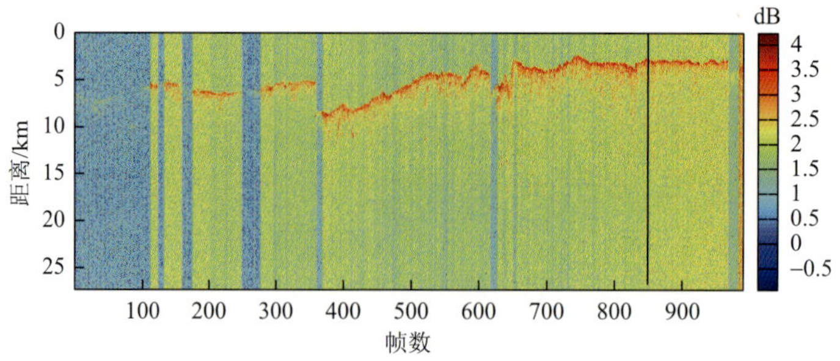

图 12.4　MARSIS 1907 轨回波数据

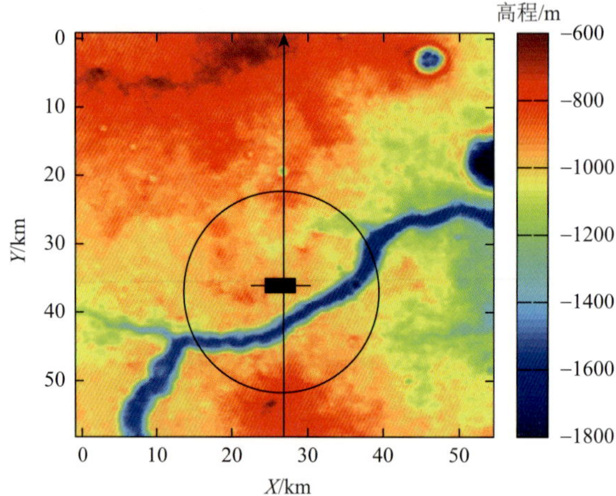

图 12.5　Bahram Vallis 地形与 MARSIS 观测位置

12.2　火星表层雷达回波的数值模拟

1. 随机分布撞击坑表面雷达回波模拟

火星表面陨石坑的大小与中心位置按照 Monte Carlo 方法随机产生，在给定的范围内均匀分布，这样就可以产生具有大量撞击坑的火星起伏表面。给定最小半径为 80 m，模拟的范围为 30 km×30 km，产生撞击坑数量为 1000 个，网格分辨率为 10 m×10 m，得到的模拟火星表面如图 12.6 所示。

对高程数据以 10 m 为边长进行网格剖分，网格满足大小不超过 $\lambda/6$。假设表层介电常数为（5 + 0.05i)，对 MARSIS 数据第 520 帧对应的地区表层雷达回波进行模拟，不考虑次表面，模拟雷达参数与 MARSIS 实际参数一致，见表 12.1。

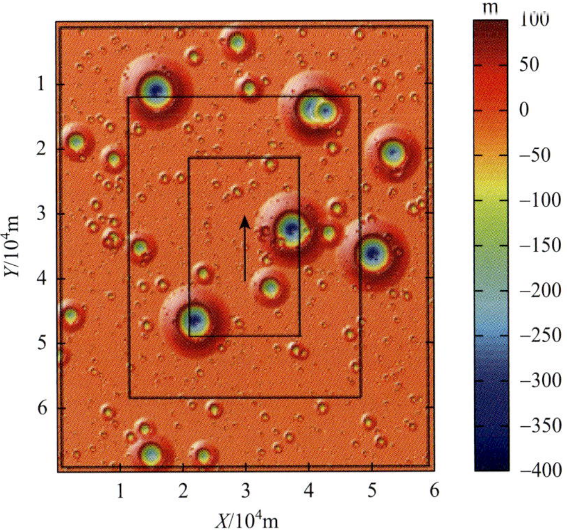

图 12.6　火星表面随机撞击坑的模拟

按第 11 章论述的方法，为数值计算粗糙表面散射回波。在给定的表面区域进行二维网格剖分。每个网格节点 (x,y,z) 对应于表面高度。连接网格的对角线，将每个网格划分为三角面元，如图 12.7 所示。为保证模拟精度，剖分网格边长应该远小于波长（Kobayashi et al.，2002a；Kobayashi and Ono，2007）。选取 $\lambda/6$ 作为剖分三角面元的直角边长。用各三角形顶点坐标确定其几何中心，并计算每个三角面元的法向矢量和面积。这样，表面每一个三角面元的几何光学射线追踪可通过计算完成。

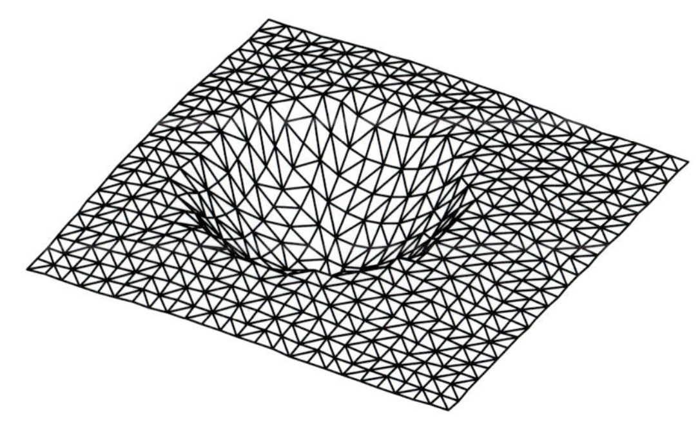

图 12.7　粗糙表面三角面元网格剖分

表 12.1　MARSIS 雷达探测仪参数

参数	取值
偶极子天线长度	40 m
脉冲中心频率	5 MHz
带宽	1 MHz
脉冲功率	10 W
脉冲宽度	250 μs

续表

参数	取值
脉冲重复频率	127 Hz
雷达高度	300 km

由于 MARSIS 数据没有定标，因此模拟回波的幅度与真实数据实际上并不相等。令模拟回波的最大值与 MARSIS 第 520 帧数据最大值相等，如图 12.8 所示。模拟数据天底点附近主要回波出现的时延和幅度与真实数据基本一致，特别是射程距离约 4 km 处峡谷导致的回波尖峰的幅度与时延吻合得很好。真实数据中存在一些幅度较低的回波，在模拟数据中并没有对应的波形。这是限于计算量，模拟数据的波束角比较小，因此真实数据有一些来自远处幅度很低的杂波，此外，也可能是真实数据中含有来自表面以下的次表层回波，而模拟数据没有考虑次表面。

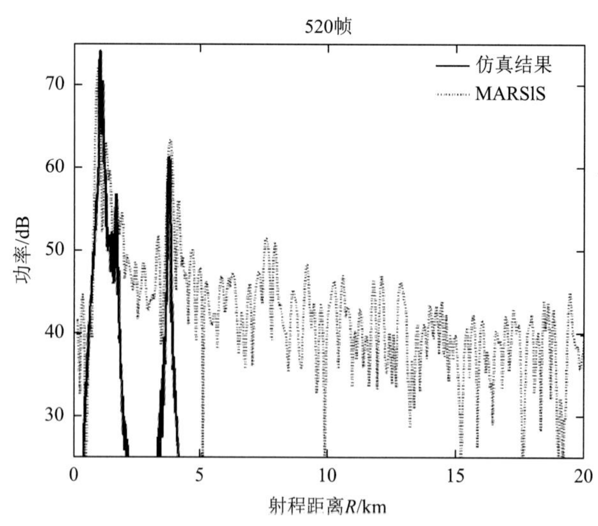

图 12.8　MARSIS 数据与模拟数据比较

2. 表面与次表面回波数值模拟

如图 12.6 所示，在 60 km×70 km 的范围内随机生成 2000 个陨石坑，雷达探测仪在距离表面高度 $H = 50$ km 处，从点（30 km，40 km）飞行至点（30 km，30 km），飞行过程中照射波束角分别选为 20°、40°、60°时，照射到的范围如图 12.6 中由小到大 3 个黑色方框所示。

设定雷达中心频率 $f = 5$ MHz，线性调频脉冲带宽 $B = 8$ MHz，表层为玄武岩，其介电常数为 $\varepsilon_1' = 7.1$，$\tan\delta_1 = 0.01$，次表层为水冰，其介电常数为 $\varepsilon_2' = 3.15$，$\tan\delta_2 = 0.005$，次表层为深度 $D = 300$ m 的平面。将地形近似剖分为边长 $10\ \text{m}\times 10\ \text{m}(\lambda/6)$ 的等腰直角三角形面元。回波模拟结果为图 12.9。

可以看出，波束宽度小，照射表面范围小，粗糙表面的杂波回波影响小；反之，波速宽度大，纳入了大范围的粗糙表面的杂波回波。较小的波束宽度能避免周围粗糙表面杂波对次表面信号的干扰，对次表面信号的检测有利。

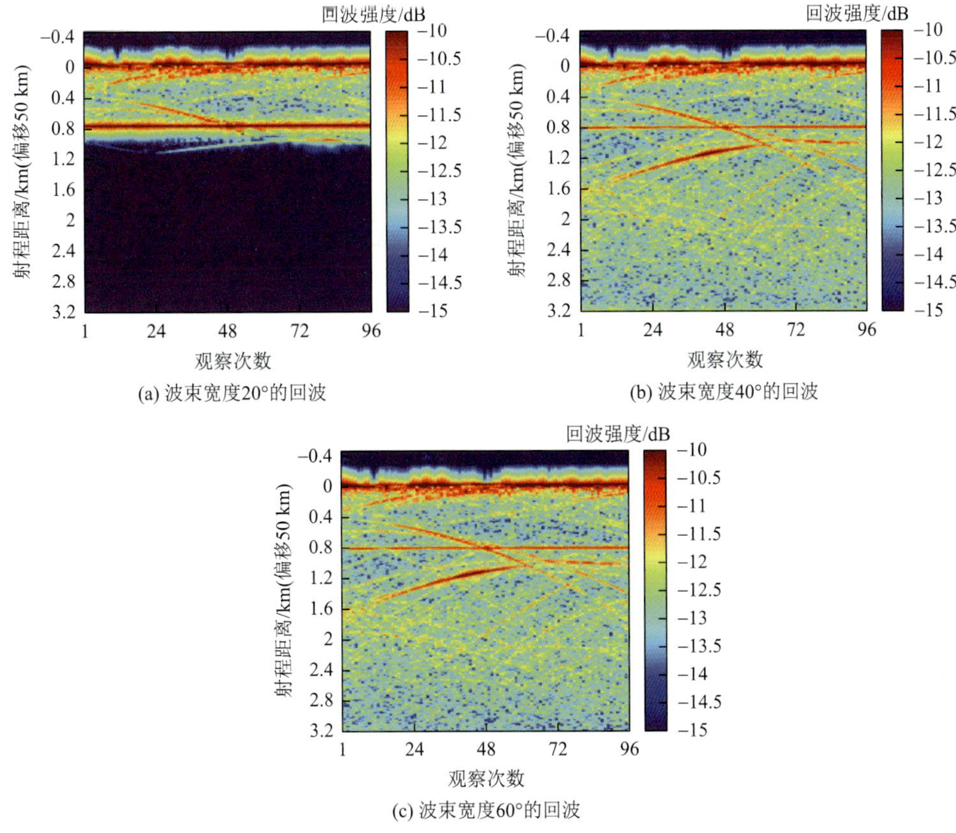

(a) 波束宽度20°的回波

(b) 波束宽度40°的回波

(c) 波束宽度60°的回波

图 12.9　火星表面雷达探测仪回波的模拟

用 Monte Carlo（MC）方法在 25 km×35 km 区域内一次生成大小位置随机的 500 个陨石坑，如图 12.10 所示，陨石坑外的表面可用 MC 方法构造具一定起伏方差和相关长度的粗糙表面。

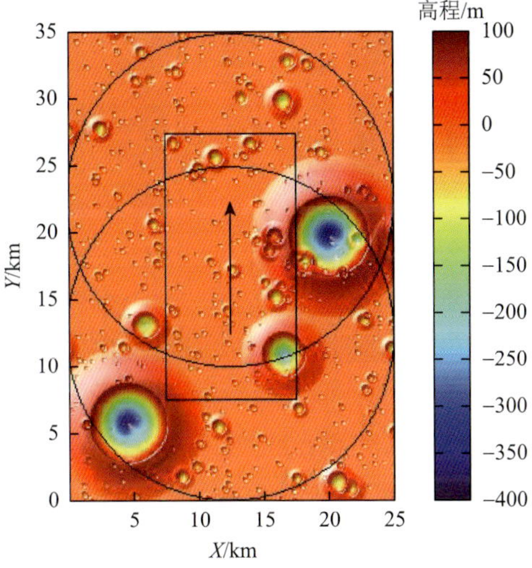

图 12.10　火星陨石坑分布的表面高程 MC 模拟

现假设给定表层厚度 $d = 0.2$ km，次表层为平面。表层与次表层介质分别选为玄武岩（7.1 + i0.0355）和水冰（3.15 + i 0.01575）（Biccari et al.，2001），此时损耗正切均为 0.005。

假定雷达高度 $H = 50$ km，以 $v = 2$ km/s 的速度沿图 12.10 中箭头方向飞行，雷达波束照射为半径 12.5 km 的圆形，即波束角为 28°（注：中心频率 $f = 50$ MHz 时，由于剖分网格数量过多，为减小计算量，取照射半径为 5 km，即波束角为 11.5°）。脉冲重复频率 PRF = 20 Hz，半波天线长度 $L = \lambda / 2$，发射功率 800 W，天线阻抗 50Ω。剖分网格边长为 $\lambda / 6$，即中心频率 5 MHz 时网格边长为 10 m，中心频率 20 MHz 时网格边长为 2.5 m，中心频率为 50 MHz 时网格边长为 1 m。雷达探测仪发射脉冲长度 $T = 2.67 \times 10^{-5}$ s，发射脉冲的包络（Kobayashi et al.，2002a，2002b）为

$$W(t) = \begin{cases} \dfrac{1}{2}\left[1 - \cos\left(10\pi \dfrac{t}{T}\right)\right] & (0 \leqslant t < 0.1T) \\ 1 & (0.1T \leqslant t \leqslant 0.9T) \\ \dfrac{1}{2}\left[1 + \cos\left(10\pi \dfrac{t}{T} - 9\pi\right)\right] & (0.9T < t \leqslant T) \end{cases} \tag{12.2.1}$$

图 12.11～图 12.13 分别给出 5 MHz、20 MHz、50 MHz 频率的雷达距离回波数据成像。纵坐标是雷达至目标的射程距离减去雷达高度（0 km 为平均表面位置），横坐标是雷达飞行位置，每次观测间隔为 80 m。可以看到，射程距离 0 km 处为表面天底点回波，射程距离几百米处为次表面天底点回波，由于天底点高度变化不大，回波呈直线形状。雷达的飞行，使其与那些有强反射表面的各陨石坑的射程距离发生了变化，雷达回波在射程距离的图像中呈渐远渐近的弧状曲线。

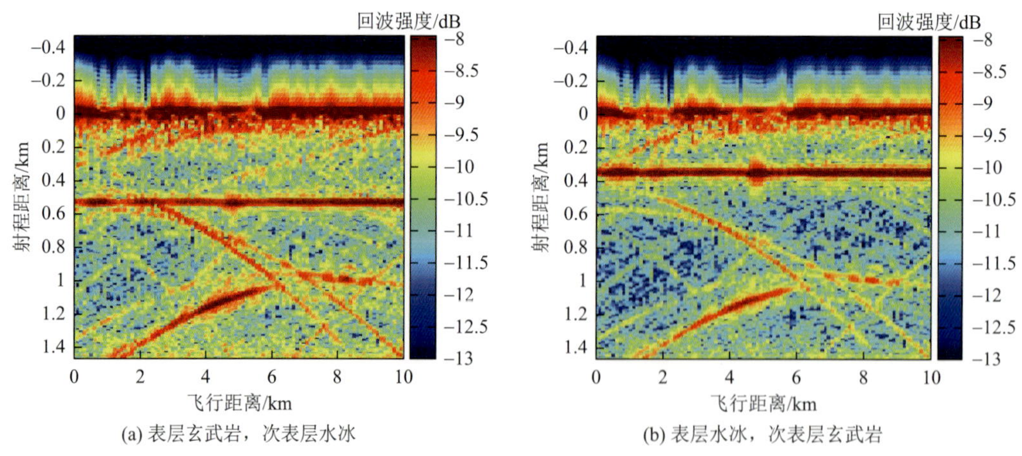

(a) 表层玄武岩，次表层水冰　　(b) 表层水冰，次表层玄武岩

图 12.11　雷达探测距离回波成像（$f = 5$ MHz，$B = 6$ MHz）

比较玄武岩-水冰的图 12.11（a）和水冰-玄武岩的图 12.11（b），由于玄武岩介电常数实部大，图 12.11（a）表面非天底点散射杂波要强于图 12.11（b），而玄武岩介电虚部较大导致衰减较大，使得图 12.11（a）中次表面回波幅度弱于图 12.11（b）。虽然两幅雷达回波图表层厚度相同，但玄武岩表层由于介电常数大，回波时延较长，而水冰的时延较

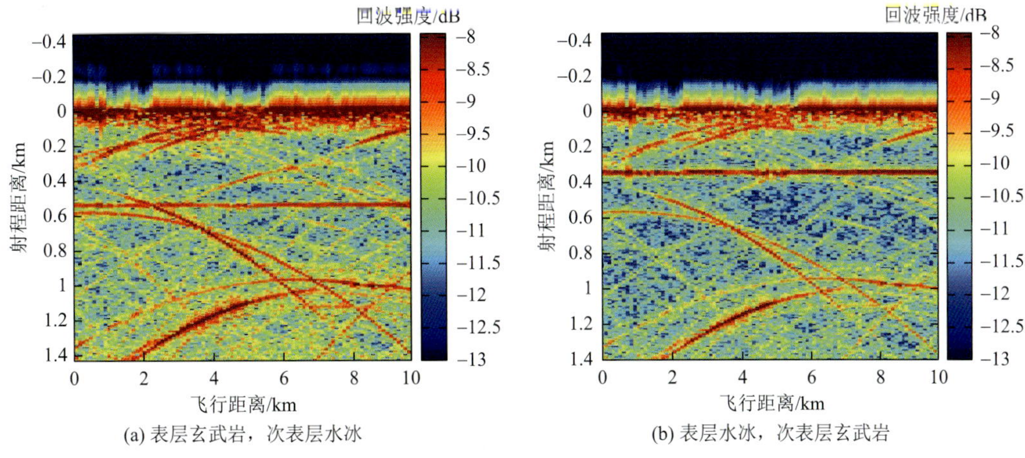

图 12.12　雷达探测距离回波成像（ $f=20$ MHz， $B=12$ MHz）

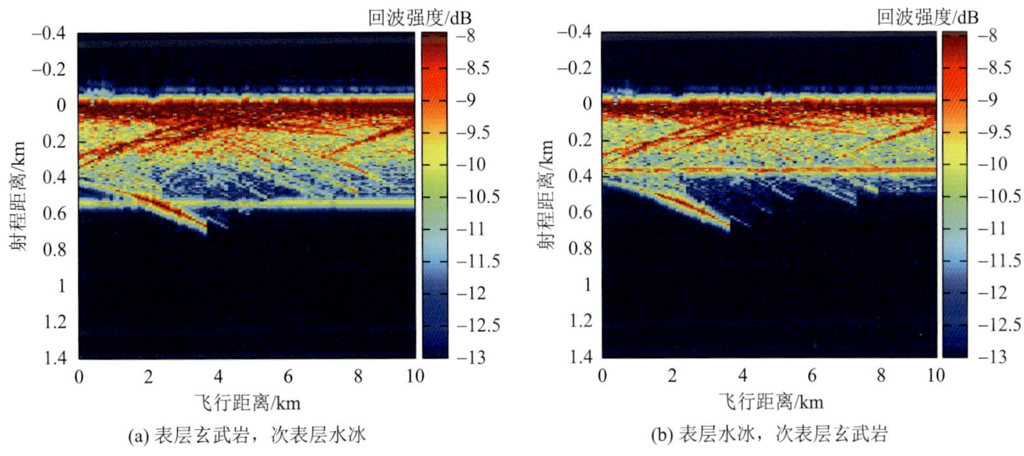

图 12.13　雷达距离回波成像（ $f=50$ MHz， $B=30$ MHz）

短。因此，不能单纯依据回波时延来判断次表面的位置，还需要考虑表层的物质组成及其介电常数。

比较不同频率的图 12.11～图 12.13 可知，随雷达中心频率的增加，一方面带宽变大，分辨率提高，回波更清晰；另一方面表层介质的衰减增大，降低了电磁波的穿透能力，次表面回波强度减弱。考虑到火星电离层的影响，频率越高，回波受电离层的影响越小，低中心频率相应的数据质量会越差。因此，较低频率雷达穿透能力强，适合探测较深的次表面，而较高频率雷达能够更精细地分辨次表层的位置与起伏。本书比较倾向较高的频率，一般首先探测清楚浅表层特征。

3. 火星真实表面的雷达距离回波值模拟

由高分辨率成像实验数据库（HiRISE）的 DEM 数据，选取火星（26°S，35°W）的 Holden 陨石坑内部的一块大小约为 5 km × 23 km 的地形数据。该区域地形高低落差约 400 m，有一定的坡度。HiRISE 数据空间分辨率为 1 m，对高程数据以 1 m 为边长进行网格剖分，网格满足大小不超过 $\lambda/6$。仍假定次表面为平面，处于−1850 m；雷达探测仪在 100 km 高处以 4 km/s 的速度由南向北飞过该区域，如图 12.14 所示。

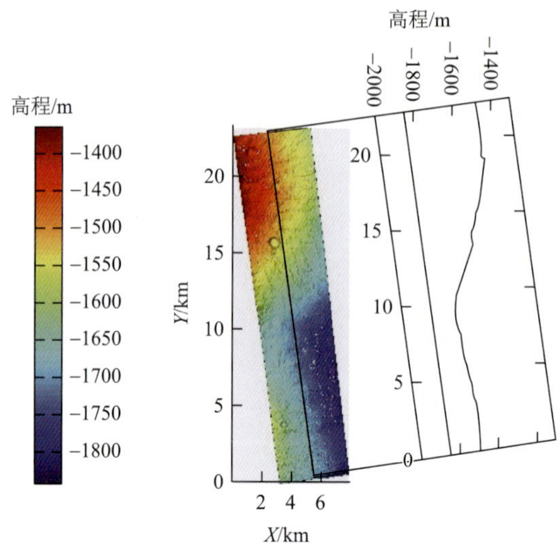

图 12.14　火星 Holden 陨石坑区域表面高程

限于高程数据区域大小，为避免雷达探测仪照射到无数据区域，设定其照射半径为 2.3 km，即波束角为 5.6°，其他雷达参数与之前模拟相同。图 12.15～图 12.17 分别给出 f = 5 MHz、20 MHz、50 MHz 雷达距离回波，图中射程距离减掉了雷达高度。

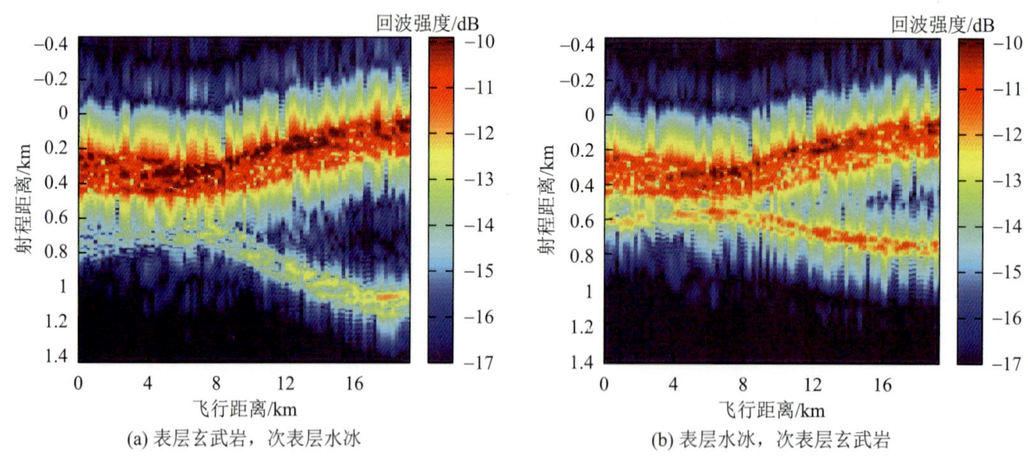

(a) 表层玄武岩，次表层水冰　(b) 表层水冰，次表层玄武岩

图 12.15　火星表面雷达距离回波成像（ f = 5 MHz， B = 6 MHz）

图中的表面天底点回波为弯曲的曲线，与表面 DTM 高程形状一致，而次表面天底点回波是一条弯曲向下的曲线。这是表层厚度增加使得次表面的回波有效射程距离增加，因此平坦的次表面在距离回波图中呈现弯曲形状。还可看出，表层厚度较低处次表面回波较强，表层较厚则次表面回波较弱。

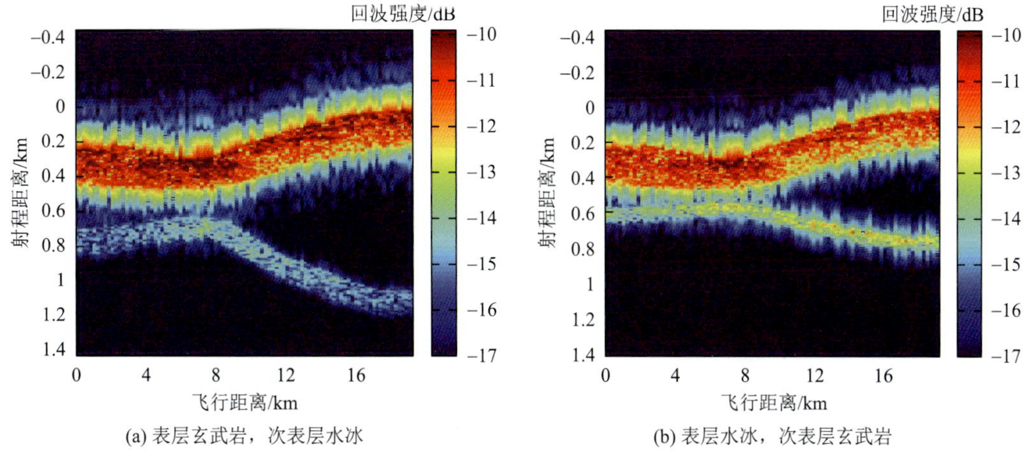

(a) 表层玄武岩，次表层水冰　　(b) 表层水冰，次表层玄武岩

图 12.16　火星表面雷达距离回波成像（$f = 20$ MHz，$B = 12$ MHz）

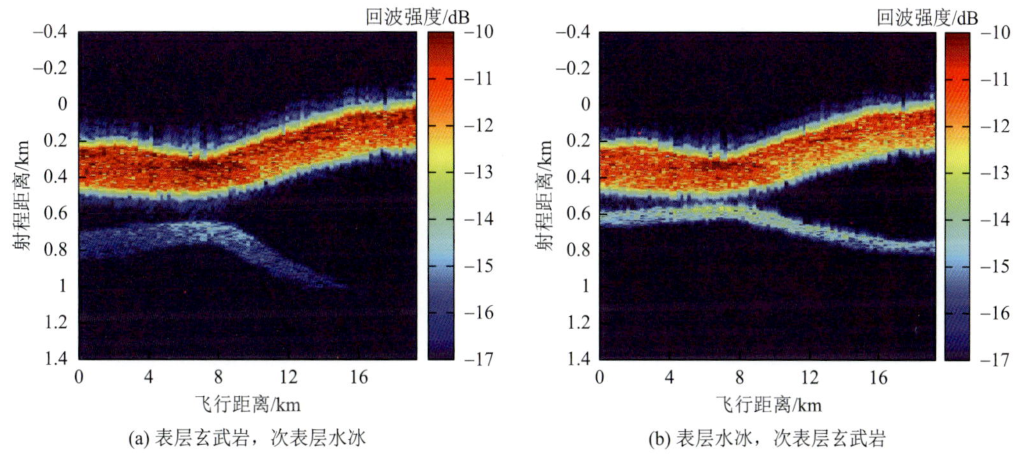

(a) 表层玄武岩，次表层水冰　　(b) 表层水冰，次表层玄武岩

图 12.17　火星表面雷达距离回波成像（$f = 50$ MHz，$B = 30$ MHz）

由于表面随机起伏比较大，平均有 2°～3°的倾斜坡度，表面厚度不同的区域次表面回波到达时间不同，因此次表面的回波被展宽为带状。由于玄武岩介电常数比较大，波传播较慢，次表面回波时间差较大，图（a）的展宽现象比表层为水冰时图（b）更为明显。次表面展宽不利于次表面位置的提取，会增加反演误差。因此，从反演精度考虑，应该尽量选取表面起伏较小的区域。

比较图 12.15～图 12.17，频率高的雷达分辨率高，更能检测次表层的位置；但是，5 MHz 雷达次表层回波衰减小。无论表层是玄武岩还是水冰都可以清楚地看到次表面的回波，而表层为玄武岩时，20 MHz 和 50 MHz 的距离回波图像中只有表层厚度较浅处可明显看到次表面回波。

作为另一个例子，选取火星 29°S、133°W Zumba 陨石坑及其附近区域一块 5 km×20 km 区域的 DEM 数据，数据空间分辨率为 1 m，如图 12.18 所示。该区域中心有一处半径约 2 km 的陨石坑，坑壁陡峭，坑底较为平坦。仍假定次表面为平面，次表面处于 1700 m，雷达探测仪在 100 km 高处以 4 km/s 的速度由南向北飞过该区域，并设定雷达波束照射半径为 2.3 km，即波束角 5.6°。其他雷达参数与之前相同。

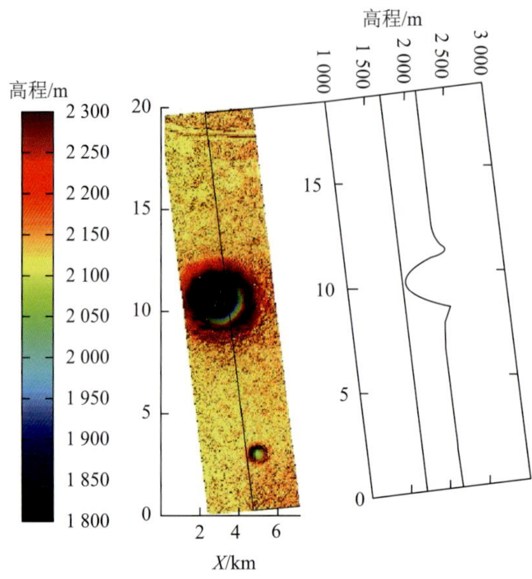

图 12.18　火星 Zumba 陨石坑区域表面高程

图 12.19～图 12.21 分别给出 $f = 5$ MHz、20 MHz、50 MHz 雷达距离回波图。

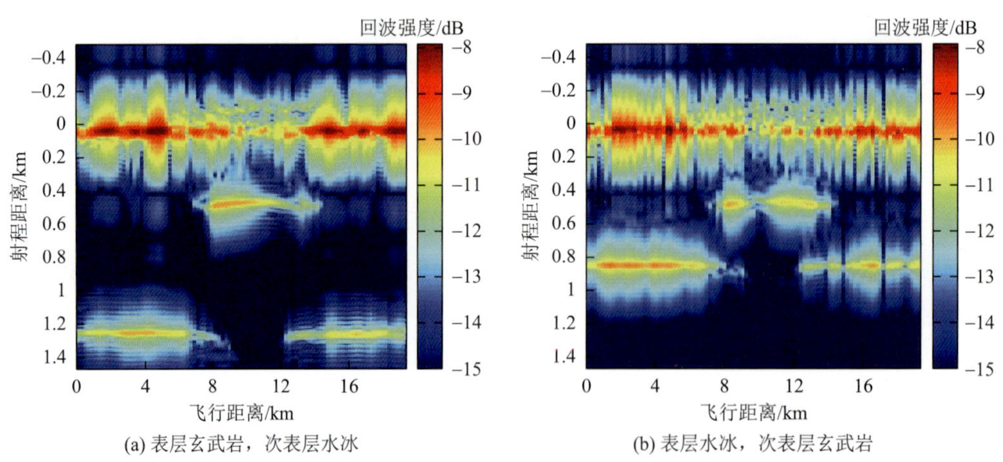

图 12.19　火星地形雷达距离回波（ $f = 5$ MHz, $B = 6$ MHz ）

可以看出，表面天底点回波出现在射程距离 0 km 附近，次表面回波出现在射程距离 1.3 km 处（表层为玄武岩）或 0.85 km 处（表层为水冰）。与图 12.15～图 12.17 不同，这里的表层和次表层回波均呈直线，这是因为除了在飞行距离 2 km 和 10 km 处有较为陡峭的坑壁外，其余均是平缓的粗糙表面。

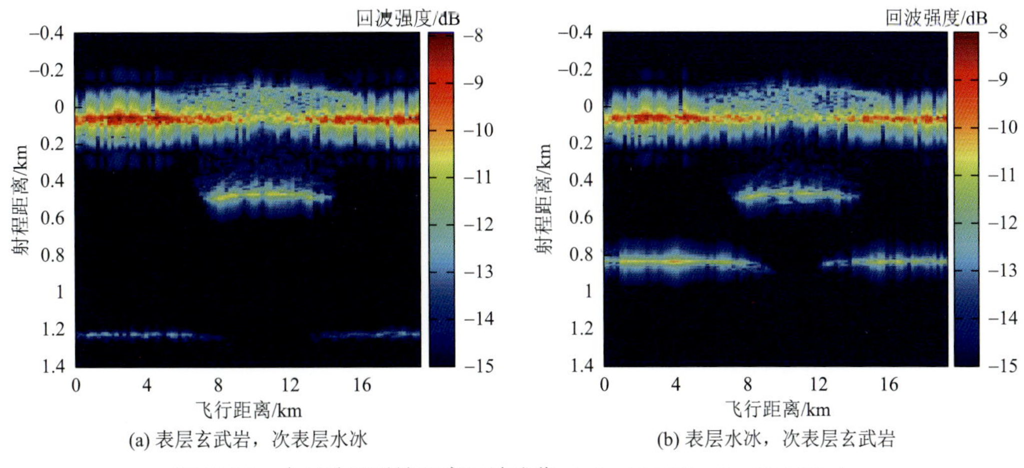

(a) 表层玄武岩，次表层水冰　(b) 表层水冰，次表层玄武岩

图 12.20　火星地形雷达距离回波成像（$f = 20$ MHz, $B = 12$ MHz）

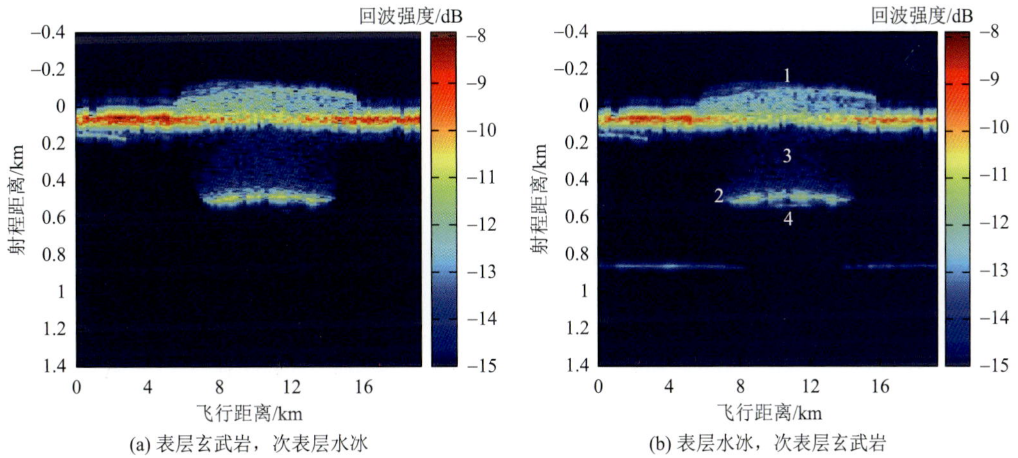

(a) 表层玄武岩，次表层水冰　(b) 表层水冰，次表层玄武岩

图 12.21　火星地形雷达距离回波成像

飞行距离约 2 km 处（图 12.18）的小陨石坑在回波图上显示为靠近表面回波的一小段弯曲弧线。因为它离天底点较近，图 12.19 和图 12.20 中这段弧线与天底点回波混合在一起难以区分；图 12.23 的分辨率高，可很好地区分天底点回波和这段弧线杂波。

图中射程距离最远的左右断开的回波是次表面的回波。中间断开是由于观测区域为 10 km 处的大陨石坑，表层厚度减小，次表面回波时延缩短，从而产生了回波时延的跳变。

飞行距离 10 km 处的大陨石坑的回波主要有四部分：

（1）陨石坑外边缘回波出现在射程距离–0.2～0 km 处，由于边缘各位置射程距离明显不同，其回波呈较弱的条带状［为清晰起见，在图 12.21（b）中特别标明］。

（2）山坑底平面的回波出现在射程距离约 0.5 km 处，因射程距离随雷达飞近飞远的变化而呈现向上突起的弧线，弧线最高点即射程距离最近的点，对应着雷达在该陨石坑正上方时。

（3）陨石坑内壁回波分布于射程距离 0～0.5 km 处，因为坡度陡，电磁波主要是

$f = 50$ MHz、$B = 30$ MHz 沿镜面方向的反射散射，后向散射回波很弱，这也是雷达飞过时环形山内壁回波在图中很弱的原因。

（4）由于陨石坑坑底的表层厚度只有约 30 m，其下的次表面回波有效射程距离比环形山外的次表面回波短，位于射程距离约 0.58 km 处［图 12.21（b）中一小平段］。由于该坑底粗糙不平，该段回波幅度很弱，又因为离坑底很近，较低频率的图 12.19 和图 12.20 中都被表面回波所淹没。

与得到清晰表面和次表面回波的平缓地形相比，陨石坑较大的地形起伏使得表面和次表面回波检测变得很困难，特别是坡度陡峭的坑壁下方的次表面几乎没有回波。

主要的几个结论如下。

（1）雷达探测仪较小的波束角有利于降低非天底点杂波对次表面回波的干扰。

（2）较高带宽能够提高回波分辨率，较低的中心频率具有更好的穿透能力，但受电离层影响大，数据质量差。较高的带宽需要较高的中心频率，因此需要综合考虑探测深度和数据的质量要求。

（3）地形粗糙起伏导致次表面回波展宽，参数反演应选取较为平坦的地区。

12.3　火星表面介电常数反演

此前研究表明，火星上有水侵蚀形成的地貌，证明火星表面曾经有水存在。但现在火星表面大部分区域十分干燥，只有南北两极表面有大量水冰沉积物存在。MARSIS 与 SHARAD 雷达探测仪都对火星全球表层、次表层进行了探测（Seu et al.，2004；Picardi et al.，2004），以估计火星南北两极水冰储量。

Picardi 等（2006）通过研究火星北极地区 MARSIS 数据，认为该地区存在着超过 1 km 厚的水冰沉积物。Plaut 等（2007）利用 MARSIS 数据估计火星南极水冰大致储量为 1.6×10^6 km^3。Mouginot 等（2010）和 Grima 等（2012）分别用 MARSIS 和 SHARAD 数据计算火星表面的雷达反射率分布（Mouginot et al.，2010；Grima et al.，2012）。但是，这些研究无论是模型还是数据处理仍是十分初步的。

本书提出了火星陨石坑坑起伏粗糙表层和次表层的两层模型，以及其物理参数的反演方法，包括表层介电常数、表层厚度和次表层介电常数。用 SHARAD 雷达数据对火星南极地区表层介电常数反演，得到火星南极地区介电常数的分布。

12.3.1　表层介电常数实部

假设雷达输出功率为 P_t，收发天线增益为 G，目标位于雷达主波束内，雷达向目标单元和目标单元向雷达的距离分别为 R_t、R_r，则雷达接收到的后向回波功率为（Ulaby et al.，1986）

$$P_r = \frac{P_t G_t G_r \lambda^2 \sigma}{(4\pi)^3 R_t^2 R_r^2} \tag{12.3.1}$$

式中，σ 为目标的雷达散射截面，对于分布型面目标模型得到为

$$\sigma = \gamma A \tag{12.3.2}$$

其中，γ 为后向散射系数；A 为粗糙面照射区域在雷达波束方向上的投影面积。

根据粗糙面散射理论（Tsang et al.，1985；金亚秋等，2008），同极化$[pp-(vv,hh)]$的后向$(\hat{k}_\mathrm{s}=-\hat{k}_\mathrm{i})$非相干（inc）散射系数与镜向相干（coh）散射系数可分别写成：

$$\gamma_{pp}^{\mathrm{inc}}(\theta_\mathrm{i}) = (kl)^2 \,|\, R_{p0}\,|^2 \cos\theta_\mathrm{i} \exp[-4(k\delta)^2\cos^2\theta_\mathrm{i}]\sum_{m=1}^{\infty}\frac{(2k\delta\cos\theta_\mathrm{i})^{2m}}{m\,m!}\exp\left[-\frac{(kl)^2\sin^2\theta_\mathrm{i}}{m}\right] \tag{12.3.3}$$

$$\gamma_{pp}^{\mathrm{coh}}(\theta_\mathrm{i}) = \frac{4\pi\,|\,R_{\mathrm{b}0}\,|^2}{\sin\theta_\mathrm{i}}\exp[-4(k\delta)^2\cos^2\theta_\mathrm{i}] \tag{12.3.4}$$

式中，δ 为粗糙面的起伏方差；l 为粗糙面的相关长度；R_{p0} 为（$p = v$，h）极化的平表面反射系数；θ_i 为入射角。

雷达探测仪接收到天底点回波 $\theta_\mathrm{i} = 0°$，同时接收到相干和非相干散射场，即（Liu et al.，2014）

$$\gamma = \gamma_{\mathrm{C_{ab}}} + \gamma_{\mathrm{IC_{ab}}} \sim \Theta(k\delta, k\ell, A_\mathrm{e})\cdot R_{01}^2 \tag{12.3.5}$$

式中，$\Theta(k\delta, k\ell, A_\mathrm{e})$ 只与波束照射粗糙面区域有关。这样，$\gamma \sim R_{01}^2$，下标 01 指的是从区域 1（粗糙面）到区域 0（观测空间）。

因此，下视（$\theta_\mathrm{i} = 0$）雷达接收后向散射功率为

$$P_\mathrm{r} = \frac{P_\mathrm{t}G^2\lambda^2}{(4\pi)^3H^4}\cdot\gamma(0°)A \tag{12.3.6}$$

如图 12.22 所示，凹部分的回波能量较为集中，回波功率很高，而凸部分回波分散，使得回波峰值功率低。因此，即使凹凸两部分的表层介质完全相同，两部分的回波功率也会出现很大的起伏变化。

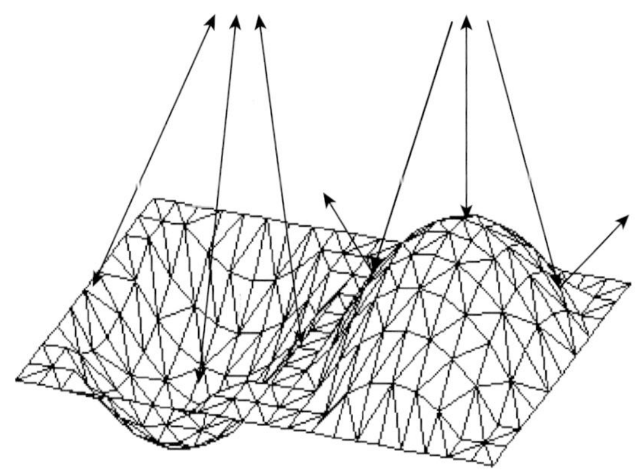

图 12.22　包含凹凸两部分的回波功率计算差异大

为避免局部地形对回波功率值的影响，采用同一区域不同介电常数的回波功率之比，来估算该区域介电常数对回波功率的影响。在地形 DEM 与雷达参数已知的条件下，若该处测得天底点回波功率为 $P_0(\varepsilon_1)$，其有待反演的真实介电常数为 ε_1。用我们两层模型，假定另一介电常数为 ε_1^0 的同一 DEM 粗糙面上天底点回波功率可计算为 $P_0(\varepsilon_1^0)$，则两者比值可推导为

$$\frac{P_0(\varepsilon_1)}{P_0(\varepsilon_1^0)}=\frac{\dfrac{P_t G^2\lambda^2}{(4\pi)^3 H^4}\cdot\gamma(\varepsilon_1)A}{\dfrac{P_t G^2\lambda^2}{(4\pi)^3 H^4}\cdot\gamma(\varepsilon_1^0)A}\approx\frac{|R_{01}(\varepsilon_1)|^2}{|R_{01}(\varepsilon_1^0)|^2} \tag{12.3.7}$$

对于火星常见的岩石、水冰等物质，均满足 $\varepsilon_1''\ll\varepsilon_1'$（Rogers et al.，1970），近似认为 $|\varepsilon_1|\approx\varepsilon_1'$。采用天底点时延距离最小的回波峰值和半空间介质的反射系数，则由式（12.3.7）反演得到 ε_1 的实部为

$$\varepsilon_1'=\left(\frac{2}{1-\sqrt{\dfrac{P_0(\varepsilon_1)}{P_0(\varepsilon_1^0)}|R_{01}(\varepsilon_1^0)|^2}}-1\right)^2 \tag{12.3.8}$$

式中，$R_{01}(\varepsilon_1)=(\sqrt{\varepsilon_1}-1)/(\sqrt{\varepsilon_1}+1)$，为天底点半空间介质的反射系数。以图 12.19（a）为例，设 $\varepsilon_1^0=6$，模拟计算得到回波，提取回波最大峰值作为天底点回波 $P_0(\varepsilon_1^0)$，代入式（12.3.8），得 $\varepsilon_1'=7.10$，恰好与图 12.19（a）的实际值 7.1 完全吻合。

12.3.2 表 层 厚 度

电磁波在表层中的传播速度为

$$v=\frac{c}{\sqrt{\varepsilon_1'}} \tag{12.3.9}$$

因此，由雷达距离回波成像图的表面与次表面回波时延差得到表层厚度为

$$d=v(t_{\text{sub}}-t_{\text{sur}})-\frac{c(t_{\text{sub}}-t_{\text{sur}})}{\sqrt{\varepsilon_1'}} \tag{12.3.10}$$

式中，t_{sub} 和 t_{sur} 分别为表面和次表面回波时延，这里均为单程走时。

为能较准确地提取次表面回波所对应的射程距离，需要回波图像具有较高的分辨率，因此雷达要具有较大的带宽，这就要求雷达采用较高的载波频率。但中心频率增加会导致电磁波在介质中衰减更快，次表面回波变弱，降低雷达的探测深度。因此，中心频率与带宽的选择应该兼顾分辨率与穿透深度的要求，平衡取舍。

以图 12.19（a）为例，图像分辨率约 1.9 m，反演得到飞行路径上各探测点的次表面位置，如图 12.23 所示，取平均值为 $h_{\text{sub}}\approx-1842$ m，误差约 8 m。可以看出，反演的次表面高程大部分偏高，主要是地形表面倾斜，导致最先接收到的次表面回波可能并不是直

接来自次表面天底点。选取较平坦的地区可以进一步提高反演精度。自然，表层厚度的反演误差不会小于分辨率。

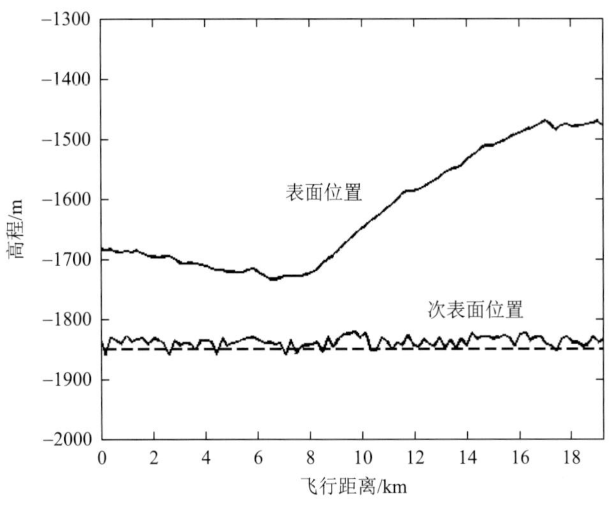

图 12.23　次表面高程反演结果

12.3.3　表层介电常数的虚部

由雷达方程，次表面的回波可以类似表示为

$$P_1 = T_{01}^2 \frac{P_t G^2 \lambda^2 A}{(4\pi)^3 H^4} e^{-4k''d} \cdot R_{12}^2 \cdot T_{10}^2 \tag{12.3.11}$$

式中，R_{mn}^2、T_{mn}^2 分别为界面 $mn(m, n = 0, 1, 2)$ 的反射率与透射率；k'' 为传播波数 $k = k' + ik''$ 的虚部。现选取表层厚度不同的两处回波，当两处地形相差不大时，可有比值为

$$\frac{P_1}{P_1'} = \frac{T_{01}^2 \dfrac{P_t G^2 \lambda^2 A}{(4\pi)^3 H^4} e^{-4k''d} \cdot R_{12}^2 \cdot T_{10}^2}{T_{01}'^2 \dfrac{P_t G^2 \lambda^2 A'}{(4\pi)^3 H^4} e^{-4k''(d+\delta)} \cdot R_{12}'^2 \cdot T_{10}'^2} \approx e^{4k''\delta} \tag{12.3.12}$$

该比值只与波数虚部 k'' 和厚度差 δ 有关，则表层介电常数的虚部可以表示为

$$\varepsilon_1'' = \frac{ck''\sqrt{\varepsilon_1'}}{\pi f} = \frac{c\sqrt{\varepsilon_1'}}{4\pi\delta f} \ln\left(\frac{P_1}{P_1'}\right) \tag{12.3.13}$$

为准确反演表层介电常数虚部 ε_1''，所选反演地点上各分界面的反射率和透射率均需对应相同。

我们假定在所研究的区域表层与次表层都是同一均匀的。由于式（12.3.13）包含已反演的 $\sqrt{\varepsilon_1'}$，所以 ε_1' 的反演误差会以 $\sqrt{\varepsilon_1'}$ 的形式传递给 ε_1''。此外，影响反射率与透射率的因素除 ε_1' 外，还与两处的表面粗糙度、表面坡度等都有关。图 12.24 地形中各观测点处的表面高程和表面坡度如图 12.26 所示。

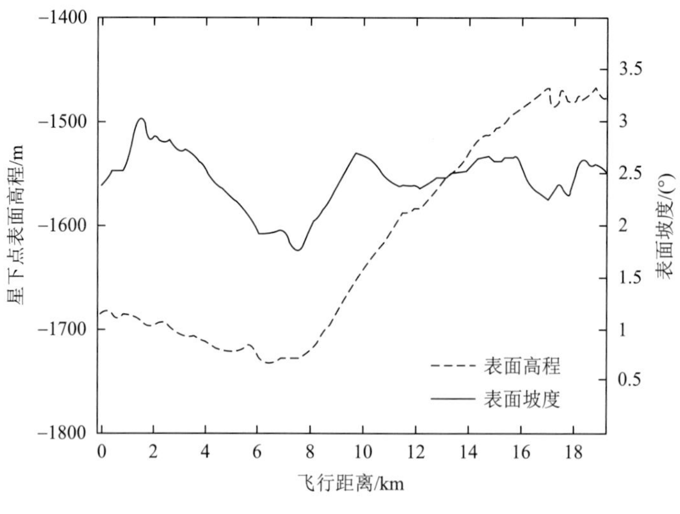

图 12.24　各观测点表面坡度

为降低地形差异造成的误差，以飞过 1 km 距离的 5 次观测的次表面回波平均值作为式（12.3.12）的 P_1 和 P_1'，代入式（12.3.13），计算得到不同坡度与表层厚度差的几组反演结果。

（1）厚度相差小，坡度相差大：选取飞行距离为 2～3 km 处的回波平均值为 P_1，飞行距离为 7～8 km 处的回波平均值为 P_1' 时，高度差约为 35 m，坡度差约为 1°，计算得到的表层介电常数虚部 $\varepsilon_1''=0.16$。

（2）厚度相差大，坡度相差大：选取飞行距离为 14.4～15.4 km 处的回波平均值为 P_1，飞行距离为 7～8 km 处的回波平均值为 P_1' 时，高度差约为 211 m，坡度差约为 1°，计算得到 $\varepsilon_1''=0.055$。

（3）厚度相差小，坡度相差小：选取飞行距离为 14.4～15.4 km 处的回波平均值为 P_1，飞行距离为 10～11 km 处的回波平均值为 P_1' 时，高度差约为 126 m，坡度基本相同，计算得到 $\varepsilon_1''=0.048$。

（4）厚度相差大，坡度相差小：选取飞行距离为 14.4～15.4 km 处的回波平均值为 P_1，飞行距离为 2～3 km 处的回波平均值为 P_1' 时，高度差约为 176 m，坡度基本相同，计算得到 $\varepsilon_1''=0.035$。

可以看到，两处表层厚度差较大，可以在一定程度上减小次表面高程反演误差带来的影响，而坡度相同可避免两处表面反射率透射率的不相等。将 4 组反演结果与真实值 0.0355 比较可知，选取表层厚度相差较大、坡度相差较小的两处回波进行表层介电常数虚部反演，可以获得较高的反演精度。

12.3.4　次表层介电常数实部

与反演 ε_1 类似，利用已知的 DEM 和反演得到的 ε_1 与 d，用两层模型，计算次表面雷达回波，得到测量值 $P_1(\varepsilon_2)$ 与假定试验值 $P_1(\varepsilon_2^0)$ 回波比值为

$$\frac{P_1(\varepsilon_2)}{P_1(\varepsilon_2^0)}=\frac{T_{01}^2\dfrac{P_tG^2\lambda^2A}{(4\pi)^3R^4}e^{-2k''d}\cdot R_{12}^2(\varepsilon_2)\cdot T_{10}^2}{T_{01}'^2\dfrac{P_tG^2\lambda^2A'}{(4\pi)^3R^4}e^{-2(k''+\Delta k'')d}\cdot R_{12}^2(\varepsilon_2^0)\cdot T_{10}'^2}\approx e^{-2\Delta k''d}\frac{|R_{12}(\varepsilon_2)|^2}{|R_{12}(\varepsilon_2^0)|^2} \tag{12.3.14}$$

对式（12.3.14）等号两边取对数：

$$\ln\left(\frac{P_1(\varepsilon_2)}{P_1(\varepsilon_2^0)}\right)=\ln\left(\frac{|R_{12}(\varepsilon_2)|^2}{|R_{12}(\varepsilon_2^0)|^2}\right)-2\Delta k''d \tag{12.3.15}$$

式（12.3.15）表明，两回波功率比值的对数与表层厚度具有线性关系，如图 12.25 所示。

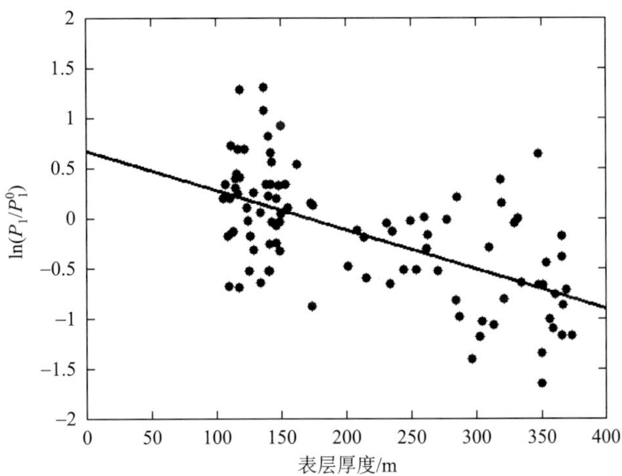

图 12.25　各观测点次表面回波功率比值与表层厚度的关系

为了降低 ε_1'' 和 d 的误差对 ε_2' 反演的影响，由图 12.25 数据线性回归得到反射率比值的对数 $\ln(|R_{12}(\varepsilon_2)|^2/|R_{12}(\varepsilon_2^0)|^2)\approx 0.673$。

由于不能确定两层介电常数的大小关系，当 $\varepsilon_1'>\varepsilon_2'$ 时，有

$$\varepsilon_2'=\left(\frac{2\sqrt{\varepsilon_1'}}{1+\sqrt{|R_{12}(\varepsilon_2)|^2}}-\sqrt{\varepsilon_1'}\right)^2=\left(\frac{2\sqrt{\varepsilon_1'}}{1+\sqrt{\dfrac{|P(\varepsilon_2)|^2}{|P(\varepsilon_2^0)|^2}|R_{12}(\varepsilon_2^0)|^2}}-\sqrt{\varepsilon_1'}\right)^2\approx 3.16 \tag{12.3.16}$$

当 $\varepsilon_1'<\varepsilon_2'$ 时，有

$$\varepsilon_2'=\left(\frac{2\sqrt{\varepsilon_1'}}{1-\sqrt{|R_{12}(\varepsilon_2)|^2}}-\sqrt{\varepsilon_1'}\right)^2=\left(\frac{2\sqrt{\varepsilon_1'}}{1-\sqrt{\dfrac{|P(\varepsilon_2)|^2}{|P(\varepsilon_2^0)|^2}|R_{12}(\varepsilon_2^0)|^2}}-\sqrt{\varepsilon_1'}\right)^2\approx 15.9 \tag{12.3.17}$$

与真实值 3.15 相比较，第一个反演结果接近真实值，需要结合其他信息来进一步判断式（12.3.16）或式（12.3.17）的取舍。

12.4　火星南极表面介电常数反演

12.4.1　SHARAD 数据校正

与模拟数据不同，SHARAD 的轨道运行高度会发生变化，其轨道高度范围为 155～320 km，这样使得 SHARAD 回波数据也会受雷达实际高度的影响，见式（12.3.6）。雷达回波功率与雷达和地面距离的平方成反比，将轨道处接收到的回波功率乘以对应的雷达高度的 4 次方，来校正雷达高度造成的差异。

除了雷达高度需要校正以外，电离层的影响也不能忽略（Campbell et al.，2011）。电离层对雷达回波数据的影响主要体现在以下两方面。

（1）相位失真：由于发射信号是具有一定带宽的线性调频脉冲，不同频率在电离层中传播速度有差异，因此在脉冲压缩后会有相位失真的现象。对于我们选取的 RDR（reduced data record）格式的 SHARAD 数据，已经采用相位梯度自聚焦（phase gradient autofocus）校正了失真的相位，因此这里的数据不需要考虑回波的相位失真问题。

（2）幅度衰减：电离层对电磁波有一定吸收作用，电离层白天与夜晚的等离子体震荡频率并不相同，对电磁波的吸收大小也不同。通常夜晚电离层的衰减要小于白天（Campbell et al.，2014），考虑到夜晚电离层等离子体振荡频率较小，对相位的干扰也小，因此选取夜晚的数据会好一些，即太阳高度角大于 90°的数据，以减小电离层差异对回波幅度的影响。

读取 320 轨夜晚获取的 SHARAD 数据，由于 SHARAD 是正下视雷达，通常天底点回波最大，因此以最大峰值功率作为天底点的表面回波。从数据记录中读取雷达高度，并对数据进行高度校正，然后得到火星南极地区表面雷达回波强度分布，如图 12.26 所示。图 12.26 中空白部分为缺少数据的区域。

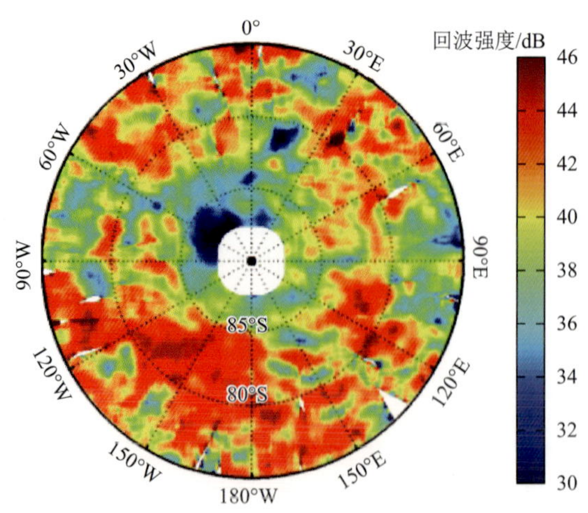

图 12.26　火星南极表面 SHARAD 回波图

12.4.2　表层介电常数反演

图 12.27 为火星轨道激光高度计（Mars Orbiter Laser Altimeter，MOLA）测量火星南极地区的高程数据，对数据以 1.5 m 直角边长进行三角网格剖分，取 $\varepsilon_1^0=6$，如表 12.2 所示。模拟参数与SHARAD参数一致，利用PO模拟计算火星南极地区表面回波功率，结果为图12.28。

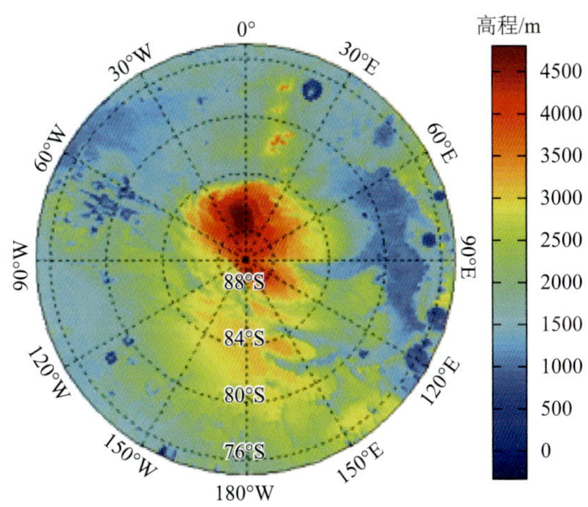

图 12.27　火星南极地区高程图

表 12.2　SHARAD 雷达探测仪参数

参数	取值
偶极子天线长度	10 m
脉冲中心频率	20 MHz
带宽	10 MHz
脉冲功率	10 W
脉冲宽度	85 μs
脉冲重复频率	700 Hz
雷达高度	250～350 km

由于 SHARAD 数据没有定标，模拟回波功率无法与 SHARAD 数据进行直接的定量比较，无法直接利用式（12.3.8）求得介电常数。从雷达回波与模拟回波的比值图 12.29 中可以看出，靠近南极极点处比值很小。有研究表明，南极极点附近存在由纯净的干冰（CO_2）组成的冰盖（Phillips et al.，2011），其可见光图像（Mouginot et al.，2009）如图 12.30 所示，其中白色的部分即干冰组成的冰盖，覆盖在水冰沉积物的上面。与火星北极不同，火星南极极冠表面温度适中，处于干冰的冰点以下，因此不会出现干冰完全升华的现象，而且这里选取的数据均为夜间观测得到的，因此可以确定所有数据在该区域获得的都是干冰产生的表面回波。干冰的介电常数为 2.2，小于大多数物质，而图 12.29 中回波幅度最小的区域与干冰冰盖的位置符合，因此可以认为该区域的介电常数是已知的，即为 2.2。

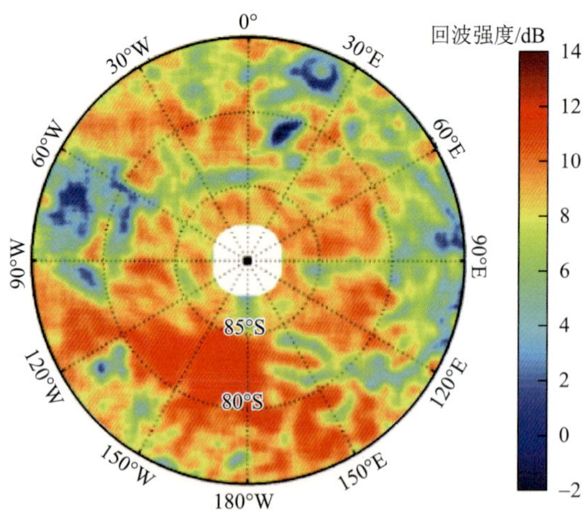

图 12.28　火星南极表面模拟回波

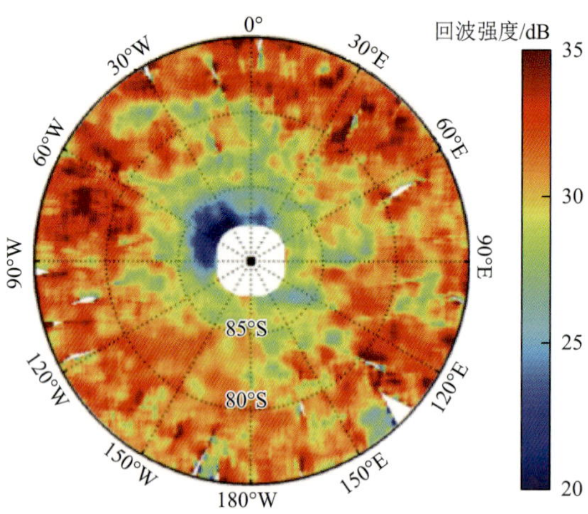

图 12.29　SHARAD 回波与模拟回波比值

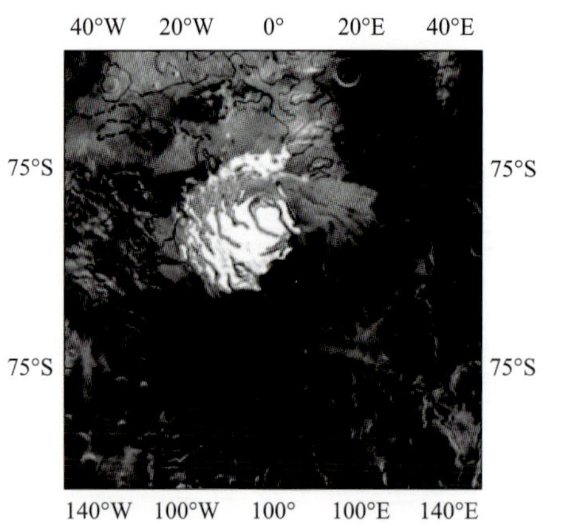

图 12.30　火星南极干冰冰盖

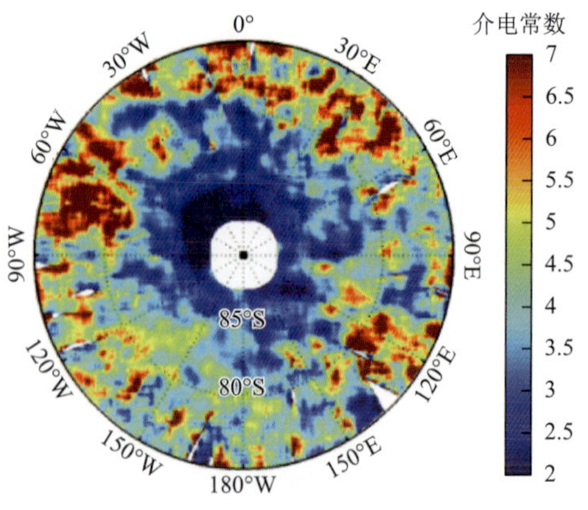

图 12.31　火星南极地区介电常数

假设该区域的介电常数为干冰的介电常数 2.2，模拟计算干冰层的表面雷达回波功率，从而计算 SHARAD 数据的定标系数为

$$C=\frac{P_0(\varepsilon_1^0=2.2)}{P_0(\varepsilon_1=2.2)} \tag{12.4.1}$$

则式（12.3.8）写为

$$\varepsilon_1'=\left(\frac{2}{1-\sqrt{\dfrac{CP_0(\varepsilon_1)}{P_0(\varepsilon_1^0=6)}|R_{01}(\varepsilon_1^0)|^2}}-1\right)^2 \tag{12.4.2}$$

将定标后的数据和模拟数据代入式（12.4.2），求出火星南极地区表层介电常数，如图 12.31 所示。

该结果与 Mouginot 等（2012）用 MARSIS 数据反演得到的火星南极地区表层介电常数的分布比较接近。反演结果表明，火星南极南纬 80°以上绝大多数区域介电常数不大于 3.5，该区域表层主要成分可能为水冰与干冰。而低于南纬 80°的部分区域的介电常数为 4～7，该区域表层主要成分为岩石和火星土壤。

12.5　火星分层结构的参数反演

据现有的研究，火星两极多层沉积物含有大量的水冰，其北极沉积层的水冰含量甚至高达 95%（Grima et al.，2009），而南极沉积层含有比较高的杂质含量（Thomas et al.，1992）。火星极地沉积岩的分层变化则可能是沉积过程中水冰和杂质混合比例不同所造成的（Byrne，2009）。极地分层介质物质构成随深度的变化记录了火星历史气候的变迁（Fishbaugh et al.，2010；Hvidberg et al.，2012）。

利用雷达回波来估算火星分层的介电常数仍处在初步阶段（Grima et al.，2009）。Safaeinili 等（2009）对 MARSIS 与 SHARAD 对火星南极的观测结果分析后认为，MARSIS 能探测到的分层结构较少，而分辨率较高的 SHARAD 可以清晰地看到水冰沉积物的多层结构（Farrell et al.，2008；Milkovich et al.，2011）。

我们提出火星极区多层结构模型，从 SHARAD 数据中提取各分层界面的回波，估算各分层界面的反射率，反演分层介电常数及其分层厚度（Liu and Jin，2019）。

12.5.1　火星南极分层地区与 SHARAD 回波数据

图 12.32 是我们选取 SHARAD 雷达曾经过发现的火星南极分层结构地区 Promethei Lingula。

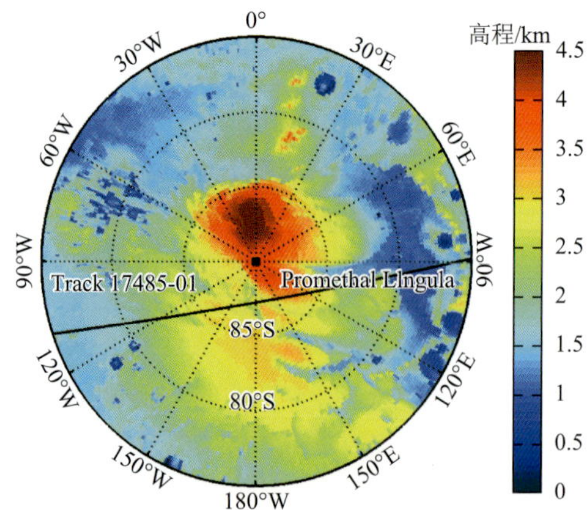

图 12.32　Promethei Lingula 地区位置及 SHARAD1748501 轨星下点轨迹

由图 12.33 的 SHARAD 观测数据可以清晰地看到分层结构。雷达飞行距离为 90.5 km，其间观测 2500 次，即该雷达回波图由 2500 帧组成。

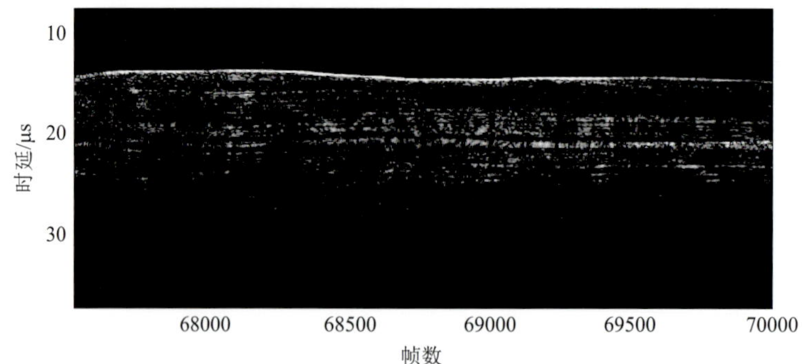

图 12.33　SHARAD1748501 轨在 Promethei Lingula 地区探测到的分层结构回波

我们选取 SHARAD 雷达经过 Promethei Lingula 地区靠近 Chasma Australe 断崖的第 1748501 轨数据（r_1748501_001_ss11_700_a.dat），该数据获取时间为夜间（太阳高度角 112°），用该数据来反演多层结构的介电常数。

该区域西侧边缘的 Chasma Australe 断崖的 HiRISE 可见光图像如图 12.34 所示，其也证明了在 1748501 轨附近断崖的分层结构。

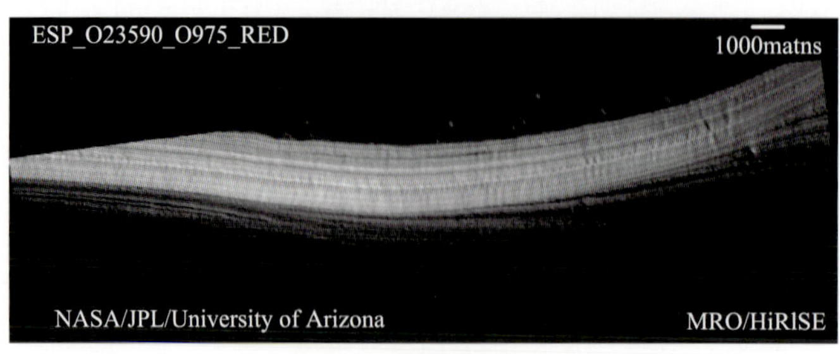

图 12.34　Chasma Australe 峡谷东侧断崖的 HiRISE 图像

表层及次表层回波的提取

多层结构模型如图 12.35 所示。电磁波垂直入射时，在各层分界面上会发生反射和透射，依据各界面的反射波到达雷达的时延不同，可以从雷达数据中提取各分界面回波。

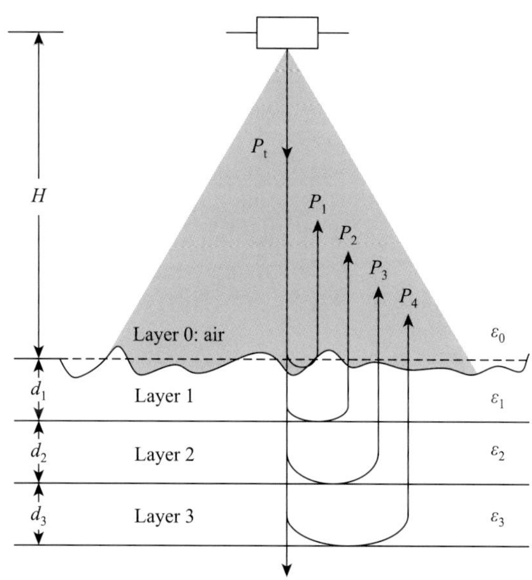

图 12.35　平行分层结构示意图

例如，第 n 层分界面的回波经历了 1 次反射和 2（n–1）次透射与各层的衰减，回波功率为

$$P_n = P_0 r_n \prod_{m=1}^{n-1} [t_m^2 \exp(-4k_m'' d_m)] \tag{12.5.1}$$

式中，P_0 为入射到表面上的功率；t_m 为第 m 层表面透射率；r_n 为第 n 层表面反射率；k_m'' 为第 m 层波数的虚部；d_m 为第 m 层介质厚度。第 m 层波数写为

$$k_m = k_0\sqrt{\varepsilon_m} = k_0\sqrt{\varepsilon_m' + i\varepsilon_m''} \approx k_0\sqrt{\varepsilon_m'} + i\frac{1}{2}k_0\frac{\varepsilon_m''}{\sqrt{\varepsilon_m'}} \tag{12.5.2}$$

式中，k_0 为真空中波数；第 m 层波数的虚部为

$$k_m'' = \frac{1}{2}k_0\frac{\varepsilon_m''}{\sqrt{\varepsilon_m'}} \tag{12.5.3}$$

分层面的透射率满足：

$$t_m = 1 - r_m \tag{12.5.4}$$

而介质厚度可以表示为

$$d_m = \frac{c}{\sqrt{\varepsilon_m}}\frac{\tau_m}{2} \tag{12.5.5}$$

式中，τ_m 为电磁波在第 m 层介质中传播的时延，即相邻两层面回波之间的时间差。

将式（12.5.3）～式（12.5.5）代入式（12.5.1），则第 n 层界面反射功率为

$$P_n = P_0 r_n \prod_{m=1}^{n-1}\left[(1-r_m)^2 \exp\left(-k_0 c\tau_m \frac{\varepsilon_m''}{\varepsilon_m'}\right)\right] = P_0 r_n \prod_{m=1}^{n-1}[(1-r_m)^2 \exp(-k_0 c\tau_m \tan\delta_m)] \quad (12.5.6)$$

式中，$\tan\delta_m$ 为第 m 层介质的损耗角正切。

要分别区分表面回波、次表面回波、表面非天底点杂波。表面回波来自天底点，一般幅度远大于次表面回波及杂波，因此取回波数据中最强的峰值为表面回波。次表面回波与来自表面非天底点的杂波幅度相差不大，利用峰值幅度大小很难区分两者。表面杂波由表面粗糙面或表面分布的散射体的散射产生，其回波射程距离随雷达向前运动而有渐离或渐近的变化，因此在雷达图像上会显示为点或短弧线。但是，次表面在小范围内可视作相对平坦，其回波射程距离基本上不变，不随雷达运动而变化，在雷达图像上基本上是不变的直线。

因此，我们利用相邻各帧回波数据计算一个阈值 C 来判定某个射程距离处是否存在次表面回波。

$$C(i,j) = \frac{1}{2n}\sum_{q=-m}^{m}\sum_{p=-n}^{n} s(i+q, j+p) \quad (12.5.7)$$

$$s(i,j) = \begin{cases} 1 & \text{第 } j \text{ 帧，第 } i \text{ 次采样是局部最大值} \\ 0 & \text{第 } j \text{ 帧，第 } i \text{ 次采样不是局部最大值} \end{cases} \quad (12.5.8)$$

取 $n=25$，$m=1$，此时 C 表示在相邻 50 帧、相同射程距离（误差不超过 1 个采样间隔）存在局部峰值的比例。若 $C>0.7$，即附近超过 70%的帧在该射程距离处存在峰值回波，则判定该处存在次表层回波，否则该处回波为杂波。对 1748501 轨 69301～69350 帧数据提取表面及次表面，该区域对应着 1.81 km 的飞行距离。对次表层回波连续数帧都较弱的区域会提取失败，导致次表面不再连续，为了保证分界面的连续性，需要人工补全断开的次表面。提取结果如图 12.36 所示。

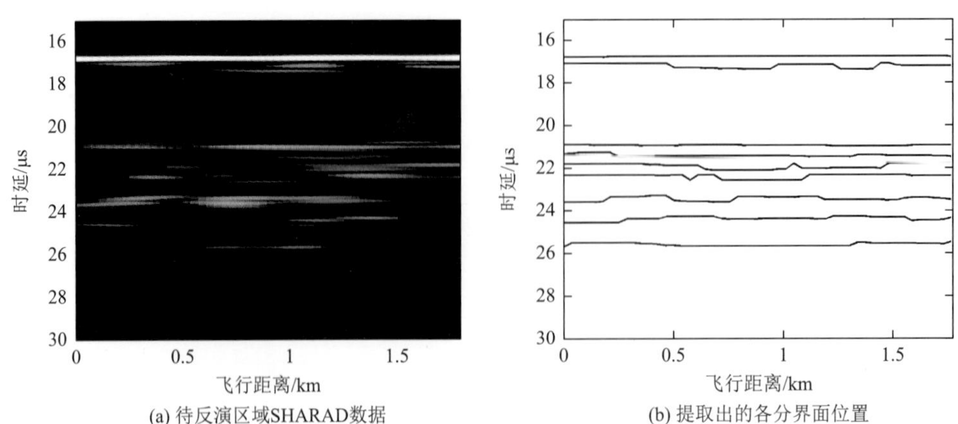

(a) 待反演区域SHARAD数据　　(b) 提取出的各分界面位置

图 12.36　表层及次表层回波位置提取

雷达回波中提取出的表面、次表面位置对应的回波强度即各分界面的回波功率。提取出的同一次表层回波功率在不同帧中相差很大，一方面可能是分界面地形差异造成的，另一方面可能是由于表面杂波叠加在次表层回波上。对同一分界面回波功率取平均，以避免回波功率波动造成相邻帧介电常数反演结果不稳定。

12.5.2　各层厚度与介电常数反演

对于一个 n 层的平行分层结构，式（12.5.6）可构成由 n 个方程的方程组，其中 P_n 和 τ_m 可以从雷达数据中读取，而入射功率 P_0，各表面反射率 $r_1 \sim r_n$，损耗角正切 $\tan\delta_1 \sim \tan\delta_{n-1}$ 则是未知的。方程组共有 $2n$ 个独立未知量，超出方程数量，因此该方程组是欠定的，不能直接求解，需要其他方法求出部分未知量。

据目前的研究，火星极区的损耗角正切非常小，通常认为小于 0.005（Grima et al.，2009；Plaut et al.，2007；Zhang et al.，2011），对各层反射率计算结果影响很小。假设各层损耗正切相同，各次表面雷达回波可以简化为

$$P_n = P_0 r_n \exp\left(-k_0 c \tan\delta \sum_{m=1}^{n-1} \tau_m\right) \prod_{m=1}^{n-1} (1 - r_m)^2 \tag{12.5.9}$$

对式（12.5.9）等号两边取自然对数，可得

$$\ln P_n = -k_0 c \tan\delta \sum_{m=1}^{n-1} \tau_m + \ln P_0 + \ln r_n + 2\sum_{m=1}^{n-1} \ln(1 - r_m) \tag{12.5.10}$$

则各层介质分界面回波功率的自然对数可以近似为时延的一次函数

$$\ln P_n = -(k_0 c \tan\delta)\tau_{\text{total},n} + b + \xi \tag{12.5.11}$$

式中，$\tau_{\text{total},n} = \sum_{m=1}^{n-1} \tau_m$ 为第 n 层上表面到顶层面的时延；b 为一个未知的常数；ξ 为一个均值为 0 的随机量，用来表示各分界面粗糙度等因素造成的回波差异。

式（12.5.11）可以看作自变量为时延 $\tau_{\text{total},n}$、因变量为回波功率的自然对数 $\ln P$ 的线性回归模型，利用各层分界面的雷达回波功率和回波的射程距离，可以用最小二乘法计算出直线式（12.5.11）的斜率，从而求得损耗角正切。

采用最小二乘法对 SHARAD1748501 轨 69301～69350 帧数据的次表层回波功率的自然对数进行线性拟合，得到直线方程 $\ln P_n = -1.11\times10^5 \tau_{\text{total},n} + 4.3$，由式（12.5.11）可得，损耗角正切 $\tan\delta = 1.11\times10^5 / (k_0 c) = 0.00088$，其置信度 95%的置信区间为[0.0004 0.0014]。用 F 检验法检验各层回波与时延的线性关系，对于图 12.37 中的 40 个数据点，$F = 13.1$，对于显著性水平 $\alpha = 0.01$，查表可得 $F_\alpha(1,40) = 7.31$，可知 $F > F_\alpha(1,40)$，因此回波功率与回波时延的线性相关关系显著。

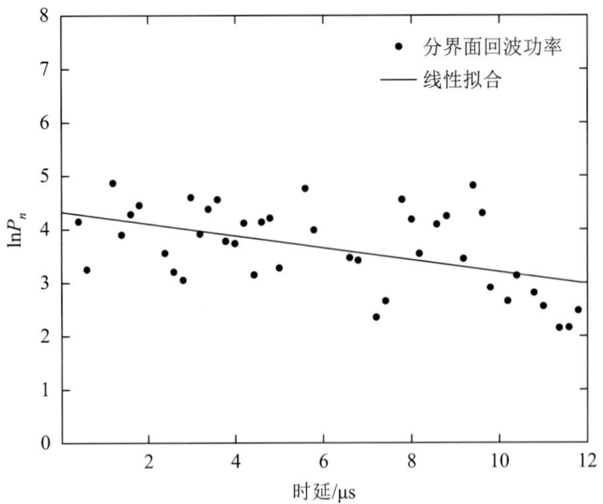

图 12.37　各分界面回波功率与射程距离关系

以往的研究认为，火星极地沉积物的平均损耗正切范围为[0.001 0.01]（Grima et al.，2009；Plaut et al.，2007），大于本书的反演结果 0.00088。这是由于其损耗正切包含层间反射透射的功率衰减和介质吸收两部分（Grima et al.，2009），而本书的模型考虑了各层间反射透射引起的功率衰减，反演的结果只包含物质的吸收部分，因此要小于之前的研究结果。

各层介电常数的求解

计算出损耗角正切后，方程组的未知量减少为 $n+1$ 个，当已知入射功率 P_0 时，由式（12.5.9）构成的方程组可以直接求解，反射率的表达式为

$$r_n = \frac{P_n}{P_0 \exp\left(-k_0 c \tan\delta \sum_{m=1}^{n-1} \tau_m\right) \prod_{m=1}^{n-1} (1-r_m)^2} \tag{12.5.12}$$

利用式（12.5.12）即可递推求得各分界面的反射率。

反射率是一个关于介电常数的函数，但由于各分界面粗糙度未知，只能用平表面来近似各分界面。平表面的反射率可表示为

$$r_n = \left(\frac{\sqrt{\varepsilon_n} - \sqrt{\varepsilon_{n-1}}}{\sqrt{\varepsilon_n} + \sqrt{\varepsilon_{n-1}}}\right)^2 \tag{12.5.13}$$

由于损耗角正切非常小，介电常数约等于其实部，即 $\varepsilon_m \approx \varepsilon'_m$，由式（12.5.13）可得

$$\varepsilon'_n = \left(\frac{2}{1 \pm \sqrt{r_n}} - 1\right)^2 \varepsilon'_{n-1} \tag{12.5.14}$$

由第 $n-1$ 层的介电常数和两层之间界面的反射率计算出第 n 层介电常数有 2 个可行解，因此需要利用回波相位确定唯一解。

回波相位的确定

第 n 层分界面雷达回波相位可以表示为

$$\varphi_n = \varphi_0 + k_0 c \sum_{m=1}^{n-1} \tau_m + 2\sum_{m=1}^{n-1} \varphi_{\mathrm{t},m} + \varphi_{\mathrm{r},n} \tag{12.5.15}$$

式中，φ_0 为入射到火星表面电磁波相位；$\varphi_{\mathrm{t},m}$ 为因透射产生的相位；$\varphi_{\mathrm{r},n}$ 为因反射产生的相位。

电磁波由介质 n–1 垂直入射到介质 n 时，平表面的反射系数和透射系数为

$$R_n = \frac{\sqrt{\varepsilon_n} - \sqrt{\varepsilon_{n-1}}}{\sqrt{\varepsilon_n} + \sqrt{\varepsilon_{n-1}}}，\quad T_n = \frac{2\sqrt{\varepsilon_n}}{\sqrt{\varepsilon_n} + \sqrt{\varepsilon_{n-1}}} \tag{12.5.16}$$

由于损耗正切非常小，在忽略介电常数虚部的条件下，若 $\varepsilon_n' > \varepsilon_{n-1}'$，反射系数大于 0，$\varphi_{\mathrm{r},n} = 0$，若 $\varepsilon_n' < \varepsilon_{n-1}'$，反射系数小于 0，$\varphi_{\mathrm{r},n} = \pi$。透射过程相位不变，$\varphi_{t,m} = 0$。

因为由火星大气入射到分层介质时，$\varphi_{r,1} = 0$，由式（12.5.15）可得 $\varphi_0 = \varphi_1$，则各分界面反射产生的相位可以由雷达数据计算得到：

$$\varphi_{\mathrm{r},n} = \varphi_n - \varphi_1 - k_0 c \sum_{m=1}^{n-1} \tau_m \tag{12.5.17}$$

各层介电常数为

$$\varepsilon_n' = \begin{cases} \left(\dfrac{2}{1-\sqrt{r_n}} - 1\right)^2 \varepsilon_{n-1}' & \varphi_{r,n} = 0 \\ \left(\dfrac{2}{1+\sqrt{r_n}} - 1\right)^2 \varepsilon_{n-1}' & \varphi_{r,n} = \pi \end{cases} \tag{12.5.18}$$

将式（12.5.13）代入式（12.5.9），当 $n = 1$ 时，P_0 可以表示为关于 ε_1 的函数：

$$P_0 = \frac{P_1}{r_1} = \left(\frac{\sqrt{\varepsilon_1} + \sqrt{\varepsilon_0}}{\sqrt{\varepsilon_1} - \sqrt{\varepsilon_0}}\right)^2 P_1 \tag{12.5.19}$$

只需求得表层的介电常数 ε_1，即可由式（12.5.12）和式（12.5.18）递推求得各层介电常数。

SHARAD 的采样间隔为 0.075 μs（Slavney and Orosei，2016），对应的光程相当于 0.75 倍的真空中波长，无法精确提取相位信息，需要先对数据进行 sinc 函数插值，然后提取相位。由于表面杂波的干扰，相位中存在一定的噪声，插值得到的相位也存在误差。因此，对 100 帧回波数据中同一次表层的相位进行平均，以尽可能准确地估计反射相位。

$$< \varphi_n >= \operatorname{Imag}\left(\ln\left[\sum_{f=55990}^{56090}\exp(i\varphi_{n,f})\right]\right) \tag{12.5.20}$$

式中，$\varphi_{n,f}$ 为第 f 帧第 n 层分界面雷达回波的相位。

将相位均值代入式（12.5.17）计算出反射过程产生的相位 $\varphi_{\mathrm{r},n}$。考虑到误差的存在使 $\varphi_{\mathrm{r},n}$ 不等于 0 或 π，则式（12.5.18）变为

$$\varepsilon_n' = \begin{cases} \left(\dfrac{2}{1-\sqrt{r_n}}-1\right)^2 \varepsilon_{n-1}' & \varphi_{\mathrm{r},n} \in \left[-\dfrac{\pi}{2} \quad \dfrac{\pi}{2}\right] \\ \left(\dfrac{2}{1+\sqrt{r_n}}-1\right)^2 \varepsilon_{n-1}' & \varphi_{\mathrm{r},n} = \left[-\pi \quad -\dfrac{\pi}{2}\right) \cup \left(\dfrac{\pi}{2} \quad \pi\right] \end{cases} \tag{12.5.21}$$

12.5.3　反演结果与分析

根据 12.5.2 节火星南极地区表层介电常数反演结果，1748501 轨 69301～69350（83°S，102°E）帧星下点所在区域的表层介电常数约为 5，将其代入式（12.5.21），令损耗正切在[0.0004 0.0014]范围内变化，递推计算出各层介电常数可能的范围，结果如图 12.38 所示。由于损耗正切非常小，因此损耗正切反演的误差对结果的影响并不大，相对误差均不超过 25%。此外，虽然第 7 层反演的介电常数为 2.5，小于水冰的介电常数，但考虑到误差的范围，该层很可能是纯净的水冰，即介电常数为 3。

将反演得到的介电常数代入式（12.5.5），可以计算出各层厚度，如图 12.39 所示。最上面第 0 层介质为火星大气，第 9 层介质向下的分界面在 SHARAD 数据中已经没有明显的回波，不能确定第 9 层介质的厚度，也无法反演 9 层以下的介电常数。图 12.40 中的反演结果表明，Promethei Lingula 地区沉积物的介电常数是随深度变化的，尽管大多数沉积层的介电常数接近于纯净的水冰，仍有少数沉积层含有较多的杂质，而这些信息可能与火星的历史气候变迁有关。

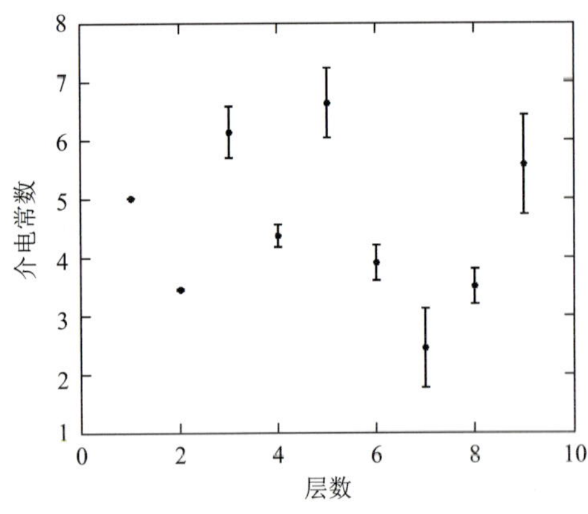

图 12.38　各层介电常数误差范围

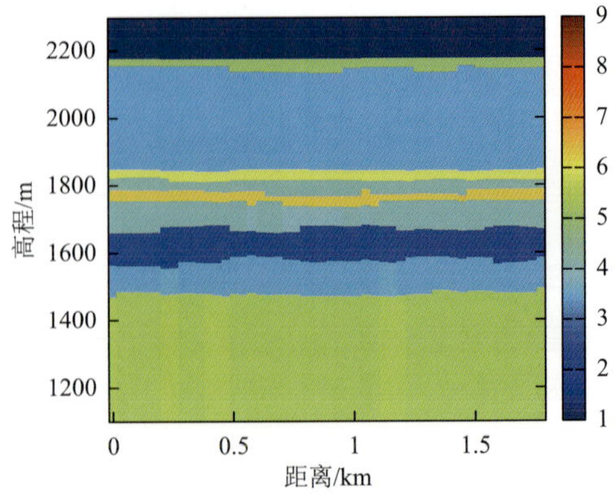

图 12.39　各层介电常数（沿飞行方向截面）

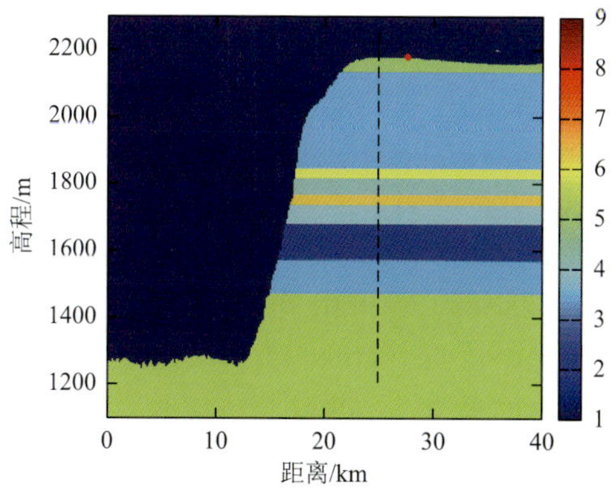

图 12.40　各层介电常数（沿纬线方向截面）

假设各层介质分界面沿纬线方向（与飞行方向基本垂直）高度不发生变化，则可以得到该区域沿纬度方向的剖面结构，如图 12.42 所示，图中红点为 1748501 轨星下点位置。

结合图 12.40 和 MOLA 高程数据，可以计算出各沉积层在断崖上裸露出来的位置，高分辨率成像实验数据库（HiRISE）对 3297 轨附近断崖的可见光图像同样显示了表面以下的分层结构，如图 12.41 所示，图中黑线即计算出的图 12.40 中各分界面在断崖上的位置。由于误差的存在以及断崖处次表层深度可能与反演区域有一定的变化，反演出的分界面和可见光图像中的分层结构并不是一一对应的，可见光图像上的沉积层数量明显多于雷达回波能够探测到的数量。这种现象一方面可能是因为雷达分辨率较低，不足以分辨厚度低于分辨率的沉积层；另一方面，可能有些相邻的沉积层介电常数十分接近，不会产生较强的雷达反射。利用 SHARAD 数据反演得到的分界面可以在可见光图像中找到对应的分层结构，因此反演结果还是有效的。

假设沉积层为水冰（相对介电常数约为 3）和玄武岩杂质（相对介电常数约为 8）的混合物，则反演得到的 8 层介质平均介电常数为 3.5，水冰含量达 90%，玄武岩杂质含量约为 10%。

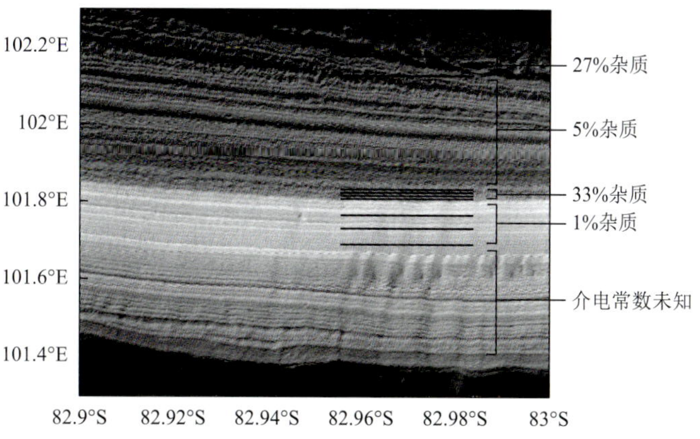

图 12.41　分界面在断崖上的位置与 HiRISE 可见光图像的比较

本节针对火星极地表面以下物质构成和分布的探测问题，提出了用平行分层模型描述沉积岩的多层结构，建立了雷达回波功率与各分层界面反射率的关系式，推导了利用雷达回波对火星沉积岩内部多层结构介电常数的反演方法。

以火星南极 Promethei Lingula 地区部分区域为例，用 SHARAD 雷达回波数据反演了地表以下多层介电常数与各层厚度，得到了该地区介电常数随深度的大致分布情况。最后将反演结果与可见光图像中 Chasma Australe 断崖上裸露的分层结构进行了比较，反演得到的分层界面都在可见光图像中找到了对应结构。反演结果表明，Promethei Lingula 地区整体上杂质较少，接近于纯净的水冰，但少数沉积层含有较多的杂质。

本节的主要结论如下。

（1）利用高频雷达探测仪数据能够反演表面以下介质介电常数与厚度，反演结果表明，火星南极一个分层结构地区表面以下 1 km 以水冰为主，水冰含量约为 90%。

（2）火星南极该分层地区的水冰沉积层是不均匀的，少量沉积层的杂质含量明显高于其他沉积层。

（3）雷达回波与可见光图像上的分层结构并不是一一对应的，可见光图像上的分层结构明显。

12.6　火星表面季节性流体的雷达探测

火星被认为是太阳系中除地球外最可能存在生命的行星。最新证据表明，火星表面在较为温暖的季节是有液态水存在的（Mcewen et al.，2011；Ojha et al.，2015）。Ojha 等（2015）比较火星不同季节的 HiRISE 高分辨率可见光图像发现，火星中低纬度地区部分陨石坑内壁上存在季节斑纹，即在温暖的季节有大量深色的条纹出现，而在寒冷的季节，条纹全部消失。

图 12.42 中标识出的 Palikir 陨石坑（41.6°S，202°E）的可见光图像上就观测到了这种现象，如图 12.43 所示（Ojha et al.，2015）。当深色条纹大量出现时，可以在坑壁表面探测到氢元素的存在，因此，Ojha 等（2015）认为这种现象是夏季水冰融化、冬季结冰导致的。火星上液态水的发现表明，火星上具有生命存在的可能性，探测液态水在全火星表面出现的时间与位置对于寻找火星生命等研究有着重要的意义。

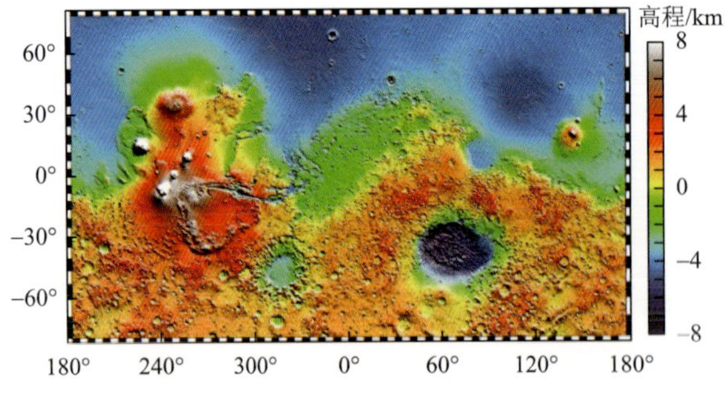

图 12.42　Palikir 陨石坑在火星上的位置

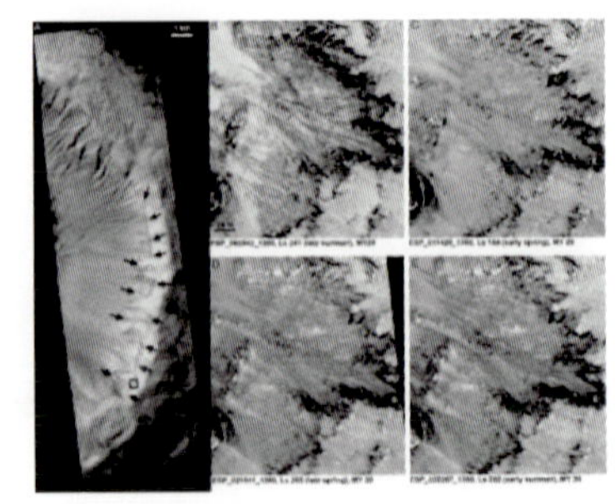

图 12.43　Palikir 陨石坑内壁上的季节性斑纹

高频雷达探测仪是探测火星表面及其以下几百米至几千米分层物质结构的有效工具。利用雷达回波估算火星表层物质的介电常数，目前已有一定进展。例如，Mouginot 等（2010）用 MARSIS 数据估算了全火星表面介电常数的大致分布，本书第 5 章提出利用雷达探测仪反演火星多层介质的介电常数与厚度，并利用 SHARAD 数据进行了验证分析。由于液态水的介电常数远大于干燥的土壤和岩石，介电常数的差异会导致反射率的不同，因此利用雷达探测仪探测全火星表面介电常数的变化是可行的。

本节利用物理光学（PO）方法，数值计算火星表面有无液态水沟的雷达探测仪的距离回波。液态水沟存在的季节里，雷达探测仪回波有幅度的明显增强。火星表面 Palikir 陨石坑坑壁已被认为在夏季有卤水出现。特别选取该区域温暖季节白天（有水）和寒冷季节夜晚（无水）的 SHARAD 观测数据发现，某些位置的夏秋季节回波幅度明显强于冬季。该结果与 Ojha 等关于火星存在季节性液态卤水的结论相一致，同时也证明了雷达探测仪具备探测火星表面液态水的能力。因此，可以利用雷达探测仪进行全火星表面不同季节的观测，查找全火星表面季节性水流的存在（Liu and Jin，2016）。

12.6.1　雷达探测仪回波模拟

如图 12.44 所示，对于火星表面陨石坑，雷达探测仪以固定的波束宽度向火星表面发射电磁波。假设观测区域没有次表层结构，入射电磁波分别在表面 *A*、*B*、*C* 处发生反射，由于点 *C* 离雷达最近，点 *A* 离雷达最远，因此点 *C* 的反射回波最先到达雷达接收天线，其次是来自点 *B* 的反射波，点 *A* 的反射波时延最大。雷达距离回波包含了雷达波束宽度内由图 12.44 描述的各散射传播路径的距离回波，不同距离的表面回波具有不同的时延，相同距离的表面回波在雷达回波图上会相互叠加。

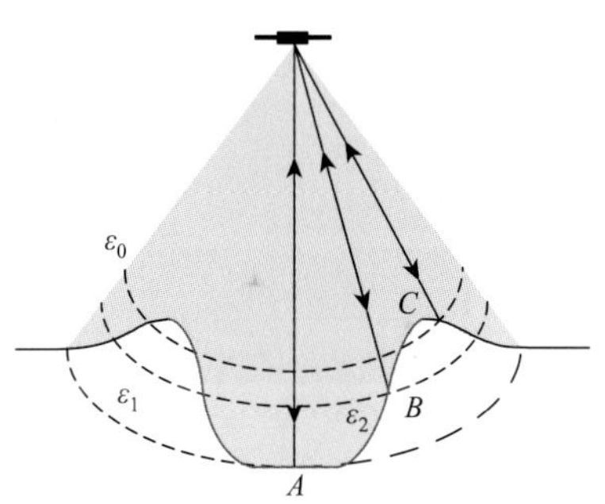

图 12.44　陨石坑表面的雷达探测图

给定火星表面区域的高程数据，在一个 20 km×40 km 大小的粗糙面上构造一个半径为 7.5 km 的陨石坑，如图 12.45 所示。雷达探测仪在 250 km 处沿箭头方向飞过该区域，每隔 200 m 观测一次。选择与 SHARAD 相同的雷达参数，雷达中心频率 20 MHz，带宽 10 MHz。对表面高程数据以 1 m 为网格直角边长进行三角网格剖分，网格边长小于 $\lambda/10$，以保证计算的准确性。利用物理光学（PO）对表面回波进行模拟，模拟方法见 12.2.1 节。

选取该表面介质为玄武岩，介电常数为 7.1 + i0.1（Biccari et al.，2001），水沟处也为同样的介电常数，模拟计算得到的雷达举例回波图如图 12.46 所示。假定当天气温暖时，图 12.46 中的陨石坑内部覆盖一层卤水，其介电常数取海水的介电常数 80 + i20（Jin，1994；Stogryn，1971），此时再次模拟计算，得到雷达距离回波如图 12.47。

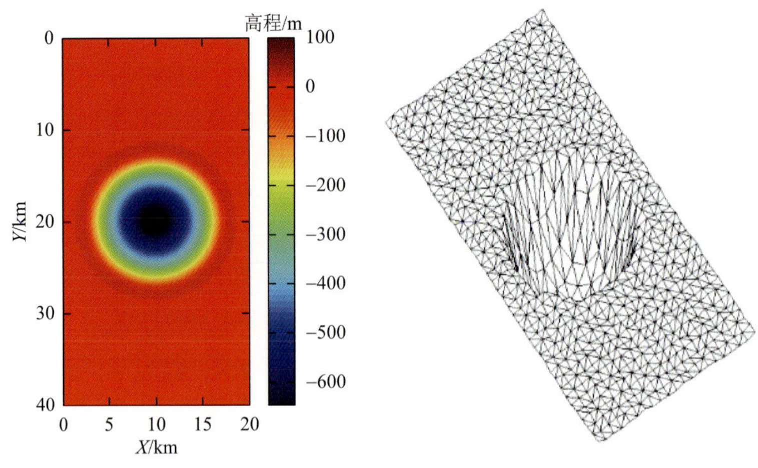

图 12.45　陨石坑高程

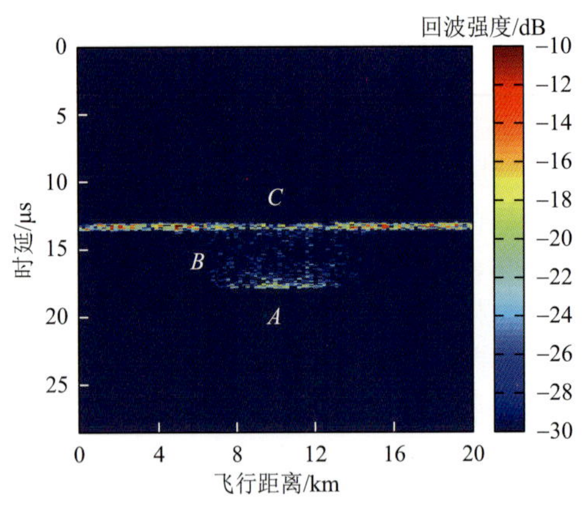

图 12.46　陨石坑表面干燥时的雷达回波

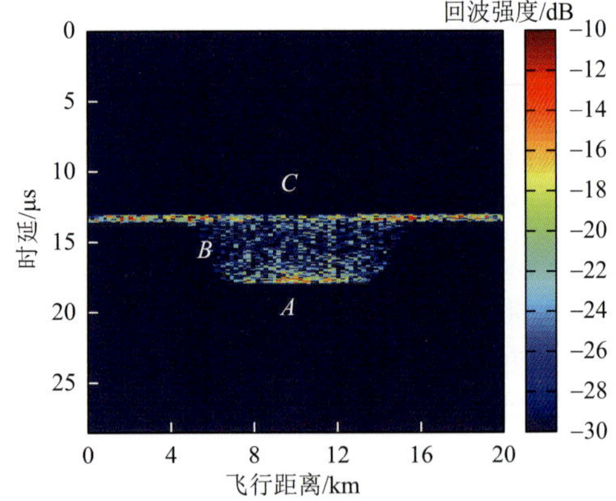

图 12.47　卤水覆盖陨石坑时的雷达回波

图 12.46 和图 12.47 中依据回波时延的不同，分别标出图 12.44 中点 A、B、C 所对应的回波位置。可以看出，由于液态水的介电常数远大于岩石的介电常数，有液态水的季节，河道底部（点 A）与侧壁（点 B）对应的雷达回波会明显增强，而始终没有液态水的河岸回波（点 C）则保持不变。这表明，液态水的存在明显地增强雷达回波幅度，并可以根据幅度增强的回波的时延和地形，来判断液态水来自哪个位置。

12.6.2　陨石坑表面介电常数反演

与 12.3 节、12.4 节中利用天底点回波反演表面介电常数类似，雷达回波功率与反射率成正比，不同的是，坑壁的回波属于非天底点回波。对于相同的介质，由于粗糙度和入射角度的不同，回波会有一定差异。为了减小这种差异对反演结果的影响，估计陨石坑表面平均介电常数的变化情况，定义平均功率为

$$\bar{P} = \frac{1}{T}\int_T P(t)\mathrm{d}t \tag{12.6.1}$$

其不考虑某一点的功率变化，而是估计来自整个陨石坑的平均功率。图 12.48 为雷达回波平均功率随陨石坑表面介电常数的变化情况。不同的介电常数意味着陨石坑表面覆盖卤水的比例不同，通过反演介电常数可以估算陨石坑表面液态水的含量。

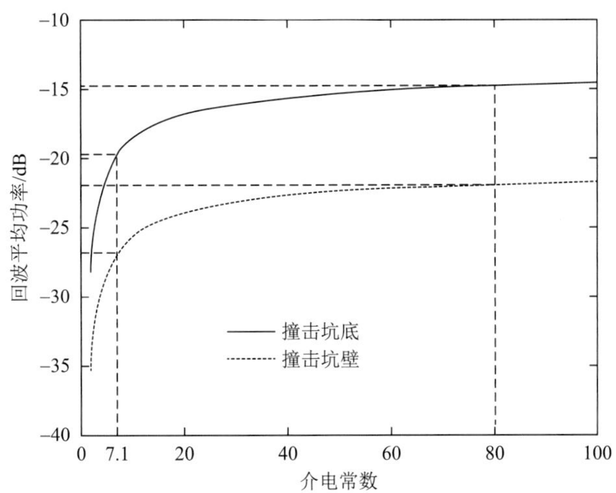

图 12.48　坑底与坑壁表面不同介电常数下的雷达回波平均功率

在同一地形，且雷达观测位置与频率、高度等参数相同的情况下，雷达回波功率之比可以简单地写为平表面反射率之比（Ye and Jin，2013），即

$$\frac{P(\varepsilon_1)}{P(\varepsilon_2)} = \frac{|R(\varepsilon_1)|^2}{|R(\varepsilon_2)|^2} \tag{12.6.2}$$

然后利用反射率与介电常数的关系来反演表面平均介电常数。

以图 12.47 和图 12.48 为例，图 12.48 中陨石坑的平均回波功率为图 12.47 中的 3.05 倍。在已知图 12.47 表面为玄武岩（介电常数 7.1）的情况下，可以利用式（12.6.2）计算出陨石坑表面平均介电常数约为 75，这与实际模拟参数 80 非常接近，说明该反演方法是有效的。

12.6.3　火星表面季节性斑纹的 SHARAD 雷达回波

根据 HiRISE 光学图像，发现 Palikir Crater（41.6°S，202°E）有季节性斑纹出现（Mcewen et al.，2011），Ojha 等（2015）找到了证明该斑纹为液态卤水的证据。选择 SHARAD 数据 1053101 轨和 1603001 轨，它们分别于火星当地的冬季和初秋观测了 Palikir Crater 的东侧坑底壁，其飞行轨道如图 12.49 所示。图 12.50 和图 12.51 分别为这两轨飞行经过 Palikir 陨石坑处的 RDR 数据，图中用白线标识出两轨数据交叉点处的观测数据（Liu and Jin，2016）。

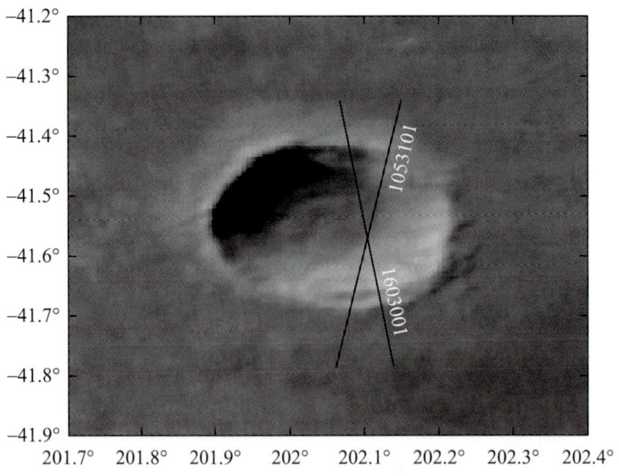

图 12.49　SHARAD 经过 Palikir Crater 的轨道位置

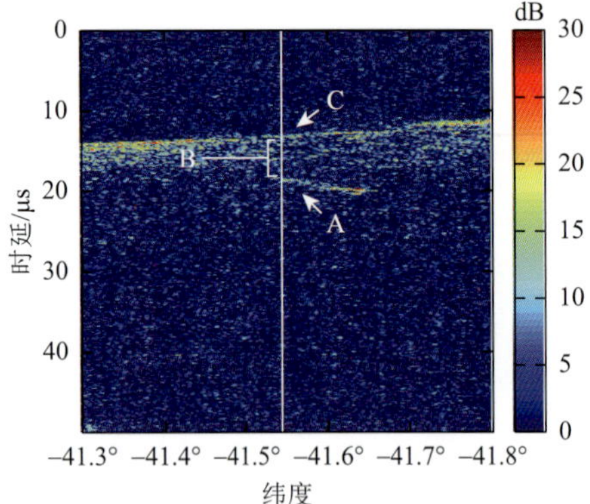

图 12.50　SHARAD1053801 轨 RDR 数据（太阳经度 147.3°，晚冬）

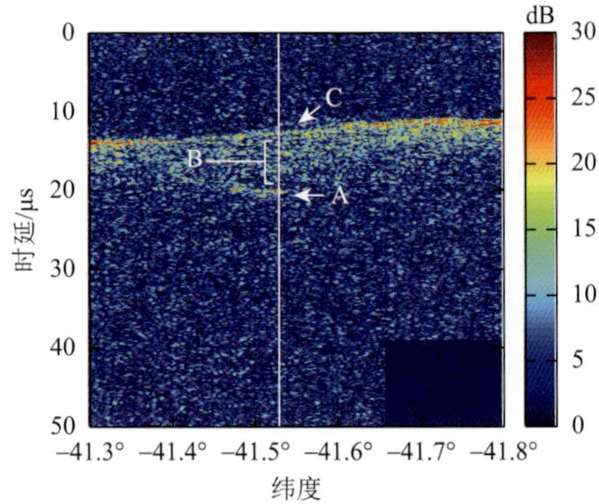

图 12.51　SHARAD1603001 轨 RDR 数据（太阳经度 29.6°，初秋）

图 12.51 中的坑壁 B 回波强度明显强于图 12.50 中的坑壁 B 回波。为了排除地形因素导致回波幅度差异的可能性，选取两轨数据交叉点处的回波，在校正了雷达高度差别后进行比较，如图 12.52 所示。初秋的坑壁回波（时延 15～20 μs）尖峰多并且幅度较高，而冬

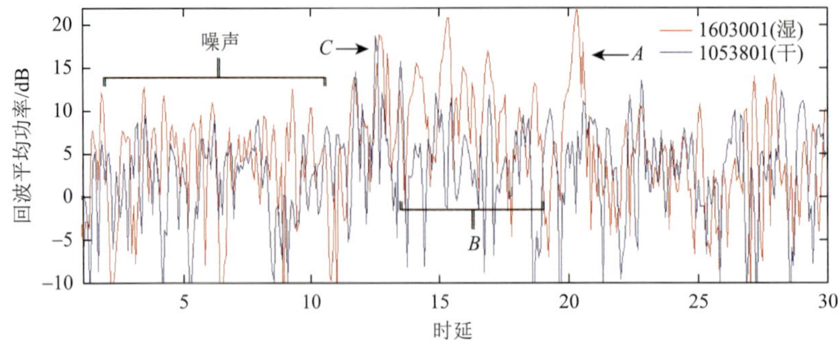

图 12.52　SHARAD1053101 轨与 1603001 轨交叉点回波比较

季坑壁回波尖峰少且幅度较低。由式（12.6.1）计算可得，1603001 轨数据坑壁回波平均功率为 10 dB，而 1053801 轨数据坑壁回波平均功率为 4 dB。但是注意到 1603001 轨数据观测时间为白天(太阳高度角 67°)，而 1053801 轨数据观测时间为夜晚(太阳高度角 126°)，受火星电离层的影响，昼夜数据有一定差异，白天回波噪声平均功率为 3 dB，夜晚平均回波功率为 0 dB。

由于电离层对雷达回波的幅度与相位均有影响，产生噪声功率差异的机制尚不明确。为避免电离层导致 1603001 轨数据回波增强的可能性，将 1603001 轨数据整体减去 3 dB，如图 12.53 所示。此时 1603001 轨坑壁对应位置的回波在峰值幅度上与 1053801 轨相应位置的回波相近，但峰值数量多，平均功率仍然要高 3 dB。这说明在排除噪声的影响下，有液态水的季节回波幅度依然较强，而表面水流消失的季节回波幅度变弱，这与 12.6.2 节的模拟结果相一致。

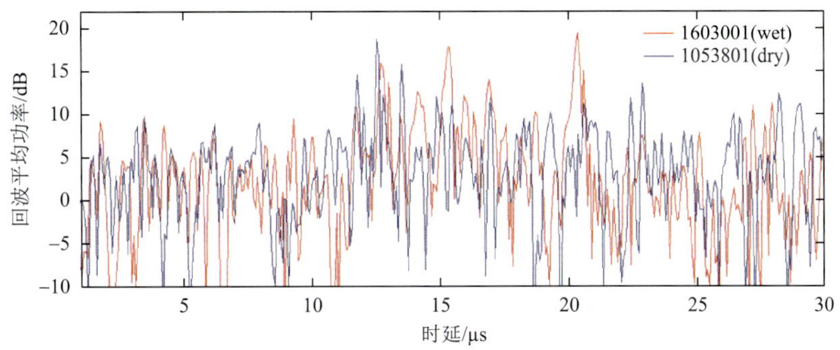

图 12.53　SHARAD1053101 轨回波与降低 3 dB 的 1603001 轨回波比较

由于电离层造成的噪声差异，初秋坑壁幅度增强范围为 3～6 dB，即 2～4 倍。若冬季夜晚陨石坑表面为干燥的玄武岩（$\varepsilon = 7.1$），则初秋坑壁平均介电常数$\varepsilon = 21 \sim 80$。若冬季夜晚陨石坑表面为水冰（$\varepsilon = 3.15$），则初秋坑壁平均介电常数$\varepsilon = 5 \sim 10$。目前已有的 SHARAD 数据不足以依据式（12.6.2）精确估计卤水覆盖表面的介电常数，为排除电离层的影响，需要同一位置不同季节相同太阳高度角的 SHARAD 数据进行反演。此外，获取高精度（1.5 m 以至更高分辨率）的地形数据有利于通过模拟详细分析地形的影响，从而更准确地判断卤水出现的位置。

本节对 DEM 起伏的火星表面数值模拟了雷达探测仪距离回波，若表面具有液态水导致的介电常数增大明显地增强了对应位置来的雷达回波。根据 Palikir 陨石坑的 SHARAD 不同季节的观测数据，可以识别一些位置有连续的季节性变化，表现为雷达回波的斑纹。但目前已有的 SHARAD 数据还无法支持定量地反演季节性介电常数变化。雷达回波强度对全火星表面的季节性观测，可以作为寻找全火星表面液态水的一种有效方法，可在大范围内探测火星液态水存在的时间与空间位置分布，以及其介电特性反演分析。

参 考 文 献

金亚秋，法文哲，徐丰，2008. 火星探测的微波遥感技术. 空间科学学报，28（3）：264–272.

郑永春，张锋，付晓辉，等. 2011. 月球上的水：探测历程与新的证据. 地质学报，85（7）：1069–1078.

Alberti G，Castaldo L，Orosei R，et al. 2012. Permittivity estimation over Mars by using SHARAD data：the Cerberus Palus area. Journal of Geophysical Research Atmospheres，117（E9）：371–387.

Biccari D，Picardi G，Seu R，et al. 2001. Mars surface models and subsurface detection performance in MARSIS. IEEE Geoscience and Remote Sensing Symposium，International，2001：2560–2562.

Byrne S. 2009. The polar deposits of Mars. Annual Review of Earth & Planetary Sciences，37（1）：535–560.

Campbell B A. 2012. High circular polarization ratios in radar scattering from geologic targets. Journal of Geophysical Research，117（117）：96–109.

Campbell B A，Putzig N E，Carter L M，et al. 2011. Autofocus correction of phase distortion effects on SHARAD echoes. IEEE Geoscience & Remote Sensing Letters，8（5）：939–942.

Campbell B A，Putzig N E，Foss F J，et al. 2014. SHARAD signal attenuation and delay offsets due to the martian ionosphere. IEEE Geoscience & Remote Sensing Letters，11（3）：632–635.

Campbell D B，Campbell B A，Carter L M，et al. 2006. No evidence for thick deposits of ice at the lunar south pole. Nature，443（7113）：835–837.

Christensen P R. 1986. Regional dust deposits on Mars-Physical properties，age，and history. Journal of Geophysical Research，91：b3（B3）：3533–3545.

Cumming I G，Wong F H. 2005. Digital Processing of Synthetic Aperture Radar Data：Algorithms And Imple-mentation. Boston：Artech House.

Downs G S，Goldstein R M，Green R R，et al. 1973. Martian topography and surface properties as seen by radar：the 1971 opposition. Icarus，18（1）：8–21.

Eshleman V R，Parks G A. 1999. No ice on the moon?. Science，285（5427）：531–532.

Fa W Z，Jin Y Q. 2010. Simulation of radar sounder echo from lunar surface and subsurface structure. Science China Earth Science，53（7）：1043–1055.

Fa W Z，Wieczorek M A，Heggy E. 2011. Modeling polarimetric radar scattering from the lunar surface：study on the effect of physical properties of the regolith layer. Journal of Geophysical Research，116：E03005.

Farrell W M，Clifford S M，Milkovich S M，et al. 2008. MARSIS subsurface radar investigations of the South Polar reentrant Chasma Australe. Journal of Geophysical Research Atmospheres，113（E4）：2217–2235.

Feldman W C，Maurice S，Binder A B，et al. 1998. Fluxes of fast and epithermal neutrons from Lunar Prospector：evidence for water ice at the lunar poles. Science，281（5382）：1496–1500.

Fishbaugh K E，Byrne S，Herkenhoff K E，et al. 2010. Evaluating the meaning of “layer” in the martian north polar layered deposits and the impact on the climate connection. Icarus，205（1）：269–282.

Freeman A，Durden S L. 1998. A three-component scattering model for polarimetric SAR data. IEEE Transactions on Geoscience & Remote Sensing，36（3）：963–973.

Goldstein R M. 1963. Radar observations of Mars. Science，141（3586）：1171–1172.

Goldstein R M. 1966. Mars：radar observations. Science，150（3704）：1715–1717.

Greely R. 1994. Planetary Landscapes. New York：Springer.

Grima C，Costard F，Kofman W，et al. 2011. Large asymmetric polar scarps on Planum Australe，Mars：characterization and evolution. Icarus，212（1）：96–109.

Grima C，Kofman W，Herique A，et al. 2012. Quantitative analysis of Mars surface radar reflectivity at 20 MHz. Icarus，220（1）：84–99.

Grima C，Wlodck K，Jérémie M，et al. 2009. North polar deposits of Mars：extreme purity of the water ice. Geophysical Research

Letters，36（3）：151–157.

Hapke B. 1990. Coherent backscatter and the radar characteristics of outer planet satellites. Icarus，88（2）：407–417.

Harmon J K，Arvidson R E，Guinness E A，et al. 1999. Mars mapping with delay-Doppler radar. Journal of Geophysical Research Atmospheres，104（104）：14065–14090.

Harmon J K，Slade M A. 1992. Radar mapping of mercury：full-disk images and polar anomalies. Science，258（5082）：640–643.

Harmon J K，Slade M A，Hudson R S. 1992. Mars radar scattering：Arecibo/Goldstone results at 12.6-and 3.5-cm wavelengths. Icarus，98（2）：240–253.

Hvidberg C S，Fishbaugh K E，Winstrup M，et al. 2012. Reading the climate record of the Martian polar layered deposits. Icarus，221（1）：405–419.

Jin Y Q. 1994. Electromagnetic Scattering Modelling for Quantitative Remote Sensing. Singapore：World Scientific.

Kobayashi T，Ono T. 2007. SAR/InSAR observation by an HF sounder. Journal of Geophysical Research Atmospheres，112（E3）：1642–1642.

Kobayashi T，Oya H，Ono T. 2002a. A-scope analysis subsurface radar sounding of lunar mare region. Earth Planets & Space，54（10）：973–982.

Kobayashi T，Oya H，Ono T. 2002b. B-scan analysis of subsurface radar sounding of lunar highland region. Earth Planets & Space，54（10）：983–991.

Kong J A. 2005. Electromagnetic Wave Theory. Massachusetts：EMW Publishing.

Lauro S E，Mattei E，Pettinelli E，et al. 2010. Permittivity estimation of layers beneath the northern polar layered deposits，Mars. Geophysical Research Letters，37（14）：903.

Lauro S E，Mattei E，Soldovieri F，et al. 2012. Dielectric constant estimation of the uppermost Basal Unit layer in the martian Boreales Scopuli region. Icarus，219（1）：458–467.

Lee J S，Pottier E. 2009. Polarimetric Radar Imaging：From Basics to Applications. New York：CRC Press.

Li Y，Zhang Y，Chen J，et al. 2014. Improved Compact Polarimetric SAR Quad-Pol Reconstruction Algorithm for Oil Spill Detection. IEEE Geoscience & Remote Sensing Letters，11（6）：1139–1142.

Liu C，Jin Y Q. 2016. Radar sounder survey of seasonal existance of water flows on Mars surface：simulation and SHARAD observation. IEEE Geoscience and Remote Sensing Letters，13（12）：1955–1959.

Liu C，Jin Y Q. 2019. Parameter inversions of multi-layer media of Mars polar region with validation of SHARAD data. Advances of Astronomy，In press.

Liu C，Ye H，Jin Y Q. 2014. Simulation of radar echoes from Mars' surface/subsurface and inversion of surface media parameters. Radio Science，49（7）：473–484.

Mcewen A S，Lujendra O，Dundas C M，et al. 2011. Seasonal flows on warm Martian slopes.Science，333（6043）：740–743.

Milkovich S M，Plaut J J，Safaeinili A，et al. 2011. Stratigraphy of Promethei Lingula，south polar layered deposits，Mars，in radar and imaging data sets. Journal of Geophysical Research Atmospheres，114（E3）：1779–1794.

Mouginot J，Antoine P，Pierre B，et al. 2012. Dielectric map of the Martian northern hemisphere and the nature of plain filling materials. Geophysical Research Letters，39（2）：L02202–L02206.

Mouginot J，Kofman W，Safaeinili A，et al. 2009. MARSIS surface reflectivity of the south residual cap of Mars.　Icarus，201（2）：454–459.

Mouginot J，Pommerol A，Kofman W，et al. 2010. The 3-5 MHz global reflectivity map of Mars by MARSIS/Mars Express：implications for the current inventory of subsurface H_2O. Icarus，210（2）：612–625.

Muhleman D O，Butler B J，Grossman A W，et al. 1991. Radar images of Mars. Science，253（5027）：1508–1513.

Nord M E，Ainsworth T L，Lee J S，et al. 2009. Comparison of compact polarimetric synthetic aperture radar modes. IEEE Transactions on Geoscience & Remote Sensing，47（1）：174–188.

Nouvel J F，Martelat J E，Herique A，et al. 2006. Top layers charaterization of the Martian surface：permittivity estimation based on geomorphology analysis. Planetary & Space Science，54（4）：337–344.

Nozette S，Lichtenberg C L，Spudis P，et al. 1996. The Clementine bistatic radar experiment. Science，274（5292）：1495–1498.

Nozette S，Spudis P D，Robinson M S，et al. 2001. Integration of lunar polar remote‐；sensing data sets：evidence for ice at the lunar south pole. Journal of Geophysical Research Planets，106（E10）：23253–23266.

Ojha L，Wilhelm M B，Murchie S L，et al. 2015. Spectral evidence for hydrated salts in recurring slope lineae on Mars. Nature Geoscience，8（11）.

Ono T，Oya H. 2000. Lunar Radar Sounder（LRS）experiment on-board the SELENE spacecraft. Earth Planets & Space，52（9）：629–637.

Ostro S J，Campbell D B，Simpson R A，et al. 1992. Europa，Ganymede，and Callisto：new radar results from Arecibo and Goldstone. Journal of Geophysical Research Planets，97（E11）：18227–18244.

Ostro S，Shoemaker E. 1990. The extraordinary radar echoes from Europa，Ganymede，and Callisto：a geological perspective. Icarus，85（2）：335–345.

Paige D A，Siegler M A，Jo Ann Z，et al. 2010. Diviner Lunar Radiometer observations of cold traps in the Moon's south polar region. Science，330（6003）：479–482.

Peters K J 1992. Coherent-backscatter effect-a vector formulation accounting for polarization and absorption effects and small or large scatterers. Physical Review B Condensed Matter，46（2）：801–812.

Phillips R J，Davis B J，Tanaka K L，et al. 2011. Massive CO? ice deposits sequestered in the south polar layered deposits of Mars. Science，332（6031）：838–841.

Picardi G，Biccari D，Seu R，et al. 2004. Performance and surface scattering models for the Mars Advanced Radar for Subsurface and Ionosphere Sounding（MARSIS）. Planetary & Space Science，52（1）：149–156.

Picardi G，Plaut J J，Daniela B，et al. 2006. Radar soundings of the subsurface of Mars. Science，310（5756）：1925–1928.

Plaut J，Picardi G，Safaeinili A，et al. 2007. Subsurface radar sounding of the south polar layered deposits on Mars. Science，316：92–95.

Raney R K. 2007. Hybrid-polarity SAR architecture. IEEE Transactions on Geoscience & Remote Sensing，45（11）：3397–3404.

Raney R K，Spudis P D，Bussey B，et al. 2011. The lunar mini-RF radars：hybrid polarimetric architecture and initial results. Proceedings of the IEEE，99（5）：808–823.

Roberto S，Phillips R J，Daniela B，et al. 2007. SHARAD sounding radar on the Mars Reconnaissance Orbiter. Journal of Geophysical Research Planets，112（E5）：37–55.

Rogers A E E，Ash M E，Counselman C C，et al. 1970. Radar measurements of the surface topography and roughness of Mars. Radio Science，5（2）：465–473.

Seu R，Biccari D，Orosei R，et al. 2004. SHARAD：the MRO 2005 shallow radar. Planetary & Space Science，52（s1-3）：157–166.

Slade M A，Butler B J，Muhleman D O. 1992. Mercury radar imaging：evidence for polar ice. Science，258（258）：635–640.

Slavney S，Orosei R. 2016. Shallow Radar Reduced Data Record Software Interface Specification. Washington：PDS Geosciences Node of Washington University in St. Louis.

Souyris J C，Imbo P，Fjortoft R，et al. 2005. Compact polarimetry based on symmetry properties of geophysical media：the π/4 mode. IEEE Transactions on Geoscience & Remote Sensing，43（3）：634–646.

Spudis P D，Bussey D B J，Baloga S M，et al. 2010. Initial results for the north pole of the Moon from Mini-SAR，Chandrayaan-1 mission. Geophysical Research Letters，37（6）：401–408.

Spudis P D，Bussey D B J，Baloga S M，et al. 2013. Evidence for water ice on the Moon：results for anomalous polar craters from the LRO Mini-RF imaging radar. Journal of Geophysical Research Planets，118（10）：2016–2029.

Stacy N J S，Campbell D B，Ford P G. 1997. Arecibo radar mapping of the lunar poles：a search for ice deposits. Science，276（276）：1527–1530.

Stogryn A. 1971. Equations for calculating the dielectric constant of saline water. IEEE Transactions on Microwave Theory & Techniques，19（8）：733–736.

Thomas P，Squyres S，Herkenhoff K，et al. 1992. Polar deposits of Mars. Mars，767–795.

Ulaby F T，Moore R K，Fung A K. 1986. Microwave Remote Sensing. New York：Artech House.

Van Zyl J J. 1989. Unsupervised classification of scattering behavior using radar polarimetry data. IEEE Transactions on Geoscience & Remote Sensing，27（1）：36–45.

Vasavada A R，Paige D A，Wood S E. 1999. Near-surface temperatures on mercury and the moon and the stability of polar ice deposits. Icarus，141（2）：179–193.

Watson K，Murray B C，Brown H. 1961. The behavior of volatiles on the lunar surfacc. Journal of Geophysical Research Atmospheres，66（9）：3033–3045.

Ye H，Jin Y Q，2013. An inversion of planetary rough surface permittivity from radar sounder observations. IEEE Antennas & Wireless Propagation Letters，12（12）：1069–1072.

Zhang Z，Hagfors T，Nielsen E，et al. 2011. Dielectric properties of the Martian south polar layered deposits：MARSIS data inversion using Bayesian inference and genetic algorithm. Journal of Geophysical Research Atmospheres，20（1）：65.

Zhang Z，Nielsen E. 2011. Using complex independent component analysis to extract weak returns in MARSIS radar data and their possible relation to a subsurface reflector on Mars. Radio Science，46（1）：599–609.

第 13 章　小行星的雷达探测

小行星探测是深空探测的一个热点问题，不仅需要监测与地球轨道可能相交相近的近地小行星，小行星内部结构的探测还可以帮助人类了解太阳系形成初期的原始成分和演化历史、地球生命的起源等，小行星上稀有矿产以及它所具有的巨大动量，都是可能加以利用的资源。

本章先介绍“嫦娥二号”对 4179 号小行星图塔蒂斯（Toutatis）的近距离光学观测的一些形态描述。然后，着重讨论双站雷达围绕非均匀物质构造的小行星或彗星探测的反演理论与数值计算方法。最后，讨论中国 500 m 口径射电望远镜（FAST）对木卫二雷达探测的设计问题。

13.1　小行星的光学观测

自 1988 年以来，S 类 4179 号小行星 Toutatis 已经运行到接近地球的轨道（Whipple and Shelus，1993）。基于地基光度、光谱和雷达对 Toutatis 运行轨道、形状、成分与密度等曾有多次观测研究。2012 年“嫦娥二号”提供了近距离交会飞行时的 Toutatis 表面形貌特征的近距离高分辨率光学观测。图 13.1 给出“嫦娥二号”在不同距离处对 Toutatis 的光学观测（Huang et al.，2013）。

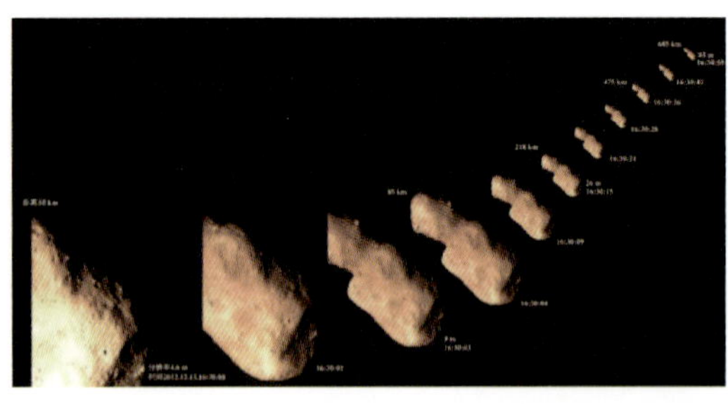

图 13.1　“嫦娥二号”探测器在不同距离处对 Toutatis 的成像观测

观测时最近距离为 3.2 km，相机焦距为 9 mm，视场角为 7.2°×7.2°，有 1024×1024 像素，对应的空间分辨率为 0.007°/像素。相机的工作波段为 430～780 nm，快拍间隔为 0.2 s。交汇与拍摄持续了约 50 s，获得了 300 多张分辨率在 4.5～80 m 的光学影像。

本节对光学图像进行光学影像的形态学特征描述（Zhu et al.，2014）。

与其他小行星类似，Toutatis 表面也有大量撞击坑，撞击成坑是改造其表面的主要地质过程。从光学图像可以清楚地识别出 70 多个直径在几十米到约 800 m 之间的撞击坑［图 13.2（b）］。这些撞击坑的坑底比较浅，可能是由于撞击产生的地震震动重塑了表面的形态，溅射毯充填和陡峭坡度的滑坡都可能是撞击坑坑底变浅的原因。

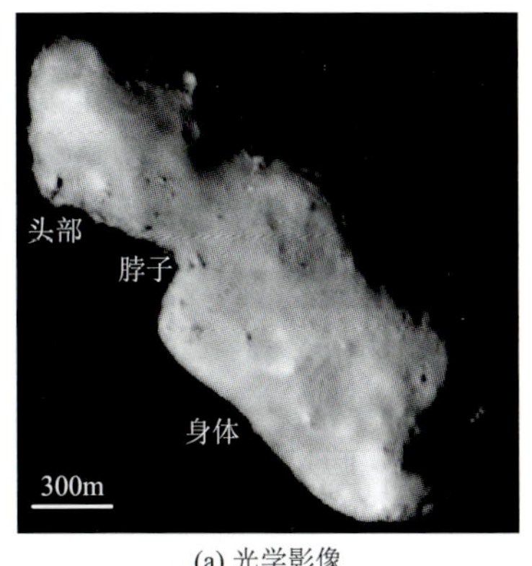

(a) 光学影像

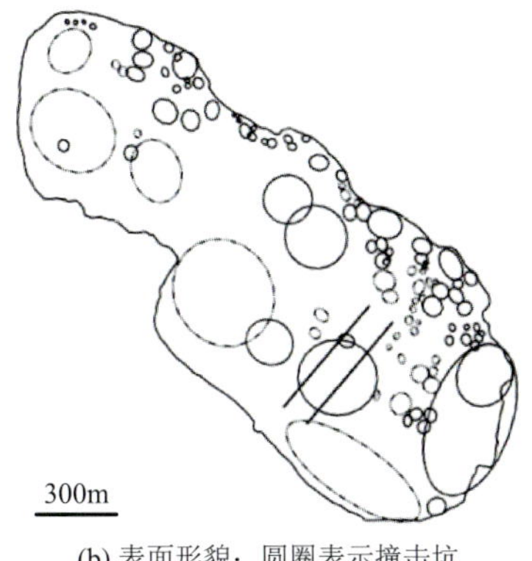

(b) 表面形貌：圆圈表示撞击坑

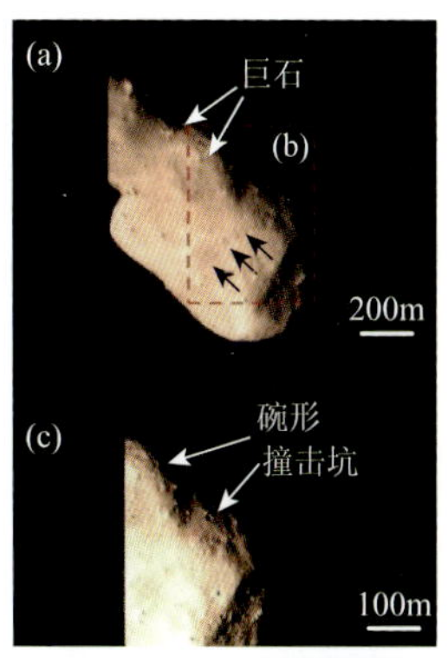

(c) 局部区域高分辨率影像

图 13.2　Toutatis 光学形态学特征描述

我们（Zhu et al.，2014）估算出 Toutatis 表面风化层厚度只有几米，明显小于其他小行星，撞击坑的数量也较低。在 Toutatis 身体的北部、头的南部、连接处存在着许多明显的大于几十米的凸起［图 13.2（c）］，可能是一些巨石。Toutatis 颈部的岩石尺寸较大（直径约为 50 m），并且部分被表面风化层所掩埋。

在 Toutatis 身体中间部分存在两个平行结构，该结构有着宽达十几米的凹槽。这两个凹槽最可能与该小行星南极的大型撞击坑有关。

位于 Toutatis 南极的大型撞击坑是该小行星表面最具吸引力的形貌特征，但之前研究尚未发现该特征。该撞击坑直径约为 800 m，近乎 Toutatis 平均直径的 1/3（等体积球体直径为 2.45 km）。Toutatis 的平均密度比普通球粒陨石的密度要小得多，这表明 Toutatis 的孔隙率很高，可能是一个由碎石经过长时间堆积而形成的碎石堆结构。

Toutatis 表面撞击坑的统计分布，如图 13.3 所示。

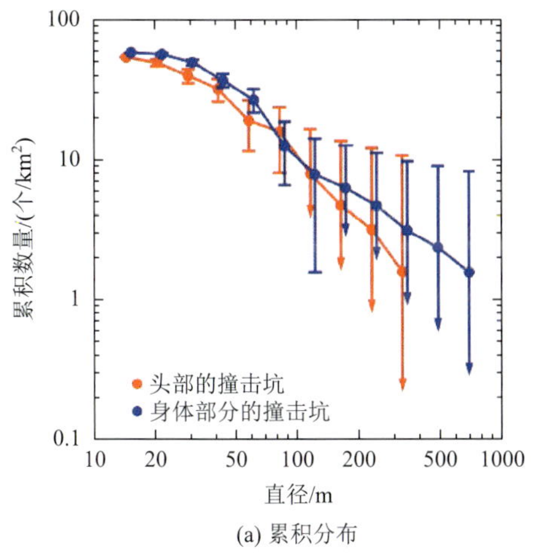

(a) 累积分布

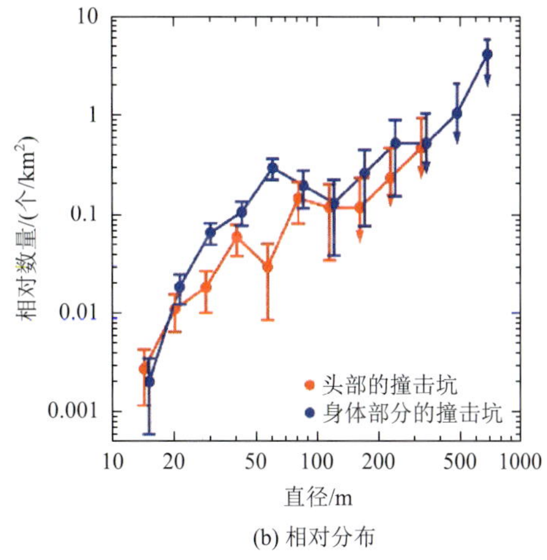

(b) 相对分布

图 13.3　Toutatis 表面撞击坑大小-频数分布

13.2 非均匀小行星的 FE-BI 散射模拟

小行星内部结构的最新探测计划是欧洲太空局的罗塞塔号（ROSSETA）（Pozzi and Mugnuolo，1998）。罗塞塔号的探测目标为彗星 67P，在这次探测计划中，采用双基站的方式，分别在轨道和着陆器上安装了微波传感器，使得微波可以穿透彗星核对彗星内部进行探测。

如图 13.4 所示，作为本章的主要内容，本节讨论卫星雷达围绕小行星，对小行星非均匀结构的逆散射成像进行数值模拟与反演分析。

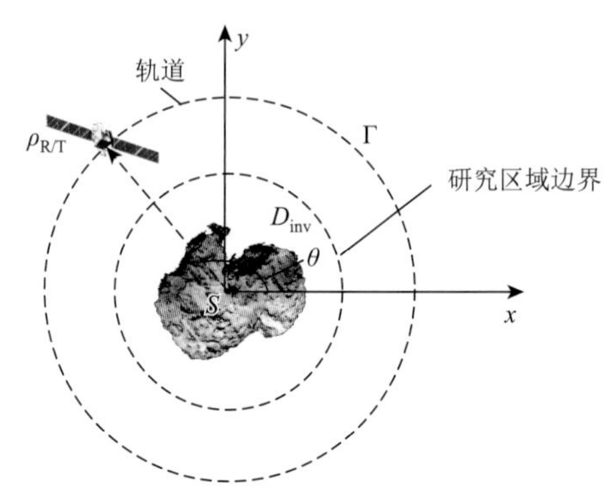

图 13.4　问题的几何结构

二维的散射平面为 xoy 平面，最外圈为卫星轨道Γ，内圈为散射区域的边界，未知的小行星位于探测区域 D_{inv} 内部。通过频率 $f_{min} \sim f_{max}$ 的电磁波入射，入射场为 TE 极化。发射器和接收器位于Γ 边界上。这里 $\rho_{R/T}$ 表示一个单站的接收器和发射器。对于双站观测，成像原理与反演方法也类同。在以下仿真计算中，成像区域为一个半径为 600 m 的圆形。角度 θ 从 0°转到 345°，各间隔为 15°，所用的频率从 D_{inv} 0.5～1 MHz，间隔为 0.02 MHz。天线假设为远场天线（Su et al.，2016）。

首先采用矢量有限元边界积分（finite element-boundary integral，FE-BI）算法（Jin，1998），求解非均匀小行星二维散射模型的散射模拟正问题；再用全差分（total variation，TV）正则化算法（Chambolle，2004；Rudin et al.，1992），对该二维模型进行非均匀结构的逆散射成像。由于非均匀目标的数值剖分产生的求解数据量大，采用分布式交替方向乘子法（ADMM，alternating direction method of multipliers）对优化方程的求解过程进行加速（Boyd et al.，2011，Bo et al.，2012），解决 TV 正则化的 FE-BI 逆问题，通过稀疏约束介电常数的梯度，反演重建内部介电常数分布。

考虑两类小行星：类地结构、碎石堆结构及其模型，如图 13.5 所示。

二维模型定义在圆形的有限区域内，如图 13.4 所示。在圆形区域外的天线发射电磁波对散射区域探测。为进行有限元计算，二维目标模型由三角网格面元剖分（图 13.6）。定义散射区域为Ω，离散的三角网格区域为$\Omega_m, m=1,\cdots,M$。节点数为$n=1,\cdots,N$。一般情况下，令前$P(<N)$个节点在$\partial\Omega$边界上，$n=1,\cdots,P$。

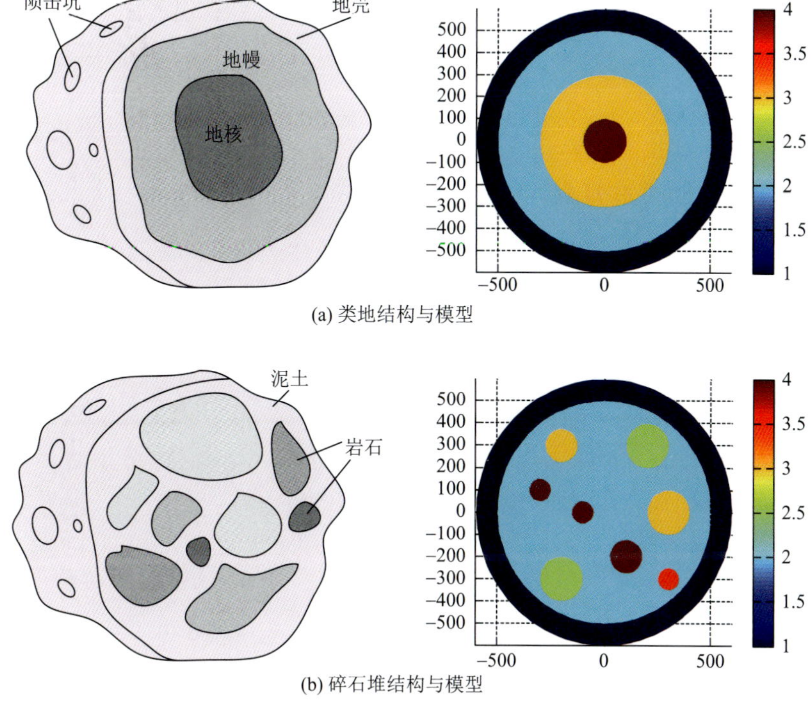

(a) 类地结构与模型

(b) 碎石堆结构与模型

图 13.5　小行星及其模型

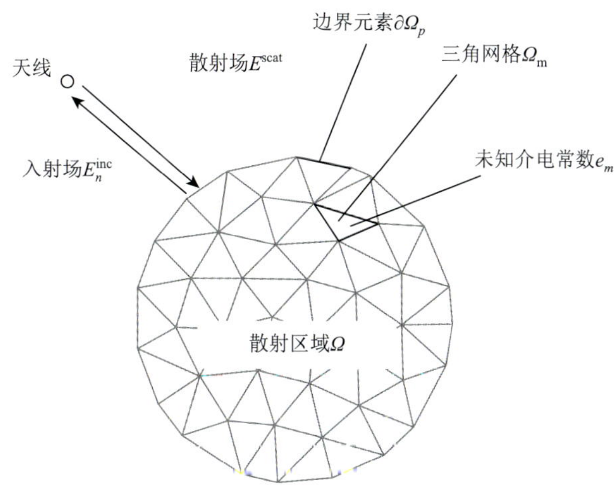

图 13.6　二维有限元数值仿真三角剖分区域

每一个三角网格面元 Ω_m 有未知的介电常数 ε_m（导磁系数均令 $\mu_m = 1$），每一个节点坐标 (x_n, y_n) 用矢量表示为 $\boldsymbol{r}_n = x_n\hat{\boldsymbol{x}} + y_n\hat{\boldsymbol{y}}$，该处的 TE 电场场强 E_n（或者 TM 波的 H_n，这里不考虑）。对于边界上的节点，有未知的法向场 $(\boldsymbol{F} = \partial\boldsymbol{E} / \partial\boldsymbol{n})$：$\boldsymbol{F}_n$ 和已知的入射场 $\boldsymbol{E}_n^{\text{inc}}$。

假设在每个位置有 N_{a} 个天线位置和 N_{f} 个离散的频率点，全部完整的测量值由

$L = N_{\mathrm{a}} \cdot N_{\mathrm{f}}$ 个复数组成。这些测量值被表示为在天线位置测量出的归一化散射场 $\boldsymbol{E}_{\mathrm{s}}$（注意，对于多输入多输出阵列，测量值的数量将增长到 $L = N_{\mathrm{a}}^2 N_{\mathrm{f}}$）。对于每一个三角网格 Ω_m，反演其参数 ε_m。

FE-BI 引入一个虚拟的边界，边界内部用有限元求解场，边界外部用积分法求解，边界上的场可以根据场的连续性进行耦合，最终得到一个耦合方程组。

内部区域 FE 求解电场（Jin，1998）：

$$[A_{ij}]_{N\times N} \cdot [E_n]_{N\times 1} = \begin{bmatrix} [B_{ij}]_{P\times P} \cdot [F_n]_{P\times 1} \\ 0 \end{bmatrix} \tag{13.2.1}$$

BI 写为

$$([C_{ij}]_{P\times P} + \bar{\boldsymbol{I}}) \cdot [E_n]_{P\times 1} - [E_n^{\mathrm{inc}}]_{P\times 1} = [D_{ij}]_{P\times P} \cdot [F_n]_{P\times 1} \tag{13.2.2}$$

式中，$[F_n]_{P\times 1}$ 和 $[E_n^{\mathrm{inc}}]_{P\times 1}$ 分别为未知场的导数和边界上包括前 P 个节点的入射场；$[E_n]_{N\times 1}$ 为未知场内的所有节点场强，包括前 P 个节点的场强 $[E_n]_{P\times 1}$。式（13.2.1）和式（13.2.2）中的矩阵计算结果如式（13.2.3）所示：

$$A_{ij} = \sum_{m=1}^{M} \iint_{\Omega_m} \{\nabla \phi_{mj} \cdot \nabla \phi_{mi} \mu_m^{-1} - k_0^2 \varepsilon_m \phi_{mj} \phi_{mi}\} \mathrm{d}x\mathrm{d}y$$

$$B_{ij} = \sum_{p=1}^{p'} \int_{\partial \Omega_p} \phi_{pj} \phi_{pi} \mathrm{d}s$$

$$C_{ij} = -\sum_{p=1}^{p'} \int_{\partial \Omega_p} \phi_{pj} \hat{\boldsymbol{n}} \cdot \nabla G(\boldsymbol{r}_{\mathrm{s}}, \boldsymbol{r}_{\mathrm{i}}) \mathrm{d}s$$

$$D_{ij} = -\sum_{p=1}^{p'} \int_{\partial \Omega_p} \phi_{pj} G(\boldsymbol{r}_{\mathrm{s}}, \boldsymbol{r}_{\mathrm{i}}) \mathrm{d}s \tag{13.2.3}$$

式中，k_0 为波数；ϕ 为基函数；G 为 Green 函数。注意，这里的 $\bar{\boldsymbol{A}}$ 、$\bar{\boldsymbol{B}}$ 矩阵是稀疏矩阵，$\bar{\boldsymbol{C}}$ 、$\bar{\boldsymbol{D}}$ 是密集矩阵。

二维 Green 函数可写为

$$G(\boldsymbol{r}_1; \boldsymbol{r}_2) = \frac{1}{4j} H_0^{(2)}(k_0 |\boldsymbol{r}_1 - \boldsymbol{r}_2|)$$

$$\nabla G(\boldsymbol{r}_1; \boldsymbol{r}_2) = \frac{jk_0}{4} H_1^{(2)}(k_0 |\boldsymbol{r}_1 - \boldsymbol{r}_2|) \frac{\boldsymbol{r}_2 - \boldsymbol{r}_1}{|\boldsymbol{r}_1 - \boldsymbol{r}_2|} \tag{13.2.4}$$

但是，H_0^2 与 H_1^2 分别为 0 阶与 1 阶 Hankel 函数的第二种形式。

如果 ϕ 为线性基函数，无论是在 VFE 还是在 BI，矩阵 $\bar{\boldsymbol{A}}$ 、$\bar{\boldsymbol{B}}$ 、$\bar{\boldsymbol{C}}$ 、$\bar{\boldsymbol{D}}$ 可以得到明确的表达式。

考虑到入射场 $[E_n^{\mathrm{inc}}]_{P\times 1}$，VFE-BI 方程可以解得 $[E_n]_{P\times 1}$ 和 $[F_n]_{P\times 1}$ 之间的关系式(13.2.5)：

$$([A_{ij}]_{P\times P} - \bar{\boldsymbol{U}}) \cdot [E_n]_{P\times 1} = -[B_{ij}]_{P\times P} \cdot [D_{ij}]_{P\times P}^{-1} \cdot [F_n^{\mathrm{inc}}]_{P\times 1}$$

$$\bar{\boldsymbol{U}} = [B_{ij}]_{P\times P} \cdot [D_{ij}]_{P\times P}^{-1} \cdot [E_n^{\text{inc}}]_{P\times 1}$$

$$[F_n]_{P\times 1} = [D_{ij}]_{P\times P}^{-1}([C_{ij}]_{P\times P} + \bar{\boldsymbol{I}})[E_n]_{P\times 1} - [D_{ij}]_{P\times P}^{-1} \cdot [E_n^{\text{inc}}]_{P\times 1} \tag{13.2.5}$$

随后，可以计算散射场：

$$E_{\text{s}}(\boldsymbol{r}_{\text{ant}}) = -[T_j^E(\boldsymbol{r}_{\text{ant}})]_{1\times P} \cdot [E_n]_{P\times 1} + [T_j^F(\boldsymbol{r}_{\text{ant}})]_{1\times P} \cdot [F_n]_{P\times 1} \tag{13.2.6}$$

系数 $T_j^E(\boldsymbol{r}_{\text{ant}})$，$T_j^F(\boldsymbol{r}_{\text{ant}})$ 与矩阵 $\bar{\boldsymbol{C}}$ 、$\bar{\boldsymbol{D}}$ 有同样的表达式，但是 $\bar{\boldsymbol{C}}$ 、$\bar{\boldsymbol{D}}$ 矩阵中的位置 $\boldsymbol{r}_1$ 被观测者的位置 $\boldsymbol{r}_{\text{ant}}$ 所代替。

假设在天线位置 $\boldsymbol{r}_{\text{ant}}$ 有一个单位的激发，入射场为 $[E_n^{\text{inc}}]_{P\times 1}$，对于每一个节点可以直接计算：

$$\boldsymbol{E}_n^{\text{inc}} = G(\boldsymbol{r}_{\text{ant}}, \boldsymbol{r}_n) \tag{13.2.7}$$

注意，由于这里没有采用远场近似，因此 VFE-BI 公式仅可以解决近场感知问题。

总的来说，计算散射场第一步先将式（13.2.7）带入式（13.2.5），然后将解出来的场强 E_n 和 F_n 带入式（13.2.6）。

一般情况下，VFE-BI 方程存在严重的内部共振现象，这是纯粹的数字伪影（Marklein et al.，2002；Vogel，2002），内部共振的影响可以通过将整个场拆分成散射场和入射场 $\boldsymbol{E} = \boldsymbol{E}^{\text{scat}} + \boldsymbol{E}^{\text{inc}}$ 来进行消除，同时解出散射场的方程。式（13.2.5）的新的表达方程如式（13.2.8）所示：

$$([A_{ij}]_{P\times P} - \bar{\boldsymbol{U}}) \cdot [E_n^{\text{scat}}]_{P\times 1} = \begin{bmatrix} [B_{ij}]_{P\times P} \cdot [F_n^{\text{inc}}]_{P\times 1} \\ 0 \end{bmatrix} - [A_{ij}]_{N\times N} \cdot [E_n^{\text{inc}}]_{N\times 1}$$

$$\bar{\boldsymbol{U}} = [B_{ij}]_{P\times P} \cdot [D_{ij}]_{P\times P}^{-1}([C_{ij}]_{P\times P} + \bar{\boldsymbol{I}})$$

$$[F_n^{\text{scat}}]_{P\times 1} = [D_{ij}]_{P\times P}^{-1}([C_{ij}]_{P\times P} + \bar{\boldsymbol{I}}) \cdot [E_n^{\text{scat}}]_{P\times 1} \tag{13.2.8}$$

$$F_n^{\text{inc}} = \frac{-1}{\varepsilon_{\text{r}}} \frac{\partial E_n^{\text{inc}}}{\partial \hat{\boldsymbol{n}}} = \frac{-1}{\varepsilon_{\text{r}}} \frac{\partial G}{\partial \hat{\boldsymbol{n}}} = \frac{-1}{\varepsilon_{\text{r}}} \hat{\boldsymbol{n}} \cdot \nabla G(\boldsymbol{r}_1; \boldsymbol{r}_2) \tag{13.2.9}$$

此外，BI 方程中的波数需要进行一定的变形，即在计算阵列 $\bar{\boldsymbol{C}}$ 、$\bar{\boldsymbol{D}}$ 时用 $k(1-0.005j)$ 来代替 k，k 的虚部引入了一个小的损失，这有助于抑制共振现象，可参见 Vogel（2002）。

作为图 13.5 的模型例子，假定有：

（1）小行星圆直径为 500 m。散射区域半径为 600 m。

（2）类地小行星模型内部的分层面均为球面，剖面为同心圆，且中心的介电常数大于外圈的介电常数。

（3）瓦砾堆小行星模型内部石块均为球形。

（4）小行星表层介电常数为 2，内部的相对介电常数为 2～4。

二维小行星模型的三角网格剖分如图 13.7 所示。

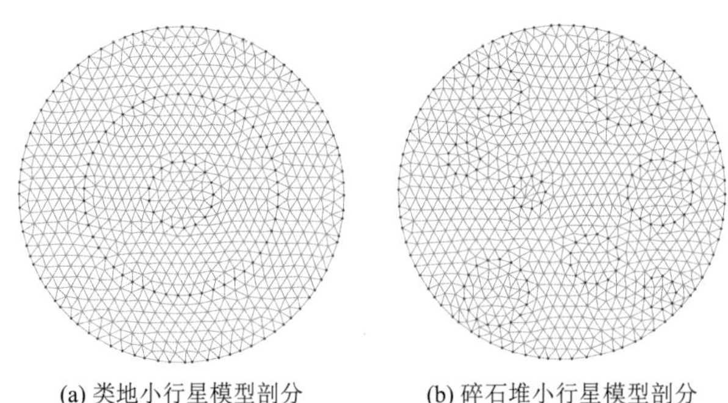

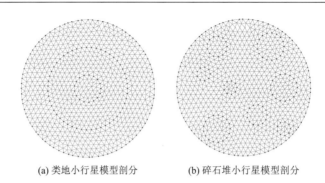

(a) 类地小行星模型剖分　　(b) 碎石堆小行星模型剖分

图 13.7　小行星二维剖面的离散网格图

在进行网格剖分时，固定剖面中分界面上的点。图 13.7 中红色的点为分界面上预先固定的剖分点。

13.3　逆散射成像算法

由于非均匀介质逆散射问题具有很强的不适定性，要得到唯一的稳定解，需要先验知识对解进行约束。在优化方程中加入约束的正则项，如 Tikhonov 正则项、L1 范数正则项等（Vauhkomen et al.，1998；Kwak 2008，Xu and Deshpande，2012）。

根据小行星内部结构，其内部介电常数一般具有分段常数的特性。TV 正则化广泛地应用于图像修复、去噪等模型。TV 正则化是将待优化数据的具有分段常数这一特性加入到优化方程中，通过正则项的方式对所要优化的方程进行约束，最终获得符合先验知识的优化解。

选取 L1 范数的差分项对优化方程进行约束，如式（13.3.1）所示：

$$\text{TV正则项} = |\bar{\boldsymbol{D}} \cdot \boldsymbol{x}|_1 \tag{13.3.1}$$

式中，$\bar{\boldsymbol{D}}$ 为差分矩阵；$\boldsymbol{x}$ 为待优化的参数。

作为逆问题，对未知介电常数的反演是通过使测量散射场和仿真的散射场之间的差异达到最小来估计未知的介电常数，具体的优化方程写为（Marklein et al.，2002；Yauhkonen et al.，1998）

$$\varepsilon^* = \arg\min_{\varepsilon} |\boldsymbol{E}_s^{\text{mes}} - \boldsymbol{F}(\varepsilon)|_2^2 + a|\partial\varepsilon|_1 \tag{13.3.2}$$

式中，$\boldsymbol{E}_s^{\text{mes}}$ 为测量的散射场；$\boldsymbol{F}(\cdot)$ 为仿真算得的散射场。可以发现，上述优化方程分为两个部分，一部分为最小二范数项，用来使得测量散射场和仿真的散射场之间的差异达到最小；另一部分为加权的 TV 正则项，用来对优化解进行约束，使得其具有分段常数的特性。优化公式中，a 为权重，$\partial\varepsilon$ 为介电常数的差分项。

非线性优化方程可以根据迭代的梯度算法求得优化解。结合先验知识，通过比较测量值和预测值进行迭代。在每一次迭代过程中，非线性问题可以近似为当前估计的介电常数的一阶泰勒展开式：

$$E_s = F(\varepsilon + \Delta\varepsilon) \approx F(\varepsilon) + \frac{\partial F(\varepsilon)}{\partial \varepsilon}\Delta\varepsilon \tag{13.3.3}$$

式中，E_s 为介电常数经过迭代调整后所对应的散射场。

因此，迭代的介电常数可以通过求解方程式（13.3.3）中的线性逆问题得到，写为

$$\Delta\varepsilon = \arg\min_{\Delta\varepsilon}\left|\Delta E_s - \frac{\partial F(\varepsilon)}{\partial \varepsilon}\Delta\varepsilon\right|_2^2 \tag{13.3.4}$$

$$\Delta E_s = E_s^{\text{mes}} - F(\varepsilon)$$

上述表达式可以写成矩阵形式，$\Delta\varepsilon$ 表示介电常数的修正值。梯度 $\partial F / \partial \varepsilon$ 可以表示成雅可比矩阵，矩阵中的每一项为已知数和未知数的一阶导数，雅可比矩阵的表达式可写为

$$J_{lm} = \frac{\partial E_{s,l}}{\partial \varepsilon_m} \tag{13.3.5}$$

式中，$\partial E_{s,l}$ 为第 l 次散射场的值。

结合式（13.2.6），可以进一步展开得到：

$$J_{lm} = -\left[T_j^E\right]_{1\times P} \cdot \left[\frac{\partial E_n}{\partial \varepsilon_m}\right]_{P\times 1} + \left[T_j^F\right]_{1\times P} \cdot \left[\frac{\partial F_n}{\partial \varepsilon_m}\right]_{P\times 1} \tag{13.3.6}$$

对式（13.2.8）左、右两边求导，得到：

$$\begin{gathered}
([A_{ij}]_{N\times N} - \bar{\boldsymbol{U}})\left[\frac{\partial E_n}{\partial \varepsilon_m}\right]_{N\times 1} = -\left(\left[\frac{\partial A_{ij}}{\partial \varepsilon_m}\right]_{N\times N} - \bar{\boldsymbol{U}}\right)[E_n]_{N\times 1} \\
\left[\frac{\partial F_n}{\partial \varepsilon_m}\right]_{P\times 1} = [D_{ij}]_{P\times P}^{-1}([C_{ij}]_{P\times P} + \bar{\boldsymbol{I}})\left[\frac{\partial E_n}{\partial \varepsilon_m}\right]_{P\times 1} \\
\bar{\boldsymbol{U}} = \begin{bmatrix} [B_{ij}]_{P\times P} \cdot [D_{ij}]_{P\times P}^{-1}([C_{ij}]_{P\times P} + \bar{\boldsymbol{I}}) & 0 \\ 0 & 0 \end{bmatrix}
\end{gathered} \tag{13.3.7}$$

这里

$$\frac{\partial A_{ij}}{\partial \varepsilon_m} = -k_0^2 \sum_{m=1}^{M} \iint_{\Omega_m} \phi_{mj}\phi_{mi}\,\mathrm{d}x\mathrm{d}y \tag{13.3.8}$$

通过上述方程可以直接推导出线性基方程。明显地，雅可比矩阵可以直接从式（13.3.6）～式（13.3.8）获得。

根据式（13.3.5）中的雅可比矩阵，在式（13.3.4）中的线性逆问题的基础上加入 TV 正则项，可以写成：

$$[\Delta\varepsilon]_{M\times 1} = \arg\min_{\Delta\varepsilon}\left|[\Delta E_s]_{L\times 1} - [J_{lm}]_{L\times M} \cdot [\Delta\varepsilon]_{M\times 1}\right|_2^2 + a\left|[\partial\varepsilon]_{Q\times 1}\right|_1 \tag{13.3.9}$$

式中，$[\partial\varepsilon]_{Q\times 1}$ 为差分项。

正则化是一个解决病态逆问题的关键。式（13.3.9）中的第 2 项对介电常数的梯度进行了约束，使得其符合分段常数的先验假设。TV 正则化适用于相位相干的测量，因为在允许存在不连续解的情况下，TV 正则项可以补偿高阶震荡的解。

由于介电常数 ε 被离散为三角网格，我们定义了每个相邻三角形单元之间的差分项。

如图 13.5 所示。对于内部的边界（标记为v_q，$q=1,\cdots,Q$），存在相应的相邻的三角形，可以表示为$\Omega_{m_q^+}$和$\Omega_{m_q^-}$（见图 13.8）。对于某一个固定的边界，TV 正则项可以表示为$|\varepsilon_{m_q^+}-\varepsilon_{m_q^-}|$。因此，将网格微分表示成线性形式：

$$[\partial\varepsilon]_{Q\times 1}=[V]_{Q\times M}\cdot[\varepsilon+\Delta\varepsilon]_{M\times 1} \tag{13.3.10}$$

这里差分矩阵$\bar{\boldsymbol{V}}$可以定义为

$$V_{qm}=\begin{cases}1 & m=m_q^+\\ -1 & m=m_q^-\\ 0 & \text{else}\end{cases} \tag{13.3.11}$$

例如，如图 13.9 所示，有 4 个三角形网格和 3 个内部的边界，可以组成一个 3×4 的矩阵：

$$\bar{\boldsymbol{V}}=\begin{bmatrix}1 & -1 & 0 & 0\\ 0 & 1 & -1 & 0\\ 0 & 1 & 0 & -1\end{bmatrix} \tag{13.3.12}$$

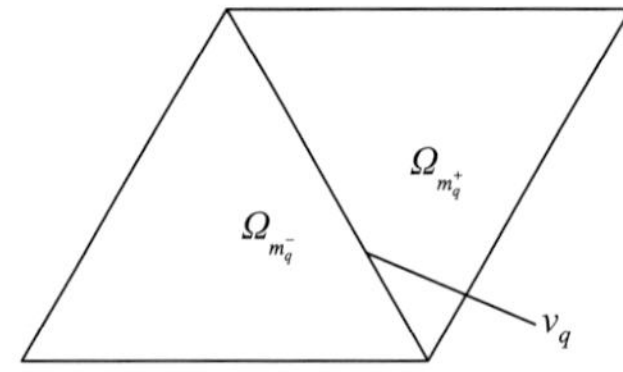

图 13.8 TV 正则化的网格差分

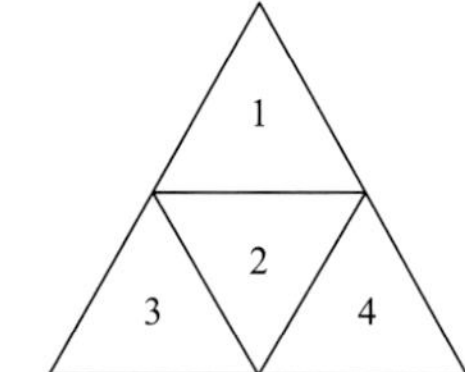

图 13.9 差分网格以及差分矩阵

注意，在式（13.3.10）中，用来求解更新的介电常数的差分项是当前介电常数ε和修正的介电常数$\Delta\varepsilon$的总和。

13.4 ADMM 加速算法

式（13.3.9）一般通过软件工具包求解，如 MATLAB 的 CVX 工具包（Grant and Boyd，2008）。但是，这种求解时间长、效率低。为提高反演效率，采用交替方向乘子法（ADMM）来求解式（13.3.9）中的最优解（Boyd et al.，2011；Bo et al.，2012）。ADMM 是一种分布式算法，适用于数据量较大的问题，通过分解-协调的方法，先解决局部问题，并通过局部问题解决全局问题。ADMM 算法结合了乘子法的弱条件收敛性和对偶上升法的可分解求解性，同时克服了乘子法引入二次项而导致无法分开进行求解这个问题。

ADMM 求解最小化问题的形式写成：

$$\begin{aligned}&\text{minimize}\quad f(\boldsymbol{x})+g(\boldsymbol{z})\\ &\text{s.t.}\ \bar{\boldsymbol{A}}\cdot\boldsymbol{x}+\bar{\boldsymbol{B}}\cdot\boldsymbol{z}=\boldsymbol{c}\end{aligned} \tag{13.4.1}$$

式中，$\boldsymbol{x}\in R^n$；$\boldsymbol{z}\in R^m$；$\bar{\boldsymbol{A}}\in R^{p\times m}$；$\bar{\boldsymbol{B}}\in R^{p\times m}$；$\boldsymbol{c}\in R^p$；$f$和$g$为凸函数。

其对应的扩展拉格朗日（Lagrange）表达式为

$$L_\rho(\boldsymbol{x},\boldsymbol{z},\boldsymbol{y})=f(\boldsymbol{x})+g(\boldsymbol{z})+\boldsymbol{y}^{\mathrm{T}}(\overline{\boldsymbol{A}}\cdot\boldsymbol{x}+\overline{\boldsymbol{B}}\cdot\boldsymbol{z}-\boldsymbol{c})+(\rho/2)|\overline{\boldsymbol{A}}\cdot\boldsymbol{x}+\overline{\boldsymbol{B}}\cdot\boldsymbol{z}-\boldsymbol{c}|_2^2 \tag{13.4.2}$$

ADMM 算法可以分解为以下几个迭代步骤：

$$\boldsymbol{x}^{k+1}:=\arg\min_{\boldsymbol{x}} L_\rho(\boldsymbol{x},\boldsymbol{z}^k,\boldsymbol{y}^k)$$

$$\boldsymbol{z}^{k+1}:=\arg\min_{\boldsymbol{z}} L_\rho(\boldsymbol{x}^{k+1},\boldsymbol{z},\boldsymbol{y}^k)$$

$$\boldsymbol{y}^{k+1}:=\boldsymbol{y}^k+\rho(\overline{\boldsymbol{A}}\cdot\boldsymbol{x}^{k+1}+\overline{\boldsymbol{B}}\cdot\boldsymbol{z}^{k+1}-\boldsymbol{c}) \tag{13.4.3}$$

ADMM 算法与乘子法十分相似，只是乘子法里把 $\boldsymbol{x}$ 和 $\boldsymbol{z}$ 放一块求解，而 ADMM 是分开求解。其中，式(13.3.3)中的推导类似于乘子法，只是使用了 $\boldsymbol{z}^{k+1}$ 最小化 $L_\rho(\boldsymbol{x}^{k+1},\boldsymbol{z},\boldsymbol{y}^k)$。

$$0=\nabla g(\boldsymbol{z}^{k+1})+\overline{\boldsymbol{B}}^{\mathrm{T}}\cdot\boldsymbol{y}^k+\rho\overline{\boldsymbol{B}}^{\mathrm{T}}(\overline{\boldsymbol{A}}\cdot\boldsymbol{x}^{k+1}+\overline{\boldsymbol{B}}\cdot\boldsymbol{z}^{k+1}-\boldsymbol{c})=\nabla g(\boldsymbol{z}^{k+1})+\overline{\boldsymbol{B}}^{\mathrm{T}}\cdot\boldsymbol{y}^{k+1} \tag{13.4.4}$$

其中用到了 z 对应的对偶可行性式子，如式（13.3.5）所示：

$$\frac{\partial L}{\partial z}=\nabla g(z)+\overline{\boldsymbol{B}}^{\mathrm{T}}\cdot\boldsymbol{y}=0 \tag{13.4.5}$$

定义新变量 $\boldsymbol{u}=1/\rho\times\boldsymbol{y}$，那么迭代可以变为

$$\boldsymbol{x}^{k+1}:=\arg\min_{\boldsymbol{x}}(f(\boldsymbol{x})+(\rho/2)\|\overline{\boldsymbol{A}}\cdot\boldsymbol{x}+\overline{\boldsymbol{B}}\cdot\boldsymbol{z}^k-\boldsymbol{c}+\boldsymbol{u}^k\|_2^2)$$

$$\boldsymbol{z}^{k+1}:=\arg\min_{\boldsymbol{z}}(g(\boldsymbol{z})+(\rho/2)\|\overline{\boldsymbol{A}}\cdot\boldsymbol{x}^{k+1}+\overline{\boldsymbol{B}}\cdot\boldsymbol{z}-\boldsymbol{c}+\boldsymbol{u}^k\|_2^2)$$

$$\boldsymbol{u}^{k+1}:=\boldsymbol{u}^k+\overline{\boldsymbol{A}}\cdot\boldsymbol{x}^{k+1}+\overline{\boldsymbol{B}}\cdot\boldsymbol{z}^{k+1}-\boldsymbol{c} \tag{13.4.6}$$

求解时通常会使用过松弛方法，即在 $\boldsymbol{z}$ 和 $\boldsymbol{u}$ 中使用下面的表达式代替其中的 Ax^{k+1}：

$$a^k\overline{\boldsymbol{A}}\cdot\boldsymbol{x}^{k+1}-(1-a^k)(\overline{\boldsymbol{B}}\cdot\boldsymbol{z}^k-\boldsymbol{c})$$

式中，a^k 为松弛因子。

有实验表明，$a^k\in[1.5,1.8]$ 可以改进收敛性 0。ADMM 算法的收敛条件和停止准则这里就不再详细说明，详见 Bo 等 2012）。

先用一个简单的一维逆问题测试 ADMM 算法的有效性，并与 MATLAB 工具包 CVX（Grant and Boyd，2008a）的计算结果进行比较，CVX 的算法为 SDPT（Tütüncü et al.，2003）。所用的逆问题是重建一个一维恒定的分段信号，如图 13.10 所示。矩阵 $\overline{\boldsymbol{A}}$ 为高斯矩阵，是一个病态的欠定矩阵，矩阵的大小 $m=1200$，$n=1300(m<n)$。

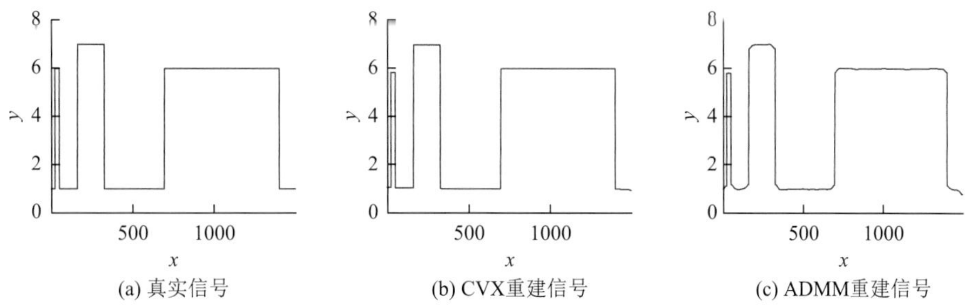

图 13.10　ADMM 与 CVX 重构结果的比较

图 13.10 分别给出 CVX 和 ADMM 的反演。可以看出，CVX 与 ADMM 算法的结果都是可以接受的。表 13.1 给出相对误差与反演需要的时间，CVX 相对误差为 0.65%，ADMM 相对误差为 1.18%。但是 ADMM 反演时间远小于 CVX，仅为 CVX 的 1/27。

表 13.1　两种算法的时间比较

算法	CVX	ADMM
相对误差/%	0.65	1.18
时间/s	135.690776	4.341579

若对于不同数量的未知数和方程个数进行分析，具体情况如图 13.11 所示。

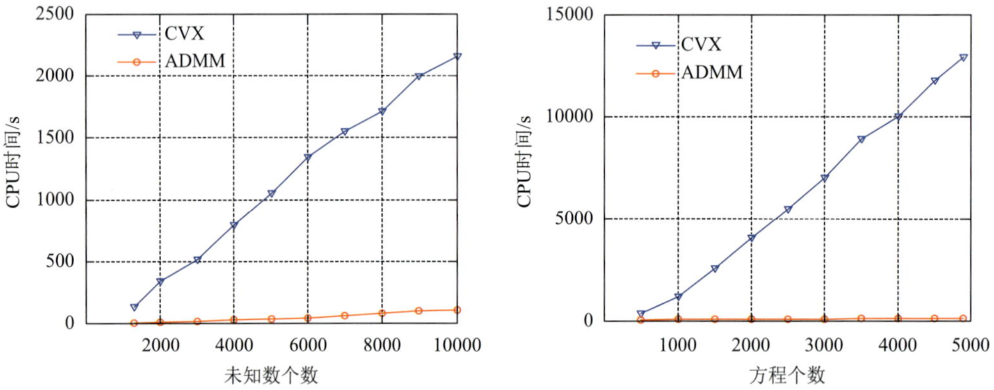

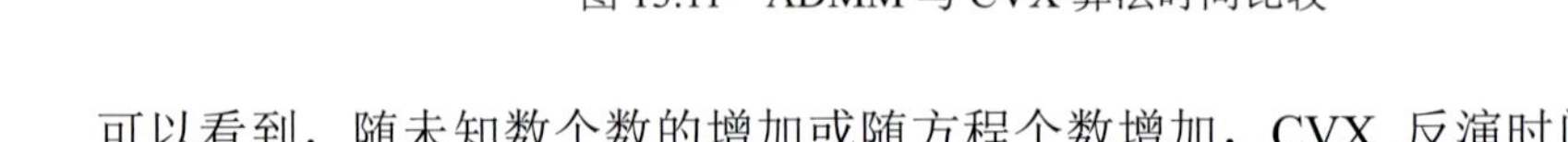

图 13.11　ADMM 与 CVX 算法时间比较

可以看到，随未知数个数的增加或随方程个数增加，CVX 反演时间显著增加，而 ADMM 算法几乎不变。这里的运算时间是在单一处理器内核上运行，若进行并行计算，ADMM 对于大规模的问题更加有利。

运用 ADMM 算法求解式（13.3.9）中的优化解，将优化函数表示成如式（13.4.7）所示。

$$f(\Delta\varepsilon)=\frac{1}{2}\|[\Delta E_{\mathrm{s}}]_{L\times1}-[J_{lm}]_{L\times M}\cdot[\Delta\varepsilon]_{M\times1}\|_2^2$$

$$g(\boldsymbol{z})=a|\boldsymbol{z}|_1$$

$$\boldsymbol{z}=[V]_{Q\times M}\cdot[\varepsilon+\Delta\varepsilon]_{M\times1} \tag{13.4.7}$$

约束的优化方程可写为

$$\min_{\Delta\varepsilon}\frac{1}{2}\|[\Delta E_{\mathrm{s}}]_{L\times1}-[J_{lm}]_{L\times M}\cdot[\Delta\varepsilon]_{M\times1}\|_2^2+a|\boldsymbol{z}|_1$$

$$\text{s.t.}\,[V]_{Q\times M}\cdot[\varepsilon+\Delta\varepsilon]_{M\times1}-\boldsymbol{z}=0 \tag{13.4.8}$$

比较式（13.4.1）和式（13.4.8），$\bar{\boldsymbol{A}}$ 为 $[J_{lm}]_{L\times M}$，$\boldsymbol{x}$ 为 $[\Delta\varepsilon]_{M\times1}$，$B$ 为−1，$\boldsymbol{c}$ 为 $-[V]_{Q\times M}\cdot[\varepsilon]_{M\times1}$，其中 $[\varepsilon]_{M\times1}$ 为当前估计。

根据式（13.4.6），迭代形式可以表达为

$$\Delta\boldsymbol{\varepsilon}^{k+1}=\arg\min_{\boldsymbol{x}}\left(f(\Delta\boldsymbol{\varepsilon})+\frac{\rho}{2}\|\bar{\boldsymbol{V}}\cdot\Delta\boldsymbol{\varepsilon}-\boldsymbol{z}^{k}+\bar{\boldsymbol{V}}\cdot\boldsymbol{\varepsilon}+\boldsymbol{u}^{k}\|_2^2\right)$$

$$\boldsymbol{z}_{\mathrm{c}}^{k+1}=\arg\min_{\boldsymbol{z}}\left(g(\boldsymbol{z})+\frac{\rho}{2}\|\bar{\boldsymbol{V}}\cdot\Delta\boldsymbol{\varepsilon}^{k+1}-\boldsymbol{z}+\bar{\boldsymbol{V}}\cdot\boldsymbol{\varepsilon}+\boldsymbol{u}^{k}\|_2^2\right)$$

$$\boldsymbol{u}^{k+1}=\boldsymbol{u}^{k}+\bar{\boldsymbol{V}}\cdot\Delta\boldsymbol{\varepsilon}^{k+z}-\boldsymbol{z}^{k+1}+\bar{\boldsymbol{V}}\cdot\boldsymbol{\varepsilon} \tag{13.4.9}$$

其中，ADMM 算法可写为

$$\Delta\boldsymbol{\varepsilon}^{k+1}=(\bar{\boldsymbol{J}}^{\mathrm{T}}\cdot\bar{\boldsymbol{J}}+\rho\bar{\boldsymbol{V}}^{\mathrm{T}}\cdot\bar{\boldsymbol{V}})^{-1}(\bar{\boldsymbol{J}}^{\mathrm{T}}\cdot\Delta\boldsymbol{E}_{\mathrm{s}}+\rho\bar{\boldsymbol{V}}^{\mathrm{T}}(\boldsymbol{z}^{k}-\bar{\boldsymbol{V}}\cdot\boldsymbol{\varepsilon}-\boldsymbol{u}^{k}))$$

$$\boldsymbol{z}^{k+1}=\bar{\boldsymbol{S}}_{a/\rho}(\bar{\boldsymbol{V}}\cdot\Delta\boldsymbol{\varepsilon}^{k+1}+\bar{\boldsymbol{V}}\cdot\boldsymbol{\varepsilon}+\boldsymbol{u}^{k})$$

$$\boldsymbol{u}^{k+1}=\boldsymbol{u}^{k}+\bar{\boldsymbol{V}}\cdot\Delta\boldsymbol{\varepsilon}^{k+1}-\boldsymbol{z}^{k+1}+\bar{\boldsymbol{V}}\cdot\boldsymbol{\varepsilon} \tag{13.4.10}$$

表 13.2 中的阈值因子 S 定义为

$$S_{\kappa}(x)=\begin{cases}x-\kappa & x>\kappa\\ 0 & |x|\leqslant\kappa\\ x+\kappa & x<-\kappa\end{cases} \tag{13.4.11}$$

最后，对整个 ADMM 算法进行梳理，算法流程图如表 13.2 所示。

$$u^{0}=0$$

表 13.2　ADMM 算法流程

1. Set $k=0$，choose $\rho>0$，$\boldsymbol{z}^{0}=0$ and $\boldsymbol{u}^{0}=0$
2. 重复
3. $\Delta\boldsymbol{\varepsilon}^{k+1}=(\bar{\boldsymbol{J}}^{\mathrm{T}}\cdot\bar{\boldsymbol{J}}+\rho\bar{\boldsymbol{V}}^{\mathrm{T}}\cdot\bar{\boldsymbol{V}})^{-1}(\bar{\boldsymbol{J}}^{\mathrm{T}}\cdot\Delta\boldsymbol{E}_{\mathrm{s}}+\rho\bar{\boldsymbol{V}}^{\mathrm{T}}(\boldsymbol{z}^{k}-\bar{\boldsymbol{V}}\cdot\boldsymbol{\varepsilon}-\boldsymbol{u}^{k}))$
4. $\boldsymbol{z}^{k+1}=S_{a/\rho}(\bar{\boldsymbol{V}}\cdot\Delta\boldsymbol{\varepsilon}^{k+1}+\boldsymbol{V}\cdot\boldsymbol{\varepsilon}+\boldsymbol{u}^{k})$
5. $\boldsymbol{u}^{k+1}=\boldsymbol{u}^{k}+\bar{\boldsymbol{V}}\cdot\Delta\boldsymbol{\varepsilon}^{k+1}-\boldsymbol{z}^{k+1}+\bar{\boldsymbol{V}}\cdot\boldsymbol{\varepsilon}$
6. $k\leftarrow k+1$
7. 根据停止准则停止

具体的步骤说明如下：

（1）结合先验知识，建立初始的二维模型。

（2）采用 FE-BI 算法进行正向散射计算，求得模型的散射场。

（3）通过对 FE-BI 算法的公式推导，获得雅克比矩阵。

（4）结合先验知识，根据雅克比矩阵，测量的散射场以及 FE-BI 算法求得的散射场建立带有 TV 正则项的优化方程，通过 ADMM 算法对优化方程进行求解。

（5）求解优化方程获得的介电常数修正值。

（6）根据修正值对初始模型中的介电常数进行修正，获得新的模型，回到（1）。

（7）当介电常数符合要求或者测量值与预测值的误差小于一定值时，停止迭代，得到反演的介电常数。

图 13.12 中有两处分别运用到了先验知识，步骤（1）建立模型时，定义散射区域为圆形，对散射区域内的介电常数进行初始化，一般情况下，初始化为自由空间的介电常数。步骤（4）建立 TV 正则化优化方程时，小行星内部结构的介电常数分布的导数具有稀疏性。

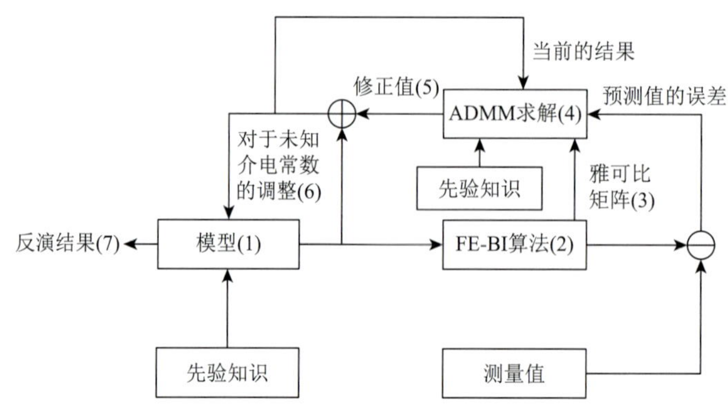

图 13.12　逆散射算法

13.5　仿真数据验证

如图 13.4 所示，仿真采用参数如表 13.3 所示。

表 13.3　小行星仿真散射数据的相关参数

目标	频率/ MHz			发射/接收角度/(°)		
	N_f	$f_{\min} / f_{\max}$	Δf	N_s	$\theta_s^{\min} / \theta_s^{\max}$	$\Delta\theta_s$
类地型小行星	25	0.5/1	0.02	24	0/345	15
瓦砾堆小行星	25	0.5/1	0.02	24	0/345	15

对于单站模式，一共可以获得 $25 \times 24 = 600$ 个散射数据。

图 13.13 中最外圈为散射区域边界，内圈为小行星表面边界。碎石堆型和类地型小行星的内部结构给出不同的介电常数分布，如表 13.4 所示。

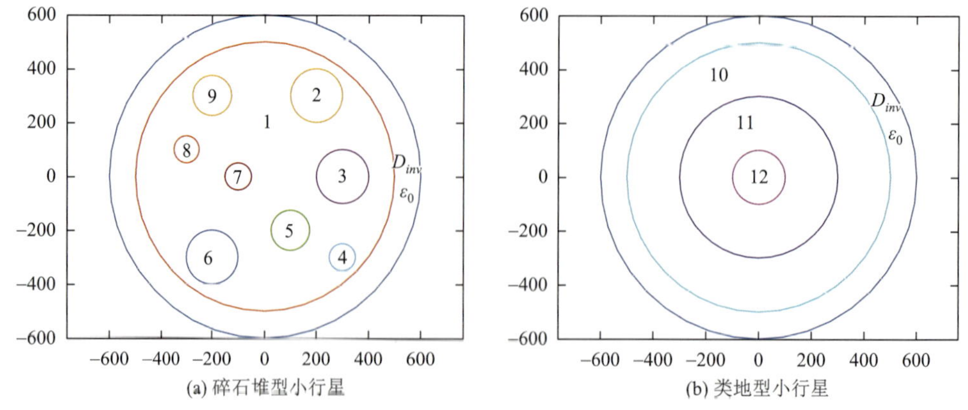

图 13.13　小行星内部结构

表 13.4　小行星内部结构的具体参数

序号	圆心坐标 (x, y) /m	半径 r/m	介电常数 ε_r
1	(0, 0)	500	2
2	(200, 300)	100	2.5
3	(300, 0)	100	3
4	(300, −300)	50	3.5
5	(100, −200)	75	4
6	(−200, −300)	100	2.5
7	(−100, 0)	50	4
8	(−300, 100)	50	4
9	(−200, 300)	75	3
10	(0, 0)	500	2
11	(0, 0)	300	3
12	(0, 0)	100	4

根据上述散射仿真与逆散射成像反演方法，多次迭代求解的结果如图 13.14 所示。

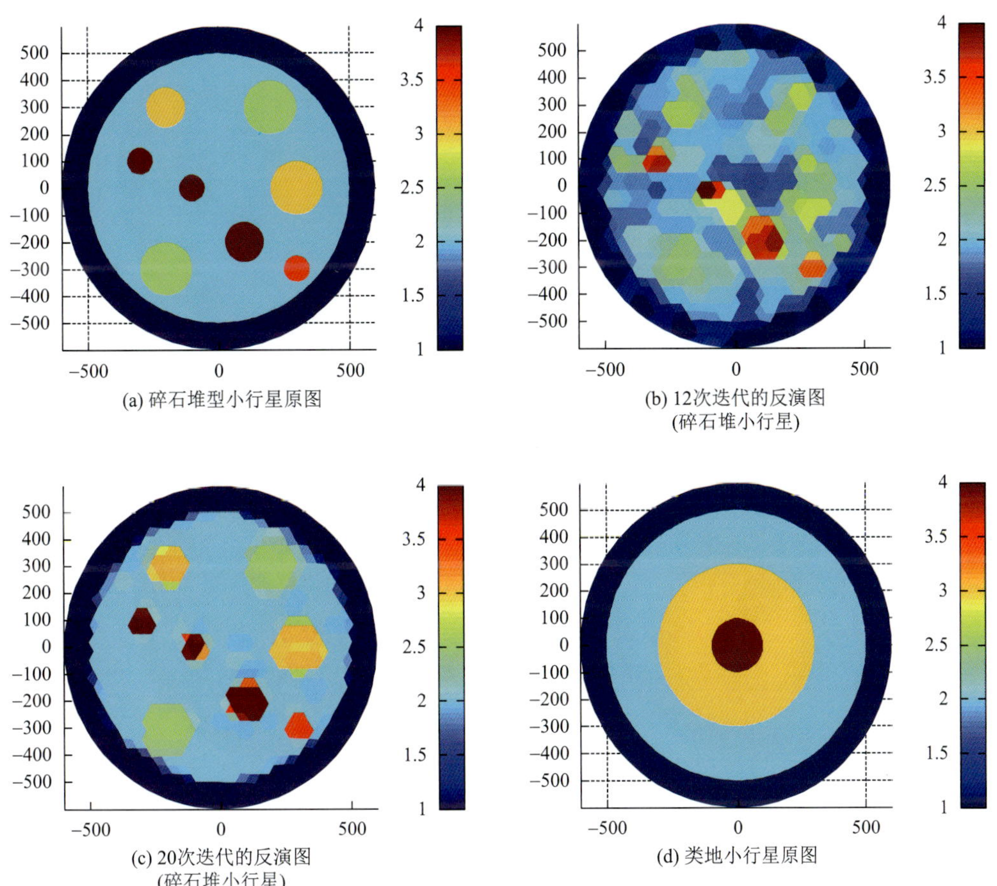

(a) 碎石堆型小行星原图

(b) 12次迭代的反演图
(碎石堆小行星)

(c) 20次迭代的反演图
(碎石堆小行星)

(d) 类地小行星原图

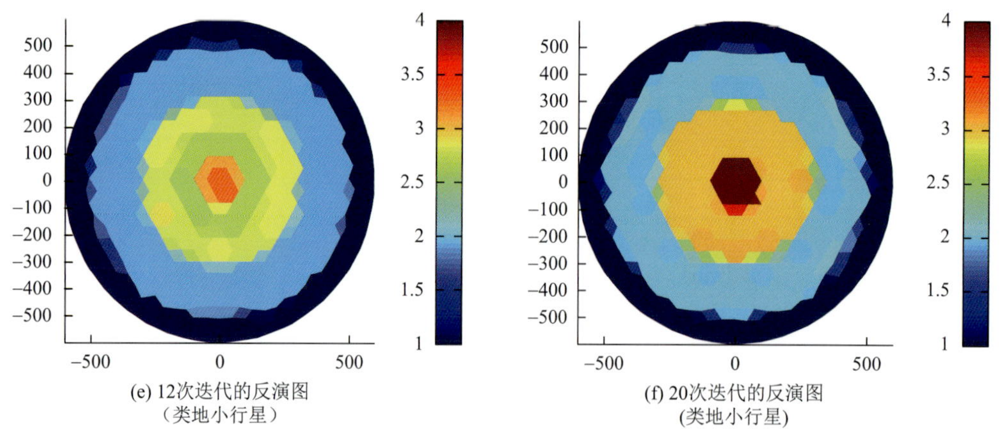

(e) 12次迭代的反演图（类地小行星）　　(f) 20次迭代的反演图(类地小行星)

图 13.14　小行星内部结构的反演图

在仿真数据中加入不同程度的高斯（Gaussian）白噪声，并用加入高斯白噪声的散射数据进行反演成像。图 13.15 为加入高斯白噪声后的反演结果。可以看出，当 SNR = 10 dB 时，与背景介电常数接近的岩石无法很好地反演。

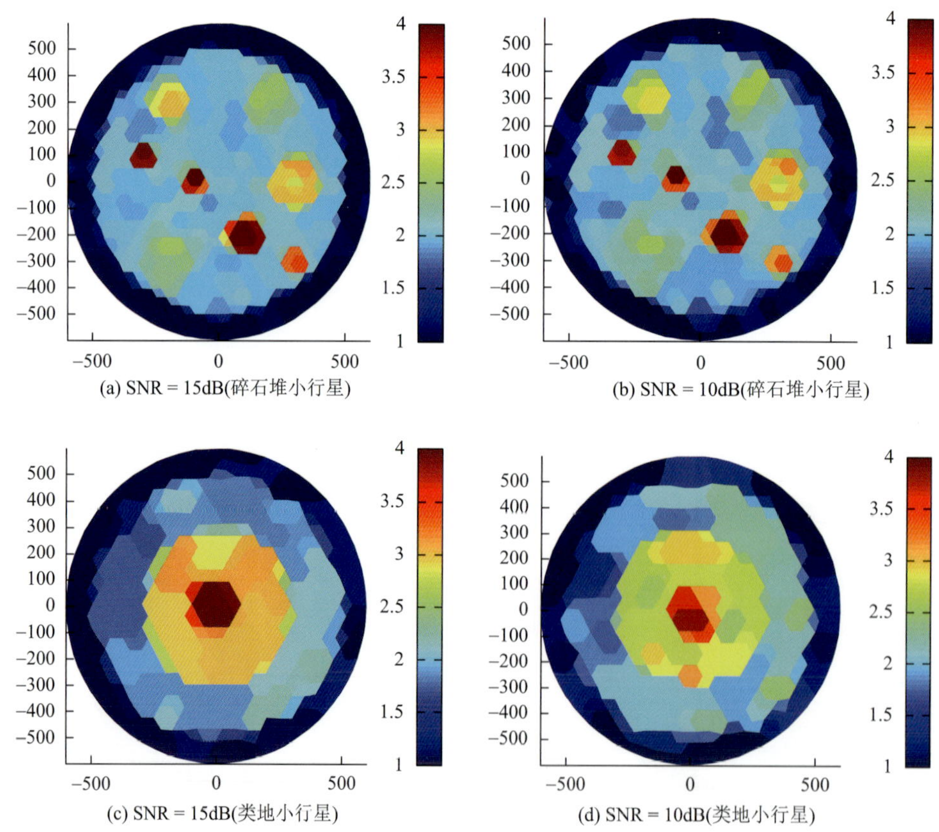

(a) SNR = 15dB(碎石堆小行星)　　(b) SNR = 10dB(碎石堆小行星)

(c) SNR = 15dB(类地小行星)　　(d) SNR = 10dB(类地小行星)

图 13.15　小行星内部结构的反演图（噪声）

图 13.16 为两类小行星内部结构模型优化函数的收敛图。

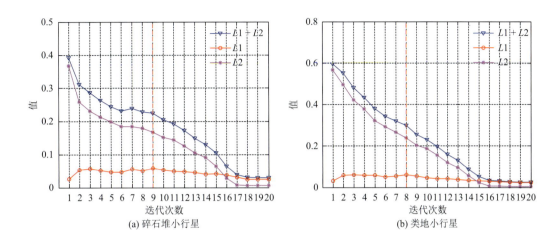

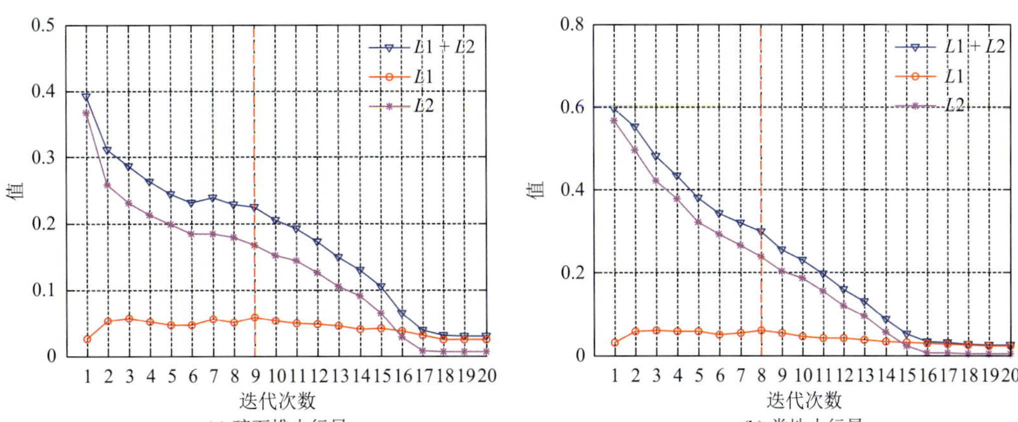

图 13.16　优化方程的收敛图

可以看出，反演误差 $L2$ 范数在迭代过程中急速下降，而 TV 正则项 $L1$ 范数在刚开始迭代时是增加的，当迭代次数达到 8 次、9 次时，$L1$ 范数达到最大值，并在接下来的迭代过程中逐步下降。

表 13.5 为不同信噪比情况下的相对误差，共讨论 3 种信噪比情况，分别为不加入高斯白噪声的相对误差，加入信噪比为 15 dB 的高斯白噪声的相对误差，加入信噪比为 10 dB 的高斯白噪声的相对误差。碎石堆型小行星的反演效果较好、误差较小，类地型小行星的反演效果较差、误差较大。可见，非均匀结构分布也影响反演的结果。

表 13.5　迭代的相对误差

项目	碎石堆/%	类地/%
SNR = infinite	1.85	2.47
SNR = 15 dB	3.51	8.20
SNR = 10 dB	5.71	12.03

本章给出了一种雷达探测小行星的多方位单站散射的矢量有限元边界积分模拟，再用全差分（TV）正则化算法进行该二维模型非均匀结构的逆散射成像。为克服非均匀目标的数值剖分产生的求解数据量大的问题，采用分布式交替方向乘子法（ADMM）对优化方程的求解过程进行加速，解决 TV 正则化的逆问题，通过稀疏约束介电常数的梯度，反演重建内部介电常数分布。

在获得单站成像的数据条件下，ADMM-TV 正则化在稀疏约束介电常数的梯度条件下可以反演重建内部介电常数分布。

13.6　FAST 对木卫二的雷达探测设计

1. FAST

我国新建成了世界上最大的 500 m 口径球面射电望远镜（five-hundred meter aperture spherical radio telescope，FAST），其位于贵州省平塘县的喀斯特洼坑中图 13.17）。2016 年其已开始运行，开始被动接收来自宇宙深处的电磁波信号。目前，FAST 已经接收到脉冲星 J1921 + 2153 的脉冲数据，这是一颗位于 1351 光年以外的脉冲星。FAST 将保证未来 50 年中国在深空观测的领先地位。

FAST 与号称“地面最大的机器”德国波恩 100 m 望远镜相比，其灵敏度提高约 10 倍。如果天体在宇宙空间均匀分布，FAST 可观测目标的数目将增加约 30 倍。与美国的阿雷西博（Arecibo）300 m 望远镜相比，FAST 灵敏度高 2.25 倍，而且阿雷西博有 20°天顶角的工作极限，限制了观测天区，特别是限制联网观测能力。阿雷西博射电望远镜配置雷达曾观测过月球、火星和水星（见表 13.6）。

基于 FAST 的高灵敏度和大口径，FAST 适合做地面雷达对太阳系星球与深空进行主动雷达回波遥感探测。如果进行主动雷达探测，则需要改造配置主动的电磁波发射，这一技术改造比从地球发射卫星到遥远天体进行遥感探测要便宜、方便、易控、持久得多。

表 13.6　FAST 技术参数

主动反射面	半径 300 m，口径 500 m 球冠张角 110°～120°
有效照明口径	Dill = 300 m
天空覆盖	天顶角 40°
工作频率	70 MHz～3 GHz
分辨率（L 波段）	2.9′
指向精度	8″

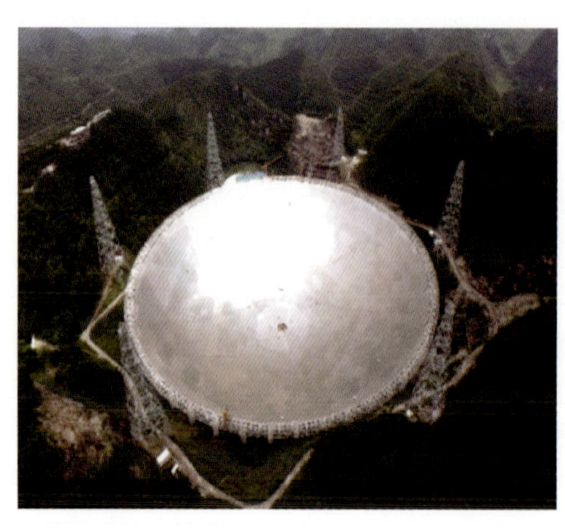

图 13.17　FAST 全貌

2. 木卫二

太阳系中一个独特的天体是木星的卫星二（木卫二），木卫二是木星的第 6 颗已知卫星、第四大卫星，平均直径为 3121.6 km，比月球稍小一些，公转周期为 3.551 天，轨道半径为 670.9×10^3 km，它的公转轨道十分接近正圆，偏心率仅为 0.0094。木卫二也被潮汐锁定，因而有一个半球永远朝向木星。木卫二的表面温度在赤道地区平均为 110 K（–163℃），两极更低，只有 50 K（–223℃）（Morrison and Cruikshank. 1974）。它独特的外在结构一直受到科学家们的广泛关注，其表面光滑，很少有超过几百米的起伏。类似冰层的结构以及通过哈勃太空望远镜观测到的类似水蒸气的喷发物（Roth et al.，2016）。其表面布满暗色条纹，条纹横向跨度可达 20 km，并可观察到这些宽条纹的深色部分和板块外缘有模糊过渡。规则的纹路，以及宽条纹夹有浅色的细纹。木卫二表面如图 13.18 所示（Roth et al.，2014）。

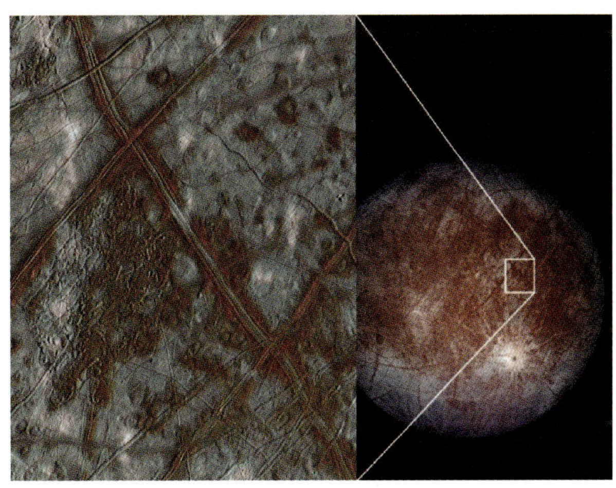

图 13.18　NASA 发布的木卫二表面图像

根据目前的推测，这些形态很可能是由表层冰壳开裂、较温暖的下层物质暴露而引起的冰火山喷发或间歇泉所造成的。这与在地球上的海脊有相似的效果。其另外一个显著的特征就是遍布的或大或小或圆或椭的暗斑，这些暗斑有的突起、有的凹陷、有的平坦，也有的纹理粗糙。根据目前的推测，暗斑的形成是下层温度较高的“暖冰”在透刺作用下，向上涌升而穿透表层的“寒冰”所致，其运动机理与地球地壳内部的熔岩窖相似。光滑的暗斑是“暖冰”冲破表壳时有融水渗出造成的，那些粗糙杂错的斑痕（又被称作“混沌”区域，如康纳马拉混沌）是由大量细小的表壳碎片镶嵌在暗色的圆丘中所构成的，就像是极地海洋中漂浮的冰山（地球）（Roth et al，2014）。

科学家们对于木卫二的猜想主要如下：①表面物质是否为冰；②是否存在地下海洋；③是否存在海洋生物。2013 年 12 月 11 日，美国 NASA 曾宣布，木卫二表面发现黏土质矿物或可育成新生命（Roth et al.，2016）。这将科学家们提出的木卫二生命假说又向前推进了一步。然而，想要进一步探测木卫二仍然具有很大的难度。

3. 木卫二探测

目前木卫二有 3 种探测方式。

（1）航天器探测：探测木卫二可以分为飞越（fly by）和轨道环绕两种。“伽利略号”在 1996～2003 年曾经采用飞越的方法探测木卫二（Roth et al.，2016），以表面的光学图像为主。NASA 的“快帆号”也将在 2020 年左右采用双频率 60 MHz 和 9 MHz 雷达对木卫二进行飞越式探测，以求获得更多的探测数据。轨道环绕式探测由于难度较大，目前还没有相关的计划。

（2）地面雷达探测：1987～1991 年美国曾采用 350 m 口径的阿雷西博射电望远镜对木卫二进行过探测（Ostro，1993），雷达对木卫二发射信号、接收回波信号、对回波信号进行分析。但这样做的技术条件是：首先，要有足够大的发射功率，以保证接收到的回波信号可以被有效地接收；其次，对于远距离的雷达探测，要求雷达应有较长的接收时间以及高的灵敏度，保证可以接收到更多的有效信号，这就要求雷达具有较大的尺寸。目前，美国波多黎各岛的阿雷西博射电望远镜为探测月球、小行星、彗星、行星及其卫星，已增配了一部微波波长为 12.6 cm（2.381 GHz）、发射功率为百万瓦的发射机和双极化微波接收机。从接收到的目标反射回来的信号回波可以获得被探测物表面的图像（Ostro，1993）。但是，阿雷西博的天顶角有限，导致观测时间短，获得的数据少，对木卫二的探测有限。

（3）哈勃太空望远镜探测（Ostro，1993）木卫二的稀薄大气、表面的黏土，以及表面水蒸气的喷发，确定存在大量氢和氧的位置，2014 年曾发现了木卫二表面的水蒸气柱沿 7 点钟方向向外喷出（Roth et al.，2014），为木卫二可能存在地下海洋提供了有力的证据。

美国国防高级研究计划局（DARPA）也在加强对空间探测射电望远镜的军事评估，力图建立太空侦察网，进行太空暂现事件监测与侦察，射电望远镜应用是十分广泛的。

4. FAST 对木卫二雷达探测设计

由于 FAST 天顶角几乎为阿雷西博的 2 倍，因此有更多的观察时间；同时，FAST 的口径更大，分辨率更高，可以采用更低频率的发射波长进行层次探测，有助于获得更多、更准确的表面物质的数据。通过对于木卫二回波数据的分析以及回波数据的雷达成像，可以进一步了解木卫二的表面和内部结构。我国自主创新的深空探测遥感扩展更多的研究与应用领域有着重要的意义，使我国在外星天体深空雷达遥感领域有创新领先的科学贡献。研究包括以下内容（金亚秋，2017）。

FAST 配置雷达对木卫二表面表层遥感的技术参数与观测条件设计：配置雷达的发送功率、发射频率的选取、分辨率要求、观测时间、合成孔径、方位计算等条件的技术参数系统设计。采用单站与极化方式，FAST 向木卫二发送极化电磁波，并接收木卫二的同极化与交叉极化回波，对回波数据进行分析和成像。

1）系统参数

功率与频率，雷达方程，确定遥感木卫二时，根据 FAST 的天顶角数据，计算 FAST 探测木卫二的最大观测时间，雷达波频率与功率及其观测时间方位等条件，以期得到回波数据。

误差分析：考虑系统误差和统计数据误差，进行回波误差分析。

多普勒频移：研究多普勒频移的带宽展宽；研究背景噪声的估计方法。通过对接受到的回波谱进行处理，得到相应的雷达散射截面，接下来将对其进行进一步的讨论和分析。

分辨率的估算：确定望远镜焦距长度与口径的比值——焦比，灵敏度定义为探测微弱射电源的能力；分辨率定义为区分两个天体彼此靠近的射电点源的能力；指向精度是衡量大口径射电望远镜天线电轴指向准确度的重要指标。

2）木卫二表面参数化建模

依据木卫二表面现有资料，表层物理材料与 DEM 起伏物理与数值建模，由散射数值计算，就木卫二表面回波正演与反演进行相关参数分析研究。

3）雷达成像算法与模拟

木卫二表面物质与数字高程模型（DEM）粗糙面参数化建模，数值剖分与散射回波数值计算与成像模拟。

回波数据进行雷达成像数值模拟，可采用高频率发射信号（S 波段）对木卫二具有代表性的区域进行地表成像，成像得到木卫二地表的暗纹和暗斑，采用低频率发射信号（L 波段）对木卫二的地下海洋成像，成像得到地下海洋与地表的分层情况。UHF 与 VHF 波段也可考虑。

综合以上分析，形成 FAST 配置雷达的技术方案与 FAST 对木卫二表面遥感的科学含义讨论，归纳技术设计如下。

1）FAST 发送功率、发射频率

技术指标，即：①球反射面：半径 300 m，口径 500 m；②有效照明口径：300 m；③焦比：0.467；④天空覆盖：天顶角 40°；⑤工作频率：70 MHz～3 GHz；⑥灵敏度（L 波段）：2000。

木星卫二距离地球最近距离约为 630000000 km，信号的传播到达卫二的时间约为 35 min。依据雷达方程，包括可实现的发射增益和接收增益、FAST 有效接收面积、木卫二与地球的距离、木卫二雷达散射截面估算，来确定发射功率、发射信号频率及其两者之间的关系。

美国阿雷西博射电望远镜用功率百万瓦的发射机对水星、金星以及火星表面探测，发射频率 2380 MHz，接收机为双偏振微波接收机。基于该探测经验，将发射功率控制在百万瓦范围内。

对于频率的选择，主要基于以下几个约束：①FAST 的工作频率为 70 MHz～3 GHz，因此发射频率控制在 70 MHz～3 GHz；②根据 FAST 接收设备的灵敏度以及发射功率与频率之间的关系，确定发射频率的范围；③参考“快帆号”设备 REASON 所采用的雷达频率，如希望穿透冰层，应尽量选取低频率发射信号。最终确定 FAST 的发射频率为 70 MHz～3 GHz，包括 UHF、VHF 与微波频段。

为使方案先行启动，可先选取两组发射频率：①1 GHz（L 波段）；②2.381 GHz（S 波段）。

选取 1 GHz（L 波段）是因为 L 波段对介电常数虚部小的冰层有一定的穿透性，可能探测出木卫二表面下海洋。选取 2.381 GHz（S 波段）是参考阿雷西博射电望远镜的探测经验。

2）木卫二回波的观测时间

确定 FAST 接收木卫二回波的时间。这里的时间分为两部分：一部分为 FAST 可观测到木卫二的次数，可以根据星历推算获得；另一部分为 FAST 每一次可观测到木卫二的时长，这部分与 FAST 的天顶角以及木卫二距离 FAST 的距离有关，可以确定 FAST 作为单站观测木卫二的最大时长。

图 13.19 为 FAST 探测木卫二的示意图。由于木星的公转速度慢，地球的公转速度快，以木星为参考系，地球相对木星运动，木卫二相对木星运动，并且自转与公转周期相同，FAST 随着地球的自转而转动。

图 13.20 为 FAST 观测木卫二的时间示意图。假定，FAST 发送和接收电磁波的范围分别为 $[0, T-t]$ 和 $[t, T]$。对于不同的倾斜角度，观察时间可能还会更少。当观测时间为 4h 20 min 时，FAST 观察木卫二的轨迹长约为 498 km，角度约为 18°，同时需要确定 FAST 观测轨道位于木卫二的位置（经纬度），研究木卫二与地球之间相对运动的关系才能确定。

图 13.19　地球、木星，以及木卫二

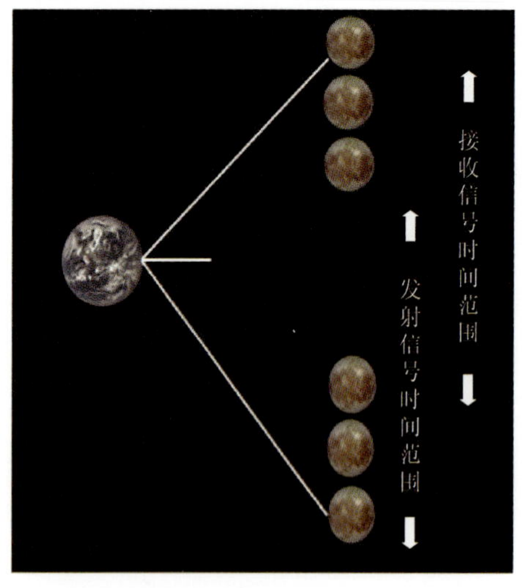

图 13.20　FAST 对木卫二观察时间

由地球和木卫二的相对运动的天顶角，计算 FAST 的积累角（图 13.20）。采用合成雷达孔径的方式，提高分辨率，进行雷达高分辨率成像。

阿雷西博射电望远镜采用 S 波段的雷达对水星进行成像，测量出水星的自转和北极附近“水冰”的环状结构，分辨率达 1.5 km；与格林班克 100 m 射电望远镜组成雷达干涉仪获得金星局部地区的高分辨率的地形图；以几百英尺[①]的精确度为阿波罗登月船和“海盗号”确定在月球上最好的登陆地点等（Thompson，1966）。

① 1 英尺≈0.3048m。

3）回波的误差分析

回波误差主要有统计不确定性和系统误差。统计不确定性与系统温度、发射功率、增益、累积时间等有关。系统误差可先行假设在每一个探测时间内，系统误差保持不变。

回波的多普勒频移：木卫二自转产生雷达回波多普勒频移，其与木卫二直径、旋转周期等有关。发射信号也会产生连续的漂移来弥补观测点和木卫二质量中心的相对运动，最终获得的回波谱将是一条狭缝，宽度为带宽。

背景噪声的估计：采用跳频技术，获得一个归一化的、标准差的背景噪声。

4）回波数据的处理

在回波数据模拟基础上，考虑 FAST 回波数据处理的技术方法。例如，采用同极化、交叉极化的回波数据，研究对应的特征截面数据。

作为一个逆问题，表面参数的估计（Blabk et al.，2001）需要回波谱与回波观测角和表面参数的对应关系。

5）木卫二雷达成像

木卫二雷达成像分为两个部分：①成像算法；②雷达表面成像的特定区域选择与分析。

对于转动的球体，采用延迟多普勒算法，根据不同区域观测者的距离以及线速度不同，区分其后向散射信号。雷达观测数据为电磁波往返的时间以及多普勒频移，往返时间不同是由不同区域与雷达之间的距离不同而产生的，多普勒频移是由地球和目标的公转和自转产生的。如图 13.21 所示，垂直于视线 i 的平面为时间延迟方向，对应等时间延迟线，旋转轴 k 和视线方向 i 确定的平面为等多普勒频移平面，与该平面平行的平面均为等多普勒频移平面，对应等多普勒线。因此，对雷达回波信号中的延时和多普勒频移进行分析后，就可以确定不同位置的后向散射。

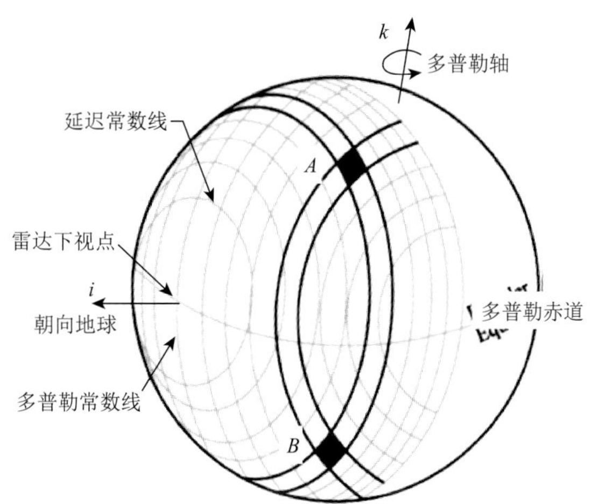

图 13.21　球面延时多普勒算法示意图（Slade et al. 2011）

对于具有相同延时和多普勒频移的区域，如图 13.21 中的 *A*、*B* 两个区域，该算法无法区分，称为“南北半球混叠”。对于延时多普勒算法，“南北半球混叠”可能会引起南北半球图像的混淆，可以通过对一侧半球的观察，或在不同的纬度观察同一区域，来减小“南北半球混叠”的影响（Webb et al.，1994）。

6）雷达成像的区域选择与分析

先期选择木卫二表面代表性的区域，并有高分辨率雷达图像的区域，将其作为中国 FAST 成像的比较与分析，如选择以 13°N，273°W 为中心的 200 km 的区域，如图 13.22 为伽利略卫星得到的高分辨率的雷达图像，图中包含了两条交叉的暗纹、大大小小的暗斑，以及被破坏的无法看清表面纹理的中间区域。整体上，木卫二表面以斑驳和平原为主，没有较大的起伏。

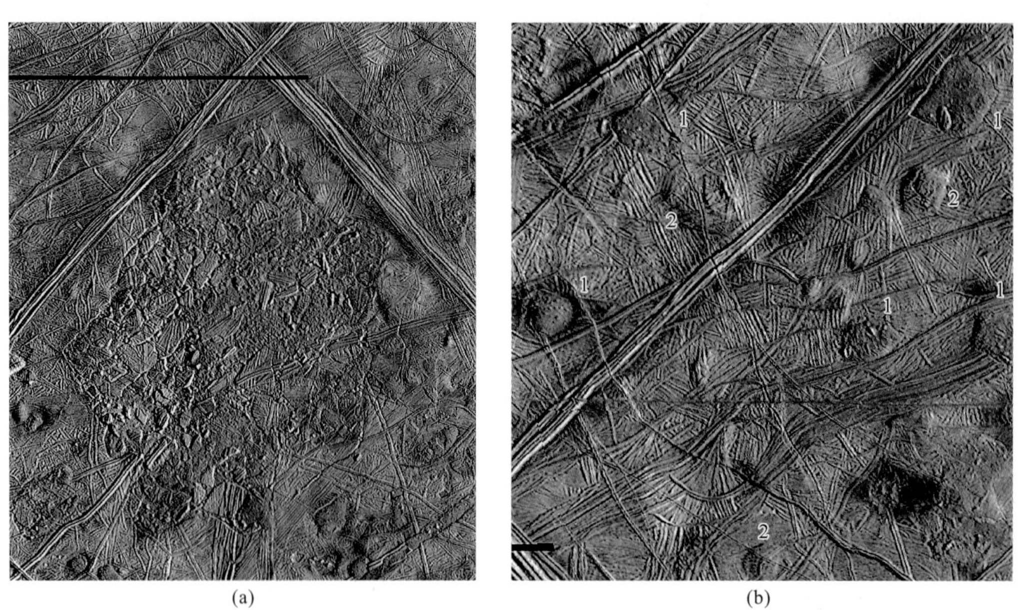

图 13.22　木卫二表面（中心 13°N，273°W）200 km 区域（a）和其左下角 95 km 区域（b）（Carr et al.，1998）

图 13.22（a）的区域十分具有代表性，图 13.21（b）为其左下角 95 km 范围的区域，包含了一条暗纹，并标记了 1、2 两种类型的暗斑，暗纹 1 为凹陷的暗斑，其表面的纹理基本已经被破坏。暗纹 2 表面的纹理基本保持完好。根据图 13.22 中的特点，给定介电常数等物理特性，可以对长的暗纹和两种暗斑进行成像，并进行对比。

参 考 文 献

金亚秋. 2017. 中国 FAST 对木卫二雷达遥感的先期研究. 中国国家自然科学资金项目申请书.

Jin J M. 1998. 电磁场有限元方法. 西安：西安电子科技大学出版社.

Kwak N. 2008. Principal component analysis based on L1-Norm maximization. IEEE Transactions on Pattern Analysis & Machine Intelligence，30（9）：1672-1680.

Annergren M，et al. 2012. An ADMM algorithm for a class of total variation regularized estimation problems. System Identification，83-88.

Black G J，Campbell D B，Carter L M. 2001. Ground-based radar observations of Titan：2000-2008. Icarus，212（1）：300-320.

Boyd S，Parikh N，Chu E，et al. 2011. Distributed optimization and statistical learning via the alternating direction method of multipliers. Foundations & Trends® in Machine Learning，3（1）：1-122.

Bu Y，Tang G，Di K，et al. 2014. New insights of asteroid 4179 Toutatis using China Chang'E-2 close flyby optical measurements. The Astronomical Journal，149（1）：21.

Carr M H，Belton M J，Chapman C R，et al. 1998. Evidence for a subsurface ocean on Europa. Nature，391（6665）：363-365.

Chambolle A. 2004. An algorithm for total variation minimization and applications. Conference on Mathematics and Image Analysis：89-97.

Geffrin J M，Sabouroux P，Eyraud C. 2005. Free space experimental scattering database continuation：experimental set-up and measurement precision. Inverse Problems，21（6）：S117.

Grant M C，Boyd S P. 2008a. CVX：Matlab Software for disciplined convex programming，version 1.21. Global Optimization：155-210.

Grant M C，Boyd S P. 2008b. Graph implementations for nonsmooth convex programs//Recent Advances in Learning and Control. London：Springer：95-110.

Huang J，Ji J，Ye P，et al. 2013. The ginger-shaped asteroid 4179 toutatis：new observations from a successful flyby of Chang'e-2. Scientific Reports，3：3411.

Marklein R，Mayer K，Hannemann R，et al. 2002. Linear and nonlinear inversion algorithms applied in nondestructive evaluation. Inverse Problems，18（6）：1733-1759.

Morrison D，Cruikshank D P. 1974. Physical properties of the natural satellites. Space Science Reviews，15（5）：641-739.

Ostro S J. 1993. Planetary radar astronomy. Rev. Mod. Phys，65：1235-1280.

Pozzi E，Mugnuolo R. 1998. Robotics for ROSETTA cometary landing mission. Robotics & Autonomous Systems，23（1-2）：73-77.

Roth L，Saur J，Retherford K D，et al. 2014. Transient water vapor at Europa's south pole. Science，343（6167）：171-174.

Roth L，Saur J，Retherford K D，et al. 2016. Europa's far ultraviolet oxygen aurora from a comprehensive set of HST observations. Journal of Geophysical Research A：Space Physics，121（3）：2143-2170.

Rudin L I，Osher S，Fatemi E. 1992. Nonlinear total variation based noise removal algorithms//Eleventh International Conference of the Center for Nonlinear Studies on Experimental Mathematics：Computational Issues in Nonlinear Science：Computational Issues in Nonlinear Science. Elsevier North-Holland，Inc.：259-268.

Slade M A，Benner L A，Silva A. 2011. Goldstone solar system radar observatory：earth-based planetary mission support and unique science results. Proceedings of the IEEE，99（5）：757-769.

Su H，Xu F，Lu S，et al. 2016. Iterative ADMM for inverse FE-BI problem：a potential solution to radio tomography of asteroids. IEEE Transactions on Geoscience and Remote Sensing，54（9）：5226-5238.

Thompson A. 1974. The Study of Radar-Scattering Behavior of Lunar Craters at 70 cm. Ithaca，NY：Cornell University of Ph. D. Thesis.

Tütüncü R H，Toh K C，Todd M J. 2003. Solving semidefinite-quadratic-linear programs using SDPT3. Mathematical Programming，95（2）：189-217.

Vauhkonen M，Vadasz D，Karjalainen P A，et al. 1998. Tikhonov regularization and prior information in electrical impedance tomography. IEEE Transactions on Medical Imaging，17（2）：285-293.

Vogel C R. 2002. Computational Methods for Inverse Problems. Frontiers in Applied Mathematics.

Webb J L，Munson D C，Stacy N J. 1994. High-resolution planetary imaging via spotlight-mode synthetic aperture radar// Image Processing. Proceedings. ICIP-94. IEEE International Conference. IEEE，1：451-455.

Xu F，Deshpande M. 2012. Iterative nonlinear tikhonov algorithm with constraints for electromagnetic tomography. IEEE Journal of Selected Topics in Applied Earth Observations & Remote Sensing，5（3）：707-716.

Zhu M-H，Fa W，Ip W，et al. 2014. Morphology of asteroid（4179）Toutatis as imaged by Chang'E-2 spacecraft. Geophysical Research Letters，41（2）：328-333.

第 14 章　行星大气的遥感探测

本书前 12 章主要论述了行星（月球、火星等）陆地表的微波遥感探测，但是行星大气的遥感也是重要的环节。地球遥感实际上是从地球大气遥感开始的，主要是对于天气现象集中的对流层大气，包括大气温度与湿度分布廓线、大气降水、云、气溶胶、灾害性天气等长年连续多系列卫星遥感，以及星载多模式遥感大数据应用于灾害性天气预报、天气与气候数值预报、全球变化研究等，空间微波遥感发挥了巨大的作用。当然，也包括对空间遥感、通信、导航十分重要的地球电离层的研究。但是，卫星遥感对于其他行星大气的研究自 1960 年代以来，行星探测器一般在离行星 1000 多千米到 100 多万千米处发回照片，或者有的降落舱在行星上软着陆，向地球发回照片和数据资料。受制于观测技术，行星大气遥感技术的研究还十分少见，主要仍是光学和红外的射电望远镜和卫星的探测活动。

本章依据现有的资料，试图给一个太阳系行星大气物理简单的陈述，来补全从大气到陆地涉及的行星遥感全貌。最后，根据行星大气观测条件的要求，在不要求对未知量有预先猜测的情况下，提出低分辨率观测条件下非均匀场景热辐射亮度温度的 Backus-Gilbert 反演方法。

行星大气是指包裹着行星体的气体层。依附在行星体周围的大气之所以没有逃离，是由于受行星的引力和磁场所束缚。太阳系各行星大小和与太阳的距离不同，各行星都有其独特的大气，成分不同、稀薄稠密不同、特征性的物理行为不同。研究它们的结构、物理状态、化学组成及其运行的一般状态，有助于探索地球大气演化、变化趋势，其他类地宜居行星不一定适合人类居住但适合生命居住的行星的探测等研究。

14.1　太阳系内行星大气

1. 水星大气

水星离太阳大约只有日地距离的 2/5，其获得的太阳辐射能量大，水星表面中午的温度可达 700 K，子夜温度约 100 K。水星的引力质量较小，气体粒子容易逃出水星的引力场。因此，水星大气极为稀薄，其气压小于 2×10^{-9} hPa。其表面大气压力仅相当于地球大气 500 km 处的大气压力。

2. 金星大气

金星的大气极为稠密，主要成分为二氧化碳，约占 95%，氮约占 3.5%，此外还有少量的氩、一氧化碳、水汽、氯化氢和氟化氢等。厚密的大气使得金星表面气压约为地球表面气压的 90 倍，即约 90 000 hPa。由于富含二氧化碳的大气产生了强大的温室效应，金星是太阳系最热的行星，其表面平均气温高达 462°C。金星上还有强大的风，云顶风速可高达 85 m/s，比其自转速度高 60 倍。金星大气自下往上可分为若干特性层：①0～31 km 为洁净大气，几乎不含杂质，但其中闪电雷鸣持续不停，大气压约 10000 hPa；②31～68 km 为云层，因含硫化物而呈黄色。整个云系中有硫酸滴、硫及高含量的气溶胶，大气压约为 1000 hPa。在金星北极着陆的探测器，用红外线观测发现，该极区大气层有一个极洞，宽约 1100 km，气流下沉，云层稀薄。金星大气中的二氧化碳造成非常显著的温室效应，使金星表面的温度高达 750 K。

3. 地球大气

地球大气的主要成分是氮、氧、水汽、二氧化碳和其他微量气体，通常分为：对流层、平流层、中间层（散逸层）、热层和外逸层。对流层位于海平面和海拔 12～17 km。对流层大气占地球大气质量总和的 80%左右，而且几乎包含了地球大气水汽含量的全部。因此，地球上几乎所有天气现象都发生在对流层内。平流层在对流层顶部至海拔 50 km 之间。臭氧层就位于平流层内，平流层含有浓度较高的臭氧气体。然后是中间层（散逸层），它位于海拔 50～80 km。这里是地球上最冷的地方，平均温度只有−85°C。热层在中间层以上，可以一直向太空伸展到海拔 500～1000 km 的热层顶部。

海拔 80～550 km 内含电离层，该层大气粒子在太阳风的作用下电离。这里也是北极光和南极光产生的高度。外逸层是地球大气的最外层。

4. 火星大气

火星大气极为稀薄，主要成分为二氧化碳，占 95%，氮占 2%～3%，氩占 1%～2%，一氧化碳和氧共约占 0.1%，此外还有极少量的臭氧和氢，水汽仅平均约占 0.01%。火星大气中二氧化碳的含量随高度减少；大气密度不足地球大气的 1%，火星表面的平均大气压仅为 7.5 hPa，相当地球上 30～40 km 高空的大气压。火星上也有四季变化。

火星表面平均温度为 240 K，赤道区白天最高温度超过 300 K，晚上在 200 K 以下，日变化很大；冬季极区温度低达 150 K。火星大气中也存在云层。在 15～30 km 高度有由水冰组成的云，在 45 km 左右的高度有由二氧化碳（干冰）组成的白色云。火星表面风速一般较小，但有时也有大风，夏季低纬度由云的移动显示出 15～30 km 的高空风为东风，风速为 30～55 m/s；在冬季中纬度吹西风。火星上经常有二氧化碳尘暴，可发展到行星尺度。

5. 木星大气

木星具有庞大的大气层，可分为对流层、平流层、中间层和热层。木星大气中有云层，云带、纬向气流、大红斑是木星外貌的主要特征。木星大气的主要成分为氢，占 88.6%，氦占 11.2%，其他为少量的氨、甲烷、水汽、氧、氮及硫化物等，其厚度约 1000 km。木星是太阳系中最大的行星，其体积约为地球的 1316 倍，质量约为地球的 319 倍。木星大气中的云层分布有如下特点：最外层为氨晶体云，温度为 150 K，约 0.6 个地球大气压；其下 30 km 左右为氨氢硫化物晶体云，温度为 200 K，约 1.7 个地球大气压；再往下 35 km 存在水冰晶云层，温度约 250 K，4～5 个地球大气压。在该层之下，温度达 270 K 以上，开始出现水滴。在最外层的氨晶体云之上，温度随高度而降低，到 110 K

的最低值后，又开始随高度增加。用望远镜观测木星，其云层外貌呈斑马纹似的亮暗相间的横条，均与赤道平行。在南半球还有一个蛋形红斑，宽约 14000 km。木星大气的运动非常激烈。

6. 土星大气

土星大气的上层常为稠密的氨晶体云，至今还无法了解底层大气的状态。土星大气的主要成分是氢和氦，还有氨、甲烷和其他的气体。土星的体积约为地球的 745 倍，其质量约为地球的 95.18 倍，其平均密度只有地球的 1/8，在九大行星中密度最小。氨晶体云呈现彩色的亮带和暗纹，平行于赤道，但其色泽不像木星那样鲜艳。红外探测估算：云顶温度为 103 K，表面温度约为 133 K。土星有一个由电离氢构成的广延电离层，其高层温度约为 1250 K。在稠密的氨晶体云之上约 150 km 处，有孤立分布的厚约 60 km 的霾层。土星的南半球有一个椭圆形红斑，长 10000 多千米。曾发现这个红斑外围有巨大的反气旋风暴。此外，土星云层顶部有一些明亮的椭圆形白斑斑块。探测表明，土星赤道风带的风速很大，达 500 m/s，其范围延伸到南北纬各 40°。由于土星上的氨云层厚，温度低，凝聚时所释放的额外热量导致更多的能量加入旋涡，加速驱动赤道上的带状巨风。

7. 天王星大气、海王星大气和冥王星大气

天王星和海王星大气的主要成分是氮和甲烷，还有含量很少的氖和氖。这两颗行星有较稠密的大气和较厚的云层。天王星和海王星的表面温度均约 70 K，这两个行星的云层主要为甲烷云和氨云。冥王星的表面温度约 60 K，像这样的低温，如果有大气的话，只可能是氢、氦、氖等。这些行星距地球都很远，很多特征不能用望远镜观测。

8. 卫星大气

太阳系中行星的某些卫星也有大气层，如土星中最大的土卫六有一稠密的大气层，是太阳系中唯一有丰富大气的卫星，表面大气压力为 1.5×10^5 Pa 左右，比地球大气层稠密得多。土卫六大气的主要成分是氮，其次是甲烷、氦、氮等。土卫六上空有云层。此外，木卫一和木卫三也有稀薄大气，木卫一大气的主要成分是二氧化硫，木卫三大气的主要成分是甲烷和氖。

9. 土卫六

土卫六（Titan，又称为泰坦星）是土星卫星中最大的一个，也是太阳系第二大卫星，还是太阳系唯一一个拥有浓厚大气层的卫星，其主要成分是氮，占 98.44%，包含着复杂的有机分子。土卫六平均半径 2575 km，质量 1.345×10^{23} kg，平均密度 1.880×10^3 kg/m^3。土卫六表面浓密的云层遮盖住了它的表面地貌，云可能是甲烷。大型射电望远镜观测证明，土卫六极有可能存在充满了液态乙烷和甲烷的液体海洋。观测数据证实，土卫六大气层中存在着雷电风暴等自然电性活动。土卫六大气中没有充足的水蒸气，其表面也没有足够数量的液态水，但土卫六上存在丰富的有机化合物和氮等元素，与地球 45 亿年前早期生命形成时的环境相似。土卫六上也存在着交替的季节，1 年相当于地球 30 年的时间。

14.2　非均匀场景热辐射反演

除地球遥感外，其他行星遥感定量信息的获取仍处于初步阶段。但是，任何一步定量遥感信息的获取都可能是行星遥感的一大进步。本书提出在低分辨率条件下，遥感观测包罗了非均匀场景辐射的 Backus-Gilbert 反演（金亚秋，1993），有可能在未来的行星大气遥感中个区域的辐射亮度温度反演首先得到应用。

星载遥感中辐射计天线接收来自视野可覆盖的整个地表（或大气）区域的辐射。天线辐射的角宽可使得相当大的表面区域辐射对天线温度有贡献。若覆盖区域的地表面（或大气）是非均匀的，则区域内各处（位置 ρ ）不同的辐射亮度温度 $T_B(\rho)$ 均综合地对天线测量温度 T_A 有贡献。要分清非均匀地表各处的 $T_B(\rho)$，就要设法从天线温度 T_A 来反演。图 14.1 给出非均匀区域星载天线温度反演区域辐射的示意图。这样，需要讨论不能预先对未知量提出猜测，低分辨率观测条件下非均匀场景热辐射亮度温度的一般化反演方法。

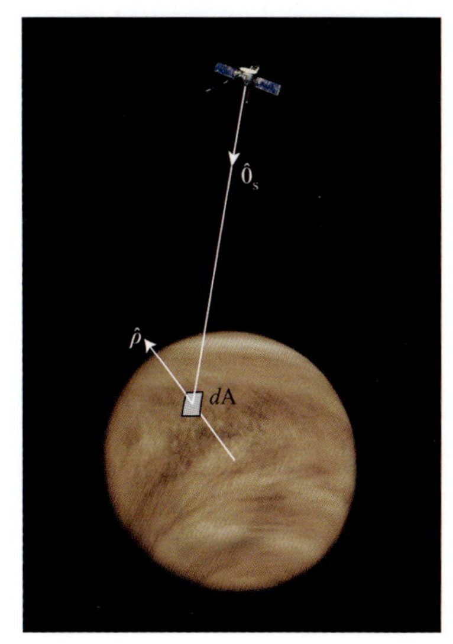

图 14.1　非均匀区域的辐射遥感

1. Backus-Gilbert（B-G）反演

现考虑 M 个频段的辐射计，测得大气向上辐射通量，得到辐射亮度温度为

$$B_i = \int_0^d W_i(z)T(z)\mathrm{d}z, \quad i = 1,\cdots,M \qquad (14.2.1)$$

考虑各数据 B_i 的一种线性组合：

$$L = \sum_{i=1}^{M} a_i B_i \qquad (14.2.2)$$

对 L 提出的要求就是能确定系数 a_i，将式（14.2.1）代入式（14.2.2），则有

$$L(z_0) = \int A(z,z_0)T(z)\mathrm{d}z \qquad (14.2.3a)$$

$$A(z,z_0) = \sum_{i=1}^{M} a_i(z_0)W_i(z) \qquad (14.2.3b)$$

式（14.2.3a）意味着 $L(z_0)$ 是围绕着 z_0 处平均温度的一种估计。若将这一估计值写成 $T^*(z_0)$，则有

$$T^*(z_0) = \int A(z,z_0)T(z)\mathrm{d}z = \sum_{i=1}^{M} a_i(z_0)B_i \qquad (14.2.4)$$

因此，$A(z,z_0)$ 也是一种平均核函数。由式（14.2.4）可知，A 满足：

$$\int A(z,z_0)\mathrm{d}z = 1 \qquad (14.2.5)$$

注意，这里的 A 对于任何 z 并未限制一定是正值。

由式（13.4）可见，较好的选择应该要求 $A(z,z_0)$ 是在 z_0 处具有峰值的函数。这样，

由式（14.2.4）就能确定 a_i。而实际上，$A(z,z_0)$ 总有一定的伸展度。而我们要能很好地确定 a_i，应使得伸展度为极小。伸展度的定义为

$$s=\int J(z,z_0)A(z,z_0)^2\mathrm{d}z \tag{14.2.6}$$

这里用 A 的平方来定义是因为 A 也可能出现负值。同时，平方 A 能用一组线性方程组来求解 a_i。式（14.2.6）中的 J 是一种代价函数，它的量级为 M^2，伸展度 s 的量级为 M。B-G 方法曾用过几种可用的代价函数 J 的形式。通常采用：

$$J(z,z_0)=12(z-z_0)^2 \tag{14.2.7}$$

式（14.2.7）在 $z=z_0$ 处有极小值。选择规范化因子为 12，是为了在 $z=z_0\pm h/2$ 区域内，若 A 等于常数$1/h$，则可有 $s=h$。

伸展度式（14.2.6）也是分辨率的定义。要使 s 取得极小，就要确定式（14.2.2）中的 a_i。采用 2λ 为拉格朗日乘子，使得

$$Q=s-2\lambda[\int A(z,z_0)\mathrm{d}z-1] \tag{14.2.8}$$

取得极小。将 Q 对 a_i 和 λ 求导，得到一组线性方程：

$$\bar{\boldsymbol{V}}^{-1}\cdot\boldsymbol{a}=\lambda\boldsymbol{u} \tag{14.2.9a}$$

$$\boldsymbol{u}^{\mathrm{T}}\cdot\boldsymbol{a}=1 \tag{14.2.9b}$$

式中，上标 T 为矢量转置；$\boldsymbol{a}(z_0)=(a_1,a_2,\cdots,a_M)^{\mathrm{T}}$，$\boldsymbol{u}=(u_1,u_2,\cdots,u_M)^{\mathrm{T}}$；这里 $u_i=\int w_i(z)\mathrm{d}z$，$\bar{\boldsymbol{V}}$ 为 $M\times M$ 维对称矩阵，其中元素

$$V_{ij}(z_0)=\int J(z,z_0)W_i(z)W_j(z)\mathrm{d}z \tag{14.2.10}$$

若 M 个权重函数任意两个都不完全重叠，则逆阵 $\bar{V}^{-1}$ 存在，可得

$$\boldsymbol{a}(z_0)=\frac{\bar{\boldsymbol{V}}^{-1}\cdot\boldsymbol{u}}{\boldsymbol{u}^{\mathrm{T}}\cdot\bar{\boldsymbol{V}}^{-1}\cdot\boldsymbol{u}} \tag{14.2.11}$$

这样，伸展度为

$$s(z_0)=\boldsymbol{a}^{\mathrm{T}}\cdot\bar{\boldsymbol{V}}\cdot\boldsymbol{a}=\frac{1}{\boldsymbol{u}^{\mathrm{T}}\cdot\bar{\boldsymbol{V}}^{-1}\cdot\boldsymbol{u}} \tag{14.2.12}$$

若定义平均核函数的形心为

$$c=\frac{\int zA(z,z_0)^2\mathrm{d}z}{\int A(z,z_0)^2\mathrm{d}z} \tag{14.2.13}$$

则经过简单代数运算，得到：

$$s=12\int(z-c)^2A(z,z_0)^2\mathrm{d}z+12(c-z_0)^2\int A(z,z_0)^2\mathrm{d}z \tag{14.2.14}$$

可以看出，当 A 具有很大的旁辩时，式（14.2.14）右端第 1 项很大。而当 A 的形心远离 z_0时，第 2 项会很大。

当辐射亮度温度带上接收机噪声 ΔB_i 时，则式（13.2）为

$$L_n=\sum_{i=1}^{M}a_i(B_i+\Delta B_i) \tag{14.2.15}$$

式中，下标 n 表示噪声。噪声的平均值为 0，并具有自相关矩阵 $\bar{K}$ 为

$$K_{ij} = <\Delta B_i \Delta B_j> i, j = 1, \cdots, M \tag{14.2.16}$$

由式（14.2.4）得到反演的温度为

$$T_n^*(z_0) = \sum_{i=1}^{M} a_i (B_i + \Delta B_i) = \int A(z, z_0) T(z) \mathrm{d}z + \sum_{i=1}^{M} a_i \Delta B_i \tag{14.2.17}$$

反演的估计值的平均值为 0，误差方差为

$$\sigma_n^2 = <(T_n^* - T^*)^2> = \boldsymbol{a}^{\mathrm{T}} \cdot \bar{\boldsymbol{K}} \cdot \boldsymbol{a} \tag{14.2.18}$$

比较式（14.2.12）和式（14.2.18）可知，为使误差方差减小而得到较为可靠的反演估计值，则要牺牲一些分辨率，即扩大伸展度 s 的值。假定在可靠性（小 σ_n^2 值）和分辨率（小 s 值）之间达到一种妥协，则分辨率线性参数化写成：

$$s_n(z_0, y) = ys + (1-\gamma) g^2 \sigma_n^2 \tag{14.2.19}$$

式中，γ 为自由参数，$0 \leqslant \gamma \leqslant 1$。也有将式（14.2.19）的 γ 、$1-\gamma$ 写成 $\sin\theta$ 、$\cos\theta$ 的。g^2 是一种量纲转换因子，为方便起见，g^2 可选为 $MhW_i^2 / \sum_i^M K_{ii}$ 。式（14.2.19）中当 γ 从 1 减至 0 时，则是朝着更多强调可靠性而牺牲分辨率的方向变化。B-G 方法将（s，$g^2\sigma_n^2$）对之间互相消长的变化关系称为交替作用曲线。曲线上每点均与 $M+1$ 维（$\gamma, a_1, \cdots, a_M$）矢量相对应。按式（14.2.5）的约束条件，选择系数 $a_i(z_0, \gamma)$，使得 s_n 极小。令

$$Q_n = s_n - 2\lambda\left[\int A(z, z_0) \mathrm{d}z - 1\right] \tag{14.2.20}$$

取极小，对 a_i, λ 求导，解得：

$$\boldsymbol{a} = \lambda \bar{\boldsymbol{M}}^{-1} \cdot \boldsymbol{u} \tag{14.2.21}$$

$$\bar{\boldsymbol{M}} = \gamma \bar{\boldsymbol{V}} + (1-\gamma) g^2 \bar{\boldsymbol{K}} \tag{14.2.22}$$

$$\lambda = \frac{1}{\boldsymbol{u}^{\mathrm{T}} \cdot \bar{\boldsymbol{M}}^{-1} \cdot \boldsymbol{u}} \tag{14.2.23}$$

此时，伸展度为

$$s(z_0) = \boldsymbol{a}^{\mathrm{T}} \cdot \bar{\boldsymbol{V}} \cdot \boldsymbol{a} = \lambda^2 \boldsymbol{u}^{\mathrm{T}} \cdot \bar{\boldsymbol{M}}^{-1} \cdot \bar{\boldsymbol{V}} \cdot \bar{\boldsymbol{M}}^{-1} \cdot \boldsymbol{u} \tag{14.2.24}$$

误差方差为

$$\sigma_n^2(z_0) = \boldsymbol{a}^{\mathrm{T}} \cdot \bar{\boldsymbol{K}} \cdot \boldsymbol{a} = \lambda^2 \boldsymbol{u}^{\mathrm{T}} \cdot \bar{\boldsymbol{M}}^{-1} \cdot \bar{\boldsymbol{K}} \cdot \bar{\boldsymbol{M}}^{-1} \cdot \boldsymbol{u} \tag{14.2.25}$$

当 $\gamma = 1$ 时，式（14.2.21）与式（14.2.24）分别回到式（14.2.11）与式（14.2.12）。

2. 非均匀区域辐射 B-G 反演

先考虑标量的辐射亮度温度。天线主瓣方向获得的辐射温度可写为整个视野覆盖区域的总贡献：

$$T_{\mathrm{A}}(\hat{s}_0) = \int G(\hat{s}_0, \hat{s}) T_{\mathrm{B}}(\boldsymbol{\rho}, \hat{s}) \mathrm{d}\boldsymbol{\Omega} \tag{14.2.26}$$

式中，$T_{\mathrm{B}}(\boldsymbol{\rho}, \hat{s})$ 为位置 $\boldsymbol{\rho}$ 处对天线沿 $\hat{s}$ 方向的辐射亮度温度；$\hat{s}_0$ 为从天线主瓣方向出发立体角的方向矢量；$T_{\mathrm{A}}(\hat{s}_0)$ 为测量天线温度；$G(\hat{s}_0, \hat{s})$ 为天线增益，且有 $\int_{4\pi} G \mathrm{d}\boldsymbol{\Omega} = 1$；立体角 $\mathrm{d}\boldsymbol{\Omega}$ 由表面面元 $\mathrm{d}A$ 表示为

$$\mathrm{d}\boldsymbol{\Omega} = -\frac{1}{r^2}\hat{s}\cdot\hat{\rho}\mathrm{d}A \tag{14.2.27}$$

式中，r 为天线到面元 dA 的距离。将式（14.2.27）代入式（14.2.26），得到：

$$T_{\mathrm{A}}(\hat{s}_0) = \int G(\hat{s}_0,\hat{s})\frac{-1}{r^2}(\hat{s}.\hat{\rho})T_{\mathrm{B}}(\rho,\hat{s})\mathrm{d}A \tag{14.2.28}$$

考虑到实际天线温度是对辐射计积分时间 τ 做的平均，因此在观测 t_i 时刻，沿方向 $\hat{s}_{0i}$ 上的第 i 个时间平均的测量天线温度为

$$T_{\mathrm{A}i} = \frac{1}{\tau}\int_{t_i-1/(2\tau)}^{t_i+1/(2\tau)} T_{\mathrm{A}}(\hat{s}_{0i})\mathrm{d}t \tag{14.2.29}$$

将式（14.2.28）代入式（14.2.29），得到：

$$T_{\mathrm{A}i} = \int G_{mi}(\boldsymbol{\rho})T_{\mathrm{B}}(\boldsymbol{\rho})\mathrm{d}A \tag{14.2.30}$$

$$G_{mi}(\boldsymbol{\rho}) = \frac{1}{\tau}\int_{t_i-1/(2\tau)}^{t_i+1/(2\tau)} G(\hat{s}_0,\hat{s})\frac{-1}{r^2}(\hat{s}\cdot\hat{\rho})\mathrm{d}t \tag{14.2.31}$$

式中，$\hat{s}_0$、$\hat{s}$、r 均为 t 的函数。

这样，式（14.2.30）回到 Bacus-Gilbert（B-G）方法讨论过的式（14.2.1）。可由式（14.2.30）的 $T_{\mathrm{A}i}$ 反演 $T_{\mathrm{B}}(\boldsymbol{\rho})$，并讨论解的分辨率、伸展度 s_n 和误差方差 σ_n^2。

定义矢量 $\boldsymbol{u}$ 和矩阵 $\bar{\boldsymbol{V}}$，其元素分别为

$$u_i = \int G_{mi}(\boldsymbol{\rho})\mathrm{d}A \tag{14.2.32}$$

$$V_{ij} = \int J(\boldsymbol{\rho},\boldsymbol{\rho}_{\mathrm{o}})G_{mi}(\boldsymbol{\rho})G_{mj}(\boldsymbol{\rho})\mathrm{d}A \tag{14.2.33}$$

按式（14.2.11），得到 $\mathbf{a}(\boldsymbol{\rho}_0)$ 以及平均核函数：

$$A(\boldsymbol{\rho},\boldsymbol{\rho}_0) = \sum_{i=1}^{M} a_i(\boldsymbol{\rho}_0)G_{mi}(\boldsymbol{\rho}) \tag{14.2.34}$$

由式（14.2.4），可得到 $\boldsymbol{\rho}_0$ 处辐射亮度温度的估计值：

$$T_{\mathrm{B}}^*(\boldsymbol{\rho}_0,\hat{s}) = \sum_{i=1}^{M} a_i(\boldsymbol{\rho}_0)T_{\mathrm{A}i} \tag{14.2.35}$$

并由式（14.2.12）和式（14.2.24）得到对 s_n 和 σ_n^2 的讨论。

推广到极化辐射亮度温度，测量天线温度的主要极化分量为 p 极化，将天线温度写为

$$T_{\mathrm{A}p}(\hat{s}_0) = \int[G_{ph}(\hat{s}_0,\hat{s})T_{\mathrm{B}h}(\boldsymbol{\rho},\hat{s}) + G_{pv}(\hat{s}_0,\hat{s})T_{\mathrm{B}v}(\boldsymbol{\rho},\hat{s})]\mathrm{d}\boldsymbol{\Omega} \tag{14.2.36}$$

式中 G_{ph}、G_{pv} 为主极化和交叉极化的天线增益函数，且有 $\int(G_{ph}+G_{pv})\mathrm{d}\Omega = 1$。

由式（14.2.28）～式（14.2.30）可得到第 i 次（$i=1$，…，M）测量的时间平均的主极化的天线温度为

$$T_{\mathrm{A}pi} = \int[G_{phi}^m(\boldsymbol{\rho})T_{\mathrm{B}h}(\boldsymbol{\rho}) + G_{pvi}^m(\boldsymbol{\rho})T_{\mathrm{B}v}(\boldsymbol{\rho})]\mathrm{d}A \tag{14.2.37}$$

式中，上标 m 表示时间平均。此时天线交叉极化的温度可写为

$$T_{\mathrm{A}xi} = \int[G_{xhi}^m(\boldsymbol{\rho})T_{\mathrm{B}h}(\boldsymbol{\rho}) + G_{xvi}^m(\boldsymbol{\rho})T_{\mathrm{B}v}(\boldsymbol{\rho})]\mathrm{d}A \tag{14.2.38}$$

式中，下标 x 表示交叉极化。按 B-G 方法，寻求 T_{Api} 和 T_{Axi} 的线性组合，得到 ρ_0 处 $T_{Bh}(\boldsymbol{\rho}_0)$，$T_{Bv}(\boldsymbol{\rho}_0)$ 最优估计值。这样可写

$$T_{Bh}(\boldsymbol{\rho}_0)=\sum_{i=1}^{M}a_{pi}T_{Api}+\sum_{i=1}^{M}a_{ci}T_{Aci} \tag{14.2.39}$$

注意到平均核函数应成为一矢量，可得到：

$$\sum_{i=1}^{M}a_{pi}T_{Api}+\sum_{i=1}^{M}a_{ci}T_{Ai}=\int\left[\sum_{i=1}^{M}(a_{pi}G_{phi}^{m}+a_{ci}G_{chi}^{m})T_{Bh}+\sum_{i=1}^{M}(a_{pi}G_{pvi}^{m}+a_{ci}G_{cvi}^{m})T_{Bv}\right]\mathrm{d}A \tag{14.2.40}$$

令 $2M$ 维矢量 $\boldsymbol{u}$，$2M\times2M$ 维的矩阵 $\bar{\bar{V}}$ 分别为 $\bar{\boldsymbol{V}}$

$$u_i=\begin{cases}\int(G_{phi}^{m}+G_{pvi}^{m})\mathrm{d}A & i=1,\cdots,M\\ \int(G_{chi}^{m}+G_{cvi}^{m})\mathrm{d}A & i=M+1,\cdots,2M\end{cases} \tag{14.2.41}$$

$$V_{ij}=\begin{cases}\int(G_{phi}^{m}G_{phj}^{m}J_h+G_{pvi}^{m}G_{pvj}^{m}J_v)\mathrm{d}A\ i,j=1,\cdots,M,\\ \int(G_{phi}^{m}G_{chi}^{m}J_h+G_{pvi}^{m}G_{cvj}^{m}J_v)\mathrm{d}A\\ \qquad i=1,\cdots,M,\ j=M+1,\cdots,2M\\ \int(G_{chi}^{m}G_{phj}^{m}J_h+G_{cvi}^{m}G_{pvj}^{m}J_v)\mathrm{d}A\\ \qquad i=M+1,\cdots,2M,\ j=1,\cdots,M\\ \int(G_{chi}^{m}G_{chj}^{m}J_h+G_{cvi}^{m}G_{cvj}^{m}J_v)\mathrm{d}A\\ i,j=M+1,\cdots,2M\end{cases} \tag{14.2.42}$$

由上二式的 $\boldsymbol{u}$ 、$\bar{\boldsymbol{V}}$ 和式（14.211），得到式（14.2.29）中 $2M$ 维矢量 $\boldsymbol{a}=(a_{p1},\cdots,a_{pM},a_{c1},\cdots,a_{cM})^{\mathrm{T}}$，将其代入式（14.2.39），得到 $T_{Bh}(\boldsymbol{\rho}_0)$ 的估计值。以完全同样的方法，可得到 $T_{Bv}(\boldsymbol{\rho}_0)$ 的估计值，并分别讨论分辨率和误差方差。

参 考 文 献

金亚秋. 1993. 矢量辐射传输理论和参数反演. 郑州：河南科技出版社.

Backus G E，Gilbert F. 1968. The resolving power of gross earth data. Geophysical Journal of the Royal Astronomical Society，16：169–205.

Backus G E，Gilbert F. 1970. Uniqueness in the inversion of inaccurate gross earth data. Philosophical Transactions of the Royal Society of London A，266：123–192.

第 15 章　雷达探测仪成像软件

月球和火星等星体分层结构记录其形成与演化的历史，雷达遥感行星的散射回波包含星体分层结构的物理特征信息。雷达探测仪的回波探测已成为月球和火星次表层深层结构探测的主要遥感方式，如月球探测中的 ALSE、LRS 雷达，火星探测中的 MARSIS 和 SHARAD 雷达。到 2020 年，我国在首次火星探测计划与未来木星冰卫星探测中，也将采用雷达探测仪对火星与木星冰卫星的次表层结构进行探测。

本章介绍雷达探测仪回波模拟软件，其可以为用户提供友好的参数化界面，产生表面起伏的陨石坑分布地形，计算雷达回波。由 Monte Carlo 方法产生随机的具陨石坑起伏地形结构，以及对产生的地形进行雷达探测仪回波数值计算与模拟的两部分理论方法已在第 10、第 11 章中介绍，本章不予重复。本章将主要阐述雷达探测仪回波仿真软件的构造（金亚秋、宫晓蕙，2013）。

15.1　雷达探测仪回波模拟软件介绍

1. 编写目的

该文档的编写目的是充分阐述雷达探测仪回波模拟器（radar sounder simulator）软件的功能和操作步骤，为使用该软件模拟行星表面和次表面雷达探测仪回波的学者提供帮助。

2. 开发平台

整个软件分前台人机交互界面和后台程序模拟两大部分，其中前台由 Visual Basic™ 工具开发，后台由 Visual C＋＋语言开发。

3. 计算目标

雷达探测仪回波模拟器软件旨在实现雷达探测仪对行星（月球、火星等）表面和次表面回波的模拟，通过友好的人机交互界面，对雷达探测仪参数或观测范围进行控制，从而得到不同的行星表层或不同卫星平台进行雷达探测仪回波的模拟结果。

4. 软件功能

雷达探测仪回波模拟器软件共分三部分：第一部分用 Monte Carlo 方法产生一个随机的具有环形山地形的行星表面；第二部分是对已知地形进行雷达探测仪单次回波的模拟；第三部分是在第一步产生的随机具环形山地形的行星表面基础上，模拟雷达探测仪飞行过程中，得到的连续多次对行星表面与次表层观测的回波模拟结果。

5. 运行性能

以 Pentium CPU B940 为例，得到一张剖分网格为 4000×4000 的环形山地形图，耗时 2～3 min；在此基础上，若进行单次回波的模拟，耗时约 30 min，雷达探测仪连续多次对地表观测的回波模拟，其耗时取决于雷达探测仪的飞行距离与飞行速度。

6. 操作系统

雷达探测仪回波模拟器软件适合运行在 Microsoft Windows 操作系统下，包括 Window XP 以及 Windows 7 等。

7. 系统配置

CPU：奔腾双核，主频 2.0 GHz；
内存：DDR3 2.0 GB；
显卡：标准 VGA，256 色显示模式；
其他设备：键盘、鼠标。

该程序中将大量使用系统内存的程序为第一部分，用 Monte Carlo 方法产生具环形山地形的地表数据，以上所列的参数针对的是产生剖分网格为 4000×12000 的地形数据所需要的系统配置。

8. 安装和初始化

首先是注册 DLL 文件，在 Windows 7 系统下，将文件夹 DLL 中提供的三个.dll 文件拷入 c：\\windows\\system32 下，完成注册；找到提供给用户的可直接运行的.exe 文件，只要双击打开即可。

9. 功能介绍

双击 LRS.exe 程序后，可以进入程序的主界面，如图 15.1 所示。

15.1.1　软件运行介绍

1. Monte Carlo 方法产生具环形山的行星地表

进入程序界面后，点击工具栏第一项“Radar Sounder Echo Simulation”下拉菜单中的“Create Topography”，进入主程序第一部分，用 Monte Carlo 方法产生具环形山的行星地表，其界面如图 15.2 所示。

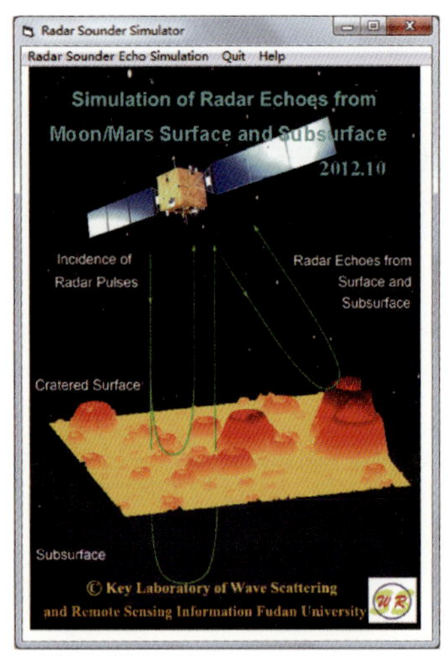

图 15.1　程序主界面

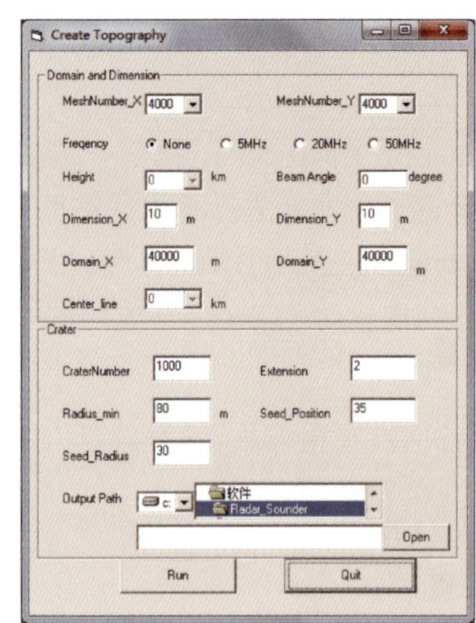

图 15.2　Monte Carlo 方法产生具环形山表面的程序界面

其中“Domain and Dimension”框中包含的是产生地形的范围以及剖分网格分辨率等参数信息：

MeshNumber_X　　产生环形山地形在 X 方向的网格数目　　范围（1～4000）；
MeshNumber_Y　　产生环形山地形在 Y 方向的网格数目　　范围（1～12000）；
Frequency　　雷达探测仪的观测频率；
Height　　雷达探测仪的观测高度；
BeamAngle　　雷达探测仪天线的波束角；
Dimension_X　　产生环形山地形在 X 方向的网格分辨率；
Dimension_Y　　产生环形山地形在 Y 方向的网格分辨率；
Domain_X　　产生环形山地形在 X 方向的范围；
Domain_Y　　产生环形山地形在 Y 方向的范围；
Center_line　　产生环形山地形在 X 方向的中心位置。

然后，再进入“Crater”框中输入 Monte Carlo 方法产生环形山所需要的参数：

“Cratcr”框中包含的是产生环形山的数目以及半径和位置等信息：

“CraterNumber”　　产生环形山的数目（1～10000）；
“Extension”　　环形山地形影响的范围，环形山半径的倍数（1.2～2.2）；
“Radius_min”　　产生环形山的最小半径（1～500）；
“Seed_Position”　　Monte Calro 方法产生环形山位置的随机数种子　非 0 值；
“Seed_Radius”　　Monte Calro 方法产生环形山半径的随机数种子　非 0 值。

图中可下拉的文本框，可以选择备选值，也可以在文本框中进行合理输入。

当“Frequency”选择“None”选项时，用户可以根据需求选择产生地形时剖分网格的数目 MeshNumber_X 和 MeshNumber_Y，但此时网格分辨率 Dimension_X 和

Dimension_Y 为固定值 10 m，这样在 Domain_X 和 Domain_Y 文本框中就可以计算出产生地形在 *X* 和 *Y* 方向的范围。

当“Frequency”选择在“5 M”选项时，将会随机产生一块 25 km×40 km 的地形，剖分网格分辨率为 10 m×10 m，雷达探测仪照射范围的半径为 12.5 km。

当‘Frequency”选择在”20 M”选项时，将会随机产生一块 10 km×30 km 的地形，剖分网格分辨率为 2.5 m×2.5 m，雷达探测仪照射范围的半径为 5 km。

当“Frequency”选择在“50 M”选项时，将会随机产生一块 4 km×12 km 的地形，剖分网格分辨率为 1 m×1 m，雷达探测仪照射范围的半径为 2 km。

通过选择或输入“Center_line”的数值，可以控制产生地形 *X* 方向中心线的位置。

当所有参数选择完毕后，可以在“Out Path”下选择生成地形数据的保存路径，点击右下角的“open”按钮，所选择的路径会显示在最下方的文本框中。

最后，点击“run”，会进入产生环形山地形数据的计算程序。这里将会产生两种类型的数据文件，名称为 Crater.dat 的 ASCII 码文件和名称为 Crater_binary.dat 的二进制数据文件，均为 double 类型。ASCII 码数据文件可以用于后期 Matlab 作图处理，二进制数据文件可以作为该程序第三部分连续多次雷达回波仿真程序所需要的地形输入。除此之外，程序还将生成一个记录所产生环形山位置的文件 Crater_position.dat，包含其位置和半径信息。

当“Frequency”选择在“5 MHz”，“CraterNumber”为 1000，“Extension”为 2.0，“Radius_min”为 100 m，“Seed_Position”为 36，“Seed_Radius”为 30，“Center_line”为 0 时，得到的地形如图 15.3 所示。若“Frequency”选为“50 MHz”，其他参数不变，得到的地形图如图 15.4 所示。

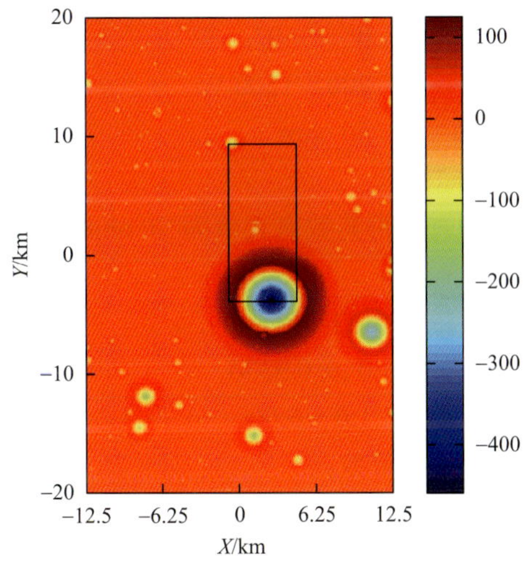

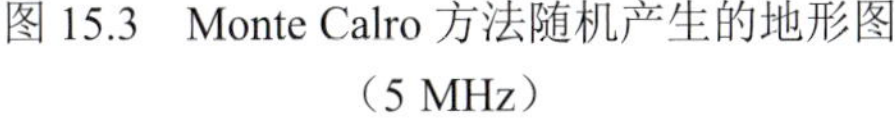
图 15.3　Monte Calro 方法随机产生的地形图（5 MHz）

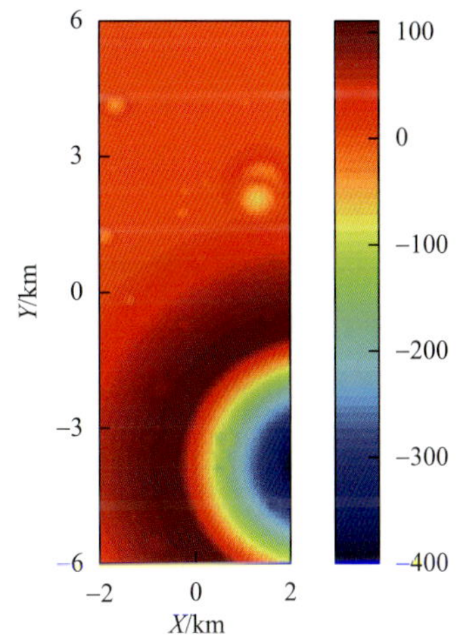

图 15.4　Monte Calro 方法随机产生的地形图（50 MHz）

2. 雷达探测仪单次扫描回波的模拟

在完成第一部分的计算后，点击对话页面右下角的“Quit”按钮，即可返回程序主界面，此时，若点击菜单栏第一项“Radar Sounder Echo Simulation”下拉菜单中的第二项“Single Echo Simulation”，则会进入该程序界面，如图 15.5 所示。

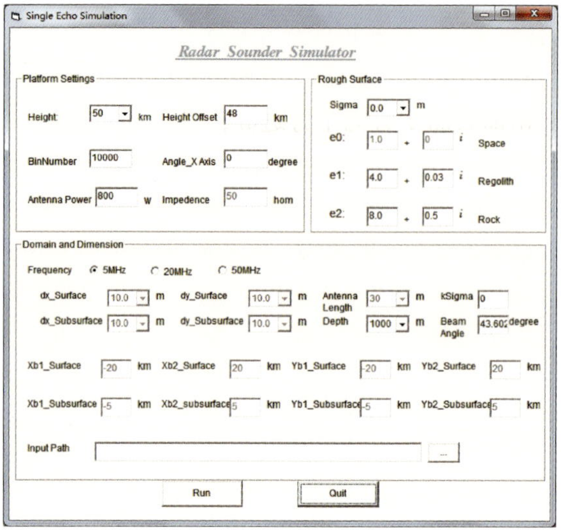

图 15.5　单次回波模拟“Single Echo Simulation”程序界面

其中“Platform Settings”框中包含的雷达探测仪平台的设置信息：

Height	雷达探测仪的飞行高度	20～100 km；
HeightOffset	数据截取时所需要的距离偏移	18～98 km；
BinNumber	接收回波的射程距离范围	5000～10000 km；
Angle_X Axis	雷达探测仪天线与 X 方向夹角	0°～360°；
Antenna Power	雷达探测仪的天线发射功率	200～1500 W
Impendance	雷达探测仪天线的特征阻抗	50 ohm

“Impendance”为半波电线的特征阻抗，通过查表可得其数值大概为 70 ohm 左右，为了方便起见，取为 50 ohm。

然后，进入“Rough Surface”框中，选择输入粗糙地面的参数：

Sigma	粗糙面地形的起伏方差	0 或 0.3333
e0	自有空间的介电常数	1.0 + 0.00i
e1、e2	分别为表层与次表层物质的介电常数。	

最后，在“Domain and Dimension”框中进行成像地形范围的设置：

Frequency　　雷达探测仪的观测频率　　5，20，50 MHz　　dx_Surface；表面地形剖分网格在 X 方向的分辨率　　10 m、2.5 m、1.0 m；

dy_Surface	表面地形剖分网格在 Y 方向的分辨率	10 m、2.5 m、1.0 m；
dx_Subsurface	次表面地形剖分网格在 X 方向的分辨率	10 m、2.5 m、1.0 m；
dy_Subsurface	次表面地形剖分网格在 Y 方向的分辨率	10 m、2.5 m、1.0 m；
Antenna Length	雷达探测仪天线的长度；	30 m、7.5 m、3 m；

kSigma	波数与粗糙面起伏方差的乘积；
Depth	粗糙面次表层深度；
Beam Angle	雷达探测仪天线的波束角；
Xb1_Surface	粗糙表面 *X* 方向左侧边界；
Xb2_Suffuce	粗糙表面 *X* 方向右侧边界；
Yb1_Surface	粗糙表面 *Y* 方向下方边界；
Yb2_Surface	粗糙表面 *Y* 方向上方边界；
Xb1_Subsurface	粗糙次表面 *X* 方向左侧边界；
Xb2_Subsurface	粗糙次表面 *X* 方向右侧边界；
Yb1_Subsurface	粗糙次表面 *Y* 方向下方边界；
Yb2_Subsurface	粗糙次表面 *Y* 方向上方边界。

这里进行成像的网格范围为 4000×4000，具体的空间范围取决于不同频率下，每个剖分网格的分辨率，“Frequency”选择为“5 MHz”时，剖分网格的分辨率为 10 m×10 m，因此成像范围在 *X* 方向和 *Y* 方向均为–20～20 km。当“Frequency”选择其他两个频率时，剖分网格的分辨率将按照频率的倍数缩小，以此类推。“Antenna Length”取决于雷达探测仪的观测频率，由于雷达探测仪搭载的是半波偶极子天线，因此应保证 $2l = \lambda / 2$，由此可以计算出不同观测频率下所需的天线长度。“Depth”是次表层的深度，其数值可以进行选择也可以自行输入，选取时应注意与雷达探测仪的观测频率相适应，当频率过高时，可能会造成衰减过大而无法有效识别次表层回波。

最后，在“Input path”中选择粗糙面地形数据的存储路径，我们提供的地形数据的相关长度为 8 个网格，高度起伏方差为 0.3333 m，若参数选取如图 15.5 所示，将粗糙面高度起伏方差δ选择为 0.3333 m 时，得到的结果如图 15.6 所示。

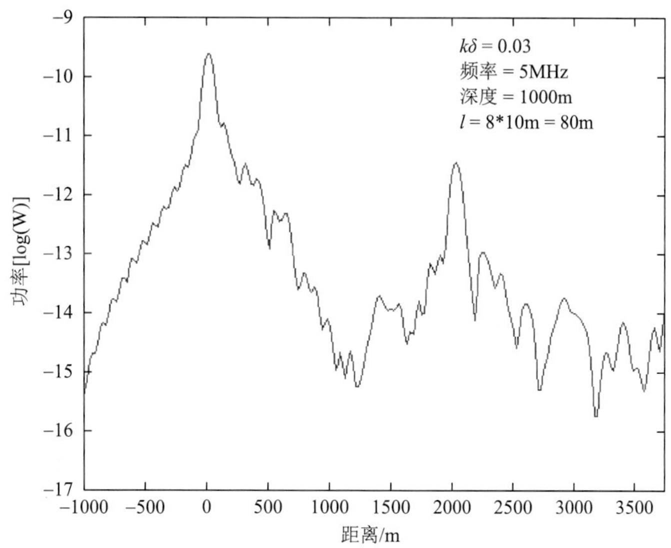

图 15.6　雷达探测仪单次扫描回波模拟的结果

从结果中可以看到表层和次表层回波都处在波峰的位置，距离为 0 的地方对应的为表面回波，由于次表层深度设置为 1000 m，表层物质介电常数实部为 4.0，因此可以计算出次表层回波对应的距离偏移在 2000 m 处，所输入的地形数据相关长度为 8 个网格，在 5 MHz 的观测频率下，由于所采用的剖分网格边长为 10 m，这样可以计算出其相关长度为 80 m。

3. 雷达探测仪多次回波的模拟

返回程序主界面后，若点击菜单栏第一项“Radar Sounder Echo Simulation”下拉菜单中的第三项“Continuous Echo Simulation”，则会进入该程序界面，如图 15.7 所示。

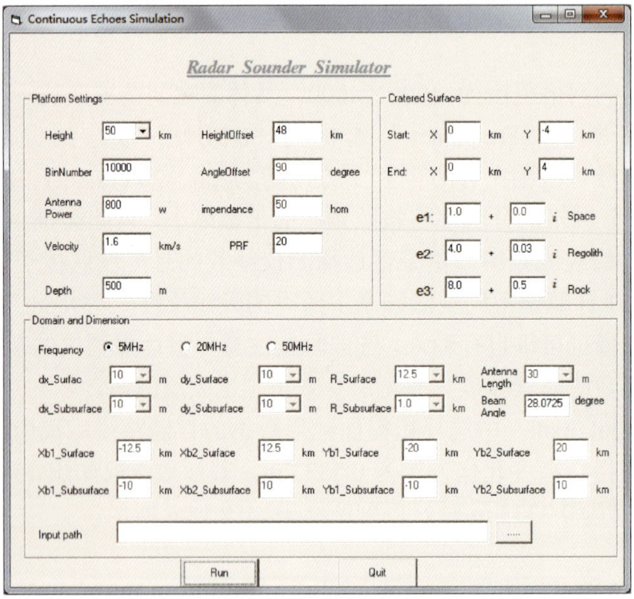

图 15.7　雷达回波模拟的程序界面

雷达探测仪连续回波模拟的程序在单次回波模拟的基础上，增加了新的参数：

Velocity　　雷达探测仪的飞行速度　　0～10 km/s；

PRF　　雷达探测仪脉冲重复频率　　10～50 Hz；

Start Point　　$x = 0$，$y = -4$ km

End Point　　$x = 0$，$y = 4$ km。

需要注意的是，此时的“Angle Offset”为固定值 90°，以保证雷达探测仪垂直于 X 方向飞行；在雷达探测仪的观测频率为 5 MHz 时，其 X 方向照射范围的半径为 12.5 km，在保证照射范围足够宽的基础上，减少一定的照射面积可以大幅减少程序的计算量。

在程序界面中，选择好所需参数的数值，然后将程序第一部分用 Monte Carlo 方法产生的用于进行 50 MHz 观测的地形数据，选择到该程序界面中“Input Path”文本框中，此时对应的“Frequency”也应选择在“50 MHz”，点击“Run”按钮即可进入雷达探测仪连续多次回波模拟的计算程序，得到的结果如图 15.8 所示。

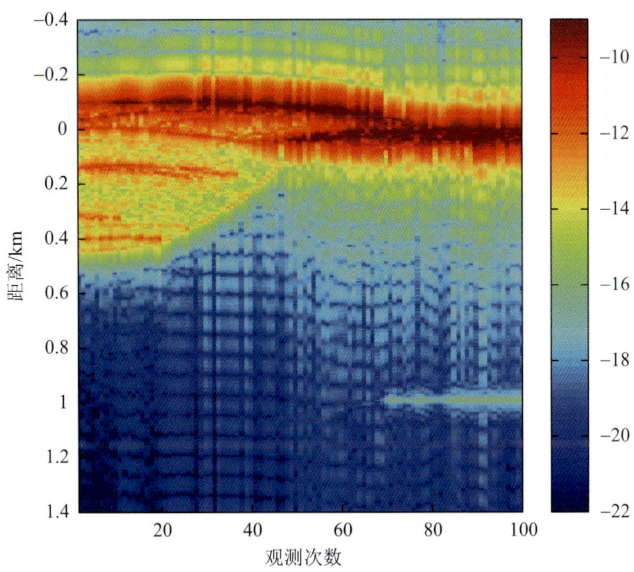

图 15.8　雷达探测仪回波模拟结果

图 15.8 中横坐标为观测次数，纵坐标为距离偏移量。从图 15.8 中可以看到，在起始位置时，由于环形山的存在，产生的回波中会看到多条弧线，显示了环形山地形的起伏，并且次表层回波较弱无法在图中得到反映；而在飞行后半程，由于地形较为平坦，可以清楚地看到表面回波和次表面回波。

15.1.2　非常规过程提示

该程序中将可能的非常规过程分为两类：第一类为明显不合理或者将会导致程序无法运行的输入参数错误，此时程序会提示错误并终止运行，直至错误修改；第二类为可能导致结果不理想但不会对程序运行产生影响的参数输入，此时程序会提示潜在的风险，但是并不会终止运行。

以该程序中第 3 部分程序“Continuous Echoes Simulation”为例：

若在“Height”文本框中输入参数“aaaa”，此时程序会提示：

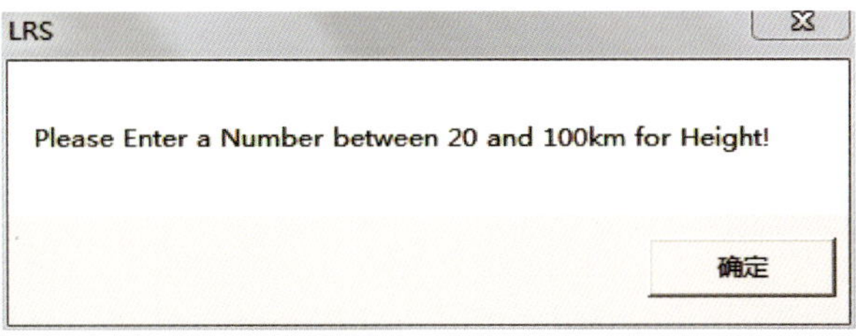

同时，程序终止。

若在“Depth”对话框中输入参数“bbbb”，此时程序会提示：

明显的输入错误会导致程序无法运行，程序此时将终止运行。如果输入的深度数值过大，可能由于衰减过大而无法反映出次表层回波，如在 5 MHz 时，“Depth”文本框中输入“2001”m，此时程序会提示：

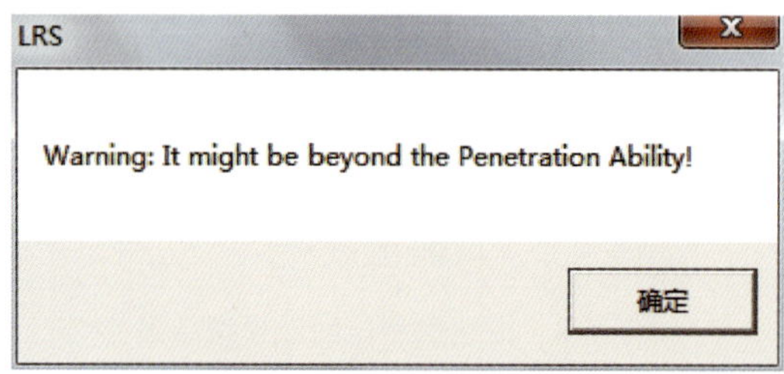

但是程序不会终止，点击确定以后，程序会继续运行。

若“Input Path”文本框中，未选定地形文件作为输入，此时程序会提示：

同时程序终止，此时选择正确的文件路径，点击“Run”，即可进入计算程序。

如果遇到程序无法运行，提示问题为：Component‘Comdlg32.ocx’ or one of its dependencies not correctly registered：A file is missing or invalid。此时，需要下载 comdlg32.ocx 文件，并解压到 c：\windows\system32 中，然后在运行中输入 regsvr32 comdlg32.ocx，点击确定即可。

15.2 程序文件

LRS.exe 文件

Pic 文件夹，包含调用所需的图片，必须与 LRS.exe 存储在同一目录下。

DLL 文件夹，包含了需要调用的 DLL 文件。

roughz_1.dat 用于程序第二部分进行单次回波模拟的地形数据。

参 考 文 献

金亚秋，宫晓蕙. 2013. 月球火星表层次表层探测雷达回波模拟软件系统，中国软件著作权 2013SR018740.